高等学校应用型特色规划教材

理论力学简明教程

(第2版)

景荣春　主　编

郑建国　刘建华　宋向荣　副主编

清华大学出版社

北　京

内 容 简 介

本书为 2009 年江苏省立项建设精品教材。本书分 3 篇共 14 章，涵盖了教育部非力学专业课程指导分委员会编制的多学时理论力学基本要求的内容，包括：绪论、静力学基本概念和物体受力分析、力系的简化、力系平衡方程及应用、静力学应用专题、点的运动和刚体的基本运动、点的合成运动、刚体平面运动、动力学基础、动量定理、动量矩定理、动能定理、达朗贝尔原理、虚位移原理及动力学普遍方程、单自由度系统的振动等。

本书的特色是内容突出理论力学基本概念、基本理论和基本方法，符号和插图规范，文字叙述简明易懂，精选各种类型例题、思考题和习题，例题分析突出启发式。

本书向使用本书的教师提供配套的“课堂多媒体教案.ppt”和书后全部“思考题及习题详解”光盘。需要者请与主编联系。

图书在版编目(CIP)数据

理论力学简明教程/景荣春主编；郑建国，刘建华，宋向荣副主编. —2 版. —北京：清华大学出版社，2009.11（2022.7重印）
(高等学校应用型特色规划教材)
ISBN 978-7-302-21202-7

Ⅰ. 理… Ⅱ. ①景… ②郑… ③刘… ④宋… Ⅲ. 理论力学—高等学校—教材 Ⅳ. O31

中国版本图书馆 CIP 数据核字(2009)第 173735 号

责任编辑：张　瑜
装帧设计：杨玉兰
责任校对：周剑云　李凤茹
责任印制：宋　林

出版发行：清华大学出版社　　**地　址**：北京清华大学学研大厦 A 座
http://www.tup.com.cn　　**邮　编**：100084
社 总 机：010-83470000　　**邮　购**：010-62786544
投稿与读者服务：010-62776969, c-service@tup.tsinghua.edu.cn
质量反馈：010-62772015, zhiliang@tup.tsinghua.edu.cn
印 装 者：涿州市京南印刷厂
经　销：全国新华书店
开　本：185mm×260mm　　**印　张**：19.75　　**字　数**：474 千字
版　次：2005 年 8 月第 1 版　2009 年 11 月第 2 版　　**印　次**：2022 年 7 月第 7 次印刷
定　价：55.00 元

产品编号：034693-03

第 2 版前言

本书自 2005 年出版以来，受到广大教师和学生的欢迎。2007 年本书被评为江苏科技大学精品教材，2009 年被江苏省评为立项建设精品教材。由于本书符合教育部非专业力学课程指导分委员会对理论力学所提出的基本要求，这次再版继承了原书的特点，突出工程概念和启发式分析，重点放在“基本概念、基本理论、基本方法”的掌握和应用上。这次修订，对少部分内容作了修改调整，使之更符合教学要求和规律，并在各章后增加了思考题，加强了对学生基本概念的训练，旨在使本教材为高校应用型人才培养发挥重要作用。

本书配有与全书内容完全一致的书后全部“思考题与习题详解”和界面非常友好、便于使用和二次开发的“课堂多媒体教案”光盘。这定将大大节省教师的备课时间。

本书使用对象定位于一般高等工科院校本科机械、动力、土建、水利、化工类等专业。

本书虽经修订，但限于编者水平，缺点和错误在所难免，衷心希望读者批评指正，以便重印或再版时不断提高和完善。主编联系电子邮箱：jingrongchun@yahoo.com.cn。

编者

2009 年 9 月

主要符号表

符号	含义	符号	含义
$\boldsymbol{a}$	加速度	$\boldsymbol{a}_{AB}$	点 A 相对点 B 的加速度
$\boldsymbol{a}_{AB}^{\mathrm{n}}$	点 A 相对点 B 的法向加速度	$\boldsymbol{a}_{AB}^{\mathrm{t}}$	点 A 相对点 B 的切向加速度
$\boldsymbol{a}_{\mathrm{a}}$	绝对加速度	$\boldsymbol{a}_{\mathrm{a}}^{\mathrm{n}}$	法向绝对加速度
$\boldsymbol{a}_{\mathrm{a}}^{\mathrm{t}}$	切向绝对加速度	$\boldsymbol{a}_{\mathrm{C}}$	科氏加速度
$\boldsymbol{a}_{C}$	点 C 的加速度，质心加速度	$\boldsymbol{a}_{\mathrm{e}}$	牵连加速度
$\boldsymbol{a}_{\mathrm{e}}^{\mathrm{n}}$	法向牵连加速度	$\boldsymbol{a}_{\mathrm{e}}^{\mathrm{t}}$	切向牵连加速度
$\boldsymbol{a}_{\mathrm{n}}$	法向加速度	$\boldsymbol{a}_{\mathrm{r}}$	相对加速度
$\boldsymbol{a}_{\mathrm{r}}^{\mathrm{n}}$	法向相对加速度	$\boldsymbol{a}_{\mathrm{r}}^{\mathrm{t}}$	切向相对加速度
$\boldsymbol{a}_{\mathrm{t}}$	切向加速度	A	面积，自由振动振幅
b	距离，宽度	c	距离，宽度，常数
C	质心，重心	d	距离，直径
D	直径	E	弹性模量，能
E_{k}	动能	E_{p}	势能
e	恢复因数，偏心距	$\boldsymbol{F}$	力，动摩擦力
f	频率，动摩擦因数	f_{s}	静摩擦因数
$\boldsymbol{F}^{\mathrm{e}}$	外力	$\boldsymbol{F}_{i}$	第 i 个力
$\boldsymbol{F}^{\mathrm{i}}$	内力	$\boldsymbol{F}_{\mathrm{I}}$	惯性力
$\boldsymbol{F}_{\mathrm{IC}}$	科氏惯性力	$\boldsymbol{F}_{\mathrm{Ie}}$	牵连惯性力
$\boldsymbol{F}_{\mathrm{n}}$	法向分力	$\boldsymbol{F}_{\mathrm{N}}$	法向约束力
$\boldsymbol{F}_{\mathrm{r}}$	径向力	$\tilde{\boldsymbol{F}}_{\mathrm{g}}$	广义力
$\boldsymbol{F}_{\mathrm{R}}$	主矢，合力	$\boldsymbol{F}_{\mathrm{s}}$	静摩擦力
$\boldsymbol{F}_{\mathrm{t}}$	圆周力，切向力	$\boldsymbol{g}$	重力加速度
h	高度	$\boldsymbol{I}$	冲量
$\boldsymbol{i}$	轴 x 的基矢量	$\boldsymbol{j}$	轴 y 的基矢量
J_{z}	对轴 z 的转动惯量	J_{xy}	对轴 x，y 的惯性积
J_{C}	对质心的转动惯量	k	弹簧刚度系数
$\boldsymbol{k}$	轴 z 的基矢量	l	长度
L	长度，拉格朗日函数	$\boldsymbol{L}_{C}$	对质心的动量矩
$\boldsymbol{L}_{O}$	对点 O 的动量矩	L_{z}	对轴 z 的动量矩
m	质量	M	平面力偶矩

M_z	对轴 z 的矩	$\boldsymbol{M}$	力偶矩矢，主矩
$\boldsymbol{M}_{\mathrm{I}}$	惯性力的主矩	$\boldsymbol{M}_O(\boldsymbol{F})$	力 F 对点 O 的矩
n	质点数目，每分钟转速，弹簧圈数	O	参考坐标系的原点
P	功率	$\boldsymbol{p}$	动量
q	载荷集度，广义坐标	q_V	体积流量
q_m	质量流量	R	半径
r	半径	$\boldsymbol{r}$	矢径
$\boldsymbol{r}_C$	质心的矢径	$\boldsymbol{r}_O$	点 O 的矢径
s	弧坐标，频率比	t	时间，温度
T	周期，温度	V	体积
$\boldsymbol{v}$	速度	$\boldsymbol{v}_{\mathrm{a}}$	绝对速度
$\boldsymbol{v}_{\mathrm{C}}$	质心速度	$\boldsymbol{v}_{\mathrm{e}}$	牵连速度
$\boldsymbol{v}_{\mathrm{r}}$	相对速度	W	力的功
$\boldsymbol{W}$	重量	x	直角坐标
y	直角坐标	z	直角坐标
α	角加速度，角度	$\boldsymbol{\alpha}$	角加速度矢量
β	角度，振幅比		
δ	滚阻系数，阻尼系数，厚度，位移		
φ	角度，初相角，相位差	φ_{f}	摩擦角
γ	角度	η	减缩因数，效率，隔振因数
Λ	对数减缩	θ	角度
ρ	密度，曲率半径	ρ_A	面密度
ρ_l	线密度	ζ	阻尼比
ω	角速度	$\boldsymbol{\omega}$	角速度矢量
ω_{n}	固有角频率	ω_{a}	绝对角速度
$\boldsymbol{\omega}_{\mathrm{a}}$	绝对角速度矢量	ω_{e}	牵连角速度
$\boldsymbol{\omega}_{\mathrm{e}}$	牵连角速度矢量	ω_{r}	相对角速度
$\boldsymbol{\omega}_{\mathrm{r}}$	相对角速度矢量	ψ	角度

目　　录

绪　论

1．理论力学的研究对象

理论力学研究物体机械运动的基本规律。机械运动是指物体在空间的位置变化。

2．理论力学的内容

理论力学研究的是速度远小于光速的宏观物体的机械运动，它以牛顿总结的三个基本定律和力的平行四边形法则为基础。本书分为以下三部分。

(1) **静力学**——主要研究力的基本概念、力系等效简化和平衡及其应用。

(2) **运动学**——从几何角度研究物体运动。

(3) **动力学**——研究物体的运动与所受力之间的关系。

3．学习理论力学的目的

理论力学是一门理论性较强的技术基础课，又是学生接触工程实际的第一门课程。学习该课程的主要目的如下。

(1) 理论力学是一切力学课程的基础，也是许多专业课程的基础。

(2) 有些工程问题直接利用理论力学知识解决。因此，通过理论力学的学习，学生要初步学会近似处理工程实际问题的方法，包括工程实际问题的力学建模。

(3) 理论力学是一门演绎性较强的课程，对训练逻辑思维颇有好处；同时，习题变化多端，可以培养学生的分析能力和灵活运用能力。

4．学习理论力学的方法

理论力学属经典力学，理论性强，它是认识自然的基础、解决实际问题的基础，也是一系列相关后续课程的基础，因此要求读者具备较好的数学物理基础和对力学模型的工程背景有较多的认识。学生在学习理论力学时，除了认真听课和精读课本基本内容外，还要注意观察周围工程实际构件及其运动状态，同时一定要独立按时完成相应内容的习题作业，这是消化及掌握课程基本概念、基本理论、基本方法至关重要的一步。初学理论力学的人，往往因理论力学中一些名词与大学物理课程中的相同而觉得理论好懂，但又深感其习题难做，这主要是对理论力学研究对象的广泛性认识不足。工科大学培养的学生要能解决实际问题，是在培养“演员、运动员”而不是培养“观众”，因此要求学生通过及时认真做习题来逐步掌握课程知识和提高解决问题的能力。

第1篇　静　力　学

本篇主要研究三个问题：

(1)　物体的受力分析。

(2)　力系等效和简化。

(3)　平衡力系作用下物体的受力。

静力学的理论和方法在解决工程技术问题中有着广泛的应用。静力学知识是学习本课程后续内容和后续课程所必需的。

第 1 章　静力学基本概念与物体受力分析

本章将介绍静力学的基本概念，阐述静力学公理，并介绍工程中几种常见的典型约束、约束力的分析和物体的受力图。

1.1　静力学基本概念

1.1.1　力与力系

1. 力

力是物体间的相互作用，这种作用将使物体的运动状态发生变化(外效应)，或使物体变形(内效应)。力是**定位矢量**，其量纲为牛顿(N)。力在直角坐标系中表示为

$$\boldsymbol{F}=F_x\boldsymbol{i}+F_y\boldsymbol{j}+F_z\boldsymbol{k}=(F_x, F_y, F_z) \tag{1-1}$$

力在直角坐标系中的表示如图 1.1 所示。式(1-1)中，F_x，F_y，F_z 分别为力矢 $\boldsymbol{F}$ 在轴 x，y，z 上的投影，为代数量。

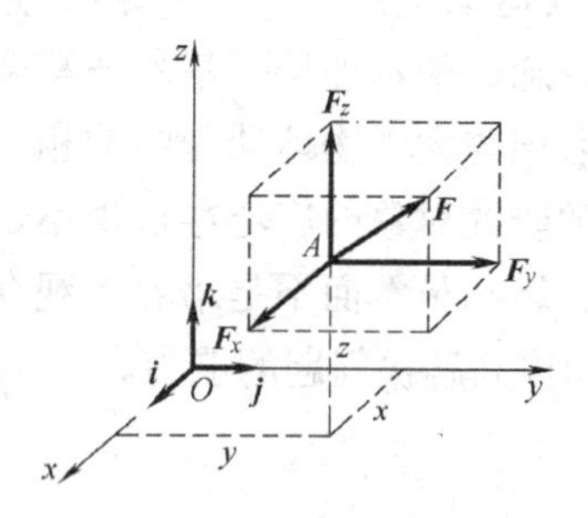

图 1.1　力在直角坐标表示

物体相互接触时，无论是施力体还是受力体，总是受到分布作用在一定的接触面上的

分布力。例如，作用在烟囱上的风压力和水平桌面对粉笔盒的支承力(图 1.2(a))。很多情况下，这种分布力比较复杂，例如，人的鞋底对地面的作用力及鞋底上各点受到的地面支承力都是不均匀的。如果分布力作用的面积很小，为了分析计算方便，可以将分布力简化为作用于一点的合力，称为**集中力**。例如，静止的汽车通过轮胎作用在马路上的力(图 1.2(b))。

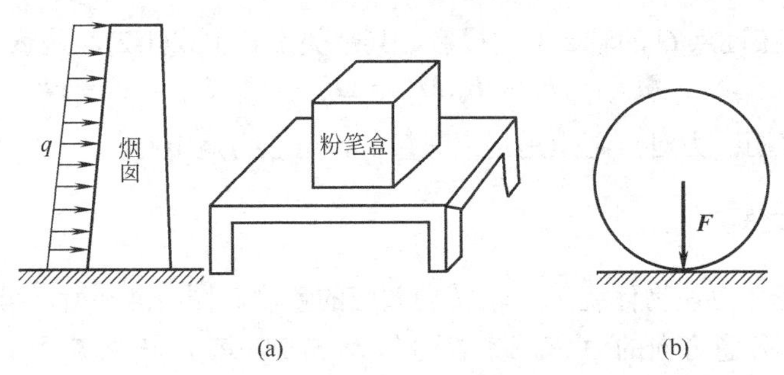

图 1.2　分布力与集中力示意

2．力系

力系是指作用在物体上的一群力。若两力系分别作用于同一物体且效应相同，则将这两力系称为**等效力系**。若力系与一力等效，则此力就称为该力系的**合力**，而力系中的各力，则称为此合力的**分力**。

1.1.2　平衡

平衡是指物体相对于惯性参考系(如地面)保持静止或匀速直线运动状态。如桥梁、机床的床身、作匀速直线飞行的飞机等，都处于平衡状态。平衡是物体运动的一种特殊形式。物体平衡时，其所受的力系称为**平衡力系**。平衡力系中的任一力都是其余力的**平衡力**，即与其余的力相平衡的力。

1.1.3　刚体

刚体是指在力的作用下，其内部任意两点之间的距离始终保持不变的物体。这是实际物体经过简化与抽象理想化的力学模型。在静力学中所说的物体或物体系均指刚体或刚体系，静力学也称为**刚体静力学**。

1.1.4　力矩

1．力对点之矩

力矩是力使物体绕某一点转动效应的量度。因为是对一点而言，故称为**力对点之矩**，该点称为**力矩中心**，简称**矩心**。

考察空间任意力 $\boldsymbol{F}$ 对点 O 之矩，如图 1.3 所示。设力 $\boldsymbol{F}=(F_x, F_y, F_z)$，点 O 到力 $\boldsymbol{F}$ 作用

点 A 的矢量称为**矢径**，在三维坐标系中，矢径 $\boldsymbol{r}=(x,y,z)$。定义：力对点 O 之矩等于矢径 $\boldsymbol{r}$ 与力 $\boldsymbol{F}$ 的矢积，即

$$\boldsymbol{M}_O(\boldsymbol{F})=\boldsymbol{r}\times\boldsymbol{F}=\begin{vmatrix}\boldsymbol{i} & \boldsymbol{j} & \boldsymbol{k}\\ x & y & z\\ F_x & F_y & F_z\end{vmatrix}=M_{Ox}\boldsymbol{i}+M_{Oy}\boldsymbol{j}+M_{Oz}\boldsymbol{k} \tag{1-2}$$

M_{Oz} 称为 $\boldsymbol{M}_O(\boldsymbol{F})$在过点 O 的轴 z 上的投影，其余类推。由式(1-2)，显然

$$M_{Ox}=yF_z-zF_y,M_{Oy}=zF_x-xF_z,M_{Oz}=xF_y-yF_x \tag{1-3}$$

上述定义表明：力对点之矩是定位矢量，作用在力矩中心。

2. 力对轴之矩

力对轴之矩是力使物体绕某一轴转动效应的量度。图 1.4(a)所示可绕轴转动的门，在其上点 A 作用有任意方向的力 $\boldsymbol{F}$。将 $\boldsymbol{F}$ 分解为 $\boldsymbol{F}=\boldsymbol{F}_z+\boldsymbol{F}_{xy}$，其中 $\boldsymbol{F}_z$ 平行于轴 Oz，$\boldsymbol{F}_{xy}$ 垂直于轴 Oz。力 $\boldsymbol{F}$ 对门所产生的绕轴 Oz 转动的效应可用其两个分力 $\boldsymbol{F}_z$，$\boldsymbol{F}_{xy}$ 所产生的效应代替。实践表明，与轴 Oz 共面的 $\boldsymbol{F}_z$ 对门不能产生绕轴 Oz 的转动效应，只有分力 $\boldsymbol{F}_{xy}$ 对门产生绕轴 Oz 的转动效应。这个转动效应可用垂直于轴 Oz 的平面上的分力 $\boldsymbol{F}_{xy}$ 对点 O 之矩 $M_O(\boldsymbol{F}_{xy})$来量度，如图 1.4(b)所示。由图 1.4 可知

$$M_z(\boldsymbol{F})=M_O(\boldsymbol{F}_{xy})=xF_y-yF_x \tag{1-4}$$

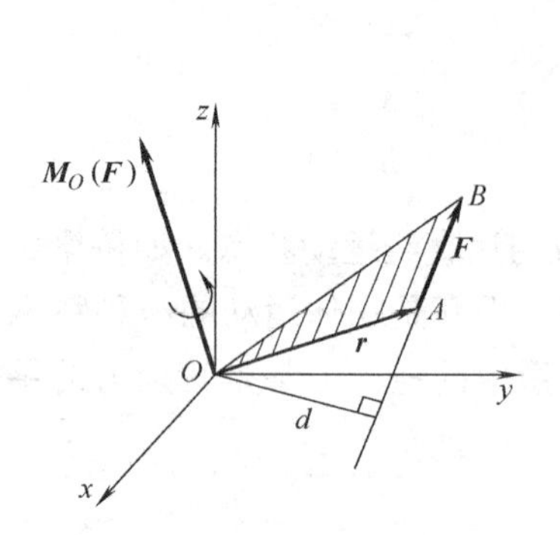

图 1.3 力对点之矩

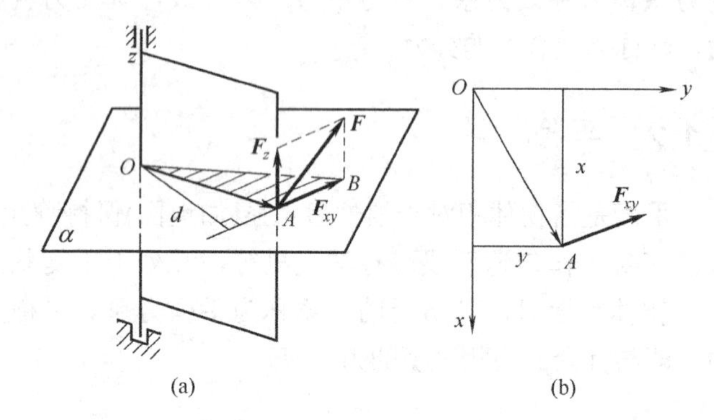

图 1.4 力对轴之矩

比较式(1-3)与式(1-4)，有

$$M_z(\boldsymbol{F})=M_{Oz}=[\boldsymbol{M}_O(\boldsymbol{F})]_z \tag{1-5a}$$

同理

$$M_x(\boldsymbol{F})=M_{Ox}=[\boldsymbol{M}_O(\boldsymbol{F})]_x \tag{1-5b}$$

$$M_y(\boldsymbol{F})=M_{Oy}=[\boldsymbol{M}_O(\boldsymbol{F})]_y \tag{1-5c}$$

即**力对点之矩在过该点的轴上的投影等于力对该轴的矩**(代数量)，此即**力矩关系定理**，如图 1.5 所示。图 1.5 中，$M_{Oz}(\boldsymbol{F})$为 $\boldsymbol{M}_O(\boldsymbol{F})$在轴 Oz 上投影，为代数量。图 1.5 所示 $M_{Oz}(\boldsymbol{F})$所示“箭头”应理解为与轴 z 同向为正，反向为负。

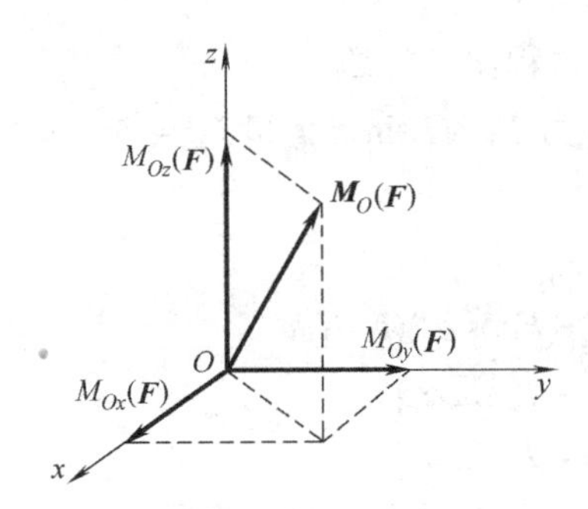

图 1.5　力对点与轴之矩间的关系

1.1.5　合力矩定理

若力系存在合力，**合力对某一点之矩，等于力系中所有力对同一点之矩的矢量和**，此称为**合力矩定理**，即

$$\boldsymbol{M}_O(\boldsymbol{F}_\mathrm{R})=\sum_{i=1}^{n}\boldsymbol{M}_O(\boldsymbol{F}_i) \tag{1-6}$$

其中

$$\boldsymbol{F}_\mathrm{R}=\sum_{i=1}^{n}\boldsymbol{F}_i$$

需要指出的是，对于力对轴之矩，合力矩定理则为：**合力对某一轴之矩，等于力系中所有力对同一轴之矩的代数和**，即

$$\left.\begin{aligned}M_{Ox}(\boldsymbol{F}_\mathrm{R})&=\sum_{i=1}^{n}M_{Ox}(\boldsymbol{F}_i)\\M_{Oy}(\boldsymbol{F}_\mathrm{R})&=\sum_{i=1}^{n}M_{Oy}(\boldsymbol{F}_i)\\M_{Oz}(\boldsymbol{F}_\mathrm{R})&=\sum_{i=1}^{n}M_{Oz}(\boldsymbol{F}_i)\end{aligned}\right\} \tag{1-7}$$

【例 1-1】图 1.6 所示支架受力 $\boldsymbol{F}$ 作用，图中 l_1，l_2，l_3 与角 α 均已知。求 $\boldsymbol{M}_O(\boldsymbol{F})$。

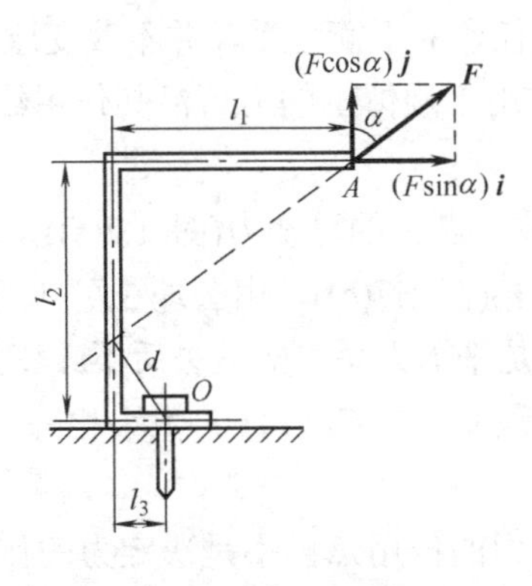

图 1.6　例 1-1 图

【解】若直接由力 $\boldsymbol{F}$ 对点 O 取矩，即$|\boldsymbol{M}_O(\boldsymbol{F})|=Fd$，其中 d 为**力臂**，如图 1.6 所示。显

然，在图示情形下，确定 d 的过程比较麻烦。

若先将力 $\boldsymbol{F}$ 分解为两个分力 $\boldsymbol{F}_x=(F\sin\alpha)\boldsymbol{i}$ 和 $\boldsymbol{F}_y=(F\cos\alpha)\boldsymbol{j}$，再应用合力矩定理，则较为方便。于是，有

$$\begin{aligned}\boldsymbol{M}_O(\boldsymbol{F})&=\boldsymbol{M}_O(\boldsymbol{F}_x)+\boldsymbol{M}_O(\boldsymbol{F}_y)\\&=-(F\sin\alpha)l_2\boldsymbol{k}+(F\cos\alpha)(l_1-l_3)\boldsymbol{k}\\&=F[(l_1-l_3)\cos\alpha-l_2\sin\alpha]\boldsymbol{k}\end{aligned}$$

$$M_O(\boldsymbol{F})=F[(l_1-l_3)\cos\alpha-l_2\sin\alpha]$$

显然，根据这一结果，还可算得力 $\boldsymbol{F}$ 对点 O 的力臂为

$$d=|(l_1-l_3)\cos\alpha-l_2\sin\alpha|$$

上述分析与计算结果表明，应用合力矩定理，在某些情形下将使计算过程简化。

1.2 静力学公理

公理是人们在生活与生产实践中长期积累的经验总结，又经过实践反复检验，可以认为是真理而不需证明。在一定范围内它正确反映了事物最基本、最普遍的客观规律。

公理1　力的平行四边形法则

作用在**物体**上同一点的两个力可以合成一个合力，合力的作用点也在该点，大小和方向由这两个力为边构成的平行四边形的主对角线确定。用矢量表示为

$$\boldsymbol{F}=\boldsymbol{F}_1+\boldsymbol{F}_2 \tag{1-8}$$

公理2　二力平衡条件

作用在**刚体**上的二力平衡的充要条件是：这两力的大小相等、方向相反且作用在同一直线上。

公理3　加减平衡力系原理

在给定力系上增加或减去任意的平衡力系，并不改变原力系对**刚体**的作用效果。

推论1　力的可传性　作用于**刚体**上的力可沿其作用线滑移至刚体内任意点而不改变它对刚体的作用效应。

证明：设 $\boldsymbol{F}$ 为作用于刚体上点 A 的已知力(图1.7(a))，在力的作用线上任一点 B 加上一对大小均为 F 的平衡力 $\boldsymbol{F}_1$, $\boldsymbol{F}_2$(图1.7(b))，由公理3可知新力系($\boldsymbol{F}$, $\boldsymbol{F}_1$, $\boldsymbol{F}_2$)与原力系(只有一个力 $\boldsymbol{F}$)等效。而 $\boldsymbol{F}$ 和 $\boldsymbol{F}_1$ 是平衡力系，故减去后不改变力系的作用效应(图1.7(c))。所以，剩下的力 $\boldsymbol{F}_2$ 与原力系 $\boldsymbol{F}$ 等效。力 $\boldsymbol{F}_2$ 与力 $\boldsymbol{F}$ 大小相等，作用线和指向相同，只是作用点由 A 变为 B。

推论表明，对刚体而言，力的作用点已不是决定力的作用效应的一个要素，它应为力的作用线所取代。因此，作用于刚体上之**力的三要素**是：力的大小、方向和作用线。

可沿作用线滑动的矢量称为**滑动矢量**。作用于刚体上的力是滑动矢量。

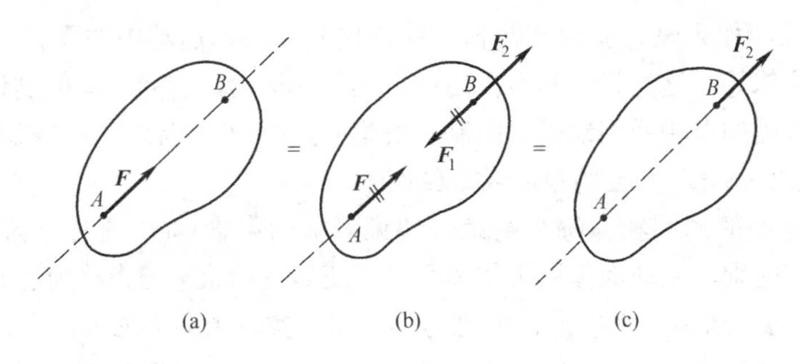

图 1.7　力的可传性

推论 2　三力平衡汇交定理　作用于刚体上 3 个相互平衡的力，若其中两个力的作用线汇交于一点，则此 3 个力必在同一平面内，且第 3 个力的作用线必通过汇交点。

证明： 如图 1.8 所示，在刚体的 A, B, C 三点上，分别作用 3 个相互平衡的力 $\boldsymbol{F}_1$, $\boldsymbol{F}_2$, $\boldsymbol{F}_3$。根据力的可传性，将力 $\boldsymbol{F}_1$ 和 $\boldsymbol{F}_2$ 移到汇交点，然后由公理 1，得合力 $\boldsymbol{F}_{12}$，则力 $\boldsymbol{F}_3$ 应与 $\boldsymbol{F}_{12}$ 平衡。由于两个力平衡必共线，所以力 $\boldsymbol{F}_3$ 必定与力 $\boldsymbol{F}_1$ 和 $\boldsymbol{F}_2$ 共面，且通过力 $\boldsymbol{F}_1$ 与 $\boldsymbol{F}_2$ 的交点 O。于是定理得证。

公理 4　作用和反作用定律

两物体间存在作用力与反作用力，两力大小相等、方向相反，分别作用在两个物体上。

公理 5　刚化原理

变形体在某一力系作用下处于平衡，如将此变形体刚化为刚体，则其平衡状态不变。

如图 1.9 所示，绳索在一对拉力作用下处于平衡，若将其刚化为刚性杆时，则平衡状态保持不变。反之则不然，即一对等值、共线的压力作用可使刚性杆平衡，但却不能使绳子平衡。由此可知，刚体上力系的平衡条件只是变形体平衡的必要条件，而非充分条件。

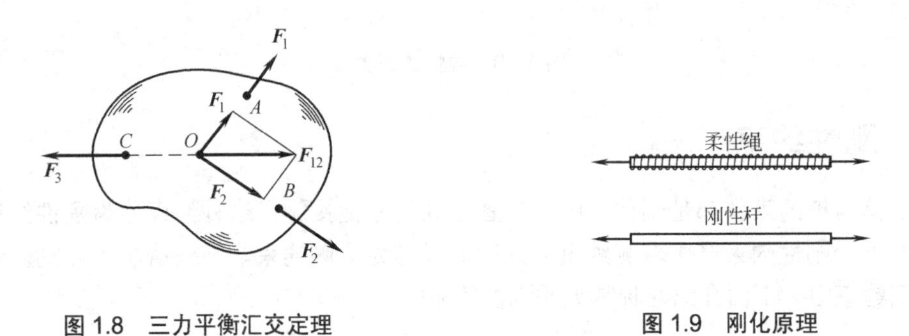

图 1.8　三力平衡汇交定理　　　图 1.9　刚化原理

1.3　基本约束及其约束力

工程中的机器和结构都是由若干个零件和构件通过相互接触或相互连接而成。约束则是接触和连接方式的简化模型。

物体的运动，如果没有受到其他物体的直接限制，如运动中的飞机、火箭、人造卫星、足球、乒乓球等，这类物体称为**自由体**。物体的运动，若受到其他物体的直接限制，例如在地面上行驶的车辆受到地面的限制、桥梁受到桥墩的限制、各种机械中的轴受到轴承的限制等，这类物体称为**受约束体**或**非自由体**。

限制物体运动的周围物体称为**约束**。约束对被约束物体(研究对象)的作用称为**约束力**。与约束力相区别，主动地作用于物体，以改变其运动状态的力称为**主动力**，工程中也称为**载荷**[①]，重力、风力、水压力、电磁力等均属此类。主动力的方向和大小在理论力学的计算中通常是预先给定的。当物体在主动力作用下产生运动趋势而受到约束阻碍时，这种阻碍即表现为约束作用于被约束物体的约束力。因此，约束力是一种被动的力，其方向和大小不能预先确定，只能由约束的性质和主动力的状况被动地确定。约束力的方向总是与该约束所能阻碍的运动方向相反。

1.3.1　柔性约束

缆索、工业带、链条等都可理想化为**柔性约束**，统称为**柔索**。这种约束的特点是，其所产生的约束力只能沿柔索方向，并且只能是拉力，不能是压力，因而又称**单侧约束**。

图 1.10(a)所示为传动带和带轮，若以轮为研究对象，传动带对轮的约束力较复杂，传动带与轮的所有接触点都有力的作用。研究对象取轮和与它接触的传动带，则约束是传动带的其余部分，约束力沿轮缘切线方向，均为拉力，如图 1.10(b)所示，轮心所受约束为铰链约束，这将在下面讨论。

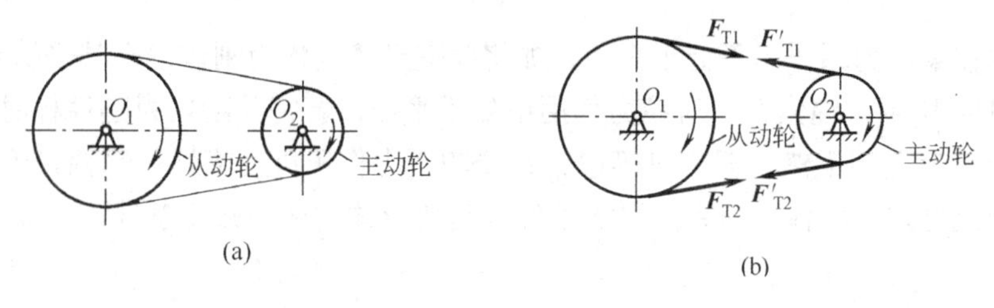

图 1.10　柔性约束力

1.3.2　刚性约束

约束体与被约束体都是刚体，因而二者之间为刚性接触，这种约束称为**刚性约束**。大多数情况下，刚性约束产生双侧约束力，因而又称为**双侧约束**。某些情况下，刚性约束也产生单侧约束力。下面介绍几种常见的刚性约束。

1. 光滑面约束

两个物体的接触面处光滑无摩擦时，约束只能限制被约束物体沿二者接触面公法线且指向约束的运动，而不限制沿接触面切线方向的运动。因此，光滑面约束的约束力只能沿

---

① 一般机械工程中称载荷，土木工程中称荷载。

着接触面的公法线，并指向被约束物体。图 1.11(a)、(b)所示分别为光滑曲面对刚性球的约束和齿轮传动机构中齿轮Ⅱ对齿轮Ⅰ的约束。

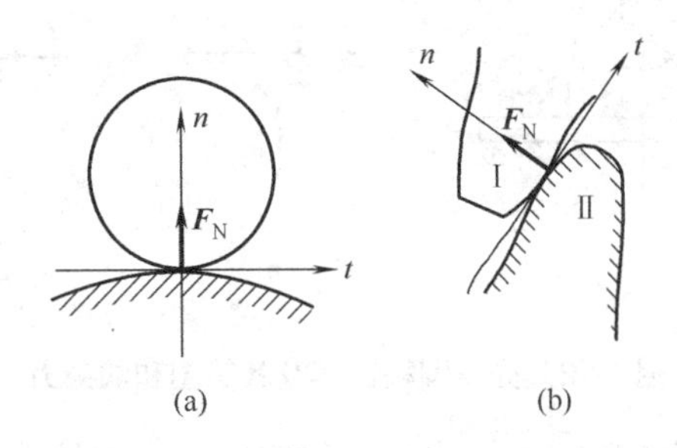

图 1.11　光滑面约束及其约束力

桥梁、屋架结构中采用的**辊轴支承**(又称**滑动铰链**)也是一种光滑面约束，如图 1.12 所示。采用这种支承结构，主要考虑到当温度改变时，桥梁会有一定量的伸缩，为使这种伸缩自由，辊轴可以沿伸缩方向作微小滚动。当不考虑辊轴与接触面之间的摩擦时，辊轴支承是光滑面约束。其简图和约束力方向如图 1.12(b)或图 1.12(c)所示。

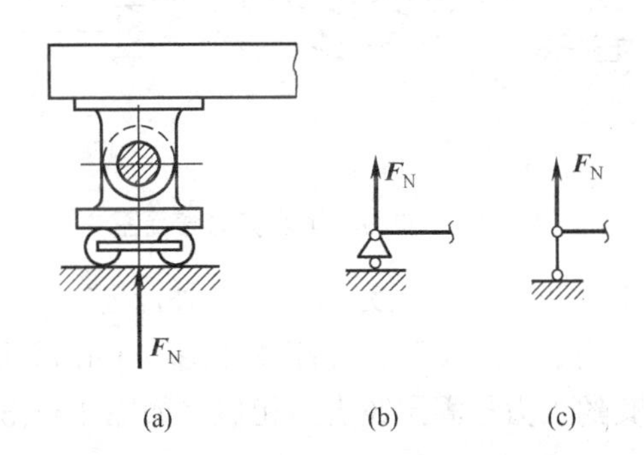

图 1.12　辊轴及其简图和约束力

需要指出的是，某些工程结构中的辊轴支承，既限制被约束物体向下运动，也限制其向上运动。因此，约束力 $\boldsymbol{F}_N$ 垂直于接触面，可能背向接触面，也可能指向接触面。

2. 光滑圆柱铰链约束

光滑圆柱铰链，简称**柱铰**或**铰链**，若约束为固定支座，则又称这种约束为**固定铰支座**。其结构简图如图 1.13(a)所示，约束与被约束物体销钉连接。这种连接方式的特点是限制被约束物体只能绕销钉轴线转动，而不能有移动。

若将销钉与被约束物体视为一整体，则其与约束(固定支座)之间为线(销钉圆柱体的母线)接触，在平面图形上则为一点。

接触线(或点)的位置随载荷的方向而改变，因此在光滑接触的情况下，这种约束的约束力通过圆孔中心，方向和大小均不确定，通常用分量表示。在平面问题中这些分量分别为 $\boldsymbol{F}_x$，$\boldsymbol{F}_y$。即 $\boldsymbol{F}=(F_x, F_y)$。这种约束的力学符号如图 1.13(b)或图 1.13(c)所示。

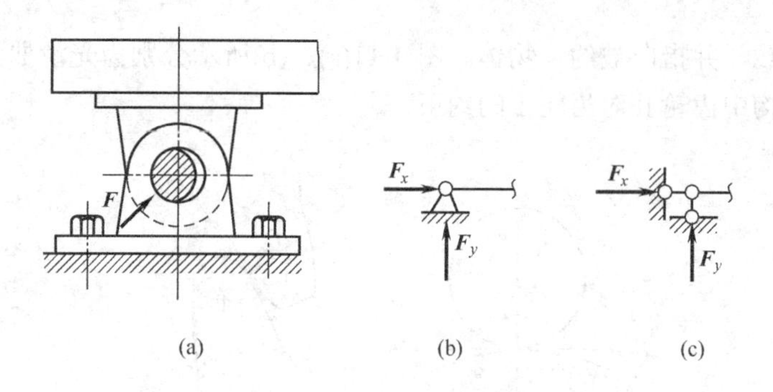

图 1.13　光滑圆柱铰链及其简图和约束力

支承传动轴的**向心轴承**(图 1.14(a))也是一种固定铰支座约束，其力学简图如图 1.14(b)或图 1.13(b)所示。

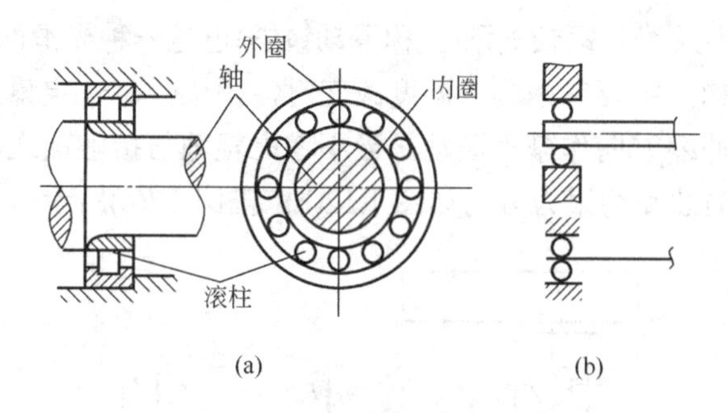

图 1.14　向心轴承及其力学简图

实际工程结构中，铰链约束除了约束为固定支座外，还有一种为两个构件通过铰链连接，称为**活动铰链**，又称**中间铰**，其实际结构简图如图 1.15(a)所示。这时两个相连的构件互为约束与被约束物体，其约束力与固定铰支座相似，如图 1.15(b)所示。图 1.15(c)所示为这种铰链的力学简图。

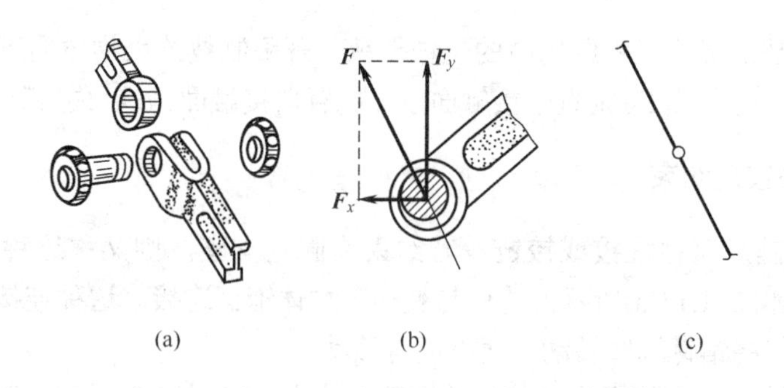

图 1.15　活动铰及其简图

3．球形铰链约束

球形铰链简称**球铰**，有固定球铰与活动球铰之分。其结构简图如图 1.16(a)所示，被约束物体上的球头与约束上的球窝连接。这种约束的特点是被约束物体只能绕球心作空间转动，而不能有空间任意方向的移动。因此，球铰的约束力为空间力，一般用 3 个分量表示(图 1.16(b))：$\boldsymbol{F}=(F_x, F_y, F_z)$。其力学简图如图 1.16(c)所示。

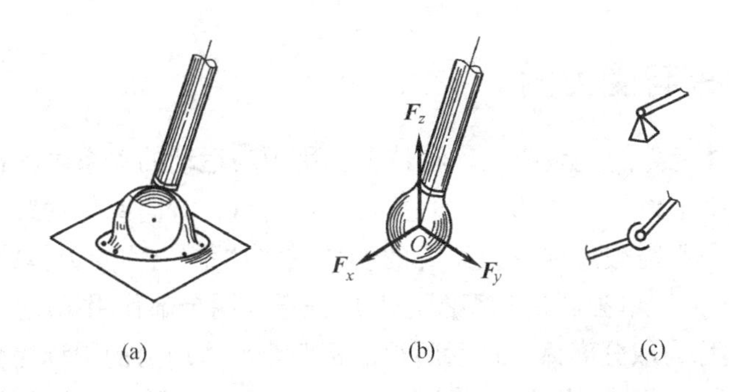

图 1.16　球形铰链及其约束力和力学简图

4．止推轴承约束

图 1.17(a)所示止推轴承，除了与向心轴承一样具有作用线不定的径向约束力外，由于限制了轴的轴向运动，因而还有沿轴线方向的约束力(图 1.17(b))。其力学简图如图 1.17(c)所示。

5．二力杆约束

不计自重的**刚性**构件，若在其两处受力而平衡称为**二力构件**，简称**二力杆**，如图 1.18 所示。构件仅在两端受通过铰链中心的两个力而处于平衡，此二力必共线、反向、等值，其指向可任意假设，属双侧约束。

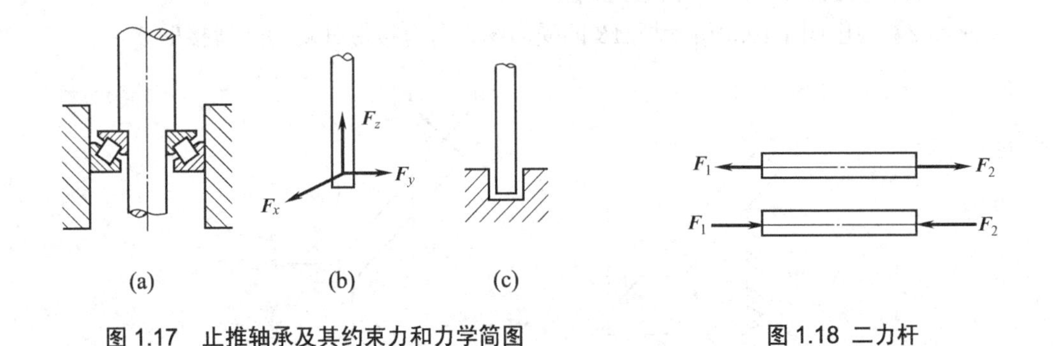

图 1.17　止推轴承及其约束力和力学简图

图 1.18 二力杆

1.3.3　约束力特点

(1)　**作用点**。约束与研究对象的接触点。

(2)　**方向或作用线**。约束性质决定了约束只能限制研究对象某些方向的运动，只能在这些方向的反方向施力于研究对象。有时这个方向是一个范围，具体方向由主动力确定。

(3)　**大小或代数量**。由主动力确定。

1.4 物体的受力分析和受力图

1.4.1 解除约束与受力图

在研究平衡物体上力的关系或运动物体上作用力与运动的关系时，都需要首先对物体进行**受力分析**，即确定作用在物体上力的数目、作用点、方向或作用线。为了清楚地显示物体的受力状态，通常需假想地将被研究的物体或物体系(也称受力体或研究对象)从周围物体(施力体)分离出来，单独画出其简图，并用矢量标明全部作用力(包括全部主动力和约束力)。分离的过程称为**取分离体**，最后所得的标明全部作用力的图称为**受力图**。非自由体是受约束的，这时去掉约束，代之以相应的约束力，这个过程称为**解除约束**。

1.4.2 画受力图的步骤

画受力图是求解静力学和动力学问题的重要基础，其基本步骤如下。

(1) 选定研究对象，并单独画出其分离体(分离体图中，外约束不画出)。

(2) 在分离体上画出所有作用于其上的主动力(一般皆为已知力)。

(3) 在分离体的每一个外约束处，根据约束特征画出其相应的**外约束力**。

当选择若干个物体组成的物体系为研究对象时，作用于物体系上的力可分为两类：物体系以外物体作用于物体系内各个物体的力称为**外力**，物体系内物体间相互作用的力称为**内力**。应该指出，内力和外力的区分不是绝对的，内力和外力的区分，只有相对于确定的研究对象才有意义。注意在物体系的整体、部分及单个物体的受力图中，作用于物体上的力的符号、方向要彼此协调。下面通过例题说明。

【例 1-2】画出图 1.19(a)所示杆 AB 的受力图，所有接触处均为光滑接触。

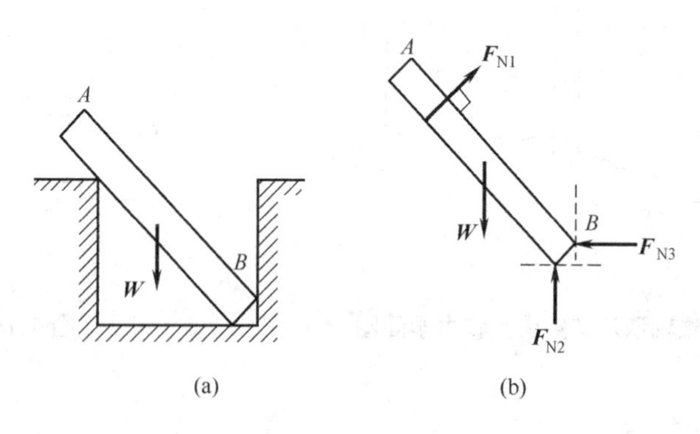

图 1.19 例 1-2 图

【分析】研究对象为杆 AB，各光滑面接触约束力沿公法线且指向被约束物体。

【解】如图 1.19(b)所示。

【讨论】 学生作业时，应有分析思考过程，但不必写出分析过程。

【例 1-3】画出图 1.20(a)所标字符各构件的受力图及整体受力图，各杆重均不计(本书不指明杆重时均不计杆重)，均为光滑接触。

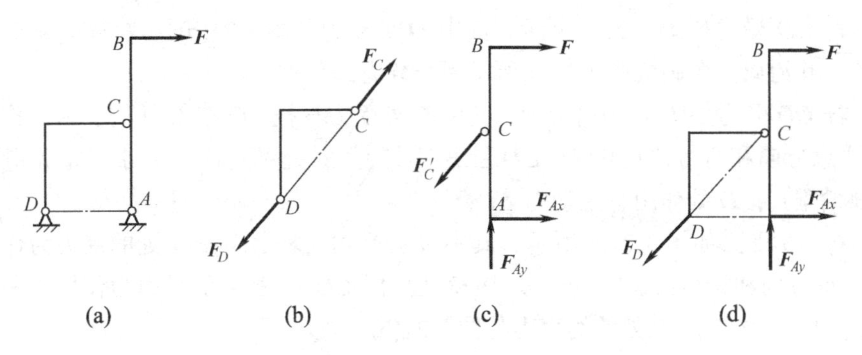

图 1.20　例 1-3 图

【分析】

(1) 杆 *DC* 为二力构件，*D*，*C* 约束力的作用线沿 *DC* 连线，假设为拉力，如图 1.20(b)所示。

(2) 杆 *ACB* 中，*C* 处受力与杆 *DC* 中 *C* 处受力互为作用力和反作用力，理论力学中约定用反向的 $\boldsymbol{F}$，$\boldsymbol{F}'$ 表示作用力与反作用力。*A* 处为固定铰链，约束力画两个分力，如图 1.20(c)所示。

(3) 此为两个刚体组成的系统。*D* 处约束力与图 1.20(b)中 *D* 处约束力是同一个力，与图 1.20(b)一致。*A* 处受力与图 1.20(c)一致。

【解】如图 1.20(b)，图 1.20(c)和图 1.20(d)所示。

【例 1-4】画出图 1.21(a)所标字符各构件的受力图，均为光滑接触。

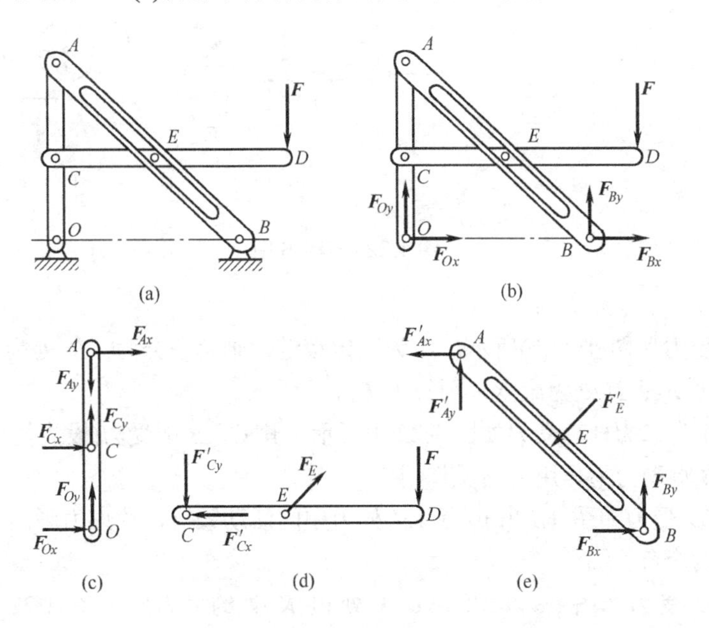

图 1.21　例 1-4 图

【分析】

(1) 整体受力如图 1.21(b)所示。*O*，*B* 两处为固定铰链约束，约束力各为两个分力。*D* 处为主动力 $\boldsymbol{F}$。(其余各处为内约束，其约束力不画出)

(2) 杆 AO 受力如图 1.21(c)所示。其中 O 处受力与图 1.21(b)一致；C，A 两处为中间活动铰链，其约束力各画成图 1.21(c)所示两个分力。

(3) 杆 CD 受力如图 1.21(d)所示。其中 C 处受力与杆 AO 在 C 处的受力为作用力和反作用力(注意方向和符号协调)；杆 CD 上所带销钉 E 处受到杆 AB 中斜槽光滑面约束力 $\boldsymbol{F}_E$，与斜槽垂直；D 处作用有主动力 $\boldsymbol{F}$。

(4) 杆 AB 受力如图 1.21(e)所示。其中 A 处受力与杆 AO 在 A 处的受力为作用力和反作用力(注意方向和符号协调)；杆 AB 中 E 处与杆 CD 在 E 处的受力为作用力和反作用力(注意方向和符号协调)；B 处的约束力与图 1.21(b)一致。

【解】 如图 1.21(b)～图 1.21(e)所示。

【例 1-5】 画出图 1.22(a)所标字符各构件的受力图，均为光滑接触。

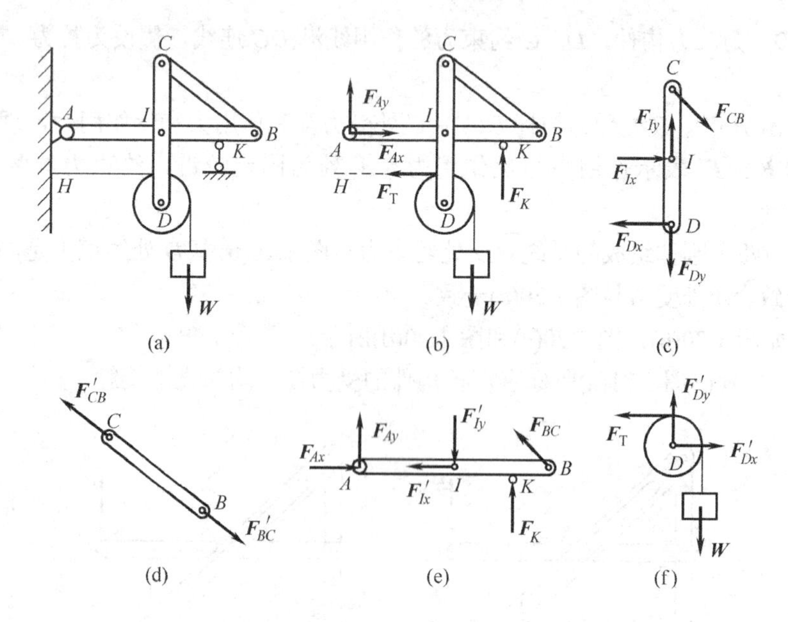

图 1.22　例 1-5 图

【分析】

(1) 整体受力如图 1.22(b)所示。A 为固定铰链，画两个分力；K 处为辊轴支承，有方向向上的约束力 $\boldsymbol{F}_K$；H 处为柔索，画拉力 $\boldsymbol{F}_{\mathrm{T}}$。

(2) 杆 CB 为二力杆，受力如图 1.22(d)所示。其 C，B 端受力(设为拉力)与杆 CD 的 C 端及杆 AB 的 B 端受力为作用力与反作用力。

(3) 杆 CID 受力如图 1.22(c)所示。I 处为中间活动铰链，约束力画两个分力；D 处中间活动铰链画两个分力。

(4) 杆 AB 受力如图 1.22(e)所示；A 处和 K 处约束力应与图 1.22(b)一致；I 处与图 1.22(c)中 I 处为作用力和反作用力。

(5) 轮 D 与重物 $\boldsymbol{W}$ 受力如图 1.22(f)所示：H 处张力与图 1.22(b)一致；D 处与图 1.22(c)中 D 处为作用力与反作用力。

【解】如图 1.22(b)～图 1.22(f)所示。

【讨论】若将杆 CD 与轮 D 一起组成研究对象(局部构件组合)，请读者画出其受力图。

小　结

(1) 力——物体间的相互作用；力是矢量。对一般物体而言，力是定位矢量；对刚体而言，力是滑移矢量。力在直角坐标系中可表示为

$$\boldsymbol{F}=F_x\boldsymbol{i}+F_y\boldsymbol{j}+F_z\boldsymbol{k}$$

(2) 等效力系——两个力系对同一物体的作用效应相同。

(3) 平衡——物体相对惯性系静止或作匀速直线平移。

(4) 刚体——受力不变形的物体。

(5) 力对点之矩是定位矢量。

$$\boldsymbol{M}_O(\boldsymbol{F})=\boldsymbol{r}\times\boldsymbol{F}=M_{Ox}\boldsymbol{i}+M_{Oy}\boldsymbol{j}+M_{Oz}\boldsymbol{k}$$

(6) 力对轴之矩是代数量。

$$M_x(\boldsymbol{F})=M_{Ox}=yF_z-zF_y$$
$$M_y(\boldsymbol{F})=M_{Oy}=zF_x-xF_z$$
$$M_z(\boldsymbol{F})=M_{Oz}=xF_y-yF_x$$

(7) 合力矩定理——合力对点 O(轴 z)的力矩等于力系中所有力对点 O(轴 z)力矩的矢量和(代数和)。

对点 O
$$\boldsymbol{M}_O(\boldsymbol{F}_R)=\sum_{i=1}^{n}\boldsymbol{M}_O(\boldsymbol{F}_i)$$

对轴 z
$$M_z(\boldsymbol{F}_R)=\sum_{i=1}^{n}M_z(\boldsymbol{F}_i)$$

(8) 静力学公理。

公理 1　力的平行四边形法则。

公理 2　刚体二力平衡条件。

公理 3　刚体加减平衡力系原理。

公理 4　作用与反作用定律。

公理 5　刚化原理。

(9) 约束与约束力。

约束——限制非自由体某些位移的周围物体。

约束力——约束对非自由体施加的力。约束力的方向与该约束所能阻碍的运动方向相反。

(10) 物体的受力分析和受力图。

画物体受力图时，首先要明确研究对象(即取分离体)。物体受力分为主动力和约束力。要注意分清内力与外力，在受力图上一般只画研究对象所受外力；还要注意作用力与反作用力之间的相互关系。

思 考 题

1-1 说明下列式子的意义和区别：

(1) $\boldsymbol{F}_1=\boldsymbol{F}_2$；(2) $F_1=F_2$；(3) 力$\boldsymbol{F}_1$等效于力$\boldsymbol{F}_2$。

1-2 试区别$\boldsymbol{F}_R=\boldsymbol{F}_1+\boldsymbol{F}_2$和$F_R=F_1+F_2$两个等式代表的意义。

1-3 二力平衡条件与作用和反作用定律都是说二力等值、反向、共线，二者有什么区别?

1-4 为什么说二力平衡条件、加减平衡力系原理和力的可传性等都只能适用于刚体?

1-5 什么是二力构件? 分析二力构件受力时与构件的形状有无关系。

习　题

1-1 图示长方体的三边 $EF=a$，$GB=b$，$AD=c$，沿三边作用力系 $\boldsymbol{F}_1$ ，$\boldsymbol{F}_2$，$\boldsymbol{F}_3$。求此力系对点H之矩和对轴HC之矩。

1-2 求图示中力$\boldsymbol{F}$对点A的力矩。

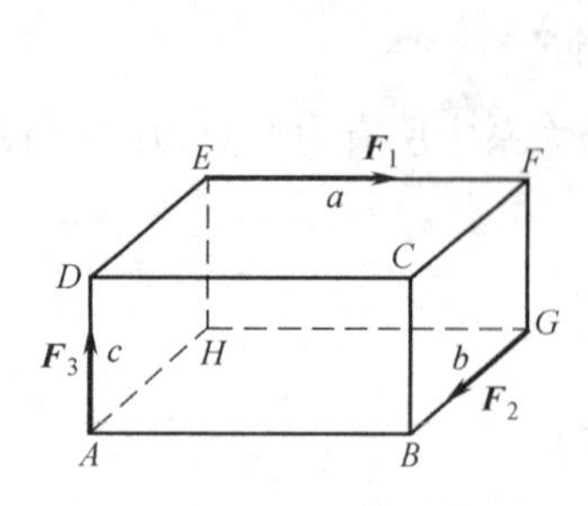

题 1-1 图

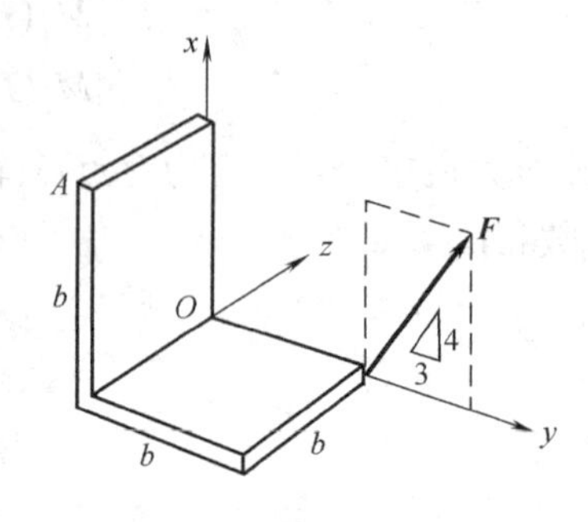

题 1-2 图

1-3 画图(a)整体及杆AB，CD的受力图；画图(b)整体受力图。

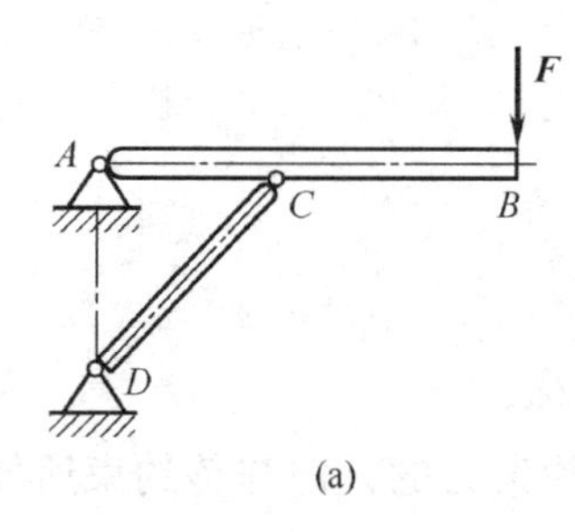

题 1-3 图

1-4 画图(a)～(e)中各杆及整体受力图；画图(f)中棘轮及重物组成的系统的受力图。

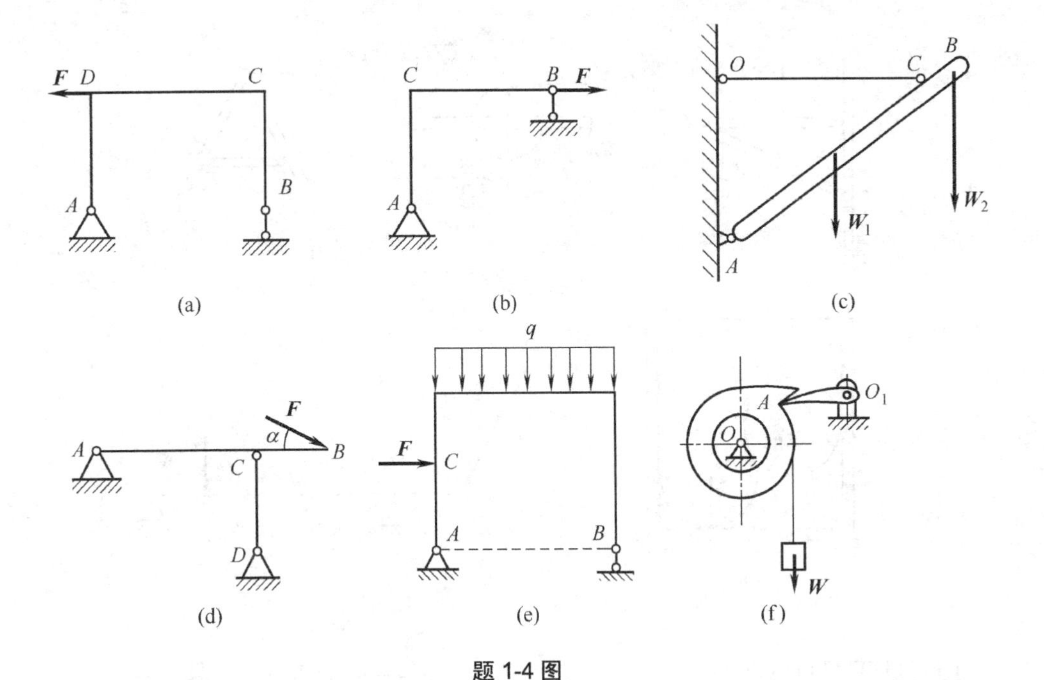

题 1-4 图

1-5 图(a)所示为三角架结构。载荷 $\boldsymbol{F}_1$ 作用在铰链 *B* 上。杆 *AB* 不计自重，杆 *BD* 自重为 $\boldsymbol{W}$。画图(b)，(c)，(d)所示的分离体的受力图，并讨论销子 *B* 单独或与其他构件组合对受力图的影响。

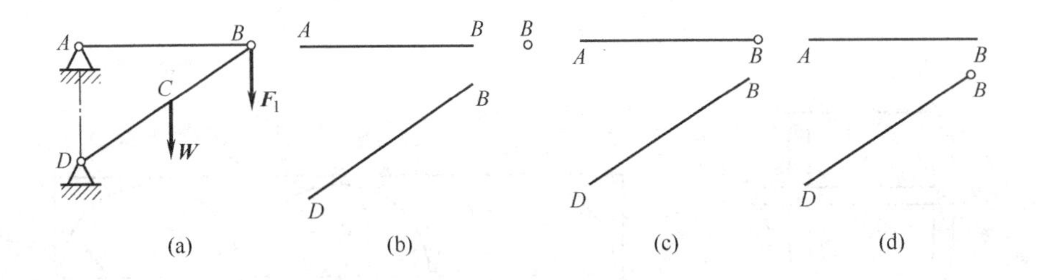

题 1-5 图

1-6 画出图示连续梁中的梁 *AC*，*CD* 及销子 *C* 的受力图。

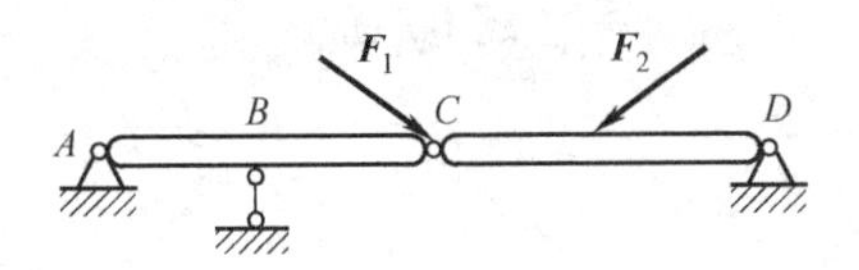

题 1-6 图

1-7 画出下列每个标注字符的物体的受力图(销钉不单独画受力图，可以视为与其连接的任一物体合为一个研究对象)，题图中未画重力的物体均不计重量，所有接触为光滑面接触。

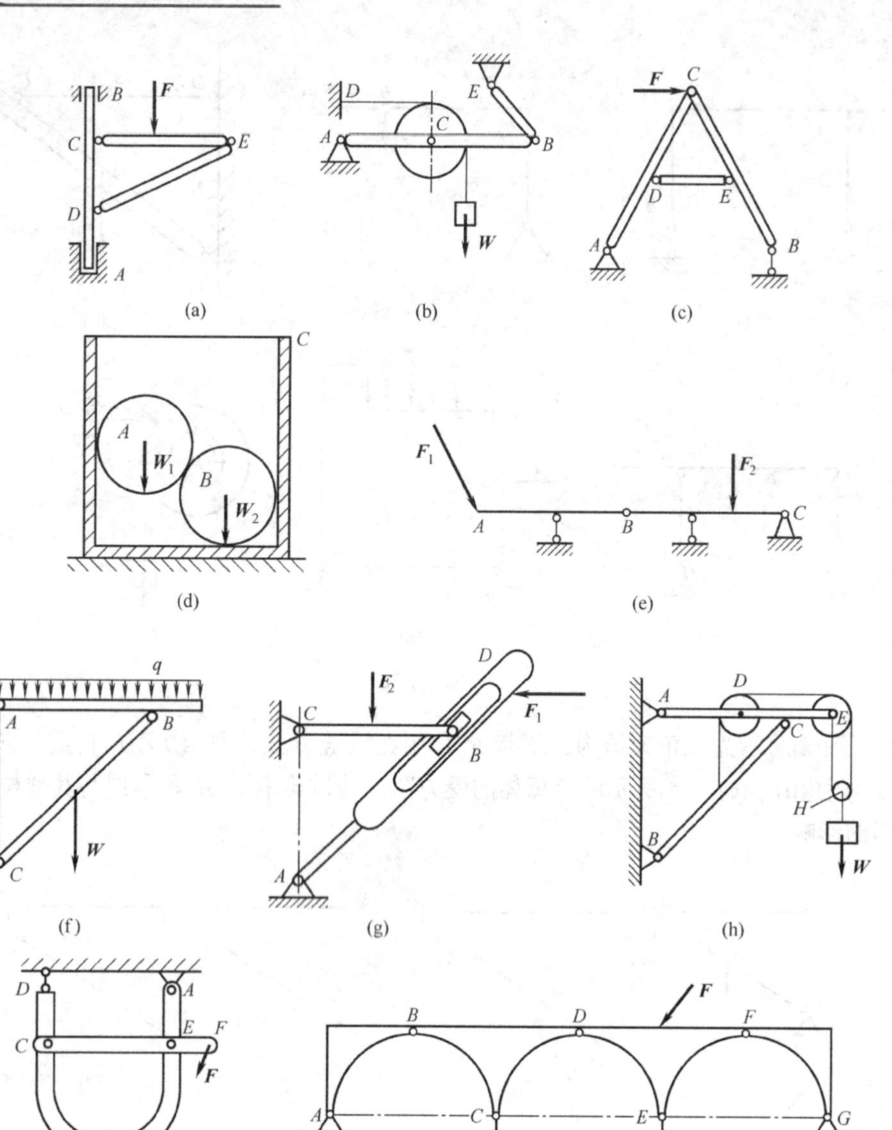

B
F
C
E
D
A
(a)
D
E
C
A
B
W
(b)
F
C
D
E
A
B
(c)
C
A
W_1
B
W_2
(d)
F_1
F_2
A
B
C
(e)
q
A
B
W
C
(f)
D
F_2
C
F_1
B
A
(g)
D
A
C
E
H
B
W
(h)
D
A
C
E
F
F
B
(i)
F
B
D
F
A
C
E
G
(j)

题 1-7 图

第 2 章　力系的简化

为了研究方便，根据力系中各力作用线是分布在空间还是某一平面，将力系区分为**空间力系**和**平面力系**两类。每类又可按力的作用线是相交于一个共同点，是相互平行，还是成任意分布而区分为**汇交力系**、**力偶系**、**平行力系**和**任意力系**三类。

有时为了研究问题方便，需要利用等效力系原理，用简单的力系去等效替换一个复杂力系，此过程称为**力系的简化**。本章将研究汇交力系、力偶系和任意力系的简化问题。

2.1 汇 交 力 系

作用线汇交于一点的力系称为**汇交力系**，如图 2.1 所示。对刚体而言，该力系中所有各力均可沿其作用线向汇交点 O 滑移，然后由力的平行四边形法则逐次对每一对力进行合成(几何法)，最后简化为一合力 $\boldsymbol{F}_{\mathrm{R}}$，可用矢量求和形式表示为

$$\boldsymbol{F}_{\mathrm{R}}=\sum_{i=1}^{n}\boldsymbol{F}_i \tag{2-1}$$

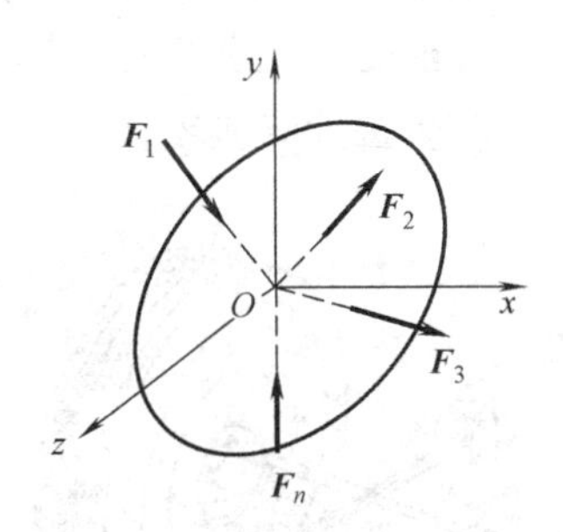

图 2.1　汇交力系

矢量求和过程也可利用矢量相对某个坐标系的投影进行。如图 2.1 所示，设 F_{ix}，F_{iy}，$F_{iz}(i=1,2,\cdots,n)$ 和 $F_{\mathrm{R}x}$，$F_{\mathrm{R}y}$，$F_{\mathrm{R}z}$ 分别为汇交力系诸力 $\boldsymbol{F}_i$ 和合力 $\boldsymbol{F}_{\mathrm{R}}$ 相对于以点 O 为原点的坐标系 $Oxyz$ 各轴上的投影，令

$$\boldsymbol{F}_{\mathrm{R}}=F_{\mathrm{R}x}\,\boldsymbol{i}+F_{\mathrm{R}y}\,\boldsymbol{j}+F_{\mathrm{R}z}\,\boldsymbol{k}$$

$$\boldsymbol{F}_i=F_{ix}\,\boldsymbol{i}+F_{iy}\,\boldsymbol{j}+F_{iz}\,\boldsymbol{k}$$

代入式(2-1)，得

$$F_{\mathrm{R}x}=\sum_{i=1}^{n}F_{ix},\qquad F_{\mathrm{R}y}=\sum_{i=1}^{n}F_{iy},\qquad F_{\mathrm{R}z}=\sum_{i=1}^{n}F_{iz}$$

上式表明，汇交力系的合力在某轴上的投影等于力系诸力在同一轴上投影的代数和，这称为力系简化的**解析法**(实际计算时一般多用此法)。合力 $\boldsymbol{F}_{\mathrm{R}}$ 的大小和相对于 $Oxyz$ 各轴

的方向余弦分别为

$$F_R=\sqrt{(\sum_{i=1}^{n}F_{ix})^2+(\sum_{i=1}^{n}F_{iy})^2+(\sum_{i=1}^{n}F_{iz})^2} \tag{2-2}$$

$$\cos(\boldsymbol{F}_R,\boldsymbol{i})=\sum_{i=1}^{n}F_{ix}/F_R$$

$$\cos(\boldsymbol{F}_R,\boldsymbol{j})=\sum_{i=1}^{n}F_{iy}/F_R$$

$$\cos(\boldsymbol{F}_R,\boldsymbol{k})=\sum_{i=1}^{n}F_{iz}/F_R$$

2.2 力 偶 系

2.2.1 力偶的定义

作用线互相平行、大小相等、方向相反但不重合的两个力所组成的力系，称为**力偶**。力偶中两个力所组成的平面称为**力偶作用面**。力偶中两个力作用线之间的垂直距离称为**力偶臂**。

工程中力偶的实例是很多的。例如，人们拧水龙头时加在水龙头上的两个力，或驾驶汽车时双手施加在方向盘上的两个力，若作用线互相平行、大小相等、方向相反但不共线，则二者组成一力偶。图 2.2 所示为专用拧紧汽车车轮上螺母的工具。加在其上的两个力 $\boldsymbol{F}_1$ 和 $\boldsymbol{F}_2$，作用线互相平行、方向相反、大小略有差异，这两个力近似地组成一力偶。这一力偶通过工具施加在螺母上，使螺母拧紧或松开。

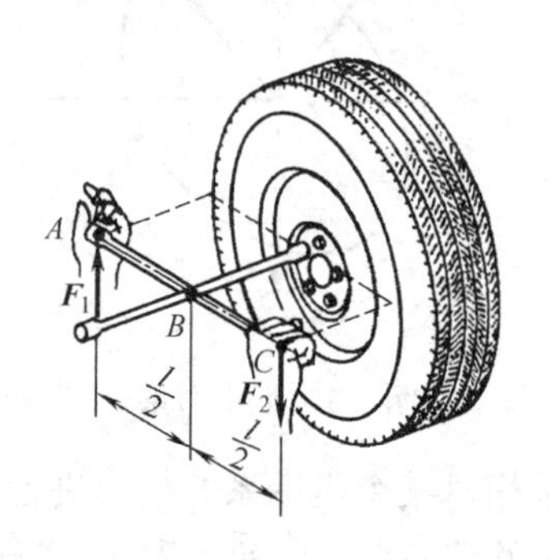

图 2.2 力偶实例

2.2.2 力偶的性质

性质 1 力偶没有合力。

力偶虽然是由两个力所组成的力系，但力偶已是最基本的力系，且力偶不能与单个力平衡，力偶只能与力偶平衡。

性质 2 力偶对刚体的运动效应，是使刚体转动。

考察图 2.3 所示由 $\boldsymbol{F}$ 和 $\boldsymbol{F}'$ 组成的力偶($\boldsymbol{F}$，$\boldsymbol{F}'$)，其中 $\boldsymbol{F}'=-\boldsymbol{F}$。点 O 为空间的任意点。应用合力矩定理，力偶($\boldsymbol{F}$，$\boldsymbol{F}'$)对点 O 之矩为

$$\begin{aligned}\boldsymbol{M}_O&=\sum_{i=1}^{2}\boldsymbol{M}_O(\boldsymbol{F}_i)=\boldsymbol{r}_A\times\boldsymbol{F}+\boldsymbol{r}_B\times\boldsymbol{F}'=\boldsymbol{r}_A\times\boldsymbol{F}+\boldsymbol{r}_B\times(-\boldsymbol{F})\\&=(\boldsymbol{r}_A-\boldsymbol{r}_B)\times\boldsymbol{F}=\boldsymbol{r}_{BA}\times\boldsymbol{F}\end{aligned}\tag{2-3}$$

其中 $\boldsymbol{r}_{BA}$ 为自点 B 至点 A 的矢径。读者可以任取其他点，也可以得到同样结果。这表明：**力偶对任意点之矩与点的位置无关**。于是，不失一般性，式(2-3)可写成

$$\boldsymbol{M}=\boldsymbol{r}_{BA}\times\boldsymbol{F}\tag{2-4}$$

式中 $\boldsymbol{M}$ 称为**力偶矩矢量**。对于平面力偶，常用图 2.4 所示符号表达为代数量。

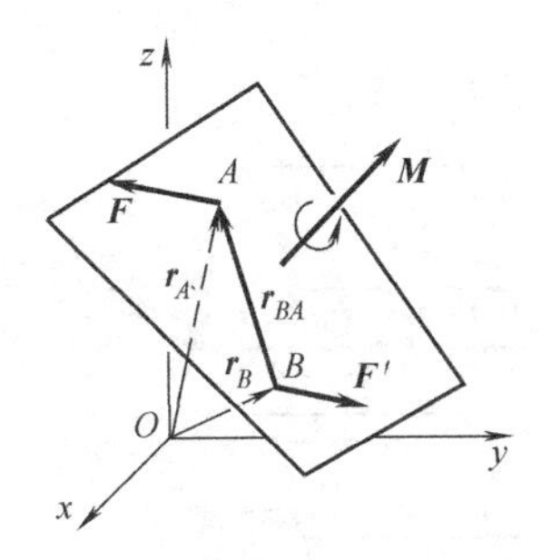

图 2.3　力偶矩矢量

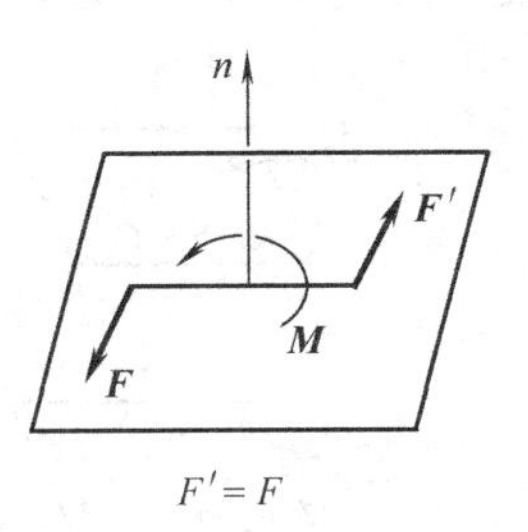

图 2.4　平面力偶符号

推论 1　只要保持力偶矩矢量不变，可同时改变组成力偶的力和力偶臂的大小，并且力偶可在其作用面内任意移动和转动，而不会改变力偶对刚体的运动效应。

证明：如图 2.5 所示，设已知力偶($\boldsymbol{F}_0,\boldsymbol{F}_0'$)，其力偶臂为 d_0。先根据力的可传性将力 $\boldsymbol{F}_0$ 滑移至点 A，将力 $\boldsymbol{F}_0'$ 滑移至点 B，再利用力的平行四边形法则将力 $\boldsymbol{F}_0$ 分解为 $\boldsymbol{F}_0=\boldsymbol{F}_1+\boldsymbol{F}_2$，$\boldsymbol{F}_0'=\boldsymbol{F}_1'+\boldsymbol{F}_2'$，且有意使 $\boldsymbol{F}_1=-\boldsymbol{F}_1'$，则 $\boldsymbol{F}_2=-\boldsymbol{F}_2'$。再利用加减平衡力系原理减去二力平衡力系($\boldsymbol{F}_1$，$\boldsymbol{F}_1'$)，最后剩下力偶($\boldsymbol{F}_2$，$\boldsymbol{F}_2'$)，再将 $\boldsymbol{F}_2$ 滑移至点 C，$\boldsymbol{F}_2'$ 滑移至点 D，显然力偶($\boldsymbol{F}_2$，$\boldsymbol{F}_2'$)与原力偶($\boldsymbol{F}_0,\boldsymbol{F}_0'$)等效。

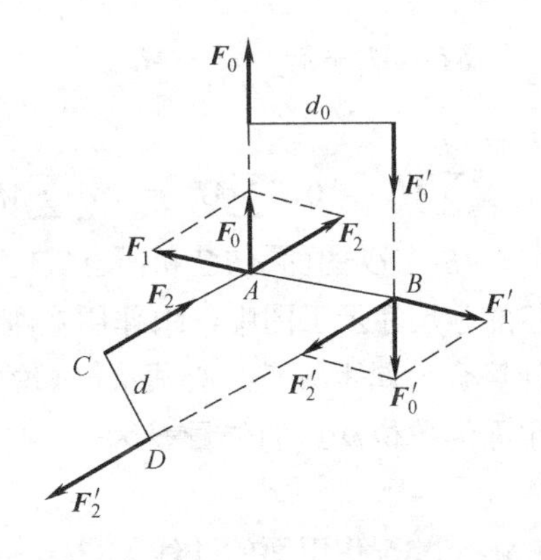

图 2.5　推论 1 证明

推论 2　只要保持力偶矩矢不变，力偶可从一个作用平面平移至另一平行平面内，而

不会改变力偶对刚体的运动效应。

证明：如图 2.6 所示，已知平面Ⅰ内力偶($\boldsymbol{F}_1,\boldsymbol{F}_2$)，现在与平面Ⅰ平行的平面Ⅱ内任取一线段 CD，CD 平行并等于 AB，则 $ABCD$ 是平行四边形，其对角线 AD 与 BC 相交于点 O 并彼此平分。其次，在点 C 和 D，各加上一对平衡力 $\boldsymbol{F}_1'$，$\boldsymbol{F}_1''$，以及 $\boldsymbol{F}_2'$，$\boldsymbol{F}_2''$，并使这 4 个力都和原力偶的力大小相等，且互相平行(图 2.6(b))。然后把平行力 $\boldsymbol{F}_1$ 和 $\boldsymbol{F}_2''$ 合成，得出合力 $\boldsymbol{F}$；把 $\boldsymbol{F}_2$ 和 $\boldsymbol{F}_1''$ 合成，得出合力 $\boldsymbol{F}'$。显然，力 $\boldsymbol{F}$ 和 $\boldsymbol{F}'$ 都作用于点 O(图 2.6(c))，且等值反向，因而相互平衡并可以除去。可见剩下的力偶($\boldsymbol{F}_1',\boldsymbol{F}_2'$)是和原力偶($\boldsymbol{F}_1,\boldsymbol{F}_2$)等效的。这就证明了作用于平面Ⅰ的力偶($\boldsymbol{F}_1, \boldsymbol{F}_2$)可以平移到平面Ⅱ而不改变对刚体的效应。

由推论 1，2 可知，对刚体而言，力偶为**自由矢量**，即只要保持力偶矩矢(方位、大小和转向)不变，力偶可自由平移、滑移和旋转。

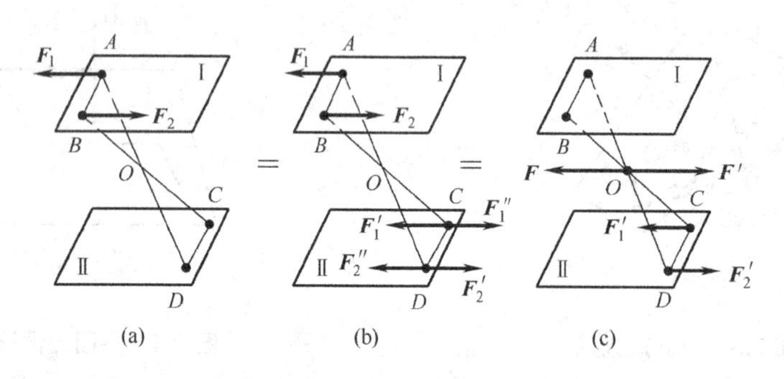

图 2.6　推论 2 证明

2.2.3　力偶系合成

由于对刚体而言，力偶矩矢为自由矢量，因此对于力偶系中每个力偶矩矢，总可以平移至空间某一点，从而形成一共点矢量系。对该共点矢量系利用矢量的平行四边形法则，两两合成，最终得一矢量，此即该力偶系的合力偶矩矢，为一不变量，即**合力偶矩矢与简化中心无关**。用矢量式表示为

$$\boldsymbol{M}=\boldsymbol{M}_1+\boldsymbol{M}_2+\cdots+\boldsymbol{M}_n=\sum_{i=1}^{n}\boldsymbol{M}_i \tag{2-5}$$

由上式得**空间力偶系**的平衡方程为

$$\sum M_x=0，\sum M_y=0，\sum M_z=0 \tag{2-6}$$

【例 2-1】图 2.7 所示刚体 $ABCDO$ 的面 ABC 和面 ACD 上分别作用有力偶 $\boldsymbol{M}_1$ 和 $\boldsymbol{M}_2$，若已知 $M_1=M_2=M_0$，刚体各部分尺寸示于图中，求作用在刚体上的合力偶。

【分析】为应用式(2-4)计算合力偶矩矢量，必须将已知的力偶 $\boldsymbol{M}_1$ 和 $\boldsymbol{M}_2$ 写成矢量表达式。为此，应先写出力偶作用面的单位法线的矢量表达式，再乘以已知力偶矩矢量的模 M_1 和 M_2。

【解】设 $\boldsymbol{r}_1$ 和 $\boldsymbol{r}_2$ 分别为 $\boldsymbol{M}_1$ 和 $\boldsymbol{M}_2$ 作用面的法线矢量，$\boldsymbol{n}_1$ 和 $\boldsymbol{n}_2$ 分别为单位法线矢量。二者关系为

$$\boldsymbol{n}_1=\frac{\boldsymbol{r}_1}{|\boldsymbol{r}_1|},\boldsymbol{n}_2=\frac{\boldsymbol{r}_2}{|\boldsymbol{r}_2|} \tag{a}$$

其中

$$\boldsymbol{r}_1=\boldsymbol{r}_{CA}\times\boldsymbol{r}_{CB}=(-3d\boldsymbol{i}+2d\boldsymbol{j}-d\boldsymbol{k})\times(-3d\boldsymbol{i})=3d^2(\boldsymbol{j}+2\boldsymbol{k}) \tag{b}$$

$$\boldsymbol{r}_2=\boldsymbol{r}_{CD}\times\boldsymbol{r}_{DA}=(-d\boldsymbol{k})\times(-3d\boldsymbol{i}+2d\boldsymbol{j})=d^2(2\boldsymbol{i}+3\boldsymbol{j}) \tag{c}$$

将式(b)，式(c)代入式(a)，得

$$\boldsymbol{n}_1=\frac{1}{\sqrt{5}}(\boldsymbol{j}+2\boldsymbol{k})，\quad \boldsymbol{n}_2=\frac{1}{\sqrt{13}}(2\boldsymbol{i}+3\boldsymbol{j}) \tag{d}$$

由此得

$$\boldsymbol{M}_1=M_1\boldsymbol{n}_1=\frac{M_0}{\sqrt{5}}(\boldsymbol{j}+2\boldsymbol{k})，\quad \boldsymbol{M}_2=M_2\boldsymbol{n}_2=\frac{M_0}{\sqrt{13}}(2\boldsymbol{i}+3\boldsymbol{j})$$

进而求得合力偶的力偶矩矢量为

$$\boldsymbol{M}=\boldsymbol{M}_1+\boldsymbol{M}_2=M_0(0.555\boldsymbol{i}+1.279\boldsymbol{j}+0.894\boldsymbol{k})$$

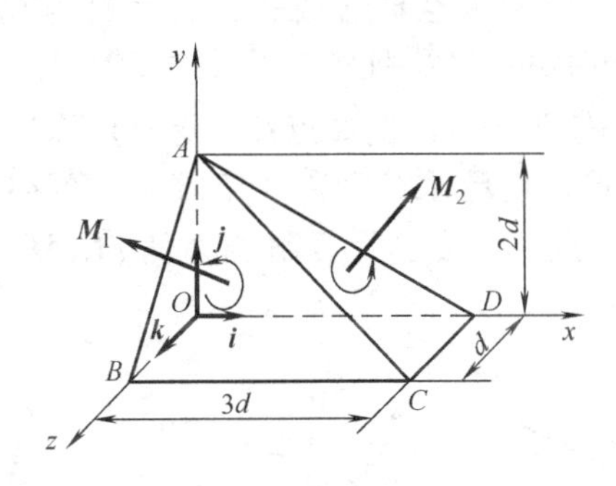

图2.7　例2-1图

2.3　力的平移定理与任意力系简化

2.3.1　力的平移定理

考察图2.8(a)所示的作用在刚体上点 A 的力 $\boldsymbol{F}_A$，为使这一力等效地从点 A 平移至点 B，先在点 B 施加一对平衡力 $\boldsymbol{F}_A''$ 和 $\boldsymbol{F}_A'$，令 $\boldsymbol{F}_A'=\boldsymbol{F}_A=-\boldsymbol{F}_A''$，如图2.8(b)所示。这时由加减平衡力系原理知道，由3个力组成的力系与原来作用在点 A 的一个力等效。

图2.8(b)所示的作用在点 A 的力 $\boldsymbol{F}_A$ 与作用在点 B 的力 $\boldsymbol{F}_A''$ 组成一力偶，其力偶矩矢量由式(2-4)为 $\boldsymbol{M}=\boldsymbol{r}_{BA}\times\boldsymbol{F}_A$，如图2.8(c)所示。这时作用在点 B 的力 $\boldsymbol{F}_A'$ 和力偶 $\boldsymbol{M}$ 与原来作用在点 A 的一个力 $\boldsymbol{F}_A$ 是等效的。读者不难发现，这一力偶的力偶矩等于原来作用在点 A 的力 $\boldsymbol{F}_A$ 对点 B 之矩。

上述分析结果表明：作用在刚体上的力可以向任意点平移，但必须同时附加一力偶，这个附加力偶的力偶矩等于平移前的力对新作用点之矩。这一结论称为**力的平移定理**。

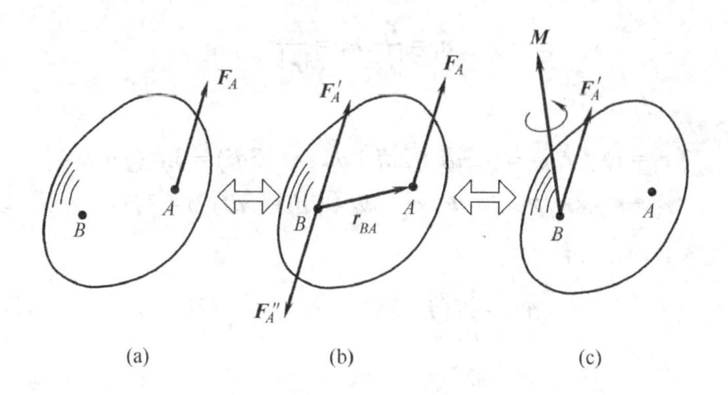

图 2.8　力的平移定理

2.3.2　空间任意力系简化

空间中呈任意分布的力系称为**空间任意力系**。考察作用在刚体上的空间任意力系($\boldsymbol{F}_1,\boldsymbol{F}_2,\cdots,\boldsymbol{F}_n$)，如图 2.9(a)所示。显然对此力系已无法像空间汇交力系那样，用平行四边形法则来化简。现在刚体上任取一点，例如点O，这一点称为**简化中心**。应用力的平移定理，将力系中所有的力$\boldsymbol{F}_1,\boldsymbol{F}_2,\cdots,\boldsymbol{F}_n$逐个向简化中心 O 平移，最后得到汇交于点O的由$\boldsymbol{F}_1,\boldsymbol{F}_2,\cdots,\boldsymbol{F}_n$组成的汇交力系，以及由所有附加力偶$\boldsymbol{M}_1,\boldsymbol{M}_2,\cdots,\boldsymbol{M}_n$组成的力偶系，如图 2.9(b)所示。

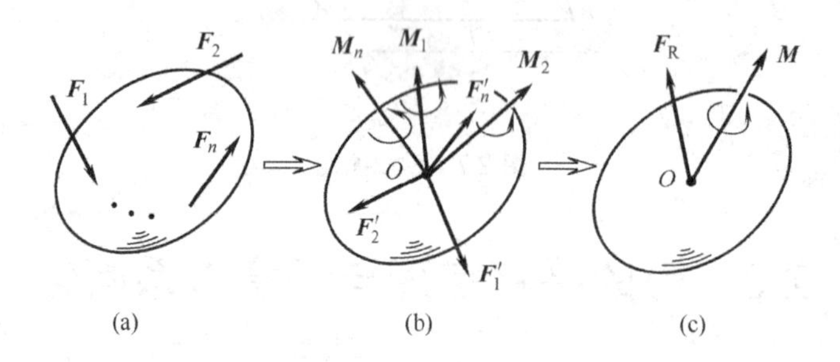

图 2.9　任意力系简化

平移后得到的汇交力系和力偶系，可以分别合成一个作用于点O的力 $\boldsymbol{F}_\mathrm{R}$，以及力偶$\boldsymbol{M}_O$，如图 2.9(c)所示。其中

$$\left.\begin{aligned}\boldsymbol{F}_\mathrm{R}&=\sum_{i=1}^{n}\boldsymbol{F}_i'=\sum_{i=1}^{n}\boldsymbol{F}_i\\ \boldsymbol{M}_O&=\sum_{i=1}^{n}\boldsymbol{M}_i=\sum_{i=1}^{n}\boldsymbol{M}_O(\boldsymbol{F}_i)\end{aligned}\right\}\tag{2-7}$$

式中$\boldsymbol{M}_O(\boldsymbol{F}_i)$为平移前力$\boldsymbol{F}_i$对简化中心点$O$之矩。

上述结果表明：**空间任意力系向任一点简化可得到一个力和一个力偶**。这个力通过简化中心，其力矢称为力系的主矢，**它等于力系诸力的矢量和并与简化中心的选择无关**；这个力偶的力偶矩矢称为力系对简化中心的主矩，**它等于力系诸力对简化中心之矩矢的矢量和，并与简化中心的选择有关**。有兴趣的读者可以证明，力系对不同点(例如图 2.10 中力

$\boldsymbol{F}_C$ 对点 A，B 的矩存在下列关系：

$$\boldsymbol{M}_A(\boldsymbol{F}_C)=\boldsymbol{M}_B(\boldsymbol{F}_C)+\boldsymbol{r}_{AB}\times\boldsymbol{F}_C \tag{2-8}$$

【例 2-2】图 2.11 所示为 $\boldsymbol{F}_1$，$\boldsymbol{F}_2$ 组成的任意空间力系，求力系的主矢 $\boldsymbol{F}_{\mathrm{R}}$ 以及力系对 O，A，E 三点的主矩。

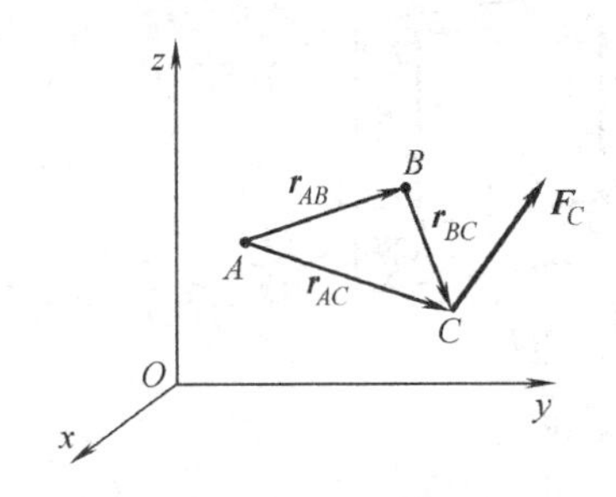

图 2.10　力对不同点的矩之间的关系

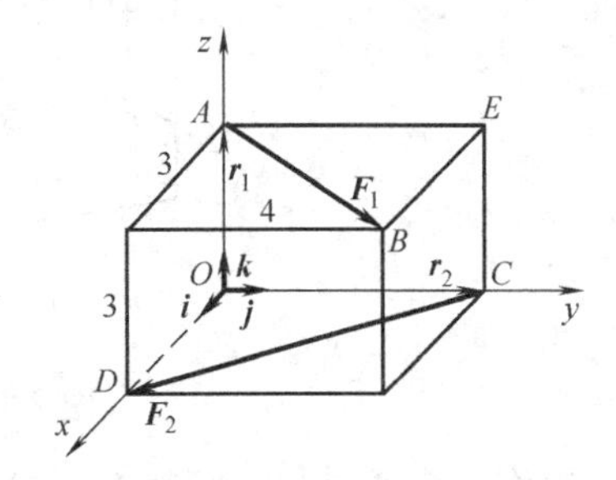

图 2.11　例 2-2 图

【解】令 $\boldsymbol{i}$，$\boldsymbol{j}$，$\boldsymbol{k}$ 为 x，y，z 方向的单位矢量，则力系中的二力可写成

$$\boldsymbol{F}_1=3\boldsymbol{i}+4\boldsymbol{j}\ ,\quad \boldsymbol{F}_2=3\boldsymbol{i}-4\boldsymbol{j}$$

由式(2-8)，得力系的主矢

$$\boldsymbol{F}_{\mathrm{R}}=\sum_{i=1}^{2}\boldsymbol{F}_i=\boldsymbol{F}_1+\boldsymbol{F}_2=6\boldsymbol{i}$$

这是沿轴 x 正方向，数值为 6 的矢量。

应用式(2-7)以及矢量叉乘方法，有

$$\begin{aligned}\boldsymbol{M}_O&=\sum_{i=1}^{2}\boldsymbol{M}_O(\boldsymbol{F}_i)\\&=\sum_{i=1}^{2}\boldsymbol{r}_i\times\boldsymbol{F}_i=\boldsymbol{r}_1\times\boldsymbol{F}_1+\boldsymbol{r}_2\times\boldsymbol{F}_2\\&=3\boldsymbol{k}\times(3\boldsymbol{i}+4\boldsymbol{j})+4\boldsymbol{j}\times(3\boldsymbol{i}-4\boldsymbol{j})=-12\boldsymbol{i}+9\boldsymbol{j}-12\boldsymbol{k}\end{aligned}$$

$$\boldsymbol{M}_A=\sum_{i=1}^{2}\boldsymbol{r}_i\times\boldsymbol{F}_i=0+\boldsymbol{r}_{AC}\times\boldsymbol{F}_2=(4\boldsymbol{j}-3\boldsymbol{k})\times(3\boldsymbol{i}-4\boldsymbol{j})=-12\boldsymbol{i}-9\boldsymbol{j}-12\boldsymbol{k}$$

$$\begin{aligned}\boldsymbol{M}_E&=\sum_{i=1}^{2}\boldsymbol{r}_i\times\boldsymbol{F}_i=\boldsymbol{r}_{EA}\times\boldsymbol{F}_1+\boldsymbol{r}_{EC}\times\boldsymbol{F}_2\\&=-4\boldsymbol{j}\times(3\boldsymbol{i}+4\boldsymbol{j})-3\boldsymbol{k}\times(3\boldsymbol{i}-4\boldsymbol{j})=-12\boldsymbol{i}-9\boldsymbol{j}+12\boldsymbol{k}\end{aligned}$$

2.3.3　空间力系简化结果讨论

空间任意力系向简化中心 O 简化，得到两个特征量主矢 $\boldsymbol{F}_{\mathrm{R}}$ 和主矩 $\boldsymbol{M}_O$ 以后，还可以根据不同情形，进一步简化为更简单的力系。可能的最后简化结果有以下几种。

(1) **平衡**。此时 $\boldsymbol{F}_{\mathrm{R}}=\boldsymbol{0}$，$\boldsymbol{M}_O=\boldsymbol{0}$。由式(2-8)可知，此时简化结果与简化中心无关，这种结果将在第 3 章作详细讨论。

(2) **合力偶**。此时 $\boldsymbol{F}_{\mathrm{R}}=\boldsymbol{0}$，$\boldsymbol{M}_O\neq\boldsymbol{0}$。其力偶矩等于力系对点 O 的主矩，由式(2-8)可知，此时其简化结果与简化中心也无关。

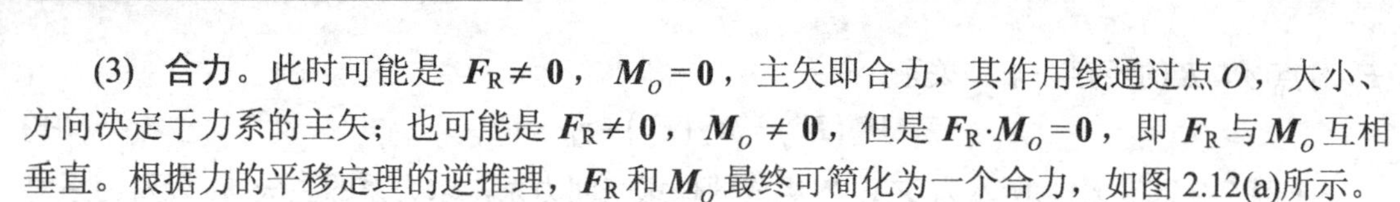

(3) **合力**。此时可能是 $\boldsymbol{F}_\mathrm{R}\neq\boldsymbol{0}$，$\boldsymbol{M}_O=\boldsymbol{0}$，主矢即合力，其作用线通过点 O，大小、方向决定于力系的主矢；也可能是 $\boldsymbol{F}_\mathrm{R}\neq\boldsymbol{0}$，$\boldsymbol{M}_O\neq\boldsymbol{0}$，但是 $\boldsymbol{F}_\mathrm{R}\cdot\boldsymbol{M}_O=\boldsymbol{0}$，即 $\boldsymbol{F}_\mathrm{R}$ 与 $\boldsymbol{M}_O$ 互相垂直。根据力的平移定理的逆推理，$\boldsymbol{F}_\mathrm{R}$ 和 $\boldsymbol{M}_O$ 最终可简化为一个合力，如图 2.12(a)所示。

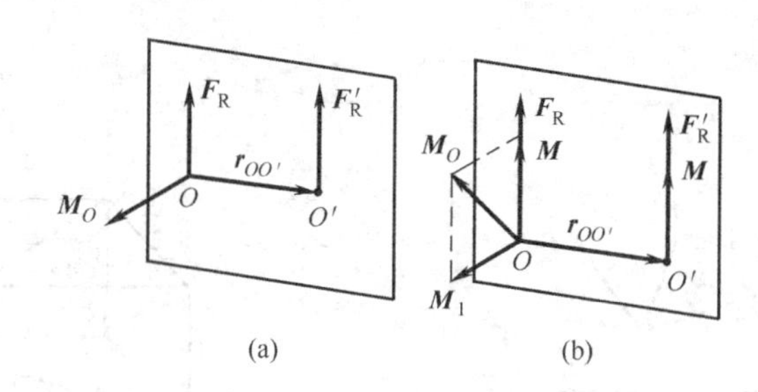

图 2.12　力系进一步简化

合力的作用线通过另一简化中心 O'，由式(2-9)可确定 O' 相对 O 的矢径 $\boldsymbol{r}_{OO'}$

$$\boldsymbol{r}_{OO'}=\frac{\boldsymbol{F}_\mathrm{R}\times\boldsymbol{M}_O}{F_\mathrm{R}^2} \tag{2-9}$$

(4) **力螺旋**。当 $\boldsymbol{F}_\mathrm{R}\neq\boldsymbol{0}$，$\boldsymbol{M}_O\neq\boldsymbol{0}$，且 $\boldsymbol{F}_\mathrm{R}\cdot\boldsymbol{M}_O\neq\boldsymbol{0}$，如图 2.12(b)所示。此时可将主矩 $\boldsymbol{M}_O$ 分解为沿力作用线方向的 $\boldsymbol{M}$ 和垂直于力作用线的 $\boldsymbol{M}_1$。不难求得

$$\boldsymbol{M}=(\boldsymbol{M}_O\cdot\ \boldsymbol{F}_\mathrm{R})\boldsymbol{F}_\mathrm{R}/F_\mathrm{R}^{\ 2} \tag{2-10}$$

由于 $\boldsymbol{F}_\mathrm{R}$ 和 $\boldsymbol{M}_O\cdot\boldsymbol{F}_\mathrm{R}$ 是两个不变量，因此 $\boldsymbol{M}$ 也不随简化中心的不同而改变。另外，由于 $\boldsymbol{F}_\mathrm{R}\times\boldsymbol{M}_1=\boldsymbol{F}_\mathrm{R}\times\boldsymbol{M}_O$，因此仍可按式(2-9)选择新的简化中心 O'，将 $\boldsymbol{M}_1$ 和 $\boldsymbol{F}_\mathrm{R}$ 合成为一个作用线通过 O' 点的力 $\boldsymbol{F}_\mathrm{R}'$，从而将力系简化为一个力 $\boldsymbol{F}_\mathrm{R}'$ 和一个沿力作用线的力偶 $\boldsymbol{M}$。这个由力 $\boldsymbol{F}_\mathrm{R}'$ 和力偶 $\boldsymbol{M}$ 组成的特殊力系称为**力螺旋**。

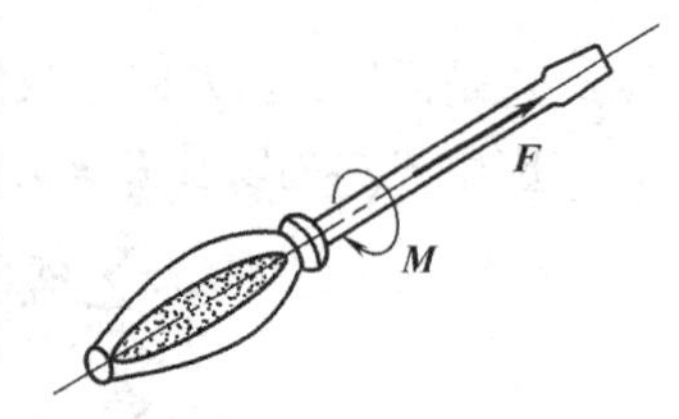

图 2.13　力螺旋实例

螺丝刀拧紧螺钉(图 2.13)，以及钻头钻孔时，作用在螺丝刀及钻头上的力系都是力螺旋。

平面力系(所有力的作用线共面)与空间力系简化的最后结果的差别在于平面力系不可能产生力螺旋。这一结论请读者自行证明。

2.3.4　固定端约束

一个物体的一端完全固定在另一物体上，这种约束称为**固定端**，被约束物体的空间位置由约束完全固定而没有任何相对活动可能。常见的有：车床上装卡加工工件的卡盘对工件的约束(图 2.14(a))；大型机器(如摇臂钻床)中立柱对横梁的约束(图 2.14(b))；房屋建筑中墙壁对悬臂梁的约束(图 2.14(c))。当受固定端约束的物体受到空间主动力系作用时，则固定端所受到的约束力系是一个空间力系。在固定端约束范围内任选一点(一般选图 2.15 中的一点 A)作为简化中心，可将约束力简化为一个力 $\boldsymbol{F}_A$ 和一个力偶 $\boldsymbol{M}_A$，或用它们沿坐标轴的 6 个分量表示(图 2.15(a))，当受固定端约束物体受到平面主动力系作用时，则固定端所受到的约束力系是一个平面力系(例如平面 xy，图 2.15(b))，用 $\boldsymbol{F}_{Ax}$，$\boldsymbol{F}_{Ay}$ 和 $\boldsymbol{M}_A$ 表示。

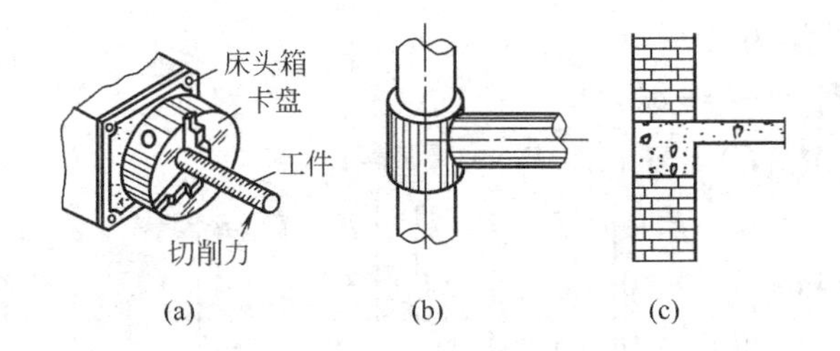

图 2.14　固定端实例

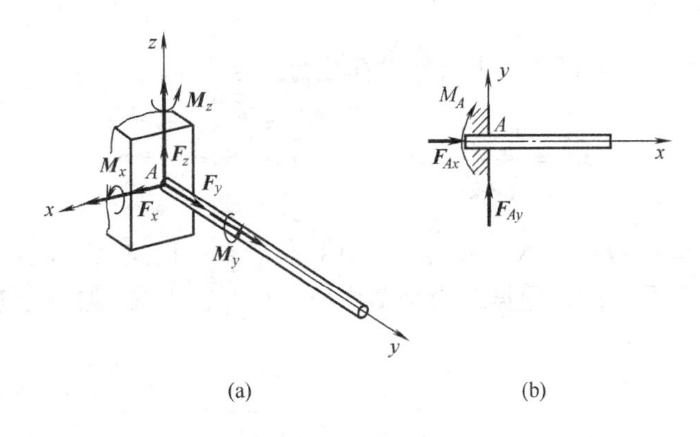

图 2.15　固定端约束力

【例 2-3】空间力系如图 2.16(a)所示，其中力偶作用在平面 Oxy 内，力偶矩 M=24 N·m。求此力系向点 O 简化的结果，并对结果进行讨论。

【解】由图 2.16(a)已知

$$\boldsymbol{M}=-24\boldsymbol{k}\ \text{N}\cdot\text{m};\quad \boldsymbol{r}_1=3\boldsymbol{i}\ \text{m},\quad \boldsymbol{F}_1=4\boldsymbol{j}\ \text{N};$$

$$\boldsymbol{r}_2=(4\boldsymbol{j}+4\boldsymbol{k})\ \text{m},\quad \boldsymbol{F}_2=(6\boldsymbol{i}-8\boldsymbol{j})\ \text{N};$$

$$\boldsymbol{r}_3=(3\boldsymbol{i}+4\boldsymbol{j}+4\boldsymbol{k})\ \text{m},\quad \boldsymbol{F}_3=(-6\boldsymbol{i}-8\boldsymbol{k})\ \text{N}$$

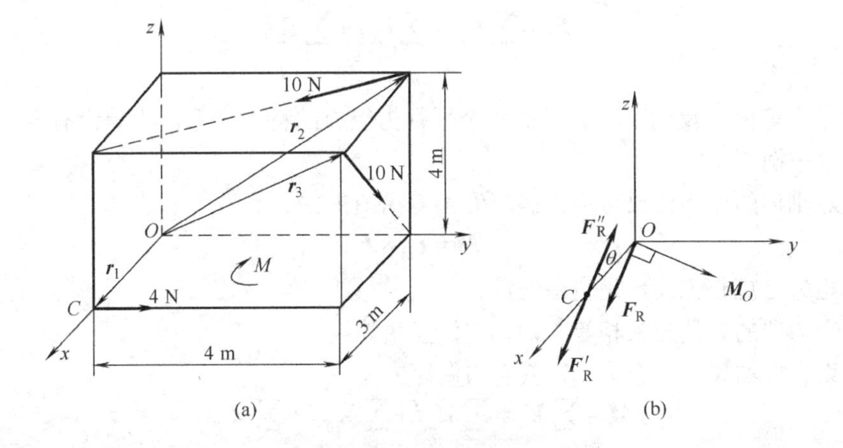

图 2.16　例 2-3 图

向点 O 简化的结果为

主矢 $\boldsymbol{F}_{\mathrm{R}}=\sum\boldsymbol{F}_i=(-4\boldsymbol{j}-8\boldsymbol{k})\,\mathrm{N}$

主矩 $\boldsymbol{M}_O=\sum\boldsymbol{M}_O(\boldsymbol{F})=\boldsymbol{M}+\boldsymbol{r}_1\times\boldsymbol{F}_1+\boldsymbol{r}_2\times\boldsymbol{F}_2+\boldsymbol{r}_3\times\boldsymbol{F}_3$

$$=-24\boldsymbol{k}+\begin{vmatrix}\boldsymbol{i}&\boldsymbol{j}&\boldsymbol{k}\\3&0&0\\0&4&0\end{vmatrix}+\begin{vmatrix}\boldsymbol{i}&\boldsymbol{j}&\boldsymbol{k}\\0&4&4\\6&-8&0\end{vmatrix}+\begin{vmatrix}\boldsymbol{i}&\boldsymbol{j}&\boldsymbol{k}\\3&4&4\\-6&0&-8\end{vmatrix}$$

$$=(24\boldsymbol{j}-12\boldsymbol{k})\,\mathrm{N{\cdot}m}$$

【讨论】

(1) 因 $\boldsymbol{F}_{\mathrm{R}}\cdot\boldsymbol{M}_O=0$，故可进一步向点 C 简化为一合力

$$\boldsymbol{r}_{OC}=\frac{\boldsymbol{F}_{\mathrm{R}}\cdot\boldsymbol{M}_O}{F_{\mathrm{R}}^2}=\frac{1}{80}\begin{vmatrix}\boldsymbol{i}&\boldsymbol{j}&\boldsymbol{k}\\0&-4&-8\\0&24&-12\end{vmatrix}=3\boldsymbol{i}=\boldsymbol{r}_1$$

最后得合力 $\boldsymbol{F}_{\mathrm{R}}'=(-4\boldsymbol{j}-8\boldsymbol{k})\,\mathrm{N}$，过点 C。点 C 位于轴 x 正向上距原点 O 为 3 m 远处。

(2) 若欲使原力系平衡，根据二力平衡原理，只要在点 C 加一力 $\boldsymbol{F}_{\mathrm{R}}''=-\boldsymbol{F}_{\mathrm{R}}'$ 即可，如图 2.16(b)所示。$\tan\theta=2$。

小　　结

(1) 汇交力系。

几何法：根据力的平行四边形法则，合力矢

$$\boldsymbol{F}_{\mathrm{R}}=\sum_{i=1}^{n}\boldsymbol{F}_i$$

合力作用线通过汇交点。

解析法：合力的解析式为

$$\boldsymbol{F}_{\mathrm{R}}=\sum F_{ix}\boldsymbol{i}+\sum F_{iy}\boldsymbol{j}+\sum F_{iz}\boldsymbol{k}$$

(2) 力偶系。

力偶是由等值、反向、不共线的两个平行力组成的特殊力系。力偶没有合力，也不能用一个力来平衡。

力偶对刚体的作用效果可用力偶矩矢 $\boldsymbol{M}$ 表示(图 2.3)

$$\boldsymbol{M}=\boldsymbol{r}_{BA}\times\boldsymbol{F}$$

力偶矩矢与矩心无关，是自由矢量。

若两个力偶的力偶矩矢相等，则称它们互相等效。

力偶系合成结果为一合力偶，其合力偶矩矢为

$$\boldsymbol{M}=\sum\boldsymbol{M}_i=\sum M_{ix}\boldsymbol{i}+\sum M_{iy}\boldsymbol{j}+\sum M_{iz}\boldsymbol{k}$$

(3) 力的平移定理：平移一力的同时必须附加一力偶，附加力偶的矩等于原来的力对新作用点的矩。

(4) 空间任意力系向点 O 简化得到一个作用在简化中心 O 的力 $\boldsymbol{F}_{\mathrm{R}}$ 和一个力偶矩矢

$\boldsymbol{M}_O$，而 $\boldsymbol{F}_R = \sum \boldsymbol{F}_i$ (主矢)，$\boldsymbol{M}_O = \sum \boldsymbol{M}_O(\boldsymbol{F}_i)$ (主矩)。

(5) 空间力系简化结果，列表如下：

主　矢	主　矩		简化结果	说　明
$\boldsymbol{F}_R = 0$	$\boldsymbol{M}_O = 0$		平衡	平衡力系，与简化中心无关
	$\boldsymbol{M}_O \neq 0$		力偶	与简化中心无关
$\boldsymbol{F}_R \neq 0$	$\boldsymbol{M}_O = 0$		合力	通过简化中心 O
	$\boldsymbol{M}_O \neq 0$	$\boldsymbol{F}_R \cdot \boldsymbol{M}_O = 0$	合力	通过 O'，$\boldsymbol{r}_{OO'} = \dfrac{\boldsymbol{F}_R \times \boldsymbol{M}_O}{F_R^2}$
	$\boldsymbol{M}_O \neq 0$	$\boldsymbol{F}_R \cdot \boldsymbol{M}_O \neq 0$	力螺旋($\boldsymbol{F}_R'$, $\boldsymbol{M}$)	$\boldsymbol{M} = (\boldsymbol{F}_R \cdot \boldsymbol{M}_O)\boldsymbol{F}_R / F_R^2$ $\boldsymbol{r}_{OO'} = \boldsymbol{F}_R \times \boldsymbol{M}_O / F_R^2$

思　考　题

2-1 某平面力系向 A，B 两点简化的主矩皆为零，此力系简化的最终结果可能是一个力吗？可能是一个力偶吗？可能平衡吗？

2-2 什么力系的简化结果与简化中心无关？

2-3 一平面汇交力系的汇交点为 A，B 是该力系平面内的另一点，且满足方程 $\sum M_B(\boldsymbol{F}) = 0$。若该力系不平衡，则该力系简化的结果是什么？

2-4 试比较力矩与力偶矩二者的异同。

2-5 作用在刚体上的 4 个力偶，若其力偶矩矢都位于同一平面内，则一定是平面力偶系吗?

2-6 作用在刚体上的 4 个力偶的力偶矩矢自行封闭，则一定是平衡力系。为什么?

2-7 在任意力系中，若其力多边形自行封闭，则该力系的最后简化结果可能是什么？

2-8 空间平行力系简化的结果是什么？可能合成为力螺旋吗?

习　　题

2-1 作用于管扳子手柄上的两个力构成一力偶，求其力偶矩矢量。

2-2 齿轮箱有 3 个轴，其中轴 A 水平，轴 B 和 C 位于 yz 铅垂平面内，轴上作用的力偶如图所示，求合力偶。

2-3 平行力 $\boldsymbol{F}$, $-2\boldsymbol{F}$ 间距为 d，求其合力。

2-4 已知一平面力系对 $A(3,0)$，$B(0,4)$ 和 $C(-4.5,2)$ 三点的主矩分别为：$M_A = 20$ kN·m，$M_B = 0$，$M_C = -10$ kN·m。求该力系合力的大小、方向和作用线。

2-5 已知 $F_1 = 150$ N，$F_2 = 200$ N，$F_3 = 300$ N，$F = F' = 200$ N。求力系向点 O 的简化结果，并求力系合力的大小及其与原点 O 的距离 d。

2-6 图示平面任意力系中 $F_1 = 40\sqrt{2}$ N，$F_2 = 80$ N，$F_3 = 40$ N，$F_4 = 110$ N，M =2 000 N·mm。各力作用位置如图所示，图中尺寸的单位为 mm。求：(1)力系向点 O 简化的结

果；(2)力系的合力的大小、方向及作用线方程。

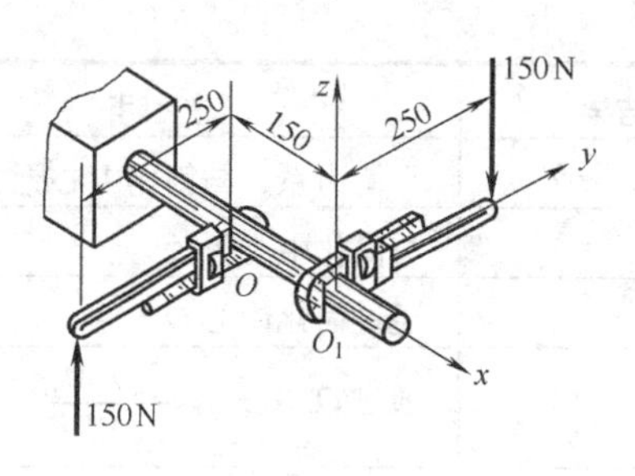

题 2-1 图

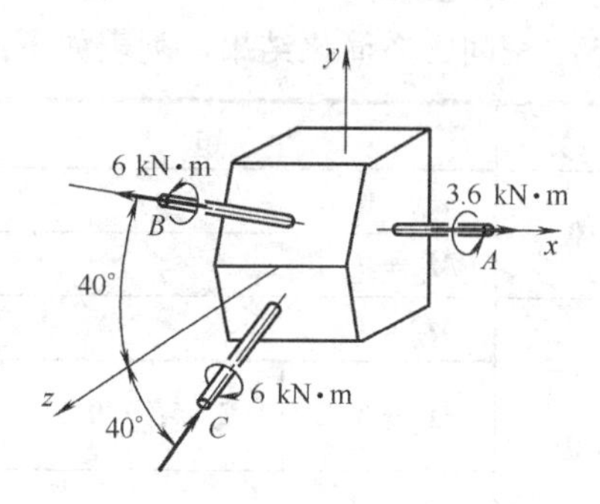

题 2-2 图

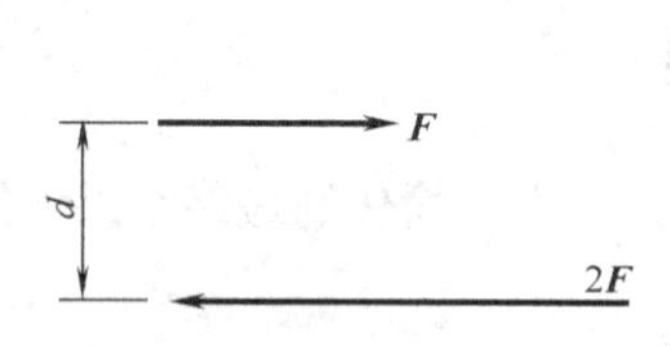

题 2-3 图

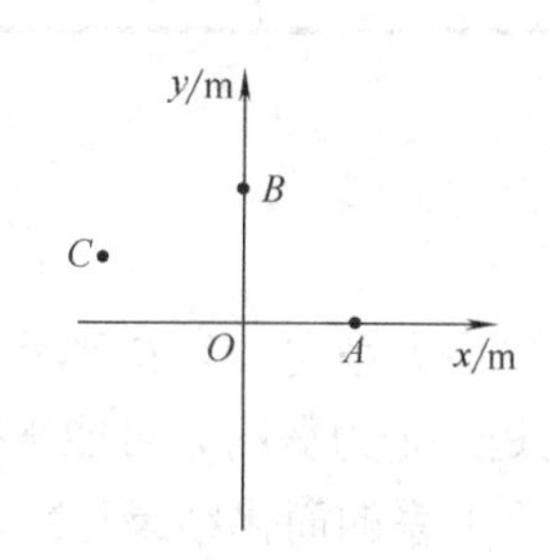

题 2-4 图

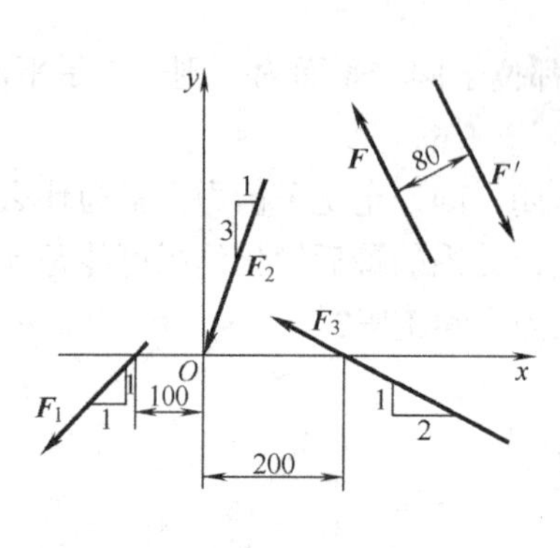

题 2-5 图

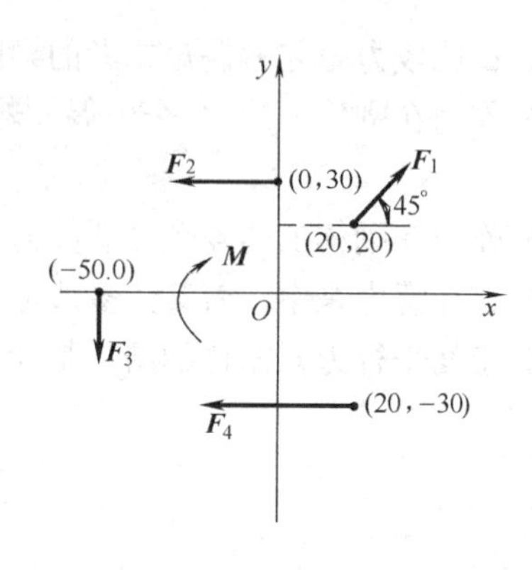

题 2-6 图

2-7 图示等边三角形板 ABC，边长为 a，今沿其边缘作用大小均为 F 的 3 个力，方向如图(a)所示，求 3 个力的合成结果。若 3 个力的方向改变成如图(b)所示，其合成结果如何？

2-8 图示力系 $F_1 = 25$ kN，$F_2 = 35$ kN，$F_3 = 20$ kN，力偶矩 $M= 50$ kN · m。各力作用点坐标如图。求：(1)力系向点 O 简化的结果；(2)力系的合力。

2-9 图示载荷 $F_1=100\sqrt{2}$ N， $F_2=200\sqrt{3}$ N，分别作用在正方形的顶点 A 和 B 处。将此力系向点 O 简化，求其简化的最后结果。

2-10 图示 3 个力 $\boldsymbol{F}_1$， $\boldsymbol{F}_2$ 和 $\boldsymbol{F}_3$ 的大小均等于 F，作用在正方体的棱边上，边长为 a。求力系简化的最后结果。

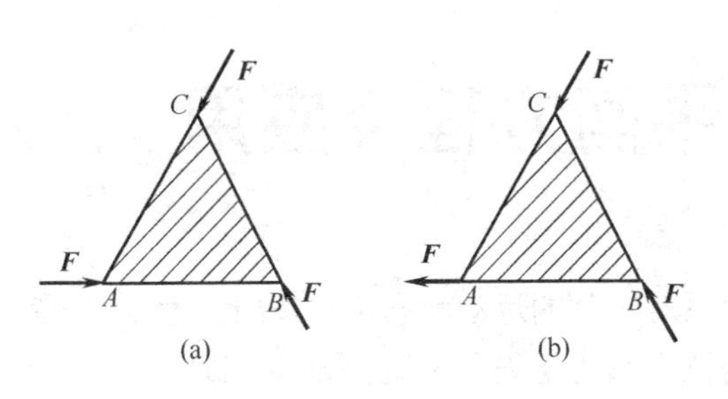

题 2-7 图

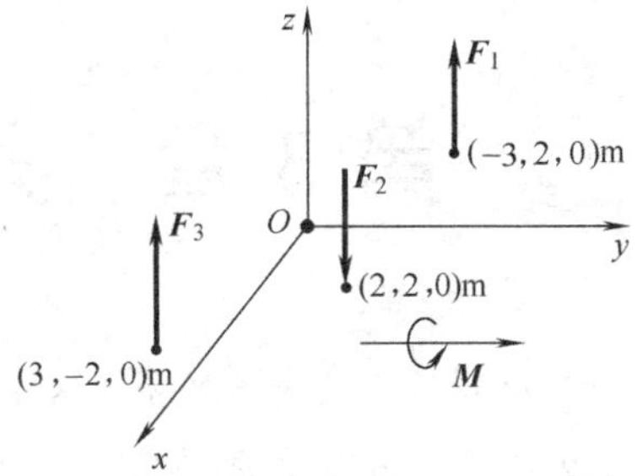

题 2-8 图

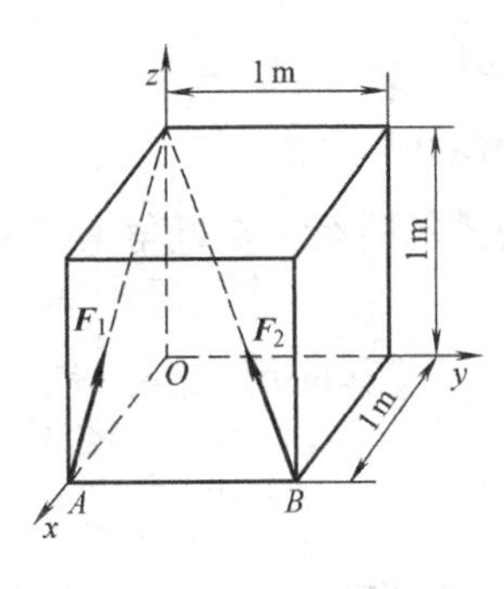

题 2-9 图

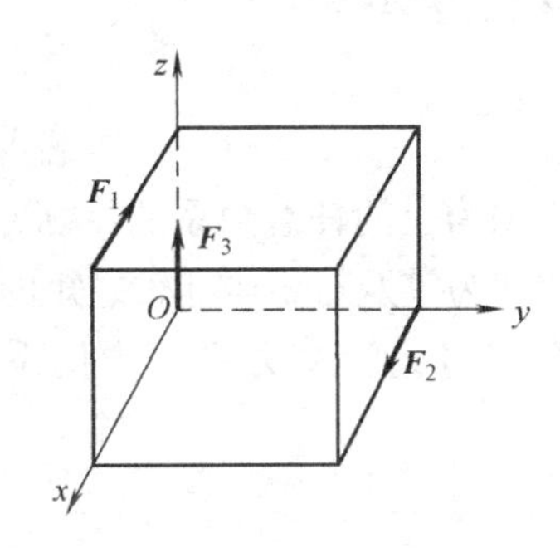

题 2-10 图

2-11 电动机固定在支架上，它受到自重 160 N、轴上的力 120 N 以及力偶矩为 25 N·m 的力偶作用。求此力系向点 A 简化的结果。

2-12 3 个大小均为 F 的力分别与三根轴平行，且在 3 个坐标平面内。问 l_1，l_2，l_3 需满足何种关系，此力系才可简化为一合力？

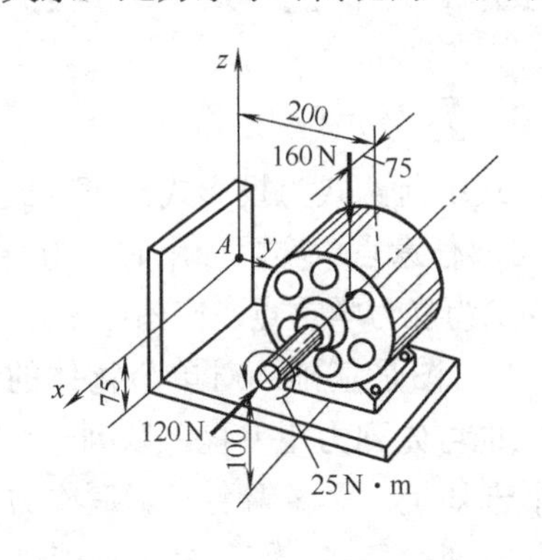

题 2-11 图

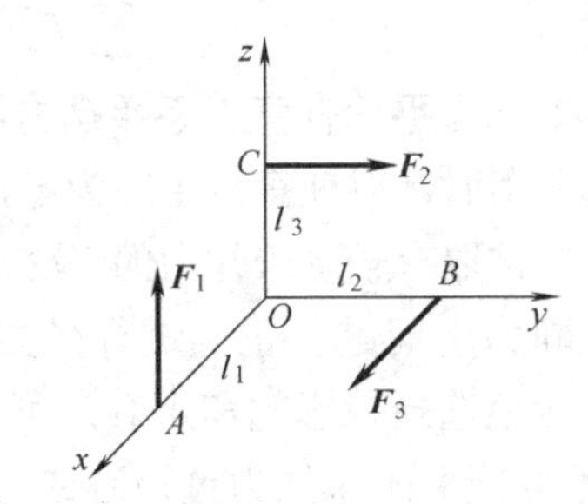

题 2-12 图

2-13 某平面力系向 A，B 两点简化的主矩皆为零，此力系简化的最终结果可能是一个力吗？可能是一个力偶吗？可能平衡吗？

第 3 章　力系平衡方程及应用

力系平衡是指该力系等价于零力系，力系对物体的运动状态不起作用。由第 2 章力系简化结果可得：任意力系平衡的充要条件是该力系的主矢和主矩皆为零，即

$$\boldsymbol{F}_{\mathrm{R}}=\sum\boldsymbol{F}=\boldsymbol{0},\quad \boldsymbol{M}_O=\sum\boldsymbol{M}_O(\boldsymbol{F})=\boldsymbol{0} \tag{3-1}$$

式(3-1)写成投影式，有

$$\left.\begin{aligned}&\sum F_x=0,\ \sum F_y=0,\ \sum F_z=0\\&\sum M_x=0,\ \sum M_y=0,\ \sum M_z=0\end{aligned}\right\} \tag{3-2}$$

式(3-2)为空间任意力系的**平衡方程**。它表明平衡力系的所有力在直角坐标系各轴上投影的代数和为零及对各坐标轴之矩的代数和为零。

本章将讨论汇交力系、力偶系和任意力系平衡方程及其应用。重点是物体系平衡问题。

3.1　平面力系平衡方程

3.1.1　平面任意力系平衡方程的基本形式

当力系中所有力的作用线处于同一平面，该力系称为平面任意力系。以 Oxy 坐标平面为力系的作用面(图 3.1)，则式(3-2)中：$\sum F_z\equiv 0$，$\sum M_x\equiv 0$，$\sum M_y\equiv 0$，且 $\sum M_z$ 可写成 $\sum M_O$，于是式(3-2)简化为

$$\sum F_x=0,\ \sum F_y=0,\ \sum M_O=0 \tag{3-3}$$

式(3-3)称为**平面任意力系平衡方程的基本形式**，式中前两式为投影式，第三式为力矩式。力系平衡时，对任意点主矩为零，因此矩心 O 可取任意点。实际应用时，为避免解联立方程组，常取有较多未知力的汇交点为矩心。式(3-3)为静力学重点，应熟练掌握。

求解静力学问题，正确进行受力分析并画出其受力图是基础。对单个物体的平衡问题，应灵活地选择投影轴和矩心，可先列投影方程，也可先列力矩方程，以列一个简单的方程(使尽可能多的未知力过矩心或与轴垂直)求一个未知量，尽量避免求解联立方程组为原则。

【例 3-1】高炉上料小车如图 3.2(a)所示，车和料共重 $W=240\,\mathrm{kN}$，重心 C，$a=1.1\,\mathrm{m}$，$b=1.4\,\mathrm{m}$，$e=0.9\,\mathrm{m}$，$d=1.3\,\mathrm{m}$，$\theta=55°$，料车低速运动，可视为在平衡力系作用下。求钢索拉力 $\boldsymbol{F}$ 及前后轮所受约束力。

【分析】料车包括车身、车轮、料，原本不是一个刚体，但根据刚化原理，可视为一个刚体。

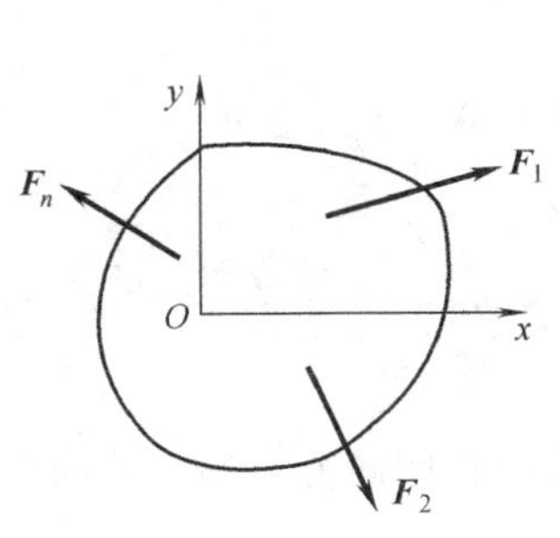

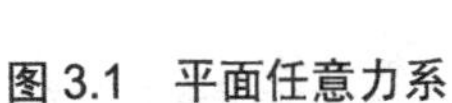
图3.1　平面任意力系

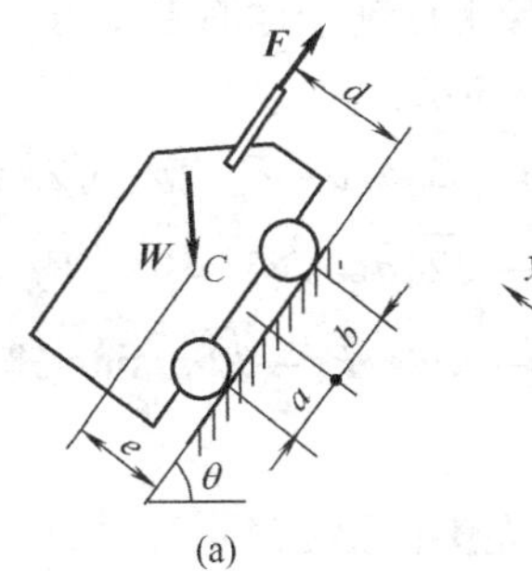

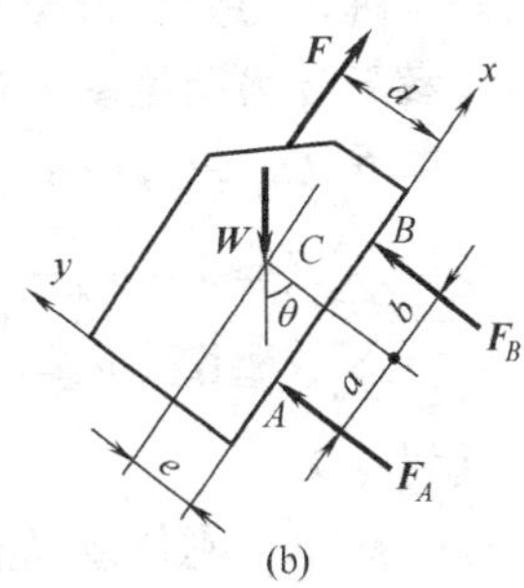

图3.2　例3-1图

本题为空间力系，近似地简化至对称平面，视为平面力系，所求前、后轮约束力分别是前后各轮的合力。

【解】以料车为研究对象，受力如图3.2(b)所示。

$$\sum F_x = 0\text{，}\ F - W\sin\theta = 0\text{，}\ F - 240\ \text{kN}\cdot\sin 55^\circ = 0\text{，}\ F = 196.6\ \text{kN}$$

$$\sum M_A = 0\text{，}\ -Fd + F_B(a+b) - W\cos\theta\cdot a + W\sin\theta\cdot e = 0$$

$$-196.6\ \text{kN}\times 1.3\ \text{m} + F_B\times 2.5\ \text{m} - 240\ \text{kN}\cdot\cos 55^\circ\times 1.1\ \text{m} + 240\ \text{kN}\cdot\sin 55^\circ\times 0.9\ \text{m} = 0$$

$$F_B = 92.03\ \text{kN}$$

$$\sum F_y = 0\text{，}\ F_A + F_B - W\cos\theta = 0\text{，}\ F_A + 92.03\ \text{kN} - 240\ \text{kN}\cdot\cos 55^\circ = 0$$

$$F_A = 45.63\ \text{kN}$$

【讨论】学生做作业时，分析过程不必写出，但一般应有以下几步。

(1) 简明扼要地写出已知(含画出题图)和所求。

(2) 取研究对象，画受力图，外约束不画出，代之以约束力。

(3) 列平衡方程，方程前要写出理论依据。

(4) 解方程(可细可简)，写出答案。

【例3-2】图3.3(a)所示简支梁自重不计，载荷和尺寸如图3.3(a)所示，已知q(q为载荷集度，单位长度的载荷)、a，$\boldsymbol{F}_1 = -\boldsymbol{F}_2$，$F_1 = qa$，$F_3 = \sqrt{2}qa$，求$A$、$B$处约束力。

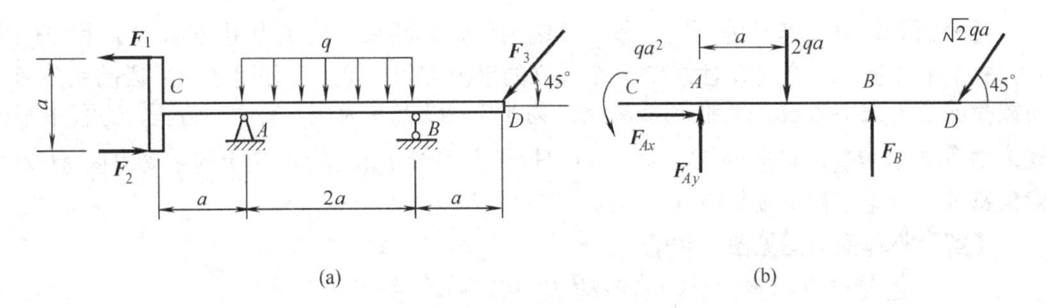

图3.3　例3-2图

【分析】本题C处作用一力偶，对任意点的力矩等于力偶矩，对任意轴的投影为零，分布力合力作用线位于AB中点，图3.3(b)中已合成，A处两个未知分力，B处一个未知力，共三个未知力，平面任意力系有三个独立的平衡方程，可解。求$\boldsymbol{F}_3$对点A的力矩可用合力矩定理，力分解为与坐标轴平行的正交力。

【解】 受力图见图3.3(b)。

$$\sum M_A=0\,,\quad qa^2-2qa\cdot a+F_B\cdot 2a-\sqrt{2}qa\sin 45°\cdot 3a=0\,,\quad F_B=2qa$$

$$\sum F_x=0\,,\quad F_{Ax}-\sqrt{2}qa\cos 45°=0\,,\quad F_{Ax}=qa$$

$$\sum F_y=0\,,\quad F_{Ay}-2qa+F_B-\sqrt{2}qa\sin 45°=0\,,\quad F_{Ay}=qa$$

【讨论】

(1) 对单个刚体或以整个系统为研究对象，解答中可不说明研究对象；若选用的坐标系为常规的坐标系，可不画在图上。

(2) 由于力偶对任意点的矩为力偶矩本身，所以只需考虑其在力矩平衡方程中的代数值。

(3) 理论力学教材中的分布载荷多为矩形载荷和三角形分布载荷，记住其合力的大小与作用线位置，在实际计算时可直接应用，不用再积分计算。

【例3-3】 图3.4(a)所示直角弯杆，A端固定，载荷如图，已知q，$\boldsymbol{F}$，M，a，b，θ，求支座A处的约束力。

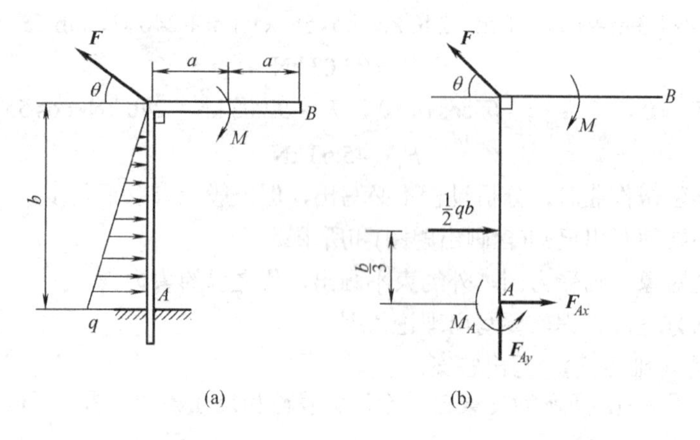

图3.4 例3-3图

【分析】 以直角弯杆为研究对象，A端为固定端约束，约束力用$\boldsymbol{F}_{Ax}$，$\boldsymbol{F}_{Ay}$和M_A表示，3个未知量，一个研究对象有3个独立的平衡方程，可解。作用在AB段的三角形分布载荷的合力大小为$qb/2$，作用线离点A为$b/3$。以点A为矩心写力矩方程，方程中不出现未知力$\boldsymbol{F}_{Ax}$，$\boldsymbol{F}_{Ay}$，可求得M_A，然后再用投影方程求$\boldsymbol{F}_{Ax}$，$\boldsymbol{F}_{Ay}$。图上的主动力偶M为绝对值符号，力矩方程中按其顺时针转向，取负号。

【解】 整体受力图见图3.4(b)。

$$\sum M_A=0\,,\quad M_A-M+F\cos\theta\cdot b-(qb/2)\cdot b/3=0$$

$$M_A=M-Fb\cos\theta+qb^2/6$$

$$\sum F_x=0\,,\quad F_{Ax}+qb/2-F\cos\theta=0$$

$$F_{Ax}=F\cos\theta-qb/2$$

$$\sum F_y=0\,,\quad F_{Ay}+F\sin\theta=0$$

$$F_{Ay}=-F\sin\theta$$

【讨论】

(1) 注意固定端 A 处约束力偶不要漏画。

(2) 答案中 F_{Ay} 为负值表示其实际方向与假设相反；当给定具体数值，M_A 为正时，转向如图 3.3 所示，M_A 为负时，转向与图示反向。

(3) 本题也可先用投影方程，后用力矩方程求解。

(4) 为了验证结果的正确性，可以将作用在研究对象上的所有力(包括已经求得的约束力)，对任意点(包括构架上的点或构架外的点)写力矩方程。

3.1.2　平面任意力系平衡方程的其他形式

式(3-3)中的 $\sum F_x = 0$ 和 $\sum F_y = 0$，可以部分或全部用力矩式代替，但所选的投影轴与矩心之间应满足一定的条件，它们是二矩式

$$\sum F_x = 0, \sum M_A = 0, \sum M_B = 0 \tag{3-4}$$

条件是 AB 连线与轴 x 不能垂直；及三矩式

$$\sum M_A = 0, \sum M_B = 0, \sum M_C = 0 \tag{3-5}$$

条件是 A，B，C 三点不能共线。

式(3-4)的证明：$\sum M_A = 0$，说明力系不可能简化为一个力偶；力系可能简化为一个过点 A 的合力。又 $\sum M_B = 0$，则力系的合力必通过 A, B 两点(图 3.5)。如果轴 x 与 AB 连线垂直，则此合力在轴 x 上的投影为零，即力系可能简化为与轴 x 垂直的合力而不平衡。相反，如果轴 x 不与 AB 连线垂直，则同时满足式(3-4)的 3 个方程时，过 A, B 两点的合力大小必为零，因此力系必平衡。

式(3-5)的证明：式(3-5)中第一式满足时，只可能简化为通过点 A 的合力 $\boldsymbol{F}_R$。同样如果第二、三式也同时满足，则此合力也必须通过 B, C 两点，但是由于 A, B, C 不在一条直线上(图 3.6)，所以力系也不可能简化为 1 个合力。这样满足式(3-5)的平面力系只可能是平衡力系。

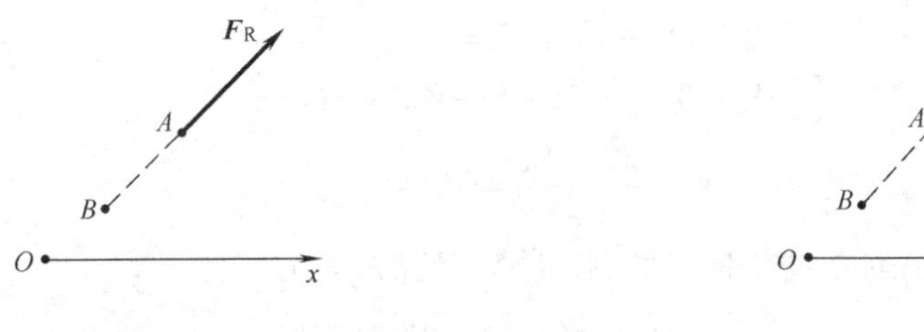

图 3.5　式(3-4)证明　　　　图 3.6　式(3-5)证明

需要指出的是：应用式(3-4)或式(3-5)需注意附加条件，用式(3-4)或式(3-5)不一定会简便些，有时可用其校核由式(3-3)算得的结果。

请注意：式(3-3)～式(3-5)共有 5 个方程，但其中独立的方程只有 3 个，其余的只是这些独立方程的线性组合。

3.1.3 平面平行力系平衡方程

作用于平面 Oxy 内的平面平行力系(图 3.7)，设轴 y 与各力平行，则 $\sum F_x \equiv 0$，故式(3-3)简化为

$$\sum F_y = 0\text{，}\sum M_O = 0 \tag{3-6}$$

【例 3-4】图 3.8 所示为行动式起重机，已知轨距 b=3 m，机身重 $W_1 = 500\,\text{kN}$，其作用线至右轨的距离 $e = 1.5\,\text{m}$；起重机的最大载荷 $W = 250\,\text{kN}$，其作用线至右轨的最大距离 $l = 10\,\text{m}$。欲使起重机满载时不向右倾倒，空载时不向左倾倒，求平衡重 W_2 之值，设其作用线至左轨的距离 $a = 6\,\text{m}$。

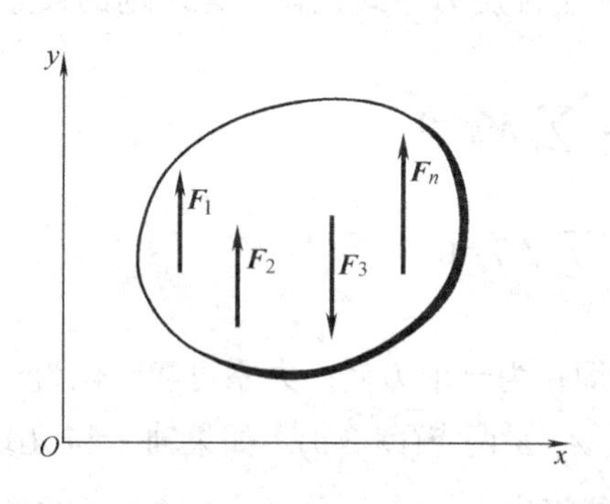

图 3.7　平面平行力系

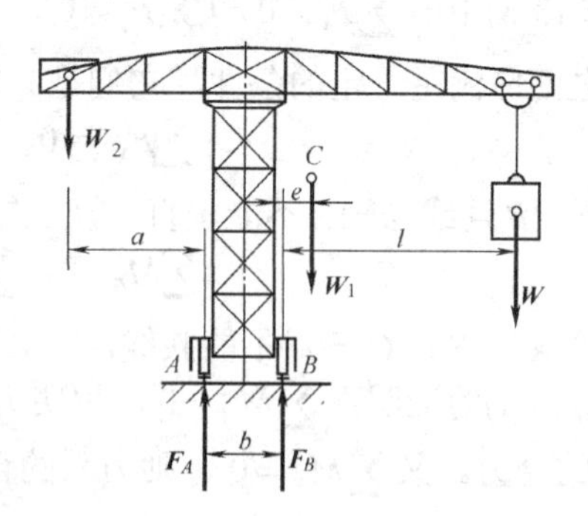

图 3.8　例 3-4 图

【分析】以起重机为研究对象，满载时作用于起重机上的力有主动力 $\boldsymbol{W}_1$，$\boldsymbol{W}_2$，$\boldsymbol{W}$ 及约束力 $\boldsymbol{F}_A$ 和 $\boldsymbol{F}_B$，这些力组成平面平行力系，$\boldsymbol{W}_2$ 需保证机身满载时平衡而不向右倾倒，限制条件为 $F_A \geqslant 0$，临界情况 $F_A = 0$；再考虑空载时，W=0，要保证机身空载时平衡而不向左倾倒，限制条件为 $F_B \geqslant 0$，临界情况 $F_B = 0$。可以解不等式方程，也可以解临界状态，后者较方便。

【解】

(1) 满载保证机身不向右倾倒，临界情况 $F_A = 0$。

$$\sum M_B = 0\text{，}\quad W_2(a+b) - W_1 e - Wl = 0$$

$$W_2 = \frac{Wl + W_1 e}{a+b} = 361\,\text{kN}$$

(2) 空载时 W=0，保证机身不向左倾倒，临界情况 $F_B = 0$。

$$\sum M_A = 0\text{，}\quad W_2 a - W_1(b+e) = 0$$

$$W_2 = \frac{W_1}{a}(b+e) = 375\,\text{kN}$$

因此，平衡重 $\boldsymbol{W}_2$ 之值应满足以下关系：

$$361\,\text{kN} \leqslant W_2 \leqslant 375\,\text{kN}$$

【讨论】

(1) 平衡稳定问题除满足平衡条件外，还要满足限制条件。所得关系式中等号是临界状态。工程上为了安全起见，一般取上、下临界值的中值，本例可取 $W_2 \approx 368\,\text{kN}$。

(2) 对于单体研究对象，在不引起混淆的情况下允许在题图上画受力图，此时应理解为约束已解除，从而画出其相应的约束力。

3.1.4　平面汇交力系平衡方程

对于作用于平面 Oxy 内的平面汇交力系，汇交点为 O，显然 $\sum M_O \equiv 0$，故式(3-3)简化为

$$\sum F_x=0，\sum F_y=0 \tag{3-7}$$

【例 3-5】 如图 3.9(a)所示，求 A，B 处的约束力。

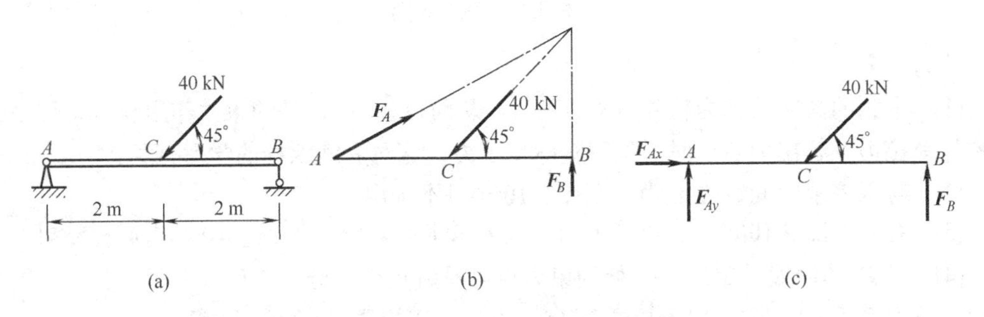

图 3.9　例 3-5 图

【分析】 本题可用三力平衡汇交定理确定约束力 $\boldsymbol{F}_A$ 的作用线(图 3.9(b))，由式(3-7)计算，但计算各约束力的值不如用平面任意力系(图 3.9(c))求解方便。建议读者分别用图 3.9(b)和图 3.9(c)进行计算后比较。

3.1.5　平面力偶系平衡方程

对于作用于平面 Oxy 内的力偶系，由于每个力偶均由反向、共线、等值的两个力组成，因此，$\sum F_x \equiv 0$，$\sum F_y \equiv 0$，故式(3-3)简化为 $\sum M_O=0$，即

$$\sum M = 0 \tag{3-8}$$

【例 3-6】 圆弧杆 AB 与折杆 BDC 在 B 处铰接，A，C 处均为固定铰支座，结构受力偶 M 如图 3.10(a)所示，图中 $l=2r$，且 r，M 已知，求 A，C 处的约束力。

【分析】 本题表面上是两个刚体组成的物体系平衡，但由于圆弧杆 AB 无自重，两端均为铰链，中间无外力作用，为二力构件。A，B 两处的约束力 $\boldsymbol{F}_A$，$\boldsymbol{F}_B$ 作用线与 AB 连线重合，方向相反，大小相等，设杆 AB 受拉力，受力图如图 3.10(b)所示。以整体为研究对象，C 处为固定铰支座，有一个方向待定的约束力，由于主动力只有一个力偶，为保持系统平衡，约束力 $\boldsymbol{F}_C$ 和 $\boldsymbol{F}_A$ 必组成一力偶，与主动力偶平衡。于是整体受力如图 3.10(c)所示。

【解】 以整体为研究对象，受力见图 3.10(c)。

$$\sum M = 0，\quad M + F_C \cdot CE = 0$$

$$CE = \frac{\sqrt{2}}{2}r + \frac{\sqrt{2}}{2}l = \frac{3\sqrt{2}}{2}r$$

$$F_C = F_A = -\frac{\sqrt{2}M}{3r}$$

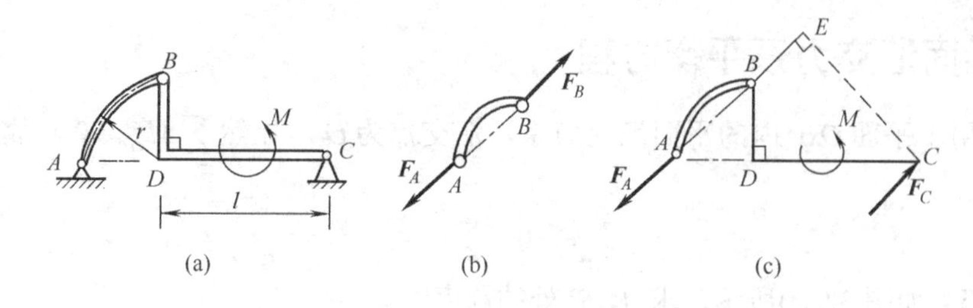

图 3.10　例 3-6 图

【讨论】

(1) 本题的关键是二力构件 AB 的确认，从而可知 A, B 处约束力作用线，工程中设二力构件受拉力，解出为负值时，说明实际受压力，这对后续课程的学习有利。

(2) 若不需求中间铰 B 受力，则图 3.10(b)可不画出。

(3) 对受力图 3.10(c)，也可用平面一般力系平衡方程：$\sum M_A = 0$，得同样结果。

(4) 当 $\boldsymbol{F}_A$ 作用线设定后，C 处约束力也可设成正交二分力，请读者画出其受力图，用平面一般力系平衡方程(先用力矩式 $\sum M_C = 0$，后用投影式)分析其结果。

3.2　平面物体系平衡问题

由两个或两个以上的物体组成的系统，称为**物体系**。为了解决物体系的平衡问题，需将平衡的概念加以扩展：系统若整体平衡，则组成系统的每一个局部及每一个物体也必然平衡。应用这一重要概念以及平衡方程可求解物体系的平衡问题。

物体系平衡问题，有的要求全部外约束力，有的还要求构件之间的作用力(内力)。其特点是：只取整体为研究对象，不能确定全部待求量；而必须从中间铰处拆开，分别取研究对象分析。但不一定要把每个物体都拆开，应根据具体问题的已知量和待求量，分析如何拆分更方便求解。如何拆，**如何选取研究对象**(包括以整体为研究对象)，**是解物体系平衡问题的关键**。方法是从可以解出部分待求量或者求出的未知力对后续求解有用的研究对象开始。先考察有没有二力构件，接着看有没有研究对象是只含 3 个未知量的平面任意力系；如果没有，再看有没有研究对象含 4 个未知量而其中 3 个未知力汇交于一点。列平衡方程时仍然尽可能列一个简单方程求一个未知力。考虑好解题步骤思路后，再正式做题。下面举例说明。

【例 3-7】图 3.11(a)所示结构由 T 字梁与直梁在 B 处铰接而成。已知 $F = 2\,\text{kN}$，$q = 0.5\,\text{kN/m}$，$M = 5\,\text{kN·m}$，$l = 2\,\text{m}$，求支座 C 及固定端 A 处约束力。

【分析】本题为两个物体组成的系统，以整体为研究对象。图 3.11(c)有 4 个未知量，只有 3 个独立方程，不能解。应先从中间铰 B 处拆开，以最简单的受力杆 CB 为研究对象，受力如图 3.11(b)所示，只有 3 个未知力，可求。在求出 $\boldsymbol{F}_C$ 后，以整体为研究对象，此时只有 3 个未知量，可求固定端 A 处约束力。

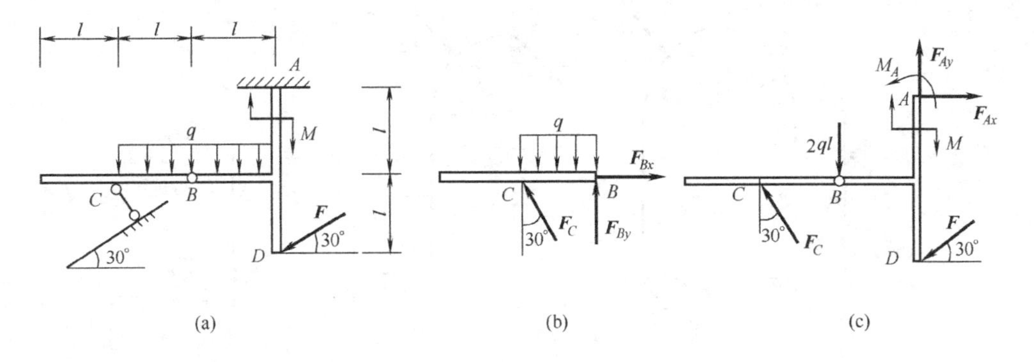

图 3.11　例 3-7 图

【解】

(1) 以杆 BC 为研究对象，受力如图 3.11(b)所示。

$$\sum M_B = 0,\quad F_C\cos 30^\circ \cdot l - ql\cdot l/2 = 0$$

$$F_C = \frac{\sqrt{3}}{3}ql = \frac{\sqrt{3}}{3}\times 0.5\ \text{kN/m}\times 2\ \text{m} = 0.577\,4\ \text{kN}$$

(2) 以整体为研究对象，受力如图 3.11(c)所示。

$$\sum F_x = 0,\quad -F_C\sin 30^\circ - F\cos 30^\circ + F_{Ax} = 0$$

$$F_{Ax} = \frac{1}{2}F_C + \frac{\sqrt{3}}{2}F = 2.021\ (\text{kN})$$

$$\sum F_y = 0,\quad F_C\cos 30^\circ - q\cdot 2l - F\cos 60^\circ + F_{Ay} = 0$$

$$F_{Ay} = 2ql + \frac{1}{2}F - \frac{\sqrt{3}}{2}F_C = 2.50\ (\text{kN})$$

$\sum M_A = 0$，

$$M_A - F_C\cos 30^\circ \times 2l - F_C\sin 30^\circ \times l + q\cdot 2l\cdot l - F\cos 30^\circ \cdot 2l - M = 0$$

$$M_A = 10.51\ \text{kN•m}$$

【讨论】第一个力矩方程，以顺时针为正，逆时针为负，可以。只要一个方程中统一，正负的标准可以任意假设，结果不变。

【例 3-8】图 3.12(a)所示平面拱架，A 为固定端，B 为固定铰链，D, C 为中间铰链。作用力 $F_1 = 3\ \text{kN}$，$F_2 = 6\ \text{kN}$；尺寸 $a = R = 2\ \text{m}$。求 A，B 处约束力。

【分析】若以拱架整体为研究对象，有 3 个独立的平衡方程，而固定端 A 处有 3 个未知力($M_A, \boldsymbol{F}_{Ax}, \boldsymbol{F}_{Ay}$)，固定铰链 B 处有两个未知力($\boldsymbol{F}_{Bx}, \boldsymbol{F}_{By}$)，共 5 个未知力，不能解出任何一个未知力。拱架有 3 个杆件，其中圆弧杆 CD 为二力构件，杆 CD 受力的作用线与 CD 连线重合，这给以下分析奠定了基础。

折杆 BGC，在 C 处的约束力 $\boldsymbol{F}_C$ 作用线已知，B 处为固定铰链，有两个分力 $\boldsymbol{F}_{Bx}, \boldsymbol{F}_{By}$，共 3 个未知力，受力如图 3.12(b)所示，有 3 个平衡方程，可解。

当求出 $\boldsymbol{F}_C$ 后，取杆 AD 为研究对象，只有 A 处有 3 个未知力，受力如图 3.12(c)所示，用 3 个方程可解。

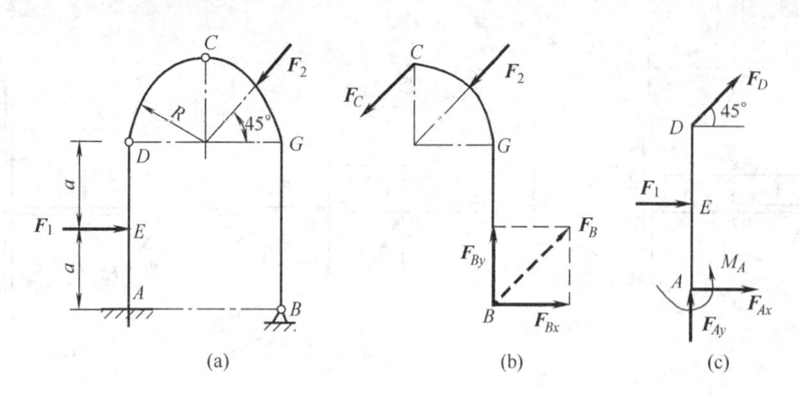

图 3.12　例 3-8 图

【解】

(1) 折杆 BGC 受力如图 3.12(b)所示。

$\sum M_B = 0$，

$$F_C\cos 45^\circ \times (2a+R) + F_C\sin 45^\circ \times R +$$
$$F_2\cos 45^\circ \times (2a+R\sin 45^\circ) + F_2\sin 45^\circ \times (R-R\cos 45^\circ) = 0$$
$$F_C = -4.5\text{ kN}$$
$$\sum F_x = 0，\quad F_{Bx} - F_C\cos 45^\circ - F_2\cos 45^\circ = 0$$
$$F_{Bx} = 1.06\text{ kN}$$
$$\sum F_y = 0，\quad F_{By} - F_C\sin 45^\circ - F_2\sin 45^\circ = 0$$
$$F_{By} = 1.06\text{ kN}$$

(2) 杆 AD 受力如图 3.12(c)所示，$F_D = F_C$。

$$\sum M_A = 0，\quad -F_D\cos 45^\circ \times 2a - F_1 a + M_A = 0$$
$$M_A = -6.73\text{ kN}\cdot\text{m}$$
$$\sum F_x = 0，\quad F_{Ax} + F_D\cos 45^\circ + F_1 = 0$$
$$F_{Ax} = 0.182\text{ kN}$$
$$\sum F_y = 0，\quad F_{Ay} + F_D\sin 45^\circ = 0$$
$$F_{Ay} = 3.18\text{ kN}$$

【讨论】

(1) 本题在求出 $\boldsymbol{F}_{Bx}, \boldsymbol{F}_{By}$ 后，也可以取整体为研究对象，此时只有 A 处 3 个未知力，用 3 个方程可解。请读者比较两种方法，可能用整体较方便。

(2) B 处为固定铰链，有一个方向待定的约束力 $\boldsymbol{F}_B$，以上求解时用两个分力表示为 $\boldsymbol{F}_{Bx}, \boldsymbol{F}_{By}$。由于作用于折杆 BGC 上的力 $\boldsymbol{F}_C$ 与 $\boldsymbol{F}_2$ 是平行力，折杆 BGC 平衡，$\boldsymbol{F}_B$ 应与 $\boldsymbol{F}_C$，$\boldsymbol{F}_2$ 平行，从而可用平面平行力系平衡方程 $\sum M_C = 0$ 直接求 $\boldsymbol{F}_B$(不求中间未知量 $\boldsymbol{F}_C$)，进而以整体为对象求 A 处约束力，最方便。

(3) 由本题可见，解物体系平衡问题的思路为：判别二力构件，从中间铰拆开，由只有 3 个或最少未知力的对象出发。

【例 3-9】图 3.13(a)所示平面构架，A, C, D, E 处为铰链连接，杆 BD 上的销钉 B 置于

杆 AC 的光滑槽内，F=200 N，力偶矩 M=100 N•m，求 A, B, C 处受力。

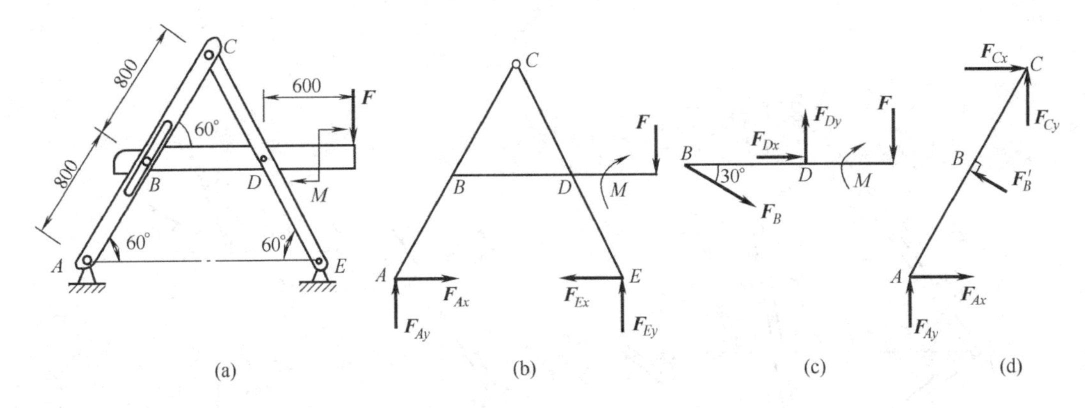

图 3.13　例 3-9 图

【分析】本题所求未知量都在杆 ABC，以此为对象，受力如图 3.13(d)所示，有 5 个未知量，3 个方程，要先由其他对象求出两个未知量。杆 BD，受力见图 3.13(c)，有 3 个未知量，可求 $\boldsymbol{F}_B$。整体为对象，受力见图 3.13(b)，有 3 个独立的平衡方程，在 A、E 处共 4 个未知力，其中 3 个交于一点，由 $\sum M_E=0$，可解出 F_{Ay}。

【解】

(1) 整体为研究对象，受力如图 3.13(b)所示。

$$\sum M_E=0\text{，}\quad -F_{Ay}\times1.6\,\text{m}-M-F\times(0.6\,\text{m}-0.4\,\text{m})=0$$

$$F_{Ay}=-87.5\,\text{N}$$

(2) 研究对象为杆 BD，受力如图 3.13(c)所示。

$$\sum M_D=0\text{，}\quad F_B\times0.8\,\text{m}\times\sin30^\circ-M-F\times0.6\,\text{m}=0$$

$$F_B=550\,\text{N}$$

(3) 研究对象为杆 ABC，受力如图 3.13(d)所示。

$$\sum M_C=0,\quad F_{Ax}\times1.6\,\text{m}\times\sin60^\circ-F_{Ay}\times0.8\,\text{m}-F_B\times0.8\,\text{m}=0$$

$$F_{Ax}=267\,\text{N}$$

$$\sum F_x=0\text{，}\quad F_{Ax}-F_B'\cos30^\circ+F_{Cx}=0$$

$$F_{Cx}=209\,\text{N}$$

$$\sum F_y=0\text{，}\quad F_{Ay}+F_B'\sin30^\circ+F_{Cy}=0$$

$$F_{Cy}=-188\,\text{N}$$

【讨论】本题没有对每个研究对象都列出 3 个平衡方程，而是根据需要共列 5 个方程，将矩心取在不要求的约束力作用处，正好解出要求的 5 个未知力。解答第(1)、(2)步次序可互换。**选取对象是关键，选取矩心是技巧。**

【例 3-10】破碎机简图如图 3.14(a)所示。电动机带动曲柄 OA 绕轴 O 转动，通过连杆 AB, BC, BD 带动夹板 DE 绕轴 E 摆动，从而破碎矿石。已知曲柄 $OA=0.1\,\text{m}$，杆长 $BC=BD=DE=0.6\,\text{m}$，O, A, B, C, D，E 均视为光滑铰链。给定碎石时工作压力 $F=1000\,\text{N}$，力 $\boldsymbol{F}$ 垂直于 DE，作用于点 H，EH=0.4 m。在图示位置，OA 和 CD 均垂直于

OB，$\theta=30°$，$\beta=60°$。按平衡条件求出在图示位置时电动机作用于曲柄的力偶矩 M 的值。

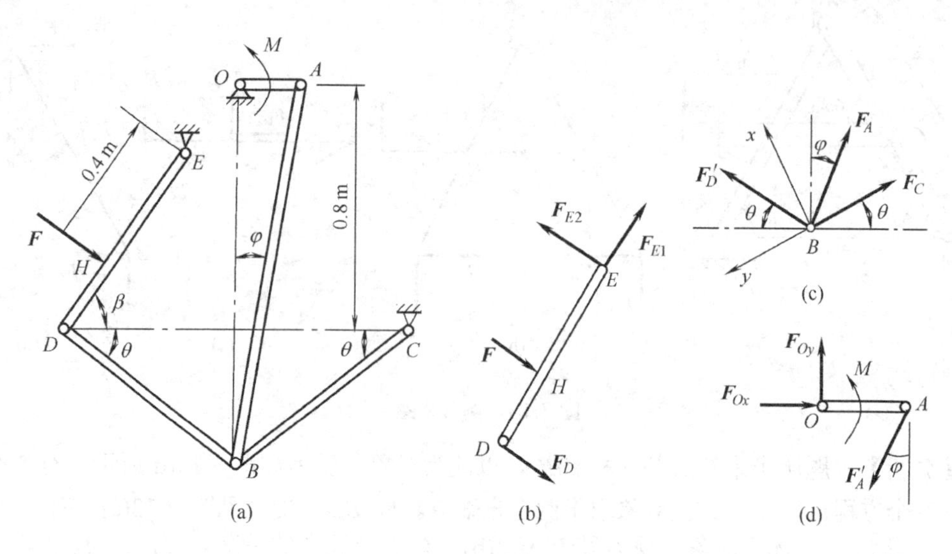

图 3.14　例 3-10 图

【分析】杆 AB, BC, BD 都是二力杆，从而可得受力图如图 3.14(b)～图 3.14(d)所示。

【解】

(1) 研究对象为杆 DHE，受力如图 3.14(b)所示。

$$\sum M_E=0,\quad 0.4\,\text{m}\cdot F+0.6\,\text{m}\cdot F_D=0$$

$$F_D=-\frac{0.4\,\text{m}}{0.6\,\text{m}}\times 1\,000\,\text{N}=-666.7\,\text{N}$$

(2) 研究对象为节点 B，受力如图 3.14(c)所示，取直角坐标系 Bxy。

$$\sum F_x=0,\quad F_A\cos(\theta+\varphi)+F'_D\cos(90^\circ-2\theta)=0$$

$$\varphi=\arctan\frac{0.1\,\text{m}}{0.8\,\text{m}+0.6\,\text{m}\times\sin 30^\circ}=5.194^\circ,\quad \theta=30^\circ$$

$$F_A=666.7\,\text{N}\times\frac{\cos 30^\circ}{\cos(30^\circ+5.194^\circ)}=706.5\,\text{N}$$

(3) 研究对象为杆 OA，受力如图 3.14(d)所示。

$$\sum M_O=0,\quad M-0.1\,\text{m}\cdot F'_A\cos\varphi=0$$

$$M=0.1\,\text{m}\times 706.5\,\text{N}\times\cos 5.194^\circ=70.36\,\text{N·m}$$

【讨论】本题是机构平衡问题。这类问题的特点是主动力之间成一定关系时才平衡，否则不平衡。结构平衡问题则是任何主动力都保持平衡。机构问题一般求主动力之间的关系，不求外约束力。若开始以整体为研究对象，则未知量大于独立平衡方程数，而且是不需要的未知量。因此与解以上结构问题一样，判断二力杆，拆中间铰，先解只有 3 个未知力的平面任意力系问题。注意，图 3.14(c)虽然也只有 3 个未知力，但它是平面汇交力系，只有两个独立的平衡方程，不能从它出发。

【例 3-11】图 3.15(a)所示结构尺寸 $l = 3\,\text{m}$，分布载荷的最大值 $q = 8\,\text{kN/m}$，中间铰 B 上作用集中力 $F = 12\,\text{kN}$，求固定铰 A，C 处约束力及中间铰 B 受力。

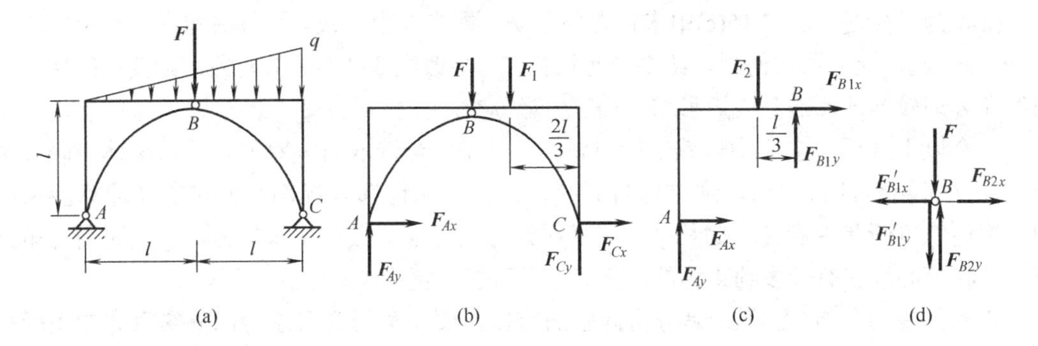

图 3.15　例 3-11 图

【分析】整体受力如图 3.15(b)所示，分布载荷合成为集中力 $\boldsymbol{F}_1$，4 个未知力，3 个方程，解不出全部未知外约束力，但其中有 3 个力交于点 A 或点 C，由 $\sum M_C = 0$，可求出 F_{Ay}，进而由 $\sum F_y = 0$ 求出 F_{Cy}。从中间铰 B 拆开，AB(不含载荷 $\boldsymbol{F}$)部分受力如图 3.15(c)所示，其上分布载荷合成为集中力 $\boldsymbol{F}_2$，因 F_{Ay} 已求出，只有 3 个未知力，可解。中间铰 B 受力如图 3.15(d)所示，其中 $\boldsymbol{F}'_{B1x}, \boldsymbol{F}'_{B1y}$ 为半拱 AB 对铰 B 的作用力，$\boldsymbol{F}_{B2x}, \boldsymbol{F}_{B2y}$ 为半拱 BC 对铰 B 的作用力，它们不是作用力和反作用力。$\boldsymbol{F}'_{B1x}, \boldsymbol{F}'_{B1y}$ 可由半拱 AB 求得，所以图 3.15(d)所示平面汇交力系有两个未知力，两个平衡方程，可解。

【解】

(1) 整体为研究对象，受力如图 3.15(b)所示，分布力合力

$$F_1 = \frac{1}{2} \cdot 2l \cdot q = 24\,\text{kN}$$

$$\sum M_C = 0\text{，}\quad F_{Ay} \cdot 2l - F \cdot l - F_1 \cdot 2l/3 = 0\text{，}\quad F_{Ay} = 14\,\text{kN}$$

$$\sum F_y = 0\text{，}\quad F_{Ay} + F_{Cy} - F - F_1 = 0\text{，}\quad F_{Cy} = 22\,\text{kN}$$

$$\sum F_x = 0\text{，}\quad F_{Ax} + F_{Cx} = 0 \tag{a}$$

(2) 半拱 AB 为研究对象，受力如图 3.15(c)所示，分布力合力

$$F_2 = \frac{1}{2} l \cdot \frac{q}{2} = 6\,\text{kN}$$

$$\sum M_B = 0\text{，}\quad F_{Ax} \cdot l - F_{Ay} \cdot l + F_2 \cdot l/3 = 0\text{，}\quad F_{Ax} = 12\,\text{kN}$$

代入式(a)，得

$$F_{Cx} = -12\,\text{kN}$$

$$\sum F_y = 0\text{，}\quad F_{Ay} + F_{B1y} - F_2 = 0\text{，}\quad F_{B1y} = -8\,\text{kN}$$

$$\sum F_x = 0\text{，}\quad F_{Ax} + F_{B1x} = 0\text{，}\quad F_{B1x} = -12\,\text{kN}$$

(3) 中间铰 B 为研究对象，受力如图 3.15(d)所示。

$$\sum F_x = 0\text{，}\quad -F'_{B1x} + F_{B2x} = 0\text{，}\quad F_{B2x} = -12\,\text{kN}$$

$$\sum F_y = 0\text{，}\quad F_{B2y} - F - F'_{B1y} = 0\text{，}\quad F_{B2y} = 4\,\text{kN}$$

【讨论】

(1) 本题的难点是对作用于中间铰 B 的外力 $\boldsymbol{F}$ 的处理。

(2) 为了简便，图 3.15(c)中未包含外力 $\boldsymbol{F}$，即未含中间铰。请读者思考，将中间铰与 AB 合在一起，受力图如何画，结果如何？若这一步改取 BC 为研究对象，则其上的梯形分布载荷处理较麻烦，需分成矩形均布加三角形分布。

综合以上分析，求解物体系平衡问题，关键是恰当选取研究对象。若以整体为研究对象，无法求出全部待求量，通常需拆开整体，并灵活地选取局部研究对象使计算步骤简单。要注意判断是否存在二力构件。若从投影方程不能直接求出未知力，一般先用力矩方程，并将矩心取在有较多约束力的汇交点，尽可能不解或少解联立方程。

正确的受力分析(受力图)是分析问题的前提，要注意研究对象全部外约束力的正确分析和外载荷的正确处理。遇外载荷需简化时，应先取研究对象的分离体，再将该分离体上的原载荷简化。

当遇到铰链上有主动力作用或铰链与 3 个或 3 个以上构件(包括固定支座)相连时(此时其中任意两个构件的受力不是作用力与反作用力，请读者思考为什么？)，一般将铰链与其相连的某杆组成局部组合作为研究对象；若欲求中间铰链受力，则需单独将铰链分离出来作为研究对象，如例 3-11 中铰 B 的受力。

3.3 静定和超静定问题概念

前面讨论的平衡问题中，未知力个数等于独立平衡方程数，因而能由平衡方程解出全部未知力。这类问题称为**静定问题**，相应的结构称为**静定结构**。例如本章例 3-1～例 3-11 及图 3.16(a)和图 3.16(b)所示。

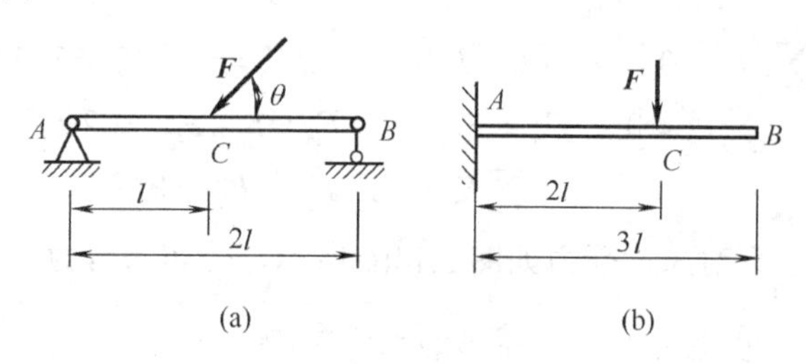

图 3.16 静定结构

工程上为了提高结构的强度和刚度，常常在静定结构上再加一个或几个约束，从而使未知约束力的个数大于独立平衡方程的数目。因而，仅仅由静力学平衡方程无法求得全部未知约束力，需要补充变形条件。此类问题称为**超静定问题**或**静不定问题**，相应的结构称为**超静定结构**或**静不定结构**。例如图 3.17(a)和图 3.17(b)所示。

超静定问题中，未知量的个数与独立的平衡方程数目之差，称为**超静定次数**。与超静定次数对应的约束对于结构保持静定是多余的，称为**多余约束**。读者要会正确判断简单结构的超静定次数。判断结构静定与否的方法是：把结构全部拆成单个构件，计算未知量的总个数与独立平衡方程的总个数，加以比较。注意作用力与反作用力大小相等，同时注意不同力系有不同的独立方程数。至于超静定问题的基本解法将在材料力学课程中介绍。

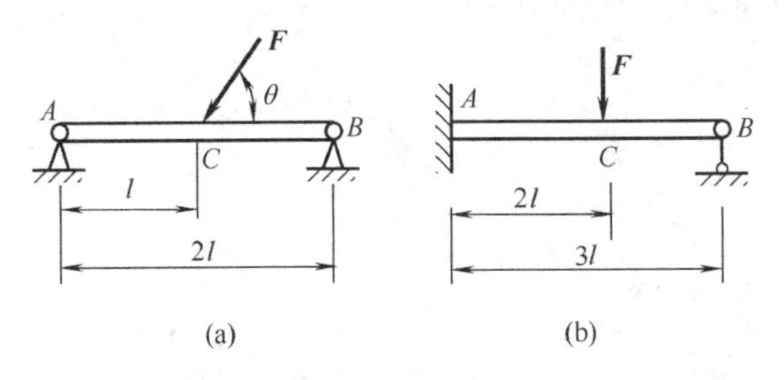

图 3.17　超静定结构

请读者分析图 3.18(a)～图 3.18(c)所示的超静定次数(设已知结构尺寸及外载荷)。

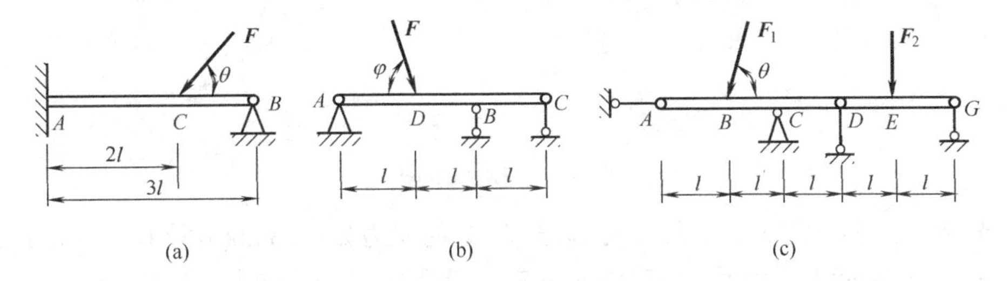

图 3.18　判断超静定次数

3.4　空间力系平衡方程

本章开头给出了空间任意力系的平衡方程式(3-2)。空间问题比较复杂，理论力学一般只要求掌握单体空间力系平衡问题。

3.4.1　空间汇交力系平衡方程

空间力系中所有力作用线汇交于一点的力系称为**空间汇交力系**。以空间汇交力系的汇交点 O 作为坐标原点，如图 3.19 所示，则式(3-2)中 3 个对轴的力矩方程为恒等式，于是其独立的平衡方程为

$$\sum F_x=0,\quad \sum F_y=0,\quad \sum F_z=0 \tag{3-9}$$

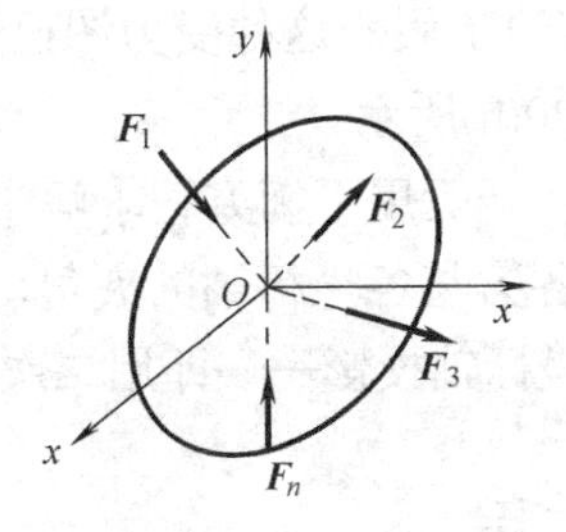

图 3.19　空间汇交力系

【例 3-12】图 3.20(a)所示起重三脚架各杆均长$l=2.5\,\text{m}$，两端为铰接。铰 D 上挂有重量为 $W=20\,\text{kN}$ 的重物，且知 $\theta_1=120°$，$\theta_2=90°$，$\theta_3=150°$，$OA=OB=OC=r=1.5\,\text{m}$，求各杆受力。

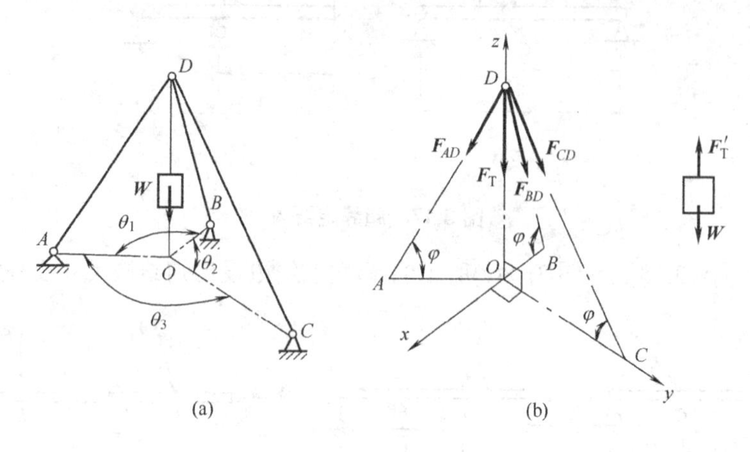

图 3.20　例 3-12 图

【分析】因各杆均为二力杆，可画出铰 D 的受力如图 3.20(b)所示，诸力 $\boldsymbol{F}_{\mathrm{T}},\boldsymbol{F}_{AD}$，$\boldsymbol{F}_{BD}$，$\boldsymbol{F}_{CD}$ 构成空间汇交力系，且已知 $F_{\mathrm{T}}=W$，于是有 3 个未知力，3 个方程，可解。取坐标系 $Oxyz$，由已知条件，可知 $\boldsymbol{F}_{AD},\boldsymbol{F}_{BD},\boldsymbol{F}_{CD}$ 与坐标平面 Oxy 的夹角均为 φ，且

$$\cos\varphi=\frac{1.5\,\text{m}}{2.5\,\text{m}}=\frac{3}{5},\quad \sin\varphi=\frac{4}{5}$$

此外，从已知的角度 $\theta_1,\theta_2,\theta_3$，可知各力在平面 Oxy 的投影与轴 x(或与轴 y)间的夹角，故力 $\boldsymbol{F}_{AD},\boldsymbol{F}_{BD},\boldsymbol{F}_{CD}$ 的投影应采用两次投影法计算。

【解】以铰 D 为研究对象，由图 3.20(b)所示，列平衡方程

$$\sum F_x=0,\quad F_{AD}\cos\varphi\cdot\cos 60°-F_{BD}\cos\varphi=0 \tag{a}$$

$$\sum F_y=0,\quad -F_{AD}\cos\varphi\cdot\sin 60°+F_{CD}\cos\varphi=0 \tag{b}$$

$$\sum F_z=0,\quad -(F_{AD}+F_{BD}+F_{CD})\sin\varphi-W=0 \tag{c}$$

$$F_{AD}=-10.57\,\text{kN},\quad F_{BD}=-5.28\,\text{kN},\quad F_{CD}=-9.15\,\text{kN}$$

结果中负号表示三杆均受压。

【讨论】

(1) 对于单个研究对象的空间力系，为了较清楚地表示研究对象所受各力在空间的方位，允许在原结构图上画受力图(约定假想这种受力图已解除约束)，不必像本例题那样取铰 D 的分离体单独画受力如图 3.20(b)所示。

(2) 空间汇交力系平衡问题，一般用平衡方程求解未知力。为此，要选定恰当的坐标系。计算各力投影时，如已得知各力与各坐标轴的夹角，就能直接投影计算；否则，可将力先向坐标面投影，然后，再向坐标轴投影——即用**二次投影法**计算。

3.4.2　空间力偶系平衡方程

全部由空间力偶组成的力系称为**空间力偶系**。由于空间力偶系的主矢恒为零，故

式(3-2)中 3 个投影式为恒等式，其平衡方程为

$$\sum M_x=0,\ \sum M_y=0,\ \sum M_z=0 \tag{3-10}$$

【例 3-13】图 3.21 所示蜗轮箱在 A, B 两处各用一个螺栓安装在基础上，铅直方向的蜗杆输入力偶矩 $M_1=100\ \text{N·m}$，水平方向的蜗轮输出力偶矩 $M_2=400\ \text{N·m}$，不考虑箱底和基础间的摩擦影响，求两螺栓处沿轴 x，z 方向的约束力。

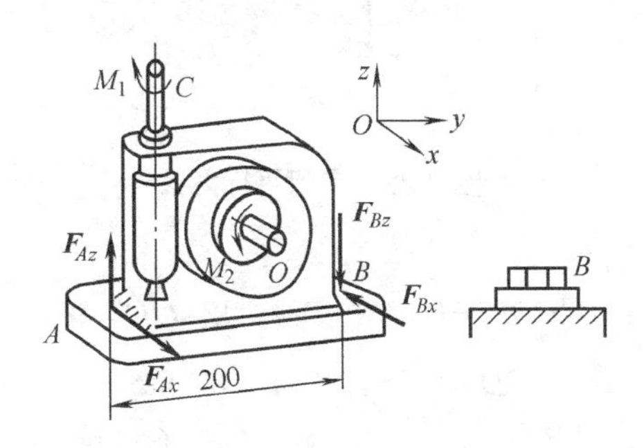

图 3.21　例 3-13 图

【分析】以蜗轮箱为研究对象，建立图示坐标系，轴 x 和轴 z 分别平行于蜗轮轴和蜗杆轴。忽略摩擦，螺栓连接的 A，B 两处可简化为光滑铰链。主动力为两个力偶 $\boldsymbol{M}_1$ 和 $\boldsymbol{M}_2$，力偶矩矢方向分别沿轴 z 和轴 x，由于力偶只能由力偶来平衡，螺栓 A, B 处的两对约束力应分别组成两个力偶。因此，蜗轮箱受空间力偶系作用。

【解】由空间力偶系平衡方程得

$$\sum M_x=0,\quad M_2-F_{Az}\times 0.2\ \text{m}=0,\quad 400\ \text{N·m}-F_{Az}\times 0.2\ \text{m}=0$$

$$F_{Az}=F_{Bz}=2\,000\ \text{N}$$

$$\sum M_z=0,\quad -M_1+F_{Ax}\times 0.2\ \text{m}=0,\quad -100\ \text{N·m}+F_{Ax}\times 0.2\ \text{m}=0$$

$$F_{Ax}=F_{Bx}=500\ \text{N}$$

【讨论】本题方程 $\sum M_y=0$ 自然满足，未用。本题难点在于螺栓处约束力的分析，为了计算方便，未讨论轴 y 方向的约束力。

3.4.3　空间平行力系平衡方程

空间各力作用线相互平行的力系称为**空间平行力系**。若取坐标 $Oxyz$ 的轴 Oz 与各力平行(图 3.22)，则式(3-2)中，$\sum F_x\equiv 0$，$\sum F_y\equiv 0$，$\sum M_z\equiv 0$，于是得空间平行力系的平衡方程

$$\sum F_z=0,\ \sum M_x=0,\ \sum M_y=0 \tag{3-11}$$

【例 3-14】圆桌的三条腿成等边三角形 ABC，如图 3.23(a)所示。圆桌半径 $r=500\ \text{mm}$，重 $W=600\ \text{N}$。在三角形中线 CD 上点 M 处作用铅垂力 $F=1500\ \text{N}$，$OM=a$。求：使圆桌不致翻倒的最大距离 a。

【分析】桌腿与地面的接触面摩擦不计，可视为光滑面。圆桌为研究对象，受力如图 3.23(b)所示，为空间平行力系。取坐标系如图 3.23 所示，圆桌可能绕轴 y 翻倒，临界情况，$F_C=0$。

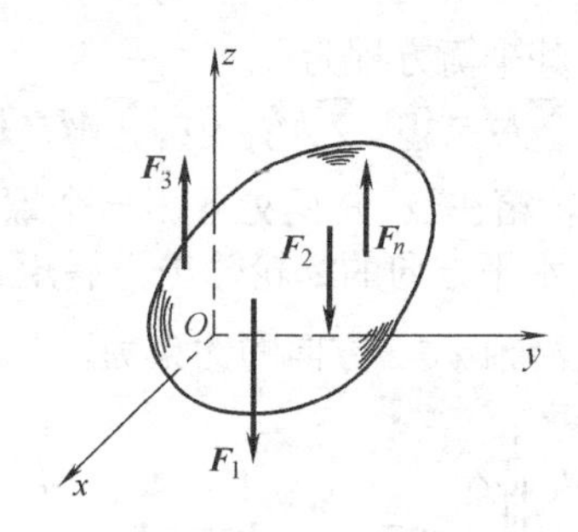

图 3.22 空间平行力系

【解】受力如图 3.23(b)所示。

$$\sum M_y = 0\text{，}\quad F \cdot DM - W \cdot OD = 0$$

$$OD = 0.5r\text{，}\quad DM = a - 0.5r$$

$$a = 0.5r\left(1 + \frac{W}{F}\right) = 0.5 \times 500\ \text{mm} \times \left(1 + \frac{600\ \text{N}}{1\,500\ \text{N}}\right) = 350\ \text{mm}$$

【讨论】

(1) 本题属倾覆问题，倾覆轴为轴 y，倾覆力矩为 $F \cdot DM$，稳定力矩为 $W \cdot OD$。由稳定力矩大于倾覆力矩的条件可直接解出 a。

(2) 空间平行力系有 3 个平衡方程，本题只用了一个。

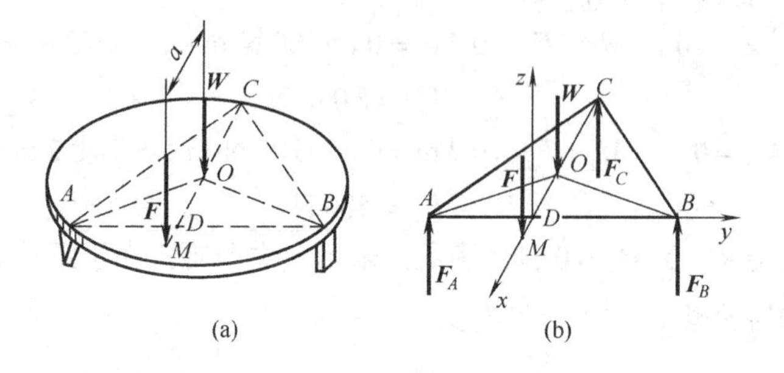

图 3.23 例 3-14 图

3.4.4 空间一般力系平衡方程应用举例

【例 3-15】如图 3.24(a)和图 3.24(b)所示，使水涡轮转动的力偶矩 $M_z = 1\,200\ \text{N·m}$，在锥齿轮 B 处受到的力分解为 3 个分力：圆周力 $\boldsymbol{F}_{\rm t}$、轴向力 $\boldsymbol{F}_{\rm a}$ 和径向力 $\boldsymbol{F}_{\rm r}$。这些力的比例为 $F_{\rm t}:F_{\rm a}:F_{\rm r}=1:0.32:0.17$。已知水涡轮连同轴和锥齿轮的总重量为 W=12 kN，其作用线沿轴 Cz，锥齿轮的平均半径 OB=0.6 m，其余尺寸如图。求止推轴承 C 和轴承 A 的约束力。

【分析】本题为“轴-锥齿轮-涡轮”组成的单刚体受空间力系作用的平衡问题。轴在向心轴承 A 处受水平正交 2 分力，止推轴承 C 处受正交 3 分力，本题共有 8 个未知力，但已知 $F_{\rm t}:F_{\rm a}:F_{\rm r}=1:0.32:0.17$，相当于两个补充方程，加空间任意力系 6 个独立的平衡方程，因此可解。先对轴 z 列力矩平衡方程，可求 F_t。

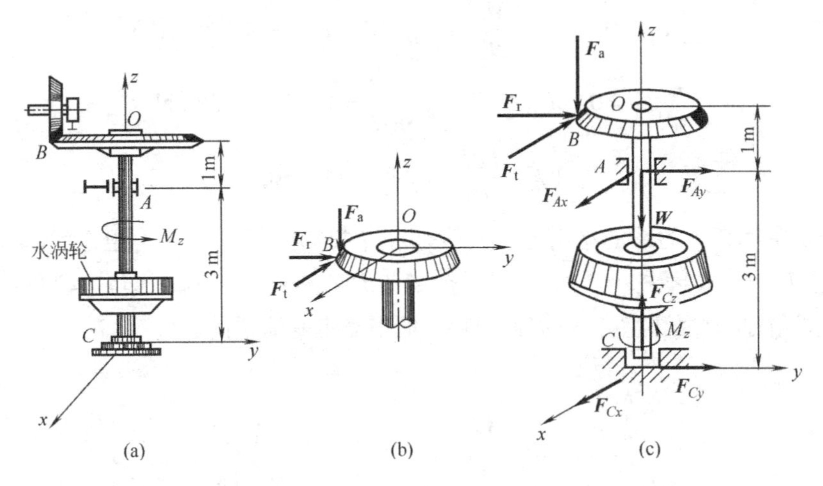

图 3.24　例 3-15 图

【解】整体受空间力系如图 3.24(c)所示。

$$\sum M_z = 0\text{，}\quad M_z - F_t \cdot OB = 0\text{，}\quad F_t = 2\,000\,\text{N}$$

$$F_t : F_a : F_r = 1 : 0.32 : 0.17\text{，}\quad F_a = 640\,\text{N}\text{，}\quad F_r = 340\,\text{N}$$

$$\sum M_y = 0\text{，}\quad F_{Ax} \times 3\,\text{m} - F_t \times 4\,\text{m} = 0\text{，}\quad F_{Ax} = 2\,667\,\text{N}$$

$$\sum M_x = 0\text{，}\quad -F_{Ay} \times 3\,\text{m} - F_r \times 4\,\text{m} + F_a \times 0.6\,\text{m} = 0\text{，}\quad F_{Ay} = -325\,\text{N}$$

$$\sum F_x = 0\text{，}\quad F_{Ax} + F_{Cx} - F_t = 0\text{，}\quad F_{Cx} = -667\,\text{N}$$

$$\sum F_y = 0\text{，}\quad F_{Ay} + F_{Cy} + F_r = 0\text{，}\quad F_{Cy} = -15\,\text{N}$$

$$\sum F_z = 0\text{，}\quad F_{Cz} - W - F_a = 0\text{，}\quad F_{Cz} = 12\,640\,\text{N}$$

【讨论】注意在空间力系平衡问题的 6 个平衡方程中，应尽可能使每个方程的未知数少，避免解联立方程组。通常是先取力矩轴与尽可能多的未知力平行或相交，使这些力在力矩方程中不出现，例如本解答中第一个方程。列 6 个方程的次序应灵活选取。有时由于问题本身特点和所求，6 个平衡方程不一定全部用上。

【例 3-16】尺寸如图 3.25(a)所示的均质长方体物块重 W=200 N，由不计重量的杆 KC, HB 和球铰 A 及辊轴支座 E 所支持，$F_1 = 100\,\text{N}$，$F_2 = 500\,\text{N}$，杆 KC, HB 沿物块对角线方向，求物块所受各约束力。

【分析】物块受空间任意力系作用，有 6 个独立的平衡方程。杆 KC, HB 为二力杆，B, C 处约束力方向已知，球铰 A 处有 3 个约束分力，辊轴支座 E 处约束力沿铅直方向。总共 6 个未知力，可解。

【解】受力如图 3.25(b)所示。

$$\sum M_z = 0,\quad F_C = 0$$

$$\sum M_{AN} = 0,\quad -F_E \cdot \frac{1}{4} MP + F_1 \cos 45° \cdot OM = 0,\quad F_E = 240\,\text{N}$$

$$\sum M_x = 0,\quad F_{Ay} \cdot AB + F_2 \cdot DO + F_E \cdot \frac{1}{2} MN - W \cdot \frac{1}{2} BC = 0$$

$$F_{Ay}=-433\ \text{N}$$

$$\sum F_y=0,\quad -F_B\cdot\frac{MN}{BN}+F_{Ay}=0,\quad F_B=-804\ \text{N}\ \ (压)$$

$$\sum F_x=0,\quad F_{Ax}+F_1-F_B\cdot\frac{BO}{BN}=0,\quad F_{Ax}=-533\ \text{N}$$

$$\sum F_z=0,\quad F_{Az}+F_B\cdot\frac{DN}{BN}+F_E+F_2-W=0,\quad F_{Az}=-20\ \text{N}$$

【讨论】空间任意力系的平衡方程一般有3个投影方程和3个力矩方程，本题的特殊之处在于$\sum M_{AN}=0$，除$\boldsymbol{F}_E$之外，各力对轴AN都无矩，可解$\boldsymbol{F}_E$。有些题也可以用4～6个力矩方程求解(此时要注意方程的独立性)，但不一定是简便的。

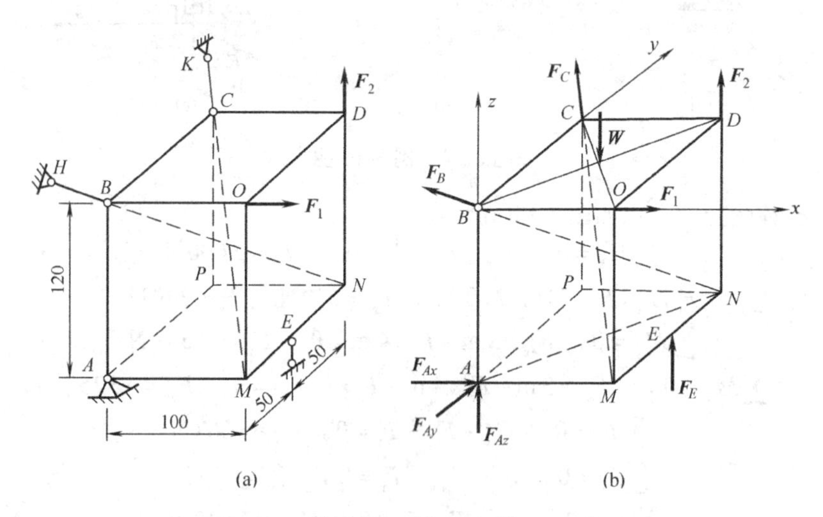

图3.25 例3-16图

小　　结

空间任意力系平衡的充要条件是：力系的主矢和对于任一点的主矩都等于零，即

$$\boldsymbol{F}_{\text{R}}=\sum\boldsymbol{F}_i=\boldsymbol{0}\qquad \boldsymbol{M}_O=\sum\boldsymbol{M}_O(\boldsymbol{F})=\boldsymbol{0}$$

(1) 平面任意力系平衡方程(设力系在Oxy平面内)。

基本形式　$\sum F_x=0$，$\sum F_y=0$，$\sum M_O=0$

二矩式　$\sum F_x=0$，$\sum M_A=0$，$\sum M_B=0$

其中x轴不得垂直于A,B两点的连线。

三矩式　$\sum M_A=0$，$\sum M_B=0$，$\sum M_C=0$

其中，A,B,C三点不得共线。

(2) 平面任意力系的几种特殊情形的平衡方程。

① 平面平行力系

$$\sum F_y=0,\ \sum M_O=0\ (设力系中各力与轴y平行)$$

② 平面汇交力系

$$\sum F_x = 0, \quad \sum F_y = 0$$

③　平面力偶系

$$\sum M = 0$$

(3)　物体系平衡特点：系统若整体平衡，则组成系统的每一个局部以及每一个物体也必然是平衡的。

(4)　空间任意力系平衡方程的基本形式。

$$\sum F_x = 0, \quad \sum F_y = 0, \quad \sum F_z = 0, \quad \sum M_x = 0, \quad \sum M_y = 0, \quad \sum M_z = 0$$

(5)　空间任意力系几种特殊情形的平衡方程。

①　空间汇交力系

$$\sum F_x = 0, \quad \sum F_y = 0, \quad \sum F_z = 0$$

②　空间力偶系

$$\sum M_x = 0, \quad \sum M_y = 0, \quad \sum M_z = 0$$

③　空间平行力系

$$\sum F_z = 0, \quad \sum M_x = 0, \quad \sum M_y = 0 \text{(设力系中各力与轴 } z \text{ 平行)}$$

思　考　题

3-1 图(a)，(b)，(c)所示的 3 种结构，$\theta = 60^\circ$。如 B 处都作用有相同的水平力 $\boldsymbol{F}$，问铰链 A 处的约束力是否相同？请作图表示其大小与方向。

3-2 在刚体的 A,B,C,D 四点作用有 4 个大小相等的力，此 4 力沿 4 个边恰好组成封闭的力多边形，如图所示。此刚体是否平衡？若 $\boldsymbol{F}_1$ 和 $\boldsymbol{F}_1'$ 都改变方向，此刚体是否平衡？

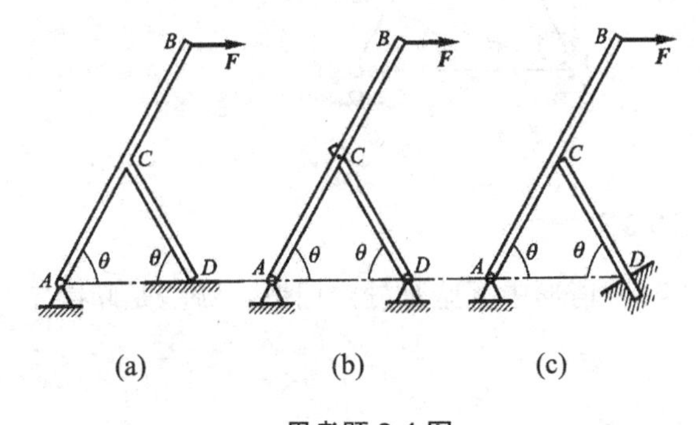

思考题 3-1 图

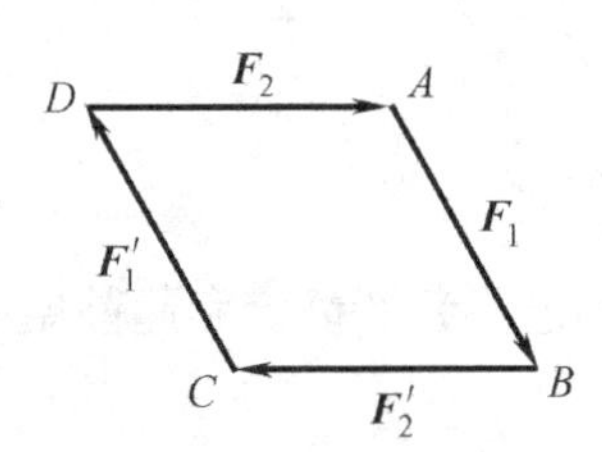

思考题 3-2 图

3-3 在图(a)，(b)，(c)中，力或力偶对点 A 的矩都相等，它们引起的支座约束力是否相同？

3-4 图示两种机构，图(a)中销钉 E 固结于杆 CD 而插在杆 AB 的滑槽中；图(b)中销钉 E 固结于杆 AB 而插在杆 CD 的滑槽中。不计摩擦，$\theta = 45^\circ$，如在杆 AB 上作用有矩为 M_1 的力偶，上述两种情况下平衡时，A，C 处的约束力和杆 CD 上作用的力偶是否相同？

3-5 长方形平板如图所示。载荷强度分别为 q_1,q_2,q_3,q_4 的均匀分布载荷(也称剪流)作用在板上。欲使板保持平衡，则载荷强度间数值关系如何？

3-6 图示结构受 3 个已知力作用，分别汇交于点 B 和点 C，平衡时，铰链 A, B, C, D

中，哪个约束力为 0？哪个不为 0？

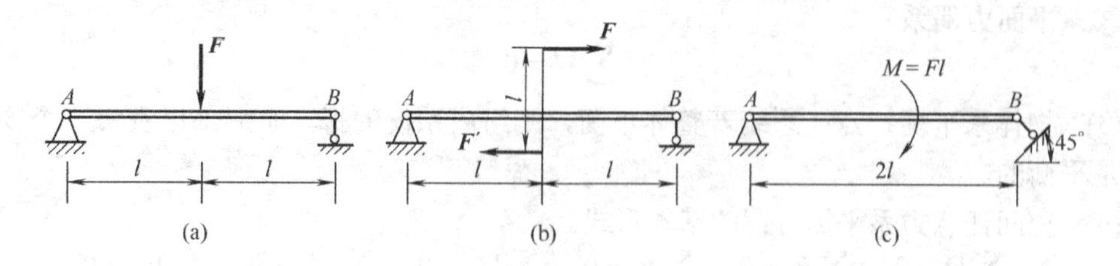

思考题 3-3 图

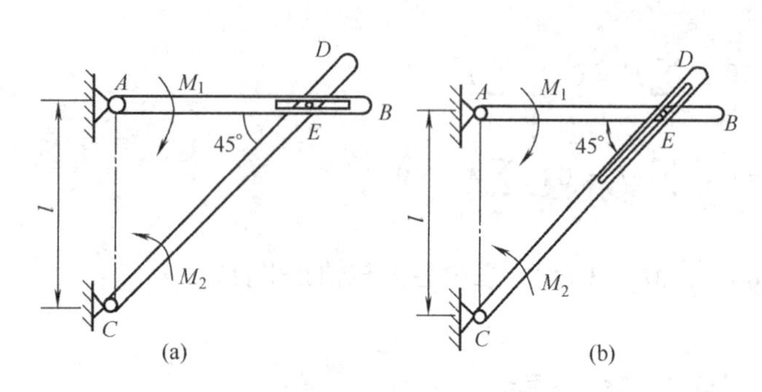

思考题 3-4 图

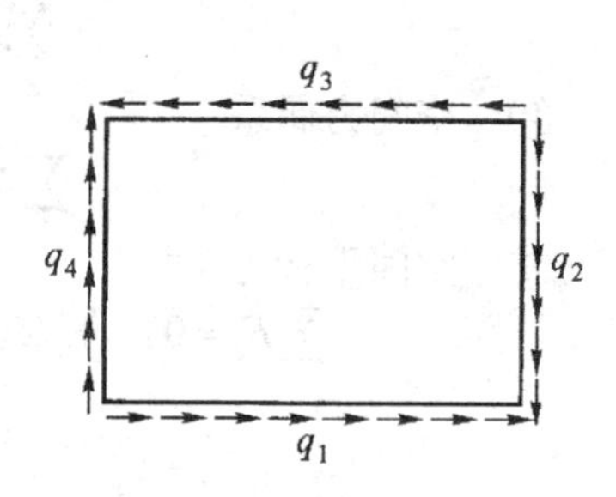

思考题 3-5 图

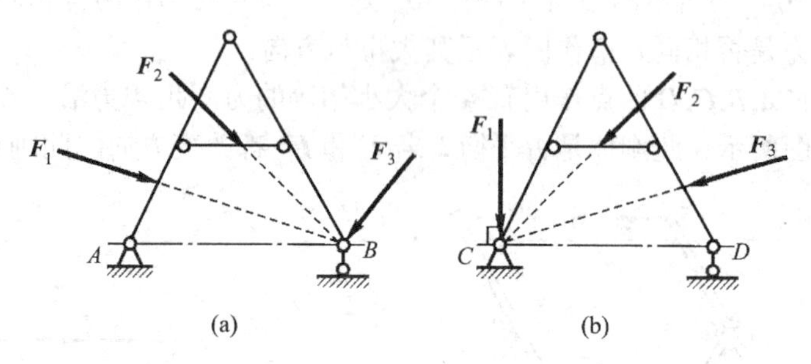

思考题 3-6 图

3-7 怎样判断静定和超静定问题？图示 4 种情形中哪些是静定问题，哪些是超静定问题？

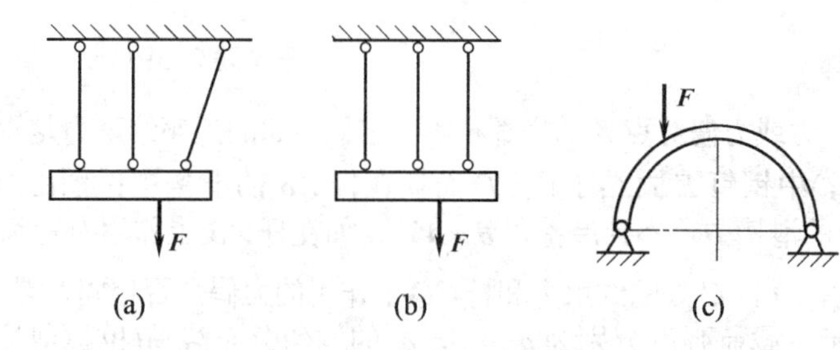

思考题 3-7 图

***3-8** 空间任意力系总可以用两个力来平衡，为什么？

习　　题

3-1　重 $\boldsymbol{W}$ 、半径为 r 的均匀圆球，用长 l 的软绳 AB 及半径为 R 的固定光滑圆柱面支持如图，A 与圆柱面的距离为 d 。求绳子的拉力 $\boldsymbol{F}_{\mathrm{T}}$ 及固定面对圆球的作用力 $\boldsymbol{F}_{\mathrm{N}}$ 。

3-2　吊桥 AB 长 l ，重 $\vec{W}_1$ ，重心在中心。A 端由铰链支于地面，B 端由绳拉住，绳绕过小滑轮 C 挂重物，重量 $\vec{W}_2$ 已知。重力作用线沿铅垂线 AC，$AC=AB$。问吊桥与铅垂线的交角 θ 为多大方能平衡？并求此时铰链 A 对吊桥的约束力 $\boldsymbol{F}_A$ 。

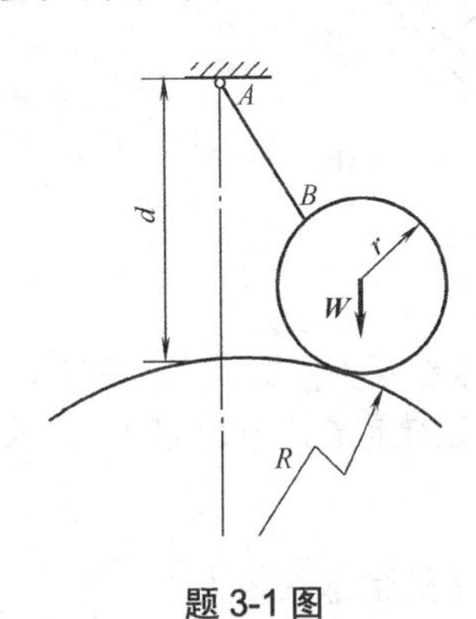

题 3-1 图

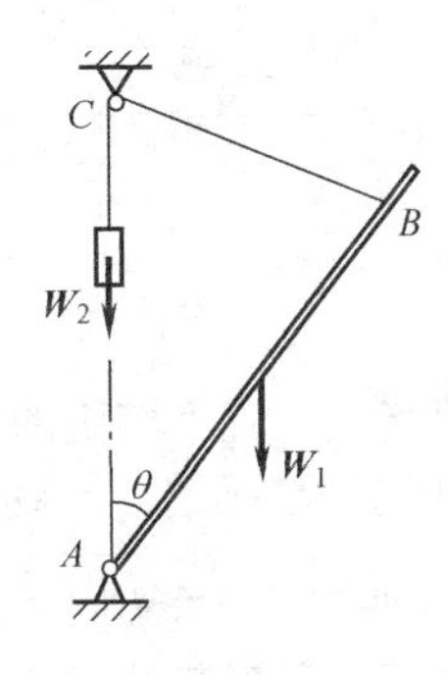

题 3-2 图

3-3　三铰拱架受水平力 $\boldsymbol{F}$ 的作用，A, B, C 三点都是铰链，求支座 A，B 的约束力。

3-4　均质杆 AB 长 l ，重 W ，放在圆柱筒内(筒与地面固连)，且各接触处光滑，θ 为已知。求使杆 AB 能平衡的最大长度 l 及此时 A 处的约束力。

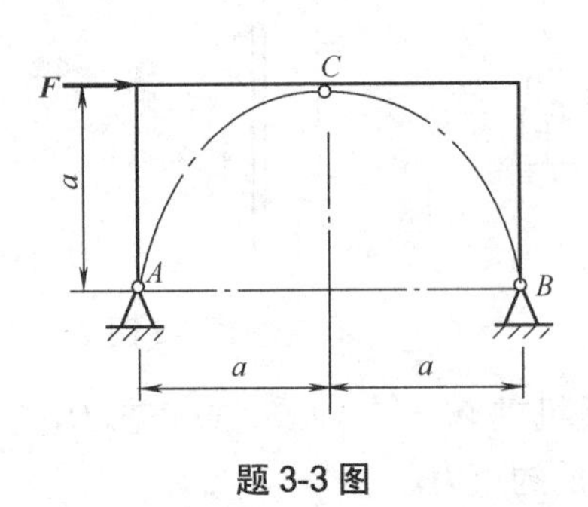

题 3-3 图

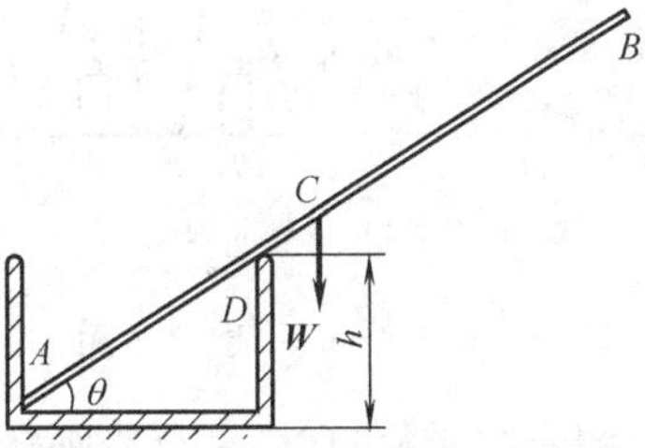

题 3-4 图

3-5　求图示两种结构的约束力 $\boldsymbol{F}_A$，$\boldsymbol{F}_C$。

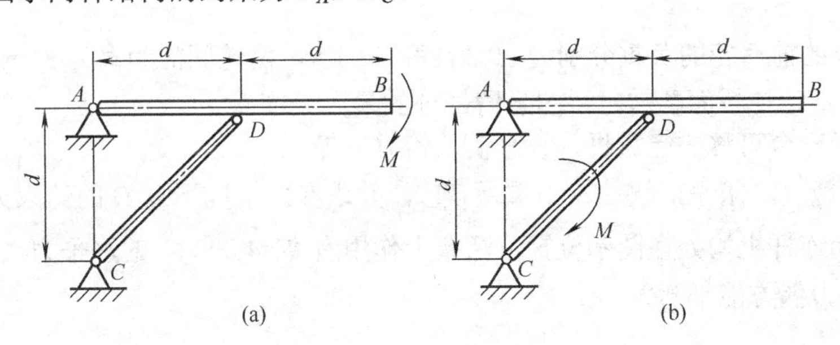

题 3-5 图

3-6 图(a)中，杆 AB 上有一导槽，套在杆 CD 的销子 E 上，在杆 AB 与 CD 上各有一力偶作用而平衡。已知 $M_1=100\ \text{N·m}$，求 M_2。图(b)中，导槽在杆 CD 上，销子 E 在杆 AB 上，则结果如何？

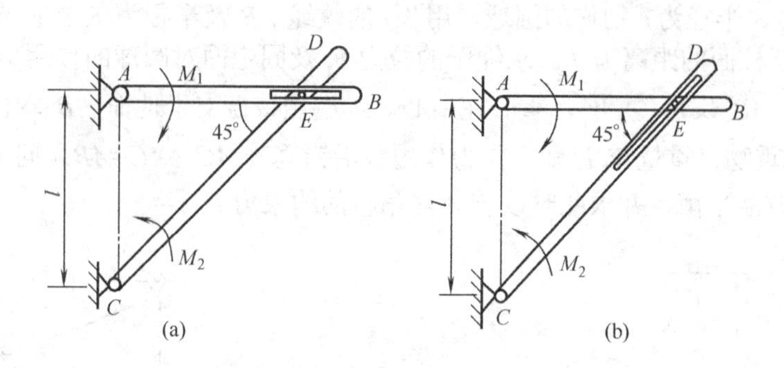

题 3-6 图

3-7 一架支点位置不准确的天平，两称盘 A, B 悬挂点距支点分别为 a 和 b，两空盘能互相平衡，法码是准确的。一物体先后放在 A, B 中称出的重量各为 W_1 和 W_2。求物体的准确重量 W，并证明 $b/a=\sqrt{W_2/W_1}$。

3-8 直角折杆所受载荷、约束及尺寸如图所示，求 A 处全部约束力。

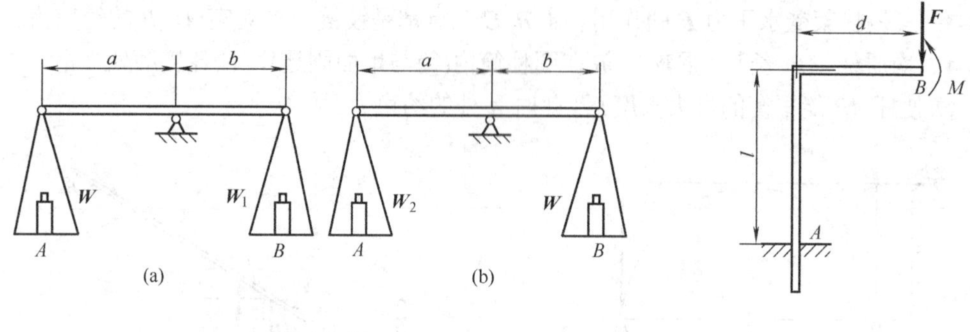

题 3-7 图　　　　题 3-8 图

3-9 图示起重机 ABC 具有铅垂转动轴 AB，起重机重 W = 3.5 kN，重心在 D，在 C 处吊有重 W_1 = 10 kN 的物体，求轴承 A 和止推轴承 B 的约束力。

3-10 一便桥自由放置在支座 C 和 D 上，支座间的距离 CD = $2d$ = 6 m。桥面重 $1\frac{2}{3}$ kN/m。设汽车的前后轮的负重分别为 20 kN 和 40 kN，两轮间的距离为 3 m。求当汽车从桥上面驶过而不致使桥面翻转时桥的悬臂部分的最大长度 l。

3-11 图示一台可移式起重机，设平衡块恰好在轮 A 上方，起重量为 $W_1=1\,000$ N。要使起重机不致翻倒，求平衡块的最小重量 $W_{\min}$，并求在此情况下点 D 的约束力。

3-12 曲柄连杆机构处在图示位置，活塞上作用有 F=4 000 N 的水平力，问在曲柄 OA 上应加多大的力偶方能平衡？

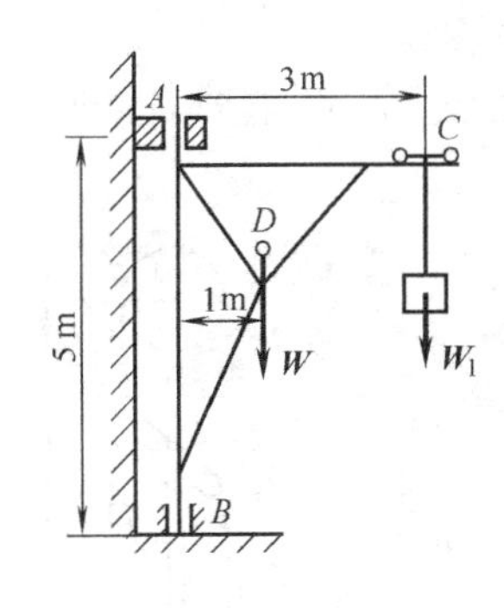

题 3-9 图

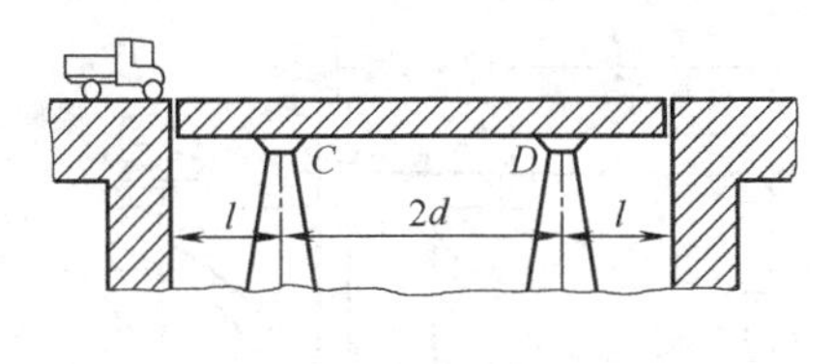

题 3-10 图

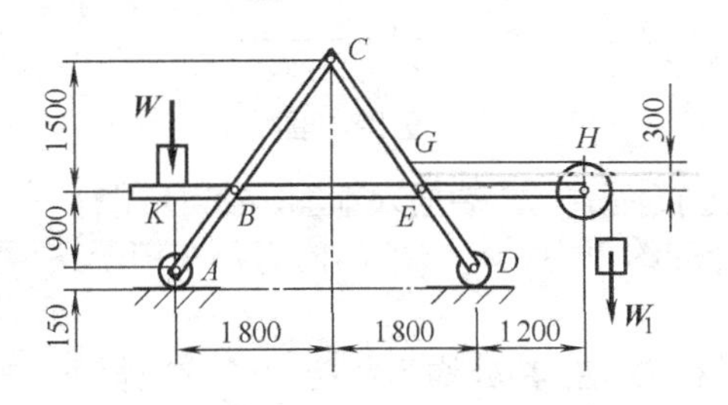

题 3-11 图

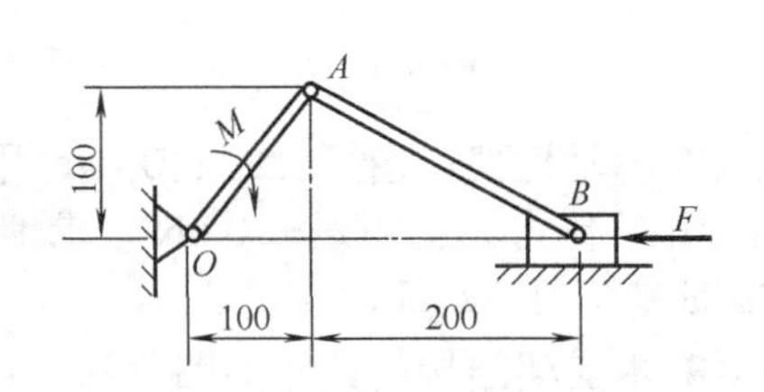

题 3-12 图

3-13 求图示静定梁在 A, B, C 三处的全部约束力。已知 d, q 和 M。注意比较和讨论图(a)，(b)，(c)三梁的约束力以及图(d)，(e)两梁的约束力。

3-14 供解算数学公式用的正切机构中，杆 OA 绕点 O 作定轴转动，其上套有可滑动的套筒 B，杆 BC 一端与套筒铰接，并可在固定滑道 K 中滑动。已知机构尺寸 l_1, l_2，在 α 角时处于平衡。求主动力 $\boldsymbol{F}_1$ 和 $\boldsymbol{F}_2$ 的关系。

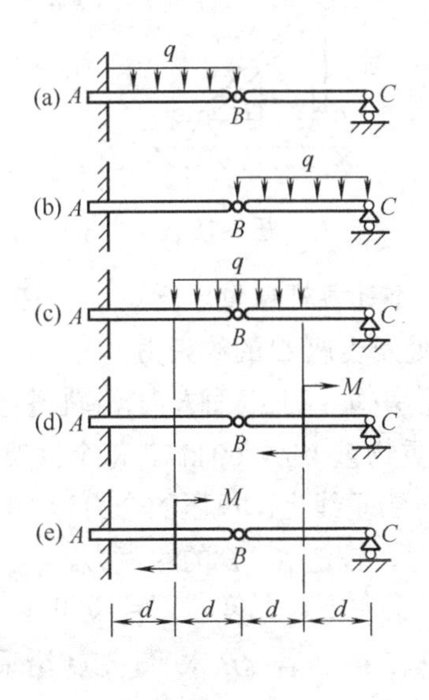

题 3-13 图

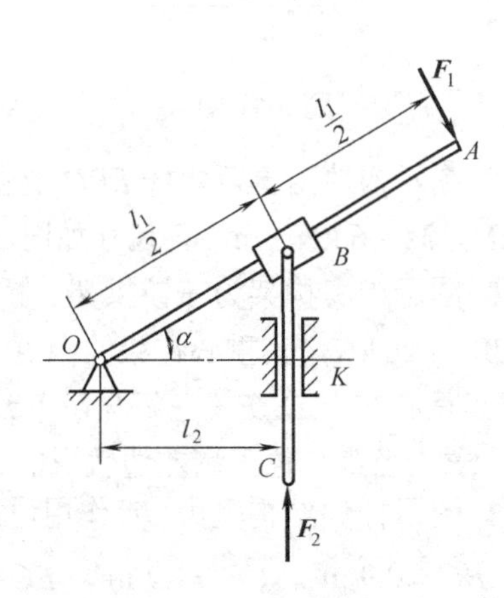

题 3-14 图

3-15　图示汽车台秤简图，BCF 为整体台面，杠杆可绕轴 O 转动，B, C, D 均为铰链，杆处于水平位置。求平衡时砝码重W_1与汽车重W_2的关系。

3-16 三角形平板点A处为铰支座，销子C固结在CE上，并与滑道接触，点B受水平力100 N，求铰支座D的约束力。

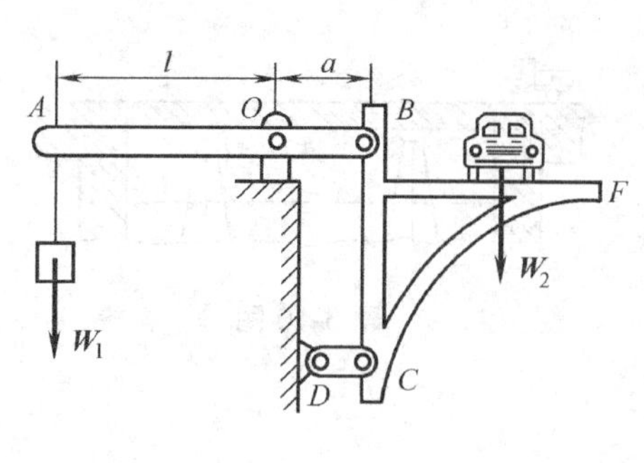

题 3-15 图

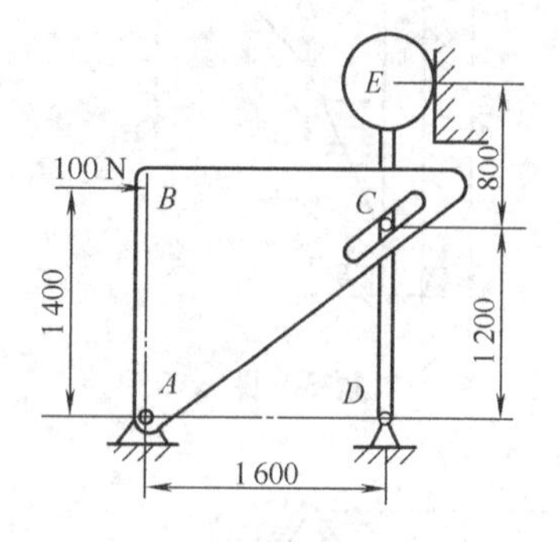

题 3-16 图

3-17 图示构架，由杆AB, CD, AC用销子连接而成，B端插入地面，在D端有一铅垂向下的力$\boldsymbol{F}$作用。已知$F=10$ kN，求地面对杆的约束力、杆AC的内力及在销子E处相互作用的力。图中$l=1$ m。

3-18 木支架结构的尺寸如图所示，各杆在A, D, E, F处均为铰接，C，G处用铰链与地面连接，在水平杆AB的B端挂一重物，其重$W=5$ kN。求C, G, A, E各点的约束力。

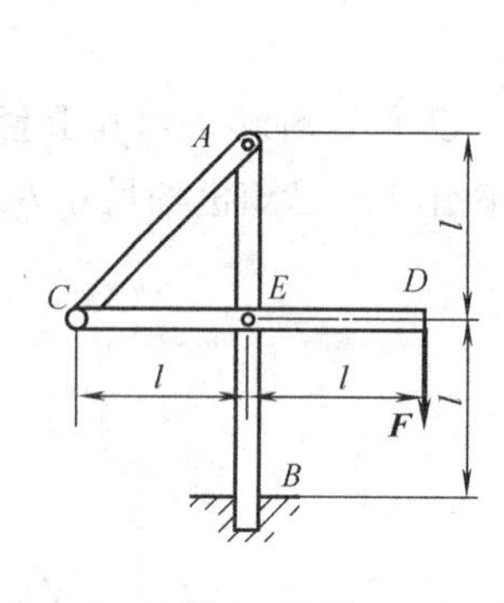

题 3-17 图

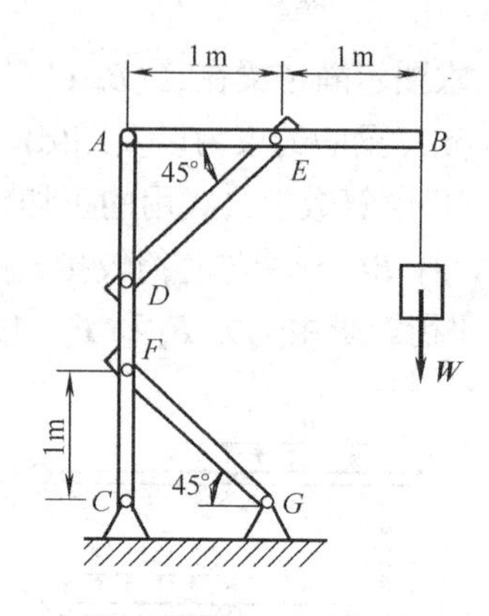

题 3-18 图

3-19 图示构件由直角弯杆EBD及直杆AB组成，不计各杆自重。已知$q=10$ kN/m，$F=50$ kN，$M=6$ kN·m，各尺寸如图。求固定端A处及支座C的约束力。

3-20 图示厂房构架为三铰拱架。桥式吊车顺着厂房(垂直于纸面方向)沿轨道行驶，吊车梁重$W_1=20$ kN，其重心在梁的中点。跑车和起吊重物重$W_2=60$ kN。每个拱架重$W_3=60$ kN，其重心在点D, E，正好与吊车梁的轨道在同一铅垂线上。风压的合力为10 kN，方向水平。求：当跑车位于离左边轨道的距离等于2 m时，铰链A，B的约束力。

3-21 图示杆件结构受力$\boldsymbol{F}$作用，D端搁在光滑斜面上。已知：$F=1000$ N，$AC=1.6$ m，$BC=0.9$ m，$CD=1.2$ m，$EC=1.2$ m，$AD=2$ m。若AB水平，ED铅垂，求杆BD的内力和支座A的约束力。

3-22 图示构架由杆AB和BC组成，载荷$W=20$ kN，已知$AD=DB=1$ m，

$AC = 2$ m，滑轮半径均为 $R = 300$ mm，求支座 A 和 C 的约束力。

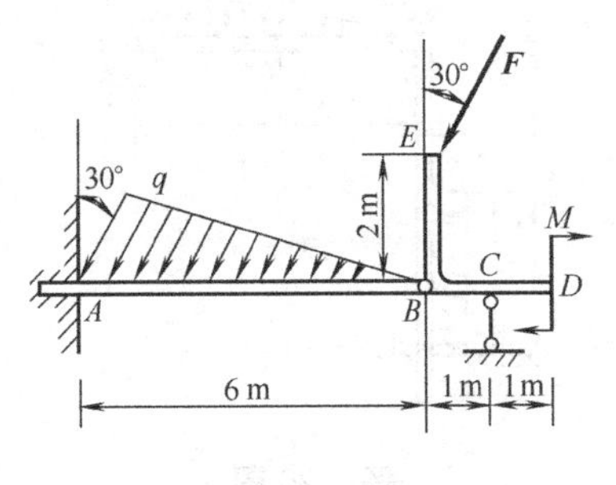

题 3-19 图

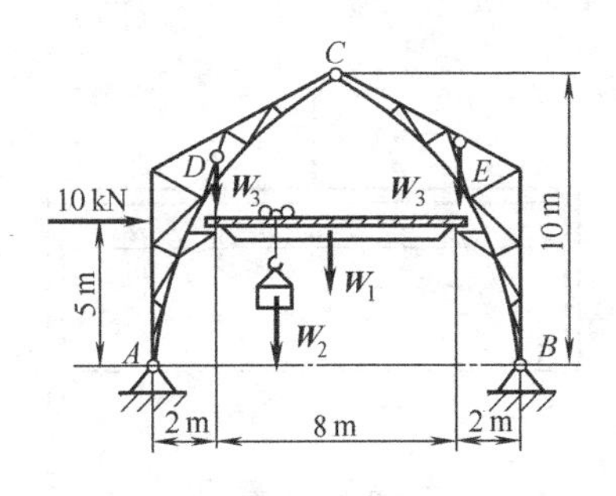

题 3-20 图

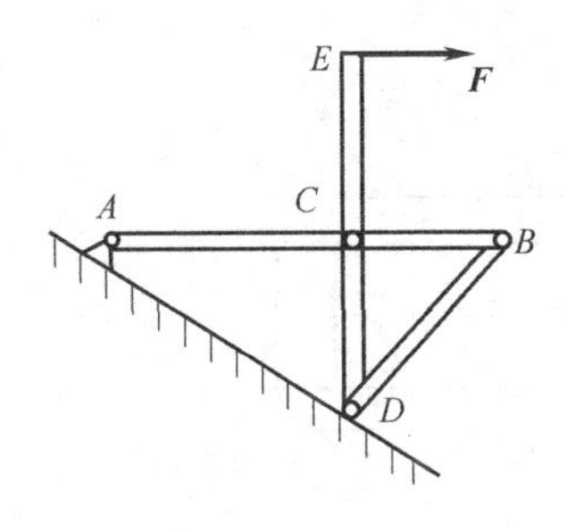

题 3-21 图

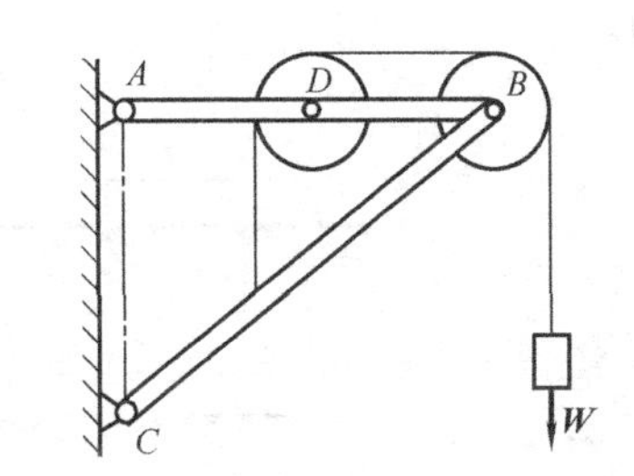

题 3-22 图

3-23 图示构架中，物体重 W=1200 N，由细绳跨过滑轮 E 而水平系于墙上，尺寸如图所示。求支承 A 和 B 处的约束力及杆 BC 的内力 F_{BC} 。

3-24 由直角曲杆 ABC, DE，直杆 CD 及滑轮组成的结构如图所示，杆 AB 上作用有水平均布载荷 q。在 D 处作用一铅垂力 $\boldsymbol{F}$，在滑轮上悬吊一重为 W 的重物，滑轮的半径 r=a，且 W=2F，CO=OD。求支座 E 及固定端 A 的约束力。

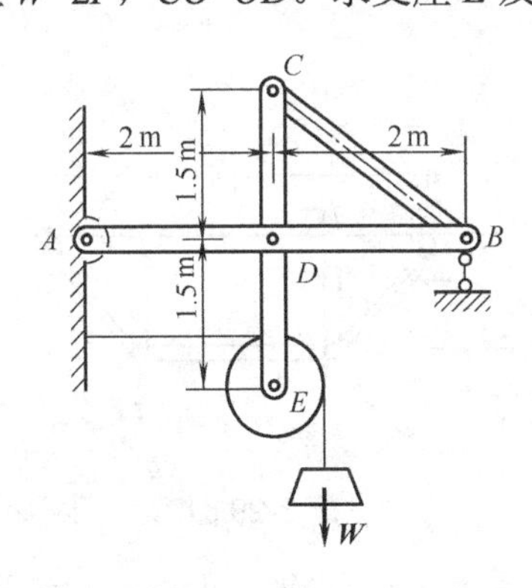

题 3-23 图

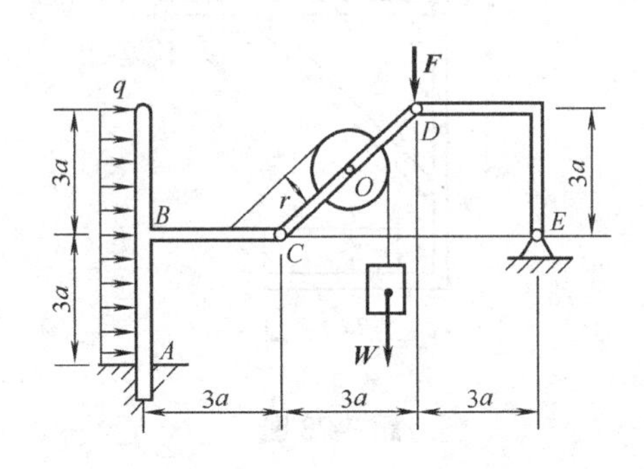

题 3-24 图

3-25 结构由 AB, BC 和 CD 三部分组成，所受载荷及尺寸如图所示，求 A, B, C 和 D 处的约束力。

3-26 图示结构中，$q_1 = 4$ kN/m，$F = 2$ kN，$q_2 = 2$ kN/m，$M = 2$ kN • m。求：(1)固定端 A 与支座 B 处的约束力；(2)销钉 C 所受的力。

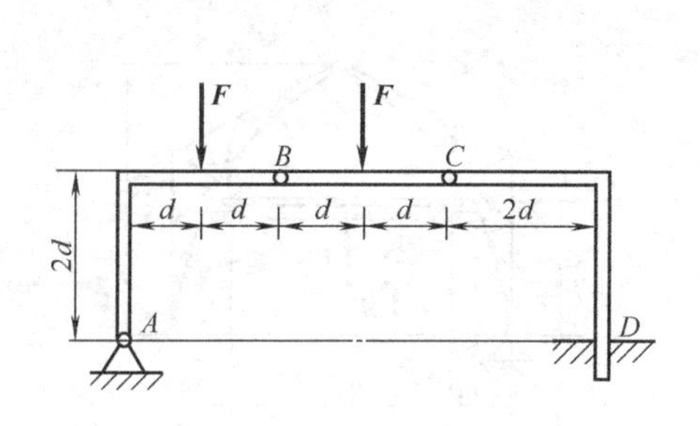

题 3-25 图

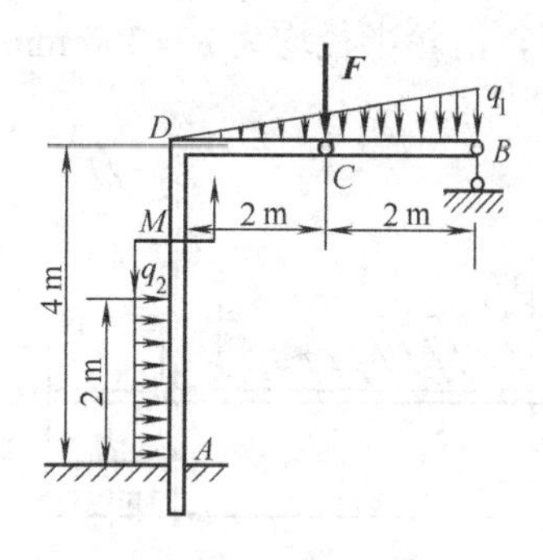

题 3-26 图

3-27 拱架组合有 4 个拱架，其尺寸如图所示，求在水平力 $\boldsymbol{F}$ 作用下各支座 A, B, C, D 的约束力。

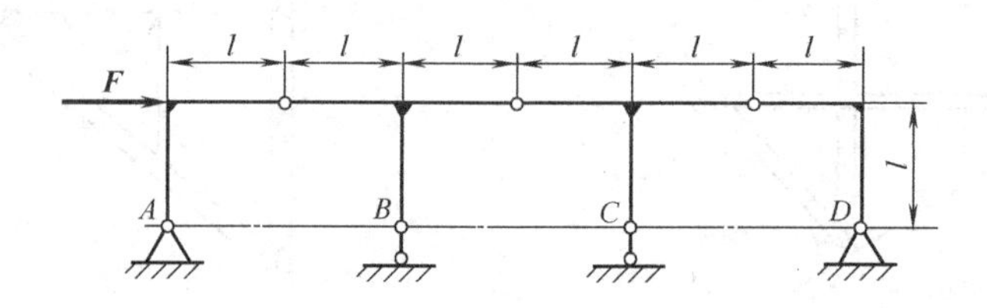

题 3-27 图

3-28 图示结构由杆 AD, BC, CD, EF 和 CFG 五部分组成，所受载荷如图所示。求 A, B, D 处的约束力及杆 EF 受力。

3-29 结构如图所示，已知 $F = 8\ \text{kN}$，求杆 AG 的内力。

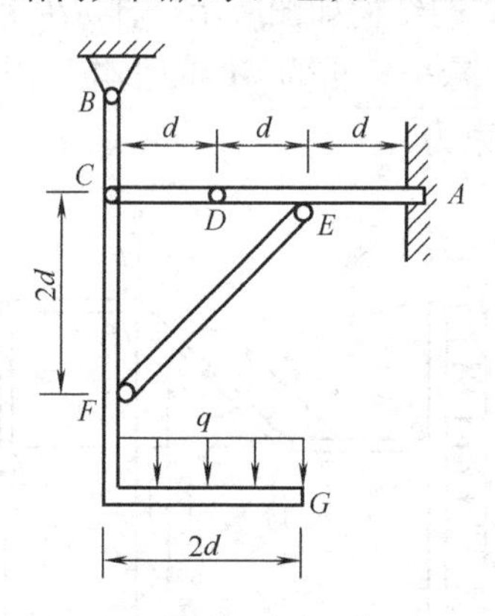

题 3-28 图

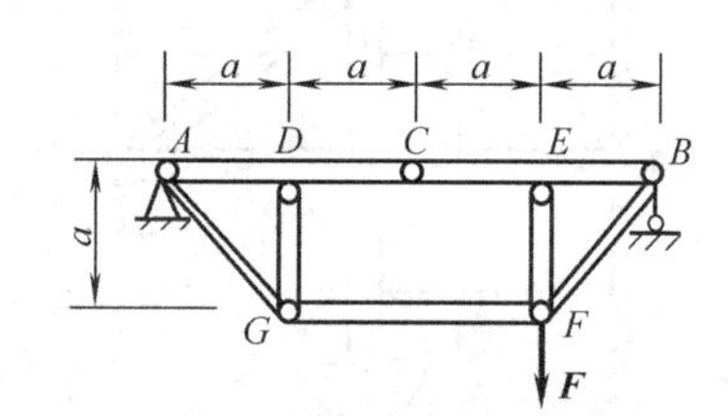

题 3-29 图

3-30 图示结构超静定次数分别为：图(a)____次；图(b)____次；图(c)____次；图(d)____次；图(e)____次；图(f)____次。

3-31 重物重量 $W = 420\ \text{N}$，为撑杆 AB 和链条 AC 与 AD 所支持，已知 $AB = 1.45\ \text{m}$，$AC = 0.8\ \text{m}$，$AD = 0.6\ \text{m}$，矩形 $CADE$ 的平面是水平的，点 B 以铰链固定，求杆 AB 与拉链 AC 和 AD 的内力。

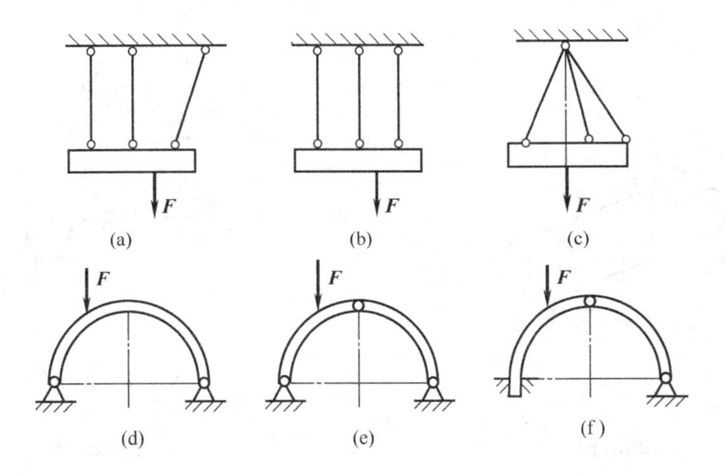

题 3-30 图

3-32 图示三脚架用球铰链 A，D 和 E 铰接在水平面上，无重杆 BD 和 BE 在同一铅垂平面内，长度相同，用铰链在 B 处联结，且$\angle DBE=90°$。均质杆 AB 与水平面成角 $\theta=30°$，重 $W=500\ \text{N}$，在杆 AB 的中点 C 作用一力 $F=10\ \text{kN}$，力 $\boldsymbol{F}$ 在铅垂平面 ABO 内，且与铅垂线成 60° 角。求支座 A 的约束力以及杆 BD 和 BE 的受力。

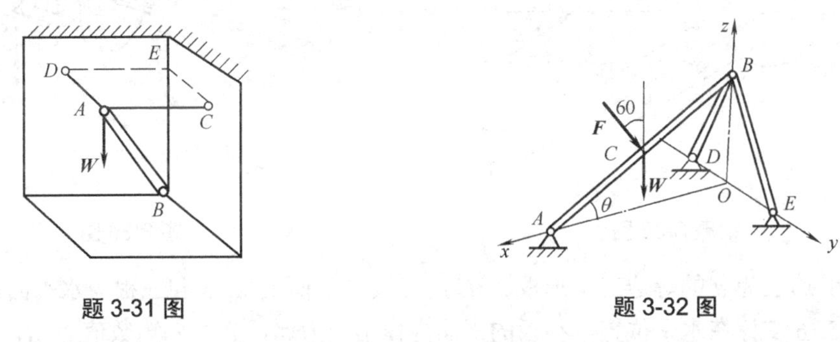

题 3-31 图　　题 3-32 图

3-33 L 形的刚性曲杆 ABC，由球铰链 A 和三根钢索 BD，BE，CH 维持在水平位置，在点 G 作用有铅垂力 $F=5\ \text{kN}$，求点 A 的约束力和 3 根钢索的拉力。

3-34 图示折杆 $ABCD$ 中，ABC 段组成的平面为水平，而 BCD 段组成的平面为铅垂，且$\angle ABC=\angle BCD=90°$。杆端 D 用球铰，端 A 用轴承支持。杆上作用有力偶矩数值为 M_1，M_2 和 M_3 的 3 个力偶，其作用面分别垂直于 AB，BC 和 CD。假定 $\boldsymbol{M}_2$，$\boldsymbol{M}_3$ 大小已知，求 $\boldsymbol{M}_1$ 及约束力 $\boldsymbol{F}_A$，$\boldsymbol{F}_D$ 的各分量。已知 $AB=d_1$，$BC=d_2$，$CD=d_3$。

3-35 图示作用于镗刀头上的切削力 $F_z=5\ \text{kN}$，径向力 $F_y=1.5\ \text{kN}$，轴向力 $F_x=0.75\ \text{kN}$，而刀尖位于平面 Oxy 内，求镗刀杆根部的约束力。

3-36 作用在齿轮上的啮合力 $\boldsymbol{F}$ 推动传动带绕水平轴 AB 作匀速转动。已知传动带紧边的拉力为 200 N，松边的拉力为 100 N，尺寸如图所示。求力 $\boldsymbol{F}$ 的大小和轴承 A，B 的约束力。

3-37 正方形板 $ABCD$ 由 6 根直杆撑于水平位置，若在点 A 沿 AD 方向作用水平力 $\boldsymbol{F}$，求各杆的受力。

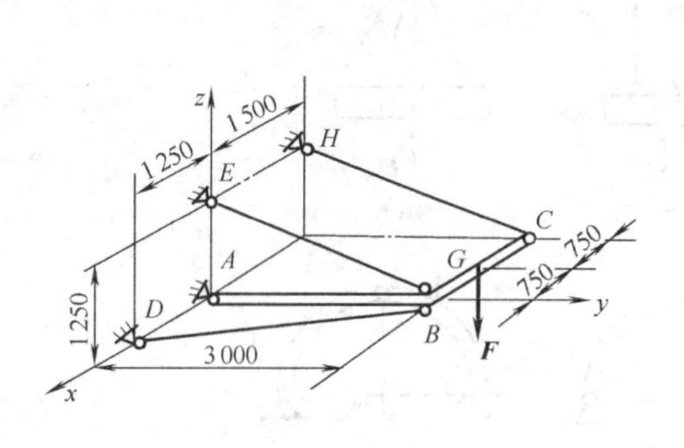

题 3-33 图

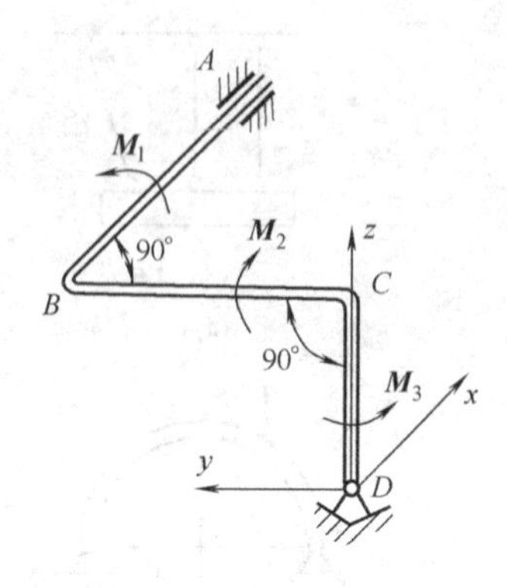

题 3-34 图

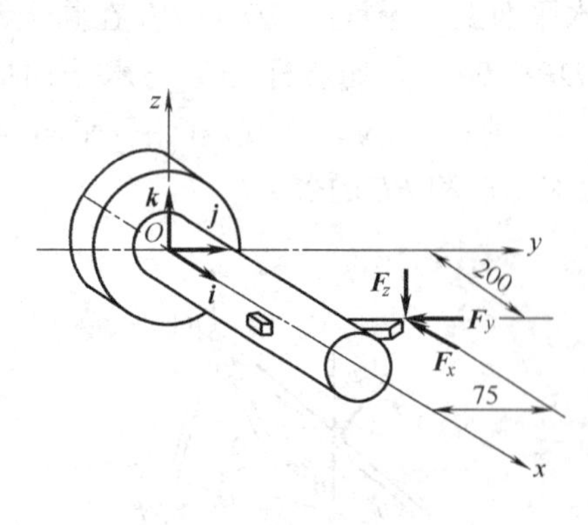

题 3-35 图

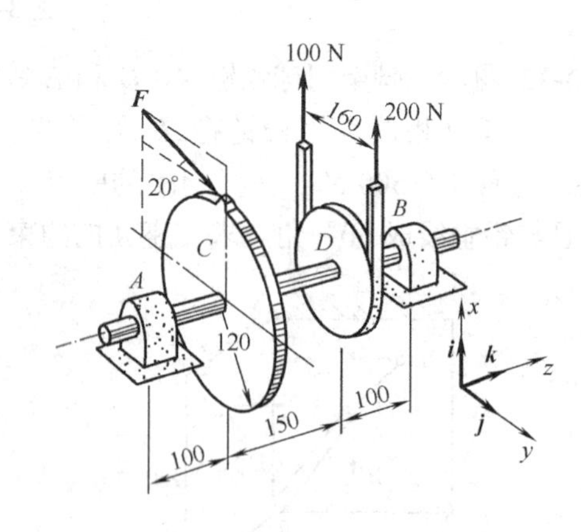

题 3-36 图

3-38 边长为 d 的等边三角形板 ABC 用三根铅垂杆 1, 2, 3 和三根与水平面成 30° 角的斜杆 4, 5, 6 支撑在水平位置，在板的平面内作用一力偶，其力偶矩数值为 M，方向如图所示。求各杆受力。

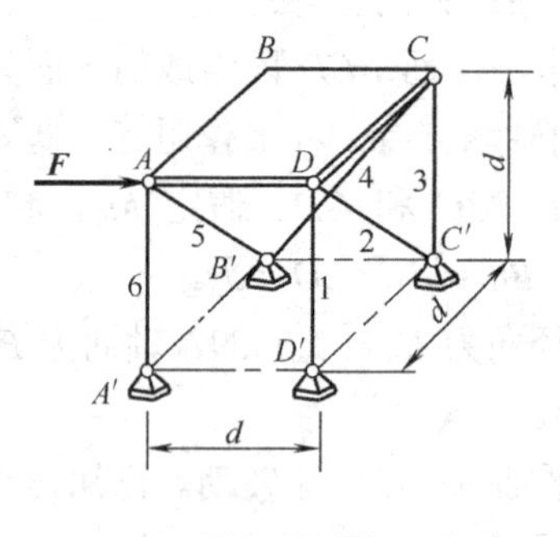

题 3-37 图

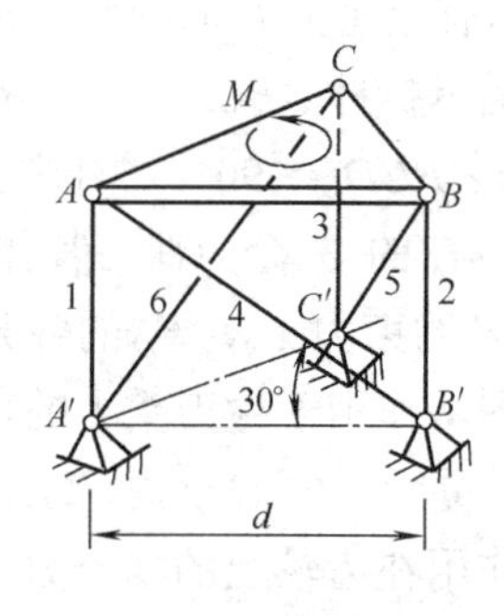

题 3-38 图

第 4 章　静力学应用专题

本章主要介绍桁架和有摩擦的平衡问题。这些内容既是平衡条件的具体应用，又在研究解决实际问题中得到深化和发展。

4.1　平面简单桁架

4.1.1　平面简单桁架的构成

桁架是一种由细长直杆在两端用焊接、铆接、榫接或螺栓连接等方式连接而成的几何形状不变的结构，广泛用于工程中房屋的屋架、桥梁、起重机、雷达天线、导弹发射架、输电线路铁塔、某些电视发射塔等。若组成桁架的所有杆件的轴线及作用于该桁架的全部载荷均位于同一平面内，则称为**平面桁架**，否则为**空间桁架**。某些具有对称平面的空间结构桁架，当载荷作用在对称面内时，对称面两侧的结构也可以视为平面桁架加以分析。

桁架的优点是：杆件主要承受拉力或压力，可以充分发挥材料的作用，节约材料，减轻结构的重量。

为了简化桁架的计算，工程实际中采用以下假设。

(1)　桁架的杆件都是直的。

(2)　杆件用光滑铰链(称为**节点**)连接。

(3)　桁架所受的载荷和支座约束力都作用在节点上，而且在桁架的平面内。

(4)　桁架杆件的重量略去不计，或平均分配在杆件两端的节点上。

这样的桁架，称为**理想桁架**。根据这些假设，桁架的杆件都视为二力杆。

实际的桁架，与上述假设有差别，桁架的节点不是完全铰接，杆件的中心线也不可能是绝对直的。但上述假设能够简化计算，而且结果与实际情况相差不大，满足工程设计的一般要求(且偏于安全)。本节只研究平面桁架中的静定桁架，如图 4.1 所示。

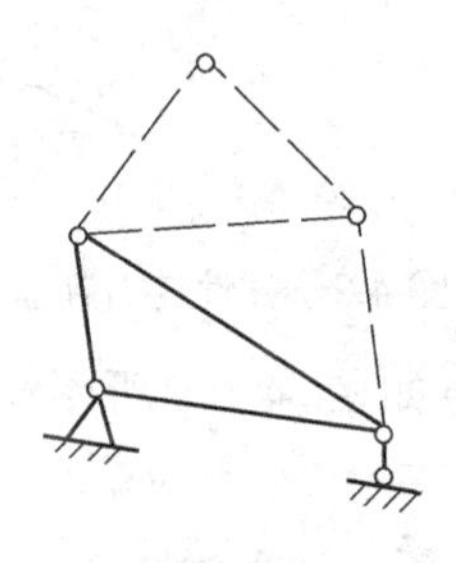

图 4.1　平面简单桁架

这种桁架以三角形为基础，每增加一个节点需增加两根杆件，这样构成的桁架又称为**平面简单桁架**。

由桁架的构成方法，得平面简单桁架的杆数 m 与节点数 n 之间的关系为

$$m+3=2n \tag{4-1}$$

从解题考虑，平面简单桁架的每个节点都作用有平面汇交力系，n 个节点共可列出 $2n$ 个平衡方程；而未知量是 m 个杆的内力及 3 个外支承约束力共计 $m+3$ 个。由式(4-1)可知：简单桁架一定是静定桁架。

4.1.2　平面简单桁架的内力分析

若桁架处于平衡，则它的任一局部，包括节点、杆以及用假想截面截出的任意局部都是平衡的。为此，下面介绍“节点法”和“截面法”。

1. 节点法

以节点为研究对象，考察其受力和平衡，求得与该节点相连接的杆件的受力，此方法称为**节点法**。由于各节点受力均为平面汇交力系，每个节点只有两个独立的平衡方程，因此，依次所选节点一般应该至少有一个已知力且最多有两个未知力。

桁架杆件较多，为便于叙述，求解前先将杆件编号；另外，由于桁架杆件均为二力杆，工程上约定用**设正法**，即杆件全部设成受拉。画节点受力图时，各杆拉节点，各杆实际受拉或受压，由计算结果的正负号确定。

为了求解方便，对组成桁架的某些简单节点的杆件的受力情况先作判断，利用汇交力系平衡投影方程尽量先找出内力等于零的杆，即所谓的**零杆**。请判断组成图 4.2 所示各节点杆件中的零杆或内力间的关系。

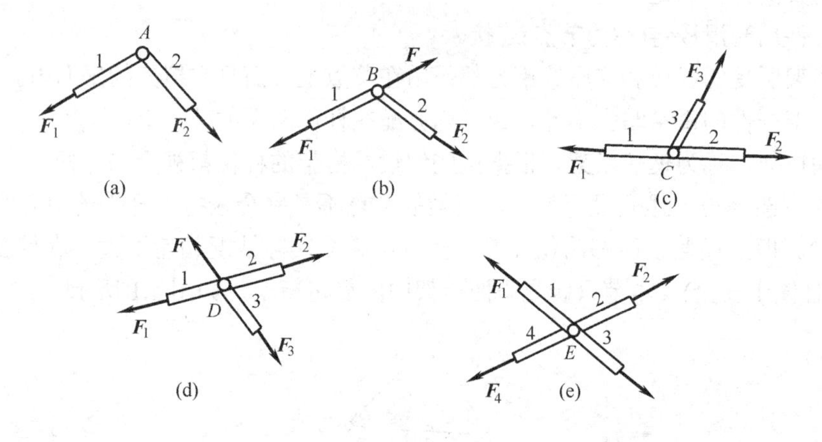

图 4.2　杆件内力判断

【例 4-1】 平面悬臂桁架受力如图 4.3(a)所示，已知尺寸 d 和载荷 $F_A=10\ \text{kN}$，$F_E=20\ \text{kN}$，求各杆的受力。

【分析】 各杆编号如图 4.3(b)所示，由受力图 4.3(d)，图 4.3(f)得：杆 3, 7 为零杆，杆 2, 6 受力相等，杆 4, 8 受力相等。

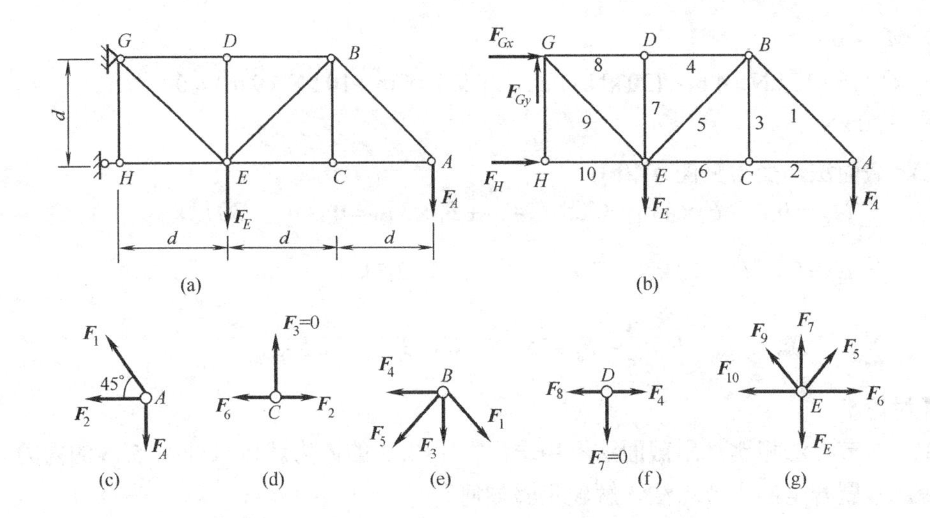

图 4.3　例 4-1 图

【解】

(1)　节点 A，受力见图 4.3(c)。

$$\sum F_y = 0\,,\quad F_1\cos 45° - F_A = 0\,,\quad F_1 = 14.14\ \text{kN}$$

$$\sum F_x = 0\,,\quad F_1\cos 45° + F_2 = 0\,,\quad F_2 = -10\ \text{kN}$$

(2)　节点 C，受力见图 4.3(d)。

$$F_6 = F_2 = -10\ \text{kN}$$

(3)　节点 B，受力见图 4.3(e)。

$$\sum F_y = 0\,,\quad F_1\cos 45° + F_5\cos 45° = 0\,,\quad F_5 = -14.14\ \text{kN}$$

$$\sum F_x = 0\,,\quad F_1\cos 45° - F_4 - F_5\cos 45° = 0\,,\quad F_4 = 20\ \text{kN}$$

(4)　节点 D，受力见图 4.3(f)。

$$F_8 = 20\ \text{kN}$$

(5)　节点 E，受力见图 4.3(g)。

$$\sum F_y = 0\,,\quad F_5\cos 45° + F_9\cos 45° - F_E = 0\,,\quad F_9 = 42.43\ \text{kN}$$

$$\sum F_x = 0\,,\quad -F_9\cos 45° - F_{10} + F_5\cos 45° + F_6 = 0\,,\quad F_{10} = -50\ \text{kN}$$

【讨论】对悬臂桁架，不求外约束力也可求各杆内力。

2. 截面法

用假想截面将桁架的杆件截开，以其中一部分为研究对象，求出被截杆件的内力，这种方法称为**截面法**。该法对只需求部分杆件内力而不是全部时，较简便。

【例 4-2】用截面法求图 4.4(a)所示平面桁架中杆 4, 5, 6 的内力。

【分析】用假想截面截开杆 4，5，6，取右半部，得受力如图 4.4(b)所示，有 4 个未知力，因此需先用整体为研究对象，由 $\sum M_A = 0$ 求出 $\boldsymbol{F}_B$ 后，再用图 4.4(b)求解。

【解】

(1)　取整体为研究对象，受力见图 4.4(a)。

$\sum M_A = 0$，

$F_B \times 12\,\text{m} + 15\,\text{kN} \times 4\,\text{m} - (30\,\text{kN} \times 3\,\text{m} + 20\,\text{kN} \times 6\,\text{m} + 10\,\text{kN} \times 9\,\text{m}) = 0$

$F_B = 20\,\text{kN}$

(2) 截面法，受力见图 4.4(b)。

$\sum M_C = 0$，$-F_6 \times 4\,\text{m} + 15\,\text{kN} \times 4\,\text{m} + F_B \times 3\,\text{m} = 0$，$F_6 = 30\,\text{kN}$

$\sum F_y = 0$，$F_B - 10\,\text{kN} - F_5 \times \dfrac{4}{5} = 0$，$F_5 = 12.5\,\text{kN}$

$\sum F_x = 0$，$-F_4 - F_5 \times \dfrac{3}{5} - F_6 + 15\,\text{kN} = 0$，$F_4 = -22.5\,\text{kN}$

【讨论】

(1) 与节点法相比，用截面法不用求出杆 1, 2, 3 的内力就可求杆 4, 5, 6 的内力。请读者思考，本题若全部用节点法，解题步骤如何？

(2) 对简支桁架，需先求支座约束力；对悬臂桁架(例 4-1)则不必求支座约束力，请读者用截面法求例 4-1 中杆 4, 5, 6 的内力。

(3) 若需求的杆件内力较多，节点法与截面法可并用。

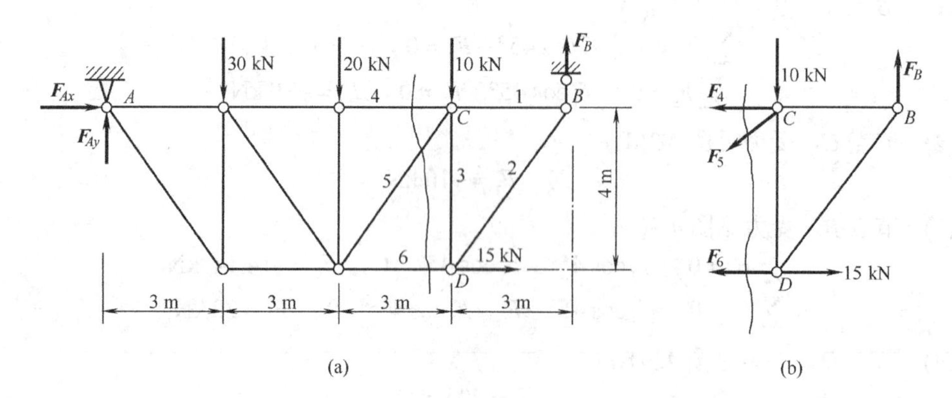

图 4.4 例 4-2 图

【例 4-3】已知图 4.5(a)所示桁架的载荷 $\boldsymbol{F}$ 和尺寸 d。用截面法求杆 FK 和 JO 的受力。

【分析】由于只需求杆 FK 和 JO 的受力，故可取图 4.5(b)所示用截面法截得的研究对象。表面上看，有 6 个未知力，但由于杆 FG, GH, HI, IJ 受力共线，且与杆 FK, JO 受力垂直，因此若对点 J 或 F 取力矩平衡方程，方程中只有一个未知力，可解。

【解】受力如图 4.5(b)所示。

$$\sum M_J = 0, \quad F_{FK} \times 4d - F \cdot d = 0, \quad F_{FK} = F/4\ (\text{拉})$$

$$\sum F_y = 0, \quad F_{FK} + F_{JO} = 0, \quad F_{JO} = -F/4\ (\text{压})$$

【讨论】对于平面简单桁架，截面法一般一次只能截 3 根未知力杆，如果问题较复杂，一次必须截 4 根或 4 根以上未知力杆时，则需要截 2 次以上后解联立方程组求解；但如果问题结构和所求特殊，用类似本题这种截面法可使问题很方便地得到解决(习题 4-7)。

请读者根据上题和本题等截面法，思考截面法的含义。

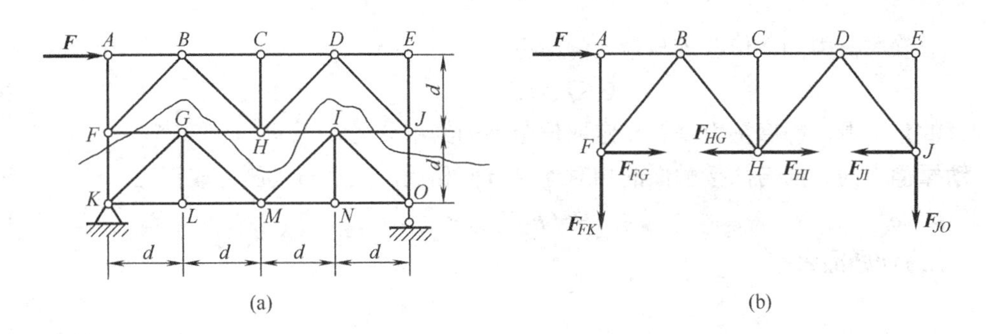

图 4.5　例 4-3 图

4.2　摩　　擦

当两个相互接触的物体有相对滑动或滑动趋势时，会产生沿接触面公切线方向的阻力，这种力称为滑动摩擦力，简称**摩擦力**。仅有相对滑动趋势而尚未发生滑动的摩擦力称为**静摩擦力**，用 $\boldsymbol{F}_s$ 表示；有相对滑动时的摩擦力称为**动滑动摩擦力**，简称**动摩擦力**，用 $\boldsymbol{F}$ 表示。

在以前的讨论中，都假定物体的接触面是绝对光滑的，不考虑摩擦力的作用，所以接触物体间的约束力沿接触面的公法线，这是实际情况的理想化。完全光滑的表面实际上并不存在，当摩擦力很小时，对研究物体的运动或运动趋势不起重要作用，忽略摩擦力是允许的。但是在某些情况下，摩擦的作用十分显著，甚至起决定性作用，必须考虑。例如，梯子倚在墙边不倒，是依靠粗糙地面的摩擦力；汽车之所以能向前行驶，是依靠路面对主动轮向前的摩擦力。再如车辆的制动、螺栓连接与锁紧装置、楔紧装置、缆索滑轮传动系统等都依靠摩擦。

4.2.1　滑动摩擦

考察重量为 W 的物块静止地置于水平面上，设二者接触面是**非光滑面**。在物块上施加水平力 $\boldsymbol{F}_T$，如图 4.6(a)所示，令其自零开始连续增大，物块的受力如图 4.6(b)。因为是非光滑面接触，故作用在物块上的约束力除**法向力** $\boldsymbol{F}_N$ 外，还有**切向力** $\boldsymbol{F}_s$，即**静滑动摩擦力**。

当 $F_T=0$ 时，由于二者无相对滑动趋势，故静滑动摩擦力 $F_s=0$。当 F_T 开始增加时，静摩擦力 F_s 随之增加，连续有 $F_s=F_T$，物块保持静止。F_T 再继续增加，达到某一临界值时，摩擦力达到最大值 $F_{s\max}$，物块仍保持静止。F_T 超过此值，物块开始沿力 $\boldsymbol{F}_T$ 方向滑动。与此同时，$F_{s\max}$ 突变至动滑动摩擦力 $\boldsymbol{F}$。图 4.7 为实验结果，F 略低于 $F_{s\max}$。此后，F_T 值若再增加，则 $\boldsymbol{F}$ 基本上保持为常值。若速度更高，则 F 值下降。

$F_{s\max}$ 简记为 $F_{\max}$，称为**最大静摩擦力**，其方向与相对滑动趋势的方向相反，根据**库仑摩擦定律**，其大小与正压力成正比，而与接触面积的大小无关，即

$$F_{\max}=f_s F_N \tag{4-2}$$

式中，f_s 为**静摩擦因数**。f_s 主要与材料和接触面的粗糙程度有关，可在机械工程手册中查到；但由于影响的因素比较复杂，所以如需较准确的 f_s 数值，应由实验测定。

一般静摩擦力的数值在零与最大静摩擦力之间，即

$$0 \leqslant F_s \leqslant F_{max} \tag{4-3}$$

从约束的角度看，静摩擦力是有一定取值范围的约束分力。

动摩擦力的方向与两接触面的相对速度方向相反，大小与正压力成正比，即

$$F = f F_N \tag{4-4}$$

式中，f 为**动摩擦因数**。

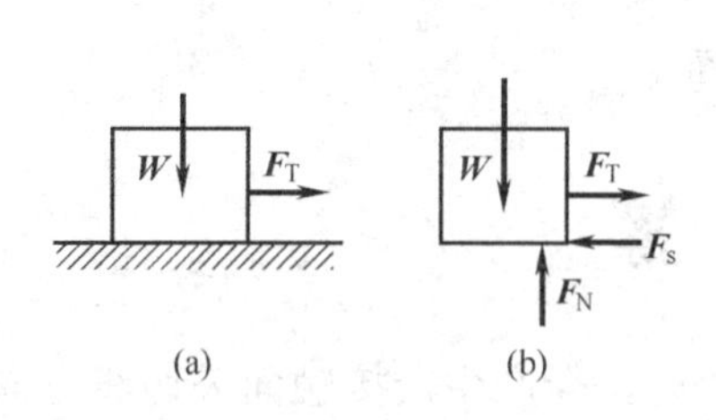

图 4.6 非光滑面约束及其约束力

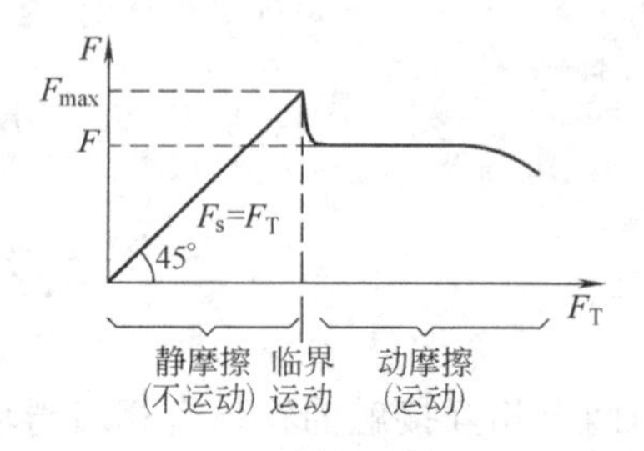

图 4.7 干摩擦实验曲线

4.2.2 摩擦角与自锁现象

当考虑摩擦时，静止物体所受接触面的约束力包括法向约束力 $\boldsymbol{F}_N$ 和静摩擦力 $\boldsymbol{F}_s$，其合力(图 4.8)$\boldsymbol{F}_R=\boldsymbol{F}_N+\boldsymbol{F}_s$，$\boldsymbol{F}_R$ 称为接触面对物体的**全约束力**。全约束力的大小为

$$F_R = \sqrt{F_N^2 + F_s^2}$$

其作用线与接触面法线的夹角为 φ，则有

$$\tan\varphi = \frac{F_s}{F_N}$$

在平衡的临界状态，有 $\boldsymbol{F}_R=\boldsymbol{F}_N+\boldsymbol{F}_{max}$，此时角 φ 达最大值 φ_f，称为**摩擦角**，如图 4.8 所示。此时有

$$\tan\varphi_f = \frac{F_{max}}{F_N} = \frac{f_s F_N}{F_N} = f_s \tag{4-5}$$

式(4-5)表明摩擦角的正切等于静摩擦因数。因此

$$0 \leqslant \varphi \leqslant \varphi_f \tag{4-6}$$

设两物体接触面沿任意方向的静摩擦因数均相同，则在两物体处于临界平衡状态时，$\boldsymbol{F}_R$ 的作用线将在空间组成一个顶角为 $2\varphi_f$ 的正圆锥面，称为**摩擦锥**(图 4.9)。摩擦锥是全约束力 $\boldsymbol{F}_R$ 在三维空间内的作用范围。式(4-6)表明，在任何载荷下，全约束力的作用线永远处于摩擦锥之内。若作用在物体上主动力的合力 $\boldsymbol{F}$ 的作用线也落在摩擦锥内，则增大主动力，不可能破坏物体的平衡，这种现象称为**自锁**。

摩擦自锁现象在日常生活和工程技术中经常可见。例如，在木器上钉木楔、千斤顶、螺栓等是利用自锁，而一些运动机械则要避免出现自锁现象。

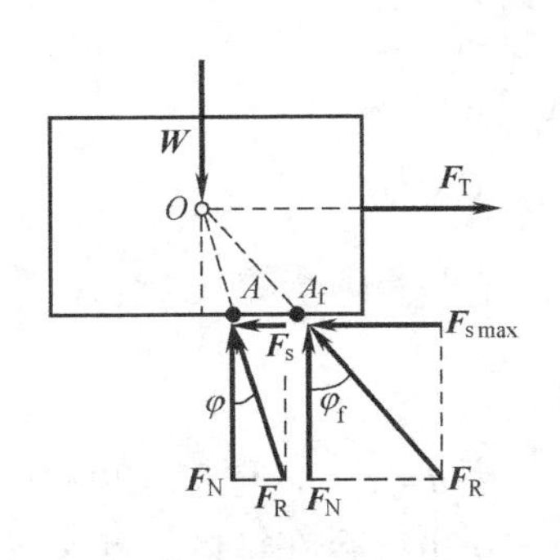

图 4.8　摩擦角的形成

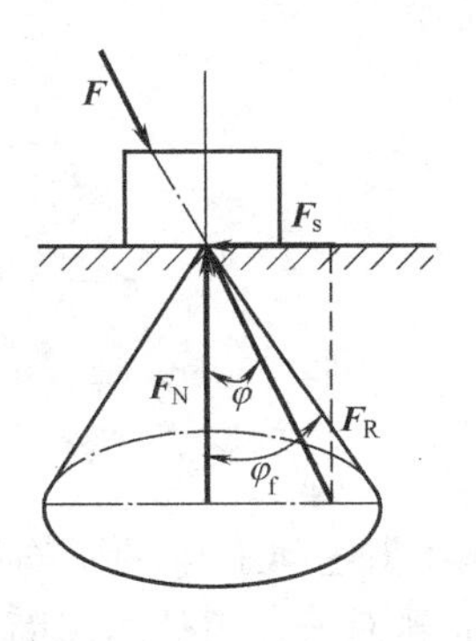

图 4.9　摩擦锥的形成

4.2.3　考虑摩擦的平衡问题

理论力学一般只讨论平面摩擦平衡问题。对于静滑动摩擦，一定要注意可能的相对滑动趋势，正确判断摩擦力是否已经达到最大值；对多点粗糙接触摩擦平衡问题，要正确判断哪一个摩擦力最先达到最大值；当尺寸高度较大时，要注意翻倒问题。

第 1 类问题　已知主动力、几何条件、摩擦因数，求摩擦力，问是否平衡。

解题方法：

(1) 假设平衡，用平衡方程求静摩擦力 F_s，校核 $F_s \leqslant f_s F_N$。

(2) 写平衡方程时不引入 $F_s = f_s F_N$。

(3) $\boldsymbol{F}_s$ 方向可假设，解得负值，说明实际方向与假设相反。

第 2 类问题　以上条件中部分已知，某条件未知，求平衡时该条件的范围。

【解法 1】先求临界值，平衡方程数小于未知量数，引入临界条件 $F_s = f_s F_N$。此时 $\boldsymbol{F}_s$ 方向不能任设。然后据临界值判断平衡范围。

【解法 2】用不等式 $F_s \leqslant f_s F_N$ 求平衡范围。

【例 4-4】图 4.10(a)所示物块与斜面间的静摩擦因数 $f_s = 0.10$，动摩擦因数 $f = 0.08$，物块重 $W = 2\,000\ \text{N}$，水平力 $F_1 = 1\,000\ \text{N}$。问是否平衡，并求摩擦力。

【分析】本题属第 1 类摩擦问题。若平衡，需求静摩擦力；若不平衡，需求动摩擦力。可先按平衡求需多大静摩擦力，并与最大静摩擦力进行校核。

【解】设物块有向下滑动的趋势，为保持平衡，静摩擦力沿斜面向上，坐标及受力如图 4.10(b)所示。

$$\sum F_x = 0,\quad F_1 \cos 20° + F_s - W \sin 20° = 0,\quad F_s = -255.7\ \text{N}$$

$$\sum F_y = 0,\quad F_N - F_1 \sin 20° - W \cos 20° = 0,\quad F_N = 2\,221\ \text{N}$$

F_s 为负值，说明实际方向沿斜面向下，物体可能的运动是向上。

实际最大静摩擦力 $F_{max} = f_s F_N = 222.1\ \text{N} < 225.7\ \text{N}$，不平衡，向上滑动。

动摩擦力沿斜面向下时 $F = fF_N = 0.08 \times 2\,221\ \text{N} = 177.7\ \text{N}$

【讨论】保持平衡时静摩擦力方向与运动趋势相反，当运动趋势难以判断时，可先假设一个方向。

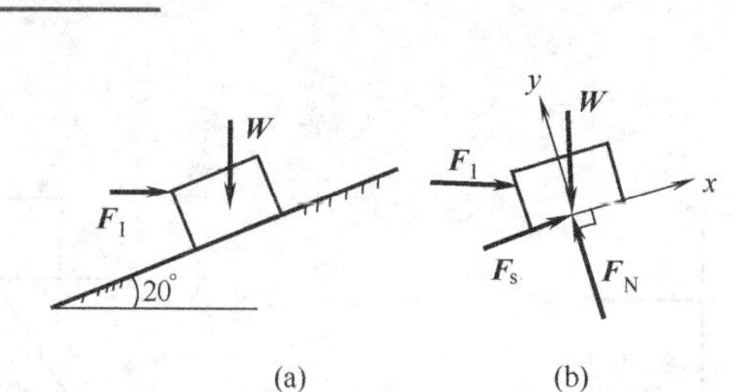

图 4.10　例 4-4 图

【例 4-5】图 4.11(a)所示均质箱体的宽度$b=1\,\text{m}$，高$h=2\,\text{m}$，重$W=20\,\text{kN}$，放在倾角$\theta=20^\circ$的斜面上。箱体与斜面之间的静摩擦因数$f_s=0.20$。今在箱体的点 C 处系一软绳，作用一与斜面成$\varphi=30^\circ$角的拉力 $\boldsymbol{F}$。已知$BC=a=1.8\,\text{m}$，问拉力 $\boldsymbol{F}$ 多大，才能保证箱体处于平衡？

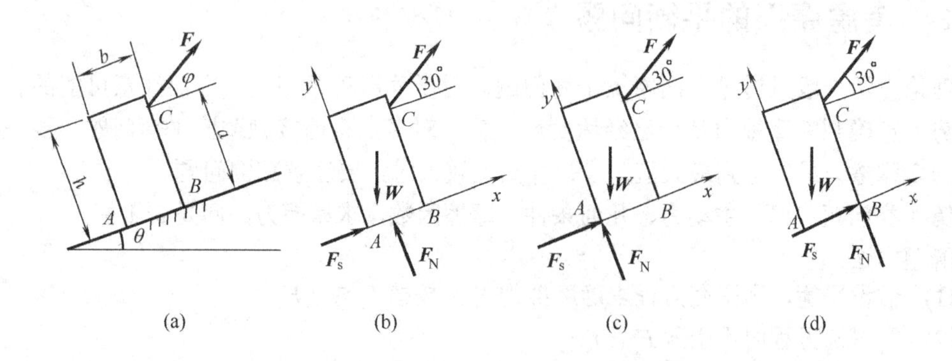

图 4.11　例 4-5 图

【分析】本题属第 2 类摩擦问题。箱体在力系作用下有 4 种可能的运动趋势：向下滑动，向上滑动，绕左下角 A 向下翻倒，绕右下角 B 向上翻倒，需分别讨论。

【解】(1)设箱体处于向下滑动的临界平衡状态，受力如图 4.11(b)所示。

$$\sum F_x=0,\quad F\cos\varphi+F_s-W\sin\theta=0 \tag{a}$$

$$\sum F_y=0,\quad F_N-W\cos\theta+F\sin\varphi=0 \tag{b}$$

补充方程

$$F_s=f_sF_N \tag{c}$$

$$F=\frac{\sin\theta-f_s\cos\theta}{\cos\varphi-f_s\sin\varphi}\cdot W=4.02\,\text{kN}$$

即当拉力 F=4.02 kN 时，箱体处于向下滑动的临界平衡状态。

(2)　设箱体处于向上滑动的临界平衡状态。此时静摩擦力的方向沿斜面向下，在式(a)中将静摩擦力反号，得

$$F=\frac{\sin\theta+f_s\cos\theta}{\cos\varphi+f_s\sin\varphi}\cdot W=11.0\,\text{kN}$$

(3)　设箱体处于绕左下角 A 向下翻的临界平衡状态，受力如图 4.11(c)所示。

$$\sum M_A=0,\quad b\cdot F\sin\varphi-a\cdot F\cos\varphi+\frac{h}{2}\cdot W\sin\theta-\frac{b}{2}\cdot W\cos\theta=0$$

$$F=\frac{b\cos\theta-h\sin\theta}{b\sin\varphi-a\cos\varphi}\cdot\frac{W}{2}=-2.41\,\text{kN}$$

负号表示 **F** 为推力时才能使箱体向下翻倒，因软绳只能传递拉力，故箱体不可能向下翻倒。

(4)　设箱体处于绕右下角 B 向上翻的临界平衡状态，受力如图 4.11(d)所示。

$$\sum M_B=0,\quad -a\cdot F\cos\varphi+\frac{h}{2}\cdot W\sin\theta+\frac{b}{2}\cdot W\cos\theta=0$$

$$F=\frac{b\cos\theta+h\sin\theta}{a\cos\varphi}\cdot\frac{W}{2}=10.4\,\text{kN}$$

综合上述 4 种状态可知，要保证箱体处于平衡状态，拉力 **F** 的大小必须满足

$$4.02\,\text{kN}\leqslant F\leqslant 10.4\,\text{kN}$$

【讨论】本题是单体摩擦平衡问题，由于箱体尺寸较高，存在滑动和翻倒两种破坏平衡的可能性，增加了习题难度。若研究对象的几何尺寸不计，则不考虑翻倒问题。

【例 4-6】图 4.12(a)所示为攀登电线杆用的脚套钩。已知套钩的尺寸 l、电线杆直径 D、静摩擦因数 f_s，求套钩不致下滑时脚踏力 **F** 的作用线与电线杆中心线的距离 d。

【分析】本题属第 2 类摩擦问题。已知静摩擦因数以及外加力方向，求保持平衡的几何条件，用解析法与几何法分别求解。前者因有两个不等式，求解较困难，用等式(临界状态，A，B 两处同时达到最大静摩擦力)求解，然后判断平衡范围。

【解法 1】解析法

以套钩为研究对象，受力如图 4.12(b)所示。临界状态时，有

$$\sum F_x=0,\quad F_{NA}=F_{NB}$$

$$\sum F_y=0,\quad F_{sA}+F_{sB}=F$$

$$\sum M_A=0,\quad F_{NB}\cdot l+F_{sB}\cdot D-F\left(d+\frac{D}{2}\right)=0$$

$$F_{sA}=f_sF_{NA}$$

$$F_{sB}=f_sF_{NB}$$

$$d=\frac{l}{2f_s}$$

经判断，套钩不致下滑的范围为

$$d\geqslant\frac{l}{2f_s}$$

【解法 2】几何法

分别作出 A, B 两处的摩擦角和全约束力 $\boldsymbol{F}_A$ 和 $\boldsymbol{F}_B$(图 4.12(c))，$\boldsymbol{F}_A=\boldsymbol{F}_{sA}+\boldsymbol{F}_{NA}$，$\boldsymbol{F}_B=\boldsymbol{F}_{sB}+\boldsymbol{F}_{NB}$。

套钩应在 $\boldsymbol{F}_A$，$\boldsymbol{F}_B$，**F** 三个力作用下处于临界平衡状态，三力必相交于一点。据几何关系，有

$$\left(d-\frac{D}{2}\right)\tan\varphi_f+\left(d+\frac{D}{2}\right)\tan\varphi_f=l$$

$$\tan\varphi_f=f_s$$

$$d=\frac{l}{2f_s}$$

F_A，F_B 只能位于各自的摩擦角内；同时，由三力平衡条件，力 F 必须通过 F_A 和 F_B 两力的交点。为同时满足这两个条件，力 F 的作用点必须位于图 4.12(c)所示的三角形阴影线区域内，即

$$d\geqslant\frac{l}{2f_s}$$

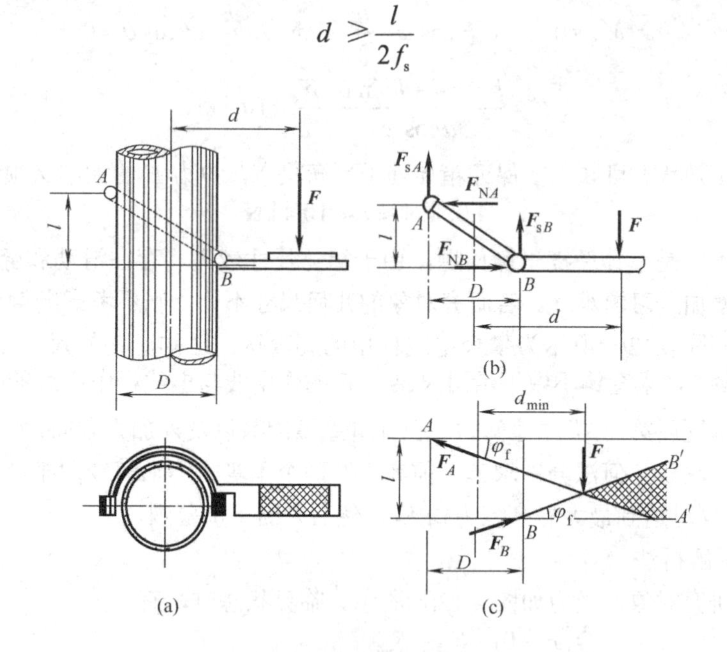

图 4.12　例 4-6 图

4.3　滚动阻力偶的概念

图 4.13(a)所示地面上的圆轮，重 W，半径为 r，在轮心 O 受水平力 F_T。当 F_T 较小时，轮保持静止，F_T 增大到一定值时，轮开始滚动。由受力图 4.13(b)可看出，$\sum M_A\neq 0$，即使 F_T 的值很小，圆轮也不能平衡，这说明此受力图与实际情况不符。实际的圆轮与地面并不是绝对刚体，二者在重力 W 和拉力 F_T 共同作用下，一般会产生小量的接触变形，接触面的约束力为分布力，图 4.13(c)所示的平面分布力。这个分布约束力系的简化结果如图 4.13(d)所示。再进一步向点 A 简化，如图 4.13(e)所示，得一力 (F_N,F_s) 和一力偶矩为 M_f 的力偶。此力偶称为**滚动阻力偶**，M_f 为**滚动阻力偶矩**，其转向与相对转动(或趋势)反向，正是此力偶矩起了阻碍滚动的作用，是约束力的一部分。

实验表明，滚动阻力偶矩的大小随主动力矩的大小而变化，但存在最大值 M_{max}，即

$$0\leqslant M_f\leqslant M_{max}=F_N\delta \tag{4-7}$$

式(4-7)称为**滚阻定律**；δ 称为**滚阻系数**，是二者接触变形区域大小的一种量度，具有长度量纲。低碳钢车轮在钢轨上滚动时，$\delta\approx 0.5\text{mm}$；硬质合金钢球轴承在钢轨上滚动时，$\delta\approx 0.1\text{mm}$；汽车轮胎在沥青或水泥路面上滚动时，$\delta\approx 2\sim 10\text{ mm}$ 等。

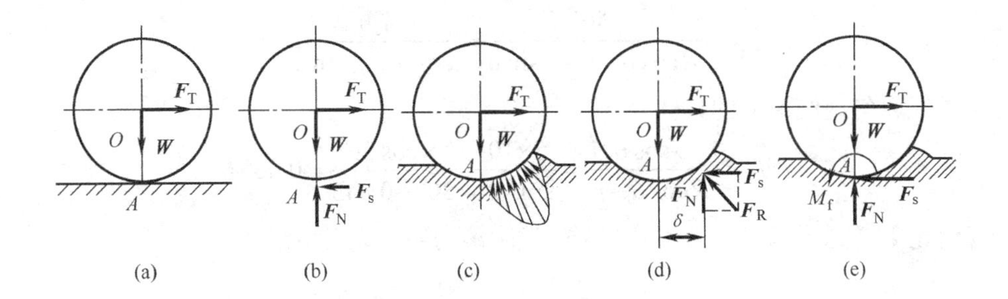

图 4.13　滚动阻力偶的产生

【例 4-7】图 4.14(a)所示卷线轮重 W=10 kN，轮半径 R=1 m，r=0.8 m，静止放在粗糙水平面上。绕在轮轴上的线的拉力 $\boldsymbol{F}_T$ 与水平面成 $\theta=30°$ 角。卷线轮与水平面间的静摩擦因数 f_s=0.20，滚阻系数 δ=5 mm。求：(1) 维持卷线轮静止时线的拉力 $\boldsymbol{F}_T$ 的大小；(2) 保持 $\boldsymbol{F}_T$ 大小不变，改变其方向角 θ，使卷线轮匀速纯滚动(只滚不滑)的条件，设匀速纯滚动时滚动阻力偶 $M_f=F_N\cdot\delta$。

【分析】卷线轮失去静止平衡的情形有两种：开始滑动和开始滚动。

【解】考虑卷线轮为非临界平衡状态，受力如图 4.14(b)所示。

$$\sum F_x=0,\quad F_T\cos\theta-F_s=0,\quad F_s=F_T\cos\theta \tag{a}$$

$$\sum F_y=0,\quad F_T\sin\theta+F_N-W=0,\quad F_N=W-F_T\sin\theta \tag{b}$$

$$\sum M_A=0,\quad M_f-F_T\left(R\cos\theta-r\right)=0,\quad M_f=F_T\left(R\cos\theta-r\right) \tag{c}$$

又

$$F_s\leqslant F_{max}=f_sF_N \tag{d}$$

$$M_f\leqslant M_{max}=\delta F_N \tag{e}$$

得

$$F_T\cos\theta\leqslant f_s\left(W-F_T\sin\theta\right) \tag{f}$$

$$F_T\left(R\cos\theta-r\right)\leqslant\delta\left(W-F_T\sin\theta\right) \tag{g}$$

(1) 保持卷线轮静止的条件。

由式(f)得不滑动条件

$$F_{T1}\leqslant\frac{f_sW}{\cos\theta+f_s\sin\theta}=\frac{0.20\times10\ \text{kN}}{\cos30°+0.20\times\sin30°}=2.07\text{kN}=2\ 070\ \text{N} \tag{h}$$

由式(g)得不滚动条件

$$\begin{aligned}F_{T2}&\leqslant\frac{\delta W}{R\cos\theta-r+\delta\sin\theta}\\&=\frac{5\times10^{-3}\ \text{m}\times10\ \text{kN}}{1\ \text{m}\times\cos30°-0.8\ \text{m}+5\times10^{-3}\ \text{m}\times\sin30°}\\&=0.73\ \text{kN}=730\ \text{N}\end{aligned} \tag{i}$$

F_T 同时满足式(h)和式(i)时，卷线轮将静止不动。式(i)右端项远小于式(h)右端项，故满足式(i)即亦满足式(h)。

(2) 卷线轮匀速纯滚动的条件。

$$F_s\leqslant F_{max}，\quad M_f=M_{max}$$

由式(h)，式(i)及上述条件

$$\frac{\delta W}{R\cos\theta - r + \delta\sin\theta} < \frac{f_s W}{\cos\theta + f_s\sin\theta}$$

整理得卷线轮匀速纯滚动的条件

$$f_s \geqslant \frac{\delta\cos\theta}{R\cos\theta - r} = \frac{5\times10^{-3}\ \text{m}\times\cos 30^\circ}{1\ \text{m}\times\cos 30^\circ - 0.8\ \text{m}} = 0.065\,6$$

【讨论】考虑平衡时，需正确判断先发生滚动还是先发生滑动。

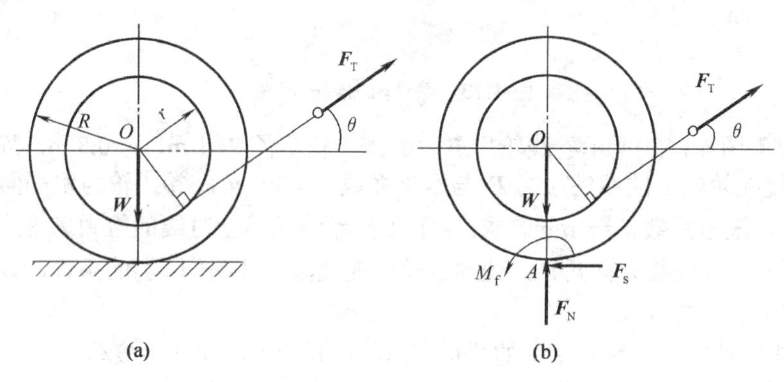

图 4.14　例 4-7 图

小　结

(1) 平面桁架由二力杆铰接构成。求平面桁架各杆内力(约定用设正法)有两种方法。

① 节点法：逐个考虑桁架中所有节点的平衡，应用平面汇交力系的平衡方程求出各杆的内力。

② 截面法：截断待求内力的杆件，将桁架截割为两部分，取其中一部分为研究对象，应用平面任意力系的平衡方程求出被截各杆件的内力。

(2) 滑动摩擦力是在两个物体相互接触的表面之间有相对滑动趋势或相对滑动时出现的切向约束力。前者称为静滑动摩擦力，后者称为动滑动摩擦力。

① 静滑动摩擦力 F_s 满足：　$0 \leqslant F_s \leqslant F_{max}$

静摩擦定律为　$F_{max} = f_s F_N$

② 动滑动摩擦力 F 满足：　$F = fF_N$

(3) 摩擦角 φ_f 为全约束力与法线间夹角的最大值，且有

$$\tan\varphi_f = f_s$$

全约束力与法线间夹角 φ 的变化范围为

$$0 \leqslant \varphi \leqslant \varphi_f$$

当主动力的合力作用线在摩擦角之内时会发生自锁现象。

(4) 物体滚动时会受到阻碍滚动的滚动阻力偶 M_f 作用。

物体平衡时，M_f 随主动力的大小变化，范围为

$$0 \leqslant M_f \leqslant M_{max} = \delta F_N$$

其中 δ 为滚阻系数，单位为 mm。

思 考 题

4-1 利用截面法用一个方程可求出图(a)中杆 1 的内力和图(b)中杆 7 的内力，应如何选取截面与列平衡方程？

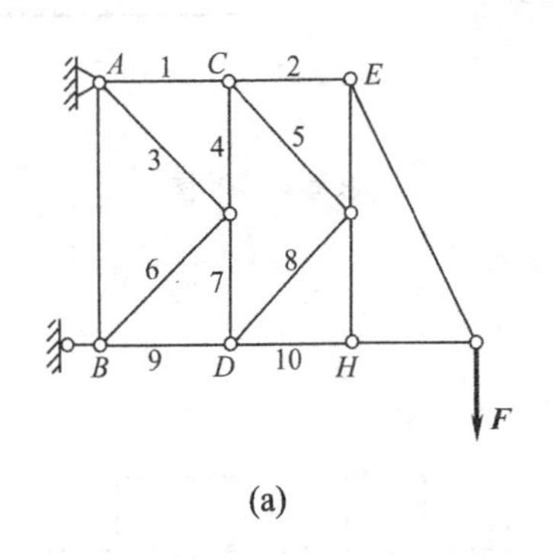

(a)

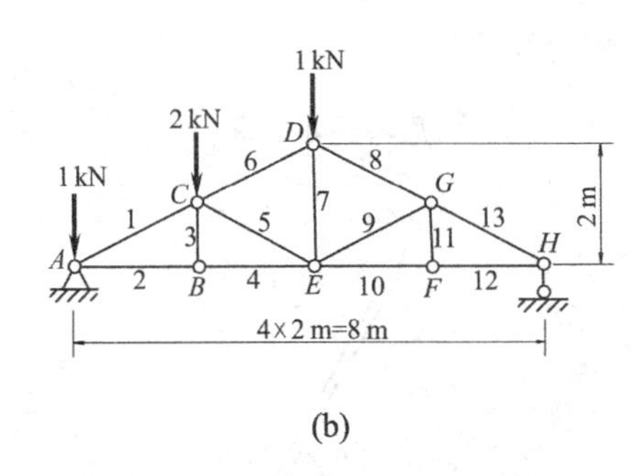

(b)

思考题 4-1 图

4-2 图示作用在左右两木板的压力大小均为 F 时，物体 A 静止不下落。如压力大小均改为 $2F$，则物体受到的摩擦力是原来的几倍？

4-3 图示物块重 5 kN，与水平面间的摩擦角 $\varphi_{\mathrm{f}}=35^{\circ}$，今用力 $\boldsymbol{F}$ 推动物块，$F=5\ \mathrm{kN}$。则物块的平衡状态如何？

4-4 汽车匀速水平行驶时，地面对车轮有滑动摩擦也有滚动阻碍，而车轮只滚不滑。汽车前轮受车身施加的一个向前推力 $\boldsymbol{F}$ (图(a))，而后轮受一驱动力偶 M 并受车身向后的反力 $\boldsymbol{F}'$ (图(b))。试画出前后轮的受力图。在同样摩擦情况下，试画出自行车前、后轮的受力图。

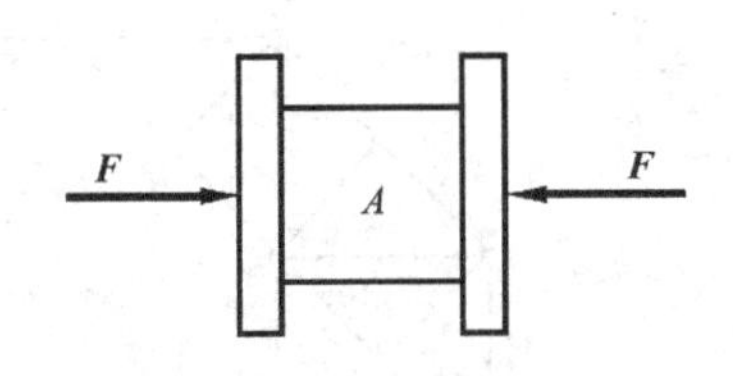

思考题 4-2 图

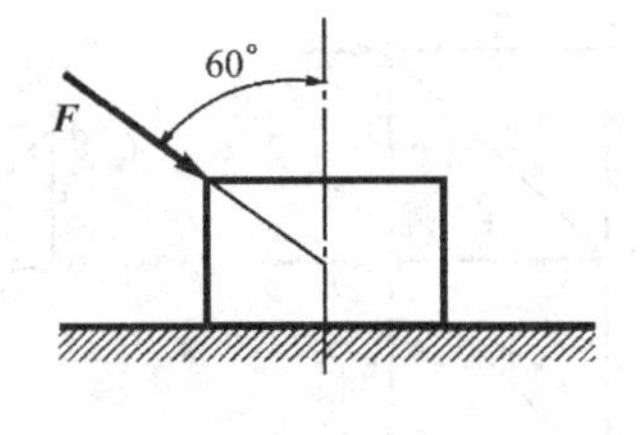

思考题 4-3 图

4-5 物块 A，B 分别重 $W_A=1\ \mathrm{kN}$，$W_B=0.5\ \mathrm{kN}$，A，B 间以及 A 与地面间的摩擦因数均为 $f_{\mathrm{s}}=0.2$，A，B 通过滑轮 C 用一绳连接，滑轮处摩擦不计。今在物块 A 上作用一水平力 $\boldsymbol{F}$，求能拉动物块 A 时该力的最小值。

4-6 图示系统中，A 为光滑铰链约束，若略去杆 AB 与物块 C 的重量，且物块与杆以及地面间的摩擦因数均为 f_{s}。试证明：当满足条件 $f_{\mathrm{s}} \geqslant \cot\theta$ 时，在不改变力 $\boldsymbol{F}$ 方向的情况下，其大小不论取何值，均不可能拉动物块。

4-7 用砖夹(未画出)夹住 4 块砖，若每块砖重 W，砖夹对砖的压力 $F_{\mathrm{N1}}=F_{\mathrm{N4}}$，摩擦力 $F_1=F_4=2W$，砖间摩擦因数为 f_{s}。则第 1, 2 块砖间的摩擦力的大小为多少？第 2, 3 块砖间的摩擦力的大小为多少？

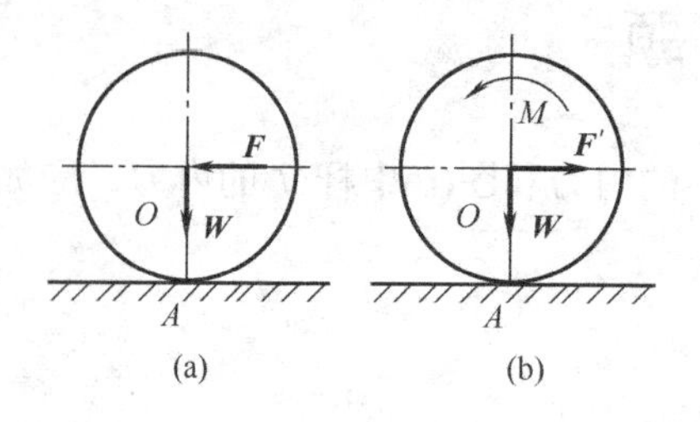

思考题 4-4 图

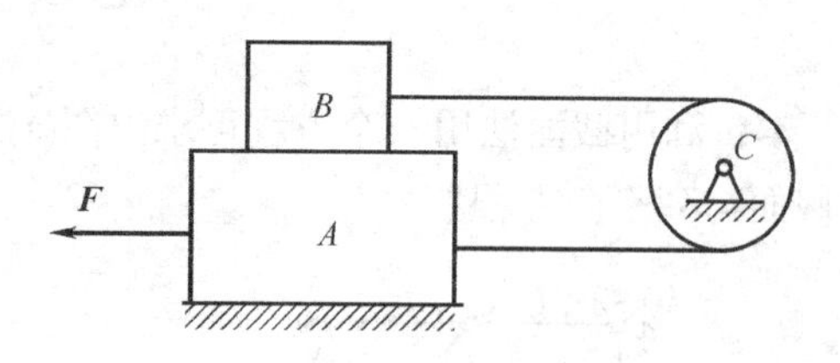

思考题 4-5 图

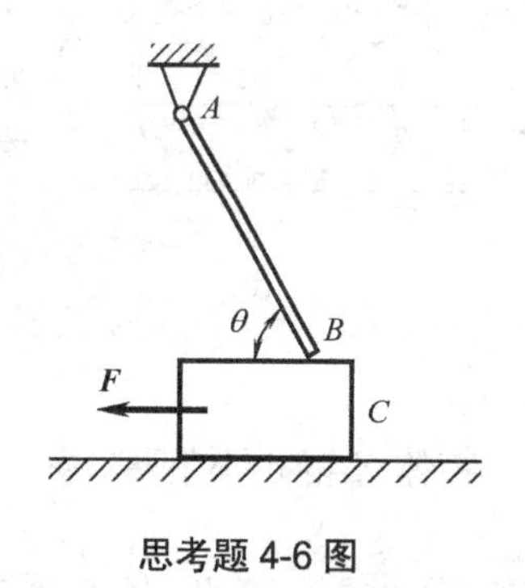

思考题 4-6 图

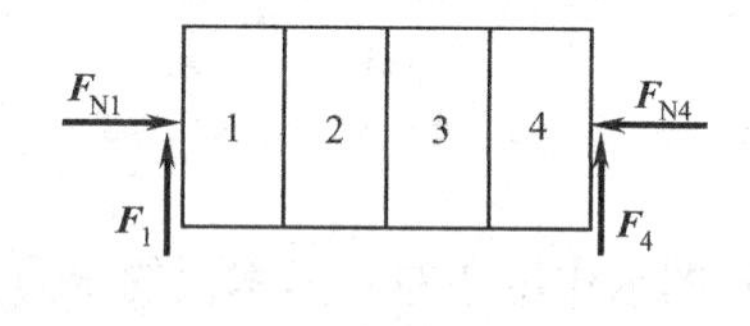

思考题 4-7 图

习 题

(注：凡题中未给构件重量的，均不计该构件自重；凡未说明有摩擦的，均不计摩擦)

4-1 指出图示 3 个桁架中内力为零的杆件。

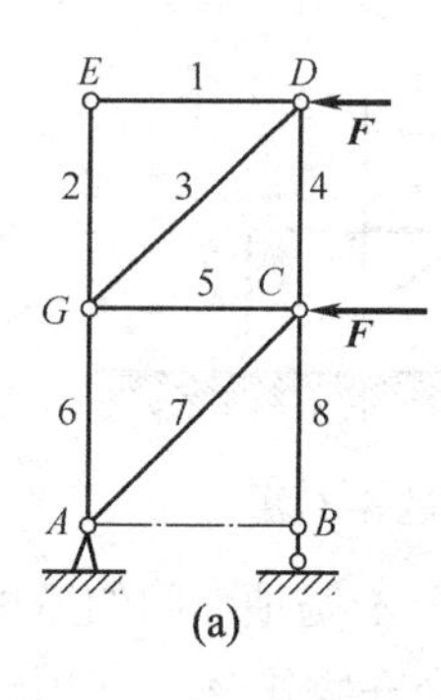

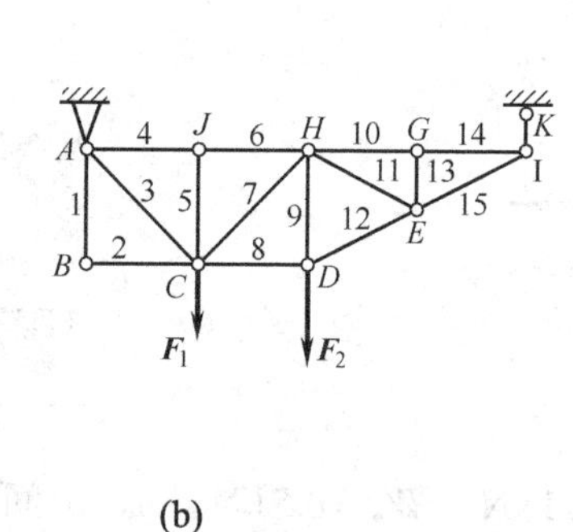

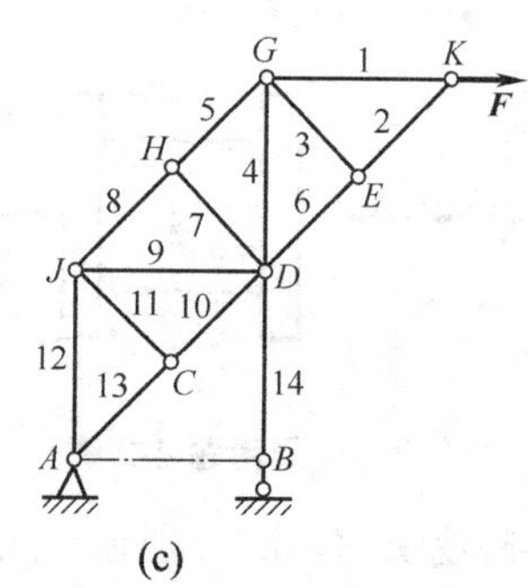

题 4-1 图

4-2 平面桁架的尺寸与受力如图，求杆 1～4 的受力。

4-3 桁架的尺寸和载荷如图，求杆 1, 2, 3 的内力。

4-4 桁架如图，求杆 1, 2, 3 的内力。

4-5 图示桁架所受的载荷 F 和尺寸 d 均为已知，求杆 1, 2, 3 的受力。

4-6 桁架的载荷和尺寸如图所示。求杆 BH，CD 和 GD 的受力。

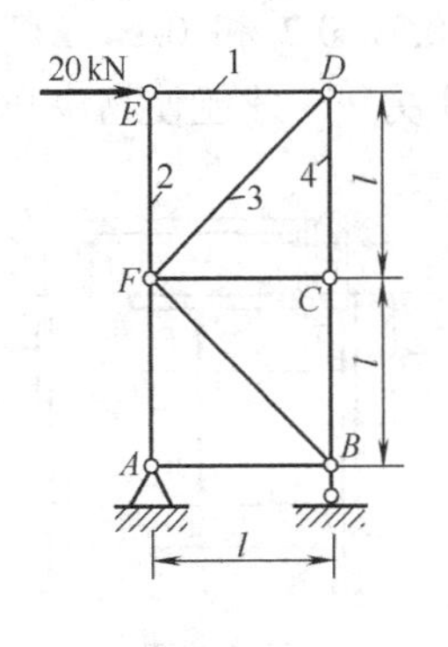

题 4-2 图

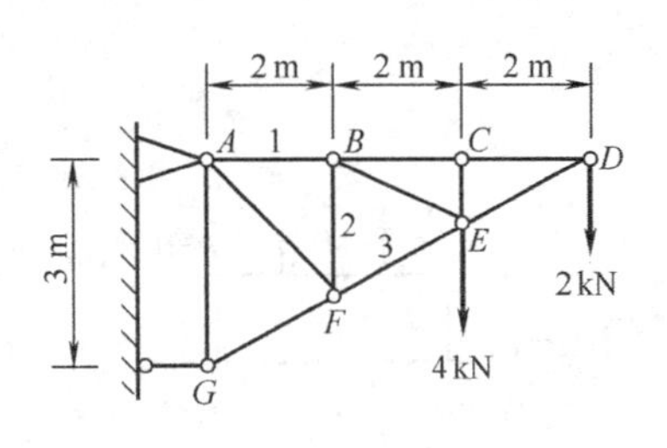

题 4-3 图

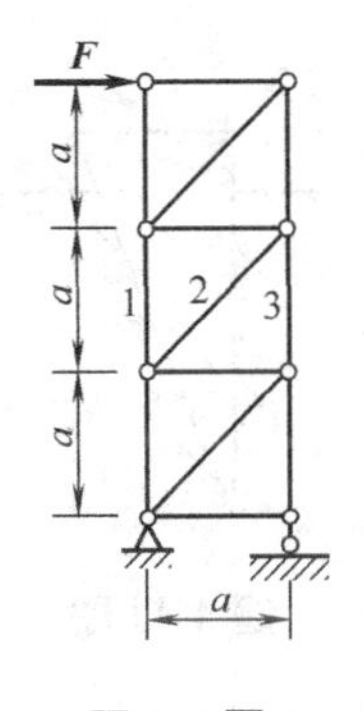

题 4-4 图

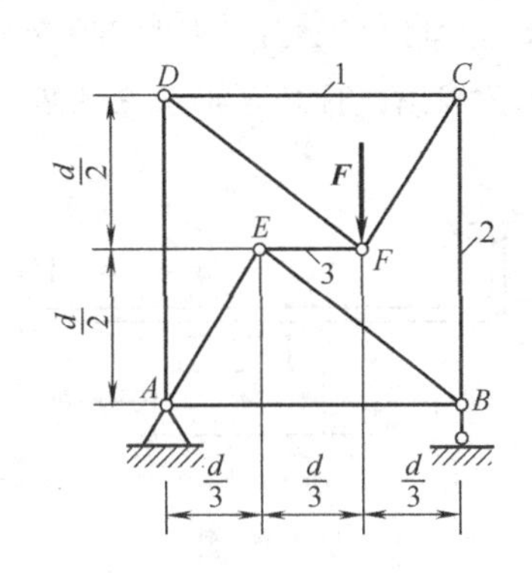

题 4-5 图

4-7 图示载荷平面桁架，尺寸 $AB=EF=\dfrac{a}{2}$，$BC=CD=DE=a$，求杆 1, 2, 3 的受力。

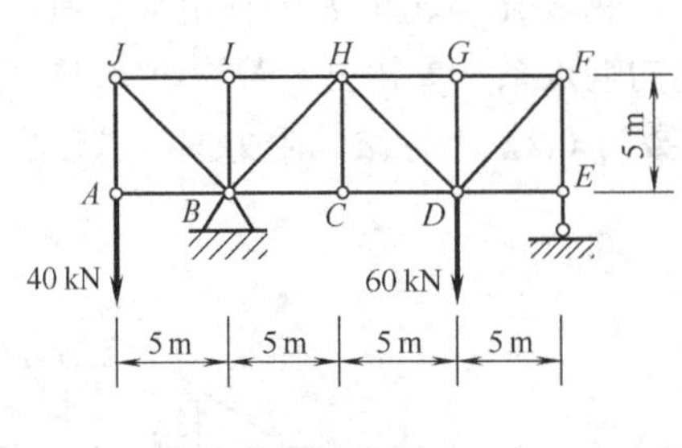

题 4-6 图

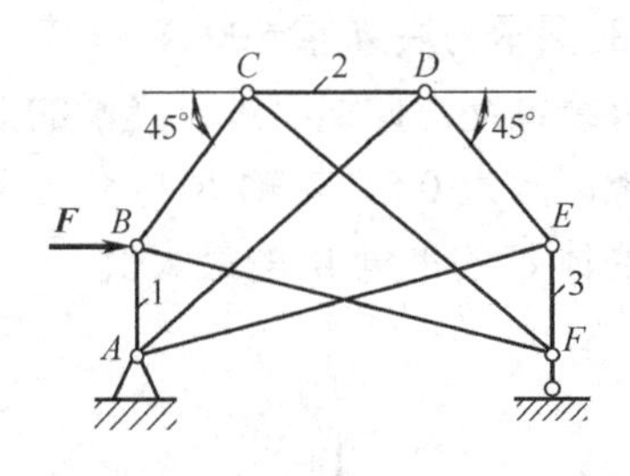

题 4-7 图

4-8 两物块 A 和 B 重叠地放在粗糙水平面上，物块 A 的顶上作用一斜力 $\boldsymbol{F}$，已知 A 重 100 N，B 重 200 N；A 与 B 及 B 与粗糙水平面之间的摩擦因数均为 $f=0.2$。问当 $F=60$ N 时，是物 A 相对物 B 滑动呢，还是物 A，B 一起相对地面滑动？

4-9 砖夹的宽度为 250 mm，杆件 AGB 和 $GCED$ 在点 G 铰接。砖重为 $W=120$ N，提砖的合力 $\boldsymbol{F}$ 作用在砖夹的对称中心线上，尺寸如图所示。若砖夹与砖之间的静摩擦因数 $f_s=0.5$，问 d 应为多大才能将砖夹起(d 是点 G 到砖块上所受正压力作用线的距离)？

4-10 物 B 重 $W_B=1500$ N，放在水平面上，其上再放重 $W_A=1000$ N 的物 A，物 A 上又搁置一可绕固定轴 C 转动的曲杆 CGD，并在点 D 作用一力 $F_1=500$ N。设物 A 与曲

杆、物 A 与物 B、物 B 与地面之间的摩擦因数分别为 0.3，0.2 和 0.1，$EG=750\ \text{mm}$，$ED=500\ \text{mm}$，$CG=250\ \text{mm}$，问在物 B 上加多大的水平力 F，才能使物块开始滑动？

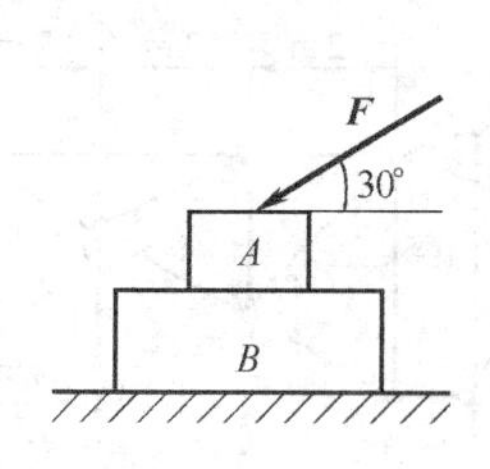

题 4-8 图

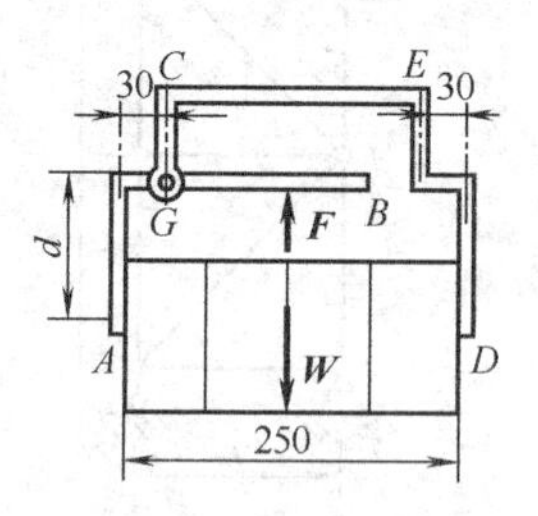

题 4-9 图

4-11 一直角尖劈，两侧面与物体间的摩擦角均为 φ_f，不计尖劈自重，欲使尖劈打入物体后不致滑出，顶角 α 应为多大？

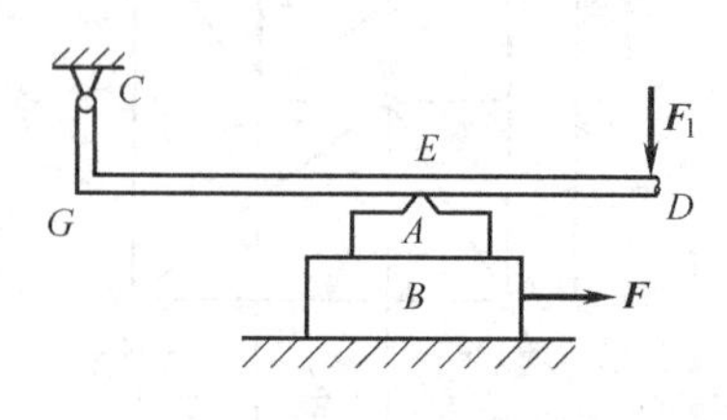

题 4-10 图

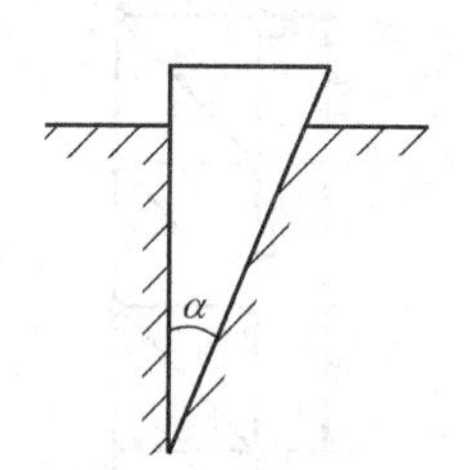

题 4-11 图

4-12 尖劈起重装置如图所示。尖劈 A 的顶角为 α，B 块上受重力 $\boldsymbol{W}$ 的作用。A 块与 B 块之间的静摩擦因数为 f_s(有滚珠处摩擦力忽略不计)。如不计 A 块和 B 块的重量，求保持平衡时力 $\boldsymbol{F}$ 的范围。

4-13 图示物块 A 重 500 N，轮轴 B 重 1 000 N，物块 A 与轮轴 B 的轴用水平绳连接。在轮轴外绕细绳，此绳跨过一光滑的滑轮 D，在绳的端点系一重物 C。若物块 A 与平面间的静摩擦因数为 0.5，轮轴 B 与平面间的静摩擦因数为 0.2，不计滚动阻力偶，求使物体系平衡时物体 C 的重量 W 的最大值。

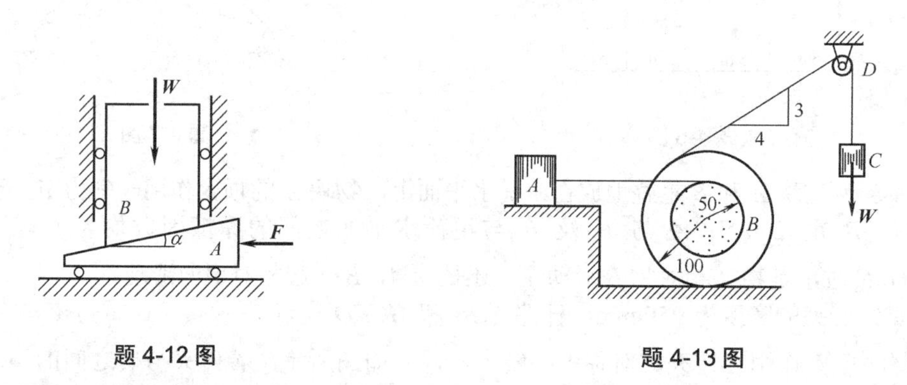

题 4-12 图

题 4-13 图

4-14 图示起重用抓具，由弯杆 ABC 和 DEF 组成，两根弯杆在 BE 杆的 B，E 两处用铰链连接，抓具各部分的尺寸如图。这种抓具是靠摩擦力抓取重物的。求为了抓取重物，抓具与重物之间的静摩擦因数应为多大(BE 尺寸不计)。

4-15 物块 A 重 50 N，轻质杆 AB 和 BC 以光滑铰链铰接，物块和地面间的静摩擦因数为 $f_s = 0.5$，设在销 B 处作用大小为 100 N 的铅垂力 $\boldsymbol{F}$。求地面摩擦力和两杆受的作用力，以及系统保持平衡时 $\boldsymbol{F}$ 最大值。

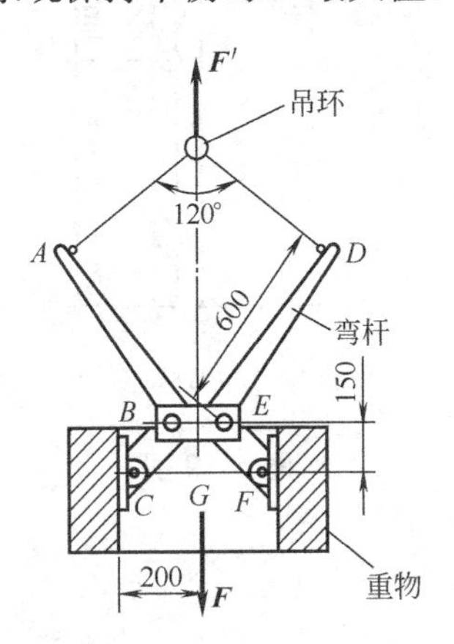

题 4-14 图

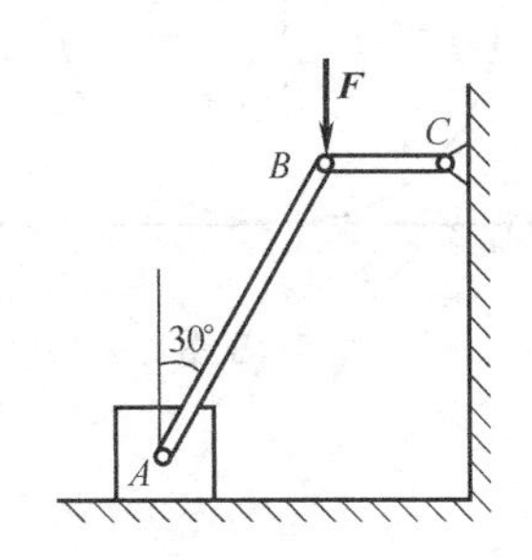

题 4-15 图

4-16 物块 A 和 B 用铰链与无重水平杆联结，物块 B 重 2 000 N，与斜面的摩擦角 $\varphi_f = 15°$，斜面与铅垂面之间的夹角为 30°，物块 A 放在水平面上，与水平面的静摩擦因数为 $f_s = 0.4$。求使物块 B 不下滑，所需物块 A 的最小重量。

4-17 为了在较软的地面上移动一重为 1 kN 的木箱，可先在地面上铺上木板，然后在木箱与木板间放进钢管作为滚子，如图所示。(1)若钢管直径 d=50 mm，钢管与木板或木箱间的滚动系数均为 0.25 cm，求推动木箱所需的水平力 $\boldsymbol{F}$；(2)若不用钢管，而使木箱直接在木板上滑动，已知木箱与木板间的静滑动摩擦因数为 0.4，求推动木箱所需的水平力 $\boldsymbol{F}$。

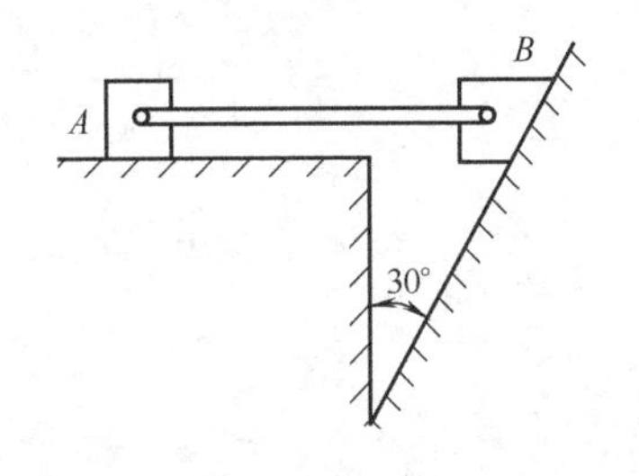

题 4-16 图

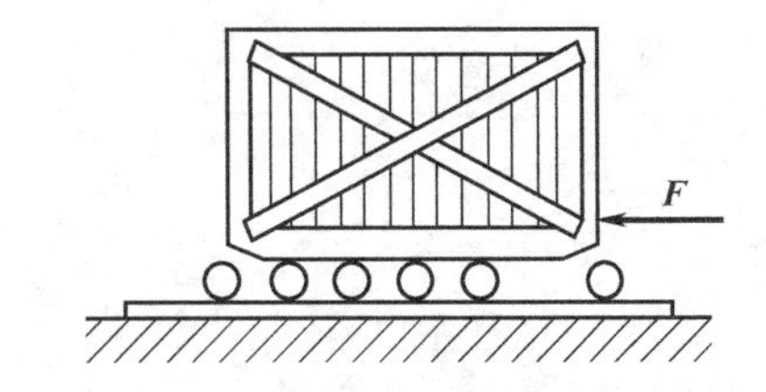

题 4-17 图

4-18 图示圆柱半径 $r = 300$ mm，重 $W = 3\,000$ N，由于 $\boldsymbol{F}$ 的作用而沿水平方向匀速滚动。已知滚阻系数 $\delta = 5$ mm，力 $\boldsymbol{F}$ 与水平面的交角 $\theta = 30°$，求力 $\boldsymbol{F}$ 的大小。

4-19 图示平板闸门宽度(垂直于图面方向)l=12 m，高 h=8 m，重为 400 kN，安置在铅垂滑槽内。A，B 为滚轮，半径为 100 mm，滚轮与滑槽间的滚阻系数 δ=0.7 mm，C 处为光滑接触。闸门由起重机启闭。求：(1)闸门未启动时(即 F_T=0 时)，A, B, C 三处的约束力；(2)开启闸门所需的力 $\boldsymbol{F}_T$(力 $\boldsymbol{F}_T$ 通过闸门重心)。

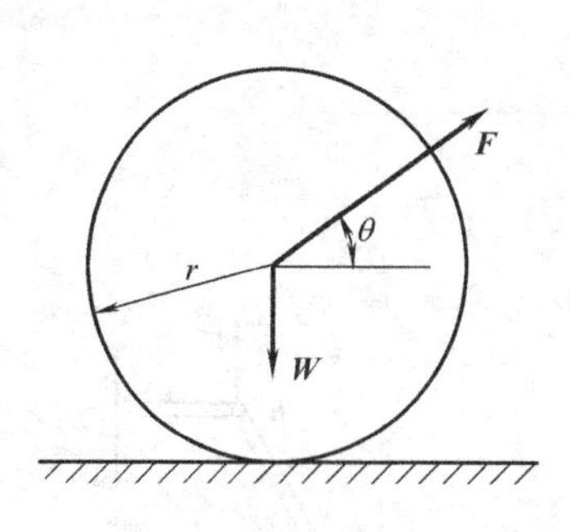

题4-18图

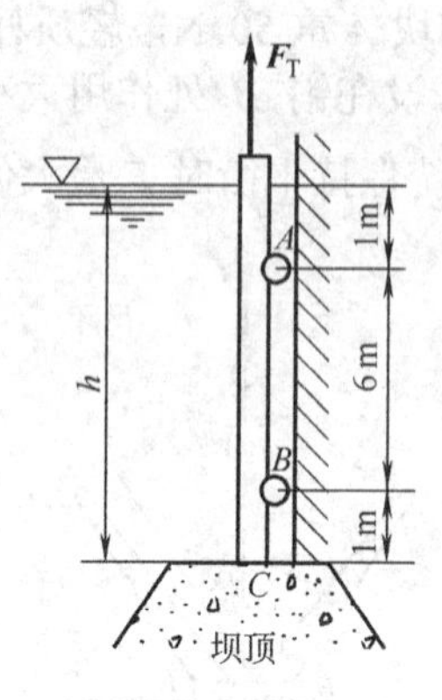

题4-19图

第2篇 运 动 学

运动学从几何角度研究物体的机械运动，而不涉及作用在物体上的力和质量等物理要素。在运动学中，要建立物体运动规律的描述方法，确定表示物体运动特征的量，包括运动轨迹、速度、加速度等。运动学是工程运动分析的基础，也是动力学的基础。

描述物体的运动必须相对某给定的**参考物体**才能确定。固连在参考物体(有限大)上的坐标系(无限大)称为**参考系**，在不同的参考系上观察同一物体的运动可以完全不同，所以运动具有相对性。

运动学有两种不同的研究方法：**矢量法**(也称**合成法**或**几何法**)和**解析法**。矢量法建立瞬时的速度、加速度等矢量之间的几何关系，适于研究瞬时的运动情况，形象直观，也便于作定性分析。解析法由建立运动方程或约束方程出发，通过对时间求导获得速度、加速度及运动特性，它适合研究运动的过程，便于计算机求解；一般也可以研究瞬时情况。两种方法各有所长，都应掌握。

本篇的研究对象是点和刚体，**点**是指不计大小，在空间占有确定位置的几何点，**刚体**是指由无数个点组成的不变形系统。本篇主要内容有点的运动和刚体的基本运动、点的合成运动及刚体平面运动。

第5章 点的运动和刚体的基本运动

本章将采用矢量法、直角坐标法和弧坐标法描述点的运动，介绍刚体的两种基本运动——平移和定轴转动，为研究复杂运动打下基础。

5.1 点 的 运 动

点的运动主要有**直线运动**和**曲线运动**两种形式。后者又有二维曲线运动和三维曲线运动之分。

1. 矢量法

在图 5.1 所示的定参考系中，点 P 沿三维曲线作变速运动。自点 O 向点 P 作矢量 $\boldsymbol{r}$，称为点 P 对于原点 O 的**位置矢量**，简称**位矢**。当点 P 运动时，位矢 $\boldsymbol{r}$ 也随该点一起运动，是时间 t 的单值函数，表示为

$$\boldsymbol{r}=\boldsymbol{r}(t) \tag{5-1}$$

此即用矢量法表示的点的**运动方程**。点 P 在运动过程中，其位置矢量的端点描绘出一条连

续曲线，称为**位矢端图**。显然，位矢端图就是点 P 的运动**轨迹**。在时间间隔 Δt 内，点由位置 P 运动到 P'，其位矢的改变量称为点的**位移**，即

$$\Delta \boldsymbol{r} = \boldsymbol{r}' - \boldsymbol{r}$$

据物理学知识，由式(5-1)得其**速度**

$$v = \lim_{\Delta t \to 0} \frac{\Delta \boldsymbol{r}}{\Delta t} = \frac{\mathrm{d}\boldsymbol{r}}{\mathrm{d}t} = \dot{\boldsymbol{r}} \tag{5-2}$$

其方向沿轨迹切线方向，指向点的运动方向。

由式(5-2)得其**加速度**

$$\boldsymbol{a} = \dot{\boldsymbol{v}} = \ddot{\boldsymbol{r}} \tag{5-3}$$

2．直角坐标法

设在图 5.2 中，点 P 的坐标为(x, y, z)，则

$$\boldsymbol{r} = x\boldsymbol{i} + y\boldsymbol{j} + z\boldsymbol{k} = (x, y, z) \tag{5-4}$$

则由式(5-2)和式(5-3)分别得(因为定系的 $\boldsymbol{i}, \boldsymbol{j}, \boldsymbol{k}$ 为常矢量)

$$\boldsymbol{v} = \dot{x}\boldsymbol{i} + \dot{y}\boldsymbol{j} + \dot{z}\boldsymbol{k} = (\dot{x}, \dot{y}, \dot{z}) \tag{5-5}$$

$$\boldsymbol{a} = \ddot{x}\boldsymbol{i} + \ddot{y}\boldsymbol{j} + \ddot{z}\boldsymbol{k} = (\ddot{x}, \ddot{y}, \ddot{z}) \tag{5-6}$$

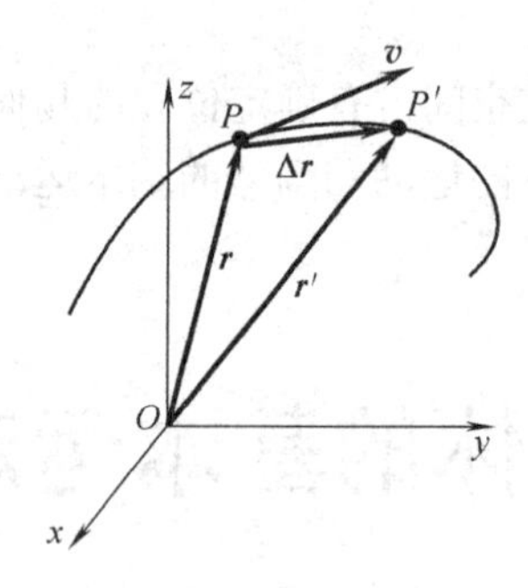

图 5.1　点的运动

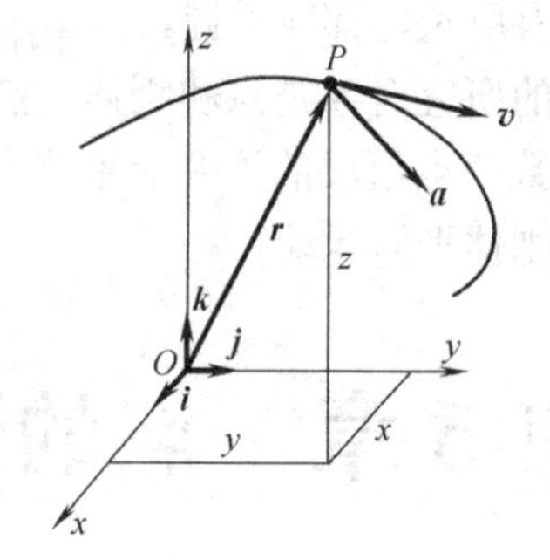

图 5.2　用直角坐标表示点的运动

3．弧坐标法

设动点的轨迹已知，则可在轨迹上任取一点为起点量取它到动点 P 的弧长 OP (图 5.3)，并规定在点 O 的某一边弧长为正，在另一边则为负。这个带有适当正负号的弧长 s 称为点 P 的**弧坐标**。弧坐标 s 完全确定了动点 P 在轨迹上的位置。点运动时，其弧坐标随时间而变化

$$s = s(t) \tag{5-7}$$

这就是动点 P 的弧坐标(又称**自然坐标**)形式的**运动方程**。

由物理学知识得动点的速度

$$\boldsymbol{v} = v\boldsymbol{t} = \dot{s}\boldsymbol{t} \tag{5-8}$$

而动点的加速度由式(5-3)、式(5-8)和物理学知识推广得到

$$\boldsymbol{a} = \frac{\mathrm{d}\boldsymbol{v}}{\mathrm{d}t} = \frac{\mathrm{d}}{\mathrm{d}t}(v\boldsymbol{t}) = \frac{\mathrm{d}v}{\mathrm{d}t}\boldsymbol{t} + v\frac{\mathrm{d}\boldsymbol{t}}{\mathrm{d}t} = \frac{\mathrm{d}v}{\mathrm{d}t}\boldsymbol{t} + \frac{v^2}{\rho}\boldsymbol{n} = a_{\mathrm{t}}\boldsymbol{t} + a_{\mathrm{n}}\boldsymbol{n} \tag{5-9}$$

式(5-9)右边第一项称为**切向加速度**，它反映了速度代数值的变化率；第二项称为**法向加速度**，它反映速度方向的变化率。它们在 $\boldsymbol{t}$ 与 $\boldsymbol{n}$ 方向的投影分别是

$$a_{\mathrm{t}} = \dot{v}, \quad a_{\mathrm{n}} = \frac{v^2}{\rho} \tag{5-10}$$

切向加速度 $\boldsymbol{a}_{\mathrm{t}}$ 的指向与切向单位矢 $\boldsymbol{t}$ 相同或相反，需视 $\dot{v}$ 的正负而定。但法向加速度 $\boldsymbol{a}_{\mathrm{n}}$ 则总是指向曲率中心 C，如图 5.4 所示。由 $\boldsymbol{a}$ 的两个正交分量 $\boldsymbol{a}_{\mathrm{t}}$，$\boldsymbol{a}_{\mathrm{n}}$，不难求出 $\boldsymbol{a}$ 的大小和方向。

当点作直线运动时，其法向加速度恒等于零。

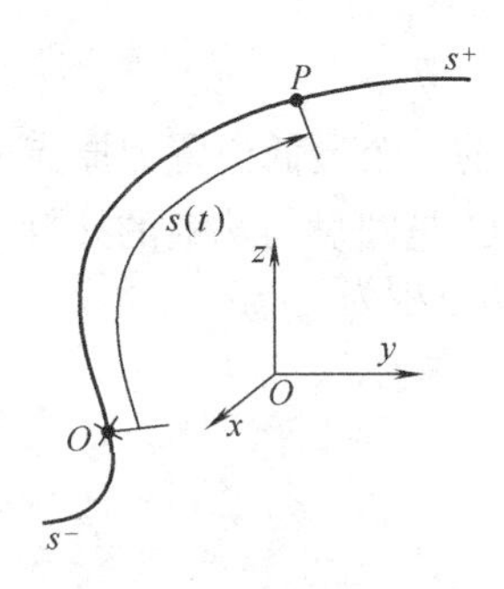

图 5.3　点运动的弧坐标

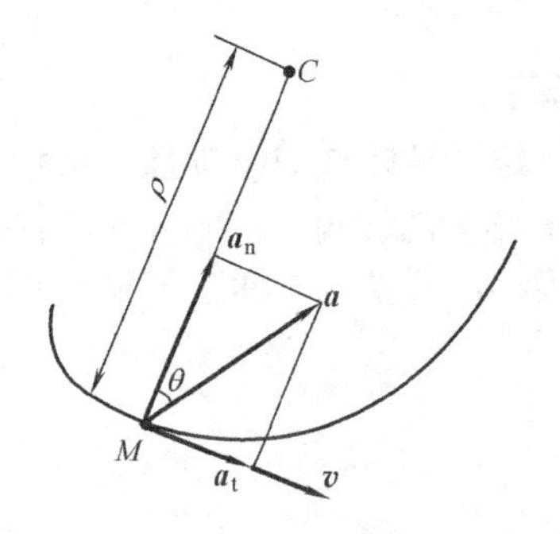

图 5.4　弧坐标下点的速度和加速度

当轨迹是空间曲线时，上述结论同样成立，只需注意到 $\dfrac{\Delta \boldsymbol{t}}{\Delta t}$ 的极限位置位于轨迹在点 P 的**密切面**内。通过点 P 可作出相互垂直的三条直线：**切线**、**主法线**(位于密切面内)和**副法线**(垂直于密切面)。沿这三个方向的**单位矢**(又称**基矢量**)记作 $\boldsymbol{t}$，$\boldsymbol{n}$，$\boldsymbol{b}$，如图 5.5 所示；$\boldsymbol{t}$ 指向弧坐标增加的一边，$\boldsymbol{n}$ 指向曲率中心，而 $\boldsymbol{b} = \boldsymbol{t} \times \boldsymbol{n}$。上述已规定正向的三根相互正交的轴线构成了**自然轴系**。由此可见，上面的公式和结论都能成立，且加速度在副法线方向的投影恒为零。

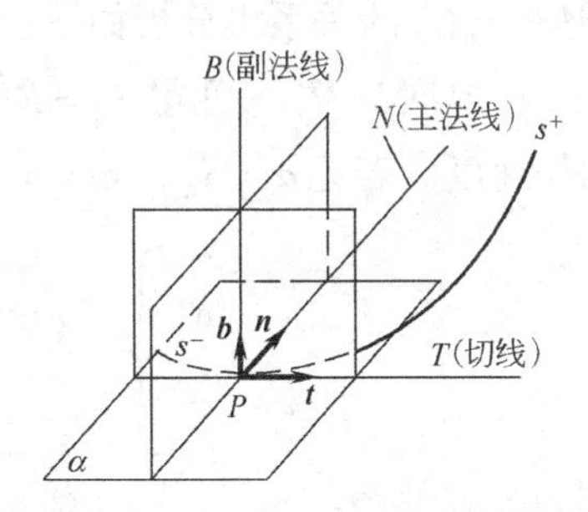

图 5.5　自然轴系及其基矢量

【例 5-1】半径为 R 的圆盘沿直线轨道无滑动地滚动(纯滚动)(图 5.6)，设圆盘在铅垂面内运动，且轮心 A 的速度为 $\boldsymbol{v}_0(t)$。求：(1)分析圆盘边缘一点 M 的运动，(2)求当点 M 与地面接触时的速度和加速度，以及点 M 运动到最高处轨迹的曲率半径；(3)讨论当轮心的速度为常数时，轮边缘上各点的速度和加速度分布。

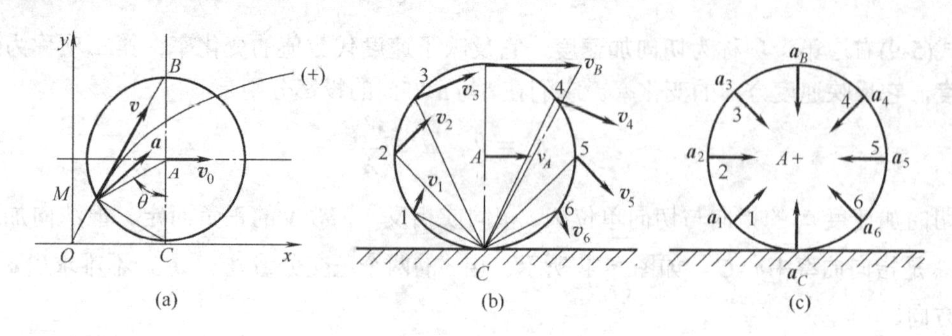

图 5.6 例 5-1 图

【解】

(1) 建立坐标系 Oxy 如图 5.6(a)所示，取点 M 所在的一个最低位置为原点 O，设在任意时刻 t 圆盘的转角 $\angle CAM=\theta$，它是时间 t 的函数，C 是圆盘与轨道的接触点。由于圆盘是纯滚动，所以 $x_A=OC=CM=R\theta$，于是点 M 的运动方程为

$$x=OC-AM\sin\theta$$
$$y=AC-AM\cos\theta$$

即

$$x=R(\theta-\sin\theta)$$
$$y=R(1-\cos\theta)$$

点 M 的速度分量

$$\left.\begin{aligned}\dot{x}&=R\dot{\theta}(1-\cos\theta)\\ \dot{y}&=R\dot{\theta}\sin\theta\end{aligned}\right\}\tag{a}$$

点 M 的加速度分量

$$\left.\begin{aligned}\ddot{x}&=R\ddot{\theta}(1-\cos\theta)+R\dot{\theta}^2\sin\theta\\ \ddot{y}&=R\ddot{\theta}\sin\theta+R\dot{\theta}^2\cos\theta\end{aligned}\right\}\tag{b}$$

式中 $\dot{\theta}$ 和 $\ddot{\theta}$ 与圆盘中心点 A 的速度 $v_0(t)$ 的关系可分析如下：因为点 A 作水平直线运动，所以有 $x_A=OC=R\theta$，将其对 t 求一次导数，可得 $\dot{x}_A=R\dot{\theta}=v_0$，再求一次导数，可得 $\ddot{x}_A=R\ddot{\theta}=\dot{v}_0$，其中 $\dot{v}_0$ 为点 A 的加速度。若记 $a_0=\dot{v}_0$，$\omega=\dot{\theta}$，$\alpha=\ddot{\theta}$，则

$$\left.\begin{aligned}\omega&=\frac{v_0}{R}\\ \alpha&=\frac{a_0}{R}\end{aligned}\right\}\tag{5-11}$$

在纯滚动时，式(5-11)可作为公式使用。

点 M 的速度大小为

$$v=\sqrt{\dot{x}^2+\dot{y}^2}=R\left|\dot{\theta}\right|\sqrt{2(1-\cos\theta)}=\left|2v_0\sin\frac{\theta}{2}\right|=\omega\cdot MC$$

即轮上点 M 的速度大小与它到点 C(轮上与地面接触点)的距离成正比。其方向

$$\cos(\boldsymbol{v},\boldsymbol{y})=\frac{v_y}{v}=\cos\frac{\theta}{2},\quad \sin(\boldsymbol{v},\boldsymbol{x})=\frac{v_x}{v}=\sin\frac{\theta}{2}$$

$\angle MBC=\dfrac{\theta}{2}$，$BC$ 为直径，$\boldsymbol{v}\perp MC$，如图 5.6(b)所示。

(2) 当 $\theta=0$ 和 2π 时，点 M 与地面接触，此时速度为零；此时点 M 的加速度可由式(b)求得

$$\boldsymbol{a}=R\dot{\theta}^2\boldsymbol{j}$$

由此可见，当点 M 与地面接触时，其加速度的大小不等于零，方向垂直于地面向上。此为绝对切向加速度，因为此时速度为零，故其法向加速度为零。

点 M 的轨迹在最高点处的曲率半径。

由于当 $\theta=\pi$ 时，点 M 的速度和加速度分别为

$$\boldsymbol{v}=2v_0\boldsymbol{i},\quad \boldsymbol{a}=2R\ddot{\theta}\,\boldsymbol{i}-R\dot{\theta}^2\boldsymbol{j}$$

点 M 的轨迹在最高点处的切线方向为 $\boldsymbol{i}$，并且曲线向下弯曲，所以主法线方向沿 $-\boldsymbol{j}$，于是法向加速度的大小为

$$a_{\mathrm{n}}=R\dot{\theta}^2=\frac{{v_0}^2}{R}$$

此时点 M 的速度为 $v=2v_0$，于是曲率半径为

$$\rho=\frac{v^2}{a_{\mathrm{n}}}=\frac{(2v_0)^2}{v_0^2/R}=4R$$

(3) 由式(5-11)知，若 $\boldsymbol{v}_0$ 为常矢量，则 ω 为常数，故 $\alpha=\dot{\omega}=\ddot{\theta}=0$，此时由式(b)，点 M 的加速度大小均为

$$a=\sqrt{\ddot{x}^2+\ddot{y}^2}=R\omega^2$$

点 M 的加速度的方向

$$\cos(\boldsymbol{a},\boldsymbol{x})=\frac{a_x}{a}=\sin\theta,\quad \sin(\boldsymbol{a},\boldsymbol{y})=\frac{a_y}{a}=\cos\theta$$

所以此时轮缘上点 M 的加速度方向均指向轮心 A，如图 5.6(c)所示。此时的加速度既非切向加速度，也非法向加速度。不过请注意，若 $\boldsymbol{v}_0$ 不为常矢量，则加速度方向并不指向轮心。

5.2　刚体的基本运动

5.2.1　平移

刚体运动时，其上任意直线始终平行于自己的初始位置，这种运动称为刚体的**平行移动**，简称**平移**。如图 5.7 所示，在平移刚体内任选两点 A，B，令点 A，B 的矢径分别为 r_A 和 r_B，则两条矢端曲线就是这两点的轨迹。由图 5.7 可知

$$\boldsymbol{r}_A=\boldsymbol{r}_B+\boldsymbol{r}_{BA}$$

由平移定义知 $\boldsymbol{r}_{BA}$ 为常矢量，故

$$\frac{\mathrm{d}\boldsymbol{r}_{BA}}{\mathrm{d}t}=\boldsymbol{0}$$

$$\dot{\boldsymbol{r}}_A=\dot{\boldsymbol{r}}_B$$

即

$$\boldsymbol{v}_A=\boldsymbol{v}_B \tag{5-12}$$

同样

$$\dot{\boldsymbol{v}}_A=\dot{\boldsymbol{v}}_B$$

即

$$\boldsymbol{a}_A=\boldsymbol{a}_B \tag{5-13}$$

式(5-12)和式(5-13)表明：**刚体平移时，在同一瞬时刚体上各点的速度相同，各点的加速度也相同**。因此平移刚体的运动可取其上任一点(比如质心)的运动来代表，这样研究平移刚体的运动可归结为研究点的运动。

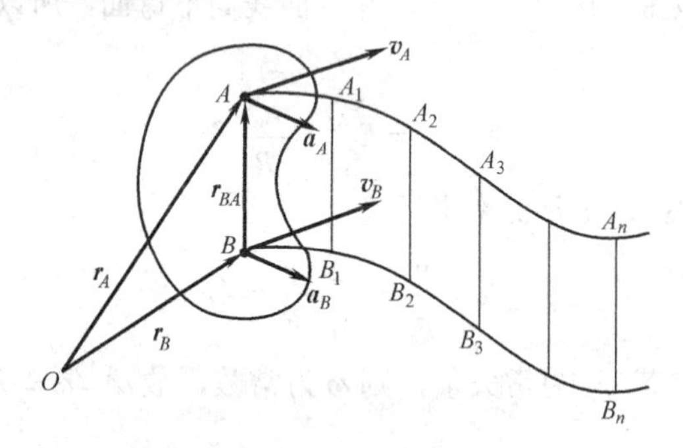

图5.7　刚体平移

5.2.2　定轴转动

1．定轴转动刚体上各点的速度和加速度

刚体运动时，若其上(或其扩展部分)有一条直线始终保持不动，则称这种运动为刚体的**定轴转动**。这条固定的直线称为**转轴**。轴线上各点的速度和加速度均恒为零，其他各点均围绕轴线作圆周运动。电机转子、机床主轴、传动轴等的运动都是定轴转动的例子。

物理学中曾研究过二维定轴转动(图5.8)，即研究位于定系Oxy中的平面刚体绕垂直于纸面的轴O(图上未标出的轴z)转动。

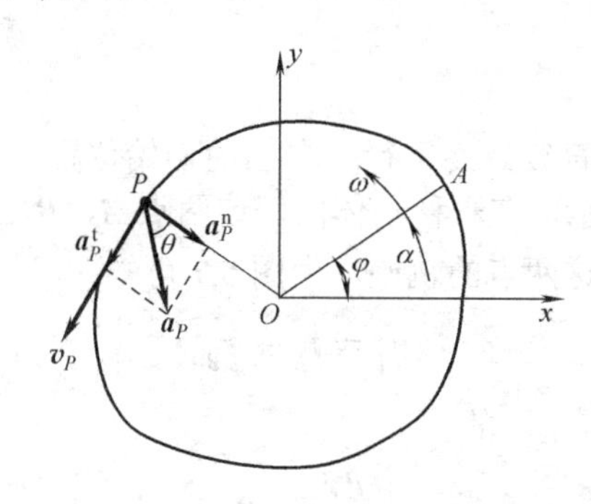

图5.8　二维刚体定轴转动

取与刚体固结并通过轴 O 的任意直线 OA，以 OA 与定坐标轴 Ox 之间的夹角 φ 为坐标。于是，**转角** φ 随时间 t 的变化描述了刚体的运动，即刚体定轴**转动的运动方程**为

$$\varphi = f(t) \tag{5-14}$$

其自由度 N=1。

刚体的**角速度** ω 与**角加速度** α 为

$$\omega = \dot{\varphi}\,,\quad \alpha = \dot{\omega} = \ddot{\varphi} \tag{5-15}$$

转角(或角位移) φ、角速度 ω 与角加速度 α 都是描述刚体整体运动的物理量。φ 描述刚体的运动规律；ω 描述刚体瞬时转动的快慢与方向；α 描述 ω 瞬时变化的快慢。

角速度 ω 与角加速度 α 均为代数量。当规定转角 φ 以逆时针方向为正时，根据式(5-15)，ω 与 α 各应以 φ 与 ω 增加的方向为正，即均按逆时针方向为正，相反则为负。若 ω 与 α 同号，则刚体加速转动；若为异号，则相反。

刚体上点 P 作圆周运动的速度与加速度(包括切向与法向分量)的大小为

$$\left.\begin{aligned} v_P &= \omega r_P \\ a_P &= \sqrt{(a_P^{\mathrm{t}})^2 + (a_P^{\mathrm{n}})^2} = \sqrt{(\alpha r_P)^2 + (\omega^2 r_P)^2} = r_P\sqrt{\alpha^2 + \omega^4} \end{aligned}\right\} \tag{5-16}$$

其中，$r_P = OP$。式(5-16)说明定轴转动刚体上各点的速度和加速度与它到转轴的距离成正比，方向如图，其中

$$\tan\theta = \frac{a_P^{\mathrm{t}}}{a_P^{\mathrm{n}}} = \frac{r_P\alpha}{r_P\omega^2} = \frac{\alpha}{\omega^2} \tag{5-17}$$

2．轮系传动比

工程中，常采用轮系传动来提高或降低机械的转速，最常见的有齿轮传动和带传动。如机床中的减速器用齿轮系来降低转速，而带式输送机中既有齿轮传动又有带传动。

现以一对啮合的圆柱齿轮为例，说明轮系传动比。圆柱齿轮传动分为外啮合(图 5.9)和内啮合(图 5.10)两种。设两个齿轮各绕固定轴 O_1 和 O_2 转动。已知其啮合圆半径各为 R_1 和 R_2，角速度各为 ω_1 和 ω_2。设 A 和 B 分别是轮 I 和轮 II 啮合圆上的接触点，因两圆之间没有相对滑动，故两点的速度相等。即

$$v_B = v_A$$

因

$$v_B = R_2\omega_2\,,\quad v_A = R_1\omega_1$$

故

$$R_2\omega_2 = R_1\omega_1$$

或

$$\frac{\omega_1}{\omega_2} = \frac{R_2}{R_1}$$

设轮 I 是主动轮，轮 II 是从动轮。工程中，通常将主动轮的角速度(或转速)与从动轮的角速度(或转速)之比称为**传动比**，用 i_{12} 表示

$$i_{12} = \pm\frac{\omega_1}{\omega_2} = \pm\frac{R_2}{R_1} \tag{5-18}$$

式(5-18)中的“＋”号表示角速度的转向相同，为内啮合情形；“－”号表示转向相反，为外啮合情形。

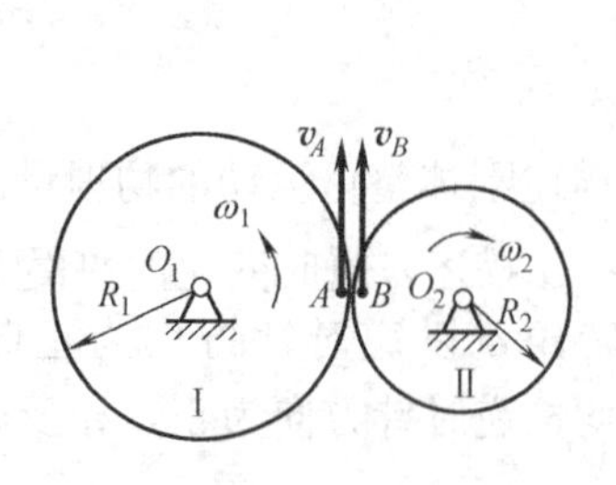

图 5.9　圆柱齿轮外啮合

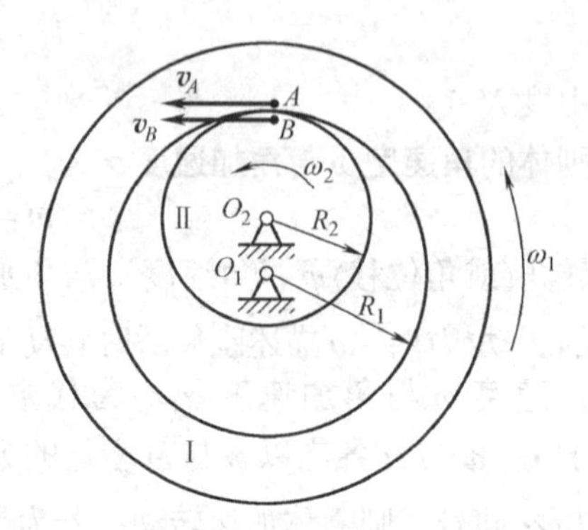

图 5.10　圆柱齿轮内啮合

设轮Ⅰ和轮Ⅱ的齿数分别为z_1和z_2，由于齿轮在啮合圆上齿距相等，它们的齿数与半径成正比，故

$$i_{12}=\pm\frac{\omega_1}{\omega_2}=\pm\frac{R_2}{R_1}=\pm\frac{z_2}{z_1} \tag{5-19}$$

由此可见，**互相啮合的两个齿轮的角速度(或转速)与半径(或齿数)成反比**。此结论对于锥齿轮传动(图5.11)和带轮传动(图5.12)同样适用。

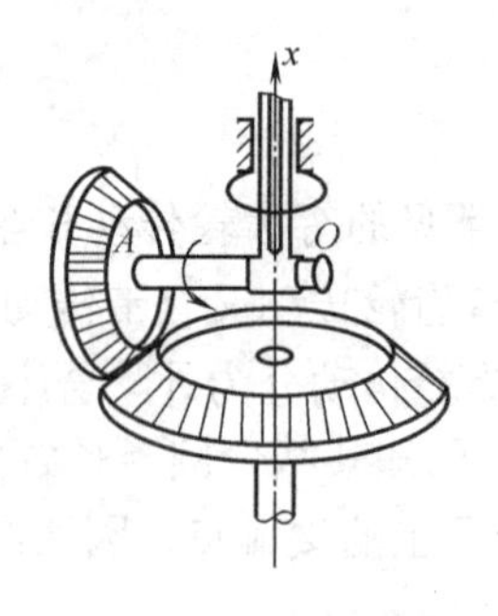

图 5.11　锥齿轮传动

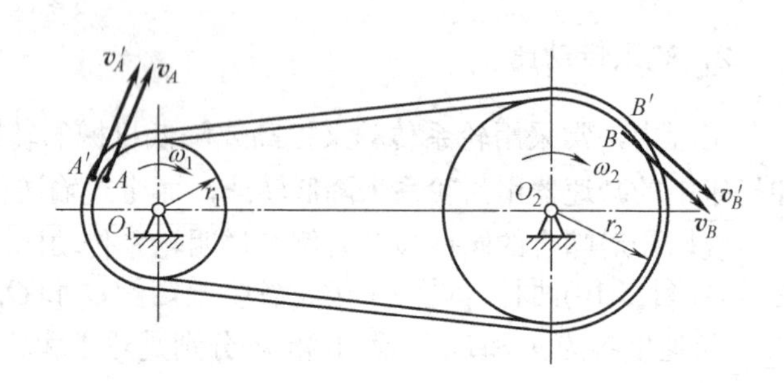

图 5.12　带轮传动

一些复杂轮系(如变速箱)中包含有几对齿轮。将每一对齿轮的传动比算出后，将它们连乘起来，可得总的传动比。这个结论请读者自行验证。

3．速度和加速度的矢量表示

研究图 5.13 所示的三维刚体定轴转动。图中，$Oxyz$为定参考系，其中，轴Oz即为刚体的转动轴。设转轴Oz的单位矢为$\boldsymbol{k}$，则刚体角速度与角加速度各为

$$\boldsymbol{\omega}=\omega\boldsymbol{k},\quad \boldsymbol{\alpha}=\alpha\boldsymbol{k} \tag{5-20}$$

对$\boldsymbol{\alpha}$，若刚体加速转动，$\boldsymbol{\alpha}$与$\boldsymbol{\omega}$同向(图5.13(a))，减速转动则反向(图5.13(b))。

如图 5.14 所示，刚体上点P的速度

$$\boldsymbol{v}_P=\boldsymbol{\omega}\times\boldsymbol{r}_P \tag{5-21}$$

式中，$\boldsymbol{r}_P$为自点O向点P所引的位矢。可以验证，该式中$\boldsymbol{v}_P$的模即为式(5-16)中的第一

式。另外，如果 $\boldsymbol{r}_P$ 是单位矢量，比如，固连在刚体上的动系 $O_1x'y'z'$ 的单位矢量 $\boldsymbol{i}'$，其端点设为点 P_1(图 5.15 中未标出)，则由式(5-2)得

$$\boldsymbol{v}_{P_1}=\frac{\mathrm{d}\boldsymbol{i}'}{\mathrm{d}t} \tag{a}$$

再由式(5-21)有

$$\boldsymbol{v}_{P_1}=\boldsymbol{\omega}\times\boldsymbol{i}' \tag{b}$$

由式(a)，(b)，得

$$\frac{\mathrm{d}\boldsymbol{i}'}{\mathrm{d}t}=\boldsymbol{\omega}\times\boldsymbol{i}' \tag{5-22a}$$

同理

$$\frac{\mathrm{d}\boldsymbol{j}'}{\mathrm{d}t}=\boldsymbol{\omega}\times\boldsymbol{j}' \tag{5-22b}$$

$$\frac{\mathrm{d}\boldsymbol{k}'}{\mathrm{d}t}=\boldsymbol{\omega}\times\boldsymbol{k}' \tag{5-22c}$$

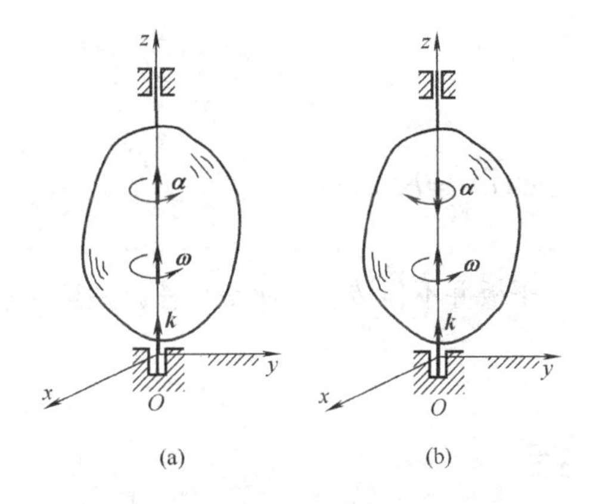

图 5.13　用矢量表示角速度和角加速度

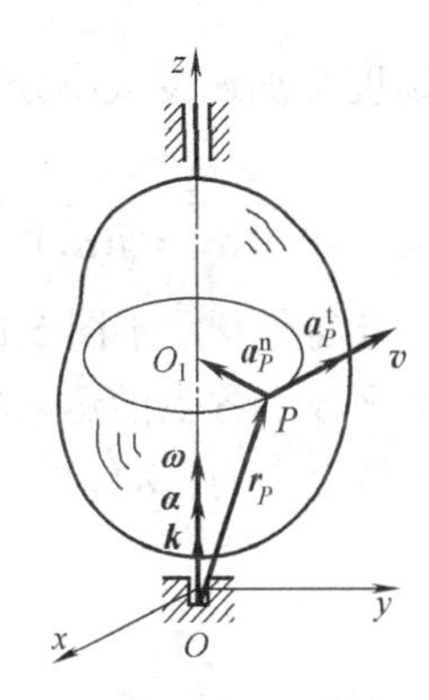

图 5.14　用矢积表示点的速度和加速度

式(5-22)称为**泊松公式**。

将式(5-21)对时间求一次导数，得点 P 的加速度，它由切向与法向加速度组成，即

$$\begin{aligned}\boldsymbol{a}_P&=\dot{\boldsymbol{v}}_P=\dot{\boldsymbol{\omega}}\times\boldsymbol{r}_P+\boldsymbol{\omega}\times\dot{\boldsymbol{r}}_P=\boldsymbol{\alpha}\times\boldsymbol{r}_P+\boldsymbol{\omega}\times\boldsymbol{v}_P\\&=\boldsymbol{\alpha}\times\boldsymbol{r}_P+\boldsymbol{\omega}\times(\boldsymbol{\omega}\times\boldsymbol{r}_P)=\boldsymbol{a}_P^{\mathrm{t}}+\boldsymbol{a}_P^{\mathrm{n}}\end{aligned} \tag{5-23}$$

式中，$\boldsymbol{a}_P^{\mathrm{t}}$与$\boldsymbol{a}_P^{\mathrm{n}}$ 的模分别对应式(5-16)第二式中的两项加速度的大小。

数学上，刚体定轴转动的角速度矢 $\boldsymbol{\omega}$、角加速度矢 $\boldsymbol{\alpha}$ 与作用在刚体上的力矢 $\boldsymbol{F}$ 相类似，也是滑动矢量。

【例 5-2】如图 5.16 所示，长为 a、宽为 b 的矩形平板 $ABDE$ 悬挂在两根长为 l，且相互平行的直杆上。板与杆之间用铰链 A, B 连接。二杆又分别用铰链 O_1，O_2 与固定的水平平面连接。已知杆 O_1A 的角速度与角加速度分别为 ω 和 α，求板中心点 C 的运动轨迹、速度和加速度。

【分析】杆与板的运动形式：二杆作定轴转动，板作平移。因此，点 C 与点 A 的轨迹形状、在图示瞬时的速度与加速度均相同。

点 A 的运动轨迹为以点 O_1 为圆心、l 为半径的圆。为此，过点 C 作线段 CO，使 $CO//AO_1$，且 $AO_1=l$，点 C 的轨迹即为以点 O 为圆心、l 为半径的圆。

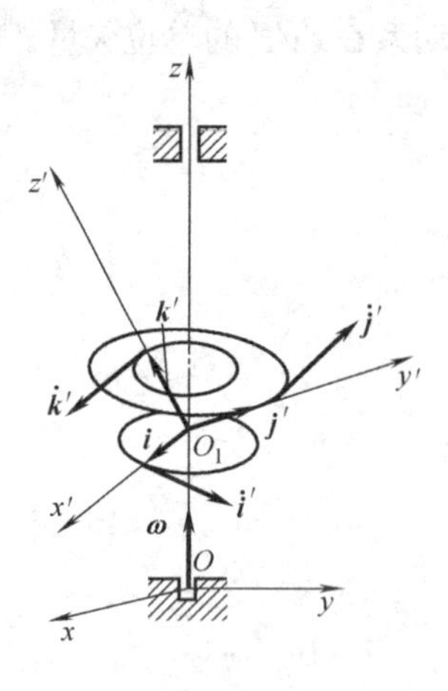

图 5.15　泊松公式推证

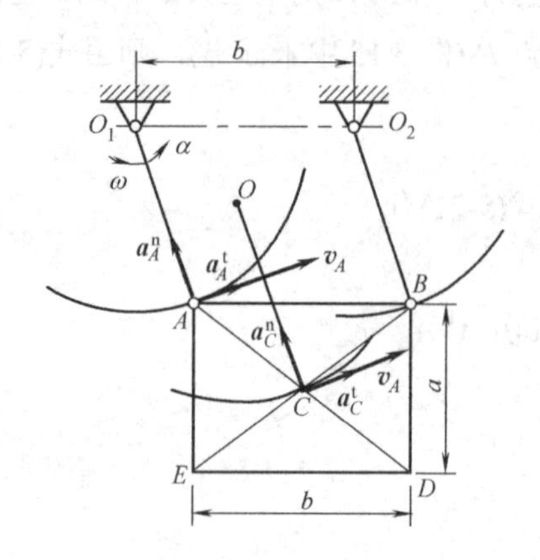

图 5.16　例 5-2 图

【解】

点 C 的速度与加速度大小分别为

$$v_C = v_A = \omega l$$

$$a_C = \sqrt{(a_C^{\mathrm{t}})^2 + (a_C^{\mathrm{n}})^2} = \sqrt{(\alpha l)^2 + (\omega^2 l)^2} \quad = l\sqrt{\alpha^2 + \omega^4}$$

两个量的方向分别示于图 5.16 上。

【讨论】平板上各点的运动轨迹为圆，但是，平板并不作转动，而是平移。注意区别刚体运动与刚体上点的运动。

小　　结

(1)　点的运动方程、速度和加速度。

①　矢量形式　$\boldsymbol{r} = \boldsymbol{r}(t)$，$\boldsymbol{v} = \dot{\boldsymbol{r}}(t)$，$\boldsymbol{a} = \dot{\boldsymbol{v}} = \ddot{\boldsymbol{r}}(t)$

②　直角坐标形式

$$x = x(t),\quad y = y(t),\quad z = z(t)$$

$$v_x = \dot{x},\quad v_y = \dot{y},\quad v_z = \dot{z}$$

$$a_x = \dot{v}_x = \ddot{x},\quad a_y = \dot{v}_y = \ddot{y},\quad a_z = \dot{v}_z = \ddot{z}$$

③　弧坐标形式

$$s = s(t),\quad \boldsymbol{v} = v\boldsymbol{t} = \dot{s}\boldsymbol{t},\quad \boldsymbol{a} = \boldsymbol{a}_{\mathrm{t}} + \boldsymbol{a}_{\mathrm{n}} = a_{\mathrm{t}}\boldsymbol{t} + a_{\mathrm{n}}\boldsymbol{n}$$

$$a_{\mathrm{t}} = \dot{v} = \ddot{s},\quad a_{\mathrm{n}} = \frac{v^2}{\rho},\quad a = \sqrt{a_{\mathrm{t}}^2 + a_{\mathrm{n}}^2}$$

(2)　刚体平行移动。

刚体平移时，刚体内各点的轨迹形状完全相同，各点的轨迹可能是直线，也可能是曲线，在同一瞬时刚体内各点的速度和加速度大小、方向都相同。

(3) 刚体定轴转动。

① 转动方程

$$\varphi = f(t)$$

② 角速度ω，角加速度α

$$\omega = \dot{\varphi}\,,\quad \alpha = \dot{\omega} = \ddot{\varphi}$$

$$\boldsymbol{\omega} = \omega \boldsymbol{k}\,,\quad \boldsymbol{\alpha} = \alpha \boldsymbol{k}$$

③ 定轴转动刚体上点的速度、加速度

$$\boldsymbol{v} = \boldsymbol{\omega} \times \boldsymbol{r}\,,\quad \boldsymbol{a}_{\mathrm{t}} = \boldsymbol{\alpha} \times \boldsymbol{r}\,,\quad \boldsymbol{a}_{\mathrm{n}} = \boldsymbol{\omega} \times \boldsymbol{v}$$

④ 泊松公式

$$\frac{\mathrm{d}\boldsymbol{i}'}{\mathrm{d}t} = \boldsymbol{\omega} \times \boldsymbol{i}'\,,\quad \frac{\mathrm{d}\boldsymbol{j}'}{\mathrm{d}t} = \boldsymbol{\omega} \times \boldsymbol{j}'\,,\quad \frac{\mathrm{d}\boldsymbol{k}'}{\mathrm{d}t} = \boldsymbol{\omega} \times \boldsymbol{k}'$$

⑤ 轮系传动比

$$i_{12} = \pm\frac{\omega_1}{\omega_2} = \pm\frac{R_2}{R_1} = \pm\frac{z_2}{z_1}$$

思　考　题

5-1 试对图示 5 个瞬时点的运动进行分析。若运动可能，判断运动性质；若运动不可能，说明原因。

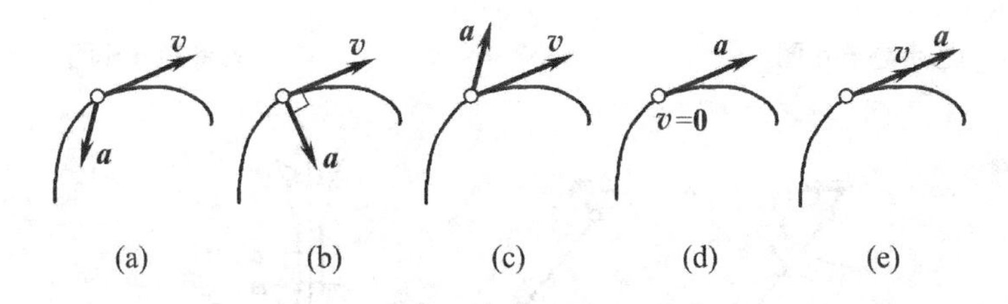

思考题 5-1 图

5-2 点 P 沿螺线自外向内运动，它走过的弧长与时间成正比。试问该点的速度是越来越快，还是越来越慢？加速度是越来越大，还是越来越小？

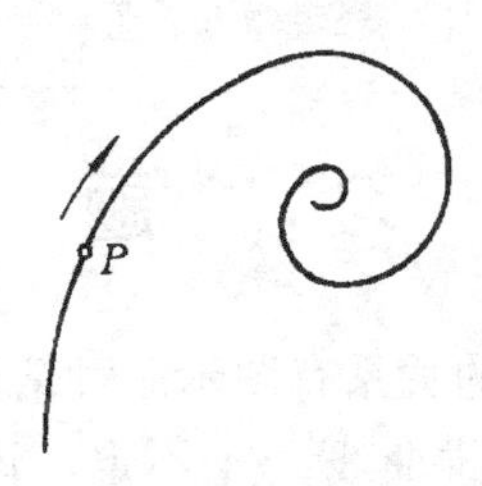

思考题 5-2 图

5-3 作曲线运动的两个动点，初速度相同，运动轨迹相同，运动中两点的法向加速度也相同。判断下述说法是否正确：

(1) 任一瞬时两动点的切向加速度必相同。

(2) 任一瞬时两动点的速度必相同。

(3) 两动点的运动方程必相同。

5-4 在图示机构中，杆 $O_1A=O_2B$，$AB=O_1O_2$；杆 $O_2C=O_3D$，$CD=O_2O_3$；且 $O_1A=20\text{ cm}$，$O_2C=40\text{ cm}$，$CM=MD=30\text{ cm}$。若杆 O_1A 以角速度 $\omega=3\text{ rad/s}$ 匀速转动，则点 M 的速度大小是多少？加速度大小是多少？

5-5 已知图示正方形板 $ABDC$ 作定轴转动，转轴垂直于板面，点 A 的速度 $v_A=10\text{ cm/s}$，加速度 $a_A=10\sqrt{2}\text{ cm/s}^2$，则正方形板转动的角速度大小是多少？

5-6 “刚体作平移时，各点的轨迹一定是直线或平面曲线；刚体绕定轴转动时，各点的轨迹一定是圆”。这种说法对吗？

5-7 试画出图(a)、(b)中标有字母的各点的速度方向和加速度方向。

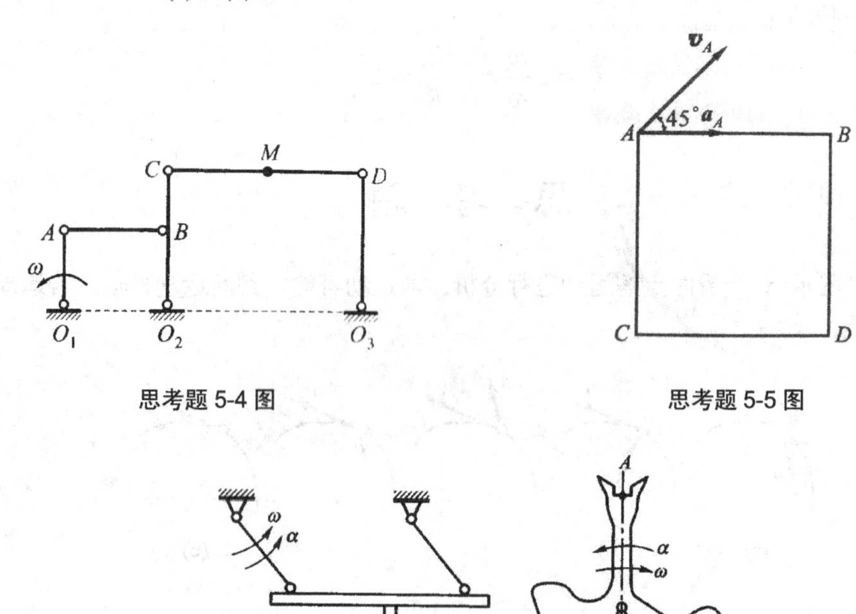

思考题 5-4 图

思考题 5-5 图

思考题 5-7 图

习　题

5-1 点的弧坐标 s 与时间 t 的关系有图示三种情形。试分析，该点的运动轨迹可能是：(1)直线；(2)二维曲线；(3)三维曲线；(4)不定。该点的运动性质是：(1)加速运动；(2)减速运动；(3)等速运动；(4)不定。

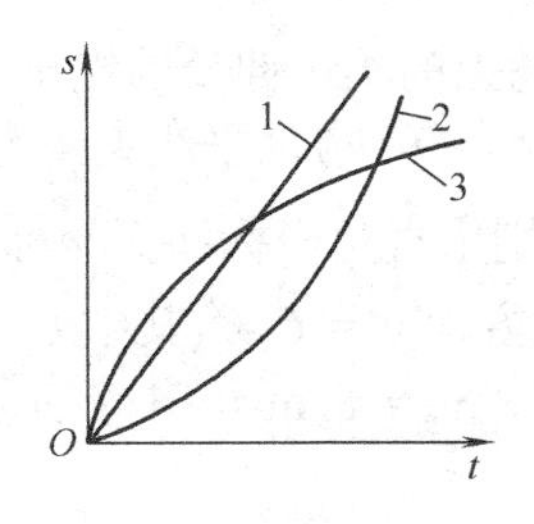

题 5-1 图

5-2 已知运动方程如下，试画出轨迹曲线及不同瞬时点的 $\boldsymbol{v}$，$\boldsymbol{a}$ 图像，说明运动性质。

(1) $\begin{cases} x = 4t - 2t^2 \\ y = 3t - 1.5t^2 \end{cases}$，　　(2) $\begin{cases} x = 3\sin t \\ y = 2\cos 2t \end{cases}$

5-3 搅拌机由主动轮 O_1 同时带动齿轮 O_2，O_3 转动，搅杆 BAC 用销钉 A，B 与 O_2，O_3 轮相连。若已知主动轮转速为 $n = 950$ r/min，$AB = O_2O_3$，$O_2A = O_3B = 250$ mm，各轮的齿数 z_1，z_2，z_3 如图所示。求搅杆端点 C 的速度和轨迹。

5-4 长方体以等角速度 ω=3.44 rad/s 绕轴 AC 转动，转向如图所示。求点 B 的速度与加速度。图上所注尺寸单位为 mm。

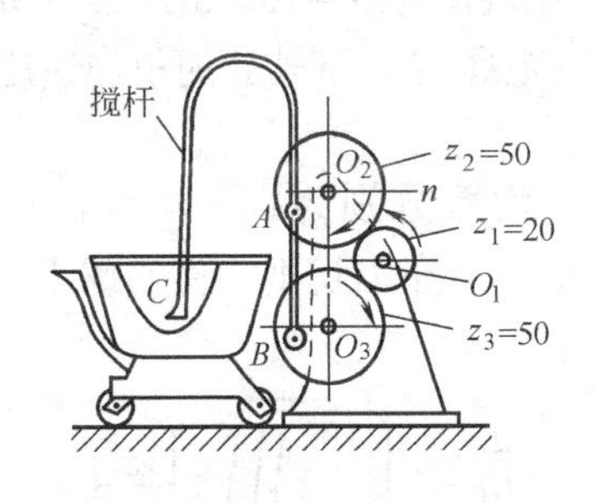

题 5-3 图

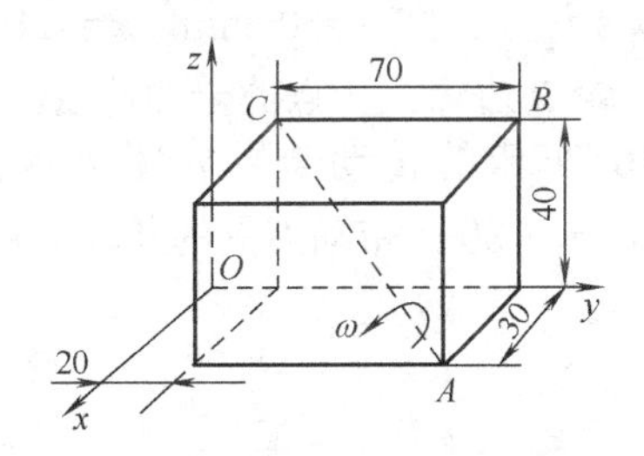

题 5-4 图

5-5 凸轮顶板机构中，偏心凸轮的半径为 R，偏心距 $OC = e$，绕轴 O 以等角速度转动，从而带动顶板 A 作平移。求顶板的运动方程、速度和加速度。

5-6 绳的一端连在小车的点 A 上，另一端跨过点 B 的小滑轮绕在鼓轮 C 上，小滑轮离地面的高度为 h。若小车以匀速度 $\boldsymbol{v}$ 沿水平方向向右运动，求：当 θ=45° 时，B，C 之间绳上一点 P 的速度、加速度和绳 AB 与铅垂线夹角对时间的二阶导数 $\ddot{\theta}$ 各为多少？

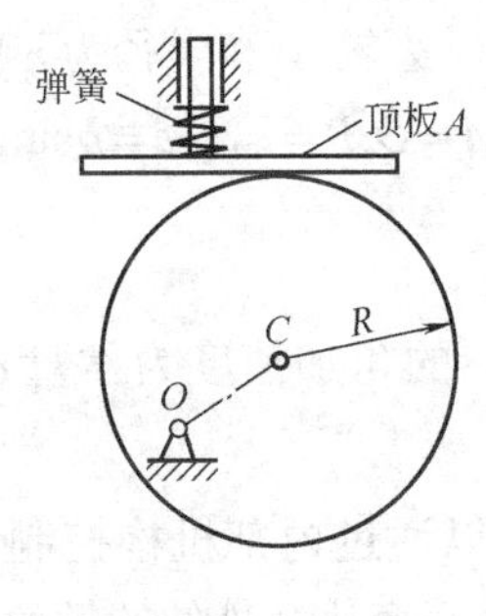

题 5-5 图

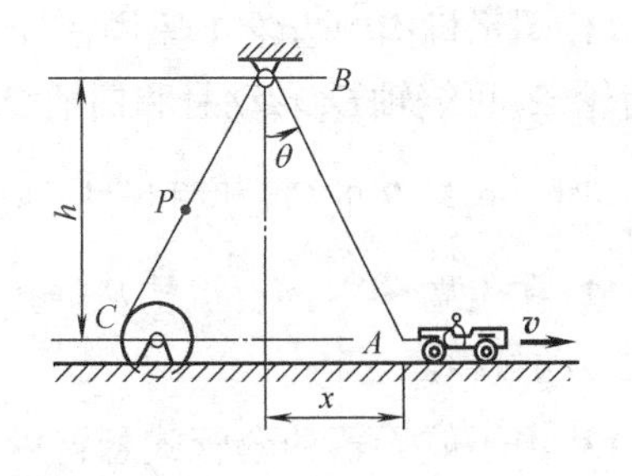

题 5-6 图

5-7 绕在半径为 R 的固定圆轮上的不可伸长的绳子，在始终保持拉紧状态下展开。由圆心 O 至绳的脱离点 A 引半径 OA。OA 与水平线夹角为 φ，$\varphi>0$。求绳子在初瞬时与轮上点 P_0 相重合之点的运动方程(分别用直角坐标和弧坐标表示)。

5-8 自行车 B 沿近似用抛物线方程 $y = C x^2$(其中 $C = 0.01\ \text{m}^{-1}$)描述的轨道向下运动。当至点 $A(x_A = 20\ \text{m}，y_A = 4\ \text{m})$时，$v_B = 8\ \text{m/s}$，$\text{d}v_B/\text{d}t = 4\ \text{m/s}^2$。求该瞬时 B 的加速度大小。假设可将车-人系统看成点。

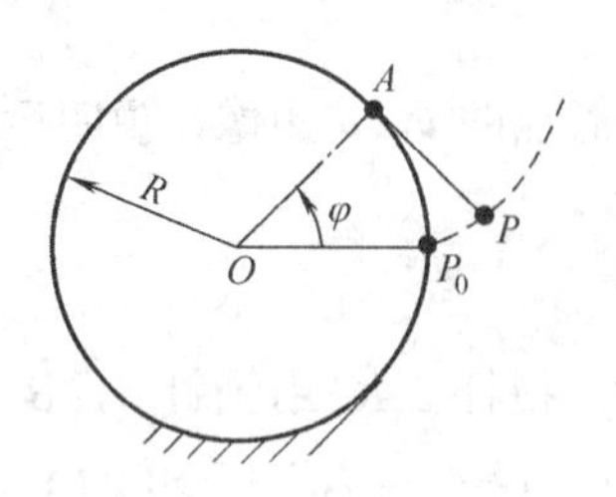

题 5-7 图

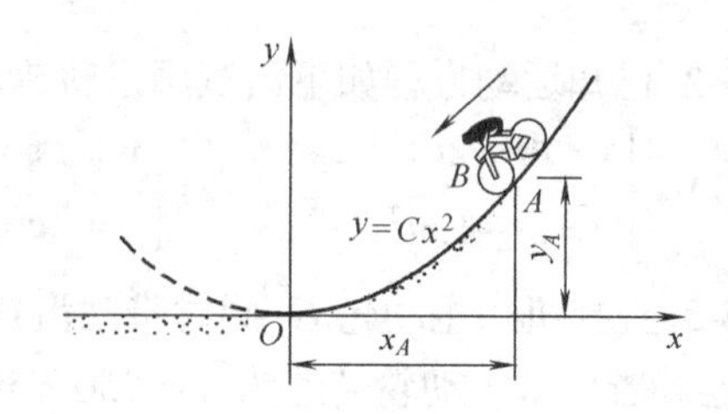

题 5-8 图

5-9 图示摩擦传动机构的主动轴 I 的转速为 $n=600$ r/min。轴 I 的轮盘与轴 II 的轮盘接触，接触点按箭头 A 所示的方向移动。距离 d 的变化规律为 $d=100-5t$，其中 d 以 mm 计，t 以 s 计。已知 r=50 mm，R=150 mm。求：(1)以距离 d 表示轴 II 的角加速度；(2)当 d=r 时，轮 B 边缘上一点的全加速度。

5-10 车床的传动装置如图所示。已知各齿轮的齿数分别为：$z_1=40$，$z_2=84$，$z_3=28$，$z_4=80$；带动刀具的丝杠的螺距为 $h_4=12$ mm。求车刀切削工件的螺距 h_1。

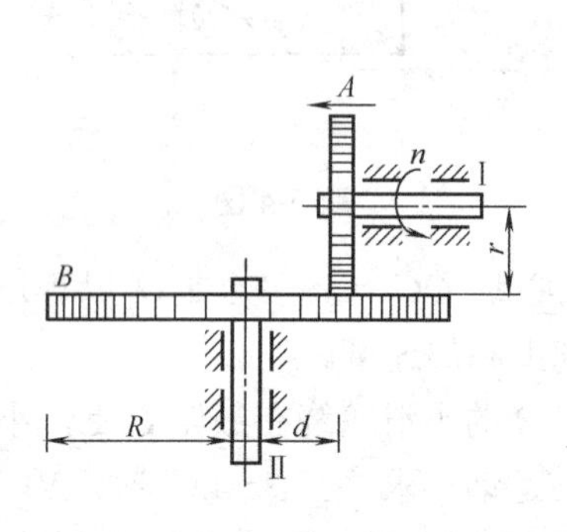

题 5-9 图

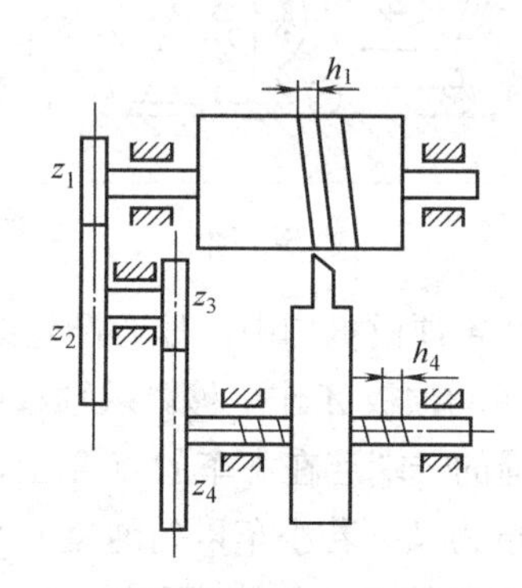

题 5-10 图

5-11 图示机构中齿轮 1 紧固在杆 AC 上，$AB=O_1O_2$，齿轮 1 和半径为 r_2 的齿轮 2 啮合，齿轮 2 可绕轴 O_2 转动且和曲柄 O_2B 没有联系。设 $O_1A=O_2B=l$，$\varphi=b\sin\omega t$，试确定 $t=\dfrac{\pi}{2\omega}$ s 时，齿轮 2 的角速度和角加速度。

5-12 在上题图中，设机构从静止开始转动，齿轮 2 的角加速度为常量 α_2。求曲柄 O_1A 的转动规律。

5-13 由于航天器的套管式悬臂以等速向外伸展，所以通过内部机构控制其以等角速 ω=0.05 rad/s 绕轴 z 转动。悬臂伸展的长度 l 在 0～3 m 之间变化。外伸的敏感试验组件受到的最大加速度为 0.011 m/s^2。求悬臂被允许的伸展速度。

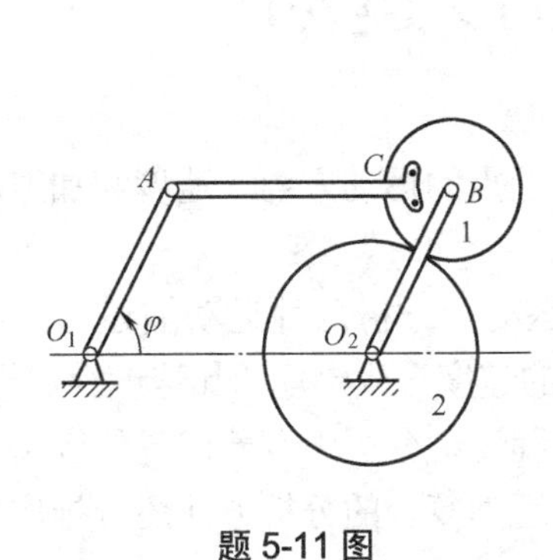

题 5-11 图

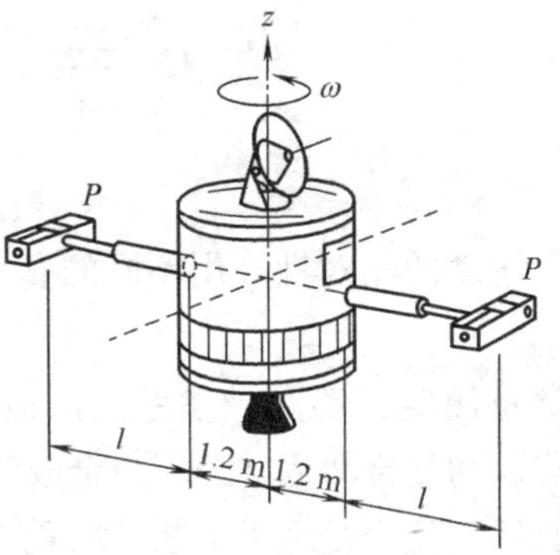

题 5-13 图

第 6 章　点的合成运动

由于运动的相对性，用不同的参考系，描述同一动点的运动方程、速度和加速度是不同的。

本章将用定、动两种参考系，描述同一动点的运动；分析两种运动描述间的相互关系，寻找运动复合即运动分解与合成的规律，包括点的速度合成定理和加速度合成定理。

点的运动复合是运动分析方法的重要内容，在工程运动分析中有着广泛的应用，同时可为相对运动动力学提供运动分析的理论基础；点的运动复合的分析方法还可推广应用于分析刚体的**复合运动**。

6.1　点的合成运动基本概念

6.1.1　定参考系和动参考系

在一般的工程问题中，习惯上把固定在地球或相对地球不动的机架(近似视为惯性系)上的坐标系称为**定参考系**，以下简称**定系**，以 $Oxyz$ 坐标系表示；固连在其他相对于地球运动的参考体上的坐标系称为**动参考系**，以下简称**动系**，以 $O'x'y'z'$ 坐标系表示。例如，图 6.1 所示为夹持在车床三爪卡盘上的圆柱体工件与切削用的车刀。卡盘-工件绕轴 y' 转动，车刀向左作直线平移，运动方向如图 6.1 所示。若以刀尖点 P 为**动点**，将其作为研究对象，则可以卡盘-工件为动系($O'x'y'z'$)，而以车床床身(固定于地球)为定系($Oxyz$)分析其运动。

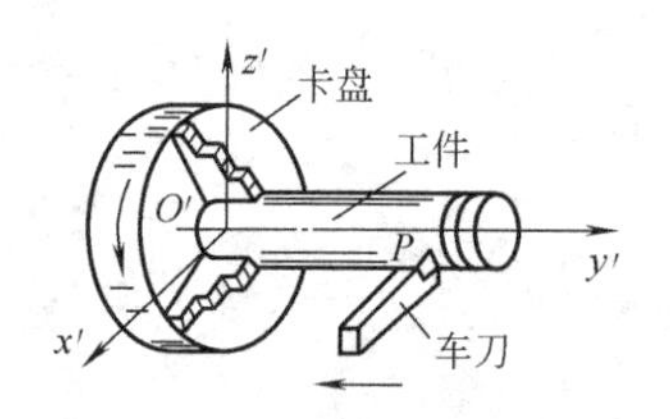

图 6.1　车刀刀尖点 P 的运动分析

6.1.2　绝对运动、相对运动和牵连运动

动点(研究对象)相对于定系的运动，称为动点的**绝对运动**。图 6.1 中动点刀尖点 P 的绝对运动为水平直线(绝对轨迹)运动。动点相对于定系的运动速度和加速度，称为动点的**绝对速度**和**绝对加速度**，并规定分别以符号 $\boldsymbol{v}_{\mathrm{a}}$ 和 $\boldsymbol{a}_{\mathrm{a}}$ 来表示。

动点相对于动系的运动，称为动点的**相对运动**。图 6.1 中动点刀尖点 P 的相对运动是在工件圆柱面上的螺旋线(相对轨迹)运动。确定相对运动(这是难点)的要领是将动系看成不动时(即坐在动系上看)，动点(不包括动点所在的全部刚体)将作何种轨迹的运动。动点相对于动系的运动速度和加速度，分别称为动点的**相对速度**和**相对加速度**，并规定分别以符号 $\boldsymbol{v}_{\mathrm{r}}$ 和 $\boldsymbol{a}_{\mathrm{r}}$ 来表示。

动系(由它所固连的刚体)相对于定系的运动，称为动点的**牵连运动**(其名称对应于刚体运动的名称)。图 6.1 中，若将定系 $Oxyz$ 的 Oy 轴与动系的轴 $O'y'$ 共线，则牵连运动为绕轴 Oy 的定轴转动。

由于除了刚体平移以外，一般情况下，刚体上各点的运动并不相同，于是，动系中对具体讨论的动点的运动起直接影响作用的，应是动系上每一瞬时与动点相重合的那一点，这个点就称为**牵连点**(动系上的**重合点**)。由于动点相对于动系是运动的，因此，在不同的瞬时，牵连点是动系上的不同点。

故定义：动点的**牵连速度**和**牵连加速度**是指动系上牵连点相对定系的速度和加速度。并规定分别以符号 $\boldsymbol{v}_{\mathrm{e}}$[①]和 $\boldsymbol{a}_{\mathrm{e}}$ 表示牵连速度和牵连加速度。

注意： ①动点的绝对运动和相对运动都是指点的运动，它可能作直线运动或具体曲线运动；而牵连运动则是指动系的运动，实际上是其所固连的参考体——刚体的运动，它可能作平移、转动或其他较复杂的运动。②牵连速度(加速度)是指牵连点的绝对速度(加速度)，牵连运动是指动参考体——刚体的运动。这在概念上是不同的，其联系是牵连点(动参考体上的瞬时点)。③在分析这 3 种运动时，必须明确：站在什么地方看物体的运动？看什么物体的运动？

6.2　点的速度合成定理

如图 6.2 所示，在定系 $Oxyz$ 中，设想有刚性金属丝(其形状为一确定的空间任意曲线)由 t 瞬时的位置Ⅰ，经时间间隔 Δt 后运动至位置Ⅱ。金属丝上套一小环 P，在金属丝运动的过程中，小环 P 既跟随金属丝运动，又沿金属丝相对运动，因而小环在同一时间间隔 Δt 内由点 P 运动至点 P'。小环 P 即为考察的动点，动系固连于金属丝。点 P 的绝对运动轨迹为 $\widehat{PP'}$，绝对运动位移为 $\Delta\boldsymbol{r}$；在 t 瞬时，动点 P 与动系(金属丝)上的点 P_1 相重合，此时 P_1 为牵连点，在 $t+\Delta t$ 瞬时，牵连点 P_1 运动至位置 P_1'。显然，点 P 在同一时间间隔中的相对运动轨迹为 $\widehat{P_1'P'}$，相对运动位移为 $\Delta\boldsymbol{r}'$；动系上与动点 P 相重合之点即牵连点 P_1 在同一时间间隔中的绝对运动轨迹为 $\widehat{P_1P_1'}$，即牵连点的绝对位移为 $\Delta\boldsymbol{r}_1$。从几何上不难看出，上述三个位移有关系

$$\Delta\boldsymbol{r}=\Delta\boldsymbol{r}_1+\Delta\boldsymbol{r}' \tag{6-1}$$

上式等号两边各项除以同一时间间隔 Δt，并令 $\Delta t\to 0$，取极限，有

$$\lim_{\Delta t\to 0}\frac{\Delta\boldsymbol{r}}{\Delta t}=\lim_{\Delta t\to 0}\frac{\Delta\boldsymbol{r}_1}{\Delta t}+\lim_{\Delta t\to 0}\frac{\Delta\boldsymbol{r}'}{\Delta t} \tag{6-2}$$

该式等号左侧项为点 P 的绝对速度 $\boldsymbol{v}_{\mathrm{a}}$；等号右侧第二项为点 P 的相对速度 $\boldsymbol{v}_{\mathrm{r}}$；而右侧

① $\boldsymbol{v}_{\mathrm{e}}$ 的下角标 e 为法文 entraînement 的第一字母。

第一项为在 t 瞬时，动系上与动点相重合之点(牵连点)的绝对速度，即牵连速度。由式(6-2)有

$$\boldsymbol{v}_a=\boldsymbol{v}_e+\boldsymbol{v}_r \tag{6-3}$$

此式称为点的速度合成定理，即动点的绝对速度等于其牵连速度与相对速度的矢量和。

由于证明时没有对绝对运动和相对运动轨迹形状作任何限制，也没有对牵连运动为何种刚体运动作限制，因此本定理对各种运动都是适用的。

【例 6-1】图 6.3 所示铰接四边形机构中，$O_1A=O_2B=100$ mm，$O_1O_2=AB$，杆 O_1A 以等角速度 $\omega=2$ rad/s 绕轴 O_1 转动。杆 AB 上有一套筒 C 可沿杆 AB 相对滑动，此套筒与杆 CD 相铰接，机构的各部件都在同一铅垂平面内。求当 $\varphi=60°$ 时，杆 CD 的速度。

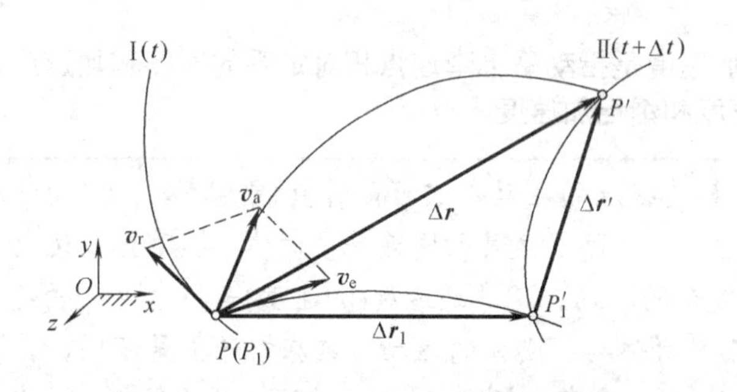

图 6.2　速度合成定理的几何法证明

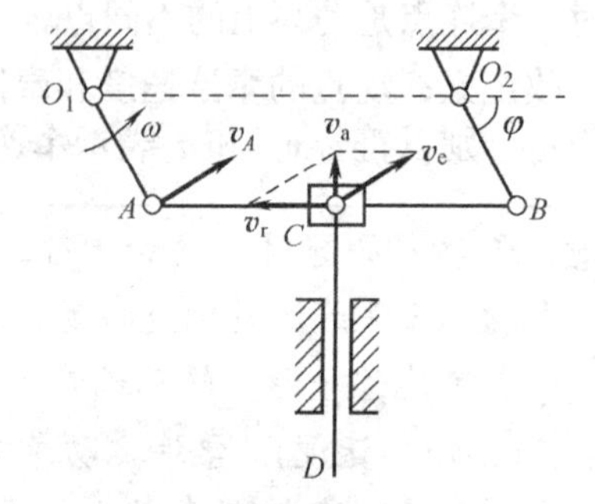

图 6.3　例 6-1 图

【分析】杆 CD 作上下直线平移，因此求出套筒 C 的速度就是杆 CD 的速度。由于杆 O_1A 作定轴转动，点 A 的速度已知，点 A 与套筒 C 之间的联系为杆 AB，且已知杆 AB 作**曲线平移**，如图 6.3 所示，求解如下。

【解】

(1) 运动分析。

以套筒 C(杆 CD 上点 C)为动点，动系固连于杆 AB，则动点的绝对运动为上下直线运动；相对运动沿直线 AB；牵连运动为铅垂平面内曲线平移。

(2) 速度分析如图 6.3 所示。

$$\boldsymbol{v}_a=\boldsymbol{v}_e+\boldsymbol{v}_r \tag{a}$$

式中，$v_e=v_A=O_1A\cdot\omega=0.2$ m/s，$\boldsymbol{v}_e$ 垂直 O_1A；$\boldsymbol{v}_r$ 的方向沿 BA；$\boldsymbol{v}_a$ 的方向铅垂向上。式中只有 $\boldsymbol{v}_r$，$\boldsymbol{v}_a$ 两者大小未知，由平行四边形法则求得 $v_{CD}=v_a=v_e\cos\varphi=0.1$ m/s，方向如图 6.3 所示。

【讨论】

(1) 学生解题时，和静力学篇一样，分析过程和讨论可不写出，运动分析一定要进行，文字叙述应简明扼要。

(2) 方程(a)为平面矢量方程，将每个矢量看成具有大小、方向两个量，则此式有 6 个量。若其中只有两个未知，则一定立即可解，倘若未知量大于 2，则需列补充方程(复杂题或综合题)，或重新选择动点和动系。动点和动系的选择原则是：因动点和动系间必须有相对运动，故动点和动系不能选在同一个刚体上，动点和动系应选在已知与未知的结合体

上，而且为了使问题方便求解，一般要求动点的相对运动轨迹明确直观(除非完全已知绝对运动和牵连运动，要求相对运动，例如例 6-6)。这是因为每个平面矢量方程只能解两个未知量，若能已知相对运动轨迹，则相对速度(相对加速度)方向已知，此时至少可解绝对速度(绝对加速度)、牵连速度(牵连加速度)中一个未知量。

(3) 本题牵连速度方向、大小均为已知，画速度分析图时，图中方向必须按实际方向画出。(请读者思考否则会怎样)若将图中待求的绝对速度或相对速度方向中任一个画反或都画反了，则不能用平行四边形法则求解，但可以用矢量投影方法求解，此时若解出的结果为正表示所设方向与实际方向一致，若解出的结果为负则表示所设方向与实际方向相反。不过建议初学者尽可能按已知将其画成平行四边形，并使绝对速度位于牵连速度与相对速度之间的主对角线上。

【例 6-2】图 6.4 所示直角弯杆 *OBC* 以匀角速度 ω=0.5 rad/s 绕轴 *O* 转动，使套在其上的小环 *P* 沿固定直杆 *OA* 滑动；*OB*=0.1 m，*OB* 垂直于 *BC*。求当 $\varphi=60^\circ$ 时小环 *P* 的速度。

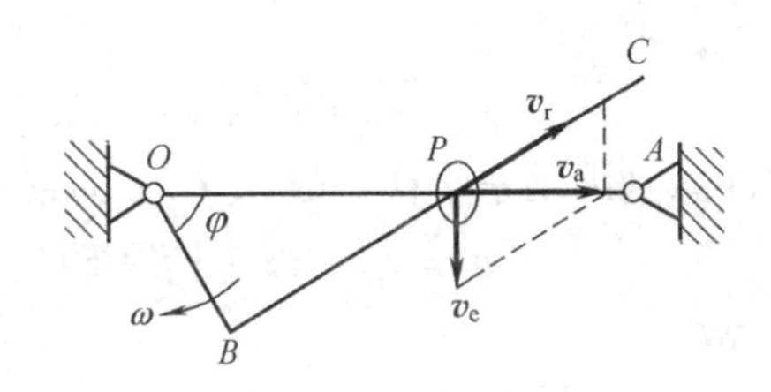

图 6.4　例 6-2 图

【分析】由于小环 *P* 同时套在静止直杆 *OA* 和定轴转动直角弯杆 *OBC*(其运动已知)上，因此若取小环 *P* 为动点，取与之有相对运动的直角弯杆 *OBC* 为动系，则其绝对运动轨迹、相对运动轨迹均为直线，于是可得求解过程如下。

【解】

(1) 运动分析。

如图 6.4 所示，以小环 *P* 为动点，动系固连于弯杆 *OBC*。其绝对运动沿 *OA* 固定直线，相对运动沿杆 *BC* 直线，牵连运动为绕 *O* 定轴转动。

(2) 速度分析。

$$\boldsymbol{v}_a=\boldsymbol{v}_e+\boldsymbol{v}_r$$

式中，$v_e=OP\cdot\omega=(OB/\cos\varphi)\cdot\omega=0.2\times0.5=0.1$ m/s，$\boldsymbol{v}_a$，$\boldsymbol{v}_e$，$\boldsymbol{v}_r$ 的方向如图 6.4 所示，只有 $\boldsymbol{v}_a$，$\boldsymbol{v}_r$ 两者大小未知，解得小环 *P* 的速度

$$v_a=\sqrt{3}v_e=0.173 \text{ m/s}$$

另外

$$v_r=2\,v_e=0.2 \text{ m/s}$$

【讨论】本题的难点是 $\boldsymbol{v}_e$ 的方向垂直于 *OP* (因为是确切已知，故不得画成反方向)而不是垂直于 *BC*。

6.3 牵连运动为平移时的加速度合成定理

在点的合成运动中，加速度之间的关系比较复杂，因此，先分析动系作平移的情况。

设$O'x'y'z'$为平移参考系，由于x', y', z'各轴方向不变，可使其与定坐标轴x, y, z分别平行，如图6.5所示。如动点M相对于动系的相对坐标为x', y', z'，而由于$\boldsymbol{i}'$, $\boldsymbol{j}'$, $\boldsymbol{k}'$为平移动坐标轴的单位常矢量，则点M的相对速度和相对加速度为

$$\boldsymbol{v}_\mathrm{r}=\dot{x}'\boldsymbol{i}'+\dot{y}'\boldsymbol{j}'+\dot{z}'\boldsymbol{k}' \tag{6-4}$$

$$\boldsymbol{a}_\mathrm{r}=\ddot{x}'\boldsymbol{i}'+\ddot{y}'\boldsymbol{j}'+\ddot{z}'\boldsymbol{k}' \tag{6-5}$$

利用点的速度合成定理，有

$$\boldsymbol{v}_\mathrm{a}=\boldsymbol{v}_\mathrm{e}+\boldsymbol{v}_\mathrm{r}$$

因为牵连运动为平移，所以

$$\boldsymbol{v}_{O'}=\boldsymbol{v}_\mathrm{e} \tag{6-6}$$

将式(6-4)和式(6-6)代入式(6-3)，得

$$\boldsymbol{v}_\mathrm{a}=\boldsymbol{v}_{O'}+\dot{x}'\boldsymbol{i}'+\dot{y}'\boldsymbol{j}'+\dot{z}'\boldsymbol{k}' \tag{6-7}$$

式(6-7)两边对时间求导，并注意到因动系平移，故$\boldsymbol{i}'$, $\boldsymbol{j}'$, $\boldsymbol{k}'$为常矢量，于是得

$$\boldsymbol{a}_\mathrm{a}=\dot{\boldsymbol{v}}_{O'}+\ddot{x}'\boldsymbol{i}'+\ddot{y}'\boldsymbol{j}'+\ddot{z}'\boldsymbol{k}' \tag{6-8}$$

因$\dot{\boldsymbol{v}}_{O'}=\boldsymbol{a}_{O'}$，又因动系平移，故

$$\boldsymbol{a}_{O'}=\boldsymbol{a}_\mathrm{e} \tag{6-9}$$

将式(6-5)和式(6-9)代入式(6-8)，得

$$\boldsymbol{a}_\mathrm{a}=\boldsymbol{a}_\mathrm{e}+\boldsymbol{a}_\mathrm{r} \tag{6-10}$$

此即牵连运动为平移时点的加速度合成定理，即当牵连运动为平移时，动点在某瞬时的绝对加速度等于该瞬时它的牵连加速度与相对加速度的矢量和。

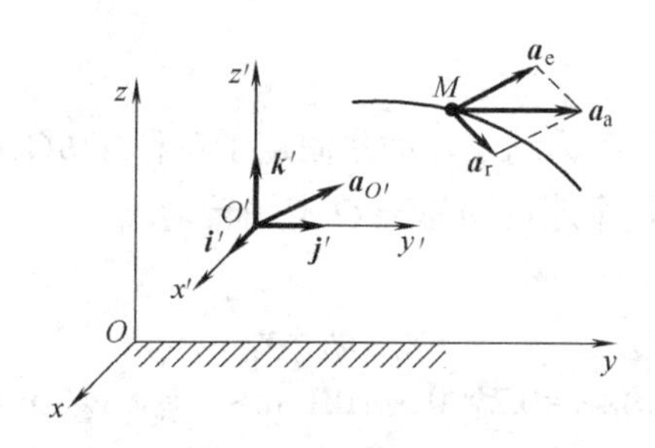

图6.5 牵连运动为平移时的加速度合成定理证明

现举例说明其应用。

【例6-3】已知同例6-1，求杆CD的加速度。

【解】

(1) 运动分析见例6-1。

(2) 加速度分析(图6.6)

$$\boldsymbol{a}_\mathrm{a}=\boldsymbol{a}_\mathrm{e}+\boldsymbol{a}_\mathrm{r} \tag{a}$$

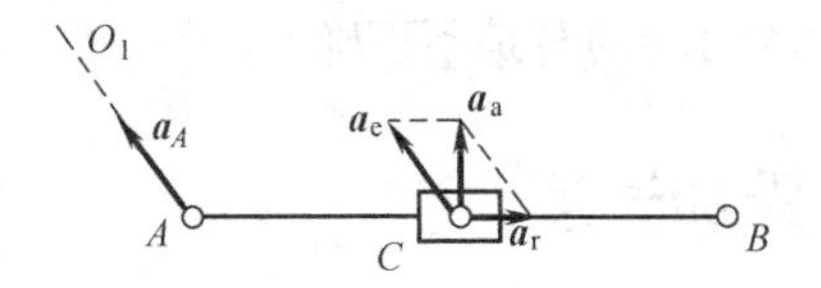

图 6.6　例 6-3 加速度分析图

式中 $\boldsymbol{a}_a, \boldsymbol{a}_r$ 方向已知如图所示。由于动系(杆 AB)作平移，因此动系上与动点套筒 C 相重合点 C_1(图中未示出)的加速度(牵连加速度)与动系上点 A 的加速度相同，其大小、方向为已知

$$\boldsymbol{a}_e = \boldsymbol{a}_A, \quad a_e = a_A = O_1A \cdot \omega^2 = 0.1 \times 2^2 = 0.4\ \text{m/s}^2$$

式中只有 $\boldsymbol{a}_a, \boldsymbol{a}_r$ 两者大小未知，可解。式(a)向 $\boldsymbol{a}_a$ 方向投影(避免出现未知的 $\boldsymbol{a}_r$)，得

$$a_{CD} = a_a = a_e \sin\varphi = 0.346\ \text{m/s}^2$$

【讨论】同例 6-1 一样，本题中牵连加速度的大小、方向完全已知，必须如实正确画出，但其待求的绝对加速度或相对加速度方向若假设反了，应如何求解？

6.4　牵连运动为定轴转动时的加速度合成定理

当牵连运动为转动时，加速度合成定理与动系为平移的情况是不同的。以下先用反例作形象的说明。

6.4.1　一个反例

以图 6.7(a)所示的以等角速度 ω 绕轴 O 转动的圆盘为例。圆盘半径为 R。在邻近其边缘的上方，静止地悬挂一个小球 P。若以小球 P 为动点，圆盘为动系，则点 P 的绝对运动为静止，故绝对加速度 $\boldsymbol{a}_a = 0$；牵连运动为绕定轴 O 转动；相对运动为以点 O 为圆心、R 为半径，与盘上重合点 P_1 反向的匀速圆周运动。

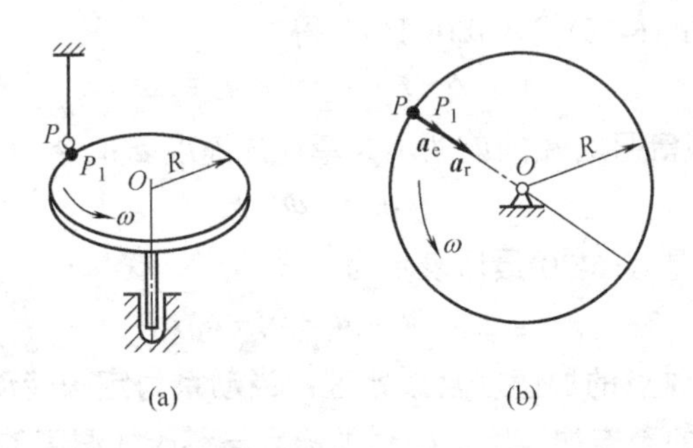

图 6.7　验证加速度关系式的一个实例

牵连加速度的大小 $a_e = R\omega^2$，相对加速度的大小 $a_r = R\omega^2$。将这些数值，按图 6.7(b)所示的 $\boldsymbol{a}_e, \boldsymbol{a}_r$ 方向代入式(6-10)，得

$$R\omega^2 + R\omega^2 = 2R\omega^2 \neq 0$$

可见，式(6-10)在牵连运动为转动时是不正确的。

6.4.2 定理证明　科氏加速度

设动系 $O'x'y'z'$ 以角速度矢 $\boldsymbol{\omega}$ 绕定轴 Oz($Oxyz$ 为定系)转动，角加速度矢为 $\boldsymbol{\alpha}$，如图 6.8 所示。动点 P 的相对矢径、相对速度和相对加速度可分别表示为

$$\boldsymbol{r}' = x'\boldsymbol{i}' + y'\boldsymbol{j}' + z'\boldsymbol{k}' \tag{6-11}$$

$$\boldsymbol{v}_{\mathrm{r}} = \dot{x}'\boldsymbol{i}' + \dot{y}'\boldsymbol{j}' + \dot{z}'\boldsymbol{k}' \tag{6-12}$$

$$\boldsymbol{a}_{\mathrm{r}} = \ddot{x}'\boldsymbol{i}' + \ddot{y}'\boldsymbol{j}' + \ddot{z}'\boldsymbol{k}' \tag{6-13}$$

设瞬时重合点为 P_1，利用式(5-21)，则动点 P 的牵连速度即瞬时重合点 P_1 的速度为

$$\boldsymbol{v}_{\mathrm{e}} = \boldsymbol{v}_{P_1} = \boldsymbol{\omega} \times \boldsymbol{r} \tag{6-14}$$

动点 P 的牵连加速度即重合点的加速度，可利用式(5-23)表示为

$$\boldsymbol{a}_{\mathrm{e}} = \boldsymbol{a}_{P_1} = \boldsymbol{\alpha} \times \boldsymbol{r} + \boldsymbol{\omega} \times \boldsymbol{v}_{\mathrm{e}} \tag{6-15}$$

根据速度合成定理和式(6-12)、式(6-14)，可得

$$\boldsymbol{v}_{\mathrm{a}} = \boldsymbol{v}_{\mathrm{e}} + \boldsymbol{v}_{\mathrm{r}} = \boldsymbol{\omega} \times \boldsymbol{r} + \dot{x}'\boldsymbol{i}' + \dot{y}'\boldsymbol{j}' + \dot{z}'\boldsymbol{k}'$$

将上式对时间求导，得

$$\boldsymbol{a}_{\mathrm{a}} = \dot{\boldsymbol{v}}_{\mathrm{a}} = \dot{\boldsymbol{\omega}} \times \boldsymbol{r} + \boldsymbol{\omega} \times \dot{\boldsymbol{r}} + \ddot{x}\boldsymbol{i}' + \ddot{y}'\boldsymbol{j}' + \ddot{z}'\boldsymbol{k}' + (\dot{x}'\dot{\boldsymbol{i}}' + \dot{y}'\dot{\boldsymbol{j}}' + \dot{z}'\dot{\boldsymbol{k}}') \tag{6-16}$$

其中

$$\dot{\boldsymbol{\omega}} = \boldsymbol{\alpha}\ ,\quad \dot{\boldsymbol{r}} = \boldsymbol{v}_{\mathrm{a}} = \boldsymbol{v}_{\mathrm{e}} + \boldsymbol{v}_{\mathrm{r}} \tag{6-17}$$

则式(6-16)等号右端前两项可表示为

$$\dot{\boldsymbol{\omega}} \times \boldsymbol{r} + \boldsymbol{\omega} \times \dot{\boldsymbol{r}} = \boldsymbol{\alpha} \times \boldsymbol{r} + \boldsymbol{\omega} \times \boldsymbol{v}_{\mathrm{e}} + \boldsymbol{\omega} \times \boldsymbol{v}_{\mathrm{r}} \tag{6-18}$$

由式(6-13)，有

$$\ddot{x}'\boldsymbol{i}' + \ddot{y}'\boldsymbol{j}' + \ddot{z}'\boldsymbol{k}' = \boldsymbol{a}_{\mathrm{r}}$$

再利用式(5-22)，有

$$\begin{aligned}\dot{x}'\dot{\boldsymbol{i}}' + \dot{y}'\dot{\boldsymbol{j}}' + \dot{z}'\dot{\boldsymbol{k}}' &= \dot{x}'\boldsymbol{\omega} \times \boldsymbol{i}' + \dot{y}'\boldsymbol{\omega} \times \boldsymbol{j}' + \dot{z}'\boldsymbol{\omega} \times \boldsymbol{k}' \\ &= \boldsymbol{\omega} \times \left(\dot{x}'\boldsymbol{i}' + \dot{y}'\boldsymbol{j}' + \dot{z}'\boldsymbol{k}'\right) = \boldsymbol{\omega} \times \boldsymbol{v}_{\mathrm{r}}\end{aligned} \tag{6-19}$$

将式(6-18)、式(6-13)和式(6-19)代入式(6-16)，得

$$\boldsymbol{a}_{\mathrm{a}} = \boldsymbol{\alpha} \times \boldsymbol{r} + \boldsymbol{\omega} \times \boldsymbol{v}_{\mathrm{e}} + \boldsymbol{a}_{\mathrm{r}} + 2\boldsymbol{\omega} \times \boldsymbol{v}_{\mathrm{r}} \tag{6-20}$$

根据式(6-15)可知，上式等号右端的前两项为牵连加速度 $\boldsymbol{a}_{\mathrm{e}}$；令

$$\boldsymbol{a}_{\mathrm{C}} = 2\boldsymbol{\omega} \times \boldsymbol{v}_{\mathrm{r}} \tag{6-21}$$

$\boldsymbol{a}_{\mathrm{C}}$ 称为**科氏加速度**。于是式(6-20)最后表示为

$$\boldsymbol{a}_{\mathrm{a}} = \boldsymbol{a}_{\mathrm{e}} + \boldsymbol{a}_{\mathrm{r}} + \boldsymbol{a}_{\mathrm{C}} \tag{6-22}$$

此式即**牵连运动为转动时点的加速度合成定理：当动系为定轴转动时，动点在某瞬时的绝对加速度等于该瞬时它的牵连加速度、相对加速度与科氏加速度的矢量和。**

可以证明，当牵连运动为任意形式刚体运动时式(6-22)都成立，它是点的加速度合成定理的普遍形式。当牵连运动为平移时，$\boldsymbol{\omega}_{\mathrm{e}} = 0$，因此 $\boldsymbol{a}_{\mathrm{C}} = 0$，式(6-22)化为特殊式(6-10)。

【例 6-4】已知同例 6-2，求小环 P 的加速度。

【解】

(1) 运动分析和速度分析同例 6-2。

(2) 加速度分析如图 6.9 所示。

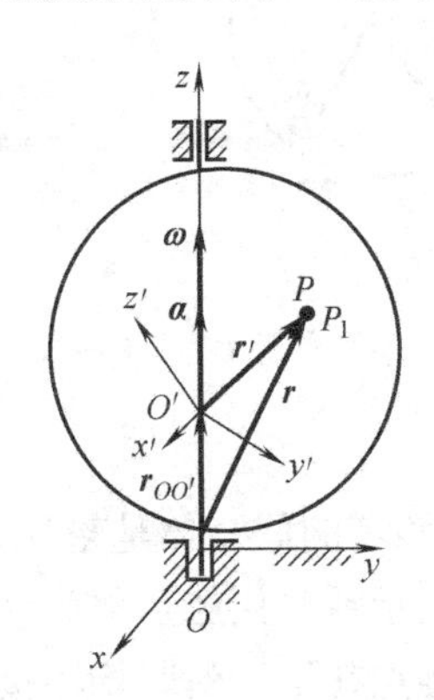

图 6.8　牵连运动为定轴转动时加速度合成定理证明

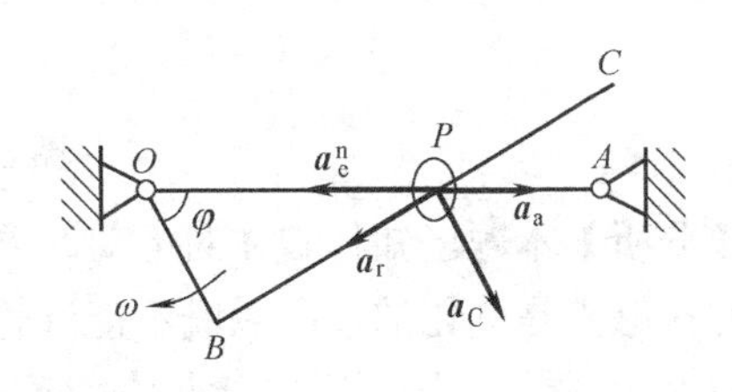

图 6.9　例 6-4 加速度分析图

$$\boldsymbol{a}_a = \boldsymbol{a}_e + \boldsymbol{a}_r + \boldsymbol{a}_C \tag{a}$$

式中各量方向如图 6.9 所示；且

$$a_e = OP \cdot \omega^2 = (0.1\text{m}/\cos 60^\circ) \times (0.5\text{rad/s})^2 = 0.05\ \text{m/s}^2$$

由例 6-2 结果，相对速度方向沿 PC，大小为

$$v_r = 0.2\ \text{m/s}$$

得

$$a_C = 2\omega v_r = 2 \times 0.5\ \text{rad/s} \times 0.2\ \text{m/s} = 0.2\ \text{m/s}^2$$

将式(a)向 $\boldsymbol{a}_C$ 方向投影(避开未知的 $\boldsymbol{a}_r$)，得

$$0.5a_a = -0.5a_e^n + a_C$$

解得

$$a_P = a_a = 0.35\ \text{m/s}^2(\text{方向如图6.9所示})$$

【讨论】

(1) 对完全已知量 $\boldsymbol{a}_C, \boldsymbol{a}_e$ 的方向必须画成图 6.9 所示实际方向；但 $\boldsymbol{a}_a, \boldsymbol{a}_r$ 的方向可设成与图 6.9 所示反向，因为图示方向为其假设方向(只知其绝对运动和相对运动均为直线运动，但不知在图示位置是加速还是减速)。

(2) 当有科氏加速度时，因矢量较多，求加速度多用矢量投影法求解，所选投影轴尽可能避开一个(常常是不必求的)未知矢量。

(3) 请读者用投影法求图 6.9 所示 $\boldsymbol{a}_r$ 的代数值。

【例 6-5】已知如图 6.10(a)所示，杆 O_1A 以匀角速度 ω_1 转动，轮 A 半径为 r，与 O_1A 在 A 处铰接。$O_1A=2r$，杆 O_2B 始终与轮 A 接触，图示瞬时，$\varphi=60°$，$\theta=30°$。求图示瞬时杆 O_2B 的角速度 ω_2 和角加速度 α_2。

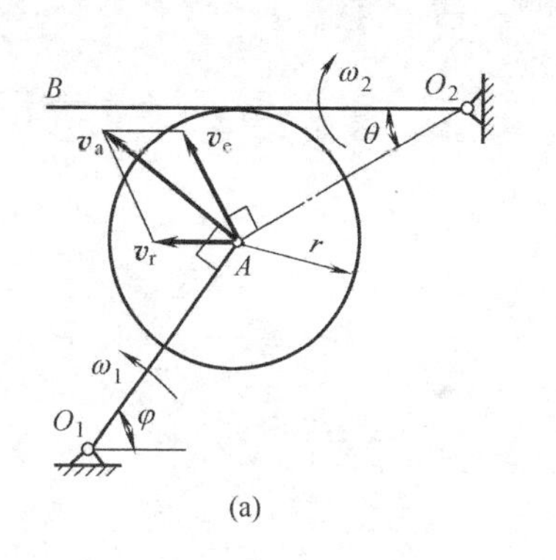

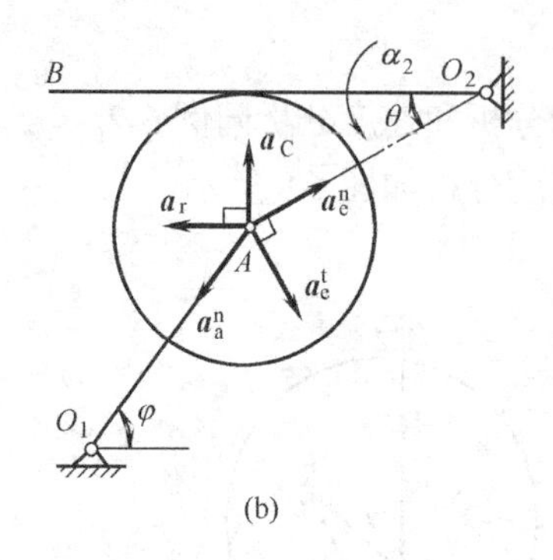

图 6.10 例 6-5 图

【分析】本题已知杆 O_1A 的运动，求杆 O_2B 的运动，两者的联系体是轮 A。轮 A 与杆 O_2B 的接触点是变化的，所以既不能选轮 A 上与杆 O_2B 图示瞬时接触点作为动点，也不能选杆 O_2B 上与轮 A 图示瞬时接触点为动点，因为这些接触点在下一瞬时均不接触。但由已知杆 O_2B 始终与轮 A 接触，可知轮心 A 与直杆 O_2B 保持距离为轮的半径 r，因此选轮心 A 为动点(此时与之相连的杆 O_1A 和轮 A 与动点 A 均无相对运动，均不能选作动系)，选杆 O_2B 为动系。此时点 A 相对杆 O_2B (动系)作保持距离为 r 的直线运动(相对轨迹明确)，使 $\boldsymbol{v}_r$，$\boldsymbol{a}_r$ 方向已知，便于求解。

【解】

(1) 运动分析。

选杆 O_1A 上点 A 为动点，动系固连于杆 O_2B，其绝对运动为以 O_1 为圆心、O_1A 为半径的圆周运动，相对运动为与杆 O_2B 平行的直线运动，牵连运动为绕轴 O_2 定轴转动。

(2) 速度分析(图 6.10(a))

$$\boldsymbol{v}_a=\boldsymbol{v}_e+\boldsymbol{v}_r \tag{a}$$

式中，$\boldsymbol{v}_a\perp O_1A$，$v_a=2r\omega_1$；$\boldsymbol{v}_e\perp O_2A$，大小未知；$\boldsymbol{v}_r \mathbin{/\!/} O_2B$，大小未知。

由平行四边形法则，解得

$$v_e=v_r=\frac{\sqrt{3}}{3}v_a=\frac{2\sqrt{3}}{3}r\omega_1 \tag{b}$$

$$\omega_2=\frac{v_e}{2r}=\frac{\sqrt{3}}{3}\omega_1 \tag{c}$$

(3) 加速度分析(图 6.10(b))

$$\boldsymbol{a}_a=\boldsymbol{a}_a^n=\boldsymbol{a}_e^n+\boldsymbol{a}_e^t+\boldsymbol{a}_r+\boldsymbol{a}_C \tag{d}$$

式(d)中，$\boldsymbol{a}_a$ 沿 AO_1 方向，$a_a^n=2r\omega_1^2$；

$\boldsymbol{a}_e^n$ 方向沿 AO_2，$a_e^n=AO_2\cdot\omega_2^2=2r\left(\dfrac{\sqrt{3}}{3}\omega_1\right)^2=\dfrac{2}{3}r\omega_1^2$

$\boldsymbol{a}_e^t\perp AO_2$，大小未知；$\boldsymbol{a}_r \mathbin{/\!/} O_2B$，大小未知；$\boldsymbol{a}_C\perp\boldsymbol{a}_r$，$a_C=2\omega_2v_r=\dfrac{4}{3}r\omega_1^2$。

式(d)向 $\boldsymbol{a}_C$ 方向投影得

$$-a_a^n\cos30° = a_e^n\cos60° - a_e^t\cos30° + a_C$$

$$a_e^t = \frac{10\sqrt{3}+18}{9}r\omega_1^2,\ \alpha_2 = \frac{a_e^t}{2r} = \frac{5\sqrt{3}+9}{9}\omega_1^2\ (逆)$$

【讨论】本题的难点是确定相对轨迹和找动点 A 与动系(固连于杆 O_2B 后为无限大坐标平面)的重合点，从而根据定轴转动刚体上点的速度、加速度性质确定 $\boldsymbol{v}_e$，$\boldsymbol{a}_e^n$，$\boldsymbol{a}_e^t$ 的方向和大小。

***【例 6-6】**如图 6.11(a)所示，A，B 两车均以等速 v 行驶，车 A 绕半径为 R 的环行线行驶，车 B 以图示直线行驶。求图示瞬时：

(1) 车 A 相对于车 B 的速度和加速度。

(2) 车 B 相对于车 A 的速度和加速度。

【分析】本题为已知绝对运动和牵连运动，求相对运动。在选择动点、动系时不必使相对轨迹明确，因为是待求量。

【解】

(1) 求车 A 相对于车 B 的速度和加速度。

① 运动分析

以车 A 为动点，动系固连于车 B，其绝对运动为以 O 为圆心、R 为半径的圆周运动，相对运动为平面曲线(未知)，牵连运动为直线平移。

② 速度分析(图 6.11(b))

$$\boldsymbol{v}_a = \boldsymbol{v}_e + \boldsymbol{v}_r$$

因动系所固连的车 B 作平移，故 $\boldsymbol{v}_e=\boldsymbol{v}_B$；又因 $\boldsymbol{v}_a=\boldsymbol{v}_A$，且 $v_A= v_B = v$，故由平行四边形法则得

$$v_{AB} = v_r = \sqrt{2}v$$

方向如图 6.11(b)所示。

③ 加速度分析(图 6.11(c))

$$\boldsymbol{a}_a = \boldsymbol{a}_e + \boldsymbol{a}_r$$

因动系车 B 匀速，故 $\boldsymbol{a}_e=\boldsymbol{0}$，因此

$$a_{AB} = a_r = a_a = \frac{v^2}{R}$$

方向如图 6.11(c)所示。

(2) 求车 B 相对于车 A 的速度和加速度。

① 运动分析

以车 B 为动点，动系固连于车 A，其绝对运动沿直线 BA，相对运动为平面曲线(未知)，牵连运动为绕 O 定轴转动。

② 速度分析(图 6.11(d))

$$\boldsymbol{v}_a = \boldsymbol{v}_e + \boldsymbol{v}_r$$

上式各量方向如图，大小为

$$v_a = v \text{，} v_e = \sqrt{3}v$$
$$v_{BA} = v_r = 2v$$

方向如图 6.11(d)所示。

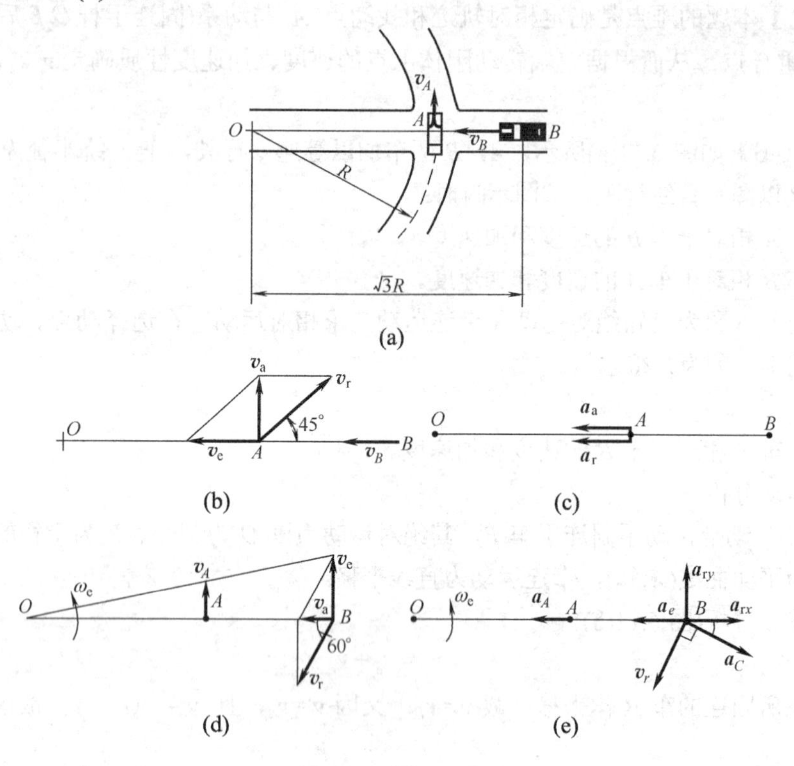

图 6.11 例 6-6 图

【讨论】比较图 6.11(b)和图 6.11(d)可见，$\boldsymbol{v}_{AB}$ 与 $\boldsymbol{v}_{BA}$ 不仅大小不等，而且方向也不相反。

③ 加速度分析(图 6.11(e))

$$\boldsymbol{a}_a = \boldsymbol{a}_e + \boldsymbol{a}_{rx} + \boldsymbol{a}_{ry} + \boldsymbol{a}_C \tag{a}$$

式中

$$a_a = 0$$
$$a_C = 2\omega_e v_r = 2\frac{v}{R}\cdot 2v = 4\frac{v^2}{R}$$
$$a_e = \sqrt{3}r\omega_e^2 = \sqrt{3}\frac{v^2}{R}$$

式(a)向 $\boldsymbol{a}_{rx}$ 方向投影，得

$$a_{rx} = -\frac{\sqrt{3}}{2}a_C + a_e = -\sqrt{3}\frac{v^2}{R}\text{，(方向与图示相反)}$$

式(a)向 $\boldsymbol{a}_{ry}$ 方向投影，得

$$a_{ry} = \frac{1}{2}a_C = 2\frac{v^2}{R}\text{，(方向与图示方向相同)}$$

【讨论】比较图 6.11(c)和图 6.11(e)可见，两者相对加速度的大小不同，方向也不相反。注意相对轨迹不明确时相对加速度的表示法。

*【例 6-7】图 6.12 所示圆盘半径为 R，以角速度 ω_1 绕水平轴 CD 转动，圆盘垂直于 CD，圆心在 CD 与 AB 的交点 O 处；图示瞬时 CD 与轴 y 平行；支承 CD 的框架 $ABCD$ 又以角速度 $\boldsymbol{\omega}_2$ 绕铅直轴 AB 转动。求当连线 OM 在水平位置、OP 在铅垂位置图示瞬时，圆盘边缘上点 M，P 的绝对速度和绝对加速度。

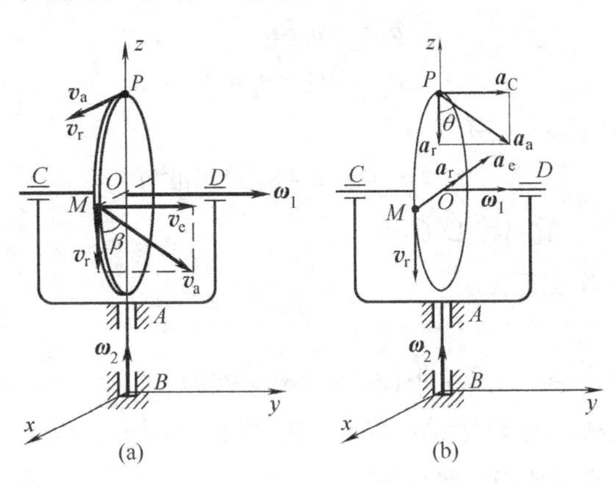

图 6.12　例 6-7 图

【分析】本题为点的空间复合运动，因此为便于叙述，用三维向量表示矢量。下面分别讨论两点的运动。

【解】

(1) 求点 M 的速度和加速度。

① 运动分析

以圆盘边缘上点 M 为动点，动系固连于框架 $ABCD$。绝对运动为空间曲线，相对运动为以 O 为圆心、在铅直平面内的圆周运动，牵连运动为绕轴 z(与轴 Bz 重合，图中未示出)的定轴转动。

② 速度分析(图 6.12(a))

$$\boldsymbol{v}_{\mathrm{a}} = \boldsymbol{v}_{\mathrm{e}} + \boldsymbol{v}_{\mathrm{r}} \tag{a}$$

其中 $\boldsymbol{v}_{\mathrm{r}} = -R\omega_1\boldsymbol{k}$。因绝对运动为空间曲线，故 $\boldsymbol{v}_{\mathrm{a}}$ 的大小、方向均未知；动系绕轴 z 作定轴转动，动点 M 与平面框架 $ABCD$ 实体虽无重合点，但固连于框架 $ABCD$ 的动系 $Bx'y'z'$ (图中未示出)是无限大的坐标空间(视为绕轴 z 作定轴转动的无限大实体)，则与动点 M 必有重合点 M_1(图中未示出)，此点在图示瞬时作在水平平面内以 O 为圆心、半径为 R 的圆周运动，故

$$\boldsymbol{v}_{\mathrm{e}} = R\omega_2\boldsymbol{j}$$

$$\boldsymbol{v}_{\mathrm{a}} = R(\omega_2\boldsymbol{j} - \omega_1\boldsymbol{k})$$

其大小和方向分别为

$$v_{\mathrm{a}} = R\sqrt{\omega_2^2 + \omega_1^2}$$

$$\tan\beta = \frac{v_e}{v_r} = \frac{\omega_2}{\omega_1}，（\beta 为 v_a 与铅直线夹角）$$

③ 加速度分析(图 6.12(b))

$$\boldsymbol{a}_a = \boldsymbol{a}_e + \boldsymbol{a}_r + \boldsymbol{a}_C \tag{b}$$

其中

$$a_e = -\omega_2^2 Ri$$
$$a_r = -\omega_1^2 Ri$$
$$a_C = 2\boldsymbol{\omega}_e \times \boldsymbol{v}_r = \boldsymbol{0}$$

由式(b)，得点 M 的绝对加速度

$$\boldsymbol{a}_a = \boldsymbol{a}_e + \boldsymbol{a}_r = -R(\omega_1^2 + \omega_2^2)\boldsymbol{i}$$

它的方向与 $\boldsymbol{a}_e$，$\boldsymbol{a}_r$ 同向，指向轮心 O。

(2) 求点 P 的速度和加速度。

① 运动分析

动点：圆盘边缘上点 P；动系：固连在框架 $ABCD$ 上。

绝对运动：空间曲线；相对运动：在与 CD 垂直平面内，以 O 为圆心、R 为半径的圆周运动；牵连运动：绕轴 AB 的定轴转动。

② 速度分析(图 6.12(a))

$$\boldsymbol{v}_a = \boldsymbol{v}_e + \boldsymbol{v}_r \tag{c}$$

因动系上与点 P 相重合的点是转轴上的一个点，故

$$\boldsymbol{v}_e = \boldsymbol{0}$$

由相对运动情况，得

$$\boldsymbol{v}_r = R\omega_1\boldsymbol{i}$$

由式(c)得

$$\boldsymbol{v}_P = \boldsymbol{v}_a = \boldsymbol{v}_r = R\omega_1\boldsymbol{i}$$

③ 加速度分析(图 6.12(b))

$$\boldsymbol{a}_a = \boldsymbol{a}_e + \boldsymbol{a}_r + \boldsymbol{a}_C \tag{d}$$

因动系上与点 P 相重合的点是转轴上的一个点，因此

$$\boldsymbol{a}_e = \boldsymbol{0}$$

相对加速度

$$\boldsymbol{a}_r = -R\omega_1^2\boldsymbol{k}$$

科氏加速度

$$\boldsymbol{a}_C = 2\boldsymbol{\omega}_e \times \boldsymbol{v}_r = 2\omega_2\omega_1 R\boldsymbol{j}$$

于是由式(d)得点 P 的绝对加速度为

$$\boldsymbol{a}_a = 2R\omega_1\omega_2\boldsymbol{j} - R\omega_1^2\boldsymbol{k}$$

【例 6-8】牛头刨床机构如图 6.13(a)所示。已知 $O_1A=r=200$ mm，匀角速度 $\omega_1 = 2$ rad/s。求图示位置时滑枕 CD 的速度和加速度。

【分析】本题已知杆 O_1A 的运动，求杆 CD 的运动，两者无直接联系，需通过中间杆 O_2B，所以分两步进行。

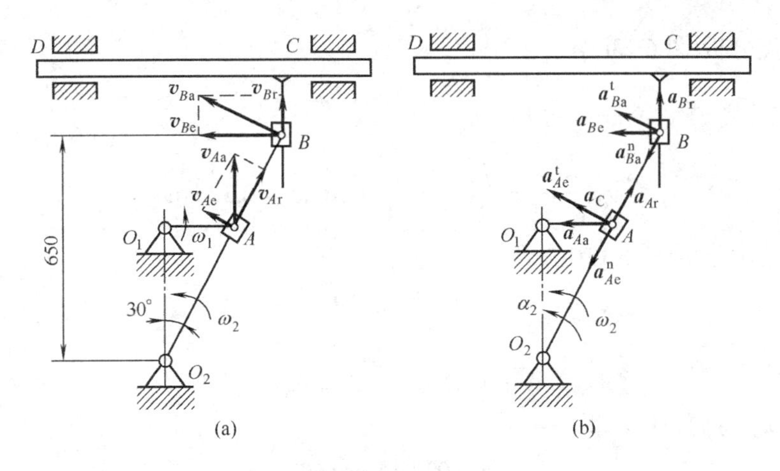

图 6.13　例 6-8 图

【解】

(1) 求杆 O_2B 的角速度与角加速度。

① 运动分析

以杆 O_1A 上的点 A(套筒)为动点，动系固连于杆 O_2B。绝对运动为以 O_1 为圆心，O_1A 为半径的圆周运动；相对运动沿直线 O_2B；牵连运动为绕轴 O_2 定轴转动。

② 速度分析(图 6.13(a))

$$\boldsymbol{v}_{Aa}=\boldsymbol{v}_{Ae}+\boldsymbol{v}_{Ar}$$

式中

$$v_{Aa}=r\omega_1$$

解得

$$v_{Ae}=\frac{1}{2}\omega_1 r\,,\quad \omega_2=\frac{v_{Ae}}{O_2A}=\frac{\omega_1}{4}\,,\quad v_{Ar}=\frac{\sqrt{3}}{2}\omega_1 r$$

③ 加速度分析(图 6.13(b))

$$\boldsymbol{a}_{Aa}=\boldsymbol{a}_{Ae}^{t}+\boldsymbol{a}_{Ae}^{n}+\boldsymbol{a}_{Ar}+\boldsymbol{a}_{C} \tag{a}$$

式中

$$a_{Aa}=r\omega_1^2\,,\quad a_{Ae}^{n}=O_2A\cdot\omega_2^2\,,\quad a_{C}=2\omega_2 v_A$$

式(a)向 $\boldsymbol{a}_C$ 方向投影，得

$$a_{Aa}\cos 30°=a_{Ae}^{t}+a_{C}$$

解得

$$a_{Ae}^{t}=\frac{\sqrt{3}}{4}r\omega_1^2\,,\quad \alpha_2=\frac{a_{Ae}^{t}}{O_2A}=\frac{\sqrt{3}}{8}\omega_1^2$$

(2) 求滑枕 CD 的速度和加速度。

① 运动分析

以杆 O_2B 上点 B(套筒)为动点，动系固连于杆 DC。绝对运动为以 O_2 为圆心 O_2B 为半径的圆周运动；相对运动为沿杆 BC 上下直线运动；牵连运动为水平直线平移。

② 速度分析(图6.13(a))

$$\boldsymbol{v}_{Ba}=\boldsymbol{v}_{Be}+\boldsymbol{v}_{Br}$$

解得

$$v_{CD}=v_{Be}=\frac{\sqrt{3}}{2}v_{Ba}=\frac{\sqrt{3}}{2}O_2B\cdot\omega_2=0.325\ \text{m/s}$$

③ 加速度分析(图6.13(b))

$$\boldsymbol{a}_{Ba}^{t}+\boldsymbol{a}_{Ba}^{n}=\boldsymbol{a}_{Be}+\boldsymbol{a}_{Br} \tag{b}$$

式中

$$a_{Ba}^{t}=O_2B\cdot\alpha_2\text{，}\quad a_{Ba}^{n}=O_2B\cdot\omega_2^2$$

式(b)向$\boldsymbol{a}_{Be}$方向投影，得

$$a_{Ba}^{t}\cos 30°+a_{Ba}^{n}\cos 60°=a_{Be}$$

解得

$$a_{CD}=a_{Be}=\frac{0.650\ \text{m}}{\cos 30°}\times\cos 30°\times\frac{\sqrt{3}}{8}\times 2^2+\frac{0.650\ \text{m}}{\cos 30°}\times\cos 60°\times\left(\frac{1}{2}\right)^2=0.657\ \text{m/s}^2$$

【讨论】本题 A，B 两点是将已知与所求相联系的关键点，因此分两次取研究对象求解。

综合以上分析，在求解点的合成运动问题时，应注意如下几点。

(1) **恰当选取动点、动系和定系** 所选的参考系应能将动点的运动分解成相对运动和牵连运动。其中动点可以不动，但**动点和动系之间必须有相对运动，即动点和动系不能选在同一个物体上**。同时为了便于求解，除了绝对运动和牵连运动各相应量全已知外，**原则上应使相对运动轨迹直观**，以使未知量尽可能少。定系一般不作说明时指固定于机架或地球上。

(2) **分析三种运动** **绝对运动**是指点的运动(直线运动、圆周运动或其他某种曲线运动)；**相对运动**也是指点的运动，正确判断相对运动的**要领**是坐在动系上观察(即视动系不动)时，动点(不包括动点所在的刚体)将作何种曲线运动；**牵连运动**是指动系(所固连的刚体)的运动(平移、定轴转动或其他某种形式的刚体运动)。注意不要将点的运动与刚体的运动概念相混。

(3) **正确分析速度和加速度** 一般绝对速度概念容易理解掌握；至于相对速度、相对加速度分析之关键在于相对运动轨迹的判断(这里的相对运动概念比普通物理学中要深入得多，应认真分析)；而牵连速度、牵连加速度完全是新概念，它与牵连运动有联系又有明显区别。牵连运动是动系(刚体)的运动，而牵连速度和牵连加速度分别是动系上**牵连点**(与动点瞬时重合的点)的绝对速度和绝对加速度。要注意动点与牵连点的联系与区别。另外还有一个崭新的概念是当动系含转动时，若$\boldsymbol{\omega}_e\times\boldsymbol{v}_r\neq\boldsymbol{0}$，则有科氏加速度，它可由速度分析结果完全确定，方向不得随意假设。

(4) **点的速度合成定理**为

$$\boldsymbol{v}_a=\boldsymbol{v}_e+\boldsymbol{v}_r \tag{6-3}$$

点的加速度合成定理可写成如下形式：

$$\boldsymbol{a}_{\mathrm{a}}^{\mathrm{n}}+\boldsymbol{a}_{\mathrm{a}}^{\mathrm{t}}=\boldsymbol{a}_{\mathrm{e}}^{\mathrm{n}}+\boldsymbol{a}_{\mathrm{e}}^{\mathrm{t}}+\boldsymbol{a}_{\mathrm{r}}^{\mathrm{n}}+\boldsymbol{a}_{\mathrm{r}}^{\mathrm{t}}+\boldsymbol{a}_{\mathrm{C}} \tag{6-23}$$

式中每一项都有大小和方向两个量，必须根据上述(1)、(2)、(3)条认真分析每一项，才可能正确地解决问题。平面问题中，一个矢量方程相当于两个代数方程，因而式(6-23)和式(6-3)均能求两个未知量。

需要补充说明的是：式(6-3)和式(6-23)适用于各种形式的绝对、相对、牵连运动(包括我们尚未讨论过的运动)。

式(6-23)中各法向加速度的方向总是指向相应曲线的曲率中心，它们的大小总是可以根据相应的速度大小和曲率半径求出。因此在应用加速度合成定理时，一般应在运动分析的基础上，先进行速度分析，这样各法向加速度都是已知量；科氏加速度 $\boldsymbol{a}_{\mathrm{C}}$ 的大小和方向两个量也是已知的。这样，在加速度合成定理中，只有 3 个切向加速度的 6 个量可能是待求量，若已知其中的 4 个量，则余下的 2 个量就完全可求了。一般先将式(6-23)向两个未知量之一的垂直方向投影求解(注意：因此时有些矢量方向是假设的，不要用平行四边形两两合成求解)。

动点、动系选择时之所以一般要求相对运动轨迹简单或直观，目的是希望 $\boldsymbol{v}_{\mathrm{r}}$，$\boldsymbol{a}_{\mathrm{r}}^{\mathrm{n}}$，$\boldsymbol{a}_{\mathrm{r}}^{\mathrm{t}}$ 方向已知，从而使未知量尽可能少，以便于求解。实际问题中，若遇绝对速度(加速度)、牵连速度(加速度)的大小和方向均已知，而其相对运动大小和方向均未知时，可将其速度(加速度)假设成直角坐标分量形式，然后将式(6-3)、式(6-23)向坐标轴方向投影即可求解(参看例 6-6)。在动点、动系选择恰当时，对平面问题，若未知量超过两个(对空间问题，未知量若超过 3 个)，一般应寻求补充方程求解。

(5) 对于像例 6-1～例 6-4，由于问题比较简单，也可写出点的绝对运动方程，然后求导。

例如，对例 6-1 和例 6-3，经运动分析知道，杆 CD 作上下直线运动。如果以 O_1 为坐标原点，O_1y 坐标正向朝下，则套筒 C 与杆 AB 上的点 A 的坐标 y 相同：

$$y=r\sin\varphi \tag{a}$$

$$v_C=v_A=\dot{y}=r\cos\varphi\cdot(-\omega)=-r\omega\cos\varphi \tag{b}$$

$$a_C=\ddot{y}=r\omega^2\sin\varphi \tag{c}$$

式(b)中的负号是因为图示 ω 使得 φ 在减小，故 φ 的导数为负值，同时说明图示瞬时套筒 C 速度与轴 y 正向相反。这种方法便于求出各个瞬时的运动情况，特别是用计算机求解时则更方便。请读者考虑 ω 为非常数即有角加速度时的求导结果。

对例 6-2 和例 6-4，也请读者考虑作类似讨论。

注意： 对于较复杂问题，特别是当我们只对某些瞬时运动情况感兴趣时，一般还是采用点的复合运动方法较方便些，本课程要求掌握此方法。

小　结

(1) 点的绝对运动为点的牵连运动和相对运动的合成结果。

绝对运动：动点相对于定参考系的运动。

相对运动：动点相对于动参考系的运动。

牵连运动：动参考系相对于定参考系的运动。

(2) 点的速度合成定理

$$\boldsymbol{v}_{\mathrm{a}}=\boldsymbol{v}_{\mathrm{r}}+\boldsymbol{v}_{\mathrm{e}}$$

绝对速度$\boldsymbol{v}_{\mathrm{a}}$：动点相对于定参考系运动的速度。

相对速度$\boldsymbol{v}_{\mathrm{r}}$：动点相对于动参考系运动的速度。

牵连速度$\boldsymbol{v}_{\mathrm{e}}$：动参考系上与动点相重合的那一点(牵连点)相对于定参考系运动的速度。

(3) 点的加速度合成定理

$$\boldsymbol{a}_{\mathrm{a}}=\boldsymbol{a}_{\mathrm{e}}+\boldsymbol{a}_{\mathrm{r}}+\boldsymbol{a}_{\mathrm{C}}$$

绝对加速度$\boldsymbol{a}_{\mathrm{a}}$：动点相对于定参考系运动的加速度。

相对加速度$\boldsymbol{a}_{\mathrm{r}}$：动点相对于动参考系运动的加速度。

牵连加速度$\boldsymbol{a}_{\mathrm{e}}$：动参考系上与动点相重合的那一点(牵连点)相对于定参考系运动的加速度。

科氏加速度$\boldsymbol{a}_{\mathrm{C}}$：牵连运动为转动时，牵连运动和相对运动相互影响而出现的一项附加的加速度。

当动参考系作平移或$\boldsymbol{v}_{\mathrm{r}}=\mathbf{0}$，或当$\boldsymbol{\omega}_{\mathrm{e}}$与$\boldsymbol{v}_{\mathrm{r}}$平行瞬时，$\boldsymbol{a}_{\mathrm{C}}=\mathbf{0}$。

思 考 题

6-1 如何确定相对运动(轨迹)？如何确定牵连速度和牵连加速度？

6-2 何时科氏加速度为零？

6-3 指出下述情况中的绝对运动、相对运动和牵连运动是何种运动，画出在图示位置的牵连速度方向。定系固结于地面。动点和动系的选择分别如下。

(1) 图(a)中动点是小环*M*，动系固结于杆*OA*。

(2) 图(b)中动点是L形杆的端点*A*，动系固结于矩形滑块*M*。

(3) 图(c)中动点是脚蹬*M*，动系固结于自行车车架。

(4) 图(d)中动点是滑块上的销钉*M*，动系固结于L形杆*OAB*。

6-4 平行四边形机构，在图示瞬时，杆O_1A以角速度ω转动。滑块*M*相对杆*AB*运动，若取*M*为动点，*AB*为动系，则该瞬时动点的牵连速度方向与杆*AB*间的夹角为多少？

6-5 刻有直槽*OB*的正方形板*OABC*在图示平面内绕轴*O*转动，点*M*以$r=OM=5t^2$(r以cm计)的规律在槽内运动，若$\omega=\sqrt{2}t$(ω以rad/s计)，则当t=1 s时，点*M*的科氏加速度的大小为多少？方向如何？

6-6 如何选择动点和动参考系?在图(a)中为什么不宜以摇杆O_1B上的点*A*为动点和曲柄*OA*为动参考系？若以杆O_1B上的点*A*为动点，以曲柄*OA*为动参考系，加速度分析如图(b)所示对不对?为什么？

6-7 图中曲柄*OA*以匀角速度转动(曲柄*OA*上的点*A*始终保持与*BC*接触，但不相连接)，图(a)，(b)中，哪一种分析正确?

(a) 以 OA 上的点 A 为动点，以 BC 为动参考系；

(b) 以 BC 上的点 A 为动点，以 OA 为动参考系。

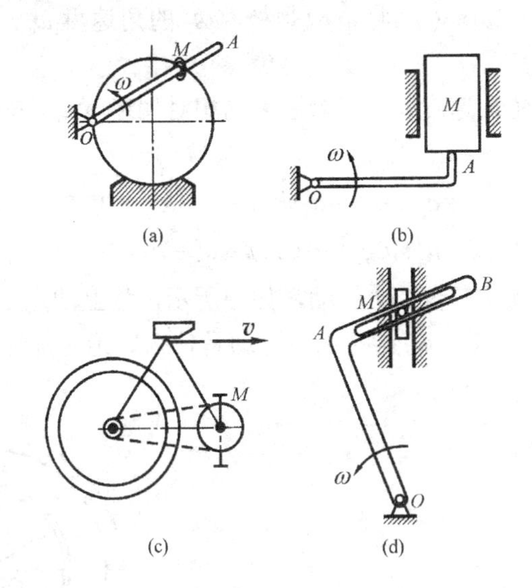

思考题 6-3 图

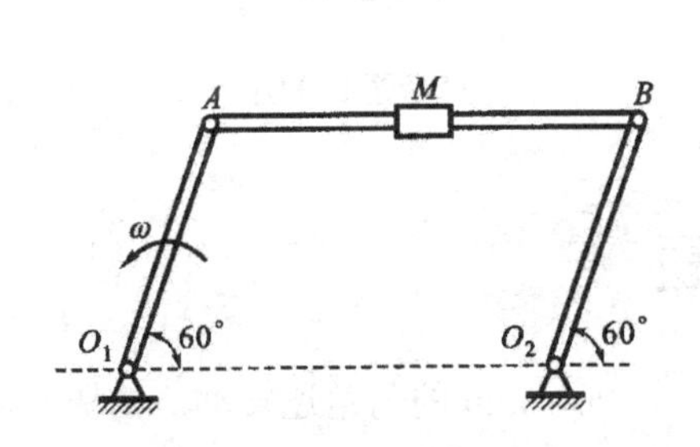

思考题 6-4 图

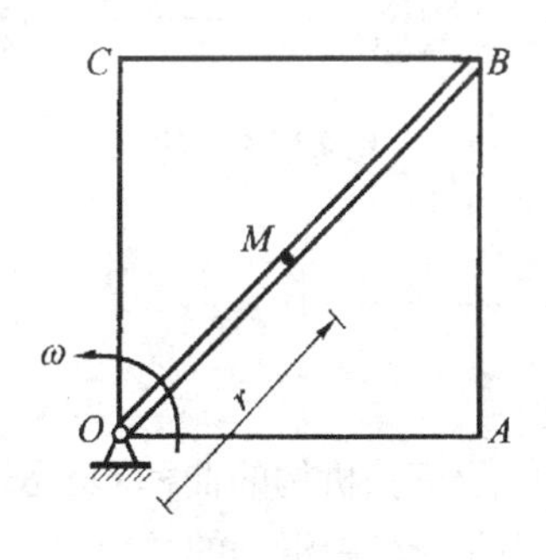

思考题 6-5 图

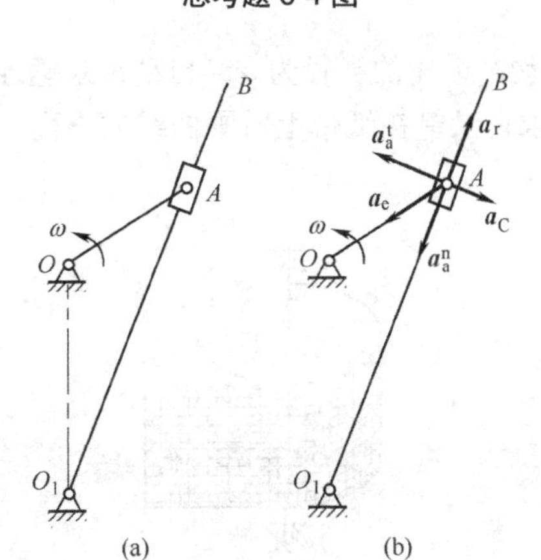

思考题 6-6 图

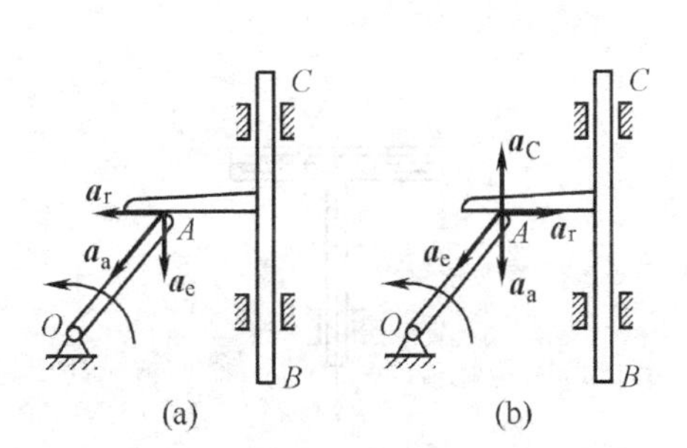

思考题 6-7 图

6-8 图示曲柄-摇杆机构中，曲柄 OA 以角速度 ω_0、角加速度 α_0 绕点 O 转动，从而带动摇杆 O_1B 绕点 O_1 作往复转动。若以滑块 A 为动点，杆 O_1B 为动系，则各项加速度如图所示。问：

(1) 科氏加速度 $\boldsymbol{a}_C = 2\boldsymbol{\omega}\times\boldsymbol{v}_r$，此 ω 应是杆 OA 的角速度 ω_0，还是杆 O_1B 的角速度 ω_{01}？

(2) 为求杆 O_1B 的角加速度 α_{01} 与滑块 A 的相对加速度 $\boldsymbol{a}_r$，写出的下式正确吗？若有误，试改正。

$$a_a^n\cos\varphi - a_a^t\sin\varphi + a_e^t + a_C = 0$$

$$a_a^n\sin\varphi + a_a^t\cos\varphi + a_e^n - a_r = 0$$

6-9 圆盘以匀角速度 ω 绕定轴 O 转动，如图所示，盘上动点 M 在半径为 R 的圆槽内以相对速度 $\boldsymbol{v}$ 作等速圆周运动，动点的绝对运动是什么？绝对加速度的大小是多少？方向如何？

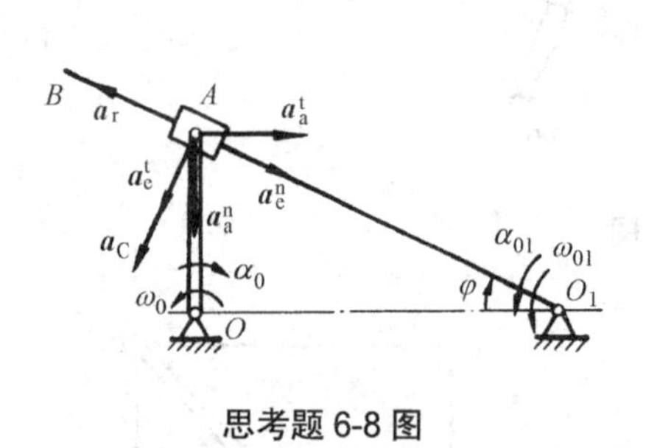

思考题 6-8 图

思考题 6-9 图

习　　题

6-1 图示正弦机构的曲柄 OA 长 200 mm，以 n = 90 r/min 的匀角速转动。曲柄一端用销子与在滑道 BC 中滑动的滑块 A 相连，以带动滑道 BC 作往返运动。求当曲柄与轴 Ox 的夹角为 30° 时滑道 BC 的速度 $\boldsymbol{v}$ 。

6-2 图示记录装置中的鼓轮以等角速度 ω_0 转动，鼓轮的半径为 r。自动记录笔连接在沿铅垂方向并按 $y = a\sin\omega_1 t$ 规律运动的构件上。求记录笔在纸带上所画曲线的方程。

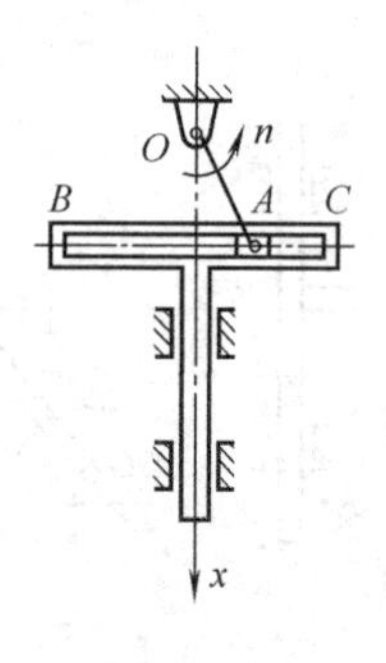

题 6-1 图

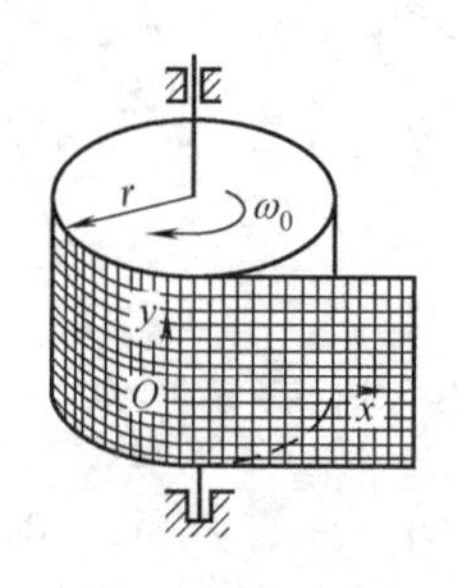

题 6-2 图

6-3 图示刨床的加速机构由两平行轴 O 和 O_1、曲柄 OA 和滑道摇杆 O_1B 组成。曲柄 OA 的末端与滑块铰接，滑块可沿摇杆 O_1B 上的滑道滑动。已知曲柄 OA 长 r，并以等角速度 ω 转动，两轴间的距离是 $OO_1 = d$。求滑块滑道中的相对运动方程，以及摇杆的转动方程。

6-4 图示瓦特离心调速器以角速度 ω 绕铅垂轴转动。由于机器负荷的变化，调速器重球以角速度 ω_1 向外张开。如 $\omega = 10$ rad/s，$\omega_1 = 1.21$ rad/s；球柄长 $l = 0.5$ m；悬挂球柄的支点到铅垂轴的距离 $e = 0.05$ m；球柄与铅垂轴夹角 $\alpha = 30^\circ$。求此时重球的绝对速度。

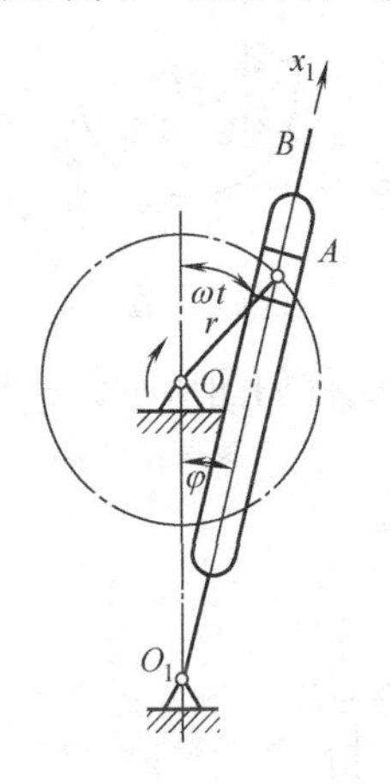

题 6-3 图

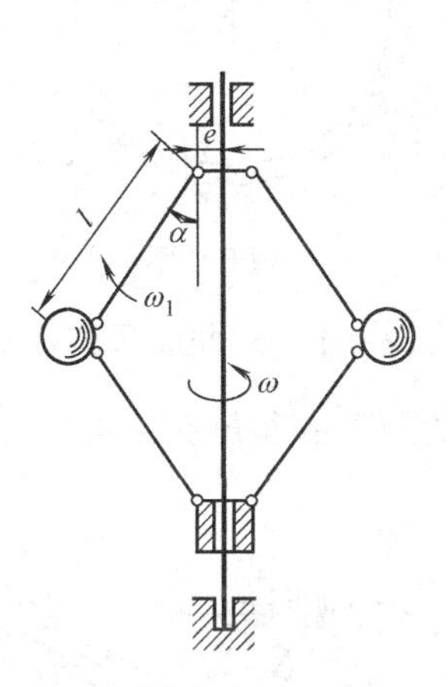

题 6-4 图

6-5 图(a)，(b)所示两种情形下，物块 B 均以速度 $\boldsymbol{v}_B$，加速度 $\boldsymbol{a}_B$ 沿水平直线向左作平移，从而推动杆 OA 绕点 O 作定轴转动。图(a)中，物块 B 高 h；图(b)中，$OA = r$。问若应用点的复合运动方法求解杆 OA 的角速度与角加速度，其计算方案与步骤应当怎样？将两种情况下的速度与加速度分量标注在图上，并写出计算表达式。

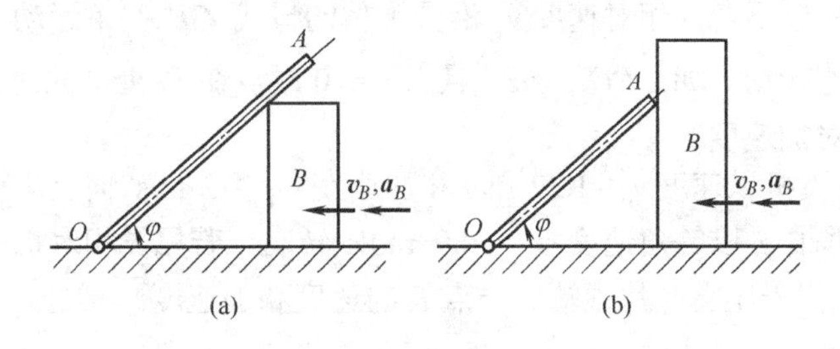

题 6-5 图

6-6 图示圆环绕 O 点以角速度 $\omega = 4$ rad/s、角加速度 $\alpha = 2$ rad/s^2 作定轴转动。圆环上的套管 A 在图示瞬时相对圆环有速度 5 m/s，速度数值的增长率为 8 m/s^2。求套管 A 的绝对速度和加速度。

6-7 图示偏心凸轮的偏心距 $OC = e$，轮半径 $r = \sqrt{3}e$。凸轮以匀角速 ω_0 绕轴 O 转动。设某瞬时 OC 与 CA 成直角，求此瞬时从动杆 AB 的速度和加速度。

6-8 机械式钟表上的曲柄 AOD 可绕轴 O 摆动，A 端销钉可在滑块 B 的滑槽内相对滑动。滑块 B 可在固定轴上水平滑动。活塞杆 CE 的 C 端为一销钉，可在曲柄 AOD 的滑槽内相对滑动。现已知滑块 B 以等速 $v_B = 1$ m/s 向右运动，$\theta = 30°$，尺寸如图所示。求活塞杆 CE 的加速度 $\boldsymbol{a}$。

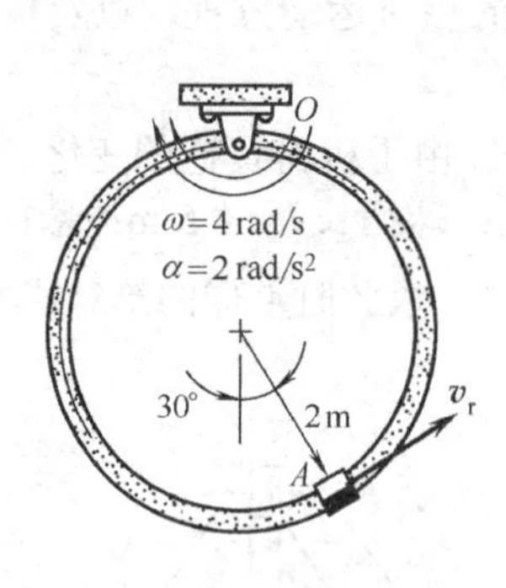

题 6-6 图

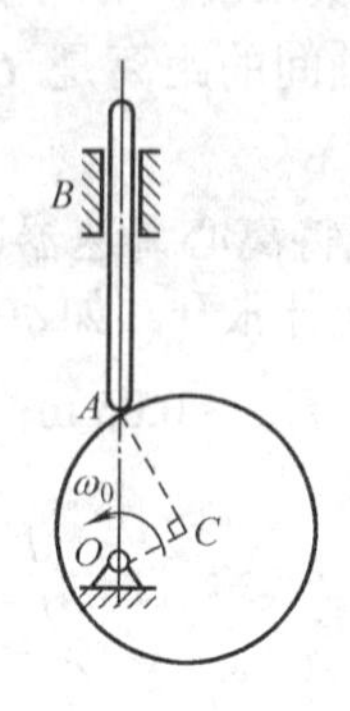

题 6-7 图

***6-9** 图示 A，B 两船各自以等速 v_A 和 v_B 分别沿直线航行如图所示。B 船上的观察者记下两船的距离 ρ 和角 φ，证明：$\ddot{\varphi} = -\dfrac{2\dot{\rho}\dot{\varphi}}{\rho}$，$\ddot{\rho} = \rho\dot{\varphi}^2$。

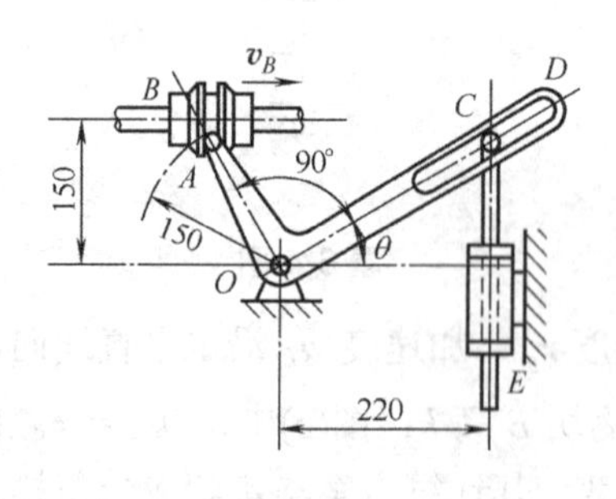

题 6-8 图

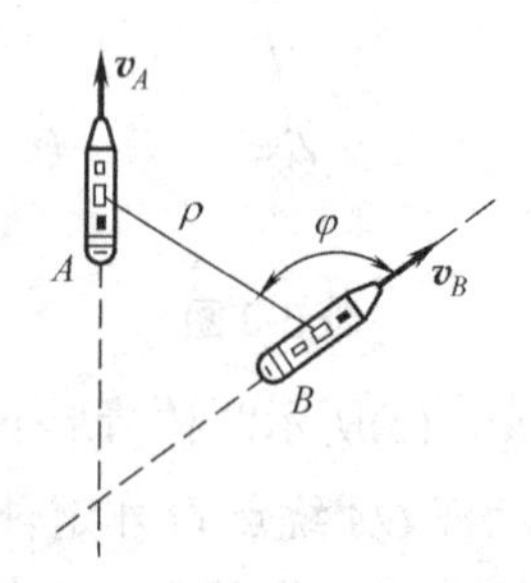

题 6-9 图

6-10 图示点 P 以不变的相对速度 v_r 沿圆锥体的母线 OB 向下运动。此圆锥体以角速度 ω 绕轴 OA 作匀速转动。如 $\angle POA = \alpha$，且当 $t = 0$ 时点在 P_0 处，此时距离 $OP_0 = b$。求点 P 在瞬时 t 的绝对加速度。

6-11 图示直升飞机以速度 $v_H = 1.22$ m/s 和加速度 $a_H = 2$ m/s^2 向上运动。与此同时，机身(不是旋翼)绕铅垂轴 z 以等角速度 $\omega_H = 0.9$ rad/s 转动。若尾翼相对机身转动的角速度为 $\omega_{B/H} = 180$ rad/s，求位于尾翼叶片顶端的一点 P 的速度和加速度。

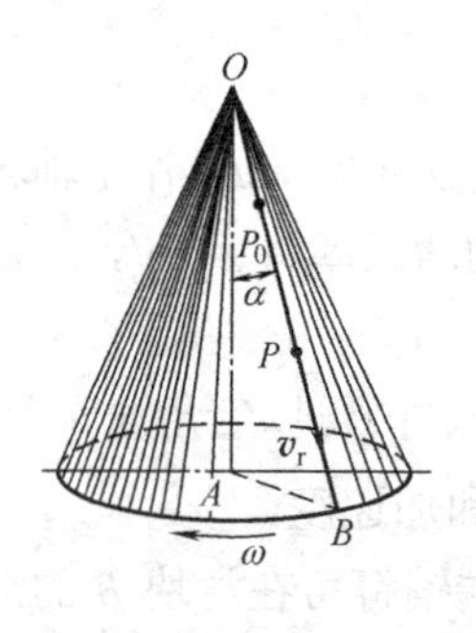

题 6-10 图

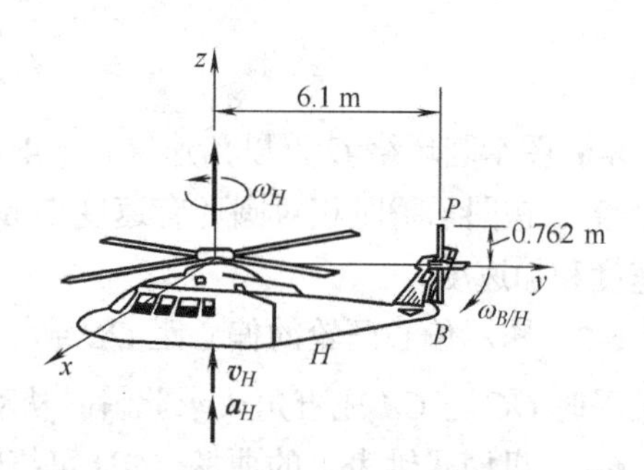

题 6-11 图

6-12 图示为偏心凸轮-顶板机构。凸轮以等角速度 ω 绕点 O 转动，其半径为 R，偏心距 $OC=e$，图示瞬时 $\varphi=30^\circ$。求顶板的速度和加速度。

6-13 在半径为 r 的圆环内充满液体，液体按弯箭头方向在环内作等速圆周运动。其相对速度为 $\boldsymbol{v}$ 。圆环以等角速度 ω 绕轴 O 转动，如图所示。求在圆环内点 1 与 2 处液体的绝对速度和加速度的大小。

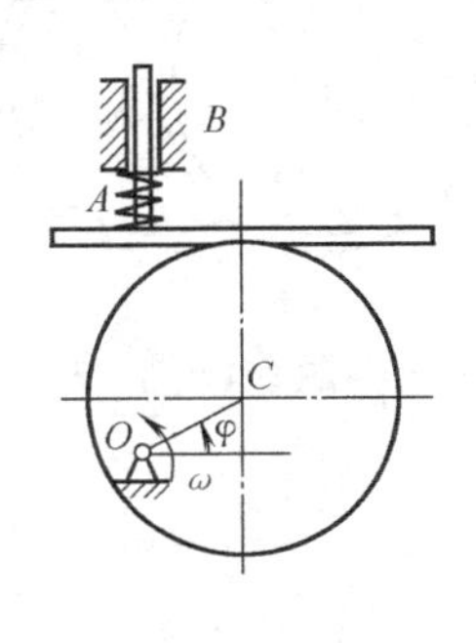

题 6-12 图

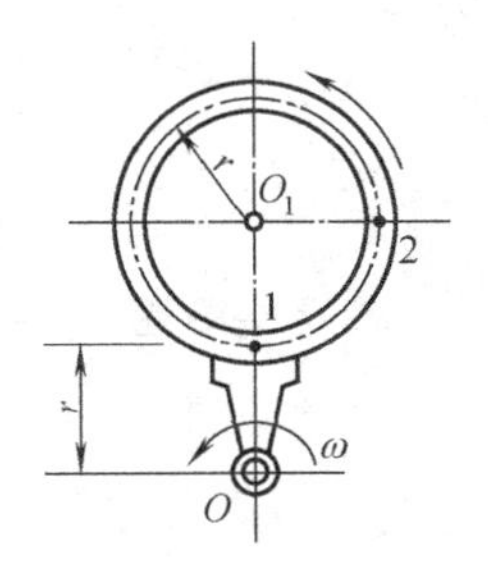

题 6-13 图

6-14 绕轴 O 转动的圆盘及直杆 OA 上匀有一导槽，两导槽间有一活动销子 M 如图所示，$b=0.1$ m。设在图示位置时，圆盘及直杆的角速度分别为 $\omega_1=9$ rad/s 和 $\omega_2=3$ rad/s。求此瞬时销子 M 的速度。

6-15 圆盘以等角速度 $\omega=0.5$ rad/s 绕固定点 O 转动。盘上有一小孩由点 A 相对圆盘等速行走，其相对速度 $v_{\mathrm{r}}=0.75$ m/s。若：(1)小孩沿 ADC 方向到达 D 点，$d=1$ m；(2)沿 $\overset{\frown}{ABC}$ 方向到达 B 点，$r=3$ m，分别求小孩的加速度 $\boldsymbol{a}_D$ 与 $\boldsymbol{a}_B$。

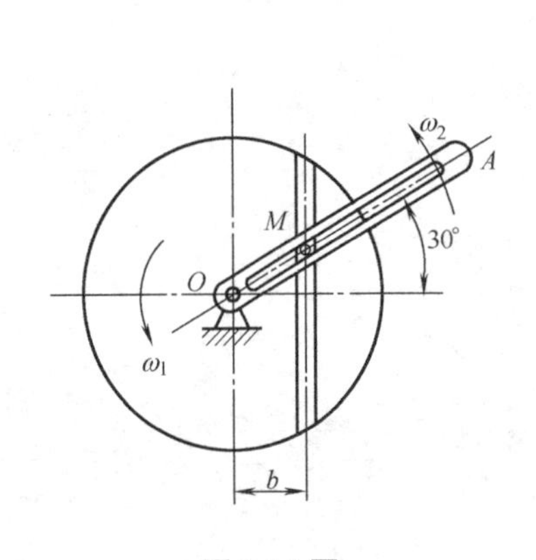

题 6-14 图

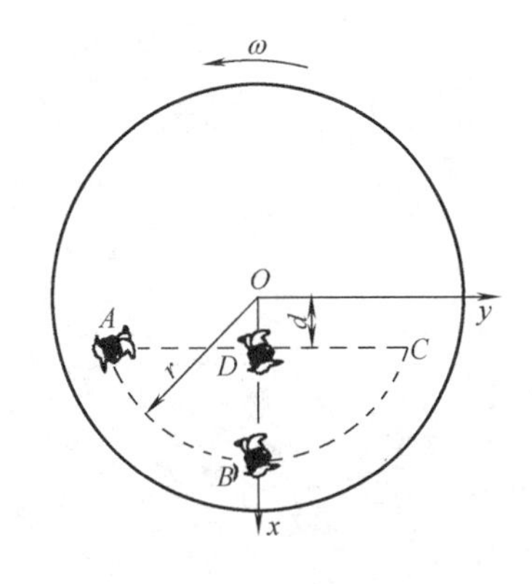

题 6-15 图

***6-16** 销钉 M 被限制在 AB、CD 两个平移构件的滑槽中运动，其中 AB 以匀速 v_{AB}=80 mm/s 沿图示方向运动，CD 在此瞬时则以速度 v_{CD}=40 mm/s、加速度 a_{CD}=10 mm/s^2 沿水平方向运动。求此瞬时销钉 M 的速度和加速度。

***6-17** 半径为 r 的两圆环 O 与 O'，分别绕其圆环上一点 A 与 B(AB=3r)以相同的匀角速度 ω 反向转动，如图所示。当 A，O，O'，B 四点位于同一直线时，求交点 M 的速度和加速度。

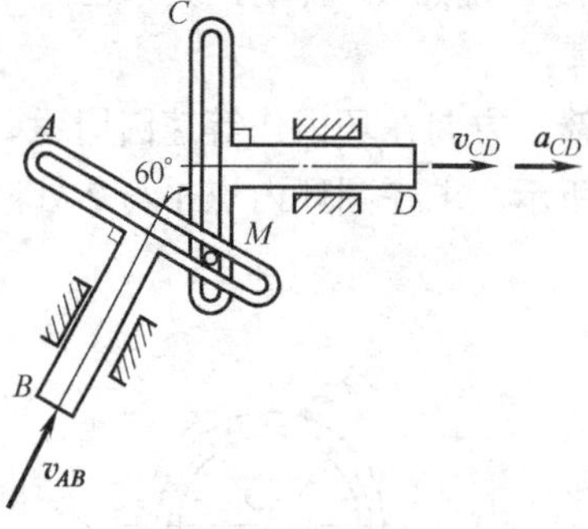

题 6-16 图

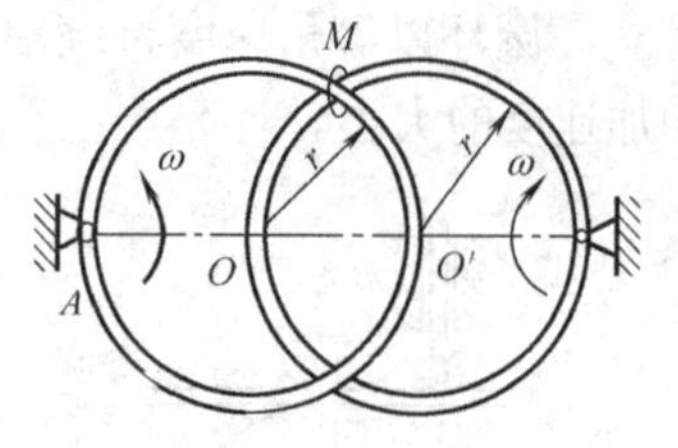

题 6-17 图

第 7 章　刚体平面运动

本章以刚体平移和定轴转动为基础，应用运动分解和合成的方法，研究工程中一种常见而又比较复杂的运动——刚体平面运动，同时介绍平面运动刚体上各点速度和加速度的计算方法。

7.1　刚体平面运动方程及运动分解

7.1.1　刚体平面运动力学模型的简化

观察图 7.1 所示的曲柄滑块连杆机构，杆 *OA* 绕轴 *Oz* 作定轴转动，滑块 *B* 作水平直线平移，而连杆 *AB* 的运动既不是平移，也不是定轴转动，但它运动时具有一个特点，即：在运动过程中，刚体 *AB* 上任意点与某一固定平面(例如平面 *Oxy*)的距离始终保持不变。我们称刚体的这种运动为**平面运动**。刚体作平面运动时，其上各点的运动轨迹各不相同，但都是平行于某一固定平面的平面曲线。

设图 7.2 所示为作平面运动的一般刚体，刚体上各点至平面 α_1 的距离保持不变。过刚体上任意点 *A*，作平面 α_2 平行于平面 α_1，显然，刚体上过点 *A* 并垂直于平面 α_2 的直线上 A_1, A_2, A_3，…各点的运动与点 *A* 是相同的。因此，平面 α_2 与刚体相交所截取的**平面图形** *S*，就能完全表示该刚体的运动。进而，平面图形 *S* 上的任意直线 *AB* 在某瞬时的位置一旦确定，则该平面图形其他各点的位置就相应确定，故它能代表该图形(即平面运动刚体)的运动(图 7.3)。于是，作平面运动的一般刚体模型便简化为平面图形或其上任一直线 *AB*。

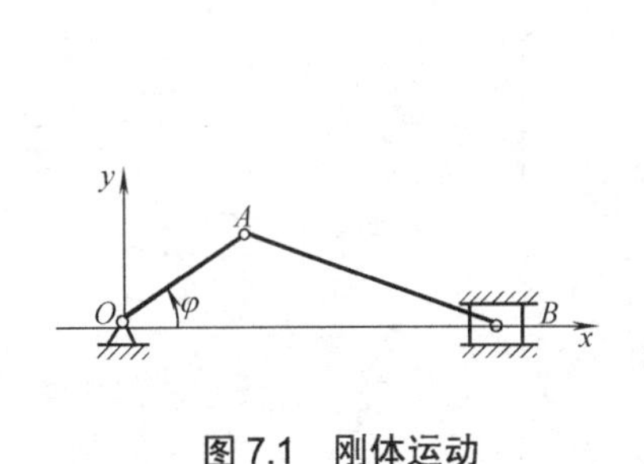

图 7.1　刚体运动

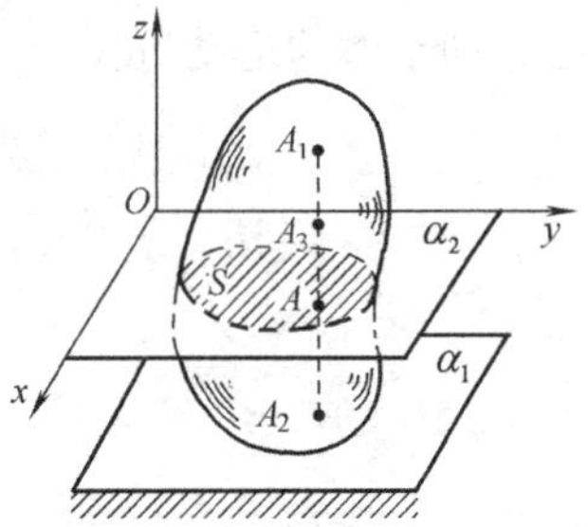

图 7.2　作平面运动的一般刚体

7.1.2　刚体平面运动的自由度、广义坐标和运动方程

为了确定直线 *AB* 在平面 *Oxy* 上的位置，需要 3 个独立变量，一般选用**广义坐标** $q=(x_A, y_A, \varphi)$，如图 7.3 所示。其中，线坐标 x_A，y_A 确定点 *A* 在该平面上的位置，角坐标

φ 确定直线 AB 在该平面中的方位。所以，刚体平面有 3 个**自由度**，即 N=3。

刚体平面运动的运动方程为

$$\left.\begin{aligned} x_A &= f_1(t) \\ y_A &= f_2(t) \\ \varphi &= f_3(t) \end{aligned}\right\} \tag{7-1}$$

式中 x_A, y_A, φ 均为时间 t 的单值连续函数。式(7-1)只在一个参考系(定系)中描述了平面运动刚体的整体运动性质。该式完全确定了平面运动刚体的运动规律，也完全确定了该刚体上任一点的运动性质(轨迹、速度和加速度等)。其中平面运动刚体的**角速度 $\boldsymbol{\omega}$** 和**角加速度 $\boldsymbol{\alpha}$** 分别为

$$\omega = \dot{\varphi} = \dot{f}_3(t)\text{，}\quad \alpha = \ddot{\varphi} = \ddot{f}_3(t) \tag{7-2}$$

【例 7-1】 图 7.4 所示曲柄—滑块机构中，曲柄 OA 长为 r，以等角速度 ω 绕 O 转动，连杆 AB 长为 l。(1)写出连杆的平面运动方程；(2)求连杆上一点 $P(AP=l_1)$的轨迹、速度和加速度。

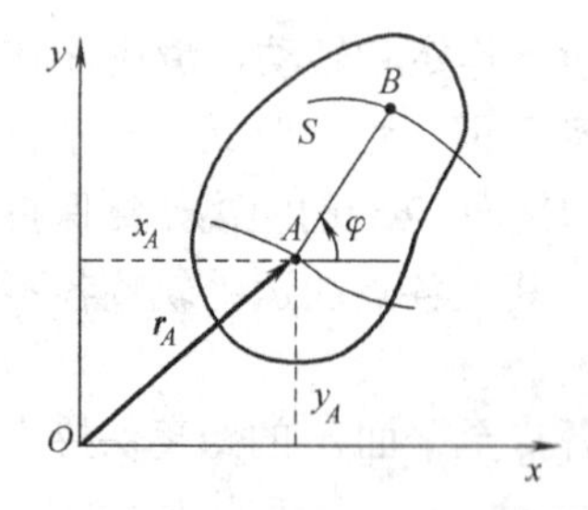

图 7.3 作平面运动的平面图形

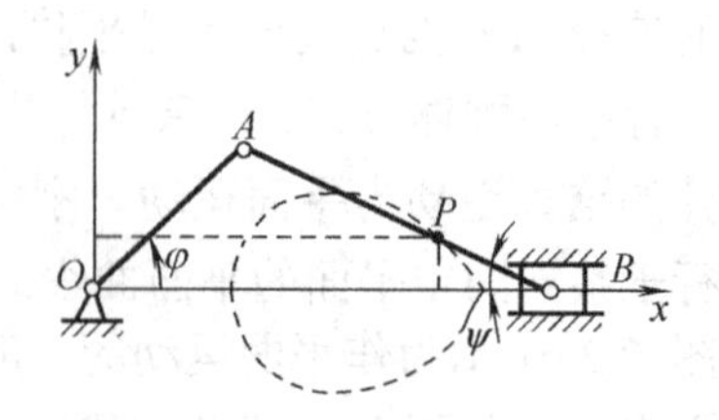

图 7.4 例 7-1 图

【解】 机构组成的三角形△AOB 中有

$$\frac{l}{\sin\varphi} = \frac{r}{\sin\psi}, \sin\psi = \frac{r}{l}\sin\omega t \tag{a}$$

式中，$\varphi = \omega t$。

平面运动刚体的运动方程为

$$\left.\begin{aligned} x_A &= r\cos\omega t \\ y_A &= r\sin\omega t \\ \psi &= \arcsin\left(\frac{r}{l}\sin\omega t\right) \end{aligned}\right\} \tag{b}$$

根据约束条件，写出点 P 的运动方程为

$$\left.\begin{aligned} x_P &= r\cos\omega t + l_1\cos\psi \\ y_P &= (l - l_1)\sin\psi \end{aligned}\right\} \tag{c}$$

将式(a)中的第二式代入式(c)，有

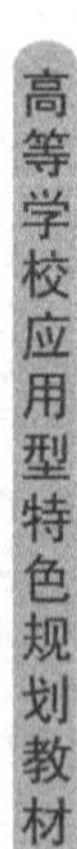

$$\left.\begin{aligned} x_P &= r\cos\omega t + l_1\sqrt{1-\left(\frac{r}{l}\sin\omega t\right)^2} \\ y_P &= \frac{r(l-l_1)}{l}\sin\omega t \end{aligned}\right\} \tag{d}$$

式(d)是点 P 的运动方程，也是以时间 t 为参变量的轨迹方程(据此画出图 7.4 中的卵形线)。考虑到实际的曲柄连杆机构中，往往有 $\frac{r}{l}<\frac{1}{3.5}$，因此，可利用泰勒公式将 x_P 表达式等号右边的第 2 项展开，并略去 $\left(\frac{r}{l}\right)^4$ 以上的高阶量，得

$$\sqrt{1-\left(\frac{r}{l}\sin\omega t\right)^2} = 1-\frac{1}{2}\left(\frac{r}{l}\right)^2\sin^2\omega t + \cdots \tag{e}$$

再以 $\frac{1-\cos 2\omega t}{2}$ 代替 $\sin^2\omega t$，最后得点 P 的近似运动方程

$$\left.\begin{aligned} x_P &= l_1\left[1-\frac{1}{4}\left(\frac{r}{l}\right)^2+\frac{r}{l_1}\cos\omega t+\frac{1}{4}\left(\frac{r}{l}\right)^2\cos 2\omega t\right] \\ y_P &= \frac{r(l-l_1)}{l}\sin\omega t \end{aligned}\right\} \tag{f}$$

点 P 的速度

$$\left.\begin{aligned} v_x &= \dot{x}_P = -r\omega\left(\sin\omega t+\frac{1}{2}\cdot\frac{rl_1}{l^2}\sin 2\omega t\right) \\ v_y &= \dot{y}_P = \frac{r(l-l_1)\omega}{l}\cos\omega t \end{aligned}\right\} \tag{g}$$

点 P 的加速度

$$\left.\begin{aligned} a_x &= -r\omega^2\left(\cos\omega t+\frac{rl_1}{l^2}\cos 2\omega t\right) \\ a_y &= -\frac{r(l-l_1)}{l}\omega^2\sin\omega t \end{aligned}\right\} \tag{h}$$

分别描述刚体 AB 和点 P 运动的式(b)，式(f)是只对定系 Oxy 得到的。对该两式求绝对导数，可以全面了解它们的连续运动性质。在例 7-1 中，已对式(f)作了分析。读者自己可以对式(b)加以分析。

7.1.3　平面运动分解为平移和转动

由刚体的平面运动方程可以看到，如果图形中的点 A 固定不动，则刚体将作定轴转动；如果线段 AB 的方位不变(即 φ=常数)，则刚体将作平移。由此可见，平面图形的运动可以看成是平移和转动的合成运动。

设在时间间隔 Δt 内，平面图形由位置 I 运动到位置 II，相应地，图形内任取的线段从 AB 运动到 $A'B'$，如图 7.5 所示。在点 A 处假想地安放一个平移坐标系 $Ax'y'$，当图形运动时，令平移坐标系的两轴始终分别平行于定坐标轴 Ox 和 Oy，通常将这一平移的动系的原

点 A 称为**基点**。于是，平面图形的平面运动便可分解为随同基点 A 的平移(牵连运动)和绕基点 A 的转动(相对运动)。这一位移可分解为：线段 AB 随点 A 平行移动到位置 $A'B''$，再绕 A' 由位置 $A'B''$ 转动 $\Delta\varphi_1$ 角到达位置 $A'B'$。若取点 B 为基点，这一位移可分解为：线段 AB 随点 B 平行移动到位置 $B'A''$，再绕点 B' 由位置 $B'A''$ 转动 $\Delta\varphi_2$ 角到达位置 $A'B'$。当然，实际上平移和转动两者是同时进行的。

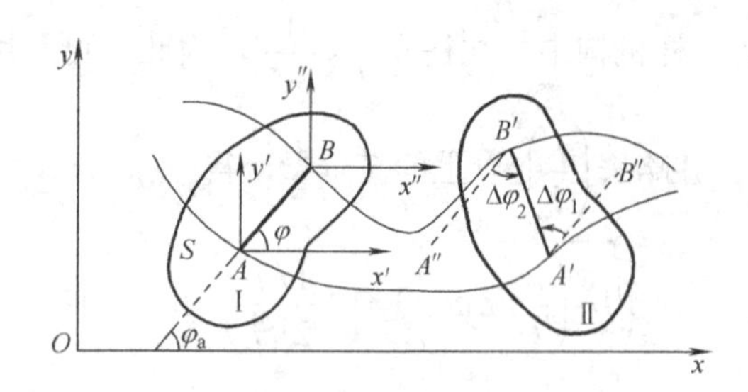

图 7.5　一般刚体平面运动的分解

由图可知，取不同的基点，平移部分一般来说是不同的(参见图中曲线 AA' 和 BB' 轨迹)，其速度和加速度也不相同。于是有结论：平面运动分解为平移和转动时，**其平移部分与基点选择有关**。但对于转动部分，由图可见，绕不同基点转过的角位移 $\Delta\varphi_1=\Delta\varphi_2=\Delta\varphi$(大小、转向均相同)，且平面图形的角速度

$$\omega=\lim_{\Delta t\to 0}\frac{\Delta\varphi_1}{\Delta t}=\lim_{\Delta t\to 0}\frac{\Delta\varphi_2}{\Delta t}=\lim_{\Delta t\to 0}\frac{\Delta\varphi}{\Delta t}=\frac{\mathrm{d}\varphi}{\mathrm{d}t} \tag{7-3}$$

对时间求二阶导数，得平面图形的角加速度也相同，从而可知：平面运动分解为平移和转动时，**其转动部分与基点的选择无关**。

由图 7.5 可以看出，在 t 瞬时，S 上直线 AB 相对于平移系 $Ax'y'$ 的方位用角度 φ 表示，而在同一瞬时，AB 相对于定系 Oxy 的方位是角度 φ_{a}，且有

$$\varphi(t)=\varphi_{\mathrm{a}}(t) \tag{7-4a}$$

从而有

$$\omega(t)=\omega_{\mathrm{a}}(t) \tag{7-4b}$$

$$\alpha(t)=\alpha_{\mathrm{a}}(t) \tag{7-4c}$$

即由于平移系相对定系无方位变化，故其相对转动量即为其绝对转动量。正因为如此，以后凡涉及平面运动图形相对转动的角速度和角加速度时，不必指明基点，而只说是平面图形的角速度和角加速度即可。

7.2　平面图形上各点的速度分析

7.2.1　基点法

在作平面运动的刚体上任选基点，建立平移系，先分解刚体的运动，再分析刚体上点的运动的方法称为**基点法**。

考察图 7.6 所示平面图形 S。已知在 t 瞬时，S 上点 A 的速度 $\boldsymbol{v}_A$ 和 S 的角速度 $\boldsymbol{\omega}$(方向与平面垂直)，为求 S 上点 B 在该瞬时的速度，可以点 A 为基点，建立平移系 $Ax'y'$，将 S 的平面运动分解为跟随 $Ax'y'$ 的平移和相对它的转动。这样，点 B 的绝对运动就被分解成牵连运动为平移和相对运动为圆周运动。根据速度合成定理，并沿用刚体运动的习惯符号，有

$$\boldsymbol{v}_B = \boldsymbol{v}_{\mathrm{a}} = \boldsymbol{v}_{\mathrm{e}} + \boldsymbol{v}_{\mathrm{r}} = \boldsymbol{v}_A + \boldsymbol{v}_{BA} = \boldsymbol{v}_A + \boldsymbol{\omega} \times \boldsymbol{r}'_B \tag{7-5}$$

式中，牵连速度即基点的速度 $\boldsymbol{v}_{\mathrm{e}} = \boldsymbol{v}_A$(平移系上各点速度均相同)。点 B 相对平移系的速度 $\boldsymbol{v}_{\mathrm{r}}$ 记为 $\boldsymbol{v}_{BA}$，由定轴转动的速度公式，$\boldsymbol{v}_{BA} = \boldsymbol{\omega} \times \boldsymbol{r}'_B$，$\boldsymbol{r}'_B$ 为图 7.6 所示的相对矢径。几何上，由以 $\boldsymbol{v}_A$ 和 $\boldsymbol{v}_{BA}$ 为边的速度平行四边形，可求得点 B 的速度 $\boldsymbol{v}_B$。

式(7-5)表明，**平面图形上任一点的速度等于基点的速度与该点对于以基点为原点的平移系的相对速度的矢量和。**

图 7.6 中，还画出一平面图形上任一线段 AB 之各点的牵连速度 $\boldsymbol{v}_{\mathrm{e}} = \boldsymbol{v}_A$ 与相对速度 $\boldsymbol{v}_{\mathrm{r}} = \boldsymbol{\omega} \times \boldsymbol{r}'_i$ (i 为 AB 上任一点)的分布。不难看出，AB 上各点的牵连速度均相同，而相对速度则依该点至基点 A 的距离呈线性分布。

总之，用基点法分析平面图形上点的速度，只是速度合成定理的具体应用而已。

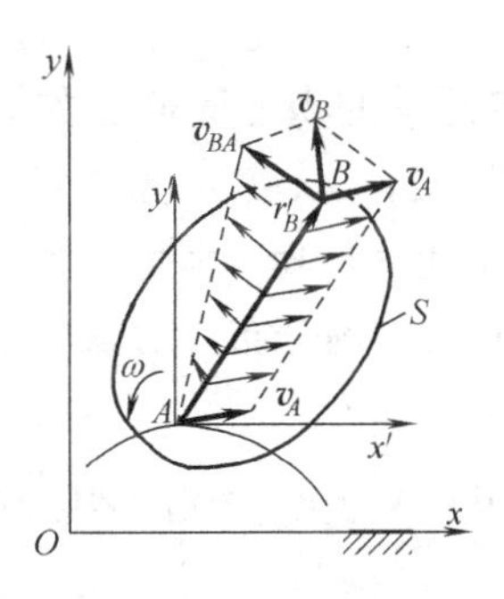

图 7.6　平面图形 S 上点的速度分析

7.2.2　速度投影定理法

将由图 7.6 得到的式(7-5)中各项分别向 A，B 两点连线 AB 上投影(图 7.7)。由于 $\boldsymbol{v}_{BA} = \boldsymbol{\omega} \times \boldsymbol{r}'_B$ 始终垂直于线段 AB，因此得

$$v_B \cos\beta = v_A \cos\theta \tag{7-6}$$

式中，角 θ，β 分别为速度 $\boldsymbol{v}_A$，$\boldsymbol{v}_B$ 与线段 AB 的夹角(图 7.7)。该式表明，**平面图形上任意两点的速度在该两点连线上的投影相等**，这称为**速度投影定理**。

这个定理的正确性也可以从另一角度理解：平面图形是从刚体上截取的，图形上 A，B 两点的距离应保持不变。所以这两点的速度在 AB 方向的分量必须相等。否则两点距离必将伸长或缩短。因此，速度投影定理对所有的刚体运动形式都是适用的。

应用速度投影定理分析平面图形上点的速度的方法称为**速度投影定理法**。

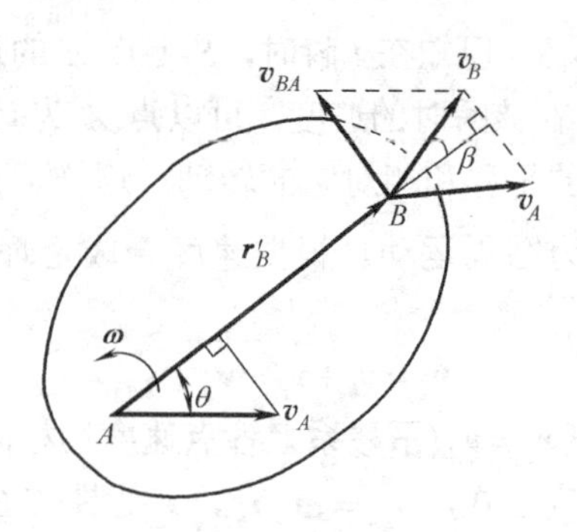

图 7.7　速度投影定理的几何表示

7.2.3　瞬时速度中心法

1. 瞬时速度中心的定义

在每一瞬时，运动的平面图形上或其拓展部分都唯一存在速度为零的点。此点称为**瞬时速度中心**，简称为**速度瞬心**，记为C^*，即$v_{C^*}=0$。

证明(几何法)：

设在t瞬时，表征平面图形S运动的物理量$\boldsymbol{v}_A,\omega$如图 7.8 所示。在S上，过点A作垂直于该点速度$\boldsymbol{v}_A$的直线AP。据式(7-5)，以点A为基点，分析直线AP上各点速度可知：在AP上一定存在其上各点的相对速度与基点速度不仅共线而且反向的部分。又因为各相对速度呈线性分布，而基点速度$\boldsymbol{v}_A$为均匀分布，所以，在直线AP的这部分上唯一存在点C^*，使

$$v_{C^*}=0，\quad v_A-v_{C^*A}=v_A-AC^*\cdot\omega=0$$

所以

$$AC^*=\frac{v_A}{\omega} \tag{7-7}$$

2. 瞬时速度中心的意义

若已知平面图形在t瞬时的速度瞬心C^*与其角速度ω，则可以点C^*为基点，建立平移系，分析图形上点的速度。此时，基点速度$v_{C^*}=0$，式(7-5)变为

$$\boldsymbol{v}_B=\boldsymbol{v}_{BC^*}=\boldsymbol{\omega}\times\boldsymbol{r}_{C^*B} \tag{7-8}$$

式中，$\boldsymbol{r}_{C^*B}$为自点C^*至点B所引的位矢。式(7-8)表明，此情形下，图形上待求速度点B的牵连速度等于零，绝对速度等于相对速度。如图 7.9 所示，线段C^*B上各点的速度大小按照该点至点C^*的距离呈线性分布，其速度方向垂直于线段C^*B，指向与图形的转动方向相一致。图中，线段C^*A与C^*C上各点的速度分布亦与上述相似。可见，就速度分布而言，图形在该瞬时的运动与假设它绕点C^*作**瞬时定轴转动**相类似。

另一方面，表征平面图形运动的物理量是随时间变化的，即$\boldsymbol{v}_A(t)$，$\omega(t)$。因此，速度瞬心在图形上的位置也在不断变化，即在不同瞬时，平面图形上有不同的速度瞬心。这又是它与定轴转动的重要区别。

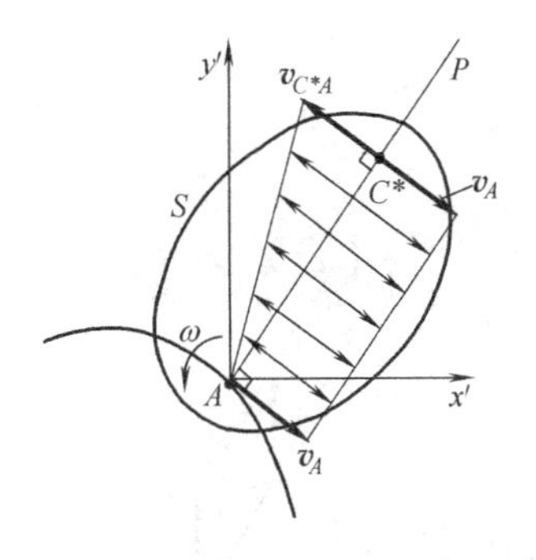

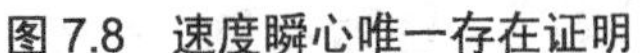
图 7.8　速度瞬心唯一存在证明

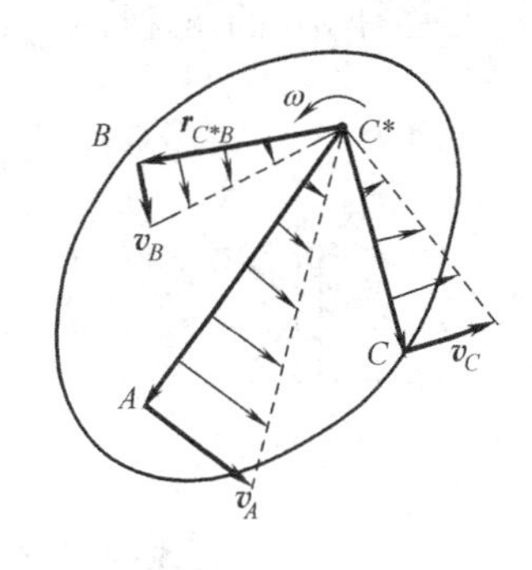

图 7.9　平面图形在 t 瞬时的运动图像

因此，速度瞬心概念对运动比较复杂的平面图形给出了清晰的运动图像：平面图形的瞬时运动为绕该瞬时的速度瞬心作**瞬时转动**，其连续运动为绕图形上一系列的速度瞬心作瞬时转动；同时这也为分析平面图形上点的速度与图形的角速度提供了一种有效方法。若已知图形的速度瞬心与角速度 ω，则图形上各点的速度均可用式(7-8)求出。

3．瞬时速度中心的确定

寻找图形在某一瞬时的速度瞬心，如同已知二维定轴转动刚体上两点速度的有关量，要求出它的转轴位置一样。图 7.10 中，给出了图形上两点速度量的 4 种不同情形。

其中，图 7.10(a)为已知图形上两点 $\boldsymbol{v}_A$ 和 $\boldsymbol{v}_B$ 的方向，且不平行。若过该两点分别作 $\boldsymbol{v}_A$ 与 $\boldsymbol{v}_B$ 的垂线，则二垂线的交点即为其速度瞬心 C_1^*。图 7.10(b)为已知图形上 A，B 两点的速度 $\boldsymbol{v}_A$ 与 $\boldsymbol{v}_B$ 的大小与方向，两速度平行、同向且均垂直于该两点的连线 AB，则 AB 与两速度矢端的连线与延长线交点就是该情形的瞬心 C_2^*。图 7.10(c)为已知图形上 A，B 两点的 $\boldsymbol{v}_A$ 与 $\boldsymbol{v}_B$，两速度平行反向且均垂直于该两点的连线 AB。图 7.10(d)中，已知 $\boldsymbol{v}_A$ 与 $\boldsymbol{v}_B$ 的方向，两速度平行但均不垂直于两点连线 AB。对于后两种情形，请读者自行分析瞬心位于何处。

注意到，图 7.10(a)中的瞬心 C_1^* 位于平面图形上，而图 7.10(b)的 C_2^* 却位于图形的边界以外，可以认为它位于图形的扩展部分上。

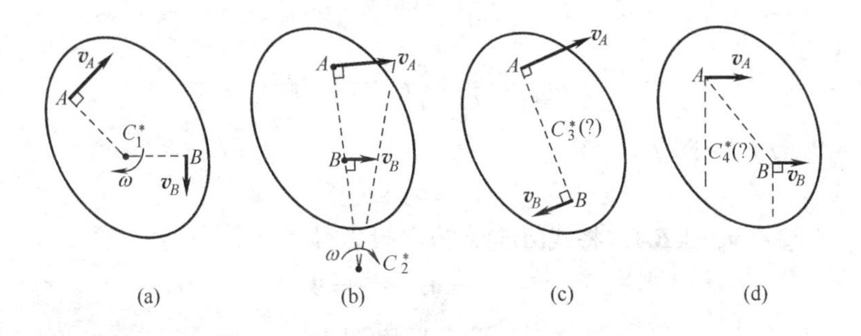

图 7.10　给定两点的速度，确定速度瞬心(其中图 c,d 由读者确定)

【例 7-2】曲柄—滑块机构如图 7.11(a)所示。其中，曲柄 OA 的长为 r，它以等角速度 ω_0 绕点 O 转动。连杆 AB 长度为 l。求曲柄转角 $\varphi=\varphi_0$(此瞬时 $\angle OAB=90^\circ$)与 $\varphi=0^\circ$ 时，滑

块的速度 $\boldsymbol{v}_B$ 与连杆 AB 的角速度 ω_{AB}。

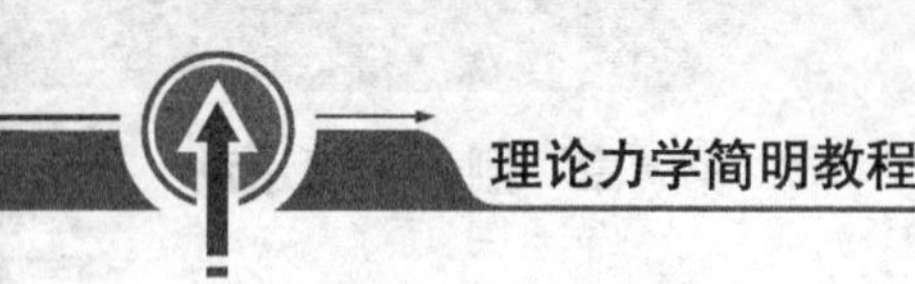

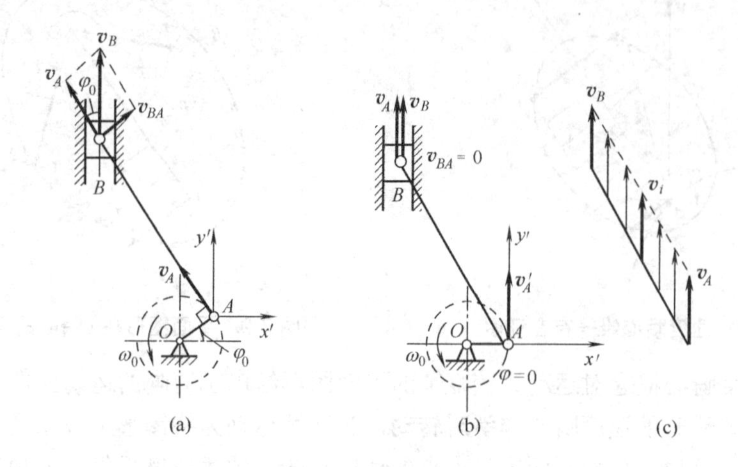

图 7.11　例 7-2 图

【分析】曲柄 OA 作定轴转动，其转动角速度已知；滑块 B 作上下直线平移；连杆 AB 作平面运动。

【解】

(1)　$\varphi=\varphi_0$ 的情形(图 7.11(a))。

因曲柄 OA 上点 A 的速度已知，故选点 A 为基点，建立平移系 $Ax'y'$，得

$$\boldsymbol{v}_B=\boldsymbol{v}_A+\boldsymbol{v}_{BA} \tag{a}$$

式(a)为矢量式，只有 $\boldsymbol{v}_B$，$\boldsymbol{v}_{BA}$ 两个大小未知，可解。因

$$v_A=r\omega$$

式(a)向 $\boldsymbol{v}_A$ 方向投影得

$$v_B\cos\varphi_0=v_A$$

$$v_B=\frac{r\omega_0}{\cos\varphi_0}，\text{(方向如图)} \tag{b}$$

再由图 7.11(a)得

$$\frac{v_{BA}}{v_A}=\tan\varphi_0$$

$$\omega_{AB}=\frac{v_{BA}}{l}=\frac{r}{l}\omega_0\tan\varphi_0\,\text{(顺)} \tag{c}$$

(2)　$\varphi=0^\circ$ 的情形(图 7.11(b))

$$\boldsymbol{v}_B=\boldsymbol{v}_A+\boldsymbol{v}_{BA} \tag{d}$$

此时 $\boldsymbol{v}_A \,/\!/\, \boldsymbol{v}_B$，$\boldsymbol{v}_{BA}\perp \boldsymbol{BA}$，将式(d)向 x' 方向投影得

$$\boldsymbol{v}_{BA}=\boldsymbol{0},\quad \boldsymbol{\omega}_{AB}=\boldsymbol{0} \tag{e}$$

$$\boldsymbol{v}_B=\boldsymbol{v}_A=r\omega_0\boldsymbol{j} \tag{f}$$

此时，杆 AB 作**瞬时平移**。此瞬时的情况同图 7.10(d)，因此用瞬心法也可求得此结果。

【讨论】

(1) 若只需求 $\boldsymbol{v}_B$，则也可用速度投影法求之。

由图 7.11(a)，将 $\boldsymbol{v}_B$ 和 $\boldsymbol{v}_A$ 向 AB 连线投影，得

$$v_B\cos\varphi_0 = v_A = r\omega_0,\quad v_B = \frac{r\omega_0}{\cos\varphi_0}(\uparrow)$$

由图 7.11(b)，设 $\boldsymbol{v}_A$ 与 AB 的夹角为 θ，则 $\boldsymbol{v}_B$ 与 $\boldsymbol{v}_A$ 向 AB 投影，得

$$v_A\cos\theta = v_B\cos\theta,\quad v_B = v_A = r\omega_0(\uparrow)$$

(2) 若图 7.11(a)，(b)中，$\boldsymbol{v}_B$ 方向初设时与图示相反，其结果如何？

【例 7-3】半径为 R 的圆轮沿直线轨道作纯滚动，如图 7.12 所示。已知轮心 0 的速度 $\boldsymbol{v}_0$。求轮缘上点 1，2，3，4 的速度。

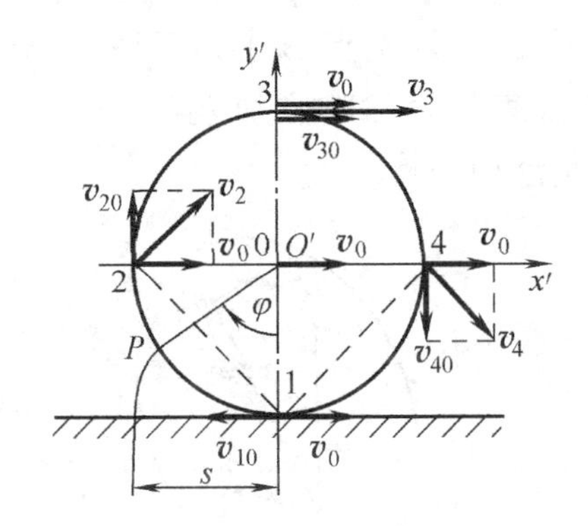

图 7.12　例 7-3 图

【分析】圆轮作平面运动，纯滚动相当于根据轮心速度就已知圆轮角速度。

【解】以点 O' (与点 0 重合)为基点，建立平移系 $O'x'y'$，可将轮缘上点 P 沿摆线(旋轮线)的运动分解为动系 $O'x'y'$ 随点 O' 的水平直线平移(牵连运动)和以点 O' 为圆心、R 为半径的圆周运动(相对运动)。

圆轮作纯滚动，由例 5-1 的结果式(5-11)知

$$\omega_0 = \frac{v_0}{R}$$

由式(7-5)有

点 1：因 $v_{10} = R\omega_0 = v_0$，且 $\boldsymbol{v}_{10} = -\boldsymbol{v}_0$，有 $v_1 = 0$

点 2：$\boldsymbol{v}_2 = \boldsymbol{v}_0 + \boldsymbol{v}_{20}, v_2 = \sqrt{2}v_0$

点 3：$\boldsymbol{v}_3 = \boldsymbol{v}_0 + \boldsymbol{v}_{30}, v_3 = 2v_0$

点 4：$\boldsymbol{v}_4 = \boldsymbol{v}_0 + \boldsymbol{v}_{40}, v_3 = \sqrt{2}v_0$

轮上与地面相接触的点 1 的速度为零，这一结果与轮在地上作无滑动的滚动概念相一致。因为地面接触点的速度为零，既然接触点无相对滑动，即无相对速度，故轮上接触点 1 的速度也必为零，所以轮上点 1 为瞬时速度中心。从而由轮心的速度 $\boldsymbol{v}_0$ 求得轮的角速度和瞬心点 1 位置，利用瞬心法很容易求得轮上各点速度大小和方向。请读者将本题结果与例 5-1 结果比较，另外还请读者利用速度投影法校核由瞬心法所得结果，并思考对点 0、点 1 和点 3 速度投影法是否有效。

要求读者对求速度的3种方法都应熟练掌握，并根据已知和所求灵活应用。

7.3 平面图形上各点的加速度分析

本节介绍用基点法确定平面图形上点的加速度。

如图 7.13 所示，已知平面图形 S 上点 A 的加速度 $\boldsymbol{a}_A$、图形的角速度 ω 与角加速度 α。与平面图形上各点速度分析相类似，选点 A 为基点，建立平移系 $Ax'y'$，分解图形的运动，从而也分解了图形上任一点 B 的运动。由于动点 B 的牵连运动为平移，可应用动系为平移时的加速度合成定理的公式，并采用刚体运动的习惯符号，有

$$\boldsymbol{a}_B=\boldsymbol{a}_\mathrm{a}=\boldsymbol{a}_\mathrm{e}+\boldsymbol{a}_\mathrm{r}=\boldsymbol{a}_A+\boldsymbol{a}_{BA}=\boldsymbol{a}_A+\boldsymbol{a}_{BA}^\mathrm{t}+\boldsymbol{a}_{BA}^\mathrm{n} \tag{7-9}$$

式中，$a_{BA}^\mathrm{t}=AB\cdot\alpha$，$a_{BA}^\mathrm{n}=AB\cdot\omega^2$，$\boldsymbol{a}_{BA}$ 为点 B 相对于平移系作圆周运动的加速度，而 $\boldsymbol{a}_{BA}^\mathrm{t}$ 与 $\boldsymbol{a}_{BA}^\mathrm{n}$ 分别为其中的**相对切向加速度与相对法向加速度**，r_{AB} 是由基点 A 引向点 B 的位矢。式(7-9)中的各量均已示于图 7.13 中。

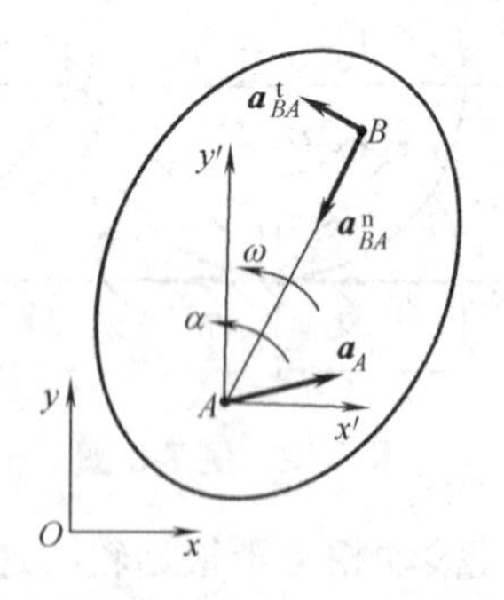

图 7.13 基点法求加速度

式(7-9)表明，**平面图形上任一点的加速度等于基点的加速度与该点对以基点为原点的平移系的相对切向与相对法向加速度的矢量和。**

【例 7-4】曲柄—滑块机构如图 7.14(a)所示。曲柄 OA 长为 r，它以等角速度 ω_0 绕点 O 转动，连杆 AB 长为 l。求曲柄转角 $\varphi=\varphi_0$ (图 7.14(a)，$OA\perp AB$)与 $\varphi=0^\circ$ (图 7.14(b)和图 7.14(c)，$OA/\!/AB$)两种情形下，滑块 B 的加速度 $\boldsymbol{a}_B$ 与连杆 AB 的角加速度 α_{AB}。

【分析】曲柄 OA 定轴转动，滑块 B 水平直线平移；连杆 AB 平面运动。

【解】

(1) $\varphi=\varphi_0$ 的情形(图 7.14(a))。

连杆 AB 作平面运动，先用速度瞬心法分析速度。已知点 A 的速度 $\boldsymbol{v}_A$ 垂直于 OA，$v_A=r\omega_0$；点 B 的速度方向沿滑道，数值未知。过点 A，B 分别作 $\boldsymbol{v}_A$ 和 $\boldsymbol{v}_B$ 的垂线并使其延长相交，可求得连杆 AB 的瞬心 C^*，则连杆的角速度

$$\omega_{AB}=\frac{v_A}{AC^*}=\frac{r\omega_0}{l^2/r}=\frac{r^2}{l^2}\omega_0\ (顺) \tag{a}$$

用基点法求点 B 的加速度。以点 A 为基点。据式(7-9)，点 B 的加速度为

$$\boldsymbol{a}_B=\boldsymbol{a}_A+\boldsymbol{a}_{BA}^\mathrm{t}+\boldsymbol{a}_{BA}^\mathrm{n} \tag{b}$$

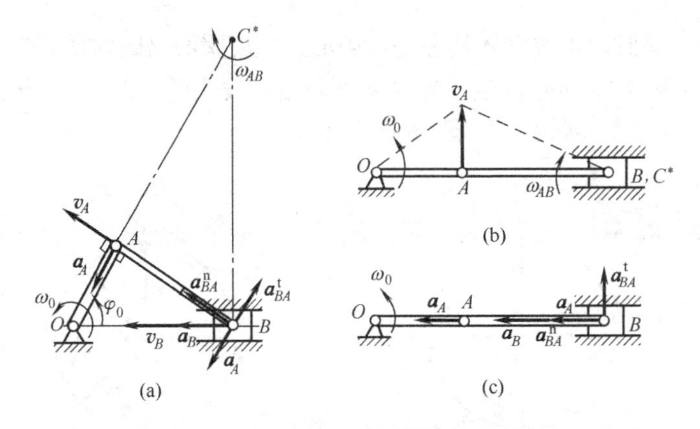

图 7.14　例 7-4 图

式(b)中只有 $\boldsymbol{a}_B$ 和 $\boldsymbol{a}_{BA}^t$ 的方向两个未知量，可直接求得

$$a_A = r\omega_0^2，\quad a_{BA}^n = AB\cdot\omega_{AB}^2 = \frac{r^4}{l^3}\omega_0^2$$

将式(b)中各项向 AB 方向投影，得

$$a_B \sin\varphi_0 = a_{BA}^n = \frac{r^4}{l^3}\omega_0^2$$

$$a_B = \frac{r^4\omega_0^2}{l^3\sin\varphi_0}, \text{(方向如图)} \tag{c}$$

再将式(b)中各项向 $\boldsymbol{a}_A$ 方向投影，有

$$a_B\cos\varphi_0 = a_A - a_{BA}^t$$

$$a_{BA}^t = \alpha_{AB}\cdot l = r\omega_0^2 - \frac{r^4}{l^3}\omega_0^2\cot\varphi_0 \tag{d}$$

于是，杆 AB 的角加速度

$$\alpha_{AB} = \frac{r}{l}\omega_0^2\left(1-\frac{r^3}{l^3}\cot\varphi_0\right)\text{(逆)} \tag{e}$$

(2)　$\varphi=0°$ 的情形。

在用瞬心法分析速度时，如图 7.14(b)所示，过 A，B 两点分别作 $\boldsymbol{v}_A$ 与 $\boldsymbol{v}_B$ 的两条垂线并延长，恰好相交于滑块上点 B。因此，点 B 就是速度瞬心 C^*。连杆 AB 的角速度

$$\omega_{AB} = \frac{v_A}{l} = \frac{r\omega_0}{l}\text{(顺)} \tag{f}$$

这种情形下，a_A 的表达式与 $\varphi=\varphi_0$ 时相同，但 $a_{BA}^n = AB\cdot\omega_{AB}^2 = \dfrac{r^2}{l}\omega_0^2$，方向均示于图 7.14(c)。将式(b)中各项向线段 AB 上投影，得

$$a_B = a_A + a_{BA}^n = r\omega_0^2 + \frac{r^2}{l}\omega_0^2 = r\omega_0^2\left(1+\frac{r}{l}\right) \tag{g}$$

在 AB 的垂线方向上只有 a_{BA}^t 一个量，所以

$$a_{BA}^t=0，\quad \alpha_{AB}=0$$

注意到，此情形下，点 B 是速度瞬心 C^*，$v_B = v_{C^*} = 0$，但速度瞬心的加速度并不为

零。这说明在下一瞬时，点 B 将不再是速度瞬心，速度瞬心是瞬时的。

【例 7-5】如图 7.15 所示，半径为 R 的圆轮沿直线轨道作纯滚动。已知轮心 0 的速度 $\boldsymbol{v}_0$ 及加速度 $\boldsymbol{a}_0$。求轮缘上点 1，2，3，4 的加速度。

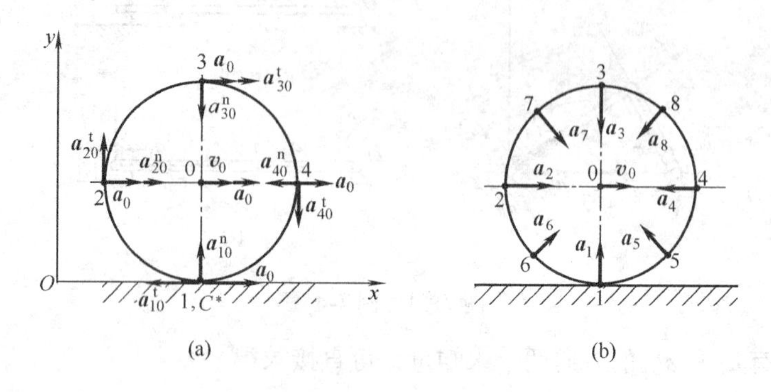

图 7.15 例 7-5 图

【分析】轮作纯滚动，所以由轮心的速度和加速度可知其角速度和角加速度。以轮心为基点，可求轮上其他各点的加速度。

【解】因点 0 的加速度已知，故以点 0 为基点。据式(7-9)，轮缘上任一点(例如 P，图中未标出)的加速度为

$$\boldsymbol{a}_P=\boldsymbol{a}_0+\boldsymbol{a}_{P0}^{\mathrm{t}}+\boldsymbol{a}_{P0}^{\mathrm{n}} \tag{a}$$

由例 5-1 的结果式(5-11)知

$$\omega_0=\frac{v_0}{R} \tag{b}$$

$$\alpha_0=\frac{a_0}{R} \tag{c}$$

于是，式(a)等号右边三项除 $\boldsymbol{a}_0$ 已知外，其余二项的大小分别为

$$a_{P0}^{\mathrm{t}}=\alpha_0 R=a_0,\quad a_{P0}^{\mathrm{n}}=\omega_0^2 R=\frac{v_0^2}{R} \tag{d}$$

据式(a)与式(d)，点 1,2,3,4 的加速度分别为

点 1：$\boldsymbol{a}_1=\dfrac{v_0^2}{R}\boldsymbol{j}$

点 2：$\boldsymbol{a}_2=\left(a_0+\dfrac{v_0^2}{R}\right)\boldsymbol{i}+a_0\boldsymbol{j}$

点 3：$\boldsymbol{a}_3=2a_0\boldsymbol{i}-\dfrac{v_0^2}{R}\boldsymbol{j}$

点 4：$\boldsymbol{a}_4=\left(a_0-\dfrac{v_0^2}{R}\right)\boldsymbol{i}-a_0\boldsymbol{j}$

其加速度的方向均已示于图 7.15(a)中。

【讨论】

(1) 注意到，点 1 为速度瞬心，$v_1=v_{C^*}=0$，但其加速度仍有 $a_1=a_{C^*}\neq 0$。a_1 既是绝

对切向加速度，也是相对法向加速度。请读者分析后一结果的意义。

(2) 若轮心 0 作等速运动，$a_0=0$，则轮缘上各点的加速度分布如图 7.15(b)所示，即均指向轮心。请读者思考，此时的加速度是“绝对法向加速度”吗?

(3) 如图 7.16 所示，半径各为 r 和 R 的圆柱体相互固结。小圆柱体在水平地面上作纯滚动，其角速度为 ω，角加速度为 α。试对下面所列结果判断大圆柱体上点 A 的绝对速度、绝对切向加速度和绝对法向加速度大小的正误(其方向已示于图上)，并将错误改正。

$$v_A=(R-r)\omega\text{，}\quad a_A^{\mathrm{t}}=(R-r)\alpha\text{，}\quad a_A^{\mathrm{n}}=(R-r)\omega^2$$

(4) 图 7.17 所示为半径为 r 的圆轮在半径为 R 的圆槽内作纯滚动。若已知直线 OO_1 绕定轴 O 转动的角速度为 $\dot{\varphi}$，现分析圆轮的(绝对)角速度 ω_{a} 与相对直线 OO_1 的相对角速度 ω_{r} 的关系。

因有 $R\varphi=r\psi$，$R\dot{\varphi}=r\dot{\psi}$，若将动系固连于 OO_1，则 $\omega_{\mathrm{e}}=\dot{\varphi}$，$\omega_{\mathrm{r}}=\dot{\psi}$，因此

$$\omega_{\mathrm{a}}=\dot{\psi}-\dot{\varphi}=\omega_{\mathrm{r}}-\omega_{\mathrm{e}}\text{(顺)} \tag{e}$$

这是因为设 O_1P 在初始瞬时位于铅垂位置，则转到图示位置实际绝对转角

$$\theta=\psi-\varphi$$

因此式(e)成立。从而要注意分清绝对转角、相对转角和牵连转角的区别与联系。

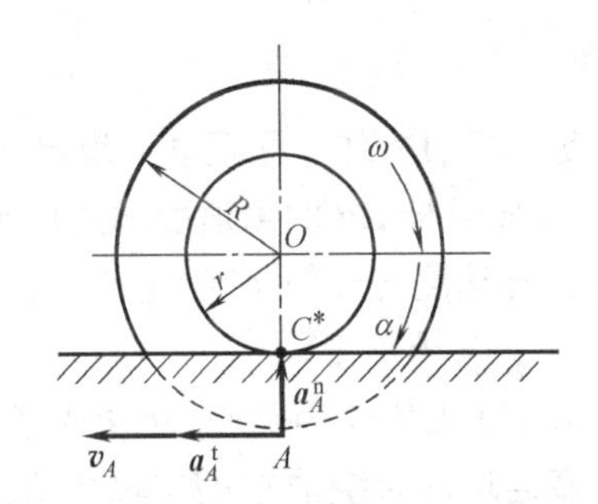

图 7.16　作纯滚动的圆轮上点的加速度分析

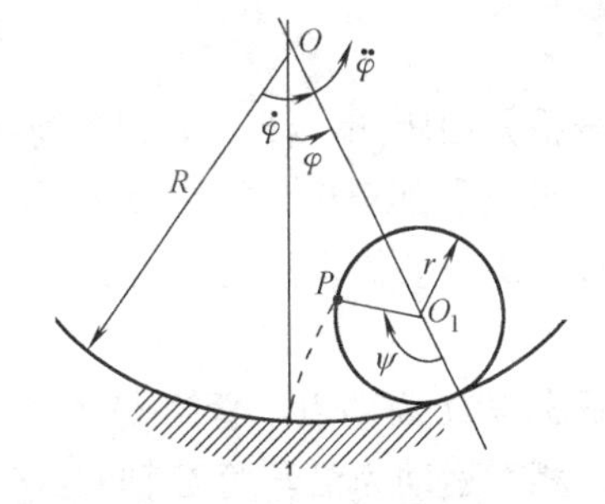

图 7.17　圆轮 O_1 在圆槽内作纯滚动的 ω 与 ω_{r}

7.4　运动学综合应用举例

工程中的机构都是由数个物体组成的，各物体间通过连接点而传递运动。为分析机构的运动，首先要分清各物体都作什么运动，并计算有关连接点的速度和加速度。

为分析某点的运动，如能找出其位置与时间的函数关系，则可直接建立运动方程，用解析方法求其运动全过程的速度和加速度，如例 5-1 和例 7-1。当难以建立点的运动方程，或只对机构某些瞬时位置的运动参数感兴趣时，可根据刚体各种不同运动的形式，确定此刚体的运动与其上一点运动的关系，并常用合成运动或平面运动的理论来分析相关的两个点在某瞬时的速度和加速度联系。

平面运动理论用来分析同一平面运动刚体上两个不同点间的速度和加速度联系。当两个刚体相接触而有相对滑动时，则需用合成运动的理论分析这两个不同刚体上相重合一点的速度和加速度联系。两物体间有相互运动，虽不接触，其重合点的运动也符合合成运动

的关系。

复杂的机构中，可能同时有平面运动和点的合成运动问题，应注意分别分析、综合应用有关理论。有时同一问题可用不同的方法分析，则应经过分析、比较后，选用较简便的方法求解。

下面通过几个例题说明这些方法的综合应用。

【例 7-6】图 7.18(a)所示平面机构中，曲柄 OA 以匀角速度ω绕轴 O 转动，曲柄长 $OA=r$，摆杆 AB 可在套筒 C 中滑动，摆杆长 $AB=4r$，套筒 C 绕定轴 C 转动。求图示瞬时($\angle OAB=60^\circ$)点 B 的速度和加速度。

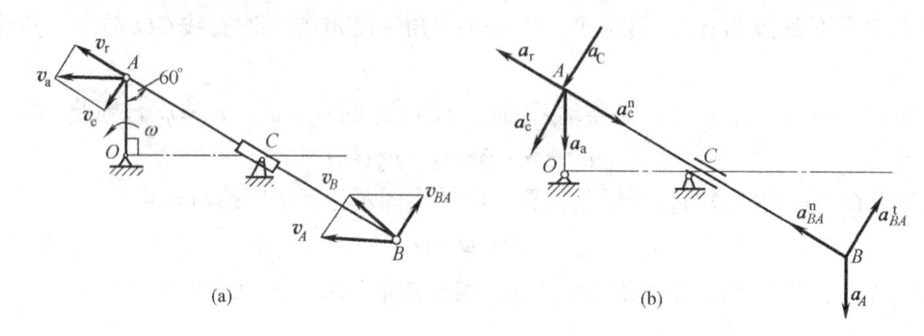

图 7.18　例 7-6 图

【分析】由题知，杆 OA 和套筒 C 均作定轴转动；杆 AB 作平面运动。现已知杆 AB 上点 A 的速度和加速度，欲求点 B 的速度和加速度，需先求杆 AB 的角速度和角加速度。

因杆 AB 在套筒中滑动，所以 AB 杆的角速度和角加速度与套筒 C 的角速度和角加速度相同。

【解】以 A 为动点，套筒 C 为动系，则其绝对运动为以点 O 为圆心、OA 为半径的圆周运动；相对运动为沿套筒 C 轴线 AB 的直线运动；牵连运动为绕轴 C 的定轴转动。

(1) 速度分析(图 7.18(a))

$$\boldsymbol{v}_a=\boldsymbol{v}_e+\boldsymbol{v}_r \tag{a}$$

式中 $v_a=r\omega$，各量方向如图，得

$$v_r=\frac{\sqrt{3}}{2}r\omega,\quad v_e=\frac{1}{2}r\omega,\quad \omega_e=\frac{v_e}{AC}=\frac{\omega}{4}$$

(2) 加速度分析(图 7.18(b))

$$\boldsymbol{a}_a=\boldsymbol{a}_e^t+\boldsymbol{a}_e^n+\boldsymbol{a}_r+\boldsymbol{a}_C \tag{b}$$

式中

$$a_a=r\omega^2,\quad a_e^n=AC\cdot\omega_e^2=\frac{r}{8}\omega^2,\quad a_C=2\omega_e v_r=\frac{\sqrt{3}}{4}r\omega^2$$

各量方向如图，将式(b)向 $\boldsymbol{a}_C$ 方向投影，得

$$a_a\cos 30^\circ=a_e^t+a_C$$

因此有

$$a_e^t=\frac{\sqrt{3}}{4}r\omega^2,\quad \alpha_e=\frac{a_e^t}{AC}=\frac{\sqrt{3}}{8}\omega^2$$

(3) 以 A 为基点，则

$$\boldsymbol{v}_B = \boldsymbol{v}_A + \boldsymbol{v}_{BA} \text{(图 7.18(a))} \tag{c}$$

$$\boldsymbol{a}_B = \boldsymbol{a}_A + \boldsymbol{a}_{BA}^{\mathrm{n}} + \boldsymbol{a}_{BA}^{\mathrm{t}} \text{(图 7.18(b))} \tag{d}$$

请读者用式(c)，式(d)和以上计算结果求解点 B 的速度和加速度。

【讨论】本题求速度时，也可取套筒 C 为动点，杆 AB 为动系，其绝对运动为静止，相对运动为沿直线 AB，牵连运动为平面运动。此时可根据绝对速度为零，得相对速度和牵连速度等值、反向，从而由杆 AB 上与动点 C 重合点 C_1(图中未示出)的速度方向和点 A 的速度方向及大小确定杆 AB 的速度瞬心和角速度；不过要确定其角加速度就不如上述方法简便，请读者不妨一试。

【例 7-7】图 7.19 所示曲柄连杆机构带动摇杆 O_1C 绕轴 O_1 摆动。在连杆 AB 上装有两个滑块，滑块 B 在水平槽内滑动，滑块 D 则在摇杆 O_1C 的槽内滑动。已知：曲柄 OA=50 mm，绕轴 O 转动的匀角速度 ω=10 rad/s。在图示位置时，曲柄与水平线间成 90° 角，$\angle OAB = 60^\circ$；摇杆 O_1C 与水平线间成 60° 角，距离 O_1D=70 mm。求摇杆的角速度和角加速度。

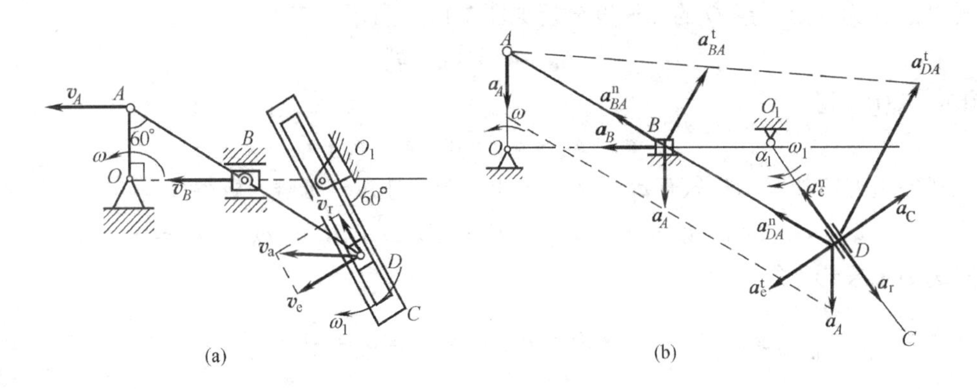

图 7.19　例 7-7 图

【分析】曲柄 OA 作定轴转动，点 A 的速度和加速度已知；滑块 B 作水平直线平移，点 B 的速度方向和加速度方向已知；摇杆 O_1C 作定轴转动，滑块 D 沿槽 O_1C 直线相对滑动；由 $\boldsymbol{v}_A // \boldsymbol{v}_B$ 知杆 AD 作瞬时平移。

【解】

(1)

$$v_D = v_A = \omega \cdot OA, \omega_{AD} = 0 \tag{a}$$

(2) 选杆 AD 上的点 D 为动点，摇杆 O_1D 为动系，则绝对运动为平面曲线；相对运动为沿槽 O_1D 作直线运动；牵连运动为绕轴 O_1 定轴转动。各速度如图 7-19(a)所示，由

$$\boldsymbol{v}_\mathrm{a} = \boldsymbol{v}_\mathrm{e} + \boldsymbol{v}_\mathrm{r}$$
$$\boldsymbol{v}_\mathrm{a} = \boldsymbol{v}_D \tag{b}$$

得

$$v_\mathrm{r} = v_\mathrm{a} \cos 60^\circ = 0.25 \text{ m/s}, \quad v_\mathrm{e} = v_\mathrm{a} \sin 60^\circ = 0.433 \text{ m/s} \tag{c}$$

$$\omega_1 = \frac{v_e}{O_1D} = 6.19\ \text{rad/s} \tag{d}$$

(3) 为求α_1须分析点D的加速度，为此先求出杆AD的角加速度。

以A为基点，点B加速度

$$\boldsymbol{a}_B = \boldsymbol{a}_A + \boldsymbol{a}_{BA}^{t} + \boldsymbol{a}_{BA}^{n} \tag{e}$$

式中各量方向如图7.19(b)所示，大小为

$$a_A = OA\cdot\omega^2,\ a_{BA}^{n} = 0 \tag{f}$$

式(e)向$\boldsymbol{a}_A$方向投影，得

$$a_{BA}^{t} = \frac{2}{\sqrt{3}}a_A,\quad \alpha_{AD} = \frac{a_{BA}^{t}}{AB} = \frac{\omega^2}{\sqrt{3}} \tag{g}$$

(4) 选D为动点，杆O_1D为动系，运动分析同第(2)步，点D加速度分析如图7.19(b)所示，有

$$\boldsymbol{a}_D = \boldsymbol{a}_a = \boldsymbol{a}_e^{t} + \boldsymbol{a}_e^{n} + \boldsymbol{a}_r + \boldsymbol{a}_C \tag{h}$$

式中$\boldsymbol{a}_e^{t}$，$\boldsymbol{a}_r$的大小和$\boldsymbol{a}_a$的大小及方向均未知，有4个未知量，需找补充方程。

再以点A为基点，点D的加速度分析如图7.19(b)所示，有

$$\boldsymbol{a}_D = \boldsymbol{a}_A + \boldsymbol{a}_{DA}^{t} + \boldsymbol{a}_{DA}^{n} \tag{i}$$

由式(h)，式(i)，得

$$\boldsymbol{a}_A + \boldsymbol{a}_{DA}^{t} + \boldsymbol{a}_{DA}^{n} = \boldsymbol{a}_e^{t} + \boldsymbol{a}_e^{n} + \boldsymbol{a}_r + \boldsymbol{a}_C \tag{j}$$

上式各量方向如图示，只有$\boldsymbol{a}_e^{t}$，$\boldsymbol{a}_r$的大小两个未知量，可解。解得

$$a_A = OA\cdot\omega^2,\quad a_{DA}^{t} = AD\cdot\alpha_{AD},\quad a_e^{n} = O_1D\cdot\omega_1^2,\quad a_C = 2\omega_1 v_r\quad a_{DA}^{n} = 0$$

式(j)向$\boldsymbol{a}_e^{t}$方向投影，得

$$a_A\cos 60^\circ - a_{DA}^{t}\cos 30^\circ = a_e^{t} - a_C,\quad a_e^{t} = a_C + \frac{a_A}{2} - \frac{\sqrt{3}}{2}a_{DA}^{t}$$

$$\alpha_1 = \frac{a_e^{t}}{O_1D} = -78.1\ \text{rad/s}$$

【讨论】

(1) 本题已知杆OA的运动，欲求杆O_1D的运动，其关键是充分利用作瞬时平移“中介杆”AD的已知条件。

(2) 欲求点D的速度和加速度，要充分利用点B的约束条件。

(3) 本解答第(4)步，如果先用式(i)解出$\boldsymbol{a}_D$的大小后代入式(h)，则计算量会增加。

【例7-8】图7.20(a)所示平面机构，杆OA与杆AB铰接于点A，销钉P固连在杆CD上，并能在杆AB的导槽内滑动。设图示瞬时杆OA沿铅垂方向，杆CD为水平方向，杆AB与铅垂线的夹角为45°；杆OA长为r，以匀角速度ω转动；杆CD以匀速度$v = r\omega$作水平运动。求该瞬时杆AB的角速度与角加速度。

【分析】杆OA定轴转动；点A的速度和加速度均已知，杆AB作平面运动；点P相对AB作直线运动，杆CD作水平匀速直线平移，杆CD上点P的速度和加速度已知。

【解】

(1) 以杆CD上销钉P为动点，杆AB为动系，则绝对运动为水平直线，相对运动为

沿 AB 槽直线运动，牵连运动为平面运动。

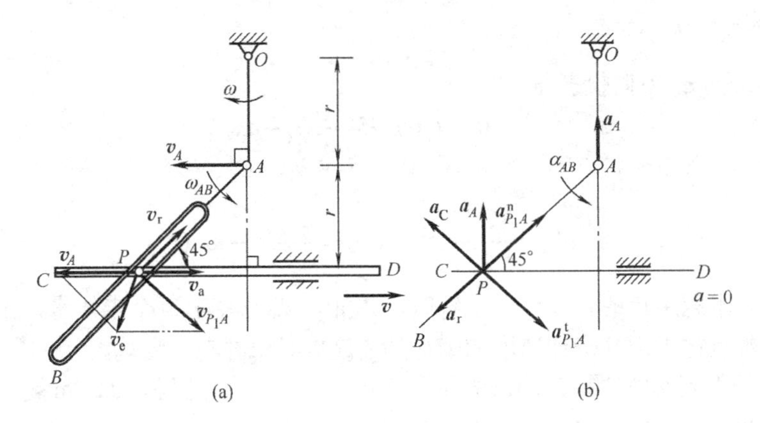

图 7.20　例 7-8 图

(2) 速度分析(图 7.20(a))

$$\boldsymbol{v}_a=\boldsymbol{v}_e+\boldsymbol{v}_r \tag{a}$$

式(a)中有 $\boldsymbol{v}_e$ 的大小和方向及 $\boldsymbol{v}_r$ 的大小 3 个未知量，需找补充方程。

牵连速度为动系 AB 上与动点 P 重合点 P_1 的速度。以 A 为基点，则

$$\boldsymbol{v}_e=\boldsymbol{v}_{P_1}=\boldsymbol{v}_A+\boldsymbol{v}_{P_1A} \tag{b}$$

将式(b)代入式(a)得

$$\boldsymbol{v}_a=\boldsymbol{v}_A+\boldsymbol{v}_{P_1A}+\boldsymbol{v}_r \tag{c}$$

式中，$v_a=r\omega$，$v_A=r\omega$，$v_{P_1A}=\sqrt{2}r\omega_e$。各量方向如图 7.20(a)所示，只有 $\boldsymbol{v}_{P_1A}$，$\boldsymbol{v}_r$ 两个量的大小未知。

式(c)向 $\boldsymbol{v}_{P_1A}$ 方向投影，得

$$v_a\cos 45^\circ=-v_A\cos 45^\circ+\sqrt{2}r\omega_e$$

则

$$\omega_{AB}=\omega_e=\omega\,(\text{逆}) \tag{d}$$

式(c)向 $\boldsymbol{v}_r$ 方向投影，得

$$v_a\cos 45^\circ=-v_A\cos 45^\circ+v_r$$

则

$$v_r=\sqrt{2}r\omega \tag{e}$$

(3) 加速度分析(图 7.20(b))

$$\boldsymbol{a}_a=\boldsymbol{a}_e+\boldsymbol{a}_r+\boldsymbol{a}_C \tag{f}$$

式中有 $\boldsymbol{a}_e$ 的大小和方向及 $\boldsymbol{a}_r$ 的大小 3 个未知量，需找补充方程。

同样以 A 为基点(图 7.20(b))，有

$$\boldsymbol{a}_e=\boldsymbol{a}_A+\boldsymbol{a}^n_{P_1A}+\boldsymbol{a}^t_{P_1A}$$

代入式(f)，得

$$\boldsymbol{a}_a=\boldsymbol{a}_A+\boldsymbol{a}^n_{P_1A}+\boldsymbol{a}^t_{P_1A}+\boldsymbol{a}_r+\boldsymbol{a}_C \tag{g}$$

式中，$a_a=0$，$a_A=r\omega^2$，$a_{P_1A}^{n}=\sqrt{2}r\omega_e^2$，$a_C=2\omega_e v_r$。各量方向如图 7.20(b)所示，只有 $\boldsymbol{a}_{P_1A}^{t}$，$\boldsymbol{a}_r$ 两个量的大小未知。

式(g)两边向 $\boldsymbol{a}_C$ 方向投影得

$$0=a_A\cos45^\circ-a_{P_1A}^{t}+a_C$$

则

$$a_{P_1A}^{t}=\frac{5\sqrt{2}}{2}r\omega^2,\quad \alpha_{AB}=\frac{a_{P_1A}^{t}}{\sqrt{2}r}=\frac{5}{2}\omega^2\,(逆)$$

【讨论】本题用点的合成运动求解时，式(a)，式(f)均有 3 个未知量，由于牵连运动为平面运动，难点在于求其牵连速度和牵连加速度以寻求补充方程。

【例 7-9】已知如图 7.21(a)所示，*AB*=*l*=0.4 m，v_A 恒为 0.2 m/s，当 $\theta=30^\circ$ 时，*AC*=*BC*。求杆 *CD* 在图示瞬时的速度和加速度。

【分析】点 *A* 的速度和加速度已知，点 *B* 的速度方向和加速度方向已知，从而可知杆 *AB* 的速度瞬心位置和角速度大小，进而可知杆 *AB* 上各点的速度；利用基点 *A* 的加速度和点 *B* 的加速度方向已知，可求得杆 *AB* 的角加速度；再用点的合成运动，可求滑块 *C* 的速度和加速度。

【解】

(1) 选 *CD* 上套筒 *C* 为动点，杆 *AB* 为动系；绝对运动为上下直线；相对运动为沿 *AB* 直线运动；牵连运动为平面运动。图 7.21(a)中，点 *P* 为杆 *AB* 的速度瞬心，故杆 *AB* 的角速度

$$\omega_{AB}=\frac{v_A}{PA}=1\ \text{rad/s}\,(逆) \tag{a}$$

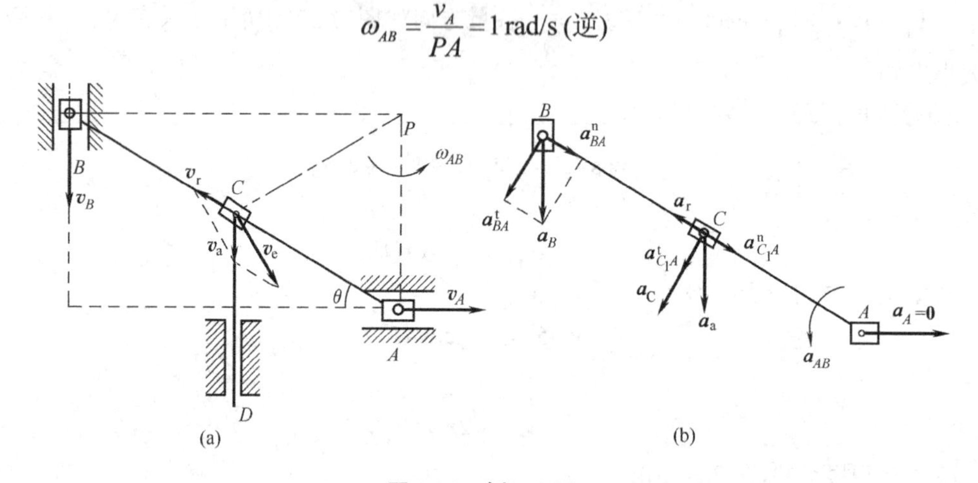

图 7.21 例 7-9 图

由图 7.21(a)知

$$\boldsymbol{v}_a=\boldsymbol{v}_e+\boldsymbol{v}_r$$

$$v_e=v_{C_1}=v_A\,(C_1\ 为杆AB上与动点C重合点，图中未画出)$$

得

$$v_a=v_r=\frac{\sqrt{3}}{3}v_e=\frac{\sqrt{3}}{15}\text{m/s} \tag{b}$$

(2) 加速度分析如图 7.21(b)所示，杆 AB 作平面运动，以 A 为基点，有

$$\boldsymbol{a}_B = \boldsymbol{a}_A + \boldsymbol{a}_{BA}^{\mathrm{t}} + \boldsymbol{a}_{BA}^{\mathrm{n}} \tag{c}$$

式(c)中，$a_A = 0$，$a_{BA}^{\mathrm{n}} = l\omega_{AB}^2$，各量方向如图，只有 $\boldsymbol{a}_B$ 和 $\boldsymbol{a}_{BA}^{\mathrm{t}}$ 的大小两个未知量，可解。

将式(c)向与 $\boldsymbol{a}_B$ 垂直方向投影得

$$0 = a_{BA}^{\mathrm{t}}\cos 60^\circ - a_{BA}^{\mathrm{n}}\cos 30^\circ$$

则

$$a_{BA}^{\mathrm{t}} = \sqrt{3}l\omega_{AB}^2,\quad \alpha_{AB} = \frac{a_{BA}^{\mathrm{t}}}{l} = \sqrt{3}\ \mathrm{rad/s^2}\ (逆) \tag{d}$$

(3) 再选套筒 C 为动点，AB 为动系，运动分析同上，加速度分析如图 7.21(b)，有

$$\boldsymbol{a}_{\mathrm{a}} = \boldsymbol{a}_{\mathrm{e}} + \boldsymbol{a}_{\mathrm{r}} + \boldsymbol{a}_{\mathrm{C}} \tag{e}$$

式中

$$\boldsymbol{a}_{\mathrm{e}} = \boldsymbol{a}_{C_1} = \boldsymbol{a}_A + \boldsymbol{a}_{C_1A}^{\mathrm{t}} + \boldsymbol{a}_{C_1A}^{\mathrm{n}} \tag{f}$$

将式(f)代入式(e)得

$$\boldsymbol{a}_{\mathrm{a}} = \boldsymbol{a}_A + \boldsymbol{a}_{C_1A}^{\mathrm{t}} + \boldsymbol{a}_{C_1A}^{\mathrm{n}} + \boldsymbol{a}_{\mathrm{r}} + \boldsymbol{a}_{\mathrm{C}} \tag{g}$$

式(g)中，$\boldsymbol{a}_A = \boldsymbol{0}$，$a_{C_1A}^{\mathrm{t}} = \dfrac{l}{2}\alpha_{AB}$　$a_{C_1A}^{\mathrm{n}} = \dfrac{l}{2}\omega_{AB}^2$　$a_{\mathrm{C}} = 2\omega_{AB}v_{\mathrm{r}}$，各量方向如图所示，只有 $\boldsymbol{a}_{\mathrm{a}}$ 的大小和 $\boldsymbol{a}_{\mathrm{r}}$ 的大小两个未知量，可解。

将式(g)向 $\boldsymbol{a}_{\mathrm{C}}$ 方向投影得

$$a_{\mathrm{a}}\cos 30^\circ = a_{C_1A}^{\mathrm{t}} + a_{\mathrm{C}},\quad a_{\mathrm{a}} = \frac{2}{3}\mathrm{m/s^2}$$

【讨论】本题中由于牵连运动为平面运动，$\boldsymbol{v}_{\mathrm{e}}$ 和 $\boldsymbol{a}_{\mathrm{e}}$ 不易直接求出，因此增加了难度。解决问题的要领是充分利用作平面运动杆另一端 B(当然还包括已知端 A)的约束条件：求 $\boldsymbol{v}_{\mathrm{e}}$ 时利用 B 端 $\boldsymbol{v}_{\mathrm{B}}$ 方向找出瞬心，从而求出 ω_{e}(即 ω_{AB})和 $\boldsymbol{v}_{\mathrm{e}}$；求 $\boldsymbol{a}_{\mathrm{e}}$ 时利用 $\boldsymbol{a}_B$ 方向已知等用基点法确定 α_{e}(即 α_{AB})，在求出 α_{e} 后再求 $\boldsymbol{a}_{\mathrm{e}}^{\mathrm{t}}$，一般 $\boldsymbol{a}_{\mathrm{e}}^{\mathrm{n}}$ 在 ω_{e} 求出后就已知。另外注意虽然点 P 为杆 AB 的速度瞬心，但一般 $a_P \neq 0$，且未知，所以不要以 P 为基点去确定动点 C 在杆 AB 上重合点 C_1 的牵连加速度，因为杆 AB 作平面运动而不是绕 P 点作定轴转动。

小　　结

(1) 刚体作平面运动的运动方程为

$$x_A = f_1(t),\quad y_A = f_2(t),\quad \varphi = f_3(t)$$

角速度 ω 和角加速度 α 为

$$\omega = \dot{\varphi} = \dot{f}_3(t),\quad \alpha = \ddot{\varphi} = \ddot{f}_3(t)$$

(2) 平面运动刚体上任一点的速度。

刚体的平面运动可分解为随基点的平移和绕基点的转动。平移为牵连运动，它与基点的选择有关；转动为相对于平移参考系的运动，它与基点的选择无关。

① 基点法

$$\boldsymbol{v}_B = \boldsymbol{v}_A + \boldsymbol{v}_{BA}$$

② 速度投影法

$$v_B \cos\beta = v_A \cos\theta \text{，或} [\boldsymbol{v}_B]_{AB} = [\boldsymbol{v}_A]_{AB}$$

③ 速度瞬心法

刚体的平面运动可看成绕速度瞬心作瞬时转动，其上任一点 B 的速度大小为

$$v_B = v_{BC^*} = \omega \cdot C^*B$$

式中，C^*B 为点 B 到速度瞬心 C^* 的距离。$\boldsymbol{v}_B$ 垂直于 B 与 C^* 两点直线，指向图形转动方向。

(3) 平面运动刚体上任一点的加速度。

基点法

$$\boldsymbol{a}_B = \boldsymbol{a}_A + \boldsymbol{a}_{BA}^{\mathrm{t}} + \boldsymbol{a}_{BA}^{\mathrm{n}}$$

思 考 题

7-1 平移、定轴转动与平面运动之间存在什么关系？

7-2 图示平面图形的三种速度分布情况，可能的是图________；不可能的是图_______。

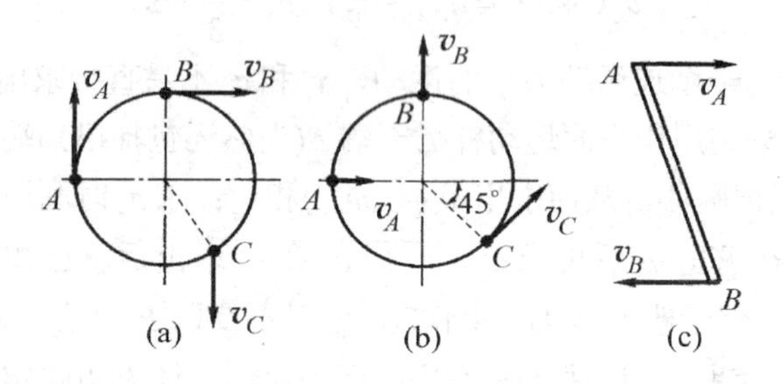

思考题 7-2 图

7-3 杆 AB 的两端可分别沿水平、铅直滑道运动，已知 B 端的速度为 $\boldsymbol{v}_B$，求图示瞬时点 B 相对于基点 A 的速度。

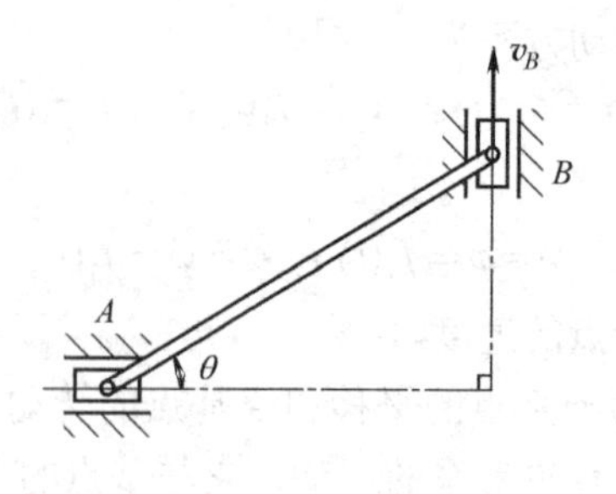

思考题 7-3 图

7-4 设平面图形上任意两点 A，B 的速度分别为 $\boldsymbol{v}_A$，$\boldsymbol{v}_B$，M 为 A，B 连线的中点，试证

$$\boldsymbol{v}_M = \frac{1}{2}(\boldsymbol{v}_A + \boldsymbol{v}_B)$$

7-5 在图示平面杆系中，$AC = BC$，两杆在点 C 铰接。图示瞬时 $AC \perp BC$，$\boldsymbol{v}_A$ 和 AC 成 $30°$ 角，$\boldsymbol{v}_B$ 与 BC 成 $60°$ 角，$v_A = v_B = v$，求此瞬时点 C 的速度大小。

7-6 图示车轮沿曲面纯滚动。已知轮心 O 在某一瞬时的速度 $\boldsymbol{v}_O$ 和加速度 $\boldsymbol{a}_O$。问车轮的角加速度是否等于 $a_O \cos\beta / R$？速度瞬心 C 的加速度大小和方向如何确定？

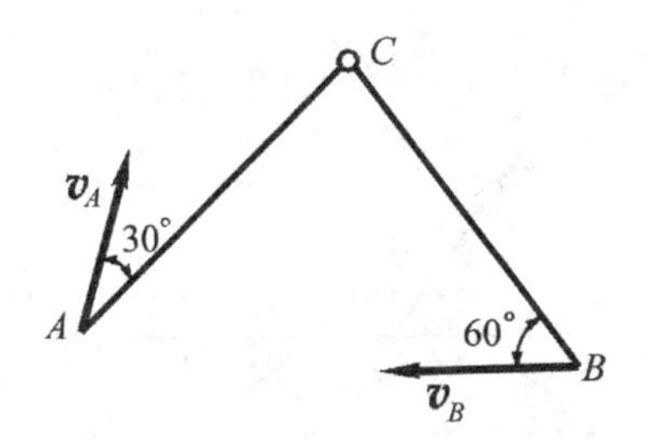

思考题 7-5 图

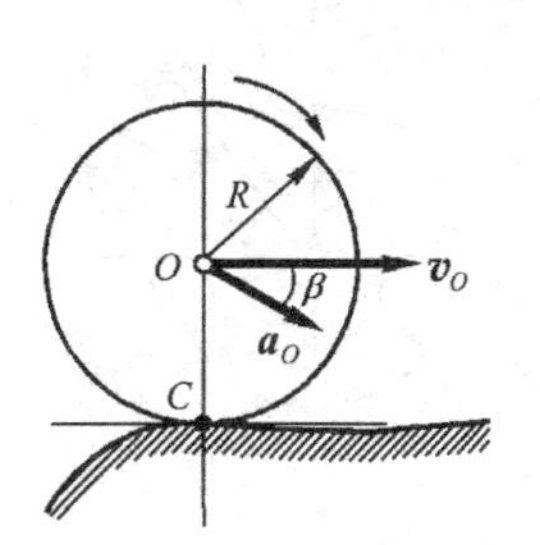

思考题 7-6 图

7-7 在图示瞬时，已知 O_1A 平行且等于 O_2B，问 ω_1 与 ω_2，α_1 与 α_2 是否相等？

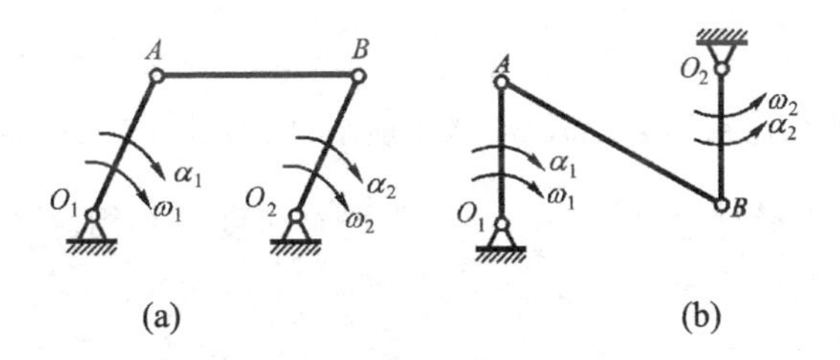

思考题 7-7 图

7-8 正方形平板在自身平面内运动，若其顶点 A，B，C，D 的加速度大小相等，方向如图(a), (b)所示，则图______运动不可能，图______运动可能。

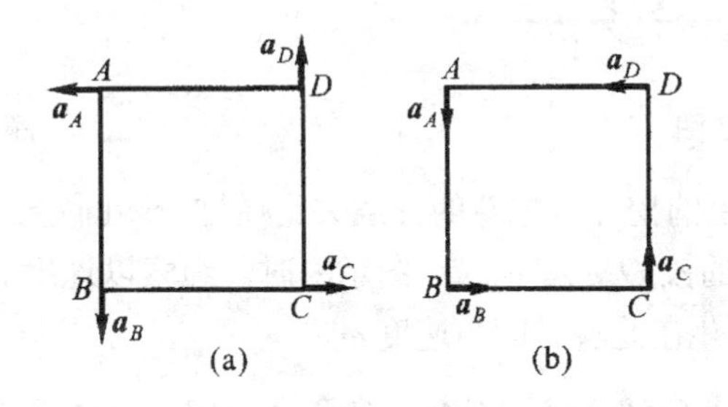

思考题 7-8 图

7-9 设平面图形上任意两点 A，B 的加速度分别为 $\boldsymbol{a}_A, \boldsymbol{a}_B$，$M$ 为 A，B 连线的中点，试证：$\boldsymbol{a}_M = \dfrac{1}{2}(\boldsymbol{a}_A + \boldsymbol{a}_B)$。

习　题

7-1 图示半径为 r 的齿轮由曲柄 OA 带动，沿半径为 R 的固定齿轮滚动。曲柄 OA 以等角加速度α_0绕轴 O 转动，当运动开始时，角速度 $\omega_0=0$，$\varphi_0=0$。求动齿轮以圆心 A 为基点的平面运动方程。

7-2 图示沿直线导轨滑动的套筒 A 和 B 由长为 l 的连杆 A 连接，套筒 A 以匀速 v_A 运动。套筒 A 是从点 O 开始运动，$\angle BOA=\pi-\alpha$。试以 A 为基点，写出杆 AB 的运动方程。

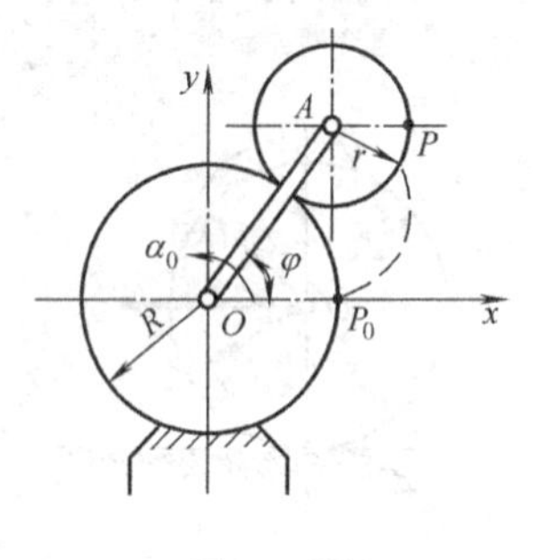

题 7-1 图

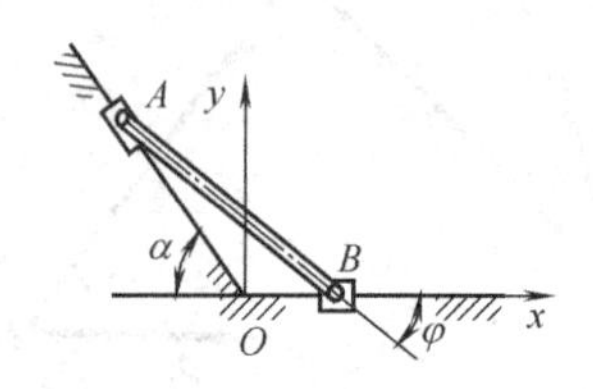

题 7-2 图

7-3 图示拖车的车轮 A 与垫滚 B 的半径均为 r。问当拖车以速度 v 前进时，轮 A 与垫滚 B 的角速度ω_A与ω_B有什么关系？设轮 A 和垫滚 B 与地面之间以及垫滚 B 与拖车之间无滑动。

7-4 图示飞机以速度 $v=200$ km/h 沿水平航线飞行，同时以角速度 $\omega=\dfrac{1}{4}$ rad/s 回收着陆轮。求着陆轮 OC 的瞬时速度中心，并说明瞬时速度中心相对飞机的位置与角 θ 有无关系。

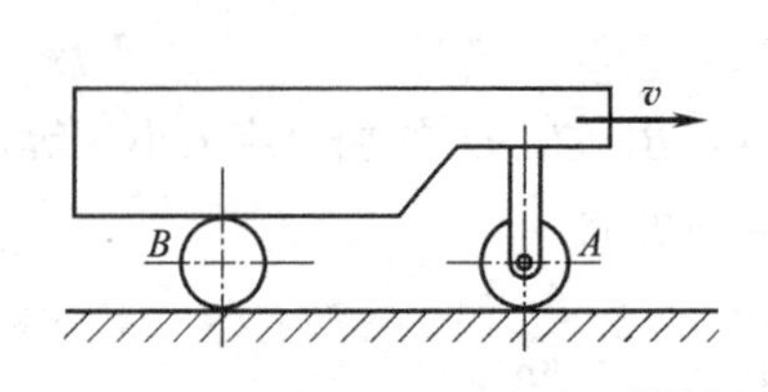

题 7-3 图

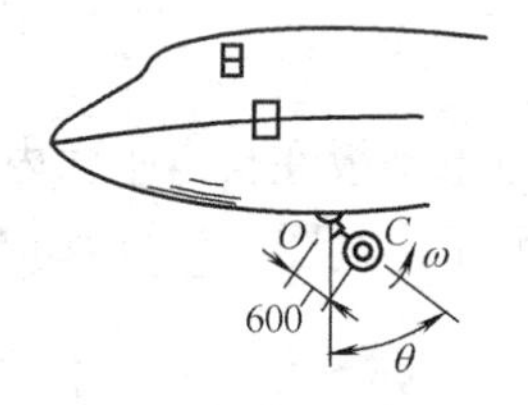

题 7-4 图

7-5 图示为挖泥机上的挖斗。挖斗的开或关是通过一端固定于铰 C，并穿过块体 O 的绳索控制的。设块体上的铰 O 是固定的。图示瞬时，绳索以速度 $v=0.5$ m/s 上升，挖斗正被关闭，$\theta=45^\circ$。求挖斗在此瞬时的角速度ω。

7-6 图示四连杆机械 $OABO_1$ 中，$OA=O_1B=\dfrac{1}{2}AB$，曲柄 OA 的角速度 $\omega=3$ rad/s。求当 $\varphi=90^\circ$ 而曲柄 O_1B 重合于 OO_1 的延长线上时，杆 AB 和曲柄 O_1B 的角速度。

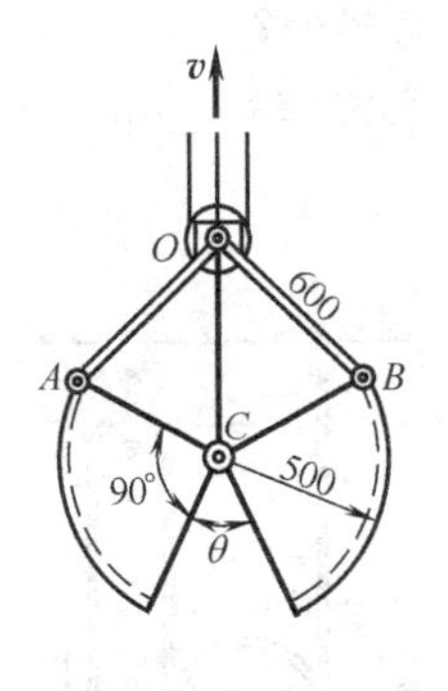

题 7-5 图

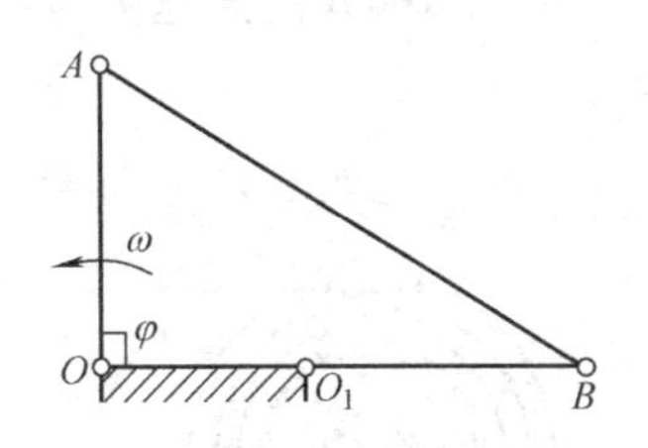

题 7-6 图

7-7 绕电话线的卷轴在水平地面上作纯滚动，线上的点 A 有向右的速度 v_A = 0.8 m/s。求卷轴中心 O 的速度与卷轴的角速度，并问此时卷轴是向左，还是向右滚动？

7-8 图示半径 r_2 = 90 mm 的行星轮在半径 r_1 = 180 mm 的固定轮内滚动而不滑动。在行星轮上以铰链连接杆 AB，杆在水平的导轨内运动。若杆 O_1O_2 以 n = 180 r/min 的转速转动，求当 $\varphi = 45°$ 时杆 AB 的速度(角 φ 即 $\angle BO_1O_2$)。

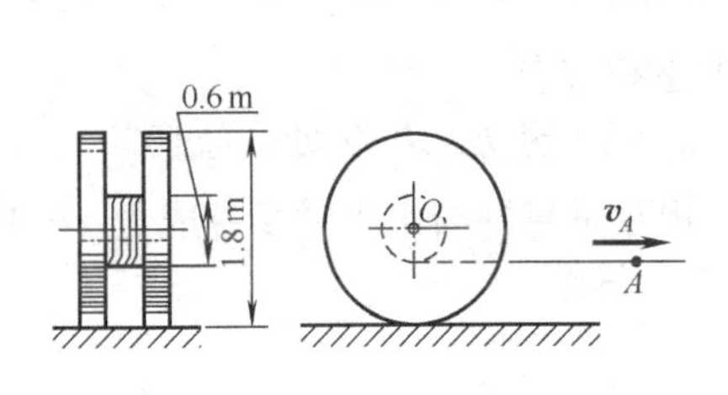

题 7-7 图

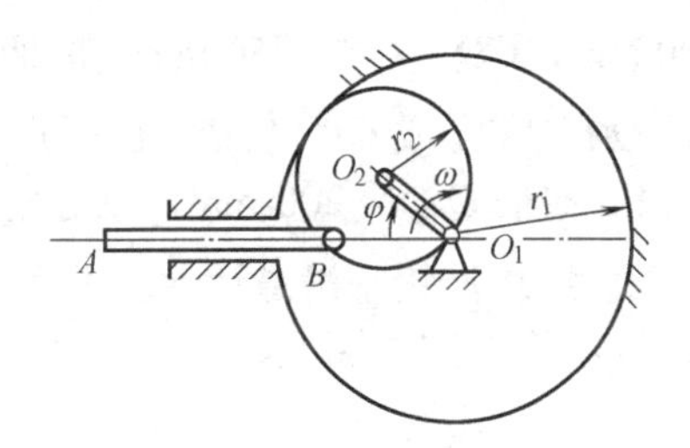

题 7-8 图

7-9 曲柄—滑块机构中，如曲柄的角速度 ω = 20 rad/s，求当曲柄 OA 在两铅垂位置和两水平位置时配汽机构中气阀推杆 DE 的速度。已知 OA = 400 mm，$AC = CB = 200\sqrt{37}$ mm。

7-10 卡车驶上 20° 的斜坡，计速仪指出后轮的速度为 v_R = 8 km/h。两车轮的直径均为 0.9 m，皆作纯滚动。求图示位置时前轮的角速度 ω_F、后轮的角速度 ω_R 和车身的角速度 ω_T。

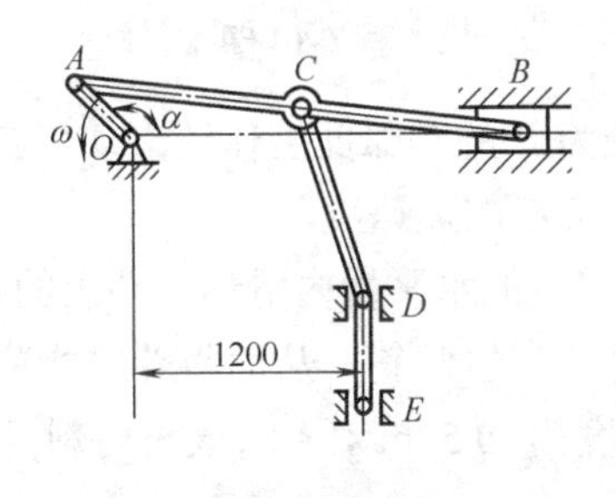

题 7-9 图

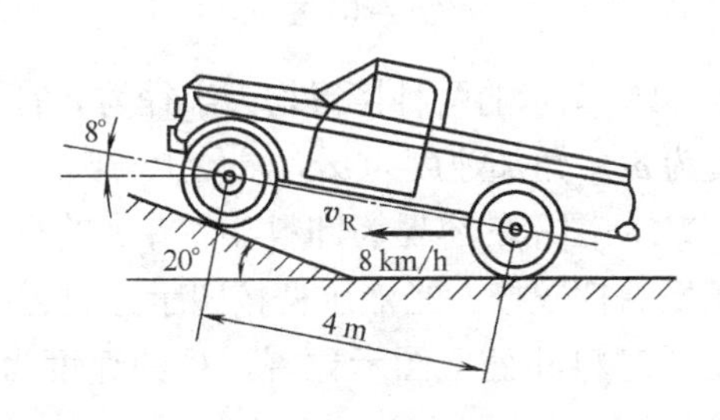

题 7-10 图

7-11 电动机车是通过与发电机轴相连的传动齿轮 B 驱动的。齿轮 B 的轴承固定在车身上。B 与固定在车轮上的齿轮 A 相啮合。车轮在钢轨上作纯滚动。图中半径 R = 0.3 m。

若使机车以 12.2 m/s 的速度前进，求传动齿轮的角速度 ω_t 为多少？

7-12 图示滑轮组中，绳索以速度 v_C = 0.12 m/s 下降，各轮半径已知，如图示。假设绳在轮上不打滑，求轮 B 的角速度与重物 D 的速度。

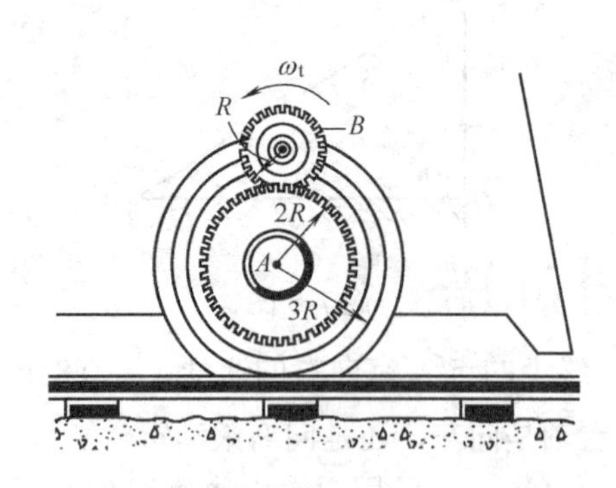

题 7-11 图

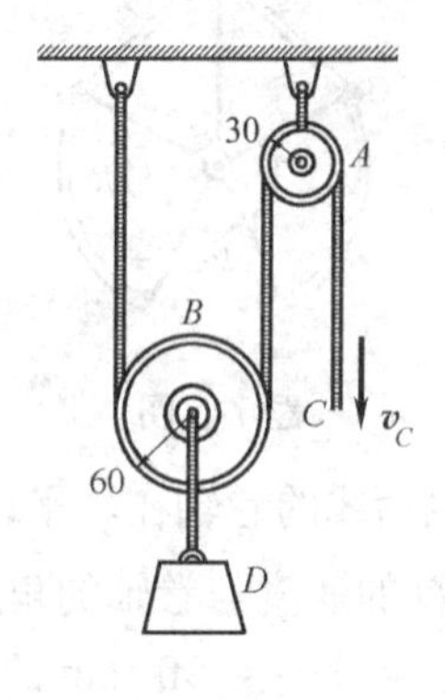

题 7-12 图

7-13 链杆式摆动传动机构如图所示，$DCEA$ 为一摇杆，且 $CA \perp DE$。曲柄 OA=200 mm，$CD = CE$ = 250 mm，曲柄转速 n = 70 r/min，$CO = 200\sqrt{3}$ mm。求当 $\varphi = 90°$ 时(这时 OA 与 CA 成 60° 角)F，G 两点的速度的大小和方向。

7-14 曲柄 OA 长 200 mm，以等角速度 ω_0 = 10 rad/s 转动，并带动长为 1000 mm 的连杆 AB；滑块 B 沿铅垂滑道运动。求当曲柄与连杆相互垂直并与水平轴线各成角 $\alpha = 45°$ 和 $\beta = 45°$ 时，连杆的角速度、角加速度以及滑块 B 的加速度。

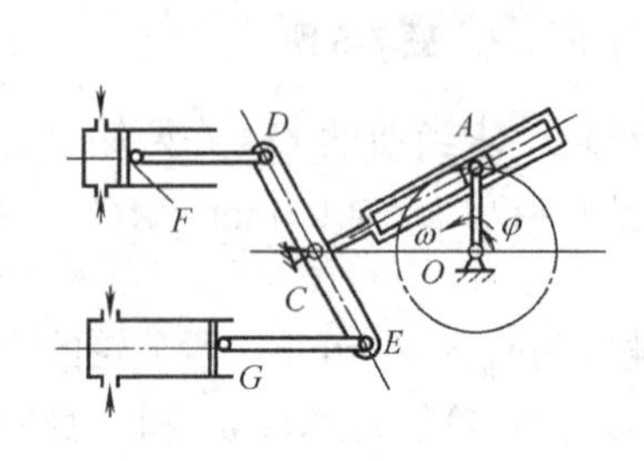

题 7-13 图

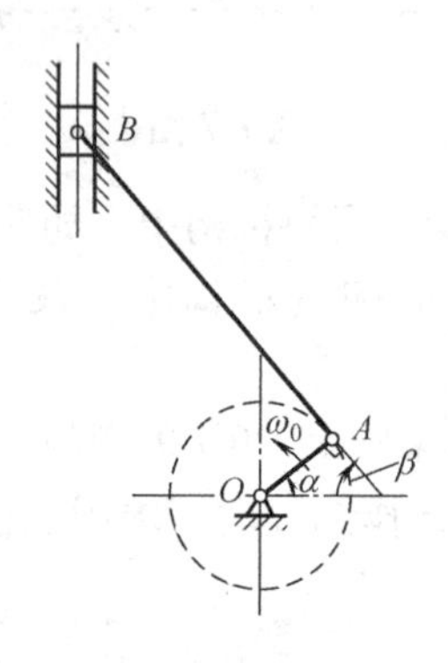

题 7-14 图

7-15 图示的两种情形均为半径为 r 的圆轮在半径为 R 的圆弧面上作纯滚动，圆轮的角速度为 ω，角加速度为 α。求轮上与圆弧面相接触的点 C 的加速度。

7-16 图示的容器为卸料斗，斗上的小轮 B 可在固定的水平槽内滑动。斗上的点 A 与液压操纵杆铰接。当液压杆按图示方向运动时，卸料斗产生倾斜，从而将斗内物料卸下。设初瞬时料斗处于图示位置，杆的速度为零，加速度为 0.5 m/s^2。求该瞬时料斗的角加速度。

7-17 测试火车车轮和铁轨间磨损的机构如图所示，其中飞轮 A 以等角速度 ω_A = 20π rad/s 逆时针转向转动，车轮和铁轨间没有滑动。求图示位置时车轮的角速度 ω_D 和角

加速度 α_D。

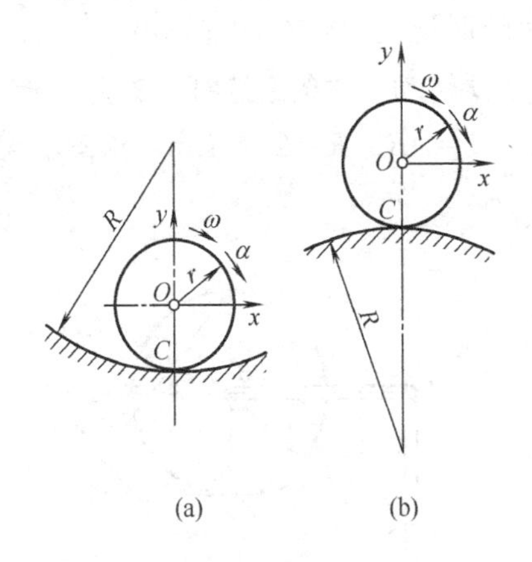

题 7-15 图

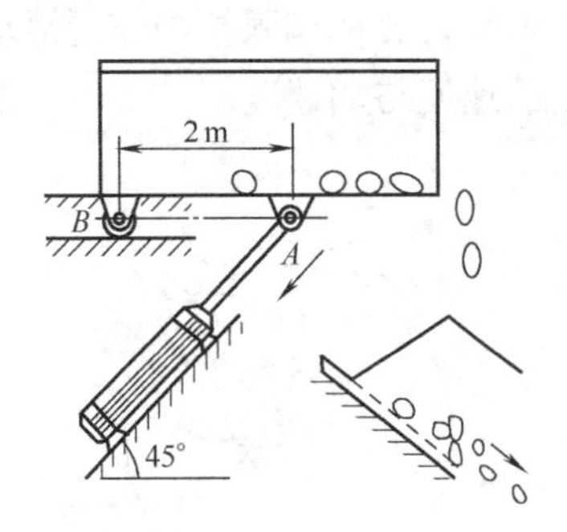

题 7-16 图

7-18 人的上臂固定，前臂绕肘部转动，前臂与水平线的夹角为 β，锤柄与前臂的夹角为 γ，如图所示。若 $\beta=\gamma$，并知 $\beta=45°$ 时，$\dot{\beta}=2$ rad/s，求此瞬时锤头 D 的速度 v_D。

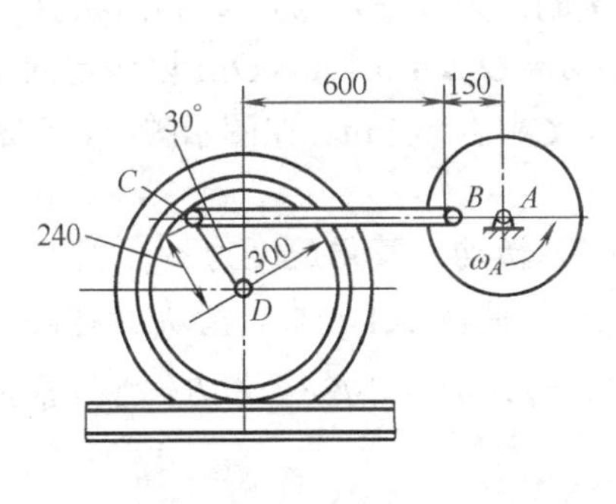

题 7-17 图

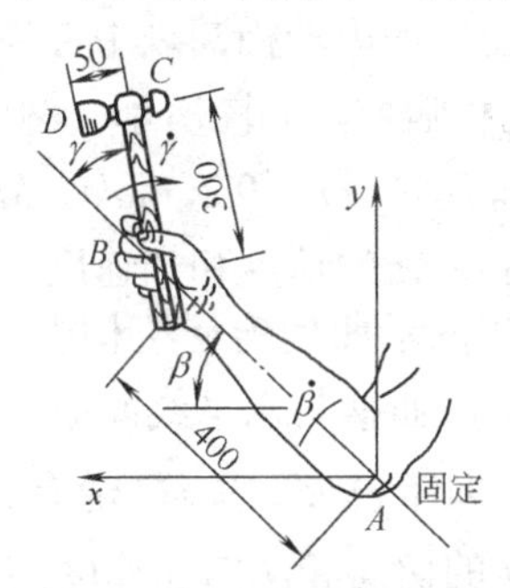

题 7-18 图

7-19 已知在图示机构中，曲柄 OA 以等角加速度 $\alpha_0=5\ \text{rad/s}^2$ 转动，并在此瞬时其角速度为 $\omega_0=10$ rad/s，$OA=r=200$ mm，$O_1B=1000$ mm，$AB=l=1200$ mm。求当曲柄 OA 和摇杆 O_1B 在铅垂位置时，点 B 的速度和加速度(切向和法向)。

7-20 图示四连杆机构中，长为 r 的曲柄 OA 以等角速度 ω_0 转动，连杆 AB 长 $l=4r$。设某瞬时 $\angle O_1OA=\angle O_1BA=30°$，求在此瞬时曲柄 O_1B 的角速度和角加速度，并求连杆中点 P 的加速度。

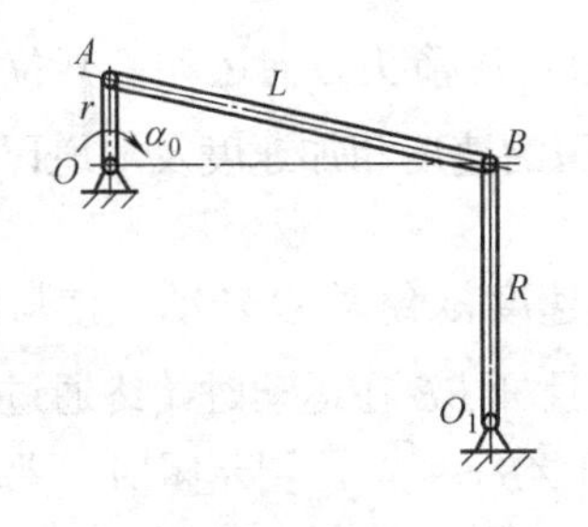

题 7-19 图

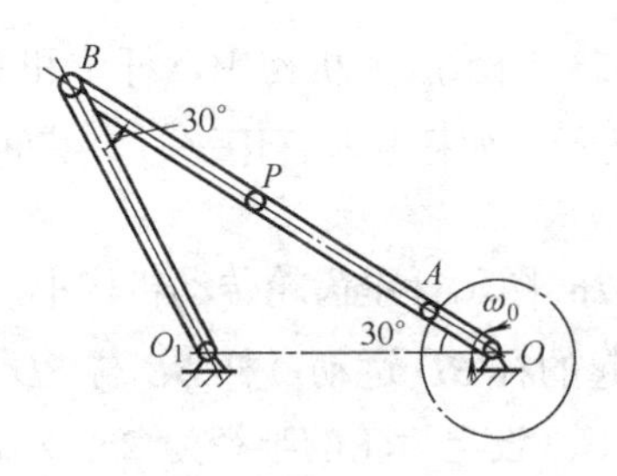

题 7-20 图

7-21 齿轮Ⅰ在定齿轮Ⅱ内滚动，其半径分别为 r 和 $R=2r$。曲柄 OO_1 绕轴 O 以等角速度 ω_O 转动，并带动行星齿轮Ⅰ。求该瞬时轮Ⅰ上瞬时速度中心 C 的加速度。

7-22 曲柄 OA 以恒定的角速度 $\omega=2$ rad/s 绕轴 O 转动，并借助连杆 AB 驱动半径为 r 的轮子在半径为 R 的圆弧槽中作无滑动的滚动。设 $OA=AB=R=2r=1$ m，求图示瞬时点 B 和点 C 的速度与加速度。

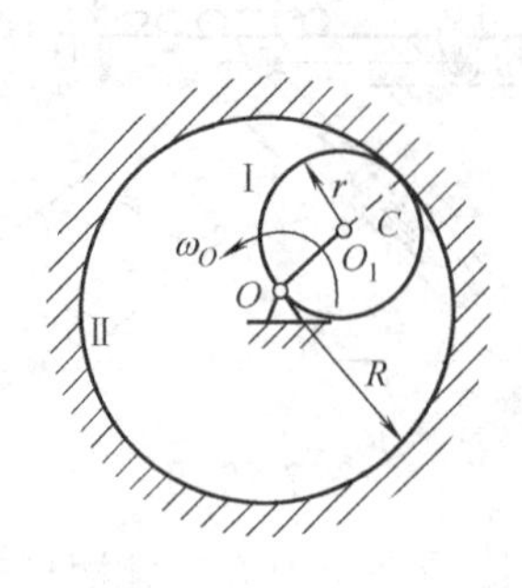

题 7-21 图

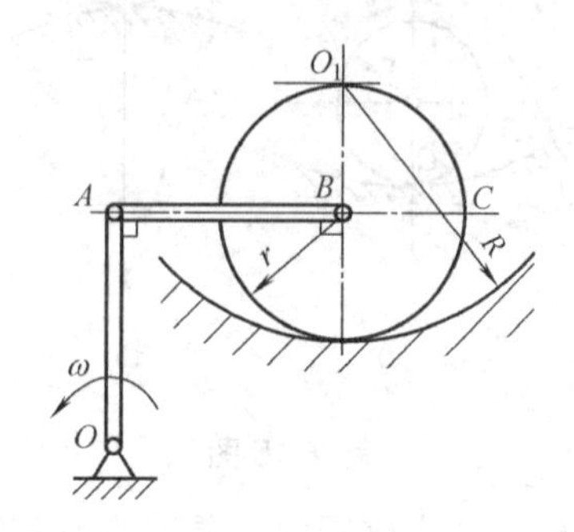

题 7-22 图

7-23 在曲柄齿轮椭圆规中，齿轮 A 和曲柄 O_1A 固结为一体，齿轮 C 和齿轮 A 的半径均为 r 并互相啮合，如图所示。图中 $AB=O_1O_2$，$O_1A=O_2B=0.4$ m。O_1A 以恒定的角速度 ω 绕轴 O_1 转动，$\omega=0.2$ rad/s。M 为轮 C 上一点，$CM=0.1$ m。在图示瞬时，CM 为铅垂，求此时点 M 的速度和加速度。

7-24 在图示曲柄连杆机构中，曲柄 OA 绕轴 O 转动，其角速度为 ω_0，角加速度为 α_0。在某瞬时曲柄与水平线间成 60° 角，而连杆 AB 与曲柄 OA 垂直。滑块 B 在圆形槽内滑动，此时半径 O_1B 与连杆 AB 间成 30° 角。如 $OA=r$，$AB=2\sqrt{3}r$，$O_1B=2r$，求在该瞬时，滑块 B 的切向和法向加速度。

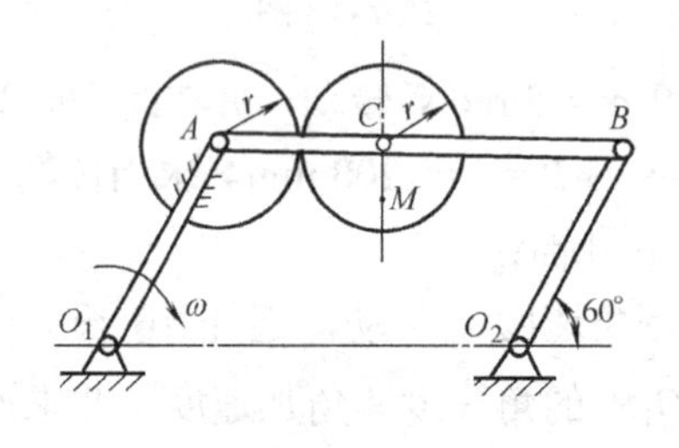

题 7-23 图

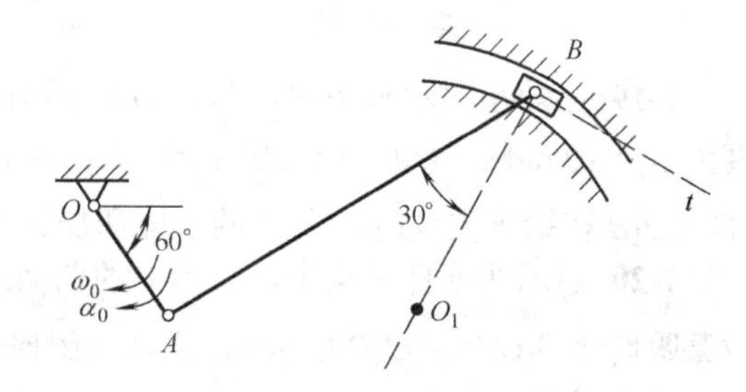

题 7-24 图

***7-25** 图示放大机构中，杆Ⅰ和Ⅱ分别以速度 v_1 和 v_2 沿箭头方向运动，其位移分别以 x 和 y 表示。如杆Ⅱ与杆Ⅲ平行，其间距离为 a，求杆Ⅲ的速度和加速度及滑道Ⅳ的角速度和角加速度。

***7-26** 图示行星齿轮传动机构中，曲柄 OA 以匀角速度 ω_0 绕轴 O 转动，使与齿轮 A 固结在一起的杆 BD 运动。杆 BE 与 BD 在点 B 铰接，并且杆 BE 在运动时始终通过固定铰支的套筒 C。设定齿轮的半径为 $2r$，动齿轮半径为 r，且 $AB=\sqrt{5}r$。图示瞬时，曲柄 OA 在铅垂位置，BD 在水平位置，杆 BE 与水平线间成角 $\varphi=45°$。求此时杆 BE 上与 C 相重合一点的速度和加速度。

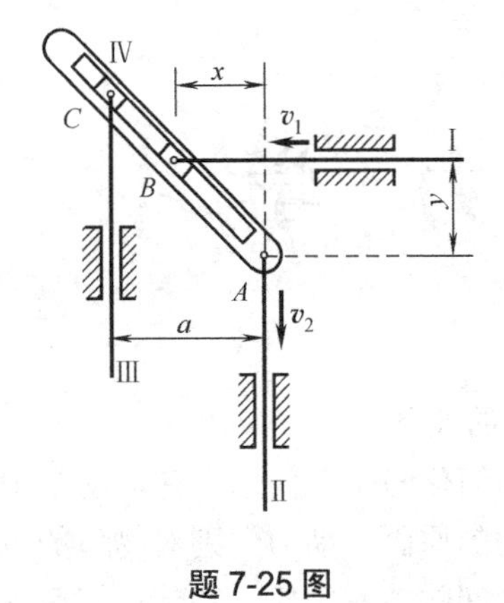

题 7-25 图

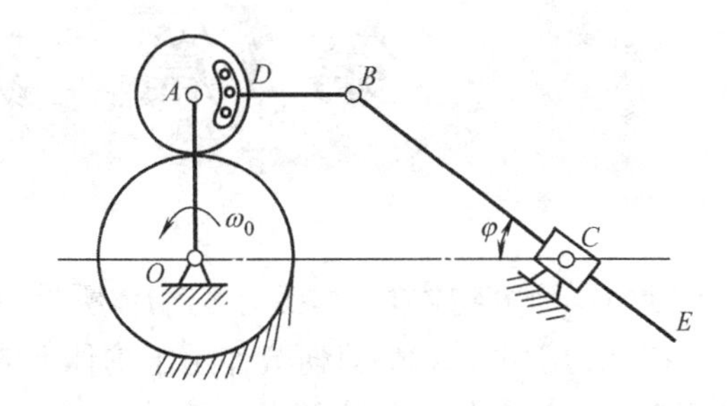

题 7-26 图

第3篇　动　力　学

动力学研究物体的机械运动与物体所受的力之间的关系。

在静力学中，我们只研究作用于物体上的力系的简化与平衡问题；在运动学中，我们只研究物体运动的几何特征，而不讨论产生这些运动的原因。动力学则对物体的机械运动进行全面的分析，研究作用于物体的力与物体运动之间的关系，建立物体机械运动的普遍规律。

随着科学技术的发展，在工程实际问题中涉及的动力学问题越来越多。例如高速运转机械的动力计算、高层结构受风载及地震的影响、宇宙飞行及火箭推进技术，以及机器人的动态特性等，都需要应用动力学的理论。

动力学中的力学模型有：质点、质点系和刚体。**质点**是具有一定质量而几何形状和尺寸大小可以忽略不计的物体。在下面两种情况下可以把物体视为质点：①当物体的运动范围远远大于它自身的尺寸、忽略其大小对问题的性质无本质影响时；②当刚体作平移时。**质点系**是由几个或无限个相互有联系的质点所组成的系统。我们常见的固体、流体、由几个物体组成的机构，以及太阳系等都是质点系。**刚体**是具有一定质量、不变形的物体，也可理解为任意两点的距离始终保持不变的特殊质点系。

第8章　动力学基础

本章介绍质点绝对运动和相对运动微分方程及其解法以及质点系的基本惯性特征量计算。

8.1　质点运动微分方程

8.1.1　动力学基本定律

牛顿(1642—1727)在总结前人，特别是伽利略研究成果的基础上，于1687年在他的名著《自然哲学的数学原理》中，明确提出物体机械运动的三个定律，称为**牛顿三定律**，也称为**动力学基本定律**。

第1定律　(惯性定律)

任何质点如不受力作用，则将保持其原来静止或匀速直线运动状态。这个定律说明任何物体都具有保持静止或匀速直线运动状态的特性。物体的这种固有特性称为**惯性**。而匀速直线运动称为**惯性运动**。该定律又称为**惯性定律**。

第 2 定律　(力与加速度关系定律)

质点受力作用时所获得的加速度的大小与作用力的大小成正比，与质点的质量成反比，加速度的方向与力的方向相同。

如果质点的质量、质点的加速度及作用于质点的力分别用 m，$\boldsymbol{a}$ 和 $\boldsymbol{F}$ 表示，该定律可写成

$$m\boldsymbol{a}=\boldsymbol{F} \tag{8-1}$$

式(8-1)建立了质量、力和加速度之间的关系，称为**质点动力学的基本方程**。当质点上同时受到几个力作用时，则力 $\boldsymbol{F}$ 应理解为这些力的合力。式(8-1)表明，质点的质量越大，则其运动状态越不容易改变，也就是质点的惯性越大。由此可知，**质量是质点惯性的量度**。

在**古典力学**(又称**经典力学**)范畴内，所考察物体的运动速度远小于光速，因而认为质量是常量，空间和时间是“绝对的”，与物体的运动无关。在地球表面，任何物体均受到**重力** $\boldsymbol{W}$ 作用。在重力作用下得到的加速度称为**重力加速度**，用 $\boldsymbol{g}$ 表示。由牛顿第二定律得

$$\boldsymbol{W}=m\boldsymbol{g}$$

重力加速度的数值随纬度不同而改变，在我国一般取 $g=9.80\ \mathrm{m/s^2}$。

值得注意的是，质量和重量是两个不同的概念。**质量**是物体惯性的度量，同一物体的质量是一个常量；而重量是物体所受重力的大小，它随物体在地面的位置变化而改变。

在国际单位制(SI)中，长度、质量、时间为基本量，对应的单位米(m)、千克(kg)、秒(s)称为基本单位。力是导出量，其单位牛顿(N)称为导出单位。质量为 1 kg 的质点获得 1 $\mathrm{m/s^2}$ 的加速度所需的力规定为 1 N，即

$$1\mathrm{N}=1\ \mathrm{kg\cdot m/s^2}$$

第 3 定律　(作用与反作用定律)

两物体间相互作用力总是大小相等，方向相反，沿着同一作用线，且同时分别作用于这两个物体上。

该定律在静力学中已叙述过，它不仅适用于平衡的物体，而且也适用于任何运动的物体。牛顿定律反映的只是机械运动在一定范围内的客观规律，是宏观物体作低速运动这一范围内的相对真理。对于日常生活及工程技术中的绝大多数问题，选用固定于地面的坐标系或相对于地面作匀速直线平移的坐标系作为**惯性参考系**，运用牛顿定律所获得的计算结果是足够精确的。在研究人造地球卫星、大气流动、洲际导弹等问题时，需考虑地球自转影响，则应选取以地心为原点、三轴分别指向 3 个恒星的坐标系作为惯性参考系(地心参考系)；而在天文计算中，则选用太阳作为坐标原点，三根轴分别指向 3 个恒星的坐标作为惯性参考系(日心参考系)。本书中，如没有特别说明，均取固定在地球表面的坐标系为惯性参考系。

8.1.2　质点运动微分方程

设质量为 m 的质点 M 受若干个力 $\boldsymbol{F}_1,\boldsymbol{F}_2,\cdots,\boldsymbol{F}_n$ 的作用，如图 8.1 所示。

由牛顿第2定律

$$m\boldsymbol{a}=\sum \boldsymbol{F}_i=\boldsymbol{F}_{\mathrm{R}} \tag{8-2}$$

由运动学知

$$\boldsymbol{a}=\frac{\mathrm{d}\boldsymbol{v}}{\mathrm{d}t}=\frac{\mathrm{d}^2\boldsymbol{r}}{\mathrm{d}t^2}$$

则

$$m\frac{\mathrm{d}^2\boldsymbol{r}}{\mathrm{d}t^2}=\sum \boldsymbol{F}_i \tag{8-2$'$}$$

这是**矢量形式的质点运动微分方程**。将式(8-2)′投影到直角坐标系 $Oxyz$ 的各坐标轴上，得

$$\left.\begin{aligned}m\frac{\mathrm{d}^2x}{\mathrm{d}t^2}&=\sum F_{ix}\\ m\frac{\mathrm{d}^2y}{\mathrm{d}t^2}&=\sum F_{iy}\\ m\frac{\mathrm{d}^2z}{\mathrm{d}t^2}&=\sum F_{iz}\end{aligned}\right\} \tag{8-3}$$

这就是**直角坐标形式的质点运动微分方程**。

若质点 M 的运动轨迹已知，可选用自然轴系 $Mtnb$，如图8.2所示。

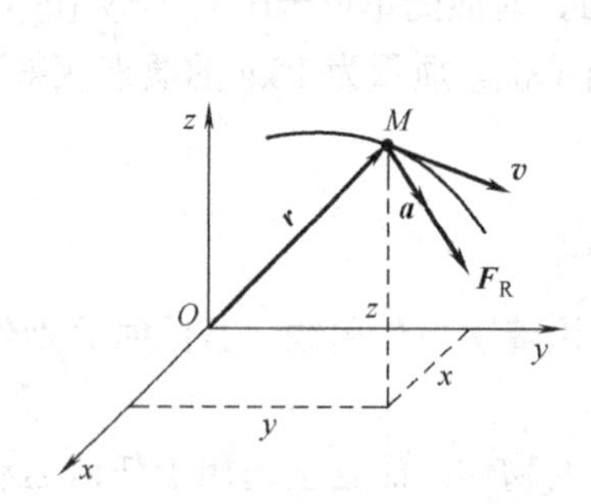

图8.1 直角坐标系中的质点运动

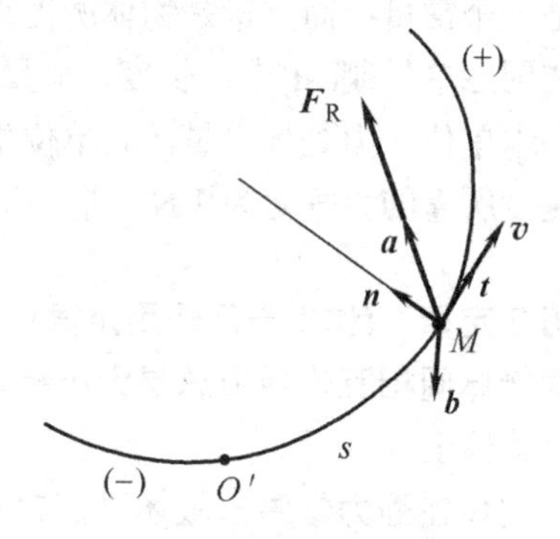

图8.2 自然坐标系中的质点运动

将式(8-2)投影到自然轴上，得

$$\left.\begin{aligned}m\frac{\mathrm{d}v}{\mathrm{d}t}&=\sum F_{it}\\ m\frac{v^2}{\rho}&=\sum F_{in}\\ 0&=\sum F_{ib}\end{aligned}\right\} \tag{8-4}$$

这是**自然轴系形式的质点运动微分方程**。由该方程的第三式看出，质点在副法线方向加速度为零，因而作用在该质点上力系的合力在运动轨迹的密切面内。

8.2　质点动力学的两类基本问题

应用质点运动微分方程可求解质点动力学的两类基本问题。

第 1 类问题：已知质点运动，求作用于质点上的力。这类问题可用微分的方法求得解答。

第 2 类问题：已知作用于质点上的力，求质点的运动规律。这类问题归结为求解运动微分方程或求积分，要根据具体问题的运动条件确定积分常数。

作用于质点上的力可以是常力或变力，当为变力时，又可能为时间、质点的位置坐标、速度的函数，因而求解第 2 类问题比第 1 类问题要复杂得多。

【例 8-1】如图 8.3 所示，质点 M 的质量为 m，运动方程为 $x=b\cos\omega t$，$y=c\sin\omega t$，其中 b，c，ω 为常量。求作用在此质点上的力。

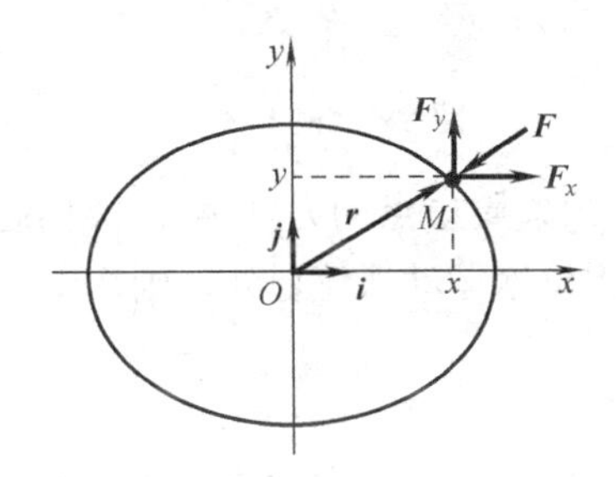

图 8.3　例 8-1 图

【分析】已知质点运动，求作用力，这是质点动力学第 1 类问题。根据运动方程，可确定轨迹，由运动微分方程求作用力。

【解】由运动方程消去时间 t，得 $\dfrac{x^2}{b^2}+\dfrac{y^2}{c^2}=1$，显然这是椭圆方程。

将运动方程取两次微分得

$$\ddot{x}=-b\omega^2\cos\omega t=-\omega^2 x$$

$$\ddot{y}=-c\omega^2\sin\omega t=-\omega^2 y$$

代入式(8-3)，得作用于质点上的力 $\boldsymbol{F}$ 的投影为

$$F_x=m\ddot{x}=-m\omega^2 x$$

$$F_y=m\ddot{y}=-m\omega^2 y$$

力 $\boldsymbol{F}$ 的大小和方向余弦为

$$F=\sqrt{F_x^2+F_y^2}=m\omega^2\sqrt{x^2+y^2}=m\omega^2 r$$

$$\cos\alpha=\frac{F_x}{F}=-\frac{x}{r}\ ,\quad \cos\beta=\frac{F_y}{F}=-\frac{y}{r}$$

若将力 $\boldsymbol{F}$ 表示为解析式，则

$$\boldsymbol{F}=F_x\boldsymbol{i}+F_y\boldsymbol{j}=-m\omega^2(x\boldsymbol{i}+y\boldsymbol{j})=-m\omega^2\boldsymbol{r}$$

【讨论】本题中力 $\boldsymbol{F}$ 的解析式简洁明了。由此可知，力 $\boldsymbol{F}$ 与矢径 $\boldsymbol{r}$ 共线、反向，即力

$\boldsymbol{F}$ 的方向恒指向椭圆中心(称为有心力)，其大小与质点到椭圆中心的距离成正比。事实上，大多数矢量其结果表示为解析式更方便、合理。

【例 8-2】如图 8.4 所示，单摆由一无重细长杆和固结在细长杆一端的重球 A 组成。杆长为 $OA=l$，球的质量为 m。求：(1)单摆的运动微分方程；(2)在小摆动假设下摆的运动；(3)在运动已知的情况下杆对球的约束力。

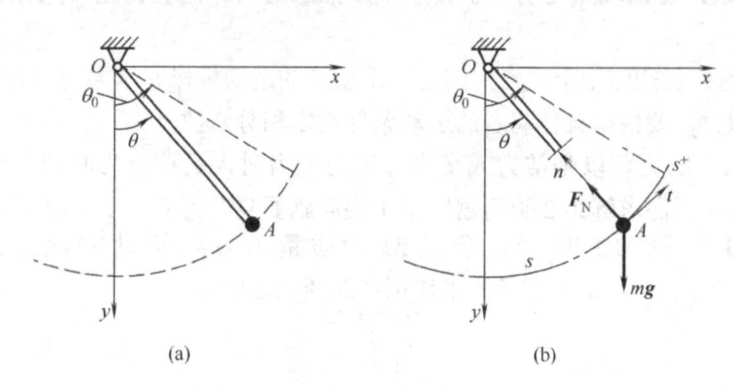

图 8.4　例 8-2 图

【分析】本题所求的(1)、(2)条属质点动力学第 2 类问题即已知力求运动，第(3)条属第 1 类问题即已知运动求力。因单摆运动轨迹已知，则运用自然轴系求解较合适。

【解】

(1)　单摆的运动微分方程。

摆球作圆弧运动，建立自然轴系，在任意位置摆球受力如图 8.4 所示。由式(8-4)得

$$\left.\begin{aligned} m\ddot{s} &= -mg\sin\theta \\ m\frac{\dot{s}^2}{l} &= F_{\mathrm{N}} - mg\cos\theta \end{aligned}\right\} \tag{a}$$

将 $s=l\theta$，$\dot{s}=\dot{\theta}l$，$\ddot{s}=\ddot{\theta}l$ 代入式(a)，有

$$\left.\begin{aligned} \ddot{\theta} + \frac{g}{l}\sin\theta &= 0 \\ F_{\mathrm{N}} &= mg\cos\theta + m\frac{v^2}{l} \end{aligned}\right\} \tag{b}$$

式(b)中的第 1 式描述了单摆运动微分方程，第 2 式给出了杆对球的约束力表达式。

(2)　在小摆动假设下摆的运动。

小摆动时，$\sin\theta\approx\theta$，则式(b)中第 1 式变为

$$\ddot{\theta} + \frac{g}{l}\theta = 0$$

引入 $\omega_{\mathrm{n}}^2 = \dfrac{g}{l}$，得

$$\ddot{\theta} + \omega_{\mathrm{n}}^2\theta = 0$$

这是二阶线性齐次微分方程标准形式。其通解为

$$\theta = A\sin(\omega_{\mathrm{n}}t + \varphi)$$

式中 A，φ 由初始条件 θ_0，$\dot{\theta}_0$ 确定。

(3) 在运动已知的情况下求杆对球的约束力。

根据解(1)、(2)所得 $v=\dot{s}=\dot{\theta}l$，代入式(b)中的第 2 式，得

$$F_{\mathrm{N}}=mg\cos\theta+m\dot{\theta}^{2}l$$

【讨论】本题中若采用直角坐标形式微分方程，有

$$m\ddot{x}=-F_{\mathrm{N}}\sin\theta$$

$$m\ddot{y}=mg-F_{\mathrm{N}}\cos\theta$$

因 x，y，θ 三个变量相互不独立，需进一步建立它们之间的关系，求解相对要难一些。

根据例 8-1、例 8-2 的求解过程，不难得出求解质点动力学问题的大致步骤如下。

(1) 明确研究对象，选择适当的坐标系。

(2) 进行受力分析，画出相应的受力图。

(3) 进行运动分析，计算有关运动量。

(4) 列出质点运动微分方程，视问题性质用微分或积分法求解。

(5) 根据需要对结果作必要讨论。

8.3 质点的相对运动微分方程

牛顿第 1 定律和第 2 定律仅适用于惯性参考系。本节将建立**非惯性参考系**中质点运动微分方程。如图 8.5 所示，设质量为 m 的质点 M，在合力 $\boldsymbol{F}$ 作用下相对于 $O'x'y'z'$ 非惯性参考系(即动系)运动，其相对加速度为 $\boldsymbol{a}_{\mathrm{r}}$。而该动坐标系又相对于 $Oxyz$ 惯性参考系(即定系)运动(牵连运动)。动点 M 相对于定系的运动是绝对运动。

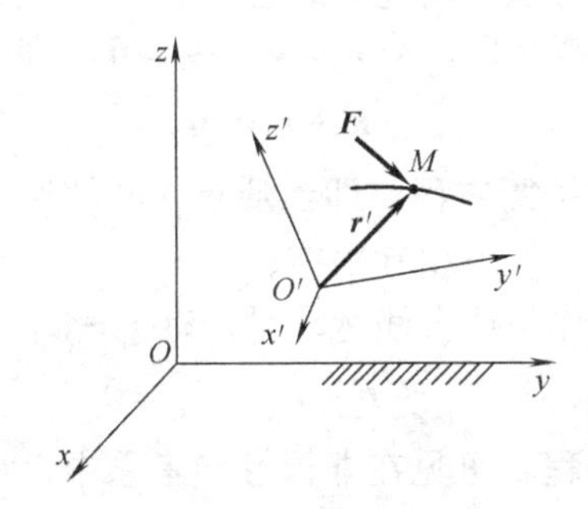

图 8.5 非惯性参考系

在定系中，由牛顿第 2 定律，得

$$m\boldsymbol{a}_{\mathrm{a}}=\boldsymbol{F} \tag{a}$$

由运动学的加速度合成定理可知

$$\boldsymbol{a}_{\mathrm{a}}=\boldsymbol{a}_{\mathrm{r}}+\boldsymbol{a}_{\mathrm{e}}+\boldsymbol{a}_{\mathrm{C}} \tag{b}$$

式中，$\boldsymbol{a}_{\mathrm{e}}$ 为质点的牵连加速度，$\boldsymbol{a}_{\mathrm{C}}$ 为质点的科氏加速度。将式(b)代入式(a)有

$$m(\boldsymbol{a}_{\mathrm{r}}+\boldsymbol{a}_{\mathrm{e}}+\boldsymbol{a}_{\mathrm{C}})=\boldsymbol{F}$$

于是，质点 M 相对于动坐标系 $O'x'y'z'$ 的运动规律为

$$m\boldsymbol{a}_{\mathrm{r}}=\boldsymbol{F}-m\boldsymbol{a}_{\mathrm{e}}-m\boldsymbol{a}_{\mathrm{C}}$$

令 $\boldsymbol{F}_{\mathrm{Ie}}=-m\boldsymbol{a}_{\mathrm{e}}$， $\boldsymbol{F}_{\mathrm{IC}}=-m\boldsymbol{a}_{\mathrm{C}}=-2m\boldsymbol{\omega}\times\boldsymbol{v}_{\mathrm{r}}$，则

$$m\boldsymbol{a}_{\mathrm{r}}=\boldsymbol{F}+\boldsymbol{F}_{\mathrm{Ie}}+\boldsymbol{F}_{\mathrm{IC}} \tag{8-5}$$

或

$$m\frac{\tilde{\mathrm{d}}^2\boldsymbol{r}'}{\mathrm{d}t^2}=\boldsymbol{F}+\boldsymbol{F}_{\mathrm{Ie}}+\boldsymbol{F}_{\mathrm{IC}} \tag{8-5$'$}$$

式中，$\boldsymbol{F}_{\mathrm{Ie}}$，$\boldsymbol{F}_{\mathrm{IC}}$ 分别称为**牵连惯性力**和**科里奥利惯性力**(简称**科氏惯性力**)。$\boldsymbol{\omega}$ 与 $\boldsymbol{v}_{\mathrm{r}}$ 分别是非惯性参考系的角速度和质点的相对速度。$\boldsymbol{r}'$ 为质点 M 在动系中的位矢，式(8-5)称为**非惯性系中的质点动力学基本方程**，或称为**质点相对运动微分方程**，$\frac{\tilde{\mathrm{d}}^2\boldsymbol{r}'}{\mathrm{d}t^2}$ 是 $\boldsymbol{r}'$ 对时间 t 的 2 阶**相对导数**。

在应用式(8-5)求解具体问题时，可根据给定的条件，选用适当的投影形式，如在直角坐标轴上投影或在自然坐标轴上投影等。

下面讨论质点相对运动微分方程的几种特殊情况。

(1) 当动参考系相对定参考系作平移时，因科氏加速度 $\boldsymbol{a}_{\mathrm{C}}=\boldsymbol{0}$，则科氏惯性力 $\boldsymbol{F}_{\mathrm{IC}}=\boldsymbol{0}$。于是质点相对运动动力学基本方程式(8-5)变为

$$m\boldsymbol{a}_{\mathrm{r}}=\boldsymbol{F}+\boldsymbol{F}_{\mathrm{Ie}} \tag{8-6}$$

(2) 当动参考系相对定参考系作匀速直线平移时，因 $\boldsymbol{a}_{\mathrm{C}}=\boldsymbol{0}$，$\boldsymbol{a}_{\mathrm{e}}=\boldsymbol{0}$，则 $\boldsymbol{F}_{\mathrm{IC}}=\boldsymbol{F}_{\mathrm{Ie}}=\boldsymbol{0}$，式(8-5)变为

$$m\boldsymbol{a}_{\mathrm{r}}=\boldsymbol{F} \tag{8-7}$$

读者不难发现，这一方程与惯性参考系中的牛顿第 2 定律表达式具有完全相同的形式。这表明所有相对于惯性参考系作匀速直线运动的参考系都是惯性系。

(3) 当质点相对动参考系静止时，有 $\boldsymbol{a}_{\mathrm{r}}=\boldsymbol{0}$，$\boldsymbol{v}_{\mathrm{r}}=\boldsymbol{0}$，则有 $\boldsymbol{F}_{\mathrm{IC}}=\boldsymbol{0}$，此时式(8-5)变为

$$\boldsymbol{F}+\boldsymbol{F}_{\mathrm{Ie}}=\boldsymbol{0} \tag{8-8}$$

上式称为**质点相对静止的平衡方程**。即当质点在非惯性参考系中保持相对静止时，作用在质点上的力与质点的牵连惯性力相互平衡。

(4) 当质点相对动参考系作匀速直线运动时，有 $\boldsymbol{a}_{\mathrm{r}}=\boldsymbol{0}$，则式(8-5)变为

$$\boldsymbol{F}+\boldsymbol{F}_{\mathrm{Ie}}+\boldsymbol{F}_{\mathrm{IC}}=\boldsymbol{0} \tag{8-9}$$

上式称为**质点相对平衡方程**。可见在非惯性参考系中，质点相对静止和作匀速直线运动时，其平衡条件是不相同的。

【例 8-3】水平圆盘以匀角速度 ω 绕轴 Oz 转动，盘上有一光滑直槽，离原点 O 的距离为 h，求槽中小球 M 的运动和槽对小球的作用力。如图 8.6 所示。

【分析】圆盘作定轴转动，小球沿直槽作相对直线运动，可取圆盘为非惯性参考系，用质点相对运动微分方程来求解。

【解】设定参考系为 Oxy，动参考系 $O'x'y'$ 固结于圆盘，且轴 x' 平行直槽，初始时，两坐标系重合，在 t 瞬时，小球位置

$$\boldsymbol{r}'=x'\boldsymbol{i}'+h\boldsymbol{j}',\quad \boldsymbol{v}_{\mathrm{r}}=\dot{x}'\boldsymbol{i}',\quad \boldsymbol{a}_{\mathrm{r}}=\ddot{x}'\boldsymbol{i}'$$

$$\boldsymbol{a}_{\mathrm{e}}=-\omega^2\boldsymbol{r}'=-\omega^2x'\boldsymbol{i}'-\omega^2h\boldsymbol{j}'$$

$$a_C = 2\boldsymbol{\omega} \times \boldsymbol{v}_r = 2\omega \boldsymbol{k}' \times \dot{x}'\boldsymbol{i}' = 2\omega\dot{x}'\boldsymbol{j}'$$

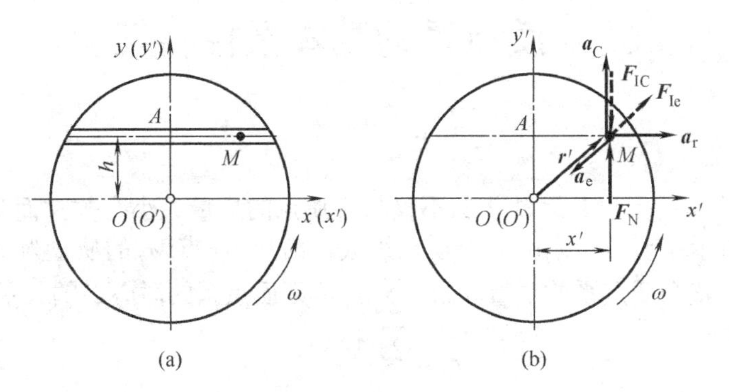

图 8.6　例 8-3 图

则牵连惯性力

$$\boldsymbol{F}_{Ie} = -m\boldsymbol{a}_e = m\omega^2(x'\boldsymbol{i}' + h\boldsymbol{j}')$$

科氏惯性力

$$\boldsymbol{F}_{IC} = -m\boldsymbol{a}_C = -2m\omega\dot{x}'\boldsymbol{j}'$$

设槽对小球的水平约束力为 $\boldsymbol{F}_N = F_N\boldsymbol{j}'$，而小球的重力与槽对小球的铅垂约束力相平衡(图中未画)。

由质点相对运动动力学方程得

$$m\ddot{x}'\boldsymbol{i}' = F_N\boldsymbol{j}' + m\omega^2(x'\boldsymbol{i}' + h\boldsymbol{j}') - 2m\omega\dot{x}'\boldsymbol{j}'$$

将上式向轴 x'，y' 上投影，有

$$m\ddot{x}' = m\omega^2 x'$$

$$0 = F_N + m\omega^2 h - 2m\omega\dot{x}'$$

整理得

$$\ddot{x}' - \omega^2 x' = 0 \tag{a}$$

$$F_N = 2m\omega\dot{x}' - m\omega^2 h \tag{b}$$

令式(a)的解为

$$x' = C_1 \mathrm{e}^{\omega t} + C_2 \mathrm{e}^{-\omega t}$$

初始条件为 $t = 0$ 时，$x(0) = x'_0$，$\dot{x}'(0) = v'_0$。求解得小球 M 在直槽中的运动方程

$$x' = x'_0 \operatorname{ch}\omega t + \frac{v'_0}{\omega}\operatorname{sh}\omega t \tag{c}$$

将上式代入式(b)得槽壁对小球的水平约束力

$$F_N = -m\omega^2 h + 2m\omega^2 x'_0 \operatorname{sh}\omega t + 2mv'_0\omega \operatorname{ch}\omega t \tag{d}$$

【讨论】

(1) 由式(c)可知，当 $x'_0 = 0$，$v'_0 = 0$ 时，$x'(t) = 0$，即小球 M 停留在槽的中点不动，处于相对平衡状态。但如有干扰，就有 $x'_0 \neq 0$，$v'_0 \neq 0$，则当 $t \to \infty$ 时，小球 M 将无限远离这一不稳定平衡位置。

(2) 处理质点相对运动动力学问题，要注意选取适当的非惯性系(动系)，正确分析和计算 $\boldsymbol{a}_e$，$\boldsymbol{a}_r$，$\boldsymbol{a}_C$ 及 $\boldsymbol{F}_{Ie}$，$\boldsymbol{F}_{IC}$，解题过程中往往运用式(8-5)的投影方程。

8.4 质点系的基本惯性特征

8.4.1 质心

质点系在力的作用下，其运动状态不仅与各质点的质量大小有关，而且与其相互位置有关。如图 8.7 所示，设质点系由 n 个质点组成，第 i 个质点 M_i 的质量为 m_i，相对于固定点 O 的矢径为 $\boldsymbol{r}_i$，整个质点系的质量为 $m=\sum m_i$，则质点系的**质心** C 的矢径为

$$\boldsymbol{r}_C=\frac{\sum m_i\boldsymbol{r}_i}{m} \tag{8-10}$$

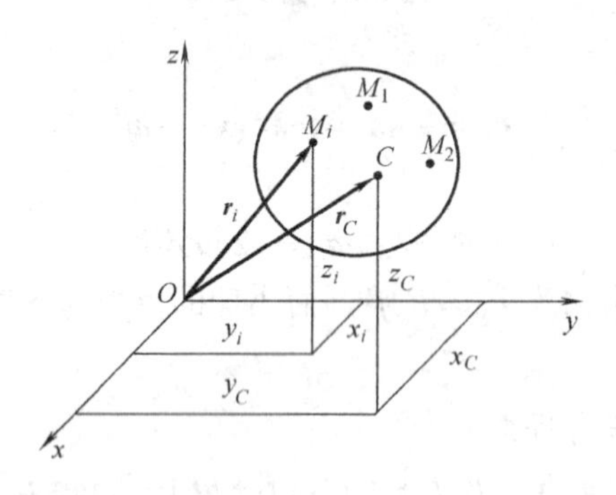

图 8.7　质心位置

质心是反映质点系质量分布的一个特征量，它是此质点系所在空间的一个特定点。当质点系中各质点的位置发生变化时，质点系的质心位置也随之改变。而刚体(不变质点系)的质心是刚体内某一确定点。

质心位置常用直角坐标形式表示。设 $Oxyz$ 为固定参考系，x_i，y_i，z_i 代表第 i 个质点 M_i 的坐标，质心的坐标 x_C，y_C，z_C 为

$$\left.\begin{aligned}x_C&=\frac{\sum m_ix_i}{m}\\y_C&=\frac{\sum m_iy_i}{m}\\z_C&=\frac{\sum m_iz_i}{m}\end{aligned}\right\} \tag{8-11}$$

在地球表面附近，重力与质量成正比。因此，在重力场中，物体的重心与质心的位置是重合的。但要注意，质心与重心是两个不同的概念。**重心**是地球对物体作用的引力的合力(物体重力)作用点，它只有在重力场中才有意义。

8.4.2 转动惯量

刚体的转动惯量是描述刚体质量分布的一个特征量，它是刚体转动时惯性的度量。刚

体对任意轴 z 的转动惯量 J_z 等于刚体内各质点的质量与该质点到轴 z 的距离平方的乘积之和，即

$$J_z = \sum_{i=1}^{n} m_i r_i^2 \tag{8-12}$$

可见，转动惯量为恒正物理量，其大小不仅与质量大小有关，而且与质量的分布情况有关。在国际单位制中其单位为 $kg \cdot m^2$。

当刚体的质量连续分布时，刚体对轴 z 的转动惯量为

$$J_z = \int_m r^2 \, dm \tag{8-13}$$

工程中，刚体对轴 z 的转动惯量，常用另一形式来表示

$$J_z = m\rho_z^2 \quad 或 \quad \rho_z = \sqrt{\frac{J_z}{m}} \tag{8-14}$$

式中，ρ_z 为刚体对轴 z 的**回转半径(惯性半径)**，**即刚体的转动惯量等于该刚体质量与回转半径平方的乘积**。

由式(8-14)可知，ρ_z 的物理意义可理解为：如果把刚体的质量全部集中于某一点处，仍保持原有的转动惯量，则该点到轴 z 的垂直距离即为 ρ_z。

【例 8-4】长为 l、质量为 m 的均质细长杆，如图 8.8 所示。求：(1)该杆对于过质心 C 且与杆垂直的轴 z 的转动惯量；(2)该杆对于与轴 z 平行的轴 z_1 的转动惯量；(3)该杆对轴 z 和轴 z_1 的回转半径。

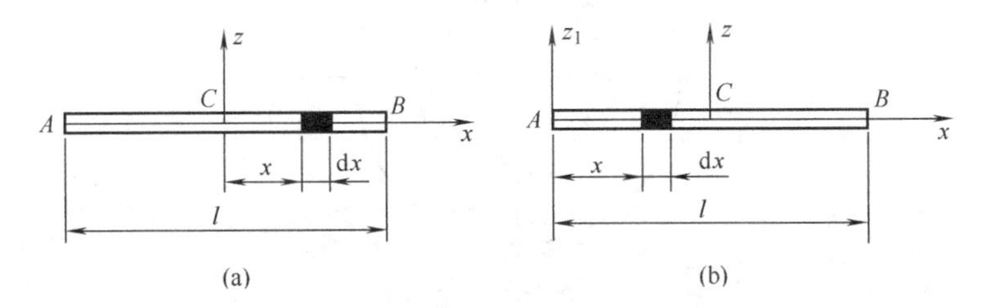

图 8.8　例 8-4 图

【分析】因杆为均质细杆，则杆的单位质量可用线密度 $\rho_l = m/l$ 表示。通过取微元，求积分可得所求结果。

【解】

(1) 建立图 8.8(a)所示坐标系。杆上取一微段 dx，其质量 $dm = \rho_l \, dx$，由式(8-13)得此杆对轴 z 的转动惯量为

$$J_z = \int_{-\frac{l}{2}}^{\frac{l}{2}} x^2 \, dm = \int_{-\frac{l}{2}}^{\frac{l}{2}} x^2 \frac{m}{l} dx = \frac{1}{12} ml^2$$

(2) 如图 8.8(b)所示，同理可得，杆对轴 z_1 的转动惯量

$$J_{z_1} = \int_0^l x^2 \, dm = \int_0^l x^2 \frac{m}{l} dx = \frac{1}{3} ml^2$$

(3) 该杆对轴 z 和轴 z_1 的回转半径分别为

$$\rho_z = \sqrt{\frac{J_z}{m}} = \frac{l}{2\sqrt{3}}, \quad \rho_{z_1} = \sqrt{\frac{J_{z_1}}{m}} = \frac{l}{\sqrt{3}}$$

【讨论】J_z 与 J_{z_1} 两者之间是否有联系？8.4.3 节中平行轴定理将会给出答案。

【例 8-5】设均质薄圆板的质量为 m，半径为 R，求圆板对于过中心 O 且与圆板平面相垂直的轴 z 的转动惯量。

【分析】对均质薄圆板，其单位质量可用面密度 $\rho_A = m/(\pi R^2)$ 表示。因被积区域为圆，故微元体取薄圆环较合适。

【解】如图 8.9 所示，将圆板分为无数同心薄圆环，任一圆环的半径为 r，宽度为 $\mathrm{d}r$，其质量

$$\mathrm{d}m = \rho_A \mathrm{d}A = \frac{m}{\pi R^2}\cdot 2\pi r \mathrm{d}r = \frac{2m}{R^2} r \mathrm{d}r$$

则圆板对轴 z 的转动惯量

$$J_z = \int_m r^2 \mathrm{d}m = \int_0^R \frac{2m}{R^2} r^3 \mathrm{d}r = \frac{1}{2} mR^2$$

【讨论】均质薄圆板对轴 x、轴 y 是对称的，即 $J_x = J_y$。

请读者证明 $J_x = J_y = \frac{1}{2} J_z$。

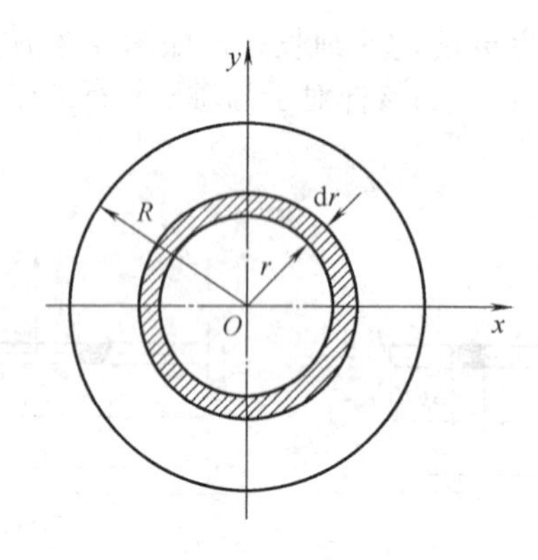

图 8.9　例 8-5 图

8.4.3　平行轴定理

定理　**刚体对于任一轴的转动惯量，等于刚体对于通过质心、并与该轴平行的轴的转动惯量，加上刚体的质量与两轴间距离平方的乘积，即**

$$J_z = J_{zC} + md^2 \tag{8-15}$$

证明　设刚体质量为 m，质心为点 C，刚体对于通过质心的轴 z' 的转动惯量为 J_{zC}，刚体对于平行该轴的另一轴 z 的转动惯量为 J_z，两轴间距离为 d，如图 8.10 所示。

分别以点 O、点 C 为原点，建立直角坐标 $Oxyz$ 和 $Cx'y'z'$，不失一般性，可令轴 y 与轴 y' 重合。由图可知

$$J_{zC} = J_{z'} = \sum m_i r_i'^2 = \sum m_i (x_i'^2 + y_i'^2)$$

$$J_z = \sum m_i r_i^2 = \sum m_i (x_i^2 + y_i^2)$$

因

$$x_i = x_i', \quad y_i = y_i' + d$$

则

$$J_z = \sum m_i[x_i'^2 + (y_i' + d)^2] = \sum m_i(x_i'^2 + y_i'^2) + 2d\sum m_i y_i' + d^2\sum m_i$$

在 $Cx'y'z'$ 坐标系中，质心坐标为 $y_C' = \dfrac{\sum m_i y_i'}{\sum m_i}$，当坐标原点取在质心 C 时，

$$y_C' = 0$$

即

$$\sum m_i y_i' = 0$$

而 $\sum m_i = m$，则得

$$J_z = J_{zC} + md^2$$

由式(8-15)可知，刚体对于各平行轴，以对通过质心的轴的转动惯量为最小。

【例 8-6】钟摆简化如图 8.11 所示。已知均质细杆和均质圆盘的质量分别为 m_1 和 m_2，杆长为 l，圆盘直径为 d。求摆对于通过悬挂点 O 的水平轴的转动惯量。

【分析】摆由均质细杆和均质圆盘两部分组成，可分别计算两者对轴 O 的转动惯量，然后求和得到摆对轴 O 的转动惯量。

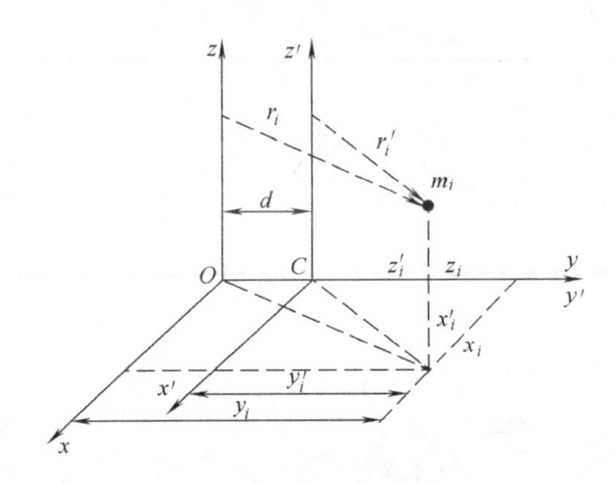

图 8.10　平行轴定理推导

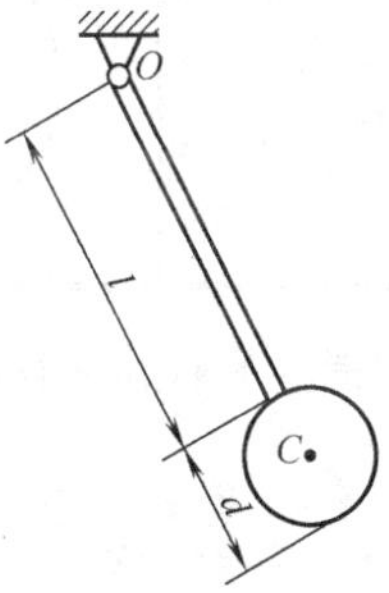

图 8.11　例 8-6 图

【解】杆对轴 O 的转动惯量

$$J_{O杆} = \frac{1}{3}m_1 l^2$$

圆盘对轴 O 的转动惯量

$$J_{O盘} = \frac{1}{2}m_2\left(\frac{d}{2}\right)^2 + m_2\left(l + \frac{d}{2}\right)^2 = m_2\left(\frac{3}{8}d^2 + l^2 + ld\right)$$

则摆对轴 O 的转动惯量

$$J_O = J_{O杆} + J_{O盘} = \frac{1}{3}m_1 l^2 + m_2\left(\frac{3}{8}d^2 + l^2 + ld\right)$$

【讨论】若物体由几个简单几何形状的物体组成，计算整体的转动惯量时，可先分别计算每一简单几何形状对同一轴的转动惯量如表 8.1 所示，然后求和。这种方法通常称为**组合法**。如果物体有空心部分，则可把空心部分当负质量处理，然后用组合法求解。

表 8.1　常用均质物体的转动惯量(带*号不要求记忆)

物体的形状	简　图	转动惯量
等直细杆	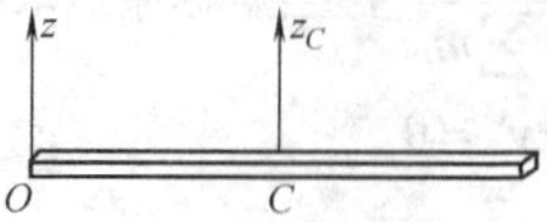	$J_{zC}=\dfrac{m}{12}l^2, J_z=\dfrac{m}{3}l^2$
等直薄壁圆筒	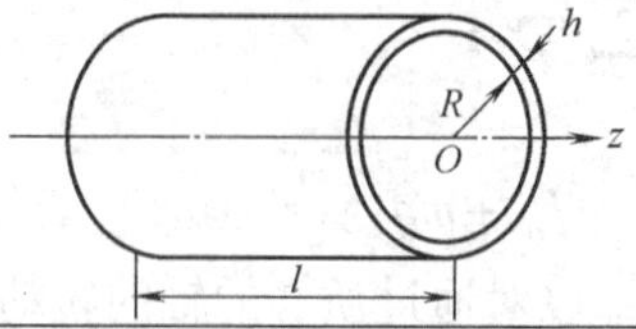	$J_z=mR^2$
等截面圆柱	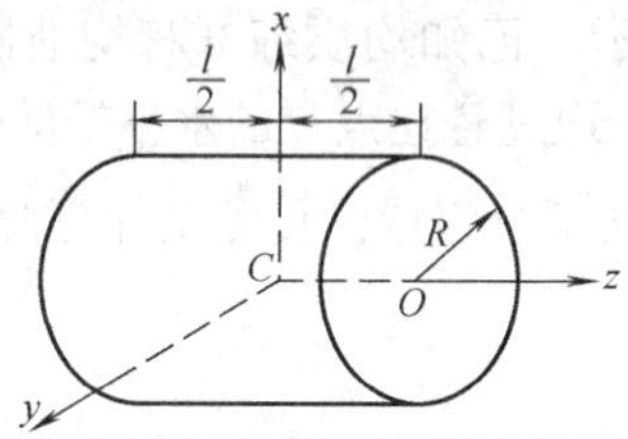	$J_z=\dfrac{m}{2}R^2$ $^*J_x=J_y=\dfrac{m}{12}(3R^2+l^2)$
等截面圆筒	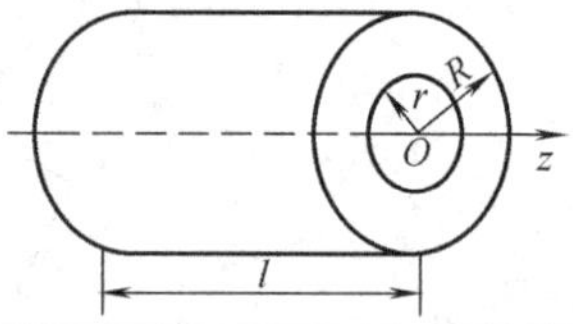	$J_z=\dfrac{m}{2}(R^2+r^2)$

各自的惯性半径由式(8-15)确定。

小　　结

(1) 动力学基本定律，即牛顿三定律是指惯性定律、力与加速度关系定律、作用与反作用定律，其中第1定律、第2定律适用于惯性参考系。

(2) 质点运动微分方程矢量形式为 $m\dfrac{\mathrm{d}^2\boldsymbol{r}}{\mathrm{d}t^2}=\boldsymbol{F}$，常用直角坐标形式，自然轴坐标形式。

(3) 质点动力学两类基本问题是指：①已知质点的运动，求作用于质点的力；②已知作用于质点的力，求质点的运动。求解第1类、第2类问题，实质上分别是微分、积分过程。

(4) 质点在非惯性参考系中运动的微分方程为

$$m\boldsymbol{a}_{\mathrm{r}}=\boldsymbol{F}+\boldsymbol{F}_{\mathrm{Ie}}+\boldsymbol{F}_{\mathrm{IC}}$$

式中，$\boldsymbol{a}_{\mathrm{r}}$——质点相对动参考系的加速度；

$\boldsymbol{F}$——作用于质点的合力；

$\boldsymbol{F}_{\mathrm{Ie}}=-m\boldsymbol{a}_{\mathrm{e}}$——牵连惯性力；

$\boldsymbol{F}_{\mathrm{IC}}=-m\boldsymbol{a}_{\mathrm{C}}$——科氏惯性力。

(5) 质点系的基本惯性特征：质心和转动惯量是两个重要概念。

思　考　题

8-1 若两个质点的质量、所受作用力均相同，则它们的运动方程、速度、加速度有何特点？

8-2 质量为 m 的重物，由刚度为 k 的弹簧悬吊于天花板，已知弹簧原长为 l_0，静伸长为 δ_{st}。若将坐标系原点分别取在弹簧原长下端和静平衡位置，重物的运动微分方程有何不同？

8-3 在同一地点、同一坐标系内，以相同大小的初速度 $\boldsymbol{v}_0$ 斜抛两质量相同的小球，若不计空气阻力，则它们落地时速度的大小相同，这种说法对吗？

8-4 在铅垂面内的一块圆板上刻有三道光滑直槽 AO, BO, CO，三个质量相等的小球 M_1，M_2，M_3 在重力作用下自静止开始同时从 A, B, C 三点分别沿各槽运动，不计摩擦，问三球同时到达还是先后到达？

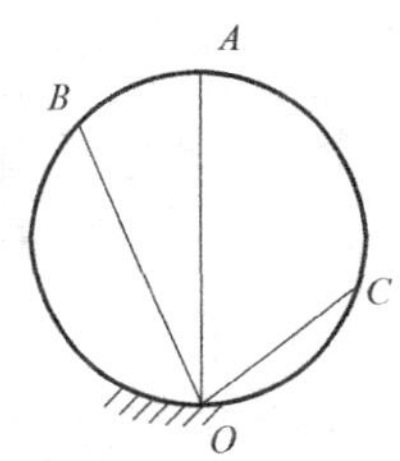

思考题 8-4 图

8-5 在真空中，水平或斜抛出的物体运动可分解为两个运动：一个是水平运动，另一个是铅直运动，且这两个运动互不影响。在空气中，若计入空气阻力，并且阻力大小与速度平方成正比，在物体落地前，问：

(1) 水平方向的运动微分方程是否可写为 $m\ddot{x}=-k\dot{x}^2$？

(2) 物体在铅直方向的运动是否影响水平方向的运动？水平方向的运动是否也影响铅直方向的运动？

***8-6** 若考虑地球自转，自由落体在北半球偏东，在南半球偏西，对吗？

习　　题

8-1 图示小车以匀加速度 $\boldsymbol{a}$ 沿倾角为 θ 的斜面向上运动。在小车的平顶上放一重 $\boldsymbol{W}$ 的物块，随车一同运动，问物块与小车间的摩擦因数 f 应为多少？

8-2 图示套管 A 的质量为 m，受绳子牵引沿铅直杆 CD 向上滑动。绳子的另一段绕过离杆距离为 l 的定滑轮 B 而缠在鼓轮上。鼓轮匀速转动，其轮缘各点的速度为 v_0。求绳子拉力 F_T 与距离 x 之间的关系。定滑轮的外径比较小，可视为一个点，$BE /\!/ CD$。

8-3 图示半径为 r 的偏心轮绕轴 O 匀速转动，角速度为 ω，推动导板沿铅直轨道运动。导板顶部放置一质量为 m 的物块 A。设偏心距 $OC=e$，开始时 OC 连线为水平线，求：(1)物块对导板的最大压力；(2)使物块不离开导板的 ω 最大值。

8-4 图示重物 A 和 B 的质量分别为 $m_A=20\text{kg}$ 和 $m_B=40\text{kg}$，用弹簧连接。重物 A 按 $y=A\cos(2\pi t/T)$ 的规律作铅垂简谐运动，其中振幅 $A=10\,\text{mm}$，周期 $T=0.25\ \text{s}$。求 B 对于支承面的压力的最大值及最小值。

8-5 质量为 3 kg 的销钉 M 在一有铅直槽的 T 形杆推动下，沿一圆弧槽运动，T 形杆 AB 以匀速 $v=2\,\text{m/s}$ 向右运动。求在 $\theta=30°$ 时，每个槽作用在销钉上的法向约束力(不计摩擦)。

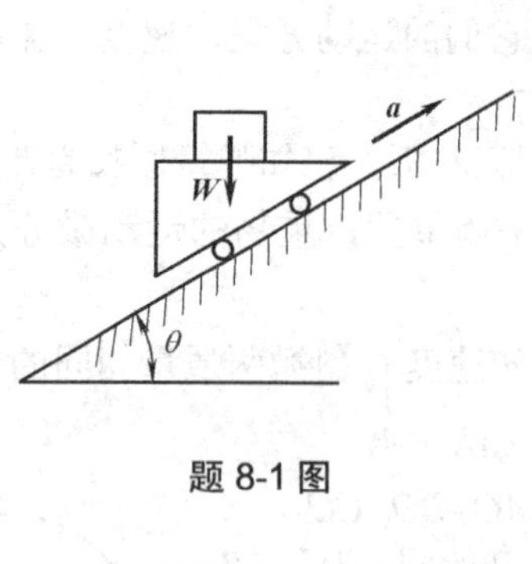

题 8-1 图

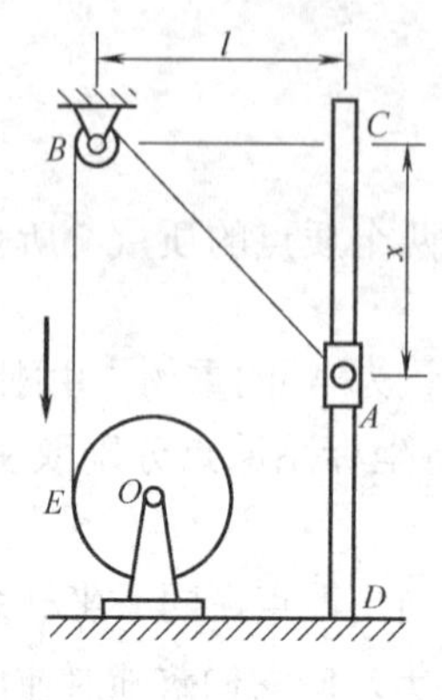

题 8-2 图

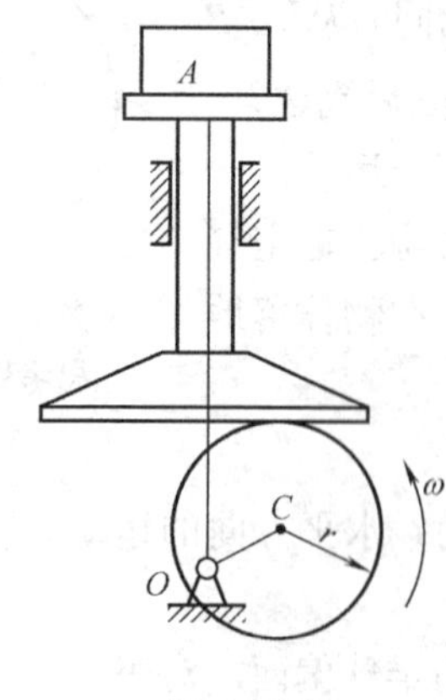

题 8-3 图

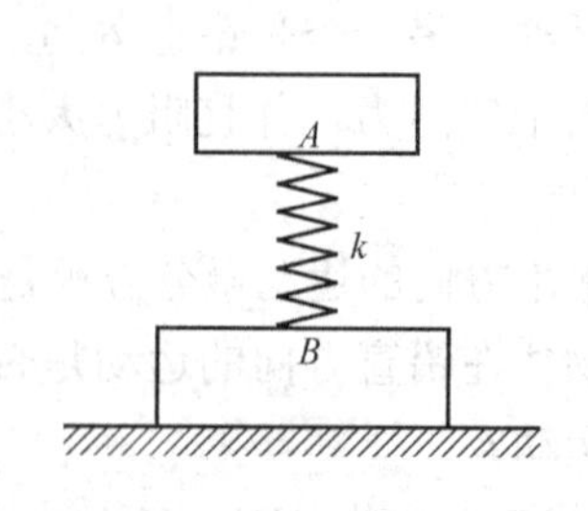

题 8-4 图

8-6 小球 A 从光滑半圆柱的顶点无初速地下滑，求小球脱离半圆柱时的位置角 φ。

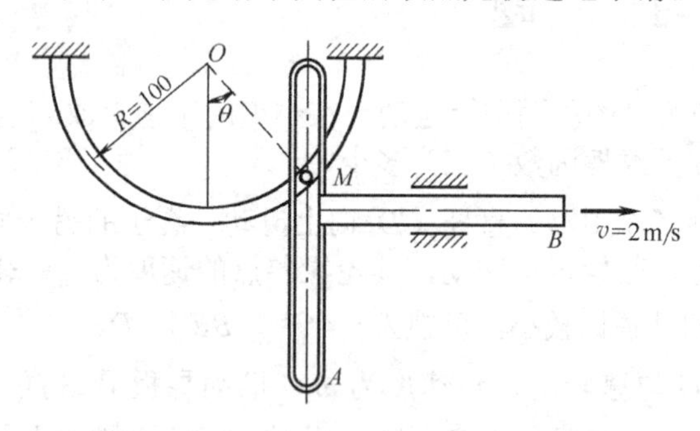

题 8-5 图

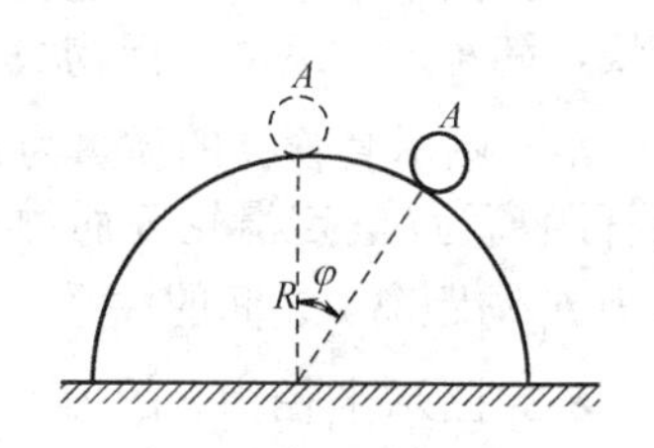

题 8-6 图

8-7 质量为 m 的质点 M 自高度 h 以速度 $\boldsymbol{v}_0$ 水平抛出，空气阻力为 $\boldsymbol{F}=-km\boldsymbol{v}$，其中 k 为常数。求该质点的运动方程和轨迹。

8-8 质量为 m 的质点 M，受指向原点的引力 $F=kr$ 作用，力与质点到点 O 的距离 r 成正比。当 $t=0$ 时，质点的坐标为：$x=x_0$，$y=0$；$\dot{x}=v_x=0$，$\dot{y}=v_y=v_0$。求此质点的轨迹。

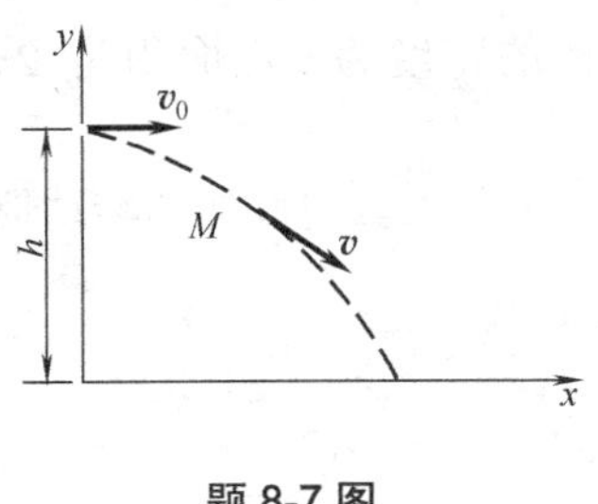

题 8-7 图

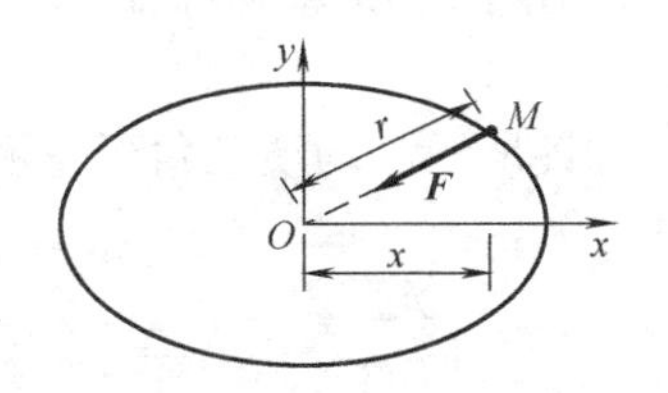

题 8-8 图

8-9 为使列车对铁轨的压力垂直于路基，在铁路的弯道部分，外轨要比内轨稍微提高。若弯道的曲率半径为 $\rho=300$ m，列车的速度为 12 m/s，内外轨道间的距离为 $b=1.6$ m，求外轨应高于内轨的高度 h。

8-10 图示桥式吊车下挂着重物 M，吊索长 l，开始吊车和重物都处于静止状态。若吊车以匀加速度 $\boldsymbol{a}$ 作直线运动，求重物的相对速度与其摆角 θ 的关系。

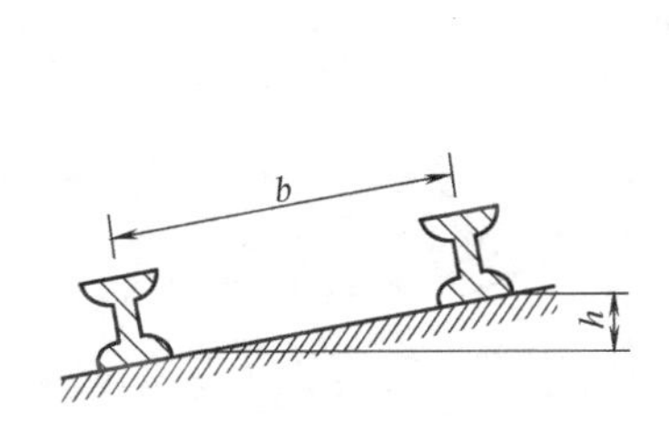

题 8-9 图

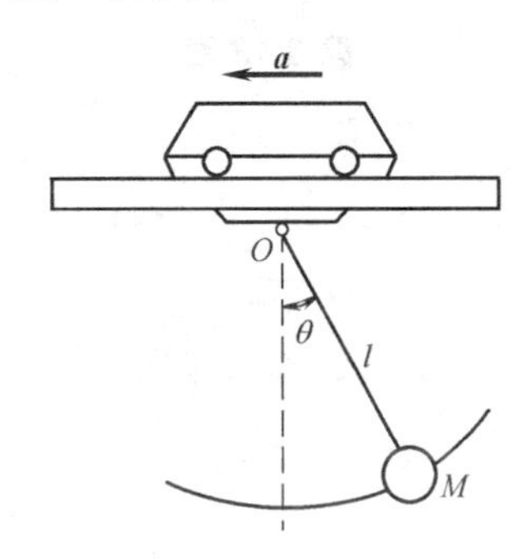

题 8-10 图

8-11 图示圆盘以匀角速度 ω 绕通过点 O 的铅直轴转动。圆盘有一径向滑槽，一质量为 m 的质点 M 在槽内运动。如果在开始时，质点至轴心 O 的距离为 e，且无初速度，求此质点的相对运动方程和槽对质点的水平约束力。

8-12 半径为 R 的圆形导管以匀角速度 $\omega=\sqrt{\dfrac{4g}{3R}}$ 绕铅垂轴 AB 转动，导管内有一光滑小球 M，小球重 $\boldsymbol{W}$。求小球从最高点无初速地运动到 $\theta=60°$ 时相对于导管的速度以及此时导管对小球的约束力。

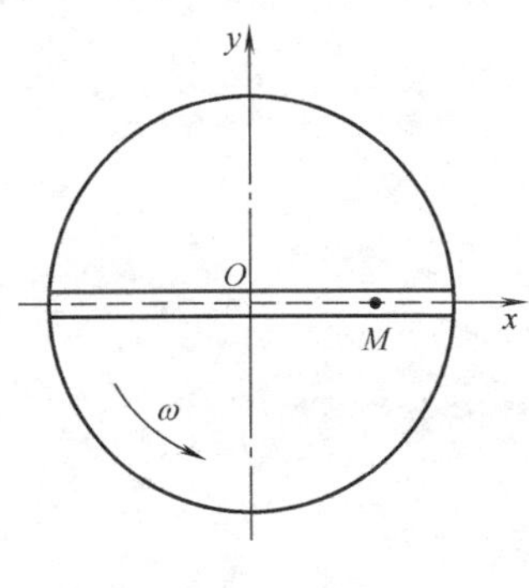

题 8-11 图

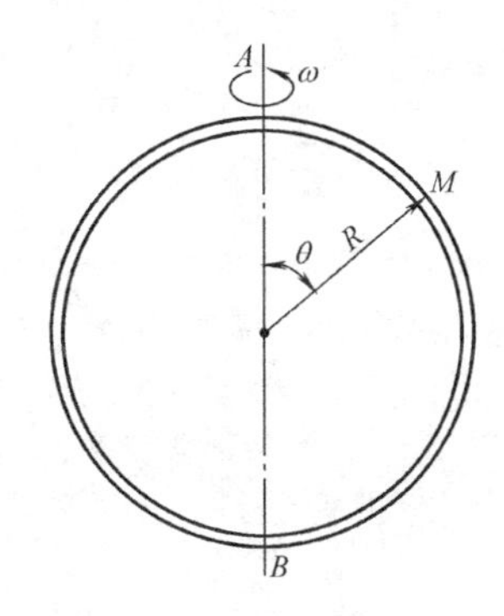

题 8-12 图

8-13 求图中均质薄板对轴 x 的转动惯量。设薄板的宽度为 b，面积为 $2ab$，质量为 m。

8-14 如图所示，均质三角形薄板的质量为 m，高为 h。求其对底边的转动惯量 J_x。

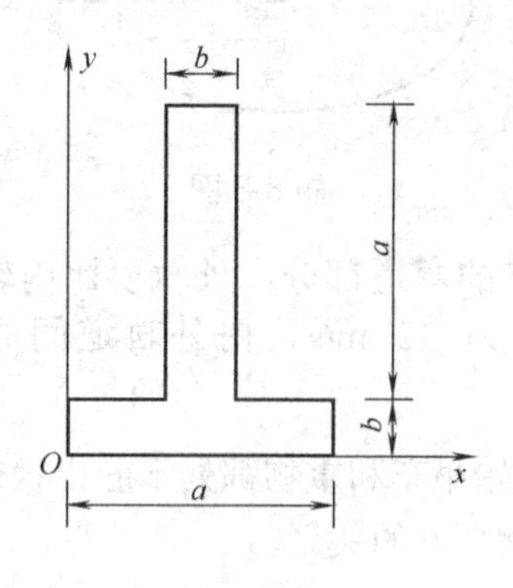

题 8-13 图

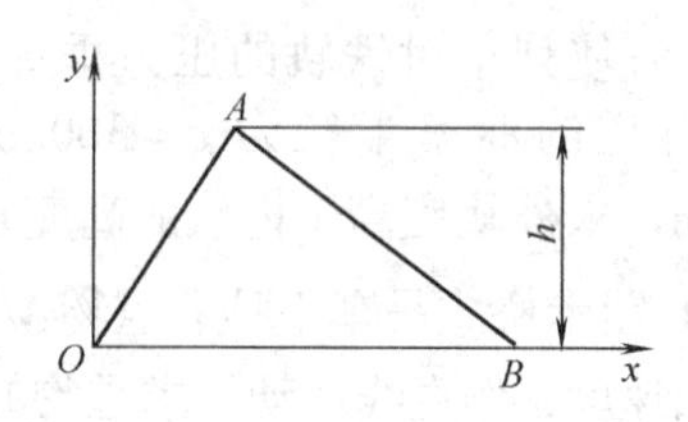

题 8-14 图

第9章　动 量 定 理

对于质点系动力学问题，逐个建立各质点运动微分方程，然后联立求解，从理论上讲是可行的，但实际求解较困难。在工程实际中，往往仅需研究整个质点系的运动情况而并不要求各质点的运动规律。动力学普遍定理包括动量定理、动量矩定理、动能定理，它们从不同的侧面揭示了质点系运动状态的物理量(动量、动量矩、动能)与力的作用量(主矢、主矩、功)之间的关系。本章将阐明动量定理。

9.1　动量定理与动量守恒

9.1.1　动量

物体运动的强弱，不仅与它的速度有关，而且还与其质量有关。例如，子弹质量虽小，但速度很大，可产生大的冲击力；轮船靠岸时速度虽小，但因其质量很大，操纵不慎就会撞坏码头。因此，我们用物体质量与它的速度乘积来量度物体运动的强弱。

质点的质量与速度的乘积称为质点的动量，用 $\boldsymbol{p}$ 表示，即 $\boldsymbol{p}=m\boldsymbol{v}$ 。动量是矢量，其方向与速度方向相同。在国际单位制中，动量的单位为 kg·m/s。设某一瞬时，质点系中第 i 个质点的动量为 $\boldsymbol{p}_i=m_i\boldsymbol{v}_i$ ，则质点系中各质点动量的矢量和称为**质点系的动量**，即

$$\boldsymbol{p}=\sum_{i=1}^{n}m_i\boldsymbol{v}_i \tag{9-1}$$

由质心坐标公式知， $m\boldsymbol{r}_C=\sum m_i\boldsymbol{r}_i$ ，两边对时间求导得

$$m\frac{\mathrm{d}\boldsymbol{r}_C}{\mathrm{d}t}=\sum m_i\frac{\mathrm{d}\boldsymbol{r}_i}{\mathrm{d}t}$$

即

$$m\boldsymbol{v}_C=\sum m_i\boldsymbol{v}_i$$

则质点系的动量又可表示为

$$\boldsymbol{p}=m\boldsymbol{v}_\mathrm{C} \tag{9-2}$$

式(9-2)表明，质点系的动量等于质点系的质量与其质心的速度乘积。例如，均质车轮作平面运动，质心速度为 $\boldsymbol{v}_C$ ，如图 9.1 所示，则车轮的动量为 $m\boldsymbol{v}_C$ ；又如刚体绕中心轴 O 转动，若质量对称于轴 O 分布，则质心在轴 O 上，如图 9.2 所示。因 $\boldsymbol{v}_C=\boldsymbol{v}_O=\boldsymbol{0}$ ，则该刚体的动量为 $\boldsymbol{p}=\boldsymbol{0}$ 。

如果质点系是由多个刚体组成，设第 i 个刚体的质心 C_i 的速度为 $\boldsymbol{v}_{Ci}$ ，则整个刚体系统的动量

$$\boldsymbol{p}=\sum m_i\boldsymbol{v}_{Ci}$$

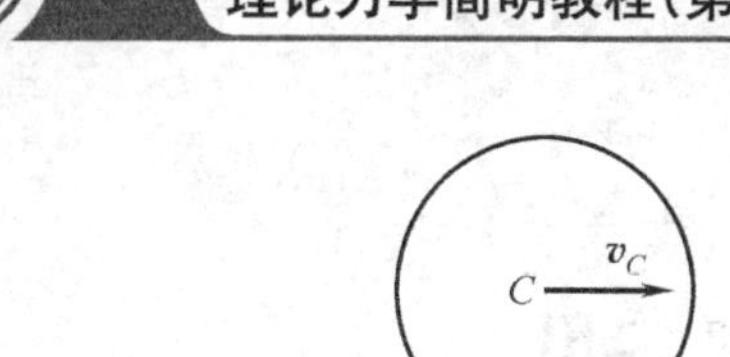

图 9.1　平面运动刚体的动量

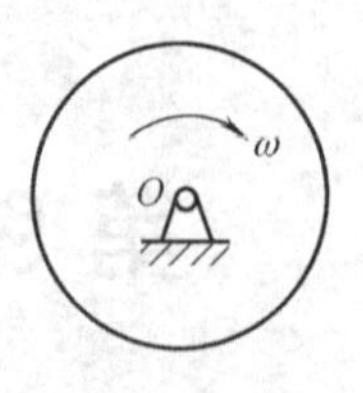

图 9.2　定轴转动刚体的动量

9.1.2　冲量

物体在力的作用下引起运动变化，不仅与力的大小和方向有关，还与力作用时间的长短有关。**力对物体作用的时间积累效应**，用力与其作用时间的乘积来衡量，称为**力的冲量**，用 I 表示。

若力 $\boldsymbol{F}$ 为常力，作用的时间为 t，则此力冲量

$$\boldsymbol{I}=\boldsymbol{F}t \tag{9-3}$$

冲量为矢量，它的方向与常力方向一致。

若作用力 $\boldsymbol{F}$ 为变量，在微小时间间隔 $\mathrm{d}t$ 内，力的冲量称为**元冲量**，用 $\mathrm{d}\boldsymbol{I}$ 表示：

$$\mathrm{d}\boldsymbol{I}=\boldsymbol{F}\,\mathrm{d}t$$

力 $\boldsymbol{F}$ 在有限时间内(瞬时 t_1 至瞬时 t_2)的冲量为矢量积分

$$\boldsymbol{I}=\int_{t_1}^{t_2}\mathrm{d}\boldsymbol{I}=\int_{t_1}^{t_2}\boldsymbol{F}\,\mathrm{d}t \tag{9-4}$$

在国际单位制中，冲量单位为 N·m。

若质点系有多个力作用，各力冲量的矢量和称为**力系的冲量**，即

$$\boldsymbol{I}=\sum\boldsymbol{I}_i=\sum\int_{t_1}^{t_2}\boldsymbol{F}_i\,\mathrm{d}t$$

变换求和与积分的顺序，得

$$\boldsymbol{I}=\int_{t_1}^{t_2}\sum\boldsymbol{F}_i\,\mathrm{d}t=\int_{t_1}^{t_2}\boldsymbol{F}_{\mathrm{R}}\,\mathrm{d}t \tag{9-5}$$

式中，$\boldsymbol{F}_{\mathrm{R}}=\sum\boldsymbol{F}_i$，为力系的主矢。式(9-5)表明，**力系的冲量等于力系的主矢在同一时间内的冲量**。对于整个质点系来说，只有作用于这个质点系上的外力才有冲量。

9.1.3　动量定理与动量守恒

1. 质点的动量定理

质点的动量对时间的一阶导数等于作用于这个质点上的力，即

$$\frac{\mathrm{d}}{\mathrm{d}t}(m\boldsymbol{v})=\boldsymbol{F}\text{，或}\quad \mathrm{d}(m\boldsymbol{v})=\boldsymbol{F}\,\mathrm{d}t \tag{9-6}$$

式(9-6)称为**动量定理的微分形式**。

对上式积分，时间由 t_1 到 t_2，速度由 $\boldsymbol{v}_1$ 到 $\boldsymbol{v}_2$，得

$$m\boldsymbol{v}_2-m\boldsymbol{v}_1=\int_{t_1}^{t_2}\boldsymbol{F}\,\mathrm{d}t=\boldsymbol{I} \tag{9-7}$$

式(9-7)为**动量定理的积分形式**，即**在某一时间间隔内，质点的动量改变等于作用于该质点**

的力在此段时间内的冲量。

2. 质点系的动量定理

设质点系由 n 个质点组成，第 i 个质点的质量为 m_i，速度为 $\boldsymbol{v}_i$，外界物体对该质点的作用力(合力)为 $\boldsymbol{F}_i^{\mathrm{e}}$，称为**外力**，质点系内其他质点对该质点的作用力(合力)为 $\boldsymbol{F}_i^{\mathrm{i}}$，称为**内力**。由式(9-6)得

$$\frac{\mathrm{d}}{\mathrm{d}t}(m_i\boldsymbol{v}_i)=\boldsymbol{F}_i^{\mathrm{e}}+\boldsymbol{F}_i^{\mathrm{i}}$$

将质点系的 n 个这样的方程相加，得

$$\sum\frac{\mathrm{d}}{\mathrm{d}t}(m_i\boldsymbol{v}_i)=\sum\boldsymbol{F}_i^{\mathrm{e}}+\sum\boldsymbol{F}_i^{\mathrm{i}}$$

因质点系内各个质点相互作用的内力总是大小相等、方向相反、相互抵消地成对出现，因此内力的矢量和为零，即 $\sum\boldsymbol{F}_i^{\mathrm{i}}=\boldsymbol{0}$，而

$$\sum\frac{\mathrm{d}}{\mathrm{d}t}(m_i\boldsymbol{v}_i)=\frac{\mathrm{d}}{\mathrm{d}t}(\sum m_i\boldsymbol{v}_i)=\frac{\mathrm{d}\boldsymbol{p}}{\mathrm{d}t}$$

得

$$\frac{\mathrm{d}\boldsymbol{p}}{\mathrm{d}t}=\sum\boldsymbol{F}_i^{\mathrm{e}} \tag{9-8}$$

或

$$\mathrm{d}\boldsymbol{p}=\sum\boldsymbol{F}_i^{\mathrm{e}}\mathrm{d}t=\sum\mathrm{d}\boldsymbol{I}_i^{\mathrm{e}} \tag{9-8$'$}$$

即**质点系的动量对时间的导数，等于作用于质点系的所有外力的矢量和(外力主矢)**，这就是**质点系动量定理的微分形式**。

式(9-8)在直角坐标轴上的投影形式为

$$\left.\begin{aligned}\frac{\mathrm{d}p_x}{\mathrm{d}t}&=\sum F_x^{\mathrm{e}}\\\frac{\mathrm{d}p_y}{\mathrm{d}t}&=\sum F_y^{\mathrm{e}}\\\frac{\mathrm{d}p_z}{\mathrm{d}t}&=\sum F_z^{\mathrm{e}}\end{aligned}\right\} \tag{9-9}$$

式(9-9)表明，**质点系的动量在任一固定轴上的投影对于时间的导数，等于各外力在同一轴上的投影的代数和**。

将式(9-8)积分，得

$$\boldsymbol{p}_2-\boldsymbol{p}_1=\int_{t_1}^{t_2}\sum\boldsymbol{F}_i^{\mathrm{e}}\mathrm{d}t=\sum\int_{t_1}^{t_2}\boldsymbol{F}_i^{\mathrm{e}}\mathrm{d}t=\sum\boldsymbol{I}_i^{\mathrm{e}} \tag{9-10}$$

式(9-10)为**质点系动量定理的积分形式**，也称为**质点系的冲量定理**，即**质点系的动量在一段时间间隔内的改变量，等于作用于质点系的所有外力在此段时间内的冲量的矢量和**。

式(9-10)在直角坐标轴上的投影形式为

$$\left.\begin{aligned}p_{2x}-p_{1x}&=\sum I_x^{\mathrm{e}}\\p_{2y}-p_{1y}&=\sum I_y^{\mathrm{e}}\\p_{2z}-p_{1z}&=\sum I_z^{\mathrm{e}}\end{aligned}\right\} \tag{9-11}$$

即在任一时间段内，质点系的动量在任一固定轴上的投影的改变量，等于各外力的冲量在同一轴上投影的代数和。

3. 动量守恒

如果作用于质点系上的外力的矢量和恒等于零，即$\sum \boldsymbol{F}_i^e = \boldsymbol{0}$，则由式(9-8)或式(9-10)知，质点系的动量保持不变，即

$$\boldsymbol{p} = \boldsymbol{p}_1 = \boldsymbol{p}_2 = \text{常矢量}$$

如果作用于质点系的外力主矢在某一轴上的投影等于零，如$\sum \boldsymbol{F}_x^e = \boldsymbol{0}$，则由式(9-9)或式(9-11)知，质点系的动量在该坐标轴上的投影保持不变，即

$$p_x = p_{1x} = p_{2x} = \text{常量}$$

以上结论称为**质点系动量守恒定律**。

质点系动量守恒定律在工程技术中有非常广泛的应用。如枪炮的“后座”、火箭和喷气飞机的反推作用等都可用动量守恒定律加以研究。

【例 9-1】图 9.3 所示椭圆规，$OC = AC = BC = l$，曲柄 OC 与连杆 AB 的质量不计，滑块 A，B 的质量均为 m，曲柄以角速度 ω 转动。求图示位置系统的动量。

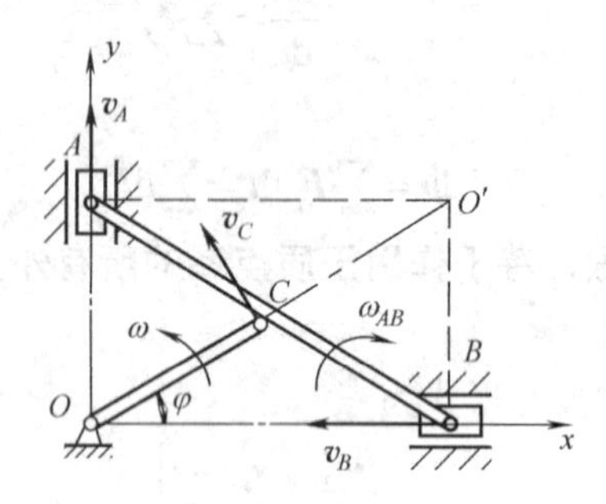

图 9.3 例 9-1 图

【分析】在不计曲柄 OC 与连杆 AB 质量的情况下，系统的动量由滑块 A，B 两部分组成。正确求出 $\boldsymbol{v}_A$，$\boldsymbol{v}_B$ 是问题关键。

【解法 1】由式(9-1)得

$$\boldsymbol{p} = m_A \boldsymbol{v}_A + m_B \boldsymbol{v}_B$$

杆 AB 作平面运动，其速度瞬心为 O'，角速度 $\omega_{AB} = \omega$，转向如图 9.3 所示。可求得

$$v_A = \omega \cdot 2l\cos\varphi,\quad v_B = \omega \cdot 2l\sin\varphi$$

$$\boldsymbol{p} = 2m\omega l\cos\varphi \boldsymbol{j} - 2m\omega l\sin\varphi \boldsymbol{i} = 2l\omega m(-\sin\varphi \boldsymbol{i} + \cos\varphi \boldsymbol{j})$$

【解法 2】由式(9-2)得

$$\boldsymbol{p} = \sum m_i \boldsymbol{v}_C$$

如图 9.3 所示坐标系，质点系质心坐标

$$x_C = \frac{\sum m_i x_i}{\sum m_i} = \frac{m_B x_B}{m_A + m_B} = l\cos\omega t$$

$$y_C = \frac{\sum m_i y_i}{\sum m_i} = \frac{m_A y_A}{m_A + m_B} = l\sin\omega t$$

即质心速度

$$\boldsymbol{v}_C = \dot{x}_C\boldsymbol{i} + \dot{y}_C\boldsymbol{j} = -\omega l\sin\varphi\boldsymbol{i} + \omega l\cos\varphi\boldsymbol{j}$$

系统动量

$$\boldsymbol{p} = 2m\boldsymbol{v}_C = 2m\omega l(-\sin\varphi\,\boldsymbol{i} + \cos\varphi\,\boldsymbol{j})$$

【讨论】若考虑曲柄 OC 及连杆 AB 的质量，则系统的动量又如何求？

【例 9-2】如图 9.4(a)所示，质量为 m_1 的均质矩形板可在垂直于板面的光滑水平面上运动，板上有一半径为 R 的圆形凹槽，一质量为 m_2 的甲虫以相对速度 $\boldsymbol{v}_r$ 沿凹槽匀速运动。初始时板静止，甲虫位于圆形凹槽的最右端(即 $\theta = 0^\circ$)。求甲虫运动到图示位置时，(1)板的速度和加速度；(2)地面作用在板上的约束力。

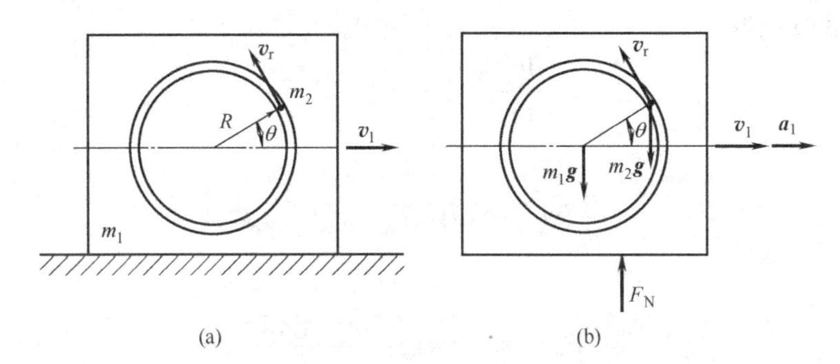

图 9.4　例 9-2 图

【分析】对于板与甲虫组成的系统，因板在光滑水平面上运动，系统在水平方向无外力作用，则可用水平方向动量守恒分析板的速度，从而进一步分析加速度。在求地面对板的约束力时可运用系统的动量定理微分形式求解。

【解】

(1) 板的速度及加速度。

以甲虫和板组成的系统为对象，在一般位置系统所受外力如图 9.4(b)所示。因板作直线平移，设其速度为 $\boldsymbol{v}_1$，又设甲虫为动点，动系固结于板，甲虫相对运动为匀速圆周运动，则甲虫的绝对速度

$$\boldsymbol{v}_2 = \boldsymbol{v}_r + \boldsymbol{v}_1$$

系统的动量

$$\boldsymbol{p} = m_1\boldsymbol{v}_1 + m_2\boldsymbol{v}_2 = m_1\boldsymbol{v}_1 + m_2(\boldsymbol{v}_r + \boldsymbol{v}_1) \tag{a}$$

在初始位置，即 $t = 0$ 时，$\boldsymbol{v}_{10} = \boldsymbol{0}$，$\boldsymbol{v}_{20} = v_r\boldsymbol{j}$，此时系统动量

$$\boldsymbol{p}_0 = m_2\boldsymbol{v}_{20} = m_2 v_{20}\boldsymbol{j}$$

因 $\sum F_x^e = 0$，则在任意时刻，系统在水平方向动量守恒，则有

$$p_x = p_{x0}$$

即

$$m_1 v_1 + m_2(v_1 - v_r\sin\theta) = 0$$

整理得

$$v_1 = \frac{m_2 v_r \sin\theta}{m_1 + m_2} \tag{b}$$

设甲虫沿圆弧运动的弧长为$s=\theta R$，则

$$v_{\mathrm{r}}=\frac{\mathrm{d}s}{\mathrm{d}t}=\dot{\theta}R$$

式(b)对时间求导，得

$$a_1=\frac{\mathrm{d}v_1}{\mathrm{d}t}=\frac{m_2 v_{\mathrm{r}}}{m_1+m_2}\dot{\theta}\cos\theta=\frac{m_2}{(m_1+m_2)R}v_{\mathrm{r}}^2\cos\theta$$

(2) 地面作用在板上的约束力。

由图9.4(b)知，系统在轴y方向的外力有$m_1\boldsymbol{g}$，$m_2\boldsymbol{g}$和$\boldsymbol{F}_{\mathrm{N}}$，而

$$p_y=m_2 v_{\mathrm{r}}\cos\theta$$

由动量定理式(9-9)得

$$\frac{\mathrm{d}p_y}{\mathrm{d}t}=F_{\mathrm{N}}-m_1 g-m_2 g$$

即

$$\frac{\mathrm{d}}{\mathrm{d}t}(m_2 v_{\mathrm{r}}\cos\theta)=F_{\mathrm{N}}-m_1 g-m_2 g$$

解得

$$F_{\mathrm{N}}=(m_1+m_2)g-\frac{m_2 v_{\mathrm{r}}^2\sin\theta}{R}$$

【讨论】

(1) 请读者自行归纳解题步骤。

(2) 动量计算中速度必须为绝对速度，动量守恒定律常用来求速度，动量投影注意正负号。

(3) 怎样求圆槽对甲虫的法向约束力?

9.2 质心运动定理

9.2.1 质心运动定理

将质点系的动量$\boldsymbol{p}=m\boldsymbol{v}_C$代入质点系的动量定理式(9-8)，有

$$\frac{\mathrm{d}}{\mathrm{d}t}(m\boldsymbol{v}_C)=\sum\boldsymbol{F}_i^{\mathrm{e}} \tag{9-12}$$

即

$$m\boldsymbol{a}_C=\sum\boldsymbol{F}_i^{\mathrm{e}}$$

式中$\boldsymbol{a}_C$为质心的加速度。此式表明，**质点系的质量与质心加速度的乘积，等于作用于质点系的所有外力的矢量和**(即等于外力的主矢)，称为**质心运动定理**。

式(9-12)和牛顿第二定律表达式$m\boldsymbol{a}=\sum\boldsymbol{F}$形式上相似，因此质心运动定理也可叙述为：质点系质心的运动，可以看成为一个质点的运动，设想此质点集中了整个质点系的质量及其所受的外力。

质心的运动完全决定于质点系的外力，而与质点系的内力无关。例如，汽车行驶

(图 9.5)依靠主动轮(一般为后轮)与地面接触产生的向前摩擦力 $\boldsymbol{F}_A$，推动汽车前进。刹车时，制动闸与轮子间的摩擦力是内力，它并不直接改变质心的运动状态，但能阻止车轮相对于车身的转动，如果没有车轮与地面接触向后的摩擦力 $\boldsymbol{F}_B$，即使闸块使轮子停止转动，车辆仍要向前滑行，不能减速。如果地面光滑，或 $\boldsymbol{F}_A$ 克服不了汽车前进的阻力 $\boldsymbol{F}_B$，那么后轮将在原处打转，汽车不能前进。另外，一般后轮承重较大，从而 $\boldsymbol{F}_{NA}$ 较大，可产生的向前摩擦力 $\boldsymbol{F}_A$ 也较大，从而使汽车启动加快。

又如，工程上定向爆破，就是根据质心运动定理，预先估计大部分土石块的堆落地方(图 9.6)。

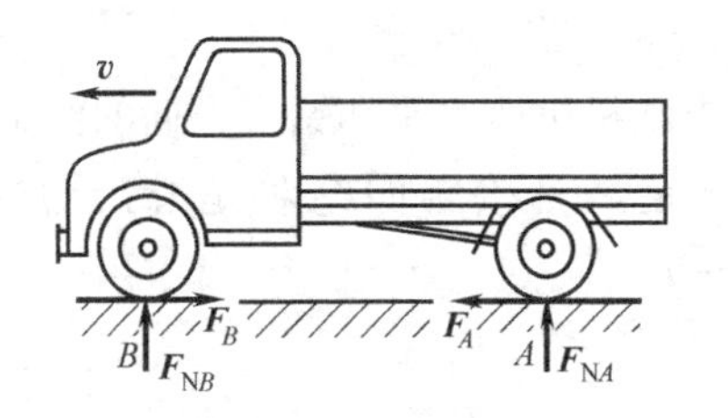

图 9.5　汽车驱动力

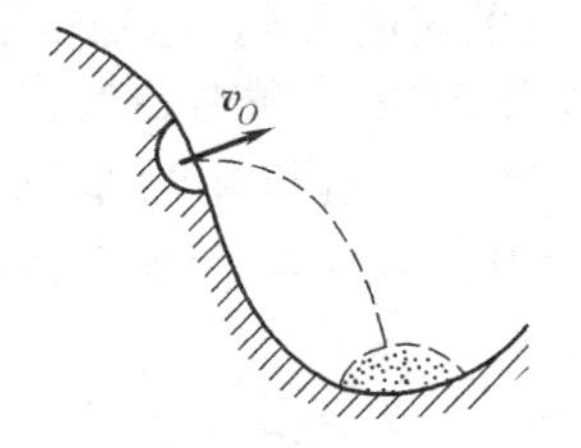

图 9.6　定向爆破的飞石

如果质点系是由多个刚体组成，式(9-12)又可写成

$$\sum m_i \boldsymbol{a}_{Ci} = \sum \boldsymbol{F}_{Ri}^{e} = \boldsymbol{F}_R \tag{9-13}$$

式中，m_i 为第 i 个刚体的质量；$\boldsymbol{a}_{Ci}$ 为第 i 个刚体的质心 C_i 的加速度；$\boldsymbol{F}_{Ri}^{e}$ 为第 i 个刚体所受外力主矢。

式(9-13)表明，**刚体系内各刚体的质量与其质心加速度乘积的矢量和，等于作用于刚体系的外力主矢。**

具体计算时，常将式(9-12)的矢量形式投影到坐标轴上。在直角坐标轴上投影为

$$\left.\begin{aligned} ma_{Cx} &= \sum F_x^{e} \\ ma_{Cy} &= \sum F_y^{e} \\ ma_{Cz} &= \sum F_z^{e} \end{aligned}\right\} \tag{9-14}$$

在自然轴上投影为

$$\left.\begin{aligned} m\frac{\mathrm{d}v_C}{\mathrm{d}t} &= \sum F_t^{e} \\ m\frac{v_C^2}{\rho} &= \sum F_n^{e} \\ 0 &= \sum F_b^{e} \end{aligned}\right\} \tag{9-15}$$

9.2.2　质心运动守恒定律

由质心运动定理可知，内力不能影响质心的运动。

(1) 若 $\sum \boldsymbol{F}^{e} = \boldsymbol{0}$，由式(9-12)得，$\boldsymbol{a}_C = \boldsymbol{0}$ 或 $\boldsymbol{v}_C =$ 常矢量，即如果作用于质点系的外力主矢等于零，则质心作匀速直线运动(惯性运动)。

(2) 若$\sum \boldsymbol{F}^{\mathrm{e}}=\boldsymbol{0}$，且系统开始静止($\boldsymbol{v}_{C0}=\boldsymbol{0}$)，则$\boldsymbol{v}_C=\boldsymbol{0}$，即质心位置始终保持不变。

(3) 若作用于质点系的所有外力在某轴上的投影代数和恒等于零，则质心速度在该轴上的投影保持不变。如$\sum F_x^{\mathrm{e}}=0$，则$v_{Cx}=$常量。

(4) 若$\sum F_x^{\mathrm{e}}=0$，且开始时质心速度在轴x上的投影等于零，则质心沿轴x的坐标保持不变。

以上结论，称为**质心运动守恒定律**。

【例 9-3】如图 9.7 所示，电动机外壳和定子的总质量为m_1，质心位于转子转轴的中心O_1；转子的质量为m_2，由于制造或安装误差，转子的质心O_2到转轴中心O_1的距离为e，转轴中心的高度为h，已知转子以等角速度ω转动。

(1) 如果电动机用螺栓固定在刚性基础上，求电动机机座水平和铅直方向的约束力。

(2) 如果电动机机座与基础之间没有螺栓固定，且接触面绝对光滑，初始时，$\varphi=0$，$v_{10}=0$，$v_{20}=v_{20y}=e\omega$，求电动机外壳的运动。

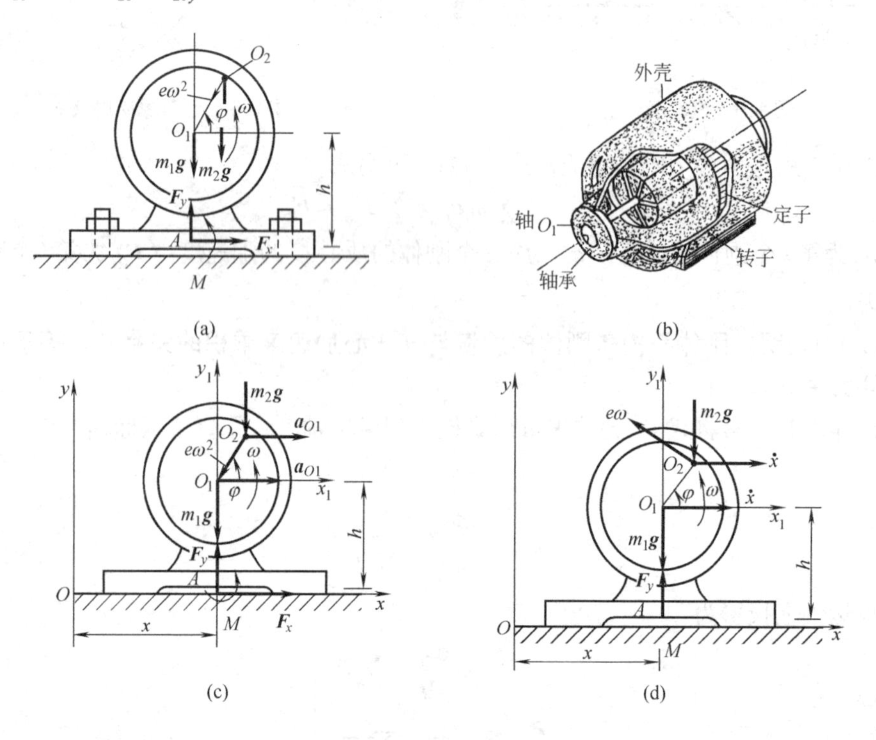

图 9.7 例 9-3 图

【分析】求电动机的约束力，可取定子、转子、外壳组成的系统为研究对象，用动量定理或质心运动定理来求解。当机座用螺栓固定时，其等效约束力为$\boldsymbol{F}_x$，$\boldsymbol{F}_y$，M。系统在一般位置时受力如图 9.7(a)所示。当电动机机座与基础间无螺栓固定且接触面光滑时，系统水平方向无外力，则水平方向质心运动守恒。

【解】

(1) 电动机固定在基础上的情形。

设Oxy为定系，$O_1x_1y_1$固连于电动机，如图 9.7(c)所示。外壳和定子的质心O_1静止不动，$a_{C1}=a_{O1}=0$；转子质心O_2，$a_{C2}=a_{O2}^{\mathrm{n}}=e\omega^2$。

由质心运动定理式(9-13)得

$$\left.\begin{aligned}\sum m_i a_{Cix}&=\sum F_{ix}^{\mathrm{e}}\\ \sum m_i a_{Ciy}&=\sum F_{iy}^{\mathrm{e}}\end{aligned}\right. \tag{a}$$

即

$$\begin{aligned}m_1\cdot 0+m_2(-e\omega^2\cos\omega t)&=F_x\\ m_1\cdot 0+m_2(-e\omega^2\sin\omega t)&=F_y-m_1g-m_2g\end{aligned} \tag{b}$$

解得水平和铅直约束力分别为

$$\left.\begin{aligned}F_x&=-m_2e\omega^2\cos\omega t\\ F_y&=m_1g+m_2g-m_2e\omega^2\sin\omega t\end{aligned}\right\} \tag{c}$$

由式(c)可知，电动机约束力是时间的正弦和余弦函数，并存在最大值和最小值。其中，由重力引起的约束力称为**静约束力**，由转子的运动引起的约束力称为**动约束力**。动约束力与静约束力之差，称为**附加动约束力**。由转子偏心引起的力将使电动机和机座发生振动。

(2) 电动机没有固定的情形。

电动机仅受重力和地面的法向约束力，在水平方向没有外力，即$\sum F_x^{\mathrm{e}}=0$，系统初始时$\varphi=0$，$v_{10}=0$，$v_{20x}=0$，则系统在水平方向质心位置守恒。

如图 9.7(d)所示，初始时，$\varphi=\omega t=0$，动系$O_1x_1y_1$的轴y_1与定系Oxy的轴y重合。系统质心

$$x_{C0}=\frac{m_1\cdot 0+m_2e}{m_1+m_2}$$

在t瞬时，设电动机位移为x，则系统质心

$$x_C=\frac{m_1x+m_2(x+e\cos\omega t)}{m_1+m_2}$$

由

$$x_{C0}=x_C$$

得

$$x=\frac{m_2e}{m_1+m_2}(1-\cos\omega t)$$

这就是电动机在水平方向的运动方程，它是一个平衡中心在$\dfrac{m_2e}{m_1+m_2}$的简谐运动。此时电动机在铅直方向的反力F_y仍由式(c)确定，即

$$F_y=m_1g+m_2g-m_2e\omega^2\sin\omega t$$

在没有基础固定时，电动机可能脱离地面跳起。

因F_y的最小值为$F_{y\min}=m_1g+m_2g-m_2e\omega^2$（当$\sin\omega t=1$时），当$F_{y\min}\leqslant 0$时，即$\omega\geqslant\sqrt{\dfrac{m_1+m_2}{m_2e}g}$时，电动机将会跳起。

【讨论】

(1) 由质心运动定理仅能求出螺栓约束力的主矢，欲求其主矩M或求每个螺栓的约束

力，还要借助于后面要学的动量矩定理及达朗贝尔原理。

(2) 建筑工地上看到的蛙式打夯机，就是根据电动机水平运动与起跳这一原理而实现的。

*9.3 流体在管道内定常流动时引起的动压力

当流体(可视为许多质点组成的质点系)流经弯曲管道、喷嘴或叶片，流体动量发生改变时，将引起动约束力，从而对管壁产生动压力。一般情况下，流体运动比较复杂，这里仅讨论理想的、不可压缩的流体且流动是稳定(定常)的，即流体各质点流经空间某固定点时，其速度和压强等都不随时间而改变。

如图9.8所示，取管内一段流体 $ABCD$ 作为研究对象，设 $\boldsymbol{v}_1$，$\boldsymbol{v}_2$ 分别为流体流经截面 AB 和 CD 时的平均速度，ρ 为流体的密度，q_V 为流体在单位时间内流过截面的体积流量。

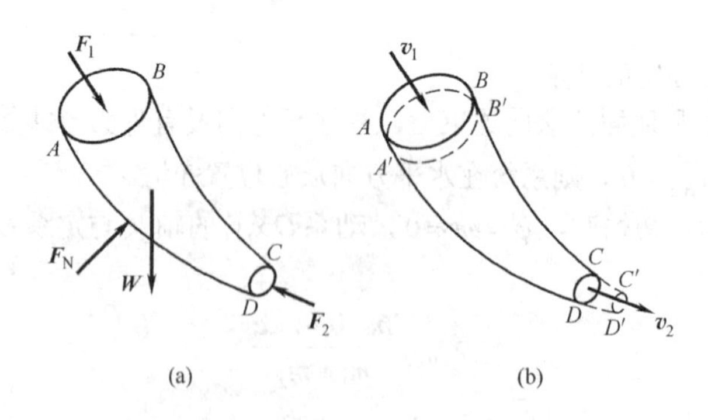

图9.8 变截面管道内定常流动的质量流

经过 dt 时间，截面 AB 与 CD 间流体流动到 $A'B'$ 与 $C'D'$ 之间，在 dt 内，质点系的动量变化为

$$\mathrm{d}\boldsymbol{p} = \boldsymbol{p}'_{A'B'C'D'} - \boldsymbol{p}_{ABCD} = (\boldsymbol{p}'_{A'B'CD} + \boldsymbol{p}'_{CC'D'D}) - (\boldsymbol{p}_{ABB'A'} + \boldsymbol{p}_{A'B'CD})$$

因为管内流动是定常的，故有

$$\boldsymbol{p}'_{A'B'CD} = \boldsymbol{p}_{A'B'CD}$$

于是

$$\mathrm{d}\boldsymbol{p} = \boldsymbol{p}'_{CC'D'D} - \boldsymbol{p}_{ABB'A'} \tag{a}$$

因 dt 极小，可认为在截面 AB 与 $B'A'$ 之间各质点的速度相同，均为 $\boldsymbol{v}_1$，截面 CD 与 $C'D'$ 之间各质点的速度相同，均为 $\boldsymbol{v}_2$。

考虑到流体的不可压缩性，$ABB'A'$ 与 $CC'D'D$ 内的流体体积都为 $q_V\mathrm{d}t$，质量为 $\mathrm{d}m = q_V\rho\mathrm{d}t$，则式(a)可写为

$$\mathrm{d}\,\boldsymbol{p} = \mathrm{d}\,m(\boldsymbol{v}_2 - \boldsymbol{v}_1) = q_V\rho(\boldsymbol{v}_2 - \boldsymbol{v}_1)\mathrm{d}\,t$$

两边同时除以 dt，得

$$\frac{\mathrm{d}\boldsymbol{p}}{\mathrm{d}t} = \rho q_V(\boldsymbol{v}_2 - \boldsymbol{v}_1) \tag{b}$$

作用于质点系上的外力有：均匀分布于体积 $ABCD$ 内的重力 $\boldsymbol{W}$，管壁对此质点系的作用力 $\boldsymbol{F}_{\mathrm{N}}$ 和两个截面 AB 和 CD 上受到相邻流体的压力 $\boldsymbol{F}_1$ 和 $\boldsymbol{F}_2$。

根据质点系动量定理的微分形式，有

$$\rho q_V(\boldsymbol{v}_2-\boldsymbol{v}_1)=\sum\boldsymbol{F}^{\mathrm{e}}=\boldsymbol{W}+\boldsymbol{F}_1+\boldsymbol{F}_2+\boldsymbol{F}_{\mathrm{N}} \tag{c}$$

若将管壁对于流体的约束力 $\boldsymbol{F}_{\mathrm{N}}$ 分为两部分：$\boldsymbol{F}'_{\mathrm{N}}$ 为与外力 $\boldsymbol{W},\boldsymbol{F}_1$ 和 $\boldsymbol{F}_2$ 相平衡的管壁的静约束力，$\boldsymbol{F}''_{\mathrm{N}}$ 为由于流体的动量发生变化而产生的附加动约束力，则有

$$\boldsymbol{W}+\boldsymbol{F}_1+\boldsymbol{F}_2+\boldsymbol{F}'_{\mathrm{N}}=\boldsymbol{0}$$

而附加动约束力

$$\boldsymbol{F}''_{\mathrm{N}}=\rho q_V(\boldsymbol{v}_2-\boldsymbol{v}_1) \tag{9-16}$$

由上可知，流量、进出口截面速度的矢量差越大，附加动约束力就越大。

设计大流量或高速流动管道时，应考虑附加动约束力的影响。

流体对管壁的附加动作用力(称为附加动压力)与管壁对流体的附加动约束力 $\boldsymbol{F}''_{\mathrm{N}}$ 等值反向。求解具体问题时，式(9-16)矢量式常表示成投影形式。

小　　结

1．动量定理

质点系动量　$\boldsymbol{p}=\sum m_i\boldsymbol{v}_i=m\boldsymbol{v}_C$

多刚体系统的动量　$\boldsymbol{p}=\sum m_i\boldsymbol{v}_{C_i}$

质点系动量定理　$\dfrac{\mathrm{d}\boldsymbol{p}}{\mathrm{d}t}=\sum\boldsymbol{F}^{\mathrm{e}}$，或 $\boldsymbol{p}_2-\boldsymbol{p}_1=\sum\boldsymbol{I}_i^{\mathrm{e}}$

质点系动量守恒定律：

当 $\sum\boldsymbol{F}^{\mathrm{e}}=\boldsymbol{0}$ 时，$\boldsymbol{p}$=常矢量；

当 $\sum F_x^{\mathrm{e}}=0$ 时，p_x=常量。

2．质心运动定理　$m\boldsymbol{a}_C=\sum\boldsymbol{F}_i^{\mathrm{e}}$

多刚体系统的质心运动定理　$\sum m_i\boldsymbol{a}_{C_i}=\sum\boldsymbol{F}_{\mathrm{R}_i}^{\mathrm{e}}$

质心运动守恒定律：

当 $\sum\boldsymbol{F}^{\mathrm{e}}=\boldsymbol{0}$，$\boldsymbol{v}_C$=常矢量；若同时又有 $\boldsymbol{v}_{C0}=\boldsymbol{0}$ 时，则 $\boldsymbol{r}_C$=常矢量，即质心位置不变。若 $\sum F_x^{\mathrm{e}}=0$ 时，v_{C_x}=常量，同时又有 $v_{C0x}=0$ 时，x_C=常量，即质心 x 坐标不变。

3．流体在管道内定常流动时引起的附加动约束力

$$\boldsymbol{F}''_{\mathrm{N}}=\rho q_V(\boldsymbol{v}_2-\boldsymbol{v}_1)$$

思 考 题

9-1 质点系的动量与外力的主矢有关。若外力的主矢为零，则质点系动量的大小不变，质点系中每个质点的动量的大小与方向也不变，对否?

9-2 若质点系只受力偶作用，则质点系的总动量与各质点的动量均不变，对否?质点系只受力偶作用，则质点系质心的运动状态与各质点的运动状态不变，对否?

9-3 三根相同的均质杆分别用细绳悬挂，使质心在同一水平线上，且使一杆水平，一杆铅直，一杆倾斜。若同时剪断三根绳，使其自由下落，不计空气阻力，问三根杆质心的运动规律是否相同？为什么?

9-4 一大气球下悬吊一软梯，软梯上爬有一人，系统初始静止。当此人沿软梯向上爬时，气球怎样运动？为什么?

9-5 因质点系的动量 $\boldsymbol{p}=\sum m_i\boldsymbol{v}_i$，又 $\boldsymbol{p}=m\boldsymbol{v}_C$，那么，能否说质点系的动量作用在质心上?力需要考虑其作用点，质点系的动量是否要考虑其作用点?

9-6 在光滑的水平面上放置一静止的均质圆盘，当它受一力偶作用时，盘心将如何运动?盘心运动的情况与力偶作用的位置是否有关？如果盘面内受一大小和方向都不变的力作用，盘心将如何运动？盘心运动的情况与此力的作用点是否有关?

9-7 质量为 m_1 的人在质量为 m_2 的小车上，以相对速度 $\boldsymbol{v}_\mathrm{r}$ 在小车上沿小车长度方向作直线运动。设小车与地面无摩擦，系统初始静止。则，因水平方向动量守恒，设小车速度为 v，有

$$m_1v_\mathrm{r}+m_2v=0$$

所以

$$v=\frac{-m_1v_\mathrm{r}}{m_2}$$

这样计算对吗？为什么？

9-8 图示两均质直杆 AC 和 CB，长度相同，质量分别为 m_1 和 m_2。两杆在点 C 用铰链连接，初始时维持在铅垂面内不动，设地面绝对光滑，两杆被释放后将分开倒向地面。问 m_1 和 m_2 相等与不相等时，点 C 运动轨迹是否相同?

9-9 图示半圆柱质心位于点 C，放在水平面上。将其在图示位置无初速释放后，在下述两种情况下，质心将怎样运动?

(1) 圆柱与水平面间无摩擦。

(2) 圆柱与水平面间有很大的摩擦因数。

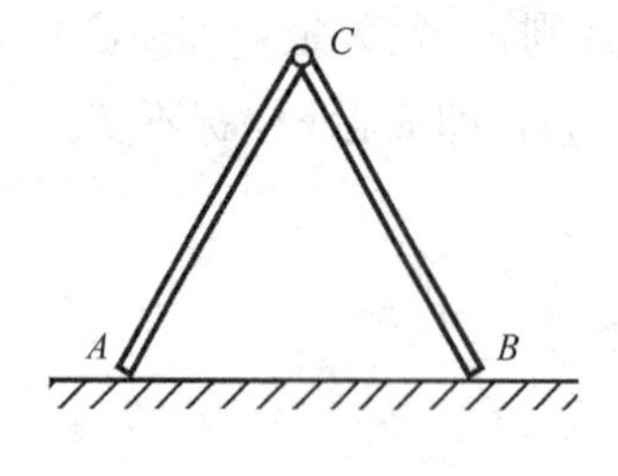

思考题 9-8 图

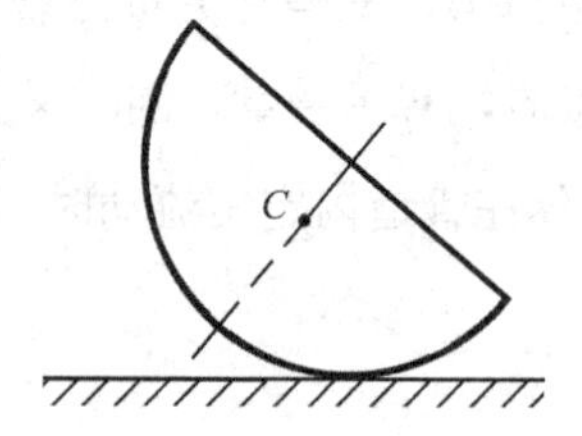

思考题 9-9 图

9-10 质点系作任意运动，取质心为平移坐标系原点，第 i 个质点的质量为 m_i，其相对于动坐标系的速度为 $\boldsymbol{v}_{i\mathrm{r}}$。则不论质点系作何种运动或受什么样的外力作用，其上所有质点相对运动的动量之矢量和一定为零，即 $\sum m_i\boldsymbol{v}_{i\mathrm{r}}=\boldsymbol{0}$，对吗？为什么?

9-11 质点系质心位置保持不变的条件是作用于质点系的所有外力主矢恒为零，对吗？

习　　题

9-1 求下列情形下系统的动量。

(1) 质量为 m 的匀质圆盘，圆心具有速度 $\boldsymbol{v}_O$，沿水平面作纯滚动(图(a))；

(2) 非匀质圆盘以角速度 ω 绕轴 O 转动，圆盘质量为 m，质心为 C，$OC=e$ (图(b))；

(3) 在胶带与胶带轮组成的系统中，设胶带及胶带轮的质量都是均匀的(图(c))；

(4) 质量为 m 的匀质杆，长度为 l，角速度为 ω (图(d))。

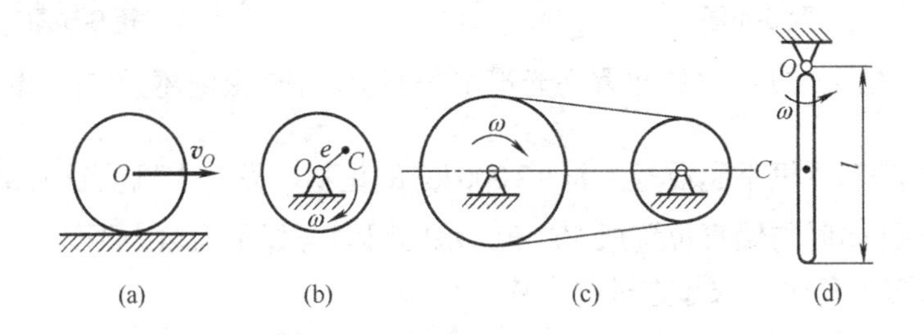

题 9-1 图

9-2 图示椭圆规尺 AB 的质量为 $2m_1$，曲柄 OC 的质量为 m_1，滑块 A 和 B 的质量均为 m_2。已知：$OC=AC=CB=l$；曲柄 OC 和规尺 AB 的质心分别在其中点上；曲柄绕轴 O 转动的角速度 ω 为常量。开始时，曲柄水平向右，求此时质点系的动量。

9-3 如图所示，质量为 m 的滑块 A，可以在水平光滑槽中运动，具有刚度系数为 k 的弹簧一端与滑块相连接，另一端固定。杆 AB 的长度为 l，质量忽略不计，A 端与滑块 A 铰接，B 端固结质量为 m_1 的小球，在铅直平面内可绕点 A 旋转。设在力偶 M 作用下转动角速度 ω 为常数。求滑块 A 的运动微分方程。

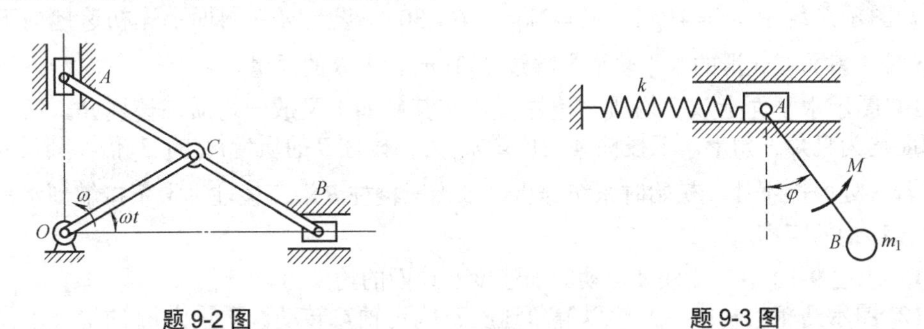

题 9-2 图　　　　题 9-3 图

9-4 两小车 A 和 B 的质量分别为 600 kg 和 800 kg，在水平轨道上分别以 v_A=1 m/s，v_B=0.4 m/s 匀速运动，如图所示。一质量为 40 kg 的重物 C 以俯角 30°、速度 v_C=2 m/s 落入车 A 内，车 A 与车 B 相碰后紧挨在一起运动。求两车共同的速度。摩擦忽略不计。

9-5 平台车质量 m_1=500 kg，可沿水平轨道运动。平台车上站有一人，质量 m_2=70 kg，车与人以相同速度 $\boldsymbol{v}_0$ 向右方运动。如人相对平台车以速度 v_r=2 m/s 向左方跳出，不计平台车水平方向的阻力及摩擦，问平台车增加的速度为多少？

9-6 图示机构中，鼓轮 A 质量为 m_1，转轴 O 为其质心。重物 B 质量为 m_2，重物 C 的质量为 m_3。斜面光滑，倾角为 θ。已知重物 B 的加速度为 $\boldsymbol{a}$，求轴承 O 处的约束力。

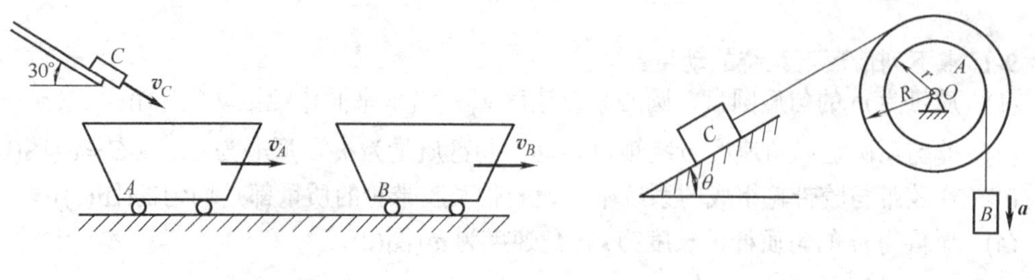

题 9-4 图　　　　题 9-6 图

9-7 匀质杆 AB 长 $2l$，B 端放置在光滑水平面上。杆在图示位置自由倒下，求点 A 的轨迹方程。

9-8 图示浮动起重机举起质量为 m_1=2 000 kg 的重物。设起重机质量为 m_2=20 000 kg，杆长 $OA=8$ m，开始时与铅直位置成60°角。水的阻力与杆重均略去不计。当起重杆 OA 转到与铅直位置成30°角时，求起重机的位移。

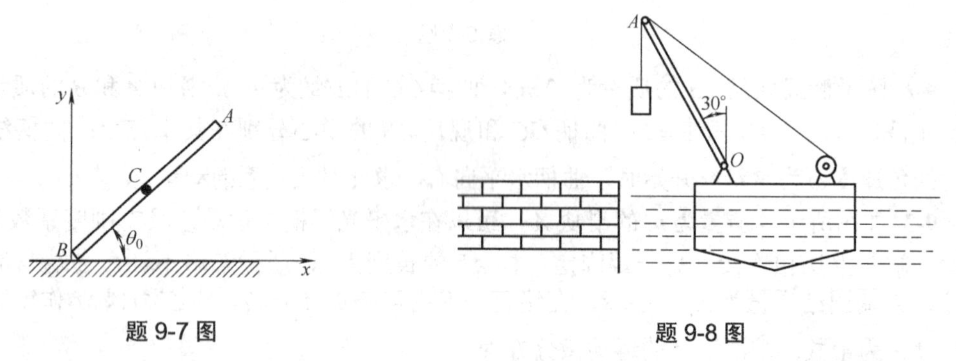

题 9-7 图　　　　题 9-8 图

9-9 图示系统中 $m_A=4\text{kg}$，$m_C=2\text{kg}$，$\theta=30°$。设当 A 在斜面上无初速地向下滚过 400 mm 时，斜面在光滑的水平轨道上移过 200 mm。求 B 的质量。

9-10 图示水平面上放一均质三棱柱 A，在其斜面上又放一均质三棱柱 B，两三棱柱的横截面均为直角三角形。三棱柱 A 的质量 m_A 为三棱柱 B 的质量 m_B 的 3 倍，其尺寸如图所示。若各处摩擦不计，初始时系统静止，求当三棱柱 B 沿三棱柱 A 滑下接触到水平时，三棱柱 A 移动的距离。

9-11 求题 9-10 中三棱柱 A 运动的加速度及地面的约束力。

9-12 图示凸轮机构中，凸轮以等角速度 ω 绕定轴 O 转动。质量为 m_1 的滑杆 I 借右端弹簧的拉力而顶在凸轮上，当凸轮转动时，滑杆作往复运动。设凸轮为一均质圆盘，质量为 m_2，半径为 r，偏心距为 e。求在任一瞬时机座螺钉的总附加动约束力。

***9-13** 图中所示为水柱对涡轮固定叶片作用的情形。已知水的体积流量为 q_V，密度为 ρ，水击在叶片上的速度 $\boldsymbol{v}_1$ 是水平的，水流出的速度 $\boldsymbol{v}_2$ 与水平线成角 θ。求水对叶片压力的水平分力。

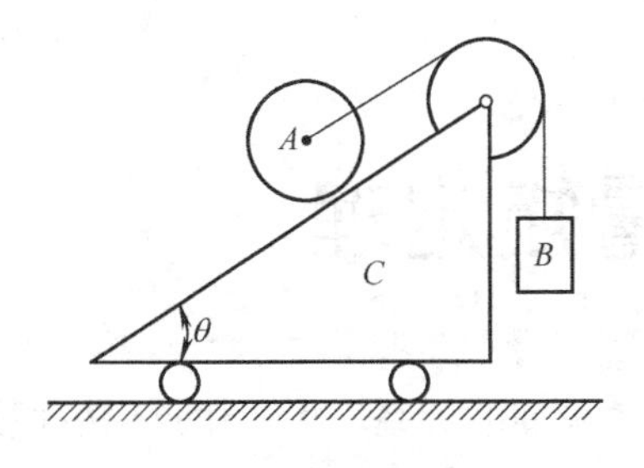

题 9-9 图

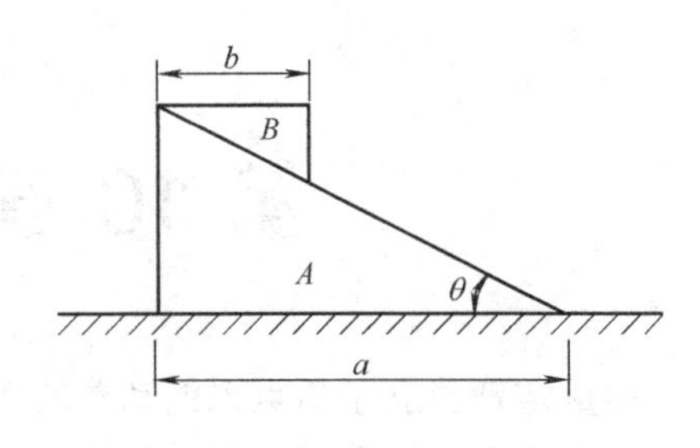

题 9-10 图

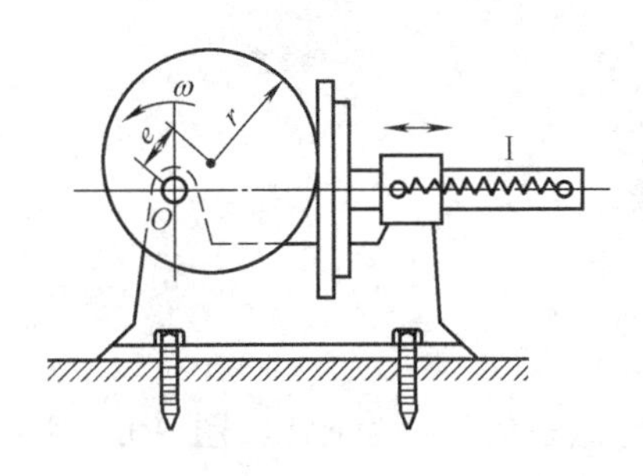

题 9-12 图

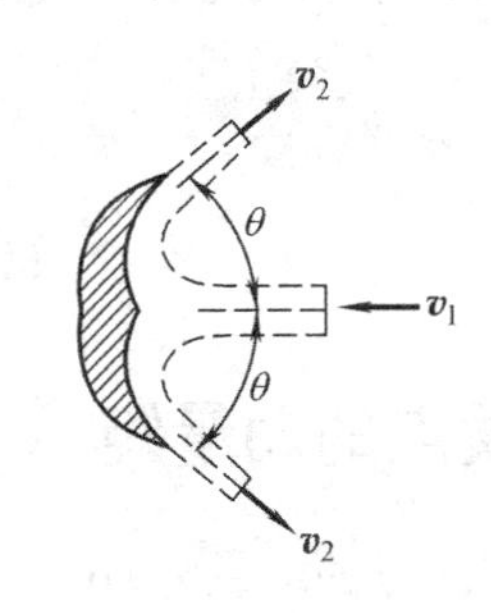

题 9-13 图

***9-14** 水流以速度 $v_0=2\,\text{m/s}$ 流入固定水道，速度方向与水平面成90° 角，如图所示。水流进口截面积为 $0.02\,\text{m}^2$，出口速度 $v_1=4\,\text{m/s}$，它与水平面成30° 角。求水流作用在水道壁上的水平和铅直附加动压力。

***9-15** 自动传送带如图所示，其运煤量恒为 20 kg/s，传送带速度为 1.5 m/s。求匀速传送时传送带作用于煤块的总水平推力。

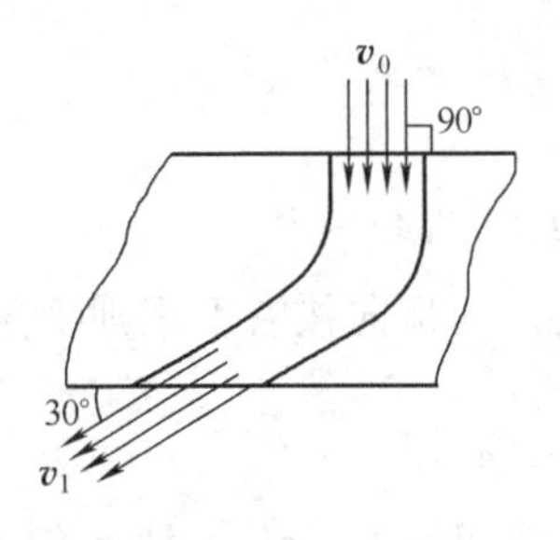

题 9-14 图

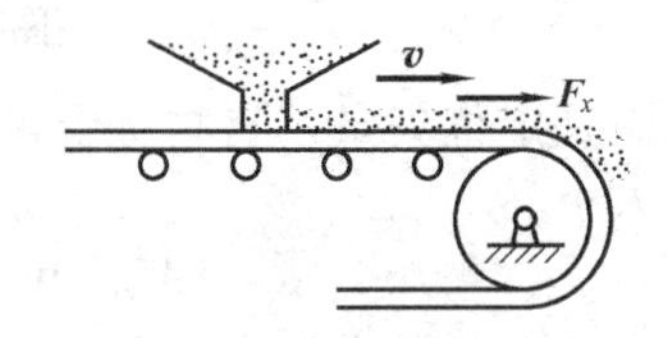

题 9-15 图

第 10 章　动量矩定理

动量定理建立了质点系的动量的变化与外力系主矢间的关系，揭示质点系机械运动规律的一个侧面。动量矩定理则是建立质点系动量矩的变化与外力主矩间的关系，从另一个侧面揭示了质点系相对于某一定点或质心的运动规律。本章将推导动量矩定理并阐明其应用。

10.1　动　量　矩

10.1.1　质点的动量矩

设质点某瞬时的动量为 $m\boldsymbol{v}$，质点相对任意固定点 O 的矢径为 $\boldsymbol{r}$，如图 10.1 所示。**质点的动量对于定点 O 的矩，定义为质点对于点 O 的动量矩**，即

$$\boldsymbol{M}_O(m\boldsymbol{v}) = \boldsymbol{r} \times m\boldsymbol{v} \tag{10-1}$$

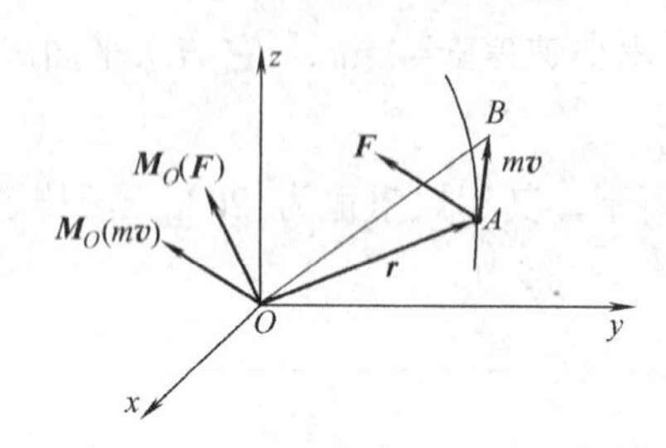

图 10.1　质点的动量矩

动量矩是定位矢量，它垂直于 $\boldsymbol{r}$ 与 $m\boldsymbol{v}$ 组成的平面，其指向按右手规则确定，作用在点 O。其大小

$$|\boldsymbol{M}_O(m\boldsymbol{v})| = mvr\sin(\boldsymbol{r},\ m\boldsymbol{v}) = 2A_{\Delta OAB}$$

在国际单位制中动量矩的单位为 $\mathrm{kg \cdot m^2/s}$。若 $\boldsymbol{r} = x\boldsymbol{i} + y\boldsymbol{j} + z\boldsymbol{k}$，$\boldsymbol{v} = v_x\boldsymbol{i} + v_y\boldsymbol{j} + v_z\boldsymbol{k}$，则动量矩用解析式表示为

$$\boldsymbol{M}_O(m\boldsymbol{v}) = \begin{vmatrix} \boldsymbol{i} & \boldsymbol{j} & \boldsymbol{k} \\ x & y & z \\ mv_x & mv_y & mv_z \end{vmatrix} \tag{10-2}$$

式(10-2)与式(1-2)相比，两者具有相似的计算式，且**质点的动量对固定点的动量矩矢在通过该点的任一固定轴上的投影等于质点的动量对该固定轴的动量矩**，即

$$\left[\boldsymbol{M}_O(m\boldsymbol{v})\right]_z = M_z(m\boldsymbol{v}) = xm\boldsymbol{v}_y - ym\boldsymbol{v}_x \tag{10-3}$$

10.1.2 质点系的动量矩

1. 质点系对固定点的动量矩

质点系对某固定点O的动量矩等于各质点对同一点O的动量矩的矢量和，或称为质点系动量对点O的主矩，即

$$\boldsymbol{L}_O=\sum \boldsymbol{M}_O(m_i\boldsymbol{v}_i)=\sum \boldsymbol{r}_i\times m_i\boldsymbol{v}_i \tag{10-4}$$

由式(10-3)可知

$$[\boldsymbol{L}_O]_z=L_z=\sum M_z(m_i\boldsymbol{v}_i) \tag{10-5}$$

即**质点系对某固定点O的动量矩在通过该点的轴上的投影等于质点系对于该轴的动量矩。**

2. 质点系对质心的动量矩

如图10.2所示，设$Oxyz$为固定坐标系，以质点系的质心C为原点，建立随质心平移的动坐标系$Cx'y'z'$。质点系内第i个质点的质量为m_i，相对矢径为$\boldsymbol{r}_i'$，速度为$\boldsymbol{v}_{i\mathrm{r}}$，质点系相对质心的动量矩

$$\boldsymbol{L}_C=\sum \boldsymbol{r}_i'\times m_i\boldsymbol{v}_i \tag{10-6}$$

式中$\boldsymbol{v}_i$为第i质点的绝对速度。

由点的速度合成定理，有

$$\boldsymbol{v}_i=\boldsymbol{v}_C+\boldsymbol{v}_{i\mathrm{r}}$$

因此式(10-6)可写成

$$\boldsymbol{L}_C=\sum \boldsymbol{r}_i'\times m_i(\boldsymbol{v}_C+\boldsymbol{v}_{i\mathrm{r}})=(\sum m_i\boldsymbol{r}_i')\times\boldsymbol{v}_C+\sum \boldsymbol{r}_i'\times m_i\boldsymbol{v}_{i\mathrm{r}}$$

根据质心坐标公式，$\sum m_i\boldsymbol{r}_i'=m\boldsymbol{r}_C'=\boldsymbol{0}$（在动系$Cx'y'z'$中，质心$C$的矢径$\boldsymbol{r}_C'=\boldsymbol{0}$），则$\boldsymbol{L}_C$又可写成

$$\boldsymbol{L}_C=\sum \boldsymbol{r}_i'\times m_i\boldsymbol{v}_{i\mathrm{r}} \tag{10-7}$$

比较式(10-6)和式(10-7)，不难得出，计算质点系相对质心的动量矩，用质点的相对速度或绝对速度结果是相等的。

3. 质点系对固定点的动量矩与对质心的动量矩关系

如图10.2所示，质点系对定点O的动量矩为

$$\boldsymbol{L}_O=\sum \boldsymbol{r}_i\times m_i\boldsymbol{v}_i$$

将绝对矢径$\boldsymbol{r}_i=\boldsymbol{r}_C+\boldsymbol{r}_i'$代入上式，有

$$\boldsymbol{L}_O=\boldsymbol{r}_C\times\sum m_i\boldsymbol{v}_i+\sum \boldsymbol{r}_i'\times m_i\boldsymbol{v}_i$$

由$\sum m_i\boldsymbol{v}_i=m\boldsymbol{v}_C$，得

$$\boldsymbol{L}_O=\boldsymbol{r}_C\times m\boldsymbol{v}_C+\boldsymbol{L}_C \tag{10-8}$$

式(10-8)表明，**质点系对任一固定点O的动量矩等于集中于系统质心的动量$m\boldsymbol{v}_C$对于定点O的动量矩与质点系相对质心的动量矩的矢量和。**

4. 平移刚体的动量矩

刚体平移时，相对于质心的动量矩 $\boldsymbol{L}_C=\boldsymbol{0}$，由式(10-8)得

$$\boldsymbol{L}_O=\boldsymbol{r}_C\times m\boldsymbol{v}_C \tag{10-9}$$

即刚体平移时，刚体对任一固定点 O 的动量矩等于质点系的动量(位于质心)对固定点 O 之矩。换言之，刚体平移时，可将全部质量集中于质心，作为一个质点计算其动量矩。

5. 定轴转动刚体的动量矩

设刚体以角速度 ω 绕固定轴 z 转动，如图 10.3 所示。它对转轴的动量矩为

$$L_z=\sum M_z(m_i\boldsymbol{v}_i)=\sum m_iv_ir_i=\sum m_i\omega r_ir_i=(\sum m_ir_i^2)\omega$$

因 $\sum m_ir_i^2=J_z$，则

$$L_z=J_z\omega \tag{10-10}$$

式(10-10)表明，**绕定轴转动刚体对其转轴的动量矩等于刚体对转轴的转动惯量与转动角速度的乘积**。

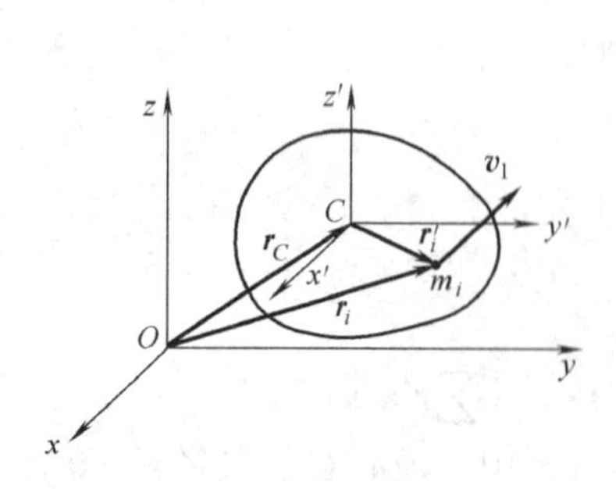

图 10.2 质点系对质心的动量矩

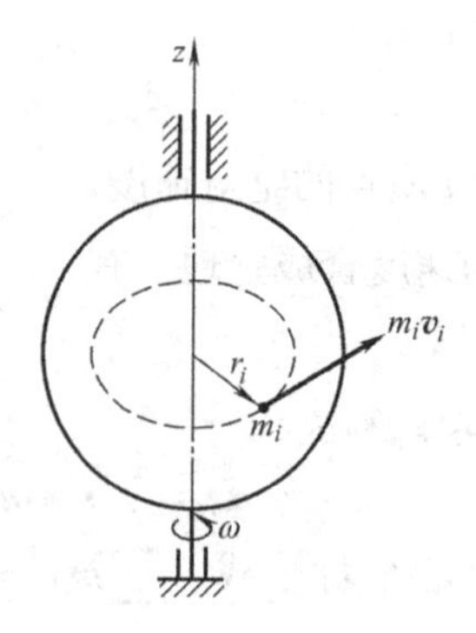

图 10.3 定轴转动刚体对转轴的动量矩

10.2 动量矩定理与动量矩守恒

10.2.1 质点的动量矩定理

设质点对定点 O 的动量矩为 $\boldsymbol{M}_O(m\boldsymbol{v})$，作用在其上的合力 $\boldsymbol{F}$ 对同一点 O 之矩为 $\boldsymbol{M}_O(\boldsymbol{F})$，将式(10-1)对时间求一阶导数，得

$$\frac{\mathrm{d}}{\mathrm{d}t}\boldsymbol{M}_O(m\boldsymbol{v})=\frac{\mathrm{d}}{\mathrm{d}t}(\boldsymbol{r}\times m\boldsymbol{v})=\frac{\mathrm{d}\boldsymbol{r}}{\mathrm{d}t}\times m\boldsymbol{v}+\boldsymbol{r}\times\frac{\mathrm{d}}{\mathrm{d}t}(m\boldsymbol{v})$$

式中

$$\frac{\mathrm{d}}{\mathrm{d}t}\boldsymbol{r}\times m\boldsymbol{v}=\boldsymbol{v}\times m\boldsymbol{v}=\boldsymbol{0}，\quad \frac{\mathrm{d}}{\mathrm{d}t}(m\boldsymbol{v})=\boldsymbol{F}$$

于是得

$$\frac{\mathrm{d}}{\mathrm{d}t}\boldsymbol{M}_O(m\boldsymbol{v})=\boldsymbol{r}\times\boldsymbol{F}=\boldsymbol{M}_O(\boldsymbol{F}) \tag{10-11}$$

这就是质点的动量矩定理，它表明，**质点对某定点的动量矩对时间的一阶导数，等于作用力对同一点的矩**。

10.2.2　质点系的动量矩定理

设质点系内有 n 个质点，作用在每个质点上的力分为内力 $\boldsymbol{F}_i^{\mathrm{i}}$ 和外力 $\boldsymbol{F}_i^{\mathrm{e}}$。根据质点动量矩定理式(10-11)，有

$$\frac{\mathrm{d}}{\mathrm{d}t}\boldsymbol{M}_O(m_i\boldsymbol{v}_i)=\boldsymbol{M}_O(\boldsymbol{F}_i^{\mathrm{i}})+\boldsymbol{M}_O(\boldsymbol{F}_i^{\mathrm{e}})$$

将这样的 n 个方程相加，得

$$\sum_{i=1}^{n}\frac{\mathrm{d}}{\mathrm{d}t}\boldsymbol{M}_O(m_i\boldsymbol{v}_i)=\sum_{i=1}^{n}\boldsymbol{M}_O(\boldsymbol{F}_i^{\mathrm{i}})+\sum_{i=1}^{n}\boldsymbol{M}_O(\boldsymbol{F}_i^{\mathrm{e}})$$

式中

$$\sum_{i=1}^{n}\boldsymbol{M}_O(\boldsymbol{F}_i^{\mathrm{i}})=\boldsymbol{0}，\quad \sum_{i=1}^{n}\frac{\mathrm{d}}{\mathrm{d}t}\boldsymbol{M}_O(m_i\boldsymbol{v}_i)=\frac{\mathrm{d}}{\mathrm{d}t}\sum_{i=1}^{n}\boldsymbol{M}_O(m_i\boldsymbol{v}_i)=\frac{\mathrm{d}}{\mathrm{d}t}\boldsymbol{L}_O$$

于是得

$$\frac{\mathrm{d}}{\mathrm{d}t}\boldsymbol{L}_O=\sum_{i=1}^{n}\boldsymbol{M}_O(\boldsymbol{F}_i^{\mathrm{e}}) \tag{10-12}$$

即**质点系对某固定点 O 的动量矩对时间的一阶导数，等于作用于质点系的外力对同一点的主矩，称为质点系动量矩定理**。

应用时，常用式(10-12)的投影形式，即

$$\left.\begin{aligned}\frac{\mathrm{d}}{\mathrm{d}t}L_x&=\sum_{i=1}^{n}M_x(\boldsymbol{F}_i^{\mathrm{e}})\\ \frac{\mathrm{d}}{\mathrm{d}t}L_y&=\sum_{i=1}^{n}M_y(\boldsymbol{F}_i^{\mathrm{e}})\\ \frac{\mathrm{d}}{\mathrm{d}t}L_z&=\sum_{i=1}^{n}M_z(\boldsymbol{F}_i^{\mathrm{e}})\end{aligned}\right\} \tag{10-13}$$

要注意的是上述动量矩定理表达式只适用于对固定点或固定轴。

10.2.3　质点系动量矩守恒定律

在式(10-12)中，若质点系对某定点 O 的外力主矩为零，则质点系对该点的动量矩保持不变，即

$$若\sum\boldsymbol{M}_O(\boldsymbol{F}^{\mathrm{e}})=\boldsymbol{0}，则\ \boldsymbol{L}_O=常矢量 \tag{10-14}$$

在式(10-13)中，当外力系对某定轴之主矩等于零时，则质点系对该轴的动量矩保持不变，即

$$若\sum M_x(\boldsymbol{F}^{\mathrm{e}})=0，则\ L_x=常量 \tag{10-15}$$

式(10-14)和式(10-15)称为**质点系动量矩守恒定律**。

【例 10-1】 图 10.4 所示卷扬机鼓轮为均质圆盘，重为 W_1，半径为 R，小车总重为 W_2，作用于鼓轮上的力矩为 M，轨道的倾角为 θ。绳的重量及摩擦均忽略不计，求小车上升的加速度。

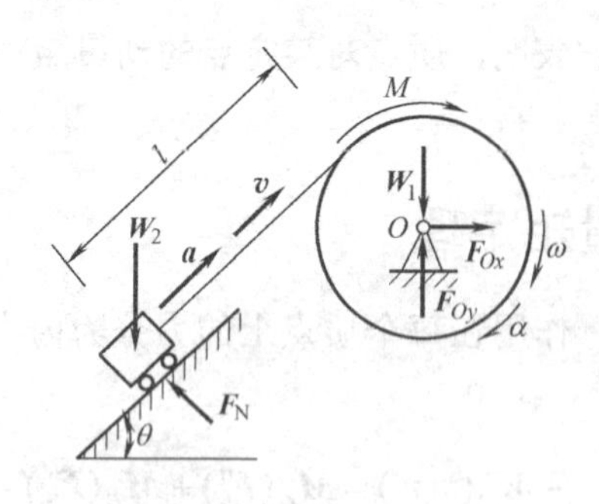

图 10.4　例 10-1 图

【分析】在外力矩 M 作用下，小车沿斜面作直线平移，鼓轮作定轴转动，可考虑用质点系的动量矩定理求小车或鼓轮的有关运动量。

【解】选小车和鼓轮组成的质点系为对象，系统所受外力有 M，$\boldsymbol{W}_1$，$\boldsymbol{W}_2$ 及 $\boldsymbol{F}_\mathrm{N}$，$\boldsymbol{F}_{Ox}$ 及 $\boldsymbol{F}_{Oy}$，如图 10.4 所示。

设某瞬时小车的速度为 $\boldsymbol{v}$，则鼓轮的角速度

$$\omega=\frac{v}{R}$$

质点系对轴 Oz 的动量矩

$$L_z=J_z\omega+\frac{W_2}{g}vR=\frac{1}{2}\cdot\frac{W_1}{g}R^2\omega+\frac{W_2}{g}vR=\frac{W_1+2W_2}{2g}vR$$

所有外力对轴 Oz 的矩为

$$\sum M_z(\boldsymbol{F}^\mathrm{e})=M-W_2\sin\theta R-W_2\cos\theta l+F_\mathrm{N}l$$

考虑到 $W_2\cos\theta=F_\mathrm{N}$，则

$$\sum M_z(\boldsymbol{F}^\mathrm{e})=M-W_2R\sin\theta$$

由 $\dfrac{\mathrm{d}}{\mathrm{d}t}L_z=\sum M_z(\boldsymbol{F}^\mathrm{e})$ 得

$$\frac{W_1+2W_2}{2g}R\frac{\mathrm{d}v}{\mathrm{d}t}=M-W_2R\sin\theta$$

解得

$$a=\frac{\mathrm{d}v}{\mathrm{d}t}=\frac{2(M-W_2R\sin\theta)}{(W_1+2W_2)R}g$$

即当 $M>W_2R\sin\theta$ 时，小车向上加速上升。

【讨论】若欲求鼓轮 O 处约束力 $\boldsymbol{F}_{Ox}$ 及 $\boldsymbol{F}_{Oy}$，应如何求解？

【例 10-2】离心调速器的水平杆 AB 长为 $2a$，可绕铅垂轴 z 转动，其两端各用铰链与长为 l 的杆 AC 及 BD 相连，杆端各连接质量为 m 的小球 C 和 D。起初两小球用细线相连，使杆 AC 与 BD 均为铅垂，系统绕轴 z 的角速度为 ω_0。如某瞬时此细线拉断后，杆 AC 与 BD 各与铅垂线成 θ 角，如图 10.5 所示。不计各杆质量，求此时系统的角速度。

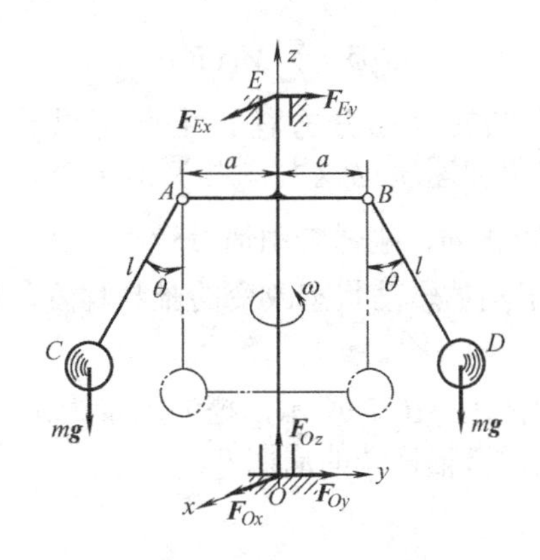

图 10.5　例 10-2 图

【分析】系统所受外力有小球的重力及轴承的约束力，这些力对轴 z 之矩都等于零，故考虑用动量矩守恒求解。

【解】选整个系统为对象，所受外力如图 10.5 所示。

因 $\sum M_z(\boldsymbol{F}^e)=0$，则系统对轴 z 动量矩守恒，即 L_z=常量。

开始时系统动量矩

$$L_{z_1}=2(ma\omega_0)a=2ma^2\omega_0$$

细线拉断后的动量矩

$$L_{z_2}=2m(a+l\sin\theta)^2\omega$$

由

$$L_{z_1}=L_{z_2}$$

解得

$$\omega=\frac{a^2}{(a+l\sin\theta)^2}\omega_0$$

这就是细线拉断后的角速度。

10.3　刚体定轴转动微分方程

设定轴转动刚体上作用有主动力 $\boldsymbol{F}_1, \boldsymbol{F}_2, \cdots, \boldsymbol{F}_n$ 和轴承约束力 $\boldsymbol{F}_{N1}$, $\boldsymbol{F}_{N2}$，如图 10.6 所示。刚体对于轴 z 的转动惯量为 J_z，角速度为 ω，角加速度为 α，由于轴承约束力均通过轴 z，如不计轴承的摩擦，则它们对轴 z 的力矩都等于零。

根据质点系对于轴 z 的动量矩定理，有

$$\frac{\mathrm{d}}{\mathrm{d}t}(J_z\omega)=\sum_{i=1}^{n}M_z(\boldsymbol{F}_i)$$

即

$$J_z\frac{\mathrm{d}\omega}{\mathrm{d}t}=\sum_{i=1}^{n}M_z(\boldsymbol{F}_i) \tag{10-16}$$

也可写成

$$J_z\alpha=\sum M_z(\boldsymbol{F}) \tag{10-17}$$

$$J_z\ddot{\varphi}=\sum M_z(\boldsymbol{F}) \tag{10-18}$$

以上各式均称为**刚体定轴转动微分方程**。由此可以看出：(1)主动力对转轴的矩 $\sum M_z(\boldsymbol{F})$ 越大，刚体转动的角加速度也越大。当 $\sum M_z(\boldsymbol{F})=0$ 时，$\alpha=0$，刚体作匀速转动或保持静止。(2)若主动力矩相同，刚体转动惯量较大的，角加速度较小；反之，角加速度大。这表明转动惯量反映了刚体转动状态改变的难易程度，即**转动惯量是刚体转动惯性的度量**。

【例 10-3】复摆(物理摆)如图 10.7 所示，摆的质量为 m，质心为 C，摆对悬挂点(或悬点)的转动惯量为 J_O。求复摆微幅摆动的周期 T。

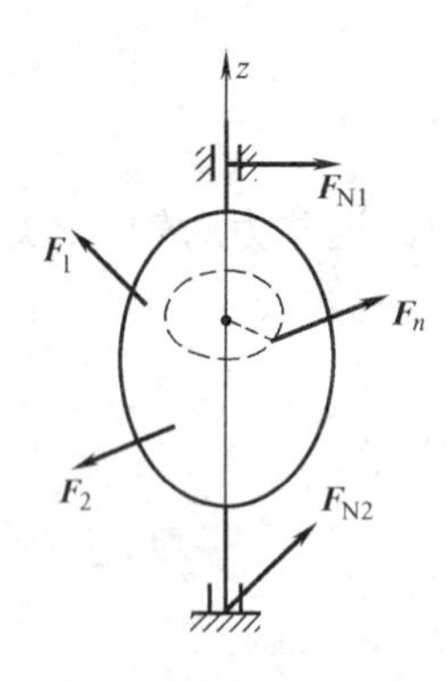

图 10.6　刚体定轴转动

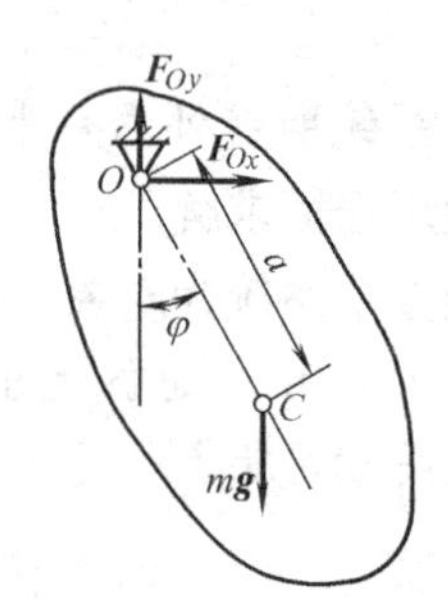

图 10.7　例 10-3 图

【分析】复摆绕轴摆动，用定轴转动微分方程建立摆动方程，从而确定摆动周期。

【解】以摆的平衡位置作为角 φ 起点，逆时针为正。在任意位置 φ 处受力如图所示，其中 $m\boldsymbol{g}$ 为主动力，$\boldsymbol{F}_{Ox}$，$\boldsymbol{F}_{Oy}$ 为轴承约束力。

由刚体定轴转动微分方程，得

$$J_O\ddot{\varphi}=-mga\sin\varphi$$

当复摆作微幅摆动时，有 $\sin\varphi\approx\varphi$，上式简化为

$$\ddot{\varphi}+\frac{mga}{J_O}\varphi=0$$

此方程的通解为

$$\varphi=\varphi_0\sin\left(\sqrt{\frac{mga}{J_O}}t+\theta\right)$$

其中 φ_0 为角振幅，θ 为初相位，它们均由初始条件确定。

复摆微小摆动的周期

$$T=2\pi\sqrt{J_O/(mga)}$$

【讨论】对于几何形状复杂的物体，工程中常用实验方法(如复摆法)先测出零部件的摆动周期，再应用上式计算出它的转动惯量 $J_O=\dfrac{T^2}{4\pi^2}mga$，当然还可求出对刚体质心的转动惯量 $J_C=J_O-ma^2$。

【例 10-4】卷扬机的传动轮系如图 10.8 所示。设轴 I 和 II 各自转动部分对其轴的转动惯量分别为 J_1 和 J_2，轴 I 的齿轮 C 上受主动力矩 M 的作用，卷筒提升的重量为 mg，齿轮 A，B 的节圆半径分别为 r_1，r_2，两轮角加速度之比 $\alpha_1:\alpha_2=r_2:r_1=i_{12}$，卷筒半径为 R。若不计轴承摩擦及绳的质量，求重物的加速度。

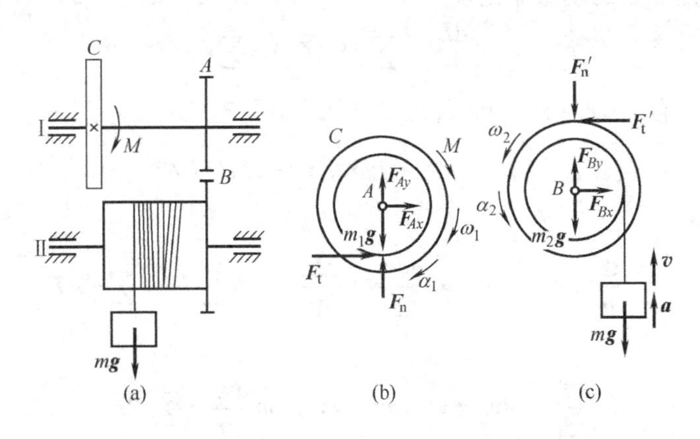

图 10.8　例 10-4 图

【分析】若选“轮系+重物”整个系统为对象，系统涉及未知量过多，无法建立合适的关系式。因此，将两根固定轴拆开分别研究。

【解】分别以轴 I (包含齿轮)和轴 II (含齿轮及重物)为研究对象，其受力如图 10.8(b)和图 10.8(c)所示。

设齿轮 A，B 的角速度、角加速度转向如图所示。

对轴 I，由定轴转动微分方程得

$$J_1\alpha_1=M-F_t r_1 \tag{a}$$

对轴 II (含重物，视为质点系)，由质点系对定轴的动量矩定理得

$$\frac{\mathrm{d}}{\mathrm{d}t}(J_2\omega_2+mvR)=F_t' r_2-mgR \tag{b}$$

由运动学知

$$\frac{\alpha_1}{\alpha_2}=\frac{r_2}{r_1}=i_{12} \tag{c}$$

由式(a)，(b)，(c)得

$$\alpha_2=\frac{Mi_{12}-mgR}{J_1 i_{12}^2+J_2+mR^2}$$

由此可得重物上升的加速度

$$a=R\alpha_2=\frac{(Mi_{12}-mgR)R}{J_1 i_{12}^2+J_2+mR^2}$$

【讨论】这里 ω_1 与 ω_2，α_1 与 α_2 转向相反，应用动量矩定理列方程时应如何处理正负号？

10.4 质点系相对质心的动量矩定理

质点系对固定点O的动量矩定理为

$$\frac{\mathrm{d}\boldsymbol{L}_O}{\mathrm{d}t}=\sum \boldsymbol{M}_O(\boldsymbol{F}^{\mathrm{e}})=\sum \boldsymbol{r}_i\times \boldsymbol{F}_i^{\mathrm{e}} \tag{a}$$

根据图 10.2，有$\boldsymbol{r}_i=\boldsymbol{r}_C+\boldsymbol{r}_i'$，将式(10-8)代入上式，有

$$\frac{\mathrm{d}}{\mathrm{d}t}(\boldsymbol{r}_C\times m\boldsymbol{v}_C+\boldsymbol{L}_C)=\sum(\boldsymbol{r}_C+\boldsymbol{r}_i')\times \boldsymbol{F}_i^{\mathrm{e}}$$

即

$$\frac{\mathrm{d}}{\mathrm{d}t}\boldsymbol{r}_C\times m\boldsymbol{v}_C+\boldsymbol{r}_C\times\frac{m\mathrm{d}\boldsymbol{v}_C}{\mathrm{d}t}+\frac{\mathrm{d}\boldsymbol{L}_C}{\mathrm{d}t}=\boldsymbol{r}_C\times\sum \boldsymbol{F}_i^{\mathrm{e}}+\sum \boldsymbol{r}_i'\times \boldsymbol{F}_i^{\mathrm{e}} \tag{b}$$

式中

$$\frac{\mathrm{d}\boldsymbol{r}_C}{\mathrm{d}t}\times m\boldsymbol{v}_C=\boldsymbol{v}_C\times m\boldsymbol{v}_C=\boldsymbol{0}\text{，}\quad m\frac{\mathrm{d}\boldsymbol{v}_C}{\mathrm{d}t}=\sum \boldsymbol{F}_i^{\mathrm{e}}$$

$$\sum \boldsymbol{r}_i'\times \boldsymbol{F}_i^{\mathrm{e}}=\sum \boldsymbol{M}_C(\boldsymbol{F}_i^{\mathrm{e}})=\sum \boldsymbol{M}_C(\boldsymbol{F}^{\mathrm{e}})$$

于是式(b)化为

$$\frac{\mathrm{d}\boldsymbol{L}_C}{\mathrm{d}t}=\sum \boldsymbol{M}_C(\boldsymbol{F}^{\mathrm{e}})=\sum \boldsymbol{r}_i'\times \boldsymbol{F}_i^{\mathrm{e}} \tag{10-19}$$

上式表明，**质点系相对质心的动量矩对时间的一阶导数，等于质点系的外力对质心之矩的矢量和**(外力系对质心的主矩)，这就是**质点系相对于质心的动量矩定理**。该定理在形式上与质点系对于固定点的动量矩定理完全一样。式(10-19)中，若$\sum \boldsymbol{M}_C(\boldsymbol{F}^{\mathrm{e}})=\boldsymbol{0}$，则$\boldsymbol{L}_C=$常矢量，即当外力系对质心的主矩为零时，**质点系相对于质心的动量矩守恒**。

10.5 刚体平面运动微分方程

本节将质心运动定理和相对质心动量矩定理相结合，研究刚体平面运动动力学问题。7.1 节指出，平面运动刚体的位置，可由基点的位置和刚体绕基点转动的转角确定。如图 10.9 所示，取质心C为基点，其坐标为(x_C，y_C)，设D为刚体上任意一点，CD与轴x的夹角为φ，则刚体的位置可由x_C，y_C和φ确定。图 10.9 中$Cx'y'$为固连于质心C的平移坐标系，刚体的平面运动可分解为随质心平移和绕质心的转动两部分。刚体相对质心的动量矩为$L_C=J_C\omega$。式中J_C为刚体对通过质心C且与运动平面垂直的轴z'的转动惯量，ω为其角速度。

设刚体上作用的外力可向质心所在的运动平面简化为一平面力系$\boldsymbol{F}_1$，$\boldsymbol{F}_2$，…，$\boldsymbol{F}_n$，则应用质心运动定理和相对质心动量矩定理，有

$$\left.\begin{aligned}&m\boldsymbol{a}_C=\sum \boldsymbol{F}^{\mathrm{e}}\\&\frac{\mathrm{d}}{\mathrm{d}t}(J_C\omega)=J_C\alpha=\sum M_C(\boldsymbol{F}^{\mathrm{e}})\end{aligned}\right\} \tag{10-20}$$

式(10-20)写成投影式为

$$\left.\begin{aligned} ma_{Cx} &= \sum F_x^e \\ ma_{Cy} &= \sum F_y^e \\ J_C\alpha &= \sum M_C(\boldsymbol{F}^e) \end{aligned}\right\} \text{或} \left.\begin{aligned} m\ddot{x}_C &= \sum F_x^e \\ m\ddot{y}_C &= \sum F_y^e \\ J_C\ddot{\varphi} &= \sum M_C(\boldsymbol{F}^e) \end{aligned}\right\} \tag{10-21}$$

这就是**刚体平面运动微分方程**。

如果式(10-21)等号的左侧各项均恒等于零，则得到静力学中平面任意力系的平衡方程，即外力系的主矢、主矩均等于零。

事实上，刚体的一般运动可以分解为随质心的平移和相对于质心的转动。刚体随质心的平移可用质心运动定理分析，而相对于质心的转动则可用质点系相对于质心的动量矩定理来分析。这两者完全确定了刚体任意运动的动力学方程。

【例 10-5】如图 10.10 所示，半径为 r 的匀质圆轮从静止开始，沿倾角为 θ 的斜面无滑动地滚下。求：

(1) 圆轮滚到任意位置时的质心加速度 $\boldsymbol{a}_C$；

(2) 圆轮在斜面上不打滑的最小静摩擦因数。

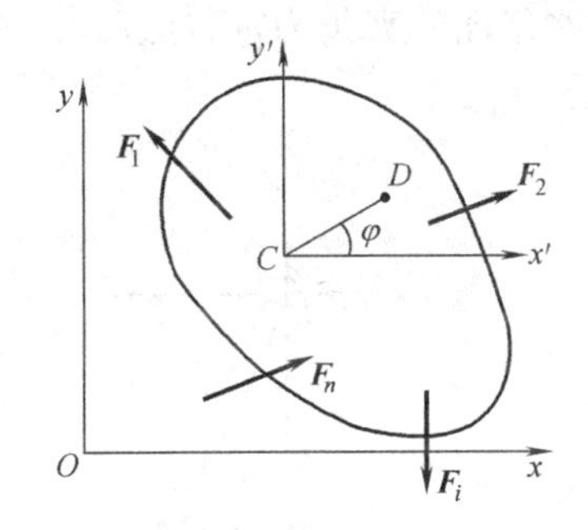

图 10.9　刚体平面运动

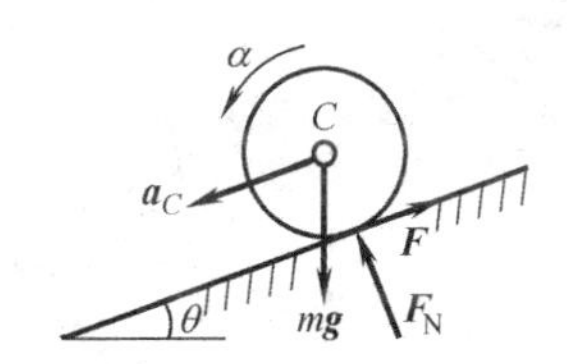

图 10.10　例 10-5 图

【分析】圆轮在斜面上作平面运动，故运用平面运动微分方程求解。

【解】

(1) 圆轮质心的加速度

圆轮在任意位置受力如图。根据平面运动微分方程，有

$$ma_C = mg\sin\theta - F \tag{a}$$

$$0 = mg\cos\theta - F_N \tag{b}$$

$$J_C\alpha = Fr \tag{c}$$

因圆轮沿斜面只滚不滑，由式(5-11)有

$$a_C = \alpha r \tag{d}$$

由式(c)与式(d)得

$$F = J_C\frac{\alpha}{r} = \frac{1}{2}mr^2\frac{a_C}{r^2} = \frac{1}{2}ma_C \tag{e}$$

将式(e)代入式(a)，得圆轮质心的加速度

$$a_C = \frac{2}{3}g\sin\theta \tag{f}$$

(2) 圆轮在斜面上不打滑的最小静摩擦因数

欲使圆轮在斜面上不打滑，必须有

$$F \leqslant f_s F_N$$

由式(b)、式(e)、式(f)得

$$F = \frac{1}{3}mg\sin\theta \leqslant f_s mg\cos\theta$$

则得圆轮不滑动的最小静摩擦因数

$$f_{s\min} = \frac{1}{3}\tan\theta$$

【讨论】

(1) 若圆轮与斜面间有滑动，本题如何求解？式(d)是否成立？补充关系又如何？

(2) 若均质圆轮在圆弧槽内只滚不滑运动(如图 10.11 所示)，问圆轮质心加速度与角加速度关系如何？

【例 10-6】如图 10.12 所示，均质杆 AB 长为 l，放置于铅垂平面内，杆一端 A 靠在光滑的铅垂墙上，另一端 B 放在光滑的水平面上，与水平面的夹角为 φ。然后，令杆由静止状态滑下，求杆在任意角度位置时的角加速度和角速度。

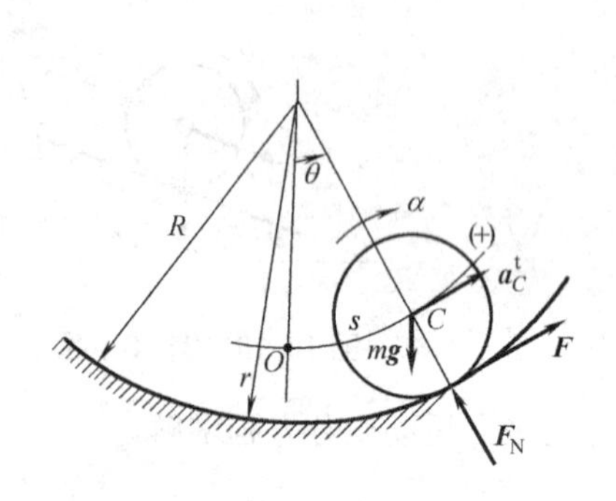

图 10.11 均质圆轮在圆弧槽内只滚不滑时的运动分析

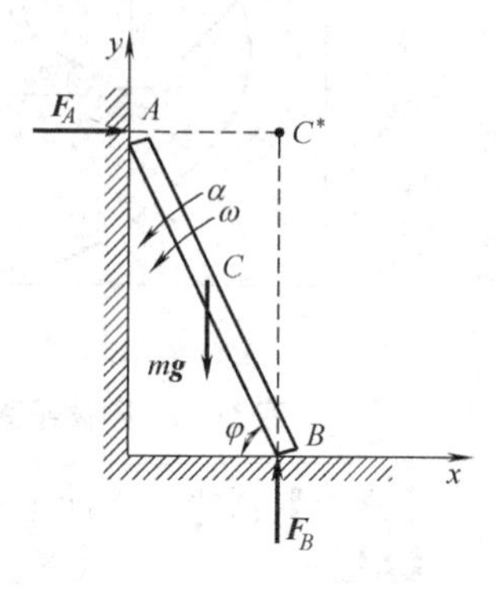

图 10.12 例 10-6 图

【分析】杆在下滑过程中作平面运动，宜采用平面运动微分方程求解。

【解法 1】以杆为研究对象，受力如图。根据平面运动微分方程，有

$$ma_{Cx} = F_A \tag{a}$$

$$ma_{Cy} = F_B - mg \tag{b}$$

$$J_C\alpha = F_B\frac{l}{2}\cos\varphi - F_A\frac{l}{2}\sin\varphi \tag{c}$$

式中有 5 个未知量 $a_{Cx}, a_{Cy}, \alpha, F_A, F_B$，而只有 3 个方程，必须再列两个补充方程。

杆 AB 质心 C 的坐标

$$x_C = \frac{l}{2}\cos\varphi，\quad y_C = \frac{l}{2}\sin\varphi$$

将上式分别对时间求二阶导数得

$$a_{Cx} = \ddot{x}_C = -\frac{l}{2}\dot{\varphi}^2\cos\varphi - \frac{l}{2}\ddot{\varphi}\sin\varphi \tag{d}$$

$$a_{Cy}=\ddot{y}_C=-\frac{l}{2}\dot{\varphi}^2\sin\varphi+\frac{l}{2}\ddot{\varphi}\cos\varphi \tag{e}$$

将 $J_C=\frac{1}{12}ml^2$ 代入式(c)，联列式(a)～(e)，解得

$$\alpha=\frac{3g}{2l}\cos\varphi \tag{f}$$

利用 $\ddot{\varphi}=\frac{\mathrm{d}\dot{\varphi}}{\mathrm{d}t}=\frac{\mathrm{d}\dot{\varphi}}{\mathrm{d}\varphi}\cdot\frac{\mathrm{d}\varphi}{\mathrm{d}t}=\dot{\varphi}\frac{\mathrm{d}\dot{\varphi}}{\mathrm{d}\varphi}$，并注意到题中 $\omega=-\dot{\varphi}$，$\alpha=-\ddot{\varphi}$，由式(f)得

$$-\dot{\varphi}\frac{\mathrm{d}\dot{\varphi}}{\mathrm{d}\varphi}=\frac{3g}{2l}\cos\varphi$$

即

$$\dot{\varphi}\mathrm{d}\dot{\varphi}=-\frac{3g}{2l}\cos\varphi\mathrm{d}\varphi$$

两边积分

$$\int_0^{\dot{\varphi}}\dot{\varphi}\mathrm{d}\dot{\varphi}=\int_{\varphi_0}^{\varphi}\left(-\frac{3g}{2l}\cos\varphi\right)\mathrm{d}\varphi$$

解得

$$\dot{\varphi}^2=\frac{3g}{l}(\sin\varphi_0-\sin\varphi)$$

则

$$\omega=-\dot{\varphi}=\sqrt{\frac{3g}{l}(\sin\varphi_0-\sin\varphi)}$$

【解法2】利用相对速度瞬心的动量矩定理求解

可以证明，**刚体平面运动过程中，如果其质心 C 到速度瞬心 C^* 的距离始终保持不变，则质点系相对速度瞬心的动量矩对时间的导数等于质点系所有外力对同一点的主矩**，这一结论称为**质点系相对速度瞬心的动量矩定理**。即

$$\frac{\mathrm{d}L_{C^*}}{\mathrm{d}t}=\sum M_{C^*}(\boldsymbol{F}^{\mathrm{e}}) \tag{g}$$

本题中杆 AB 的速度瞬心 C^* 与质心 C 间的距离恒等于 $l/2$，故可应用该定理求解。因

$$L_{C^*}=J_{C^*}\omega \tag{h}$$

将式(h)代入式(g)有

$$J_{C^*}\frac{\mathrm{d}\omega}{\mathrm{d}t}=mg\frac{l}{2}\cos\varphi \tag{i}$$

式中

$$J_{C^*}=J_C+m\left(\frac{l}{2}\right)^2=\frac{1}{12}ml^2+\frac{1}{4}ml^2=\frac{1}{3}ml^2$$

则

$$\alpha=\frac{\mathrm{d}\omega}{\mathrm{d}t}=\frac{3g}{2l}\cos\varphi \tag{j}$$

角速度 ω 求解同解法1。

【讨论】

(1) 比较两种解法可见，应用相对速度瞬心的动量矩定理求角加速度更方便，但一定

要注意应用条件。

(2) 根据运动学关系列补充方程，是求解平面运动刚体动力学问题的关键之一。

(3) 注意题中角φ在逐渐变小，有$\dot{\varphi}=-\omega$，$\ddot{\varphi}=-\alpha$的关系。

*10.6 动量和动量矩定理在碰撞中的应用

碰撞是指物体在突然受到冲击或遇到障碍时，在极短暂的时间内，物体的运动状态发生急剧变化的一种物理现象，它是工程实际中的一种常见而又复杂的动力学问题。本节将根据碰撞问题的特征，运用动量定理和动量矩定理研究物体间的碰撞问题。

10.6.1 基本假定与恢复因数

由于碰撞时**碰撞力**极大而碰撞时间极短，在研究碰撞问题时作如下基本假定。

(1) 在碰撞过程中，由于碰撞力极大，略去非碰撞力(重力、弹性力、摩擦力等)的作用。

(2) 由于碰撞时间极短，物体在碰撞开始和碰撞结束时的位置变化很小，故碰撞过程中物体的位移可忽略不计。

两物体相碰撞时，在接触点处产生的相互作用的碰撞力仍然满足作用与反作用定律。在不考虑摩擦时，**碰撞冲量$\boldsymbol{I}$，$\boldsymbol{I}'$**应沿着碰撞物体表面的公法线方向，如图10.13所示。

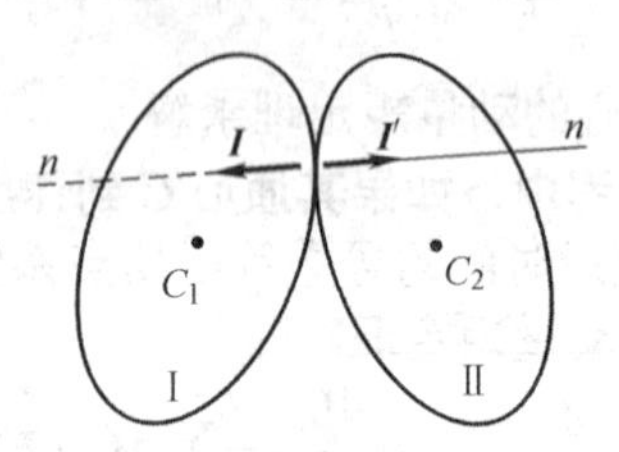

图10.13 物体的碰撞

碰撞过程可以分为两个阶段。第一阶段为**变形阶段**，从两物体开始接触、互相挤压，并产生微小变形，直到接触点的相对速度在公法线上的投影等于零为止，变形阶段的碰撞冲量记为$\boldsymbol{I}_1$；第二阶段为**恢复阶段**，此时两物体的变形开始恢复，直到两物体脱离，恢复阶段的冲量记为$\boldsymbol{I}_2$。恢复阶段与变形阶段冲量大小之比称为**恢复因数**，记为e，即

$$e=\frac{I_2}{I_1} \tag{10-22}$$

恢复因数也可表示为

$$e=\frac{I_2}{I_1}=\frac{u_{2n}-u_{1n}}{v_{1n}-v_{2n}} \tag{10-23}$$

式中，v_{1n},v_{2n}为两物体碰撞前碰撞点的速度在接触点公法线方向的投影，u_{1n},u_{2n}为两物体碰撞后碰撞点的速度在接触点公法线方向的投影。

恢复因数表示物体在碰撞后的速度恢复程度，也表示物体变形恢复的程度，并且反映出碰撞过程中机械能损失的程度。

在碰撞过程中，当$e=0$时，物体的变形完全没有恢复，称为**塑性碰撞或非弹性碰撞**；当$e=1$时，变形完全恢复，动能没有损失，称为**完全弹性碰撞**；当$0<e<1$时，变形不能完全恢复，动能有损失，称为**弹性碰撞**。

10.6.2　碰撞的基本定理

设由n个质点组成的质点系发生碰撞。以$\boldsymbol{v}_i$和$\boldsymbol{u}_i$分别表示某一质量为m_i的质点碰撞前后的速度，$\boldsymbol{I}_i^{\mathrm{i}}$和$\boldsymbol{I}_i^{\mathrm{e}}$分别表示作用于该质点的内、外碰撞冲量，考虑到内碰撞冲量总是大小相等、方向相反，成对地存在，因此，$\sum \boldsymbol{I}_i^{\mathrm{i}}=\boldsymbol{0}$。根据质点系的动量定理积分形式，有

$$\sum m_i\boldsymbol{u}_i-\sum m_i\boldsymbol{v}_i=\sum \boldsymbol{I}_i^{\mathrm{e}} \tag{10-24}$$

式(10-24)中不计普通力的冲量。该式称为**质点系碰撞时的动量定理**，又称为**冲量定理：质点系在碰撞开始和结束时动量的变化，等于作用于质点系的外碰撞冲量的矢量和。**

质点系的动量可用总质量m与质心速度的乘积来计算，则式(10-24)可写成

$$m\boldsymbol{u}_C-m\boldsymbol{v}_C=\sum \boldsymbol{I}_i^{\mathrm{e}} \tag{10-25}$$

式中，$\boldsymbol{v}_C$和$\boldsymbol{u}_C$分别是碰撞开始和结束时质心的速度。

根据质点系动量矩定理

$$\frac{\mathrm{d}\boldsymbol{L}_O}{\mathrm{d}t}=\sum_{i=1}^{n}\boldsymbol{M}_O(\boldsymbol{F}_i^{\mathrm{e}})=\sum_{i=1}^{n}\boldsymbol{r}_i\times\boldsymbol{F}_i^{\mathrm{e}}$$

可得

$$\int_{L_{O_1}}^{L_{O_2}}\mathrm{d}\boldsymbol{L}_O=\int_0^t\sum_{i=1}^{n}\boldsymbol{r}_i\times\boldsymbol{F}_i^{\mathrm{e}}\mathrm{d}t=\int_0^t\sum_{i=1}^{n}\boldsymbol{r}_i\times\mathrm{d}\boldsymbol{I}_i^{\mathrm{e}}=\sum_{i=1}^{n}\int_0^t\boldsymbol{r}_i\times\mathrm{d}\boldsymbol{I}_i^{\mathrm{e}}$$

即

$$\boldsymbol{L}_{O_2}-\boldsymbol{L}_{O_1}=\sum_{i=1}^{n}\int_0^t\boldsymbol{r}_i\times\mathrm{d}\boldsymbol{I}_i^{\mathrm{e}}$$

在碰撞过程中，根据基本假定，各质点的位置都是近似不变的，因此碰撞力作用点的矢径$\boldsymbol{r}_i$是个恒量，于是有

$$\boldsymbol{L}_{O_2}-\boldsymbol{L}_{O_1}=\sum_{i=1}^{n}\boldsymbol{r}_i\times\int_0^t\mathrm{d}\boldsymbol{I}_i^{\mathrm{e}}=\sum_{i=1}^{n}\boldsymbol{r}_i\times\boldsymbol{I}_i^{\mathrm{e}}=\sum_{i=1}^{n}\boldsymbol{M}_O(\boldsymbol{I}_i^{\mathrm{e}}) \tag{10-26}$$

式中，$\boldsymbol{L}_{O_1}$和$\boldsymbol{L}_{O_2}$分别是碰撞开始和结束时质点系对定点O的动量矩；$\boldsymbol{I}_i^{\mathrm{e}}$是**外碰撞冲量**。称$\boldsymbol{r}_i\times\boldsymbol{I}_i^{\mathrm{e}}$为**冲量矩**，其中不计普通力的冲量矩。式(10-26)称为**碰撞过程的动量矩定理**，又称为**冲量矩定理：质点系在碰撞开始和结束时对定点O的动量矩的变化，等于作用于质点系的外碰撞冲量对同一点的主矩。**

若取质心C为矩心，式(10-26)可改写为

$$\boldsymbol{L}_{C_2}-\boldsymbol{L}_{C_1}=\sum \boldsymbol{M}_C(\boldsymbol{I}_i^{\mathrm{e}}) \tag{10-27}$$

对于定轴转动或平面运动的物体发生碰撞时，可将式(10-25)及式(10-27)两者结合求解。即物体作定轴转动时有

$$\left.\begin{aligned}m\boldsymbol{u}_C-m\boldsymbol{v}_C&=\sum \boldsymbol{I}_i^{\mathrm{e}}\\J_O\omega_2-J_O\omega_1&=\sum M_O(\boldsymbol{I}_i^{\mathrm{e}})\end{aligned}\right\} \tag{10-28}$$

物体作平面运动时有

$$\left.\begin{aligned} m\boldsymbol{u}_C - m\boldsymbol{v}_C &= \sum \boldsymbol{I}_i^{\mathrm{e}} \\ J_C\omega_2 - J_C\omega_1 &= \sum M_C(\boldsymbol{I}_i^{\mathrm{e}}) \end{aligned}\right\} \tag{10-29}$$

【例 10-7】绕定轴O转动的刚体质量为m，如图 10.14(a)所示。刚体对轴O的转动惯量为J_O，该刚体的质量对称面在图示平面内。今有外碰撞冲量$\boldsymbol{I}$作用在对称平面内，试分析轴承的约束碰撞力冲量$\boldsymbol{I}_O$。

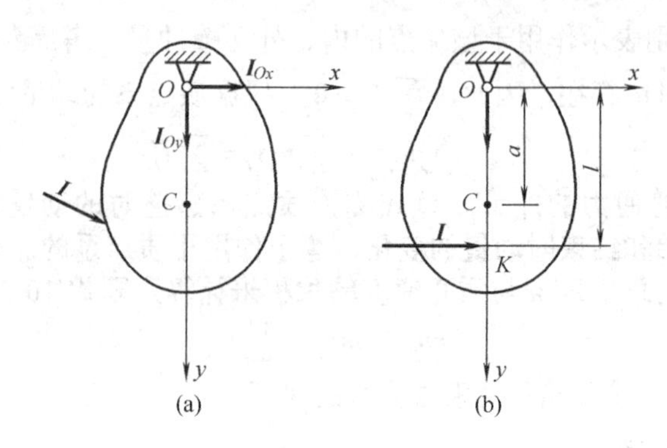

图 10.14 例 10-7 图

【分析】在外碰撞冲量$\boldsymbol{I}$作用下，刚体绕定轴O转动，可用冲量定理和冲量矩定理求轴承O处的约束力。

【解】因刚体的质量对称面在图示平面内，则刚体的质心必处于图形平面内。取轴Oy通过质心C，如图所示。

由式(10-28)得

$$\left.\begin{aligned} mu_{Cx} - mv_{Cx} &= I_x + I_{Ox} \\ mu_{Cy} - mv_{Cy} &= I_y + I_{Oy} \\ J_O\omega_2 - J_O\omega_1 &= M_O(\boldsymbol{I}) \end{aligned}\right\} \tag{10-30}$$

式中，u_{Cx},u_{Cy}和v_{Cx},v_{Cy}分别为碰撞后和碰撞前质心速度在轴x,y上的投影；ω_1,ω_2为碰撞前后的角速度。若图示位置是发生碰撞位置，则

$$v_{Cy}=0,\ u_{Cy}=0$$

$$v_{Cx}=a\omega_1,\ u_{Cx}=a\omega_2$$

于是轴承O处约束碰撞力为

$$\left.\begin{aligned} I_{Ox} &= m(u_{Cx}-v_{Cx}) - I_x = ma(\omega_2-\omega_1) - I_x \\ I_{Oy} &= -I_y \end{aligned}\right\} \tag{10-31}$$

为了保证轴承处的碰撞冲量为零，即

$$I_{Ox}=0$$

$$I_{Oy}=0$$

必须满足

$$I_y = 0 \tag{10-32}$$

$$I_x = ma(\omega_2-\omega_1) \tag{10-33}$$

由式(10-32)可知，外碰撞冲量必须垂直于轴 O 与质心 C 的连线，如图 10-14(b)所示。由式(10-33)结合式(10-30)的第三式，得

$$ma\frac{Il}{J_O}=I$$

则

$$l=\frac{J_O}{ma} \tag{10-34}$$

式中 $l=OK$，点 K 是外碰撞冲量 $\boldsymbol{I}$ 的作用线与 OC 的交点。满足式(10-34)的点 K 称为**撞击中心**。

由此可见，**当外碰撞冲量作用于物体质量对称面内的撞击中心，且垂直于轴承 O 与质心 C 的连线时，在轴承处不引起碰撞冲量。**

根据上述结论，在设计材料冲击试验机的摆锤时，使撞击点正好位于摆锤的撞击中心，这样撞击时就不致在轴承处引起碰撞力。在使用各种锤子锤打东西或打垒球时，若打击的地方正好是锤杆或棒杆的撞击中心，则打击时手上不会感到有冲击。如果打击的地方不是撞击中心，则手会感到强烈的冲击。

【例 10-8】图 10.15 所示质量为 m、长为 l 的均质杆 AB，自水平位置自由下落一段距离 h 后，与光滑支座 D 相碰撞，$BD=l/4$。假定恢复因数 $e=1$，求碰撞后的角速度和碰撞冲量。

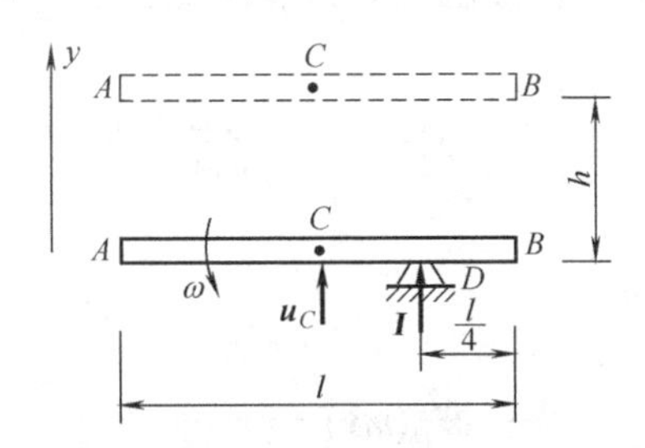

图 10.15　例 10-8 图

【分析】杆 AB 在碰撞前作平移，碰撞后作平面运动，可用冲量定理和相对质心的冲量矩定理求解。

【解】杆 AB 受到碰撞冲量 $\boldsymbol{I}$ 作用(不计重力冲量)，如图所示。

碰撞前，质心速度

$$v_C=v_D=\sqrt{2gh}\text{ (铅垂向下)}$$

碰撞后，设杆 AB 质心的速度为 $\boldsymbol{u}_C$，角速度为 ω，由式(10-29)得

$$mu_{Cx}=0 \tag{a}$$

$$mu_{Cy}-(-mv_C)=I \tag{b}$$

$$J_C\omega-0=I\frac{l}{4} \tag{c}$$

以上 3 个方程有 4 个未知数，需建立补充方程。碰撞后杆 AB 作平面运动，则有

$$\boldsymbol{u}_D=\boldsymbol{u}_C+\boldsymbol{u}_{DC} \tag{d}$$

将式(d)沿轴 y 投影有

$$u_{Dy}=u_{Cy}+\omega\frac{l}{4}=u_C+\frac{1}{4}\omega l \tag{e}$$

恢复因数

$$e=\frac{0-u_{Dy}}{v_{Dy}-0}=1 \tag{f}$$

由式(e)和式(f)得

$$-\frac{u_C+\frac{1}{4}\omega l}{-v_C}=1$$

则

$$u_C=\sqrt{2gh}-\frac{1}{4}\omega l$$

式(b)和式(c)联列求解得

$$I=\frac{8m\sqrt{2gh}}{7}, \quad \omega=\frac{24\sqrt{2gh}}{7l}$$

【讨论】

(1) 本题的关键是建立碰撞后的 $\boldsymbol{u}_C$ 与 $\boldsymbol{u}_D$ 关系，当然还要结合恢复因数来考虑。

(2) 杆自由下落直到与支座 D 接触之间为非碰撞过程，常用动能定理等来求速度。

小 结

1．动量矩

质点对定点 O 的动量矩

$$\boldsymbol{M}_O(m\boldsymbol{v})=\boldsymbol{r}\times m\boldsymbol{v}$$

质点系对定点 O 的动量矩

$$\boldsymbol{L}_O=\sum\boldsymbol{M}_O(m_i\boldsymbol{v}_i)=\sum\boldsymbol{r}_i\times m_i\boldsymbol{v}_i$$

质点系对质心 C 的动量矩

$$\boldsymbol{L}_C=\sum\boldsymbol{r}_i'\times m_i\boldsymbol{v}_i=\sum\boldsymbol{r}_i'\times m_i\boldsymbol{v}_{i\mathrm{r}}$$

对定点 O 与对质心 C 的动量矩关系

$$\boldsymbol{L}_O=\boldsymbol{L}_C+\boldsymbol{r}_C\times m\boldsymbol{v}_C$$

平移刚体对定点 O 的动量矩

$$\boldsymbol{L}_O=\boldsymbol{r}_C\times m\boldsymbol{v}_C$$

定轴转动刚体对定轴 z 的动量矩

$$L_z=J_z\omega$$

2．动量矩定理

质点系对定点 O 和定轴 z 的动量矩定理分别为

$$\frac{\mathrm{d}\boldsymbol{L}_O}{\mathrm{d}t}=\sum\boldsymbol{M}_O(\boldsymbol{F}^{\mathrm{e}}), \quad \frac{\mathrm{d}L_z}{\mathrm{d}t}=\sum M_z(\boldsymbol{F}^{\mathrm{e}})$$

质点系相对质心 C 的动量矩定理为

$$\frac{\mathrm{d}\boldsymbol{L}_C}{\mathrm{d}t}=\sum \boldsymbol{M}_C(\boldsymbol{F}^{\mathrm{e}}),\quad \frac{\mathrm{d}L_{Cz}}{\mathrm{d}t}=\sum M_{Cz}(\boldsymbol{F}^{\mathrm{e}})$$

3．刚体绕定轴转动微分方程

$$J_z\ddot{\varphi}=\sum M_z(\boldsymbol{F}),\quad J_z\alpha=\sum M_z(\boldsymbol{F})$$

4．刚体平面运动微分方程

$$m\boldsymbol{a}_C=\sum \boldsymbol{F}^{\mathrm{e}},\quad J_C\alpha=\sum M_C(\boldsymbol{F}^{\mathrm{e}})$$

5．碰撞过程中的动量定理和动量矩定理

恢复因数

$$e=\frac{u_{2\mathrm{n}}-u_{1\mathrm{n}}}{v_{1\mathrm{n}}-v_{2\mathrm{n}}}=\frac{I_2}{I_1}$$

冲量定理

$$m\boldsymbol{u}_C-m\boldsymbol{v}_C=\sum \boldsymbol{I}_i^{\mathrm{e}},\ \text{或}\sum m_i\boldsymbol{u}_i-\sum m_i\boldsymbol{v}_i=\sum \boldsymbol{I}_i^{\mathrm{e}}$$

冲量矩定理

$$\boldsymbol{L}_{O_2}-\boldsymbol{L}_{O_1}=\sum_{i=1}^{n}\boldsymbol{M}_O(\boldsymbol{I}_i^{\mathrm{e}}),\ \text{或}\ \boldsymbol{L}_{C_2}-\boldsymbol{L}_{C_1}=\sum \boldsymbol{M}_C(\boldsymbol{I}_i^{\mathrm{e}})$$

思 考 题

10-1 若质点系所受的力对某点(或轴)的矩恒为零，则质点系对该点(或轴)的动量矩保持不变，对吗？

10-2 质点系在绝对运动中对质心的动量矩，等于质点系在相对于以质心速度作平移的坐标系中运动时对质心的动量矩，对吗？

10-3 已知均质圆轮的半径为 R，质量为 m，在固定水平面上作无滑动的滚动，质心的速度为 $\boldsymbol{v}_C$，则轮子对速度瞬心 C^* 的动量矩为 $L_{C^*}=M_{C^*}(m\boldsymbol{v}_C)=mRv_C$，对吗？

10-4 力有对点的矩(矢量)与对轴的矩(代数量)，且力对点的矩与对轴的矩之间有一定的关系。动量是否也有对点的矩与对轴的矩？动量对点的矩与对轴的矩是否也有类似的关系?

10-5 质点系的动量计算有简便计算公式 $\boldsymbol{p}=\sum m_i\boldsymbol{v}_i=m\boldsymbol{v}_C$，质点系的动量矩计算是否有简便计算公式 $\boldsymbol{L}_O=\sum \boldsymbol{r}_i\times m_i\boldsymbol{v}_i=\boldsymbol{r}_C\times m\boldsymbol{v}_C$？(式中 $\boldsymbol{r}_C$ 为质心到点 O 的矢径)

10-6 在平面问题中力对点的矩，空间问题中力对轴的矩均是代数量，习惯规定逆时针为正，顺时针为负。在动量矩的计算中，若动量矩为代数量，特别是对轴的动量矩，如何规定其正负号？是否和力矩正负号规定一样？

10-7 非均质圆盘沿固定水平面作纯滚动，应用动量矩定理，是对圆心 O 还是对质心 C 或者对速度瞬心 C^*？

10-8 在求解刚体平面运动动力学问题时，何时能用相对于速度瞬心的动量矩定理计算?

10-9 内力能否改变质点系的动量矩？内力能否改变质点系的动量？内力能否改变质点

系内各质点的动量和动量矩？

10-10 两根轴 z，z' 互相平行，且均不通过刚体质心 C，其与质心轴的距离分别为 a，b。已知刚体质量为 m，试导出刚体对轴 z 及 z' 的转动惯量 J_z 及 $J_{z'}$ 之间的关系。

10-11 图(a)，(b)中，OA 为均质杆，重均为 W，长均为 l，AB 为无重细绳，两图中杆 OA 皆处于水平静止状态。图(a)中绳 AB 铅直，图(b)中绳 AB 倾斜。现突然将两图中的 AB 绳都剪断，问在刚剪断瞬时：

(1) 两图中点 O 的约束力是否相同？

(2) 两图中杆的角加速度是否相同？

10-12 图示为无重杆 AB，两端各固连一个小球，其质量分别为 m_1，m_2。若 $m_1 > m_2$，不计空气阻力，则当杆 AB 在重力作用下由静止位置进入运动后，是同时落地还是先后落地？

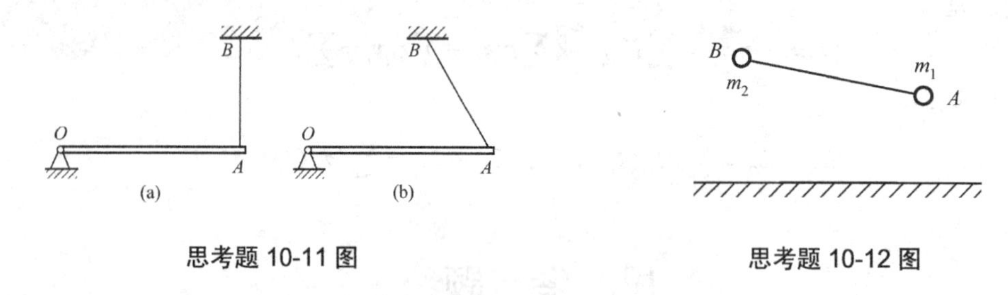

思考题 10-11 图　　　　思考题 10-12 图

习　题

10-1 图示无重杆 OA 以角速度 ω_O 绕轴 O 转动，质量 $m=25$ kg、半径 $R=200\,\text{mm}$ 的均质圆盘以三种方式安装于杆 OA 的点 A。在图(a)中，圆盘与杆 OA 焊接在一起；在图(b)中，圆盘与杆 OA 在点 A 铰接，且相对杆 OA 以角速度 ω_r 逆时针向转动；在图(c)中，圆盘相对杆 OA 以角速度 ω_r 顺时针向转动。已知 $\omega_O=\omega_r=4$ rad/s，计算在此三种情况下，圆盘对轴 O 的动量矩。

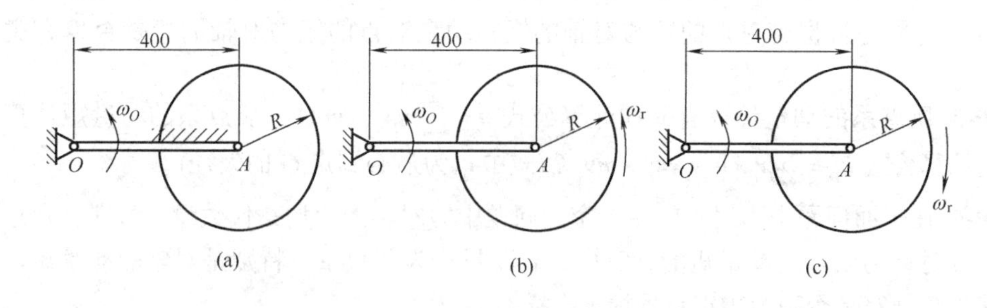

题 10-1 图

10-2 计算下列情形下系统对固定轴 O (图(a)和(b))、相对轮心轴 O (图(c))的动量矩。

(1) 质量为 m、半径为 R 的匀质圆盘以角速度 ω_O 转动；

(2) 质量为 m、长为 l 的匀质杆在某瞬时以角速度 ω_O 绕定轴 O 转动；

(3) 质量为 m、半径为 R 的匀质圆柱上固结质量为 $m/2$ 的细杆，圆柱作纯滚动，轮心

速度为 $\boldsymbol{v}_O$ 。

10-3 图示质量为 m 的偏心轮在水平面上作平面运动。轮子轮心为 A，质心为 C，$AC=e$，轮子半径为 R，对轮心 A 的转动惯量为 J_A，图示瞬时 C, A, B 三点在同一铅直线上。(1)当轮子只滚不滑时，若 $\boldsymbol{v}_A$ 已知，求轮子的动量和对地面上点 B 的动量矩；(2)当轮子又滚又滑时，若 $\boldsymbol{v}_A$，ω 已知，求轮子的动量和对地面上点 B 的动量矩。

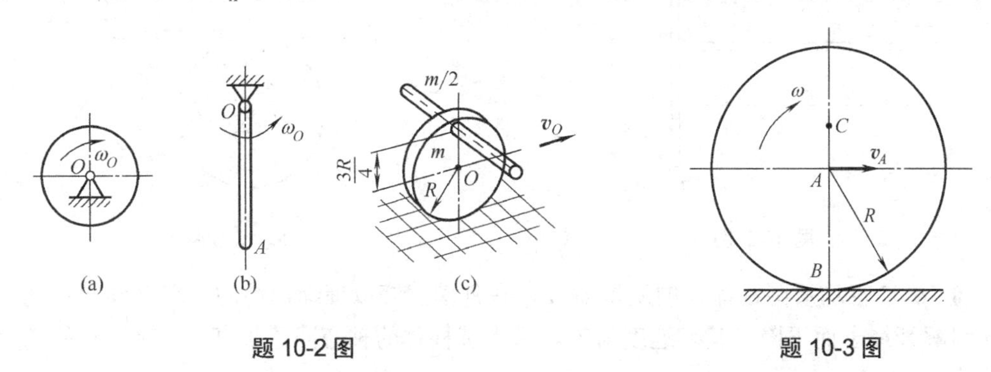

题 10-2 图　　　　题 10-3 图

10-4 图示质量为 m_1，m_2 的两重物分别系在两柔软不可伸长的绳子上。两绳分别绕在半径为 r_1 和 r_2 并固结在一起的鼓轮上。重物受重力作用而运动，求鼓轮的角加速度 α 和轴承的约束力。鼓轮和绳的质量均可不计。

10-5 已知杆 OA 长为 l，重为 W_1，可绕过点 O 的水平轴在铅直面内转动，杆的 A 端铰接一半径为 R、重为 W_2 的均质圆盘。若初瞬时杆 OA 处于水平位置，系统静止，略去各处摩擦，求杆 OA 转到任意位置(用 φ 角表示)时的角速度 ω 及角加速度 α 。

10-6 杆 AB 可在管 CD 内自由地滑动，当杆全部在管内时(x=0)，组件的角速度为 ω_1 。如杆 AB 与管 CD 的质量及长度均相等，可视为均质物体，忽略轴承摩擦。求在 $x=l/2$ 时，组件的角速度 ω_2 。

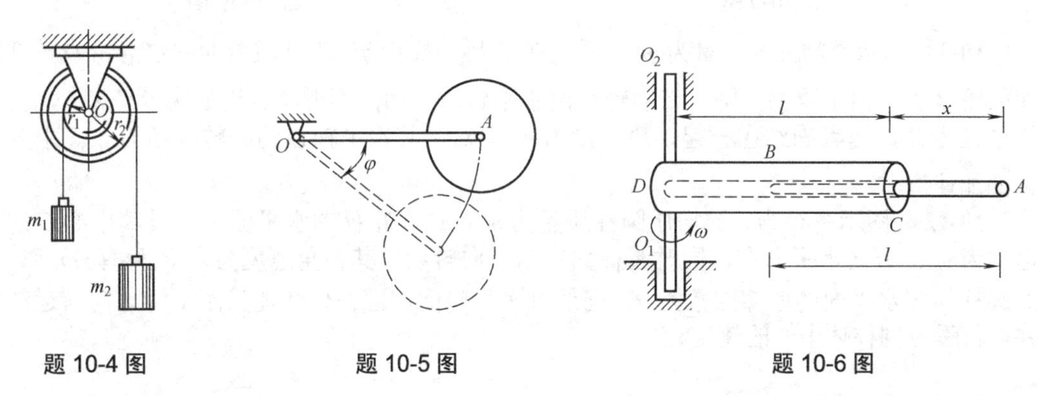

题 10-4 图　　　　题 10-5 图　　　　题 10-6 图

10-7 均质细杆 OA，BC 的质量均为 8 kg，在点 A 处焊接。在图示瞬时位置，角速度 $\omega=4$ rad/s。求在该瞬时支座 O 的约束力。

10-8 图示质量为 100 kg、半径为 1 m 的均质圆轮，以转速 $n=120$ r/min 绕轴 O 转动。设有一常力 $\boldsymbol{F}$ 作用于闸杆，轮经 10 s 后停止转动。已知摩擦因数 $f=0.1$，求力 $\boldsymbol{F}$ 的大小。

10-9 图示均质圆轮 A 质量为 m_1，半径为 r_1，以角速度 ω 绕杆 OA 的 A 端转动，此时将轮放置在质量为 m_2 的另一均质圆轮 B 上，其半径为 r_2 。轮 B 原为静止，但可绕其中心轴自

由转动。放置后，轮 A 的重量由轮 B 支持。略去轴承的摩擦和杆 OA 的重量，并设两轮间的摩擦因数为 f 。问自轮 A 放在轮 B 上到两轮间没有相对滑动为止，需经过多长时间？

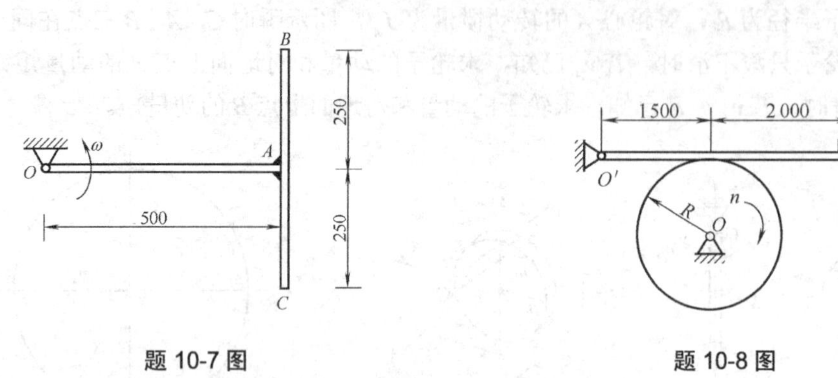

题 10-7 图　　　　题 10-8 图

10-10 图示均质圆柱体 A 的质量为 m ，在外圆上绕以细绳，绳的一端 B 固定不动。圆柱体因解开绳子而下降，其初速度为零。求当圆柱体的轴心降落了高度 h 时轴心的速度和绳子的张力。

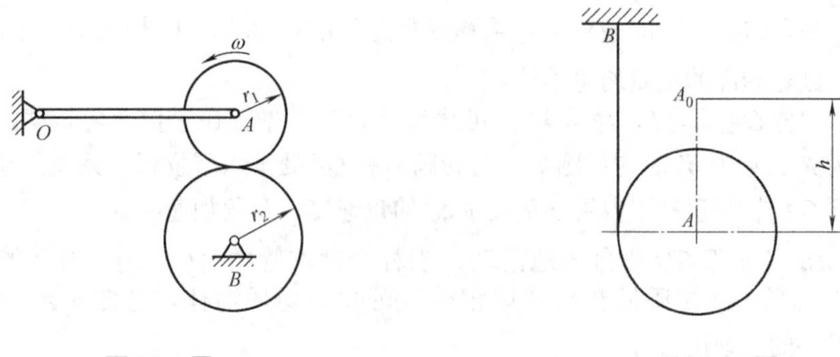

题 10-9 图　　　　题 10-10 图

10-11 图示重物 A 的质量为 m_1，系在绳子上，绳子跨过不计质量的固定滑轮 D，并绕在鼓轮 B 上。由于重物下降，带动轮 C 沿水平轨道滚动而不滑动。设鼓轮半径为 r ，轮 C 的半径为 R ，两者固结在一起，总质量为 m_2 ，对于其水平轴 O 的回转半径为 ρ 。求重物 A 的加速度。

10-12 图示半径为 r 的均质圆柱质量为 m ，放在粗糙的水平面上。设其中心 C 的初速度为 v_0 ，方向水平向右，同时圆柱如图示方向转动，其初角速度为 ω_0，且有 $r\omega_0 < v_0$ 。如圆柱体与水平面的摩擦因数为 f，问经过多长时间，圆柱体才能只滚不滑地向前运动？并求该瞬时圆柱体中心的速度。

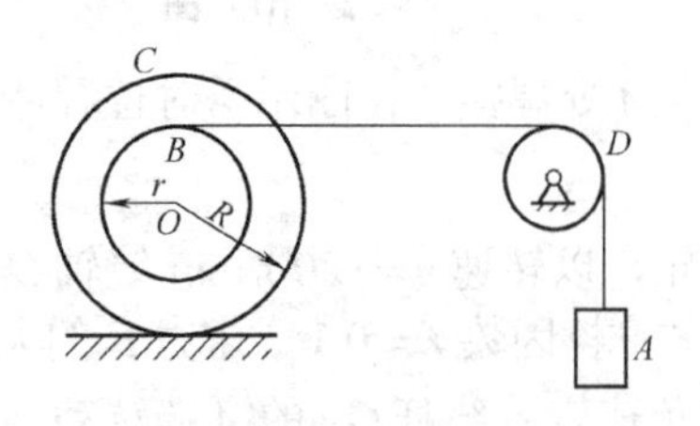

题 10-11 图

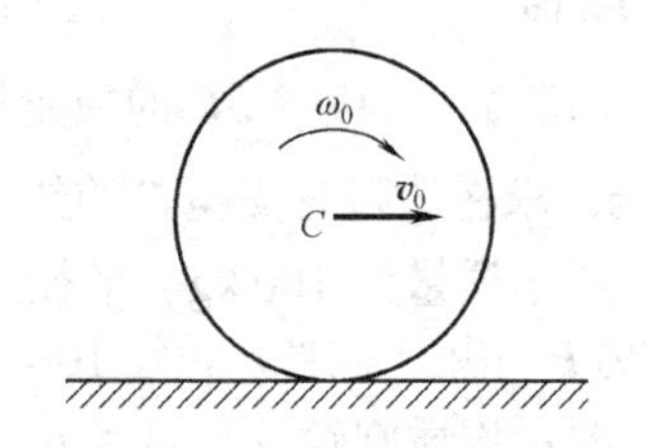

题 10-12 图

10-13 图示均质长方形板放置在光滑水平面上。若点 B 的支承面突然移开，求此瞬时点 A 的加速度。

10-14 图示均质圆柱体 A 和 B 的质量均为 m，半径均为 r，一绳缠在绕固定轴 O 转动的圆柱 A 上，绳的另一端绕在圆柱 B 上。摩擦忽略不计。求：(1)圆柱体 B 下落时质心的加速度；(2)若在圆柱体 A 上作用一逆时针转向、矩为 M 的力偶，问在什么条件下圆柱体 B 的质心加速度将向上？

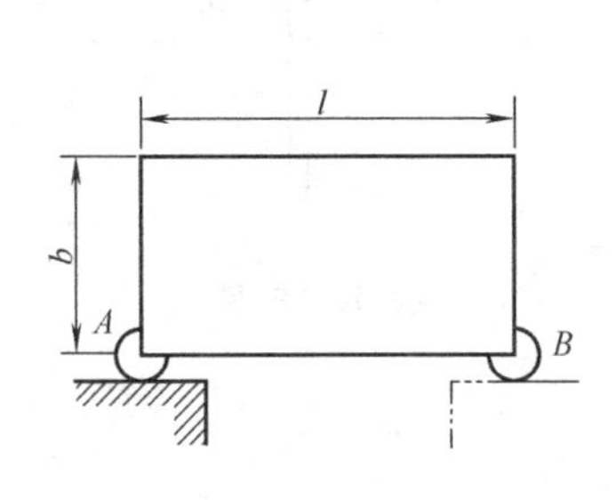

题 10-13 图

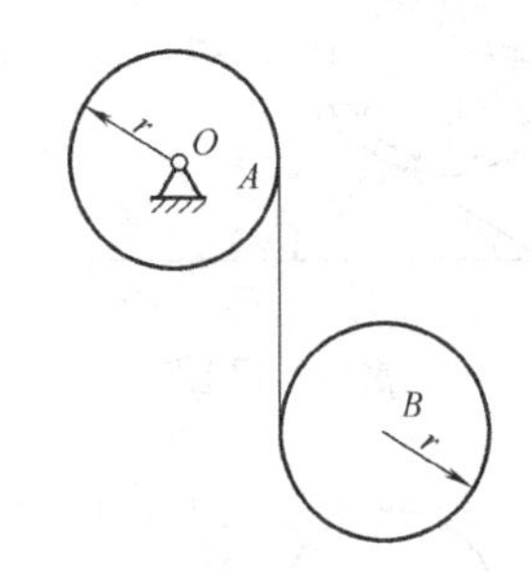

题 10-14 图

10-15 均质杆 AB，重 100 N，长 1 m，B 端搁在地面上，A 端用软绳悬挂如图所示。设杆与地面之间的摩擦因数为 0.3，问当软绳剪断时 B 端是否滑动？求此瞬时杆的角加速度及地面对杆的作用力。假定动摩擦因数等于静摩擦因数。

10-16 图示板重 W_1，受水平力 $\boldsymbol{F}$ 作用，沿水平面运动，板与水平面间的动摩擦因数为 f。板上放一重为 W_2 的实心圆柱，圆柱相对板只滚动而不滑动。求板的加速度。

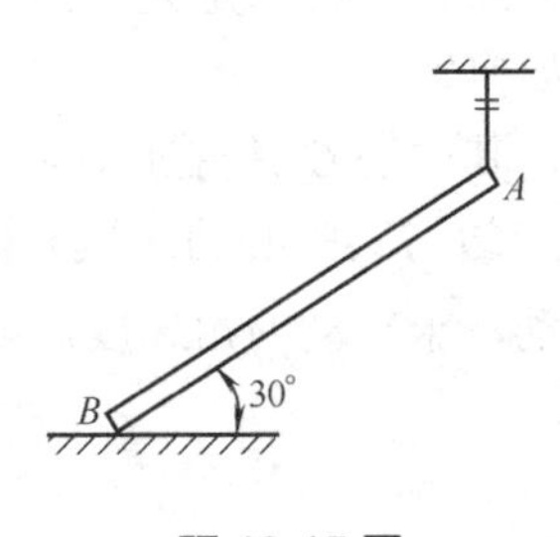

题 10-15 图

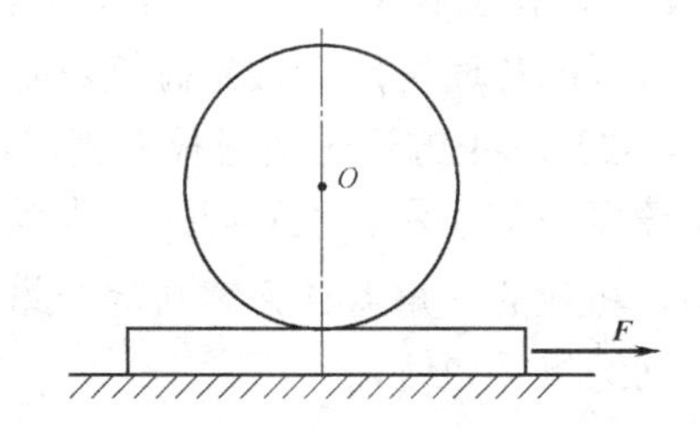

题 10-16 图

10-17 图示均质实心圆柱体 A 和薄铁环 B 均重 W，半径均为 r。两者用无重刚杆 AB 相连，无滑动沿斜面滚下，斜面与水平面的夹角为 θ。求杆 AB 的加速度和杆的内力 $\boldsymbol{F}_{AB}$。

10-18 匀质杆 AB 和 BC，长均为 l，重均为 W，用铰链 B 连接，并用铰链 A 固定，位于铅直平面内的平衡位置，如图所示。今在 C 端作用一水平力 $\boldsymbol{F}$，求此瞬时两杆的角加速度。

10-19 图示三角柱体 ABC 的质量为 m_1，放在光滑的水平面上；另一质量为 m、半径为 r 的均质圆柱体沿 AB 斜面向下作纯滚动。若斜面倾角为 θ，求三角柱体的加速度。

***10-20** 图示均质细杆 AB 置于光滑的水平面上，围绕其质心 C 以角速度 ω_0 转动。若突然将点 B 固定，问杆将以多大的角速度 ω 围绕点 B 转动？

***10-21** 作铅直平移的均质细杆 AB 质量为 m，长为 l，与铅直线成角 θ，以速度 $\boldsymbol{v}$ 落到水平面上。设碰撞恢复因数为零，并有足够的摩擦力阻止点 A 的滑动，求落下后 AB 的

角速度以及点 A 的冲量。

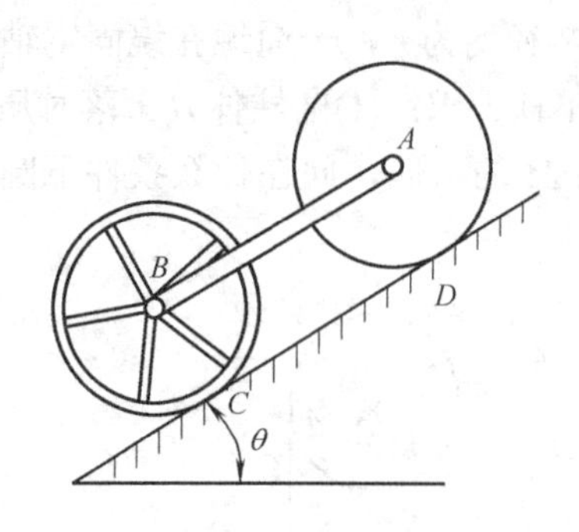

题 10-17 图

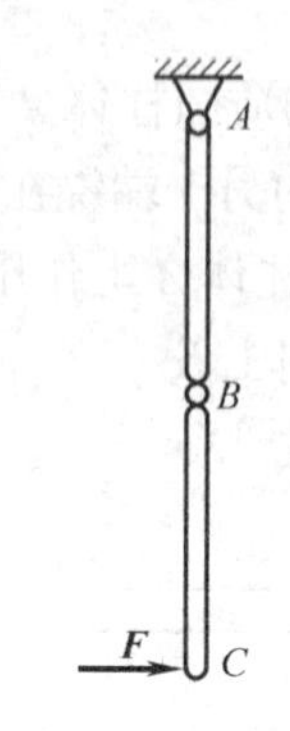

题 10-18 图

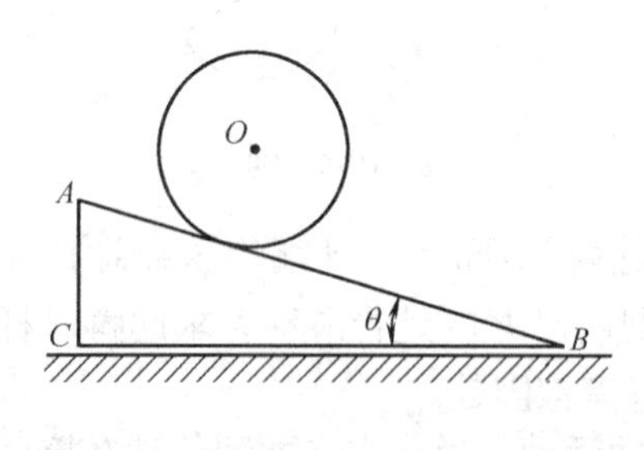

题 10-19 图

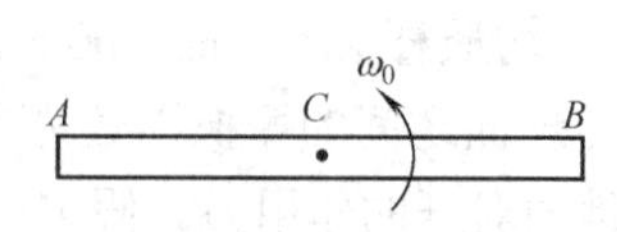

题 10-20 图

***10-22** 在上题中，设水平面是光滑的。(1)假定接触点 A 的碰撞是完全弹性的，求碰撞结束时杆的角速度；(2)假定碰撞是完全塑性的，结果如何？

***10-23** 一正方形匀质薄板在光滑的水平面内运动，其中心 O 具有速度 $\boldsymbol{v}$，同时薄板具有角速度 ω 如图示。设 $\boldsymbol{v}=l\omega$, l 为板的边长。当板的一边与其中心的速度 $\boldsymbol{v}$ 相平行的某一瞬间，将板的一角点 A 突然固定，此后板将绕点 A 转动，求转动的角速度。如果将点 B 固定，则结果又如何？

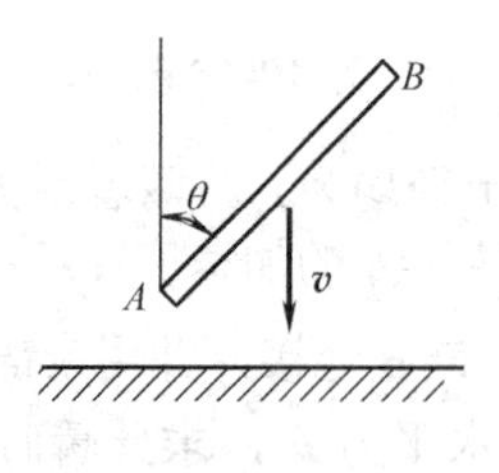

题 10-21 图

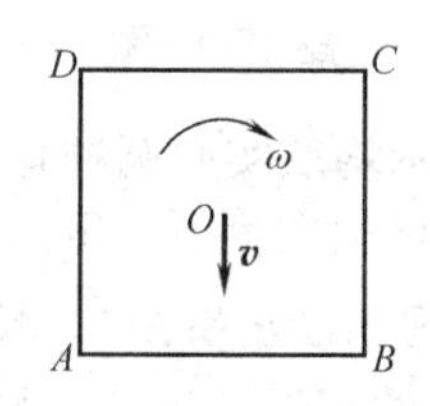

题 10-23 图

第11章　动 能 定 理

自然界物质运动的形式是多种多样的，各种形式的运动都有与其对应的能，例如机械能、电能、热能、光能、原子能、化学能等。能量转换与功密切相关，动能定理将从能量的角度来分析质点和质点系的动力学问题。

11.1　力　的　功

11.1.1　功的一般表达式

质点M在力$\boldsymbol{F}$作用下沿曲线运动，如图11.1所示。

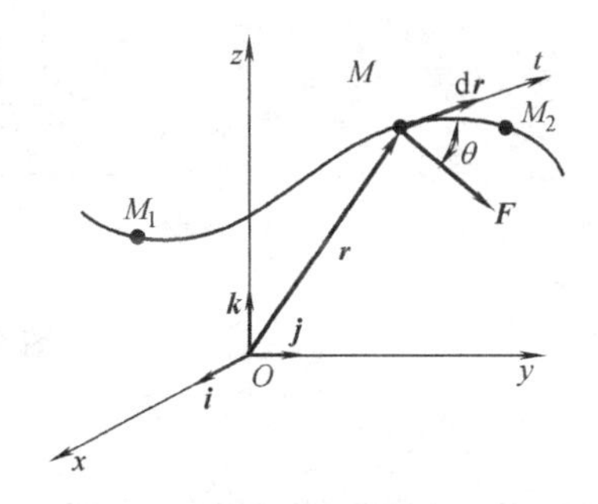

图11.1　力的功

力$\boldsymbol{F}$与质点的无限小位移$\mathrm{d}\boldsymbol{r}$的点积，称为**力的元功**，以δW表示：

$$\delta W = \boldsymbol{F} \cdot \mathrm{d}\boldsymbol{r} = F\mathrm{d}r\cos(\boldsymbol{F}, \mathrm{d}\boldsymbol{r}) = F\mathrm{d}s\cos\theta \tag{11-1}$$

式中，$\mathrm{d}s$为无限小弧长；θ为力$\boldsymbol{F}$与轨迹切线间的夹角。质点从M_1运动到M_2所做的功为力的元功之和，即

$$W_{12} = \int_{M_1}^{M_2} \boldsymbol{F} \cdot \mathrm{d}\boldsymbol{r} \tag{11-2}$$

在直角坐标系$Oxyz$中，$\boldsymbol{i}$，$\boldsymbol{j}$，$\boldsymbol{k}$分别为3个坐标轴的单位矢量，则

$$\boldsymbol{F} = F_x\boldsymbol{i} + F_y\boldsymbol{j} + F_z\boldsymbol{k}\text{，}\quad \mathrm{d}\boldsymbol{r} = \mathrm{d}x\boldsymbol{i} + \mathrm{d}y\boldsymbol{j} + \mathrm{d}z\boldsymbol{k}$$

将以上两式代入式(11-1)、式(11-2)得元功和功的解析表达式

$$\delta W = F_x\mathrm{d}x + F_y\mathrm{d}y + F_z\mathrm{d}z \tag{11-3}$$

$$W_{12} = \int_{M_1}^{M_2} (F_x\mathrm{d}x + F_y\mathrm{d}y + F_z\mathrm{d}z) \tag{11-4}$$

需要注意的是，一般情形下，δW并不是功函数W的全微分，故不用$\mathrm{d}W$表示，而用δW。δW仅是$\boldsymbol{F} \cdot \mathrm{d}\boldsymbol{r}$的一种记号。

在国际单位制中，功的单位为焦耳(J)。

11.1.2 几种常见力的功

1. 常力的功

质点M在大小和方向都不变的力$\boldsymbol{F}$作用下，沿直线运动的距离为s，如图 11.2 所示。由式(11-1)得，此力所做的功

$$W_{12}=\int_0^s F\cos\theta \mathrm{d}s=Fs\cos\theta \tag{11-5}$$

2. 重力的功

设质点沿曲线由M_1运动到M_2，如图 11.3 所示。重力$\boldsymbol{mg}$在直角坐标轴上的投影为

$$F_x=0，\quad F_y=0，\quad F_z=-mg$$

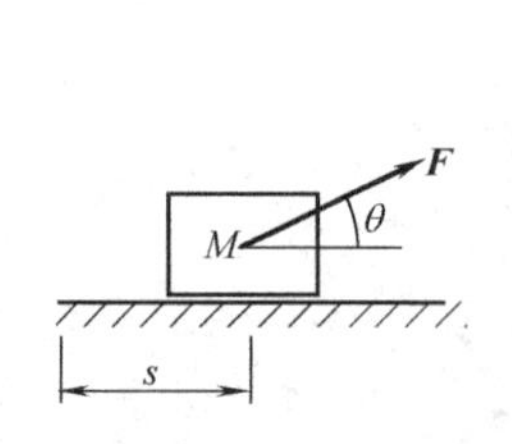

图 11.2 常力的功

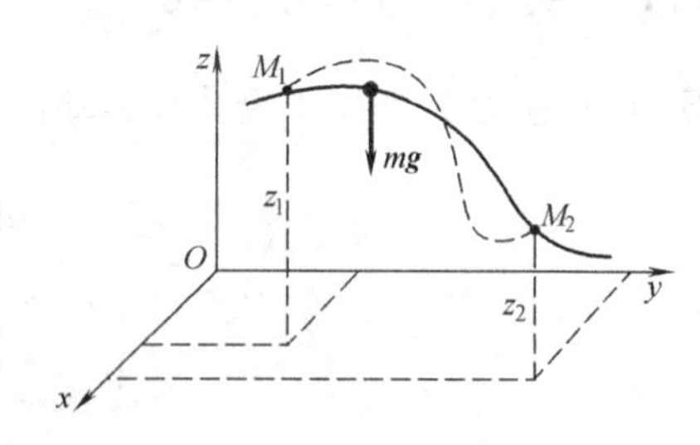

图 11.3 重力的功

由式(11-4)得，重力做功为

$$W_{12}=\int_{z_1}^{z_2}-mg\mathrm{d}z=mg(z_1-z_2) \tag{11-6}$$

可见，**重力做功仅与质点运动开始和末了位置的高度差(z_1-z_2)有关，与运动路径无关。**高度降低，重力做正功，反之做负功。

对于质点系

$$W_{12}=mg(z_{C1}-z_{C2}) \tag{11-7}$$

式中，m为质点系的总质量；$z_{C1}-z_{C2}$为质点系运动始末位置其质心的高度差。质心下降，重力做正功；反之做负功。质点系重力做功仍与质心的运动轨迹形状无关。

3. 弹性力的功

如图 11.4 所示，设弹簧原长为l_0，**刚度系数**为k，在弹性范围内，弹性力

$$\boldsymbol{F}=-k(r-l_0)\frac{\boldsymbol{r}}{r}$$

由式(11-2)得弹性力做功

$$W_{12}=\int_{r_1}^{r_2}-k(r-l_0)\frac{\boldsymbol{r}}{r}\cdot\mathrm{d}\boldsymbol{r}$$

因$\boldsymbol{r}\cdot\mathrm{d}\boldsymbol{r}=\frac{1}{2}\mathrm{d}(\boldsymbol{r}\cdot\boldsymbol{r})=\frac{1}{2}\mathrm{d}(r^2)=r\mathrm{d}r$，代入上式，有

$$W_{12}=\int_{r_1}^{r_2}-k(r-l_0)\mathrm{d}r=\frac{k}{2}[(r_1-l_0)^2-(r_2-l_0)^2]$$

或

$$W_{12}=\frac{k}{2}(\delta_1^2-\delta_2^2) \tag{11-8}$$

式(11-8)表明，**弹性力做功与路径无关，仅与弹簧的初始和末了位置的变形量有关。**

4. 定轴转动刚体上作用力的功

如图 11.5 所示，刚体以角速度 ω 绕定轴 z 转动，其上点 A 处作用力为 $\boldsymbol{F}$，力 $\boldsymbol{F}$ 在切线上的投影为

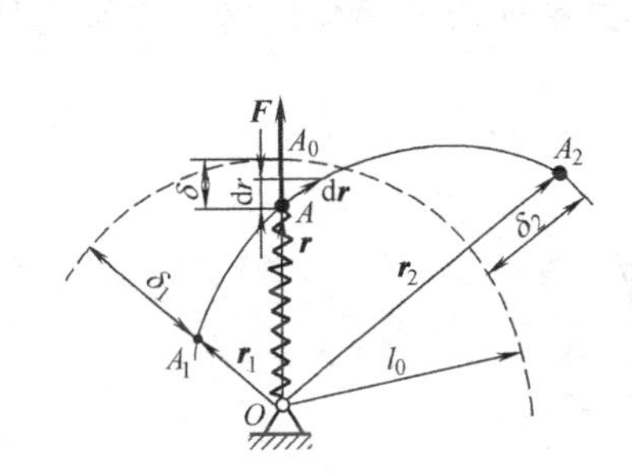

图 11.4　弹性力的功

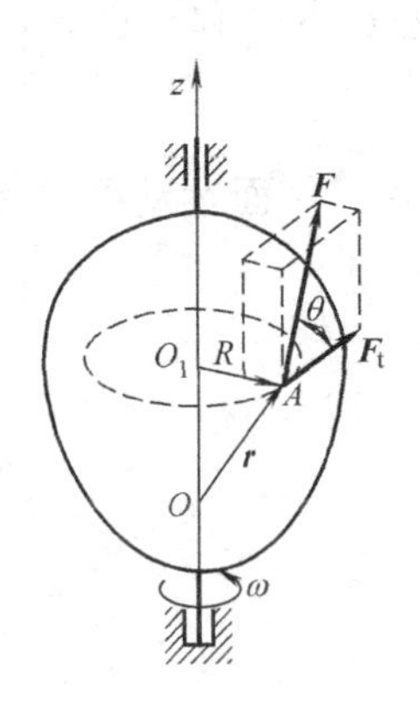

图 11.5　定轴转动刚体上作用力的功

$$F_t=F\cos\theta$$

定轴转动的转角 φ 与弧长 s 的关系为

$$\mathrm{d}s=R\mathrm{d}\varphi$$

式中，R 为力作用点 A 到转轴的垂直距离。则力 $\boldsymbol{F}$ 的元功

$$\delta W=\boldsymbol{F}\cdot\mathrm{d}\boldsymbol{r}=F_tR\mathrm{d}\varphi=M_z(\boldsymbol{F})\mathrm{d}\varphi$$

式中，$M_z(\boldsymbol{F})=F_tR$ 为力 $\boldsymbol{F}$ 对轴 z 的矩。于是刚体从角 φ_1 转到 φ_2 过程中力 $\boldsymbol{F}$ 做的功

$$W_{12}=\int_{\varphi_1}^{\varphi_2}M_z(\boldsymbol{F})\mathrm{d}\varphi \tag{11-9}$$

若定轴转动刚体上作用一力偶，其力偶矩矢为 $\boldsymbol{M}$，则 $\boldsymbol{M}$ 做的功

$$W_{12}=\int_{\varphi_1}^{\varphi_2}M_z\mathrm{d}\varphi \tag{11-10}$$

式(11-10)中，M_z 为力偶矩矢 $\boldsymbol{M}$ 在轴 z 上的投影。

*5. 平面运动刚体上力系的功

平面运动刚体上力系的功，等于刚体上所受各力做功的代数和。

设平面运动刚体上作用有多个力，取刚体的质心 C 为基点，当刚体有无限小位移时，任一力 $\boldsymbol{F}_i$ 作用点 M_i 的位移

$$\mathrm{d}\boldsymbol{r}_i=\mathrm{d}\boldsymbol{r}_C+\mathrm{d}\boldsymbol{r}_{iC}$$

其中，$\mathrm{d}\boldsymbol{r}_C$ 为质心的无限小位移，$\mathrm{d}\boldsymbol{r}_{iC}$ 为点 M_i 绕质心 C 的微小转动位移，如图 11.6 所示。

力 $\boldsymbol{F}_i$ 在点 M_i 位移上所做的元功

$$\delta W_i = \boldsymbol{F}_i \cdot \mathrm{d}\boldsymbol{r}_i = \boldsymbol{F}_i \cdot \mathrm{d}\boldsymbol{r}_C + \boldsymbol{F}_i \cdot \mathrm{d}\boldsymbol{r}_{iC}$$

设刚体无限小转角为 $\mathrm{d}\varphi$，则转动位移 $\mathrm{d}\boldsymbol{r}_{iC} \perp M_iC$，大小为 $M_iC \cdot \mathrm{d}\varphi$。因此，上式后一项

$$\boldsymbol{F}_i \cdot \mathrm{d}\boldsymbol{r}_{iC} = F_i \cos\theta \cdot M_iC \cdot \mathrm{d}\varphi = M_C(\boldsymbol{F}_i)\mathrm{d}\varphi \tag{11-11}$$

式中，θ 为力 $\boldsymbol{F}_i$ 与转动位移 $\mathrm{d}\boldsymbol{r}_{iC}$ 间的夹角，$M_C(\boldsymbol{F}_i)$ 为力 $\boldsymbol{F}_i$ 对质心之矩。

力系所有力所做元功之和为

$$\delta W = \sum \delta W_i = \sum \boldsymbol{F}_i \cdot \mathrm{d}\boldsymbol{r}_C + \sum M_C(\boldsymbol{F}_i)\mathrm{d}\varphi = \boldsymbol{F}_\mathrm{R} \cdot \mathrm{d}\boldsymbol{r}_C + M_C\mathrm{d}\varphi \tag{11-12}$$

其中，$\boldsymbol{F}_\mathrm{R}$ 为力系主矢，M_C 为力系对质心 C 的主矩。

刚体质心 C 由 C_1 移到 C_2，同时刚体又由 φ_1 转到 φ_2 时，力系做功为

$$W_{12} = \int_{C_1}^{C_2} \boldsymbol{F}_\mathrm{R} \cdot \mathrm{d}\boldsymbol{r}_C + \int_{\varphi_1}^{\varphi_2} M_C \mathrm{d}\varphi \tag{11-13}$$

式(11-13)表明，**平面运动刚体上力系做的功等于力系向质心简化所得的力和力偶做功之和**。

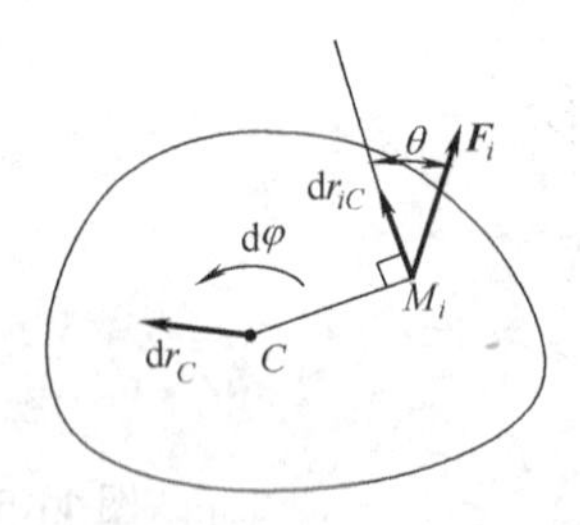

图 11.6　平面运动刚体上力系的功

*11.1.3　质点系内力的功

设质点系中两质点间的内力 $\boldsymbol{F}_A = -\boldsymbol{F}_B$，如图 11.7 所示。内力元功之和为

$$\begin{aligned}\delta W &= \boldsymbol{F}_A \cdot \mathrm{d}\boldsymbol{r}_A + \boldsymbol{F}_B \cdot \mathrm{d}\boldsymbol{r}_B = \boldsymbol{F}_A \cdot \mathrm{d}\boldsymbol{r}_A - \boldsymbol{F}_A \cdot \mathrm{d}\boldsymbol{r}_B \\ &= \boldsymbol{F}_A \cdot \mathrm{d}(\boldsymbol{r}_A - \boldsymbol{r}_B) = \boldsymbol{F}_A \cdot \mathrm{d}(-\boldsymbol{AB})\end{aligned}$$

则

$$\delta W = -F_A \mathrm{d}(AB) \tag{11-14}$$

由式(11-14)知，当质点系中质点间的距离 AB 发生变化时，内力功之和一般不等于零。如，人行走和奔跑时腿的肌肉内力做功、弹簧内力做功、发动机汽缸内气体压力做功等。

对刚体来说，任何两质点间的距离均保持不变，所以刚体的内力所做功之和恒等于零。

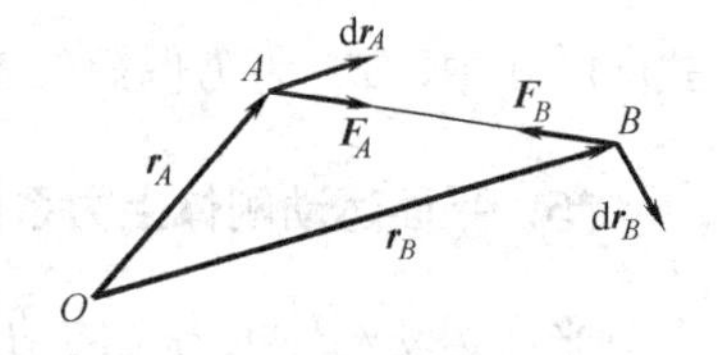

图 11.7　质点系内力的功

11.1.4　约束力的功

光滑接触面、光滑铰支座、固定端，其约束力不做功，称为**理想约束**。光滑铰链、刚

性二力杆以及不可伸长的柔性约束等作为系统内的约束时，其约束力做功之和等于零，也是理想约束。

在固定面上纯滚的圆轮，因其接触点没有相对滑动，此时静滑动摩擦力不做功。因此，不计滚动摩阻时，纯滚动的接触点也是理想约束。

应该注意的是：理想约束的约束力不做功，而质点系的内力做功之和并不一定等于零。

11.2　质点系和刚体的动能

11.2.1　质点的动能

设质点的质量为 m，速度为 $\boldsymbol{v}$，则质点的动能为

$$E_{\mathrm{k}} = \frac{1}{2}mv^2 \tag{11-15}$$

动能是一个标量，与绝对速度的大小有关，而与速度的方向无关。在国际单位制中，动能的单位为牛顿·米(N·m)。动能和动量都是表征机械运动的量。

11.2.2　质点系的动能

质点系内各质点动能之和称为质点系的动能，即

$$E_{\mathrm{k}} = \sum \frac{1}{2}m_i v_i^2 \tag{11-16}$$

刚体是由无数质点组成的特殊质点系，刚体作不同的运动，各质点的速度分布不同，故刚体的动能应按照刚体的运动形式来计算。

11.2.3　平移刚体的动能

刚体作平移时，在同一瞬时，刚体内各点的速度相同，可以质心速度 $\boldsymbol{v}_C$ 为代表，则平移刚体功能

$$E_{\mathrm{k}} = \sum \frac{1}{2}m_i v_i^2 = \frac{1}{2}v_C^2 \sum m_i = \frac{1}{2}mv_C^2 \tag{11-17}$$

式中，$m = \sum m_i$ 为刚体的质量。这表明，**刚体平移时的动能，相当于将刚体的质量集中于质心时的动能**。

11.2.4　定轴转动刚体的动能

设刚体以角速度 ω 绕定轴 z 转动，其上任一点 m_i 的速度为 $v_i = r_i\omega$，如图 11.8 所示。由式(11-16)得

$$E_{\mathrm{k}} = \sum \frac{1}{2}m_i v_i^2 = \sum \frac{1}{2}m_i(\omega r_i)^2 = \frac{1}{2}\omega^2\left(\sum m_i r_i^2\right)$$

即

$$E_k = \frac{1}{2} J_z \omega^2 \tag{11-18}$$

上式表明，**定轴转动刚体的动能，等于刚体对转轴的转动惯量与角速度平方的乘积之半**。

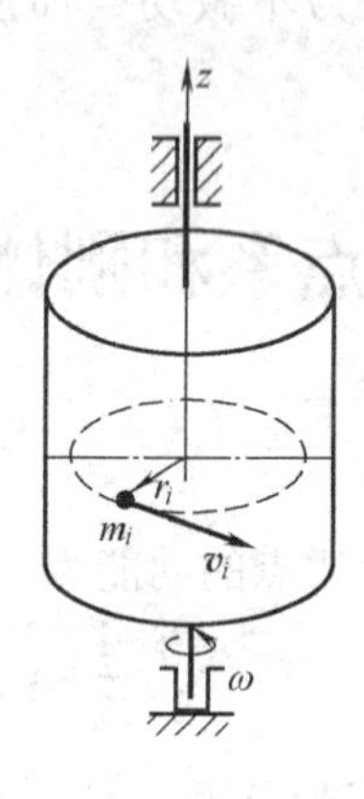

图 11.8　定轴转动刚体的动能

11.2.5　平面运动刚体的动能

刚体的平面运动可分解为随质心的平移和绕质心的相对转动，由式(11-17)、式(11-18)可得平面运动刚体的动能

$$E_k = \frac{1}{2} m v_C^2 + \frac{1}{2} J_C \omega^2 \tag{11-19}$$

式中，v_C 为刚体质心的速度；J_C 为刚体对通过质心且垂直于运动平面的轴的转动惯量。

从另一角度看，刚体作平面运动，可视为绕其速度瞬心 C^* 的瞬时转动，如图 11.9 所示。

平面运动刚体的动能又可表示为

$$E_k = \frac{1}{2} J_{C^*} \omega^2 \tag{11-20}$$

式中，J_{C^*} 为刚体对于瞬时转动轴的转动惯量。请读者自行证明式(11-19)与式(11-20)的等价关系。

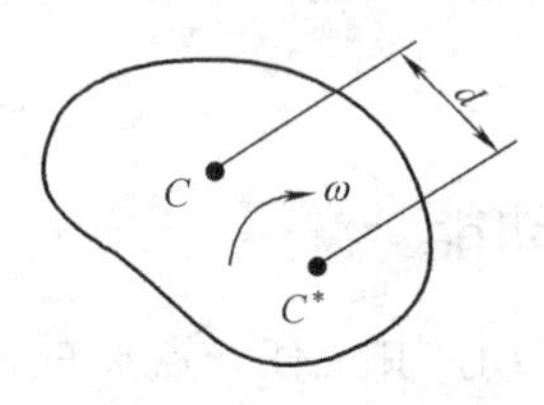

图 11.9　平面运动刚体的动能

11.3　质点系动能定理

11.3.1　质点的动能定理

质点动能的微分等于作用在质点上力(或力系)的元功，即

$$\mathrm{d}\left(\frac{1}{2}mv^2\right)=\delta W \tag{11-21}$$

式(11-21)称为**质点动能定理的微分形式**。

在某一运动过程中，质点动能的改变量等于作用于质点上的力(或力系)所做的功，即

$$\frac{1}{2}mv_2^2-\frac{1}{2}mv_1^2=W_{12} \tag{11-22}$$

这就是**质点动能定理的积分形式**。

11.3.2　质点系的动能定理

质点系内任一质点的质量为 m_i，速度为 $\boldsymbol{v}_i$，根据式(11-21)得

$$\mathrm{d}\left(\frac{1}{2}m_iv_i^2\right)=\delta W_i$$

式中，δW_i 表示作用于该质点的力 $\boldsymbol{F}_i$ 所做的元功。

设质点系有 n 个质点，对于每个质点都可列出一个如上的方程，将 n 个方程相加，得

$$\sum_{i=1}^{n}\mathrm{d}\left(\frac{1}{2}m_iv_i^2\right)=\sum_{i=1}^{n}\delta W_i$$

或

$$\mathrm{d}\left[\sum\left(\frac{1}{2}m_iv_i^2\right)\right]=\sum\delta W_i$$

式中，$\sum\left(\frac{1}{2}m_iv_i^2\right)$ 为质点系的动能，用 E_k 表示。则上式写成

$$\mathrm{d}E_\mathrm{k}=\sum\delta W_i \tag{11-23}$$

式(11-23)为**质点系动能定理的微分形式：质点系动能的微分，等于作用于质点系全部力所做的元功之和**。

对式(11-23)积分，得

$$E_{\mathrm{k}2}-E_{\mathrm{k}1}=\sum W_{i12}$$

简写为

$$E_{\mathrm{k}2}-E_{\mathrm{k}1}=W_{12} \tag{11-24}$$

式中，$E_{\mathrm{k}1}$ 和 $E_{\mathrm{k}2}$ 分别为质点系在某一运动过程中的起点和终点的动能。式(11-24)表明，**质点系在某一运动过程中，起点和终点的动能改变量，等于作用于质点系的全部力在这一过程中所做功之和**。这就是**质点系动能定理的积分形式**。

应用式(11-23)、式(11-24)需要注意的是，等号右侧的功为系统所有做功力所做功的总和，它包括外力功和内力功，并且这些力可能是主动力也可能是约束力，只有在理想约束

系统中，约束力才不做功。

【例 11-1】 均质圆轮 A，B 的质量均为 m，半径均为 R，轮 A 沿斜面作纯滚动，轮 B 作定轴转动，B 处摩擦不计。物块 C 的质量也为 m。A，B，C 用轻绳相连如图 11.10 所示，绳相对轮 B 无滑动。系统初始为静止状态。求：

(1) 当物块 C 下降高度为 h 时，轮 A 质心的速度以及轮 B 的角速度；

(2) 系统运动时，物块 C 的加速度。

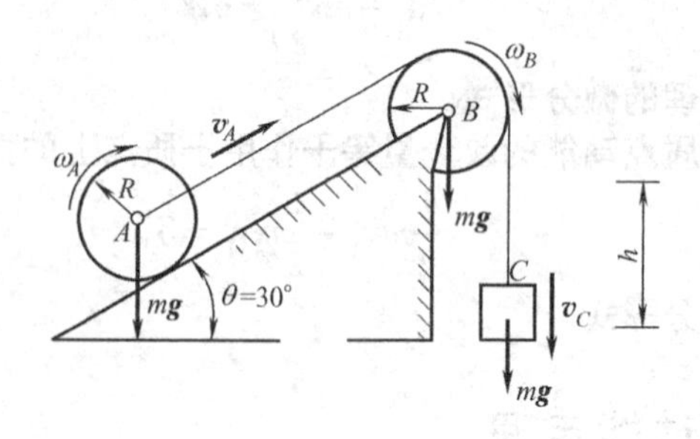

图 11.10　例 11-1 图

【分析】 整个系统为一个自由度，圆轮 A 作纯滚动，轮 B 作定轴转动，物块 C 作直线平移。求速度(角速度)、加速度(角加速度)，可取系统为对象，用动能定理求解。

【解法 1】 用动能定理的积分形式求解

(1) 求 v_A 及 ω_B

选整个系统为对象，系统做功的力有轮 A 及物块 C 的重力。设物块 C 下降 h 时速度为 v_C，则

$$v_C = \omega_B R = \omega_A R = v_A$$

系统动能

$$E_{k2} = \left(\frac{1}{2}mv_A^2 + \frac{1}{2}J_A\omega_A^2\right) + \frac{1}{2}J_B\omega_B^2 + \frac{1}{2}mv_C^2$$

$$= \frac{1}{2}mv_A^2 + \frac{1}{2}\left(\frac{1}{2}mR^2\right)\left(\frac{v_A}{R}\right)^2 + \frac{1}{2}\left(\frac{1}{2}mR^2\right)\left(\frac{v_A}{R}\right)^2 + \frac{1}{2}mv_A^2 = \frac{3}{2}mv_A^2$$

初始时系统动能

$$E_{k1} = 0$$

系统所做功为

$$W_{12} = mgh - mgh\sin 30^\circ = \frac{1}{2}mgh$$

由 $E_{k2} - E_{k1} = W_{12}$ 得

$$\frac{3}{2}mv_A^2 - 0 = \frac{1}{2}mgh$$

解得

$$v_A^2 = \frac{1}{3}gh \tag{a}$$

$$v_A = \sqrt{\frac{1}{3}gh}$$

则

$$\omega_B=\omega_A=\frac{v_A}{R}=\sqrt{\frac{gh}{3R^2}}\ (\text{顺})$$

(2)　求 a_C

视 h 为变量，对时间 t 求微分有 $\frac{\mathrm{d}h}{\mathrm{d}t}=v_C=v_A$，又因物块 C 作直线平移，故

$$a_C=\frac{\mathrm{d}v_C}{\mathrm{d}t}=\frac{\mathrm{d}v_A}{\mathrm{d}t}$$

对式(a)两边同时对时间 t 求导，得

$$2v_Aa_C=\frac{1}{3}g\cdot v_A$$

于是，物体 C 的加速度

$$a_C=\frac{g}{6}\ (\downarrow)$$

【**解法 2**】用动能定理的微分形式求解

(1)　求 v_A 及 ω_B。

设物块 C 下降 h 时，物块 C 的速度为 v_C，则

$$v_C=v_A=\omega_AR=\omega_BR$$

系统的动能

$$E_\mathrm{k}=\left(\frac{1}{2}mv_A^2+\frac{1}{2}J_A\omega_A^2\right)+\frac{1}{2}J_B\omega_B^2+\frac{1}{2}mv_C^2=\frac{3}{2}mv_C^2$$

$$\mathrm{d}E_\mathrm{k}=\mathrm{d}\left(\frac{3}{2}mv_C^2\right)$$

系统所有力的元功之和

$$\sum\delta W_i=mg\,\mathrm{d}h-mg\sin30^\circ\,\mathrm{d}h=\frac{1}{2}mg\,\mathrm{d}h$$

由

$$\mathrm{d}E_\mathrm{k}=\sum\delta W_i$$

得

$$\mathrm{d}\left(\frac{3}{2}mv_C^2\right)=\frac{1}{2}mg\,\mathrm{d}h\quad \text{或}\quad 3mv_C\,\mathrm{d}v_C=\frac{1}{2}mg\,\mathrm{d}h \tag{b}$$

因物块 C 作直线平移，故

$$\frac{\mathrm{d}h}{\mathrm{d}t}=v_C,\quad \frac{\mathrm{d}v_C}{\mathrm{d}t}=a_C$$

对式(b)两边积分，有

$$\int_0^{v_C}\mathrm{d}\left(\frac{3}{2}mv_C^2\right)=\int_0^h\frac{1}{2}mg\,\mathrm{d}h$$

则

$$v_C^2=\frac{1}{3}gh$$

即物块 C 下降 h 时，轮 A 的质心速度

$$v_A = v_C = \sqrt{\frac{1}{3}gh}$$

轮 B 的角速度

$$\omega_B = \frac{v_A}{R} = \sqrt{\frac{gh}{3R^2}}$$

(2) 求 a_C。

式(b)两边同时除以 dt，得

$$3mv_C a_C = \frac{1}{2}mgv_C$$

$$a_C = \frac{1}{6}g\ (\downarrow)$$

【讨论】

(1) 本题的关键是正确计算作平面运动的轮 A 的动能，同时注意到纯滚动轮 A 与接触面处的静滑动摩擦力不做功。

(2) 通常，求速度宜用动能定理积分形式，求加速度或建立运动微分方程宜用微分形式，或先用积分形式再求导。

(3) 动能定理只能解一个自由度问题，一般以速度或角速度为基本变量，若系统有两个自由度，需找补充方程。

11.4 功率和功率方程

11.4.1 功率

力在单位时间内所做的功，称为**功率**，用 P 表示。它是衡量机器性能的一项重要指标。功率的数学表达式为

$$P = \frac{\delta W}{\mathrm{d}t} = \frac{\boldsymbol{F}\cdot \mathrm{d}\boldsymbol{r}}{\mathrm{d}t} = \boldsymbol{F}\cdot\boldsymbol{v} = F_{\mathrm{t}}v \tag{11-25}$$

式中，$\boldsymbol{v}$ 为力 $\boldsymbol{F}$ 作用点的速度。式(11-25)表明，功率等于切向力与力作用点速度的乘积。

作用在转动刚体上的力的功率为

$$P = \frac{\delta W}{\mathrm{d}t} = M_z\frac{\mathrm{d}\varphi}{\mathrm{d}t} = M_z\omega \tag{11-26}$$

式中，M_z 为力对转轴 z 的矩；ω 为角速度。上式表明，**作用于转动刚体上的力的功率等于该力对转轴的矩与角速度的乘积。**

在国际单位制中，功率单位为焦耳/秒，称为瓦特(W)，1 W=1 J/s=1 N·m/s。

11.4.2 功率方程

由质点系动能定理的微分形式(11-23)两端除以 dt，得

$$\frac{\mathrm{d}E_{\mathrm{k}}}{\mathrm{d}t}=\sum_{i=1}^{n}\frac{\delta W_i}{\mathrm{d}t}=\sum_{i=1}^{n}P_i \tag{11-27}$$

上式称为**功率方程**，**即质点系动能对时间的一阶导数，等于作用于质点系的所有力的功率的代数和**。

功率方程常用来研究机器在工作时能量的变化和转化问题。就机器而言，应包括：**输入功率**，即作用于机器的主动力的功率；**输出功率**，也称有用功率(如机床切削工件时切削阻力的功率)；损耗功率，也称为**无用功率**(如摩擦力的功率)。输出功率和损耗功率都取负值。每部机器的功率都可分为上述三部分。在一般情况下，式(11-27)可改写为

$$\frac{\mathrm{d}E_{\mathrm{k}}}{\mathrm{d}t}=P_{输入}-P_{有用}-P_{无用} \tag{11-28}$$

或

$$P_{输入}=P_{有用}+P_{无用}+\frac{\mathrm{d}E_{\mathrm{k}}}{\mathrm{d}t} \tag{11-29}$$

上式表明，**系统的输入功率等于有用功率、无用功率及系统动能的变化率之和**。

11.4.3　机械效率

工程中，把有效功率$\left(=P_{有用}+\frac{\mathrm{d}E_{\mathrm{k}}}{\mathrm{d}t}\right)$与输入功率的比值称为机器的**机械效率**，用$\eta$表示，即

$$\eta=\frac{有效功率}{输入功率} \tag{11-30}$$

由上式可知，机械效率η表明机器对输入功率的有效利用程度，它是评定机器质量好坏的指标之一。显然$\eta<1$。

【例 11-2】车床的电动机功率$P_{输入}$=5.4 kW。传动零件之间的摩擦损耗功率占输入功率的 30%。工件的直径 d=100 mm，转速 n=42 r/min。求允许的最大切削力；若工件的转速改为n'=112 r/min，允许的最大切削力为多少？

【分析】车床在工作时能量变化和转化，可用功率方程来求解。

【解】车床的输入功率为$P_{输入}$=5.4 kW，损耗的无用功率

$$P_{无用}=P_{输入}\times 30\%=1.62\,\mathrm{kW}$$

当工件匀速转动时，动能不变，即

$$\frac{\mathrm{d}E_{\mathrm{k}}}{\mathrm{d}t}=0$$

由式(11-29)得，有用功率

$$P_{有用}=P_{输入}-P_{无用}=3.78\ \mathrm{kW}$$

设切削力为$\boldsymbol{F}$，切削速度为$\boldsymbol{v}$，则

$$P_{有用}=Fv=F\frac{d}{2}\cdot\frac{2\pi n}{60}$$

即

$$F=\frac{60}{\pi dn}P_{有用}$$

当 n=42 r/min 时，允许的最大切削力

$$F=\frac{60\,\text{s}\times3.78\,\text{kW}}{\pi\times0.1\,\text{m}\times42\,\text{r/min}}=17.2\ \text{kN}$$

当 n'=112 r/min 时，求得允许的最大切削力

$$F=6.45\ \text{kN}$$

11.5 势力场 势能 机械能守恒定律

11.5.1 势力场

若物体在空间任意位置受到一个大小、方向完全由所在位置确定的力作用，则该空间称为**力场**。如果物体在力场中运动时，物体上的力所做的功仅与力作用点的初始位置和终了位置有关，而与该点的轨迹无关，则该力场称为**势力场**，或称**保守力场**。在势力场中，物体受到的力称为**有势力或保守力**。例如，重力场、弹性力场、万有引力场等都是势力场，重力、弹性力、万有引力等都是有势力。

11.5.2 势能

在势力场中，质点从点 M 运动到任选的点 M_0，有势力所做的功称为质点在点 M 处相对于点 M_0 的势能，用 E_p 表示，即

$$E_p=\int_M^{M_0}\boldsymbol{F}\cdot\mathrm{d}\boldsymbol{r}=\int_M^{M_0}(F_x\mathrm{d}x+F_y\mathrm{d}y+F_z\mathrm{d}z) \tag{11-31}$$

点 M_0 的势能等于零，通常称它为**零势能点(零势能位置)**，势能的大小是相对于零势能位置而言的。只有指明了零势能位置时，势能才有意义。零势能点 M_0 (位置)可以任意选取，以便于计算。例如，对于常见的弹簧-质量系统，往往以静平衡位置作为零势能位置，由此得到的势能表达式更简洁、明了。

1. 重力场中的势能

重力场中，以铅垂轴为轴 z，z_0 处为零势能点，如图 11.11 所示。质点在坐标 z 处的势能 E_p 等于重力 mg 由 z 到 z_0 处所做的功，即

$$E_p=\int_z^{z_0}-mg\mathrm{d}z=mg(z-z_0) \tag{11-32}$$

2. 弹性力场中的势能

设弹簧的一端固定，另一端与物体连接，如图 11.12 所示，弹簧的刚度系数为 k，以变形量为 δ_0 处为零势能点，则变形量为 δ 处的弹性势能 E_p 为

$$E_p=\frac{k}{2}(\delta^2-\delta_0^2) \tag{11-33}$$

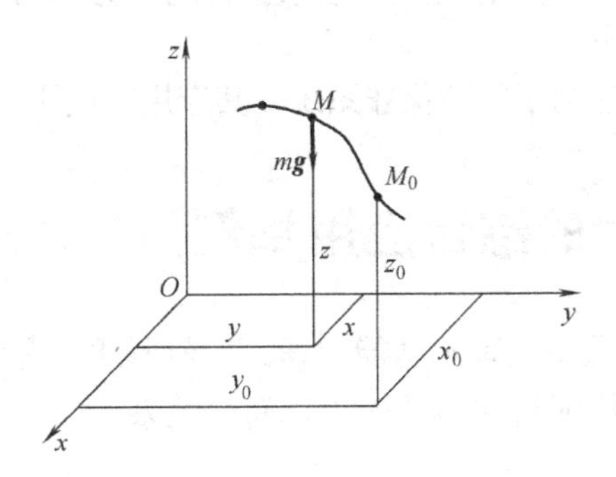

图 11.11　重力场中的势能

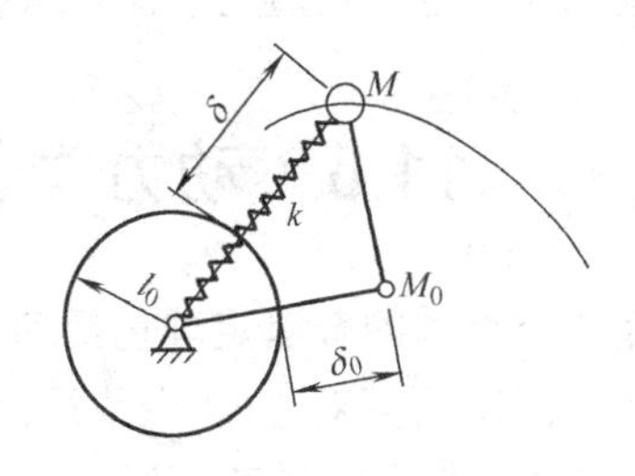

图 11.12　弹性力场中的势能

如果取弹簧的自然位置为零势能点，则有 $\delta_0 = 0$，于是式(11-33)改写为

$$E_{\mathrm{p}} = \frac{k}{2}\delta^2 \tag{11-34}$$

需要指出的是，对质点系来说，“零势能位置”应理解为组成质点系的每一个质点的零势能点的集合。例如，质点系在重力场中的零势能位置是质点系中各质点在同一时刻的 z 坐标 z_{21}，z_{20}，…，z_{n0} 的集合。因此，质点系在各质点的坐标 z 分别为 z_1，z_2，…，z_n 时的势能为

$$E_{\mathrm{p}} = \sum m_i g(z_i - z_{i0}) = mg(z_C - z_{C0}) \tag{11-35}$$

式中，m 为质点系的全部质量；z_C 为质心的坐标 z；z_{C0} 为零势能位置质心的坐标 z。

若质点系受几种有势力作用时，既可以取同一位置为系统零势能位置，也可以分别选择每种势力场的零势能位置，分别计算对应的势能，其代数和为总势能。

11.5.3　有势力的功与势能的关系

根据有势力的定义和功的概念，可得到有势力的功和势能的关系，即

$$W_{12} = E_{\mathrm{p1}} - E_{\mathrm{p2}} \tag{11-36}$$

式(11-36)表明，**有势力所做的功等于质点系在运动过程的初始和终了位置的势能差**。

11.5.4　机械能守恒定律

质点或质点系在某瞬时的动能与势能之代数和称为**机械能**。

设质点系在运动过程的初始和终了动能分别为 E_{k1} 和 E_{k2}，所受力在运动过程中所做的功为 W_{12}，根据动能定理有

$$E_{\mathrm{k2}} - E_{\mathrm{k1}} = W_{12}$$

若系统在运动中，仅有有势力做功，而有势力的功可用势能计算，即

$$E_{\mathrm{k2}} - E_{\mathrm{k1}} = W_{12} = E_{\mathrm{p1}} - E_{\mathrm{p2}}$$

则

$$E_{\mathrm{k1}} + E_{\mathrm{p1}} = E_{\mathrm{k2}} + E_{\mathrm{p2}} \tag{11-37}$$

上式就是**机械能守恒定律**的数学表达式，它表明，**作用在质点系上做功的力均为有势力时，其机械能保持不变**，此类质点系称为**保守系统**。

机械能守恒定律只适用于保守系统；动能定理则不限于保守系统，其应用范围更广。

11.6 动力学普遍定理的综合应用举例

质点和质点系的普遍定理包括动量定理、动量矩定理和动能定理。如前所述，它们从不同的侧面阐明研究对象(质点或质点系)的运动特征量和力的作用量间的关系，在求解动力学两类基本问题时，各有其特点。

动量定理(或质心运动定理)是矢量形式，它给出了动量的变化(或质心运动的变化)与外力主矢之间的关系，可用于求解质心运动或约束力。

动量矩定理建立了质点系动量矩的变化与外力主矩的关系，也是矢量形式。对于具有转动特性的质点系，可考虑使用动量矩定理或刚体平面运动微分方程求解角加速度等运动量和外力。

动能定理是代数量形式，它描述了质点系的动能的变化与力的功的关系。在很多实际问题中，理想约束力不做功，因而应用动能定理求质点系、刚体系的速度(角速度)等运动量较方便。

应用动量定理、动量矩定理时，质点系的内力不能改变系统的动量和动量矩，仅需考虑质点系所受的外力；应用动能定理时，质点系的理想约束力做功为零，但要注意有些情况下质点系的内力做功并不等于零，应具体分析。对于非理想约束的情形，应解除约束，用约束力代替，并将约束力作为主动力处理。

在求解较复杂的动力学问题时，往往需要根据问题的性质和所给的条件恰当地综合应用普遍定理。

此外，还要注意3个定理的守恒形式及相应的守恒条件。

【例 11-3】在水平面内运动的行星齿轮机构如图 11.13(a)所示。质量为m的均质曲柄AB带动均质行星齿轮Ⅱ在固定齿轮Ⅰ上纯滚动。齿轮Ⅱ的质量为m_2，半径为r_2。定齿轮Ⅰ的半径为r_1。杆与轮铰接处的摩擦力忽略不计。当曲柄受力偶矩为M的常力偶作用时，求杆的角加速度α及轮Ⅱ边缘所受切向力$\boldsymbol{F}$。

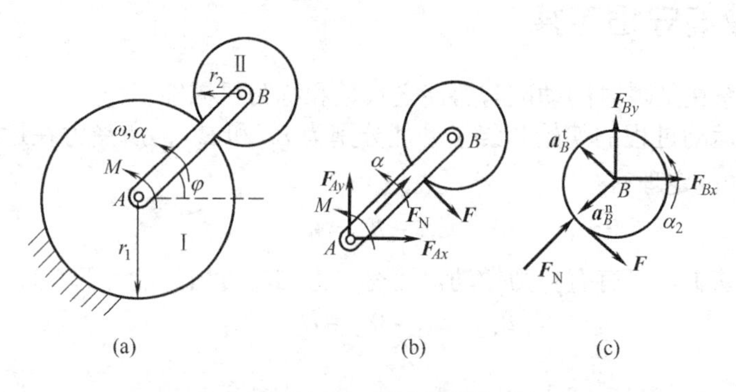

图 11.13　例 11-3 图

【分析】曲柄作定轴转动，轮Ⅱ作纯滚动。因机构在水平面内运动，故重力与铅直方向约束力相平衡(图 11-13 中未画出)。对于杆与齿轮Ⅱ组成的单自由度系统，可用动能定理求杆的角速度(角加速度)；求轮Ⅱ边缘所受的切向力 $\boldsymbol{F}$ ，可对轮Ⅱ用相对质心 B 的动量矩定理求解，这样可避开不必求的约束力。

【解】

(1) 求杆的角加速度

选杆(曲柄 AB)和轮Ⅱ组成系统为对象，系统具有一个自由度，取 φ 为广义坐标。如图 11-13(b)所示，理想约束力 $\boldsymbol{F}_{Ax},\boldsymbol{F}_{Ay},\boldsymbol{F}_{\mathrm{N}},\boldsymbol{F}$ 不做功，仅有力偶矩 M 做功，其所做元功为

$$\sum\delta W = M\,\mathrm{d}\varphi$$

系统在任意位置的动能为

$$\begin{aligned}E_{\mathrm{k}} &= \frac{1}{2}J_A\omega^2 + \left(\frac{1}{2}m_2 v_B^2 + \frac{1}{2}J_B\omega_2^2\right)\\ &= \frac{1}{2}\cdot\frac{1}{3}m(r_1+r_2)^2\omega^2 + \left[\frac{1}{2}m_2(r_1+r_2)^2\omega^2 + \frac{1}{2}\cdot\frac{1}{2}m_2 r_2^2\omega_2^2\right]\end{aligned}$$

其中 $\omega = \dot{\varphi}$ ， $\omega_2 = (r_1+r_2)\omega/r_2$ ，代入上式得

$$E_{\mathrm{k}} = \frac{1}{2}\left(\frac{1}{3}m + \frac{3}{2}m_2\right)(r_1+r_2)^2\omega^2$$

由动能定理的微分形式 $\mathrm{d}E_{\mathrm{k}} = \sum\delta W$ 得

$$\left(\frac{1}{3}m + \frac{3}{2}m_2\right)(r_1+r_2)^2\omega\,\mathrm{d}\omega = M\,\mathrm{d}\varphi$$

两边同时除以 $\mathrm{d}t$ ，得

$$\alpha = \frac{\mathrm{d}\omega}{\mathrm{d}t} = \frac{6M}{(2m+9m_2)(r_1+r_2)^2}$$

(2) 求轮Ⅱ边缘所受的切向力 $\boldsymbol{F}$

取轮Ⅱ为研究对象，水平面内的受力如图 11.13(c)所示。

由相对质心 B 的动量矩定理，得

$$\frac{1}{2}m_2 r_2^2\alpha_2 = Fr_2$$

因轮Ⅱ作纯滚，故

$$\alpha_2 = \frac{a_B^{\mathrm{t}}}{r_2} = \frac{r_1+r_2}{r_2}\alpha$$

代入上式得

$$F = \frac{3Mm_2}{(2m+9m_2)(r_1+r_2)}$$

【讨论】

(1) 注意到机构在水平面内运动，重力不做功，而轮Ⅱ作纯滚，接触处的啮合力做功等于零。

(2) 若机构在铅垂平面内运动，情况有何不同?

【例 11-4】三角柱体 ABC 质量为 m_1 ，放置于光滑水平面上。质量为 m 、半径为 r 的

均质圆柱体沿斜面 AB 向下滚动而不滑动。若斜面倾角为 θ，系统初始静止。求三角柱体的加速度。

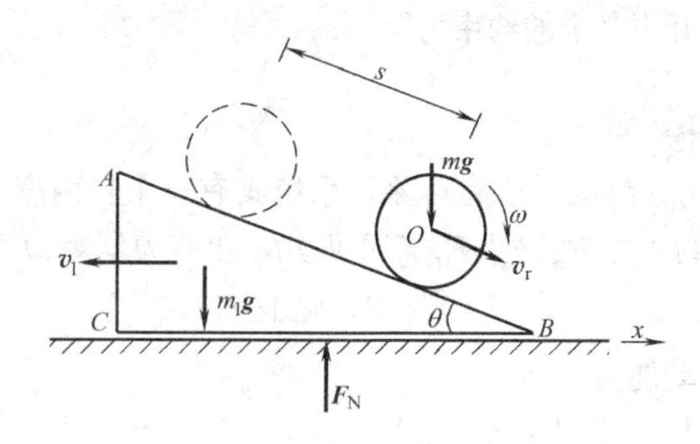

图 11.14　例 11-4 图

【分析】这是二自由度系统，圆柱相对三角柱作向下纯滚，同时三角柱沿光滑水平面向左作直线平移，三角柱与圆柱组成的系统水平方向合外力为零，故可用动能定理及水平方向动量守恒联合求解。

【解】圆柱与三角柱组成系统，受力如图。

设圆柱相对斜面向下滚动 s 时，其质心 O 相对三角柱体的速度为 $\boldsymbol{v}_r$。此时三角柱向左滑动的速度为 $\boldsymbol{v}_1$，因 $\sum F_x^e = 0$，故 $p_{x0} = p_x$。

初始系统静止时

$$p_{x0} = 0$$

圆柱下滚 s 时

$$p_x = -m_1 v_1 + m(v_r \cos\theta - v_1) = 0$$

解得

$$v_r = \frac{m_1 + m}{m\cos\theta} v_1 \tag{a}$$

初始时

$$E_{k1} = 0$$

圆柱下滚 s 时

$$E_{k2} = \frac{1}{2} m_1 v_1^2 + \frac{1}{2} m[(v_r \cos\theta - v_1)^2 + (v_r \sin\theta)^2] + \frac{1}{2} J_O \omega^2$$

式中

$$J_O = \frac{1}{2} m r^2 \text{，} \quad \omega = v_r / r$$

代入上式，得

$$E_{k_2} = \frac{1}{2} m_1 v_1^2 + \frac{1}{2} m(v_1^2 + v_r^2 - 2 v_1 v_r \cos\theta) + \frac{1}{4} m v_r^2$$

下滚 s 过程中系统做功

$$W_{12} = mgs\sin\theta$$

由动能定理 $E_{k2} - E_{k1} = W_{12}$，得

$$\frac{1}{2} m_1 v_1^2 + \frac{1}{2} m(v_1^2 + v_r^2 - 2 v_1 v_r \cos\theta) + \frac{1}{4} m v_r^2 = mgs\sin\theta \tag{b}$$

将式(a)代入式(b)，得

$$\frac{m_1+m}{4m\cos^2\theta}[3(m_1+m)-2m\cos^2\theta]v_1^2=mgs\sin\theta$$

两边同时对时间 t 求导，并考虑到

$$a=\mathrm{d}v_1/\mathrm{d}t\,,\quad \mathrm{d}s/\mathrm{d}t=v_\mathrm{r}=\frac{m_1+m}{m\cos\theta}v_1$$

求得三角柱体的加速度

$$a=\frac{mg\sin2\theta}{3m_1+m+2m\sin^2\theta}$$

【讨论】

(1) 圆柱相对斜面作无滑动的滚动(称为**相对纯滚**)，计算圆柱的动量、动能(包括动量矩)时，都必须用圆柱质心的绝对速度。

(2) 圆柱质心的绝对速度可由合成运动 $\boldsymbol{v}_\mathrm{a}=\boldsymbol{v}_\mathrm{e}+\boldsymbol{v}_\mathrm{r}$ 来求(如题中求解)，也可由平面运动的基点法来求(请读者自行完成)。

(3) 本题中圆柱的静摩擦力做功吗？系统的机械能守恒吗？

【例 11-5】均质圆盘可绕轴 O 在铅直面内转动，它的质量为 m，半径为 R。在圆盘的质心 C 上连接一刚度系数为 k 的水平弹簧，弹簧的另一端固定在点 A，$CA=2R$ 为弹簧的原长。圆盘在常力偶矩 M 作用下，由最低位置无初速度地绕轴 O 向上转动，如图 11.15 所示。求圆盘到达最高位置时，轴承 O 的约束力。

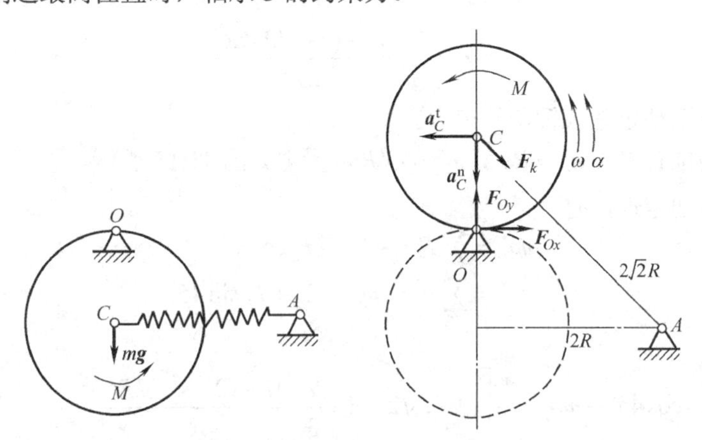

图 11.15　例 11-5 图

【分析】圆盘在铅直面内定轴转动，某位置的角速度、角加速度可由动能定理或定轴转动微分方程求得，轴承约束力可由动量定理(质心运动定理)求解。

【解】

(1) 由动能定理求角速度。

圆盘在绕轴 O 转动过程中，做功的力有 mg，M 及弹性力 F_k。设在最高位置时圆盘的角速度为 ω，角加速度为 α。

初始时

$$E_{\mathrm{k}1}=0$$

最高位置时

$$E_{k2}=\frac{1}{2}J_O\omega^2=\frac{1}{2}\left(\frac{1}{2}mR^2+mR^2\right)\omega^2=\frac{3}{4}mR^2\omega^2$$

圆盘转动过程中做功

$$W_{12}=-2mgR+\pi M+\frac{1}{2}k(\delta_1^2-\delta_2^2)$$

式中，$\delta_1=0$，$\delta_2=2\sqrt{2}R-2R$。代入上式，得

$$W_{12}=-2mgR+\pi M-2kR^2(3-2\sqrt{2})$$

由动能定理 $E_{k2}-E_{k1}=W_{12}$，得

$$\frac{3}{4}mR^2\omega^2=\pi M-2mgR-2kR^2(3-2\sqrt{2})$$

解得

$$\omega^2=\frac{4}{3}\cdot\frac{\pi M-2mgR-2kR^2(3-2\sqrt{2})}{mR^2} \tag{a}$$

(2) 由定轴转动微分方程求 α。

由 $J_O\alpha=\sum M_O(\boldsymbol{F}^e)$ 得

$$\frac{3}{2}mR^2\alpha=M-F_k\cos45^\circ R$$

式中，$F_k=2R(\sqrt{2}-1)k$，代入上式，得

$$\alpha=\frac{2}{3}\cdot\frac{M-(2-\sqrt{2})kR^2}{MR^2} \tag{b}$$

(3) 由质心运动定理求轴承约束力。

圆盘在最高位置时，$a_C^t=R\alpha$，$a_C^n=\omega^2R$，受力如图 11.15 所示。

根据质心运动定理，有

$$ma_C^t=\sum F_t=-F_{Ox}-F_k\cos45^\circ$$
$$ma_C^n=\sum F_n=mg-F_{Oy}+F_k\sin45^\circ$$

解得

$$F_{Ox}=-F_k\cos45^\circ-ma_C^t=-\left[(2-2\sqrt{2})kR+\frac{2}{3}\cdot\frac{M-(2-\sqrt{2})kR^2}{R}\right]$$

$$F_{Oy}=mg+F_k\sin45^\circ-ma_C^n=mg+(2-\sqrt{2})kR-\frac{4}{3}\cdot\frac{[\pi M-2gR-2(3-2\sqrt{2})kR^2]}{R}$$

【讨论】

(1) 能否由式(a)的 ω 求导得到 α 或由式(b)的 α 积分求得 ω？为什么？

(2) 如果在任意位置对圆盘用动能定理或定轴转动微分方程求解，会有何问题？

小　　结

1. 力的功

$$W_{12} = \int_{M_1}^{M_2} \boldsymbol{F} \cdot \mathrm{d}\boldsymbol{r} = \int_{M_1}^{M_2} (F_x \mathrm{d}x + F_y \mathrm{d}y + F_z \mathrm{d}z)$$

常力的功

$$W_{12} = Fs\cos\theta$$

重力的功

$$W_{12} = mg(z_1 - z_2)$$

质点系重力的功

$$W_{12} = mg(z_{C1} - z_{C2})$$

弹性力的功

$$W_{12} = \frac{k}{2}(\delta_1^2 - \delta_2^2)$$

定轴转动刚体上力的功

$$W_{12} = \int_{\varphi_1}^{\varphi_2} M_z(\boldsymbol{F})\mathrm{d}\varphi$$

平面运动刚体上力系的功

$$W_{12} = \int_{C_1}^{C_2} \boldsymbol{F}_{\mathrm{R}} \cdot \mathrm{d}\boldsymbol{r}_C + \int_{\varphi_1}^{\varphi_2} M_C \mathrm{d}\varphi$$

2．动能

质点的动能

$$E_{\mathrm{k}} = \frac{1}{2}mv^2$$

质点系的动能

$$E_{\mathrm{k}} = \sum \frac{1}{2}m_i v_i^2$$

平移刚体的动能

$$E_{\mathrm{k}} = \frac{1}{2}mv_C^2$$

绕定轴转动刚体的动能

$$E_{\mathrm{k}} = \frac{1}{2}J_z\omega^2$$

平面运动刚体的动能

$$E_{\mathrm{k}} = \frac{1}{2}mv_C^2 + \frac{1}{2}J_C\omega^2 = \frac{1}{2}J_{C'}\omega^2$$

3．动能定理

质点系动能定理的微分形式

$$\mathrm{d}E_{\mathrm{k}} = \sum_{i=1}^{n} \delta W_i$$

质点系动能定理的积分形式

$$E_{k2}-E_{k1}=W_{12}$$

4．功率和功率方程

功率

$$P=\frac{\delta W}{\mathrm{d}t}=\boldsymbol{F}\cdot\boldsymbol{v}\text{，}\quad P=M_z\omega\ (\text{力矩的功率})$$

功率方程

$$\frac{\mathrm{d}E_k}{\mathrm{d}t}=P_{\text{输入}}-P_{\text{有用}}-P_{\text{无用}}$$

机械效率

$$\eta=\frac{\text{有效功率}}{\text{输入功率}}$$

$$\text{有效功率}=P_{\text{有用}}+\frac{\mathrm{d}E_k}{\mathrm{d}t}$$

5．势能和机械能守恒

势能

$$E_p=\int_M^{M_0}\boldsymbol{F}\cdot\mathrm{d}\boldsymbol{r}=\int_M^{M_0}(F_x\mathrm{d}x+F_y\mathrm{d}y+F_z\mathrm{d}z)$$

重力场中的势能

$$E_p=mg(z-z_0)$$

质点系在重力场中的势能

$$E_p=mg(z_C-z_{C0})$$

弹性力场中的势能

$$E_p=\frac{k}{2}(\delta^2-\delta_0^2)$$

有势力的功与势能关系

$$W_{12}=E_{p1}-E_{p2}$$

机械能守恒

$$E_{k1}+E_{p1}=E_{k2}+E_{p2}=\text{常值}$$

思 考 题

11-1 动能定理直接涉及的只是力、位移、速度，并未直接涉及加速度，若用动能定理求得的速度求加速度应注意什么问题？

11-2 自行车加速前进时，地面对作纯滚动的后轮的摩擦力向前，故此力做正功，对吗？

***11-3** 人开始走动或起跑时，什么力使人的质心加速运动？什么力使人的动能增加？产生加速度的力一定做功吗？

11-4 圆盘在粗糙地面上作纯滚动，滚动阻力偶是否做功？若圆盘在地面上连滚带滑地前进，动滑动摩擦力是否做功？

11-5 甲将弹簧由原长拉伸 0.03 m，乙继甲之后再将弹簧继续拉伸 0.02 m。问甲、乙两人谁做的功多些？

11-6 跳高运动员在跳起后，具有动能和势能，问：

(1) 这些能量是由于地面对人脚的作用力做功而产生的吗？

(2) 是什么力使跳高运动员的质心向上运动的？

11-7 花样滑冰运动员，在旋转时两手臂起初张开，然后又收缩回来，从而使旋转加快。设冰面无摩擦，在这一过程中人的动量矩守恒。问：

(1) 运动员的动能在这一过程中将怎样变化？

(2) 如果动能变化，必须做功，这个功是哪里来的？

11-8 两个均质圆盘质量相同，A 盘半径为 R，B 盘半径为 r，且 $R>r$。两盘由同一时刻，从同一高度无初速地沿完全相同的斜面在重力作用下向下作纯滚动。问：

(1) 哪个圆盘先到达底部？

(2) 到达底部瞬时，动量、动能、圆盘对质心的动量矩分别为哪个较大？

11-9 图示为两个完全相同的均质矩形薄板，悬挂在水平的天花板下，处于铅直平面内。图(a)用两根等长的细绳悬挂，图(b)用两根完全相同的弹簧悬挂，均处于平衡状态。现同时将两图中 B 端的绳索及弹簧突然剪断。不经计算，回答下面问题(在刚剪断的瞬时)：

(1) 哪个图中矩形板质心加速度较大？

(2) 哪个图中矩形的角加速度较大？

11-10 一均质圆柱在粗糙的水平面上向右做纯滚动，不计滚动阻力偶，除重力外不受任何主动力作用。现作如下分析。

(1) 由于圆柱作纯滚动，因此必有一摩擦力沿水平方向向左(与圆柱运动方向相反)作用于圆柱，其受力分析如图所示。由刚体平面运动微分方程知，摩擦力 $\boldsymbol{F}_s$ 将使圆柱质心有向左的加速度，这将使圆柱越转越慢。

(2) 由于摩擦力方向向左，其对质心的力矩使圆柱产生绕质心顺时针方向的角加速度，该角加速度使圆柱向右越转越快。

以上两个分析是矛盾的。怎样解释？圆柱到底将如何运动？

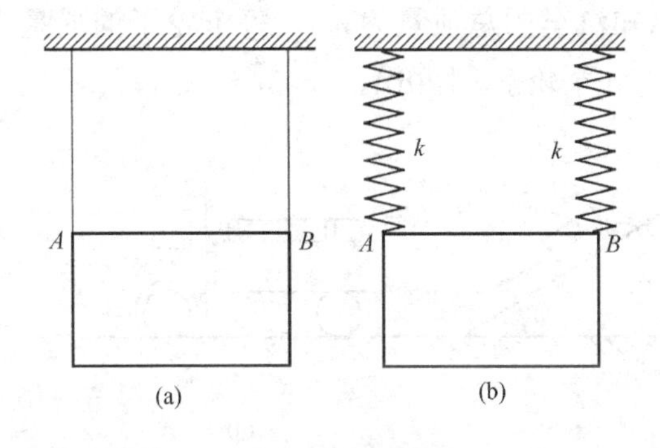

思考题 11-9 图

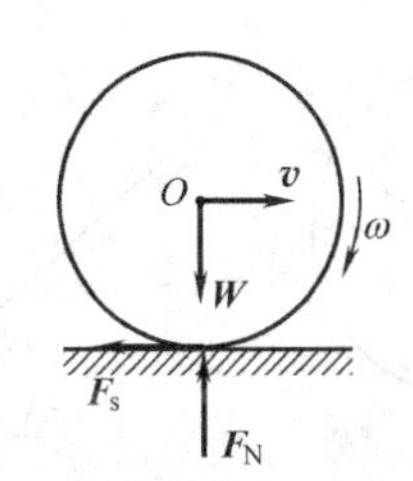

思考题 11-10 图

习　题

11-1 一刚度系数为 k 的弹簧，放在倾角为 θ 的斜面上。弹簧的上端固定，下端与质量为 m 的物块 A 相连，图示为其平衡位置。若重物 A 从平衡位置沿斜面向下移动了距离 s，不计摩擦力，求作用于重物 A 上所有力的功的总和。

11-2 圆盘的半径 $r=0.5$ m，可绕水平轴 O 转动。在绕过圆盘的绳上吊有两物块 A，B，质量分别为 $m_A=3$ kg，$m_B=2$ kg。绳与盘之间无相对滑动。在圆盘上作用一力偶，其力偶矩按 $M=4\varphi$ N·m 的规律变化(φ 以 rad 计)。求由 φ=0 到 φ=2π时，力偶 M 与物块 A，B 的重力所做的功之总和。

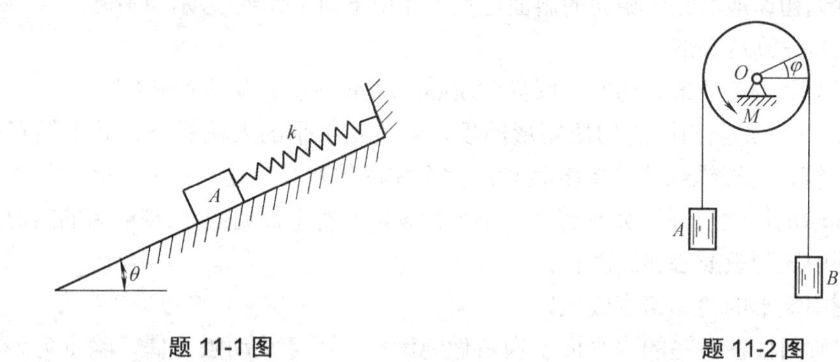

题 11-1 图　　　　题 11-2 图

11-3 计算图示各系统的动能。

(1) 偏心圆轮的质量为 m，偏心距 $OC=e$，对质心的回转半径为 ρ_C，绕轴 O 以角速度 ω_O 转动(图(a))。

(2) 长为 l、质量为 m 的匀质杆，其下部固结半径为 r、质量为 m 的匀质圆盘。杆绕轴 O 以角速度 ω_O 转动(图(b))。

(3) 滑块 A 沿水平面以速度 $\boldsymbol{v}_1$ 移动，重块 B 沿滑块 A 的斜面以相对速度 $\boldsymbol{v}_2$ 下滑，已知滑块 A 的质量为 m_1，重块 B 的质量为 m_2 (图(c))。

(4) 汽车以速度 $\boldsymbol{v}_0$ 沿平直道路行驶，已知汽车的总质量为 m'，每个轮子的质量为 m，半径为 R，轮子可近似视为匀质圆盘(共有 4 个轮子，图(d))。

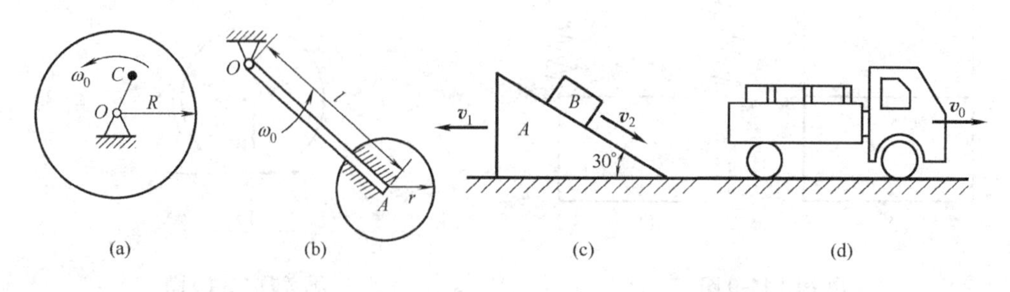

题 11-3 图

11-4 用跨过滑轮的绳子牵引质量为 2 kg 的滑块 A 沿倾角为 30° 的光滑斜槽运动。设绳

子拉力 $F=20\text{ N}$，计算滑块由位置 A 至位置 B 时，重力与拉力 F 所做的总功。

11-5 图示滑块 A 质量为 m_1，可在滑道内滑动，与滑块 A 用铰链连接的是质量为 m_2、长为 l 的匀质杆 AB。现已知滑块沿滑道的速度为 $\boldsymbol{v}_1$，杆 AB 的角速度为 ω_1。求当杆与铅垂线的夹角为 φ 时系统的动能。

11-6 质量为 m_1、半径为 r 的齿轮Ⅱ与半径为 $R=3r$ 的固定内齿轮Ⅰ相啮合。齿轮Ⅱ通过匀质的曲柄 OC 带动而运动，曲柄的质量为 m_2，角速度为 ω，齿轮可视为匀质圆盘。求行星齿轮机构的动能。

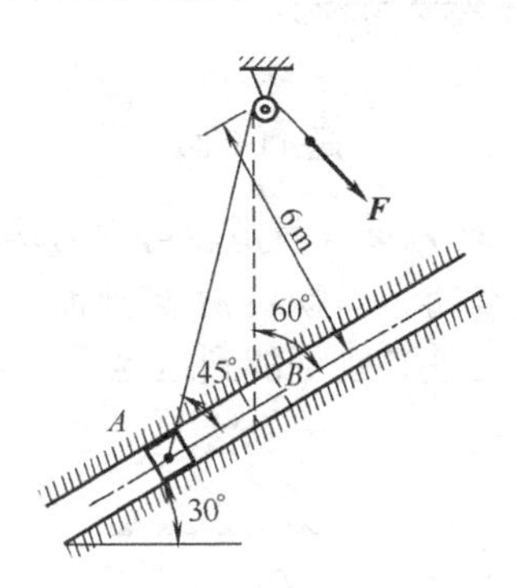

题 11-4 图

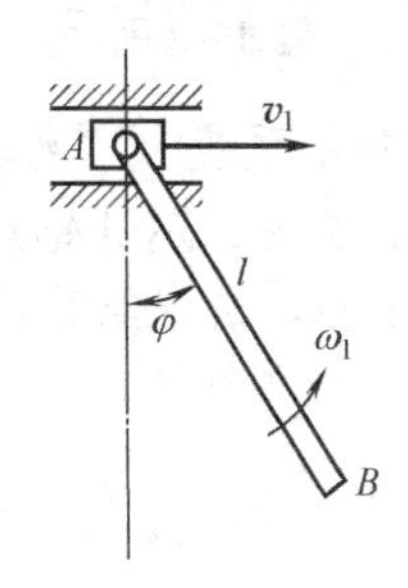

题 11-5 图

11-7 图示椭圆规尺在水平面内由曲柄带动，设曲柄和椭圆规尺都是均质细杆，其质量分别为 m_1 和 $2m_1$，且 $OC=AC=BC=l$，滑块 A 和 B 的质量都等于 m_2。如作用在曲柄上的力偶矩为 M，不计摩擦，求曲柄的角加速度。

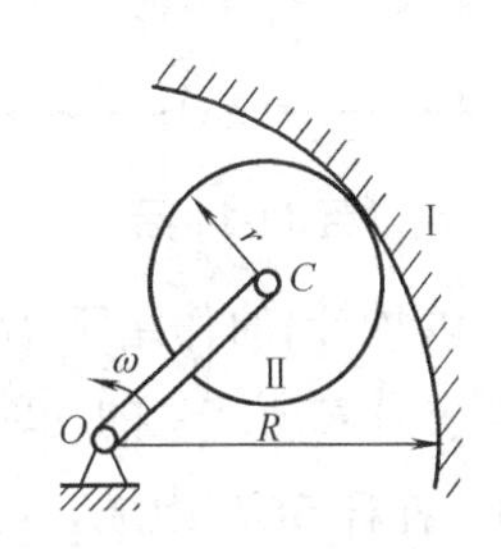

题 11-6 图

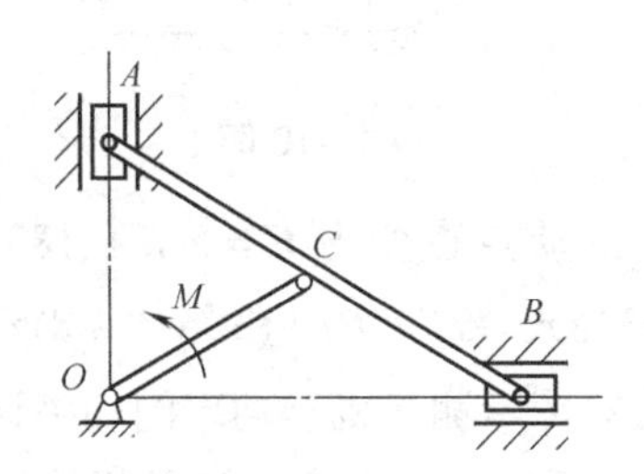

题 11-7 图

11-8 平面机构由两匀质杆 AB，BO 组成，两杆的质量均为 m，长度均为 l，在铅垂平面内运动。在杆 AB 上作用一不变的力偶矩 M，从图示位置由静止开始运动，不计摩擦。求当杆端 A 即将碰到铰支座 O 时杆端 A 的速度。

11-9 均质连杆 AB 质量为 4 kg，长 $l=600\text{ mm}$。均质圆盘质量为 6 kg，半径 $r=100\text{ mm}$。弹簧的刚度系数为 $k=2\text{ N/mm}$，不计套筒 A 及弹簧的质量。若连杆在图示位置被无初速释放后，A 端沿光滑杆滑下，圆盘做纯滚动。求：(1)当 AB 达水平位置而接触弹簧时，圆盘与连杆的角速度；(2)弹簧的最大压缩量 δ。

11-10 均质细杆 AB 长 l，质量为 m_1，上端 B 靠在光滑的墙上，下端 A 以铰链与均质圆柱的中心相连。圆柱质量为 m_2，半径为 R，放在粗糙水平面上，自图示位置由静止开始滚动而不滑动，杆与水平线的交角 $\theta=45°$。求点 A 在初瞬时的加速度。

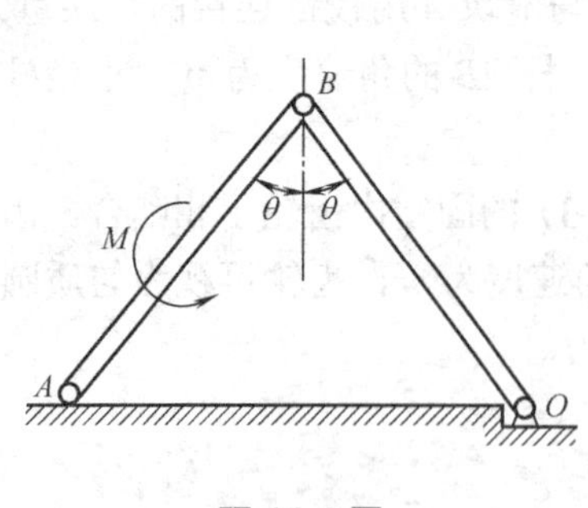

题 11-8 图

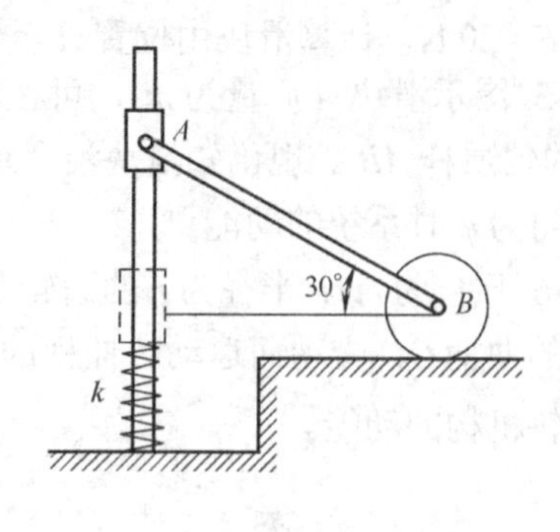

题 11-9 图

11-11 在图示系统中，物块 M 和滑轮 A,B 的质量均为 m，且滑轮可视为均质圆盘，弹簧的刚度系数为 k，不计轴承摩擦，绳与轮之间无滑动。当物块 M 离地面的距离为 h 时，系统处于平衡。现在给物块 M 以向下的初速度 v_0，使它刚好能到达地面，求物块 M 的初速度 v_0。

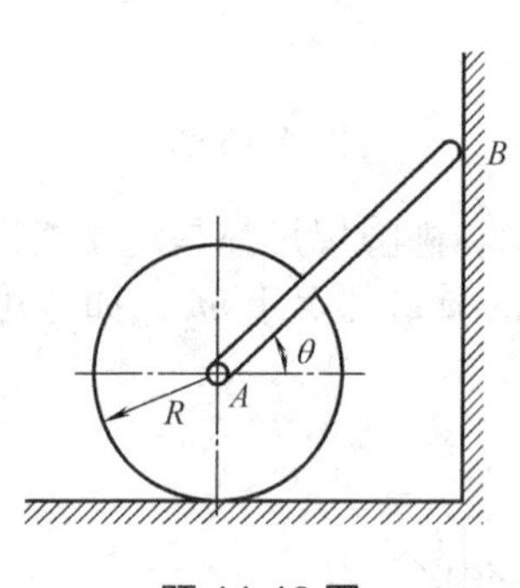

题 11-10 图

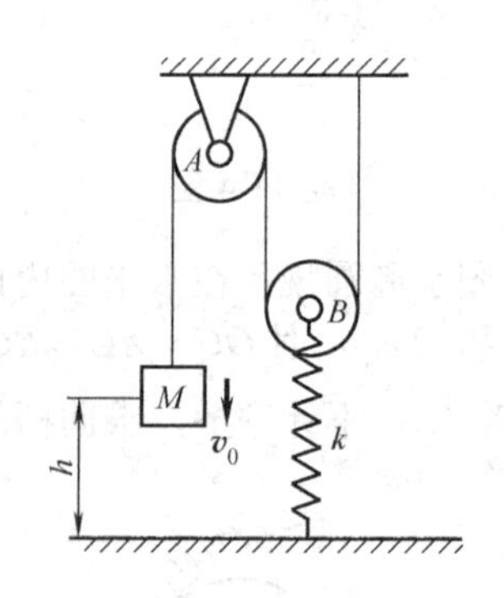

题 11-11 图

11-12 质点在变力 $\boldsymbol{F}=60t\boldsymbol{i}+(180t^2-10)\boldsymbol{j}-120\boldsymbol{k}$ N (t 以秒计)的作用下沿空间曲线运动，其矢径 $\boldsymbol{r}=(2t^3+t)\boldsymbol{i}+(3t^4-t^2+8)\boldsymbol{j}-12t^2\boldsymbol{k}$ (单位为 m)。求力 $\boldsymbol{F}$ 所产生的功率。

11-13 图示测量机器功率的功率计，由皮带 $ACDB$ 和一杠杆 BOF 组成。皮带具有铅垂的两段 AC 和 DB，并套住试验机器和滑轮 E 的下半部，杠杆则以刀口搁在支点 O 上，借升高或降低支点 O，可以变更皮带的拉力，同时变更皮带与滑轮间的摩擦力。在 F 处挂一重锤重 $\boldsymbol{W}$，杠杆 BF 即可处于水平平衡位置。若用来平衡皮带拉力的重锤质量 $m=3\,\text{kg}$，$l=500\,\text{mm}$，求发动机的转速 $n=240$ r/min 时的功率。

11-14 图示圆盘和滑块的质量均为 m，圆盘的半径为 r 且可视为匀质。杆 OA 平行于斜面，质量不计。斜面的倾斜角为 θ，圆盘、滑块与斜面间的摩擦因数均为 f，圆盘在斜面上作无滑动滚动。求滑块的加速度和杆的内力。

11-15 图示两个相同的滑轮，均视为匀质圆盘，质量均为 m，半径均为 R，用绳缠绕连接。若系统由静止开始运动，求动滑轮质心 C 的速度 $\boldsymbol{v}_C$ 与下降距离 h 的关系，并确定 AB 段绳子的张力(开始时轮心 C 与轮心 O 在同一水平线)。

11-16 均质细杆 OA 可绕水平轴 O 转动，另一端铰接一均质圆盘，圆盘可绕铰 A 在铅直面内自由旋转，如图所示。已知杆 OA 长 l，质量为 m_1；圆盘半径为 R，质量为 m_2。摩擦不计，初始时杆 OA 水平，杆和圆盘静止。求杆与水平线成 θ 角的瞬时，杆的角速度和角加速度。

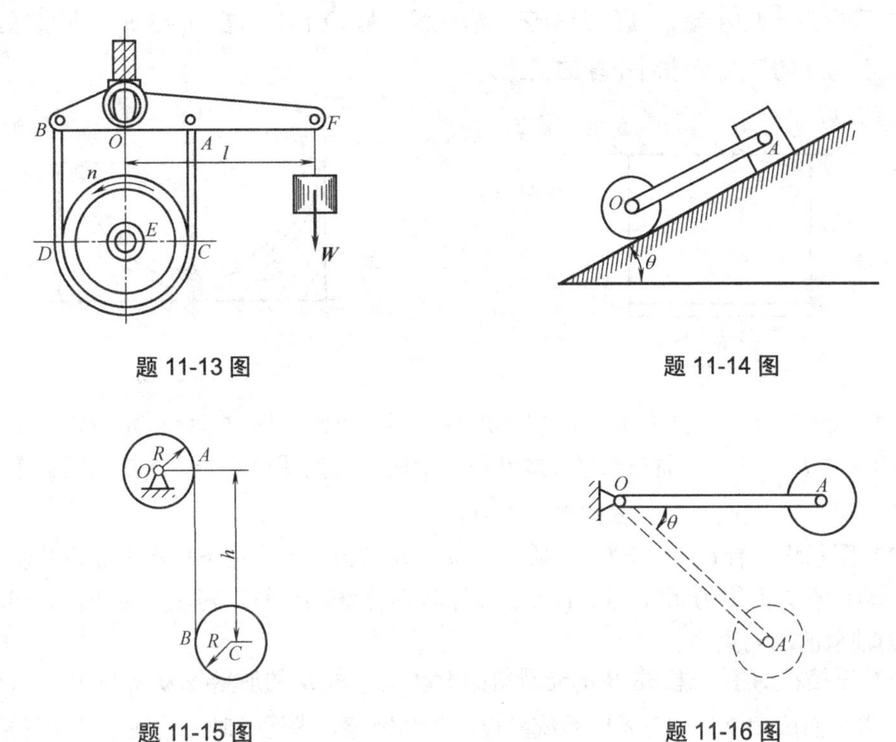

题 11-13 图　　题 11-14 图

题 11-15 图　　题 11-16 图

11-17 图示正方形均质板的质量为 40 kg，在铅直平面内以三根软绳拉住，板的边长 $b=100$ mm。求：(1)当软绳 FG 剪断后，木板开始运动的加速度以及 AD 和 BE 两绳的张力；(2)当 AD 和 BE 两绳位于铅直位置时，板中心 C 的加速度和两绳的张力。

11-18 图示圆环以角速度 ω 绕铅直轴 AC 自由转动。此圆环半径为 R，对轴的转动惯量为 J。在圆环中的点 A 处放一质量为 m 的小球。设由于微小的干扰小球离开点 A，小球与圆环间的摩擦忽略不计。求当小球到达点 B 和点 C 时，圆环的角速度和小球的相对速度。

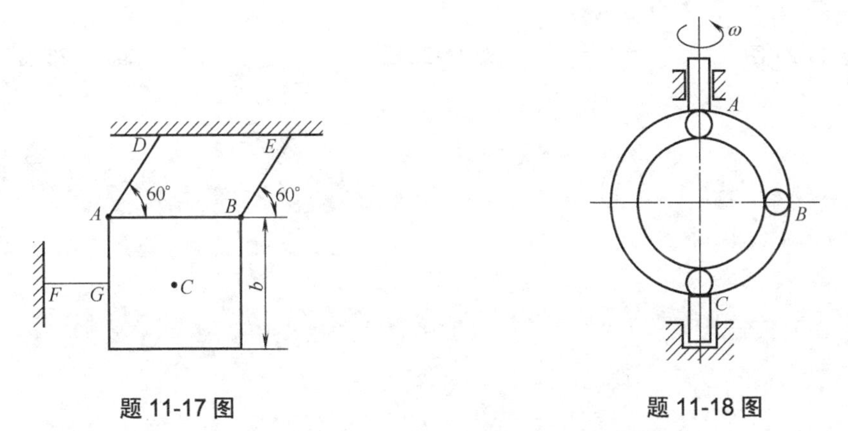

题 11-17 图　　题 11-18 图

11-19 图示均质棒 AB 的质量为 $m=4$ kg，其两端悬挂在两条平行绳上，棒处在水平位

置。设其中一绳突然断了，求此瞬时另一绳的张力F_T。

11-20 质量为m_0的物体上刻有半径为r的半圆槽，放在光滑水平面上，原处于静止状态。有一质量为m的小球自A处无初速地沿光滑半圆槽下滑。若$m_0=3m$，求小球滑到B处时相对于物体的速度及槽对小球的正压力。

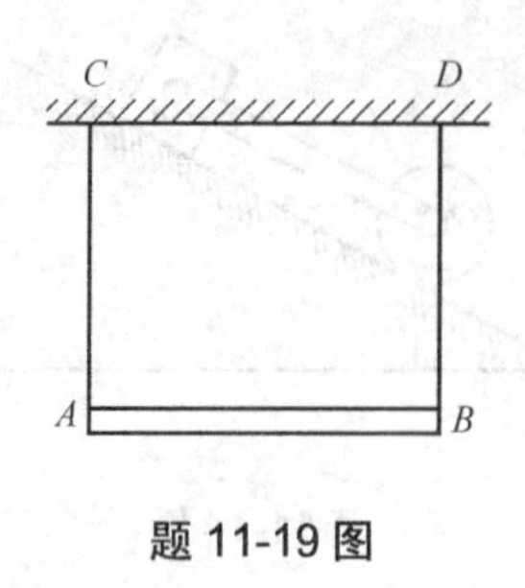

题 11-19 图

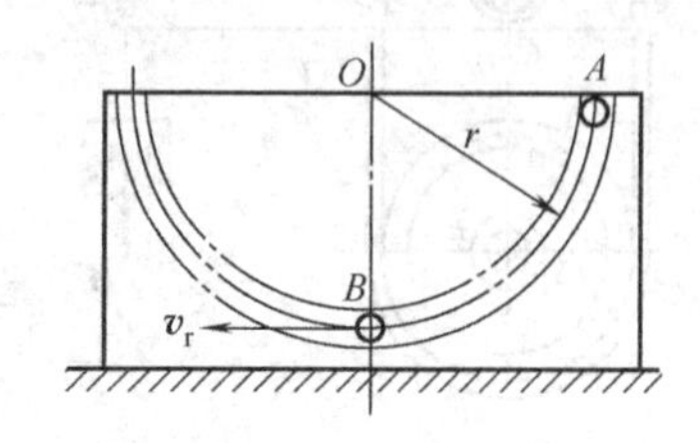

题 11-20 图

11-21 图示物体A质量为m_1，沿楔状物D的斜面下滑，同时借绕过定滑轮C的绳使质量为m_2的物体B上升。斜面与水平面成θ角，滑轮和绳的质量及一切摩擦均略去不计。求楔状物D作用于地面凸出部分E的水平压力。

11-22 图示均质杆OA，长为l，质量为m，在常力偶的作用下在水平面内从静止开始绕轴z转动，设力偶矩为M。求：(1)经过时间t后系统的动量、对轴z的动量矩和动能的变化；(2)轴承的动约束力。

11-23 三棱柱A沿三棱柱B的光滑斜面滑动，A和B的质量各为m_1与m_2，三棱柱B的斜面与水平面成角θ。如开始时系统静止，忽略摩擦，求运动时三棱柱B的加速度。

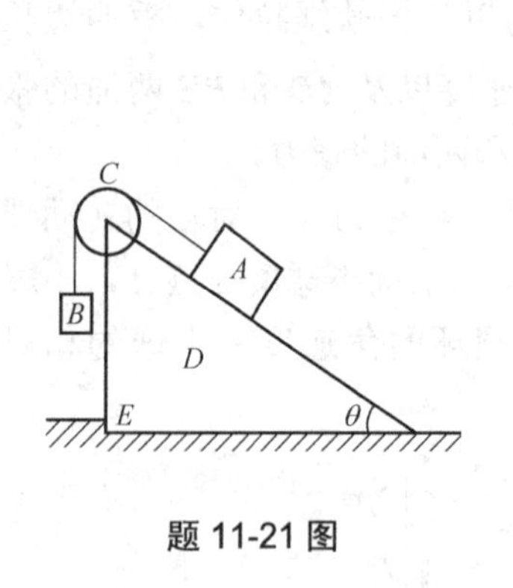

题 11-21 图

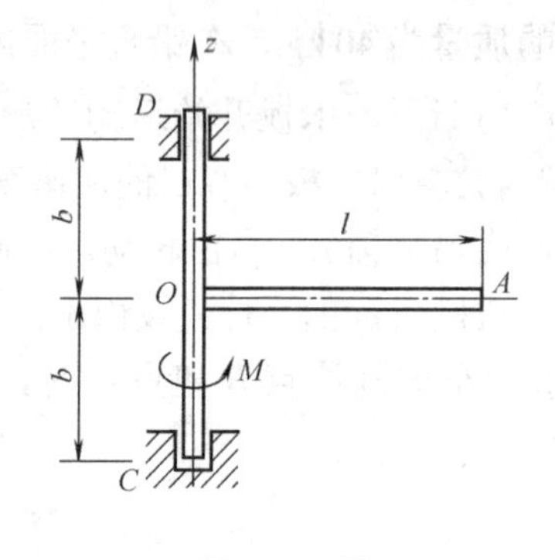

题 11-22 图

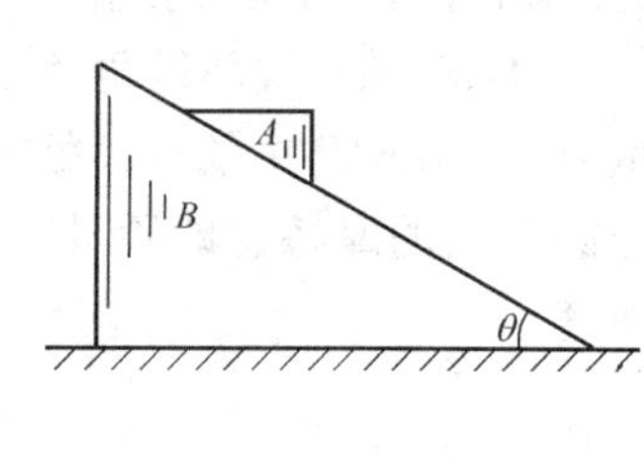

题 11-23 图

第 12 章　达朗贝尔原理

达朗贝尔原理是通过虚加惯性力系将动力学问题形式上化为静力学问题来求解的一种方法，故又称**动静法**。

12.1　达朗贝尔原理

12.1.1　质点的达朗贝尔原理

质量为 m 的非自由质点 M，在主动力 $\boldsymbol{F}$ 和约束力 $\boldsymbol{F}_N$ 的作用下，沿某一曲线运动，加速度为 $\boldsymbol{a}$，如图 12.1 所示。由牛顿第二定律知

$$m\boldsymbol{a} = \boldsymbol{F} + \boldsymbol{F}_N$$

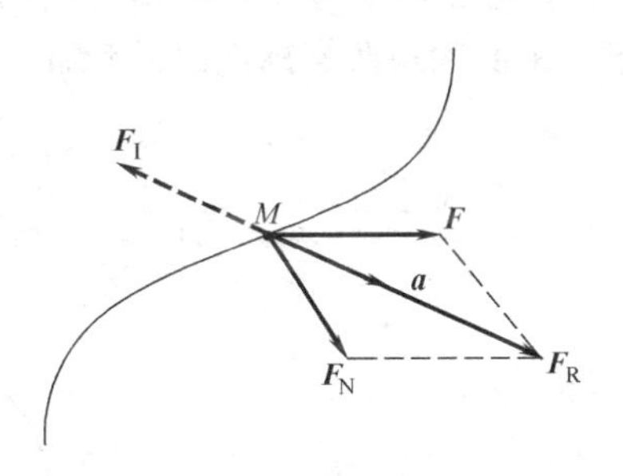

图 12.1　达朗贝尔原理

上式移项后改写为

$$\boldsymbol{F} + \boldsymbol{F}_N - m\boldsymbol{a} = \boldsymbol{0}$$

令

$$\boldsymbol{F}_I = -m\boldsymbol{a} \tag{12-1}$$

则

$$\boldsymbol{F} + \boldsymbol{F}_N + \boldsymbol{F}_I = 0 \tag{12-2}$$

式(12-2)形式上是汇交平衡力系的表达式。$\boldsymbol{F}_I$ 称为质点的**惯性力**，它与加速度的方向相反，大小等于质量与加速度的乘积。即作用在质点上的主动力、约束力和惯性力在形式上组成了平衡力系，这就是质点的**达朗贝尔原理**。

达朗贝尔原理实质上是用静力学研究平衡问题的方法来研究动力学问题，因此又称为**动静法**。

注意：质点系并非处于平衡状态，只是虚加了一个惯性力后在形式上组成了平衡力系。

【例 12-1】质量为 m 的小球，以匀角速度绕铅垂线回转，如图 12.2 所示。绳长 l，绳

与铅垂线成θ角，求绳中的拉力和小球的速度。

【分析】以小球M为研究对象，小球在水平面内作以点O为圆心的匀速圆周运动，切向加速度为零，法向加速度为$a_n=\dfrac{v^2}{l\sin\theta}$。小球在重力$\boldsymbol{mg}$、约束力$\boldsymbol{F}_T$、法向惯性力$\boldsymbol{F}_I^n=-m\dfrac{v^2}{l\sin\theta}\boldsymbol{n}$的作用下，形式上构成了一个平衡力系。

【解】取自然坐标系，如图12.2所示，列动平衡方程

$$\sum F_b=0,\quad F_T\cos\ \theta-mg=0$$

$$F_T=mg/\cos\ \theta$$

$$\sum F_n=0,\quad F_T\sin\theta-F_I^n=0$$

即

$$\frac{mg}{\cos\ \theta}\sin\ \theta-m\frac{v^2}{l\sin\ \theta}=0$$

解得

$$v=\sqrt{gl\sin^2\theta/\cos\theta}$$

【例 12-2】在半径为R的光滑球顶上放一小物块，如图12.3所示。设物块沿铅垂面内的大圆自球面顶点静止滑下，求此物块脱离球面时的角φ。

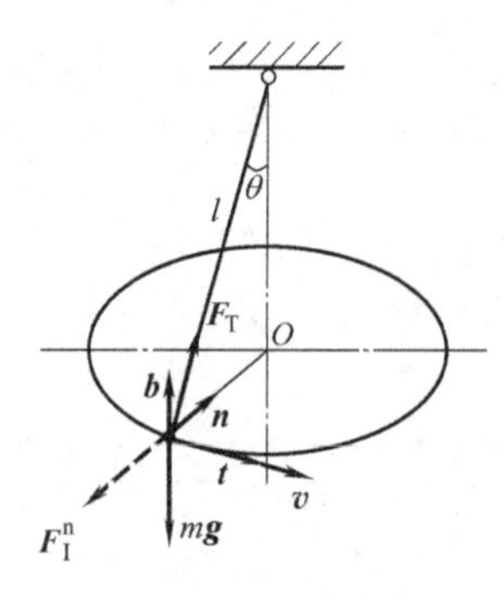

图12.2　例12-1图

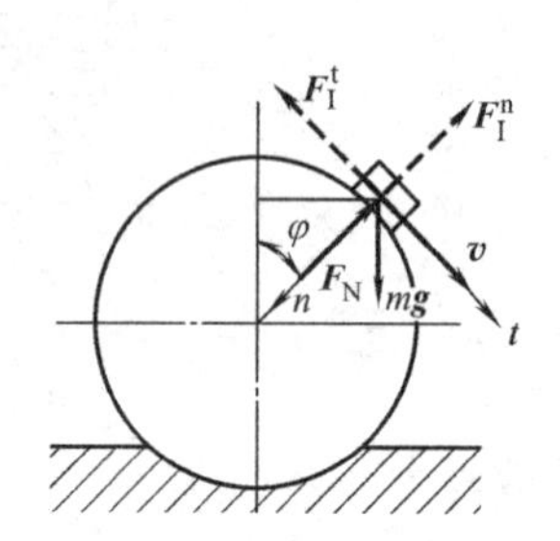

图12.3　例12-2图

【分析】以物块为研究对象，在任一瞬时，物块的位置以角φ表示，其所受力有重力$\boldsymbol{mg}$，球面的约束力$\boldsymbol{F}_N$、切向惯性力$\boldsymbol{F}_I^t=-m\dfrac{dv}{dt}\boldsymbol{\tau}$、法向惯性力$\boldsymbol{F}_I^n=-m\dfrac{v^2}{R}\boldsymbol{n}$，这些力形式上构成平衡力系。

【解】取自然坐标系，列动平衡方程

$$\sum F_t=0,\ \ mg\sin\ \varphi-m\frac{dv}{dt}=0 \tag{a}$$

$$\sum F_n=0,\ \ mg\cos\ \varphi-F_N-m\frac{v^2}{R}=0 \tag{b}$$

因

$$\frac{dv}{dt}=\frac{dv}{ds}\cdot\frac{ds}{dt}=v\frac{dv}{ds},\quad ds=Rd\varphi$$

故式(a)可改写为

$$g\sin\varphi = v\frac{\mathrm{d}v}{R\mathrm{d}\varphi}$$

积分得

$$\int_0^{\varphi} gR\sin\varphi \mathrm{d}\varphi = \int_0^{v} v\mathrm{d}v$$

即

$$v^2 = 2gR(1-\cos\varphi)$$

代入式(b)得

$$F_{\mathrm{N}} = mg(3\cos\varphi - 2)$$

物块脱离球面时

$$F_{\mathrm{N}} = 0$$

此时

$$\cos\varphi = \frac{2}{3}, \quad \varphi = 48^{\circ}11'$$

【讨论】不用式(a)，直接用动能定理，更容易得到

$$v^2 = 2gR(1-\cos\varphi)$$

再利用式(b)，同样可求得本题的解。

12.1.2 质点系的达朗贝尔原理

设有 n 个质点组成的质点系，其中任一质点 M_i 的质量为 m_i，加速度为 $\boldsymbol{a}_i$，该质点的惯性力为 $\boldsymbol{F}_{\mathrm{I}i} = -m_i\boldsymbol{a}_i$。作用于该质点的主动力为 $\boldsymbol{F}_i$，约束力为 $\boldsymbol{F}_{\mathrm{N}i}$。应用质点达朗贝尔原理，对每个质点列出平衡方程，得到方程组

$$\boldsymbol{F}_i + \boldsymbol{F}_{\mathrm{N}i} + \boldsymbol{F}_{\mathrm{I}i} = \boldsymbol{0} \qquad (i = 1, 2, \cdots, n) \tag{12-3}$$

上式表明，质点系中每个质点上作用的主动力、约束力和惯性力在形式上组成了平衡力系，这就是质点系的**达朗贝尔原理**。

若将作用于任一质点 M_i 上的所有力(包括主动力 $\boldsymbol{F}_i$ 和约束力 $\boldsymbol{F}_{\mathrm{N}i}$)区分为内力 $\boldsymbol{F}_i^{\mathrm{i}}$ 和外力 $\boldsymbol{F}_i^{\mathrm{e}}$，则式(12-3)可改写为

$$\boldsymbol{F}_i^{\mathrm{e}} + \boldsymbol{F}_i^{\mathrm{i}} + \boldsymbol{F}_{\mathrm{I}i} = \boldsymbol{0} \qquad (i = 1, 2, \cdots, n)$$

将作用于质点系的所有力向任一点 O 简化，可得主矢 $\boldsymbol{F}_{\mathrm{R}}$ 和主矩 $\boldsymbol{M}_O$，且

$$\left.\begin{aligned} \boldsymbol{F}_{\mathrm{R}} &= \sum \boldsymbol{F}_i^{\mathrm{e}} + \sum \boldsymbol{F}_i^{\mathrm{i}} + \sum \boldsymbol{F}_{\mathrm{I}i} \\ \boldsymbol{M}_O &= \sum \boldsymbol{M}_O(\boldsymbol{F}_i^{\mathrm{e}}) + \sum \boldsymbol{M}_O(\boldsymbol{F}_i^{\mathrm{i}}) + \sum \boldsymbol{M}_O(\boldsymbol{F}_{\mathrm{I}i}) \end{aligned}\right\} \tag{12-4}$$

由于内力总是成对存在，且等值、反向、共线，因此有

$$\sum \boldsymbol{F}_i^{\mathrm{i}} = \boldsymbol{0}, \quad \sum \boldsymbol{M}_O(\boldsymbol{F}_i^{\mathrm{i}}) = \boldsymbol{0}$$

而平衡时主矢 $\boldsymbol{F}_{\mathrm{R}}$ 和主矩 $\boldsymbol{M}_O$ 的大小均为零。因此式(12-4)可写为

$$\left.\begin{aligned} \sum \boldsymbol{F}_i^{\mathrm{e}} + \sum \boldsymbol{F}_{\mathrm{I}i} &= \boldsymbol{0} \\ \sum \boldsymbol{M}_O(\boldsymbol{F}_i^{\mathrm{e}}) + \sum \boldsymbol{M}_O(\boldsymbol{F}_{\mathrm{I}i}) &= \boldsymbol{0} \end{aligned}\right\} \tag{12-5}$$

12.2 刚体惯性力系的简化

12.2.1 刚体作平移

刚体平移时，刚体上各点的加速度相同，都等于质心的加速度 $\boldsymbol{a}_C$。对刚体上任一质点 M_i，其质量为 m_i，则其惯性力为 $\boldsymbol{F}_{\mathrm{I}i}=-m_i\boldsymbol{a}_\mathrm{i}=-m_i\boldsymbol{a}_C$。刚体上各点的惯性力与该质点的质量成正比，方向与 $\boldsymbol{a}_C$ 平行。因而平移刚体上各质点的惯性力构成了一个空间同向平行力系，该惯性力系可合成为一个合力

$$\boldsymbol{F}_\mathrm{I}=\sum\boldsymbol{F}_{\mathrm{I}i}=\sum\left(-m_i\boldsymbol{a}_C\right)=-\left(\sum m_i\right)\boldsymbol{a}_C=-m\boldsymbol{a}_C \tag{12-6}$$

式中，m 为刚体的总质量。惯性力系的合力作用线通过质心。

12.2.2 刚体作定轴转动

这里仅讨论刚体有质量对称面，且转轴垂直于质量对称面的情况。

如图 12.4(a)所示，刚体绕转轴 z 转动，角速度为 ω，角加速度为 α。平面 S 为刚体的质量对称面，转轴 z 与质量对称面 S 垂直并交于点 O。由于刚体具有垂直转轴的对称面，可将转动刚体上的惯性力系向对称平面内简化，简化为一个平面力系，如图 12.4(b)所示。

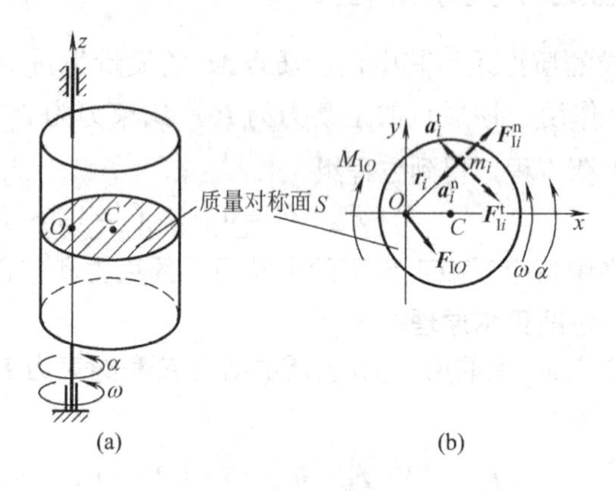

图 12.4　定轴转动刚体

将此惯性力系向点 O 简化，得惯性力系的主矢 $\boldsymbol{F}_{\mathrm{I}O}$ 和主矩 $\boldsymbol{M}_{\mathrm{I}O}$

$$\boldsymbol{F}_{\mathrm{I}O}=\sum\boldsymbol{F}_{\mathrm{I}i}=\sum\left(-m_i\boldsymbol{a}_\mathrm{i}\right)=-\left(\sum m_i\boldsymbol{a}_\mathrm{i}\right)$$

$$M_{\mathrm{I}O}=\sum M_O\left(\boldsymbol{F}_{\mathrm{I}i}\right)=\sum M_O\left(\boldsymbol{F}_{\mathrm{I}i}^\mathrm{t}\right)+\sum M_O\left(\boldsymbol{F}_{\mathrm{I}i}^\mathrm{n}\right)$$

将质心公式 $\boldsymbol{r}_C=\dfrac{\sum m_i\boldsymbol{r}_i}{m}$ 对时间取二阶导数，得

$$\sum m_i\boldsymbol{a}_i=m\boldsymbol{a}_C$$

因为各点的 $\boldsymbol{F}_{\mathrm{I}i}^\mathrm{n}$ 均通过转轴点 O，所以

$$\sum M_O\left(F_{\mathrm{I}i}^\mathrm{n}\right)=0$$

而

$$a_i^{\mathrm{t}} = r_i \alpha$$

则

$$\sum M_O\left(\boldsymbol{F}_{\mathrm{I}i}^{\mathrm{t}}\right) = \sum\left(-r_i m_i a_i^{\mathrm{t}}\right) = \sum\left(-r_i m_i r_i \alpha\right) = -\alpha\sum m_i r_i^2 = -J_z \alpha$$

于是

$$\left.\begin{aligned} \boldsymbol{F}_{\mathrm{I}O} &= -m\boldsymbol{a}_C \\ M_{\mathrm{I}O} &= -J_z\alpha \end{aligned}\right\} \tag{12-7}$$

几种特殊情况：

(1) 转轴通过刚体质心(图 12.5(a))，此时

$$\boldsymbol{a}_C = 0_C\,，\quad \boldsymbol{F}_{\mathrm{I}O} = \boldsymbol{F}_{\mathrm{I}C} = 0\,，\quad M_{\mathrm{I}O} = M_{\mathrm{I}C} = -J_z\alpha = -J_C\alpha$$

(2) 若刚体作匀速定轴转动(图 12.5(b))，此时

$$\alpha = \boldsymbol{0}\,，\quad M_{\mathrm{I}O} = -J_z\alpha = \boldsymbol{0}\,，\quad \boldsymbol{a}_C^{\mathrm{t}} = \boldsymbol{0}\,，\quad \boldsymbol{a}_C = \boldsymbol{a}_C^{\mathrm{n}}$$

$$\boldsymbol{F}_{\mathrm{I}O} = -m\boldsymbol{a}_C = -m\boldsymbol{a}_C^{\mathrm{n}}$$

(3) 若转轴通过刚体质心且作匀速定轴转动，则

$$\boldsymbol{F}_{\mathrm{I}O} = \boldsymbol{F}_{\mathrm{I}C} = \boldsymbol{0}$$

$$M_{\mathrm{I}O} = M_{\mathrm{I}C} = 0$$

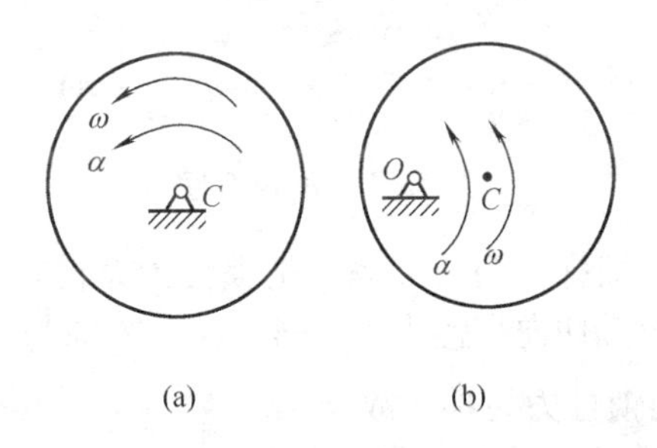

图 12.5　定轴转动的特殊情形

12.2.3　刚体作平面运动

这里仅讨论刚体有质量对称面，且刚体平行于质量对称面的运动。

仿照定轴转动的情形，可将惯性力系简化为质量对称面内的平面力系来处理。因为刚体的平面运动可分解为随质心 C 的平移和绕质心 C 的转动，故由平移时惯性力系的简化结果知道，随质心平移的惯性力

$$\boldsymbol{F}_{\mathrm{I}C} = -m\boldsymbol{a}_C$$

由转动时惯性力系的简化结果知道(图 12.6)，随质心转动的惯性力偶矩

$$M_{\mathrm{I}C} = -J_C\alpha$$

式中，m 为刚体的总质量；J_C 为刚体对过质心 C 且垂直于质量对称面的轴的转动惯量；$\boldsymbol{a}_C$ 为质心的加速度；α 为刚体转动的角加速度。

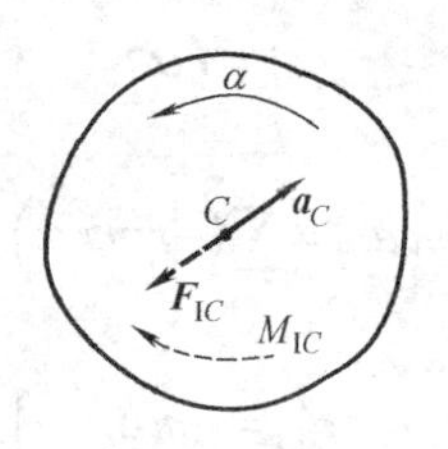

图 12.6　刚体作平面运动时惯性力系的简化

【例 12-3】如图 12.7(a)所示的复摆位于铅直面内，由匀质杆 OB 与匀质圆盘 C 固结而成。已知：杆长为 $2r$，质量为 m；圆盘半径为 r，质量亦为 m，与铅直线夹角为 θ。当在 E 处绳被剪断时，求：(1)复摆的角加速度；(2)支座 O 的约束力。

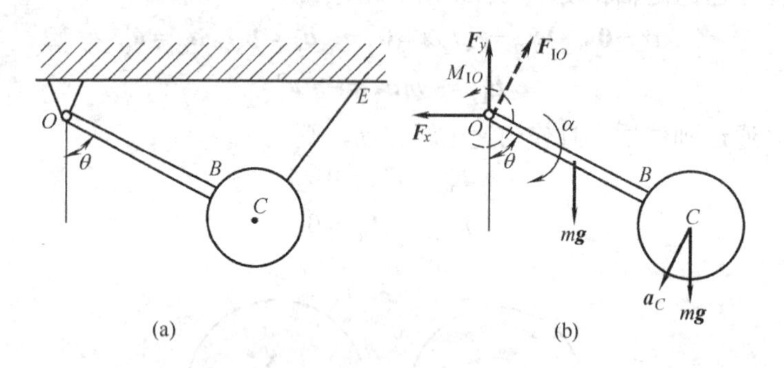

图 12.7　例 12-3 图

【分析】将圆盘与匀质细杆作为质点系，把惯性力系向点 O 简化。质点系的质量为 $2m$，质心距点 O 为 $2r$，故其切向惯性力 $F_{IO}^{t}=4mr\alpha$，方向与切向加速度 $\boldsymbol{a}_C$ 方向相反，初瞬时法向加速度为零，法向惯性力为零，故

$$\boldsymbol{F}_{IO}=\boldsymbol{F}_{IO}^{t}$$

惯性力偶矩

$$M_{IO}=J_O\alpha=\left[\frac{1}{3}m(2r)^2+\frac{1}{2}mr^2+m(2r+r)^2\right]\alpha=\frac{65}{6}mr^2\alpha \quad (逆)$$

即转向与角加速度的转向相反。

【解】受力图如图 12.7(b)所示。列动力学平衡方程

$$\sum F_x=0,\quad F_{IO}\cos\theta-F_x=0 \tag{a}$$

$$\sum F_y=0,\quad F_y+F_{IO}\sin\theta-mg-mg=0 \tag{b}$$

$$\sum M_O=0,\quad M_{IO}-mgr\sin\theta-mg\cdot 3r\cdot\sin\theta=0 \tag{c}$$

由式(c)得

$$\frac{65}{6}mr^2\alpha-4mgr\sin\theta=0,\quad \alpha=\frac{24g\sin\theta}{65r}$$

由式(a)得

$$F_x=F_{IO}\cos\theta=4mr\alpha\cos\theta,\quad F_x=\frac{96mg\sin\theta\cos\theta}{65}$$

由式(b)得

$$F_y = 2mg - 4mr\alpha\sin\theta, \quad F_y = 2mg - \frac{96mg\sin^2\theta}{65}$$

【例 12-4】 如图 12.8(a)所示，物体 A 质量为 m_1，挂在绳子上，绳子跨过固定滑轮 D 并绕在鼓轮 O 上，由于重物下降，带动了滚轮 C，使它沿水平轨道滚动而不滑动。设鼓轮 O 的半径为 r，滚轮 C 的半径为 R，两者固连在一起总质量为 m，对于水平轴 O 的回转半径为 ρ。求：(1)重物 A 的加速度；(2)地面对轮 C 的摩擦力。

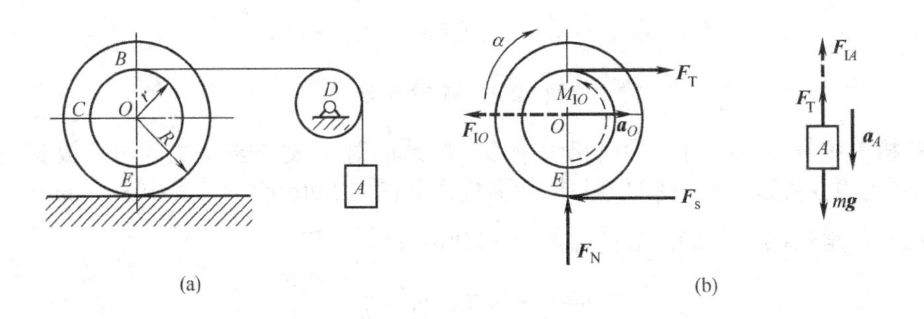

图 12.8　例 12-4 图

【分析】 滚轮 C 作纯滚动时，$a_O = \alpha R$，$a_A = \alpha_B = (R+r)\alpha$。鼓轮 O 与滚轮 C 作平面运动，惯性力系向质心 O 简化，得 $F_{IO} = ma_O = mR\alpha$，$M_{IO} = J\alpha = m\rho^2\alpha$，方向如图 12.8(b)所示。重物 A 作上下直线平移，惯性力为 $F_{IA} = m_1 a_A = m_1(R+r)\alpha$，方向如图 12-8(b)所示。

【解】 以轮 C 为研究对象，列动力学平衡方程

$$\sum F_x = 0, \quad F_T - F_{IO} - F_s = 0 \tag{a}$$

$$\sum M_E = 0, \quad M_{IO} + F_{IO}R - F_T(R+r) = 0 \tag{b}$$

以重物 A 为研究对象，列动力学平衡方程

$$\sum F_y = 0, \quad F_{IA} + F_T - m_1 g = 0 \tag{c}$$

将惯性力和惯性力偶代入式(a)，(b)，(c)得

$$F_T - mR\alpha - F_s = 0 \tag{d}$$

$$m\rho^2\alpha + mR^2\alpha - F_T(R+r) = 0 \tag{e}$$

$$m_1(R+r)\alpha + F_T - m_1 g = 0 \tag{f}$$

联立式(d)，(e)，(f)得

$$\alpha = \frac{m_1 g(R+r)}{m(\rho^2+R^2) + m_1(R+r)^2}$$

$$F_s = m_1 g - \frac{m_1^2 g(R+r)^2}{m(\rho^2+R^2) + m_1(R+r)^2} - \frac{mm_1 gR(R+r)}{m(\rho^2+R^2) + m_1(R+r)^2}$$

$$a = (R+r)\alpha, \quad \alpha = \frac{m_1 g(R+r)^2}{m(\rho^2+R^2) + m_1(R+r)^2}$$

【例 12-5】 均质圆盘质量为 m_1，半径为 R。均质细长杆长 $l = 2R$，质量为 m_2。杆端 A 与轮心为光滑铰接，如图 12.9(a)所示。如在 A 处加一水平拉力 $\boldsymbol{F}$，使轮 A 沿水平面作纯滚动。问：力 $\boldsymbol{F}$ 为多大方能使杆的 B 端刚好离开地面？又为保证轮 A 作纯滚动，轮与地面间

的静滑动摩擦因数应为多大？

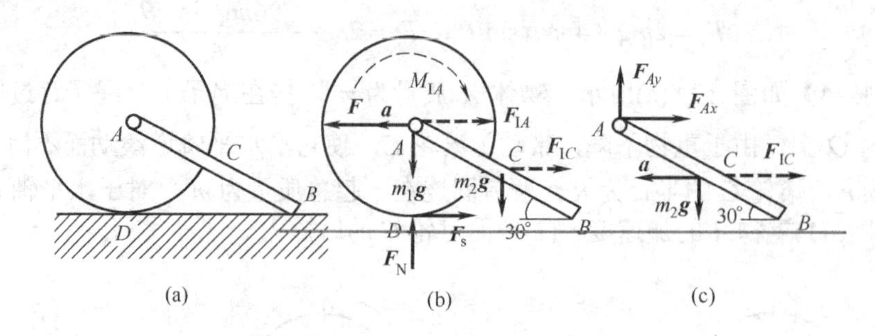

图 12.9　例 12-5 图

【分析】细杆刚好离开地面时仍为平移，则地面对 B 处的约束力为零，设其加速度为 a，取杆为研究对象，杆承受的力并加上惯性力如图 12.9(c)所示，其中 $F_{IC}=m_2a$。取整体为研究对象，承受的力并加上惯性力如图 12.9(b)所示，其中

$$F_{IA}=m_1a,\quad M_{IA}=\frac{1}{2}m_1R^2\frac{a}{R}=\frac{m_1Ra}{2}$$

【解】

(1) 取杆为研究对象(如图 12.9(c))，按达朗贝尔原理列平衡方程

$$\sum M_A=0,\quad m_2aR\sin 30^\circ-m_2gR\cos 30^\circ=0,\quad a=\sqrt{3}g$$

(2) 取整体为研究对象(如图 12.9(b))，按达朗贝尔原理列平衡方程

$$\sum M_D=0,\quad FR-F_{IA}R-M_{IA}-F_{IC}R\sin 30^\circ-m_2gR\cos 30^\circ=0$$

将各惯性力和惯性力偶矩代入上式得

$$F=\left(\frac{3}{2}m_1+m_2\right)\sqrt{3}g$$

$$\sum F_x=0,\quad F-F_s-(m_1+m_2)a=0$$

$$F_s=\frac{\sqrt{3}}{2}m_1g$$

得

$$F_s\leqslant f_sF_N=f_s(m_1+m_2)g$$

故

$$f_s\geqslant\frac{\sqrt{3}m_1}{2(m_1+m_2)}$$

12.3　定轴转动刚体的轴承动约束力

为了确定轴承动约束力，必须首先了解一般状况下，定轴转动刚体上的惯性力系的简化结果。

12.3.1　一般状况下惯性力系的简化

如图 12.10 所示的刚体作定轴转动，角速度为 ω，角加速度为 α，刚体内任一质点的质量为 m_i，到转轴的距离为 r_i。若将质点的惯性力分解为切向惯性力 $\boldsymbol{F}_{\text{I}i}^{\text{t}}$ 和法向惯性力 $\boldsymbol{F}_{\text{I}i}^{\text{n}}$，则

$$F_{\text{I}i}^{\text{t}} = m_i a_i^{\text{t}} = m_i r_i \alpha$$
$$F_{\text{I}i}^{\text{n}} = m_i^{\text{n}} = m_i r_i \omega^2$$

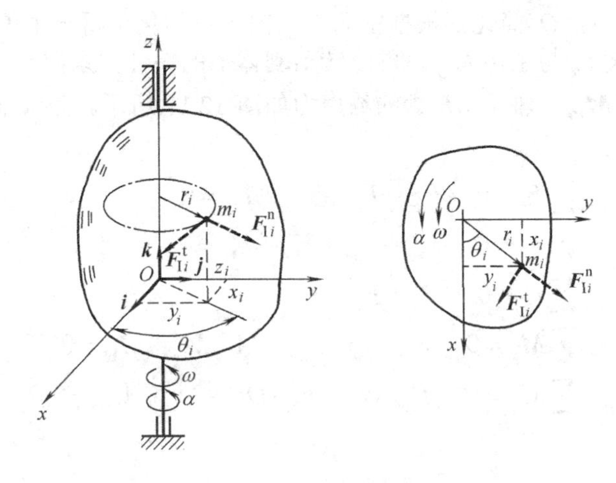

图 12.10　一般情形下惯性力系的简化

惯性力系对轴 x 的矩

$$M_{\text{I}x} = \sum M_x(\boldsymbol{F}_{\text{I}i}) = \sum M_x(\boldsymbol{F}_{\text{I}i}^{\text{t}}) + \sum M_x(\boldsymbol{F}_{\text{I}i}^{\text{n}})$$
$$= \sum m_i r_i \alpha \cos\theta_i \cdot z_i + \sum(-m_i r \omega^2 \sin\theta_i \cdot z_i)$$

而

$$\cos\theta_i = \frac{x_i}{r_i}，\ \sin\theta_i = \frac{y_i}{r_i}$$

则

$$M_{\text{I}x} = \alpha \sum m_i x_i z_i - \omega^2 \sum m_i y_i z_i$$

记 $\left.\begin{aligned} J_{yz} &= \sum m_i y_i z_i \\ J_{xz} &= \sum m_i x_i z_i \end{aligned}\right\}$，此二式称为对于轴 z 的惯性积。于是

$$M_{\text{I}x} = J_{xz}\alpha - J_{yz}\omega^2$$

同理可得

$$M_{\text{I}y} = J_{yz}\alpha + J_{xz}\omega^2$$

对轴 z 的惯性力偶矩

$$M_{\text{I}z} = \sum M_z(\boldsymbol{F}_{\text{I}i}^{\text{t}}) + \sum M_z(\boldsymbol{F}_{\text{I}i}^{\text{n}})$$

因为

$$\sum M_z(\boldsymbol{F}_{\text{I}i}^{\text{n}}) = 0$$

所以

$$M_{\mathrm{Iz}}=\sum M_z(\boldsymbol{F}_{\mathrm{Ii}}^{\mathrm{t}})=\sum -m_ir_i\alpha r_i=-(\sum m_ir_i^2)\alpha=-J_z\alpha$$

绕定轴转动刚体上的惯性力和惯性力偶矩，会使作用在轴承上的约束力增大，使机械产生振动、噪声和破坏。

12.3.2 轴承动约束力

设任一刚体绕轴 AB 作定轴转动，角速度为 ω，角加速度为 α。若将转动刚体上的所有主动力向转轴上一点 O 简化，根据空间力系向一点简化可得一主矢和一主矩的原理知道，简化后可得主矢 $\boldsymbol{F}_{\mathrm{R}}$ 与主矩 $\boldsymbol{M}_O$。再将转动刚体上的惯性力系向点 O 简化，得惯性力系的主矢 $\boldsymbol{F}_{\mathrm{IR}}$ 和主矩 $\boldsymbol{M}_{\mathrm{IO}}$。轴承 AB 处的约束力如图 12.11 所示。为求轴承处的约束力，列平衡方程如下：

$$\begin{aligned}
&\sum F_x=0,\quad F_{Ax}+F_{Bx}+F_{\mathrm{R}x}+F_{\mathrm{I}x}=0\\
&\sum F_y=0,\quad F_{Ay}+F_{By}+F_{\mathrm{R}y}+F_{\mathrm{I}y}=0\\
&\sum F_z=0,\quad F_{Bz}+F_{\mathrm{R}z}=0\\
&\sum M_x=0,\quad F_{By}\cdot OB-F_{Ay}\cdot OA+M_x+M_{\mathrm{I}x}=0\\
&\sum M_y=0,\quad F_{Ax}\cdot OA-F_{Bx}\cdot OB+M_y+M_{\mathrm{I}y}=0
\end{aligned}$$

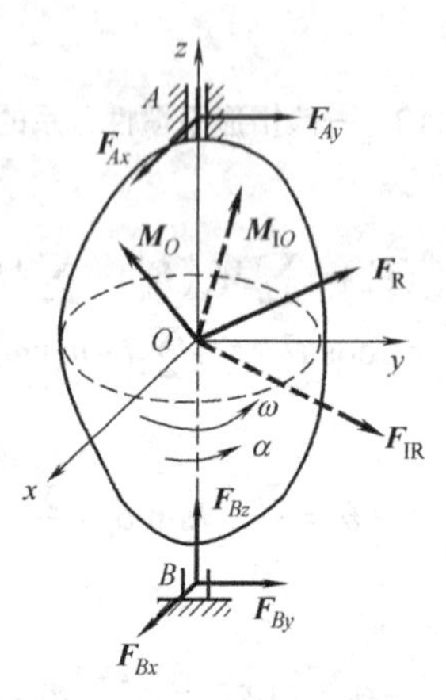

图 12.11 轴承动约束力

解上述方程组得

$$\left.\begin{aligned}
F_{Ax}&=-\frac{1}{AB}[(M_y+F_{\mathrm{R}x}\cdot OB)+(M_{\mathrm{I}y}+F_{\mathrm{I}x}\cdot OB)]\\
F_{Ay}&=\frac{1}{AB}[(M_x-F_{\mathrm{R}y}\cdot OB)+(M_{\mathrm{I}x}-F_{\mathrm{I}y}\cdot OB)]\\
F_{Bx}&=\frac{1}{AB}[(M_y-F_{\mathrm{R}x}\cdot OA)+(M_{\mathrm{I}y}-F_{\mathrm{I}x}\cdot OA)]\\
F_{By}&=-\frac{1}{AB}[(M_x+F_{\mathrm{R}y}\cdot OA)+(M_{\mathrm{I}x}+F_{\mathrm{I}y}\cdot OA)]\\
F_{Bz}&=-F_{\mathrm{R}z}
\end{aligned}\right\}\tag{12-8}$$

显然 F_{Rx}，F_{Ry}，M_x，M_y 引起轴承的静约束力；F_{Ix}，F_{Iy}，M_{Ix}，M_{Iy} 引起轴承的动约束力。要使动约束力为零，必须满足；

$$F_{Ix} = F_{Iy} = 0，\ M_{Ix} = M_{Iy} = 0$$

而

$$F_{Ix} = -ma_{Cx} = 0，\ F_{Iy} = -ma_{Cy} = 0$$

$$M_{Ix} = J_{xz}\alpha - J_{yz}\omega^2 = 0，\ M_{Iy} = J_{yz}\alpha + J_{xz}\omega^2 = 0$$

要满足上式中惯性力等于零，必须有 $\boldsymbol{a}_C = \boldsymbol{0}$，即转轴必须通过质心。又因为 $\alpha \neq 0$，$\omega \neq 0$，所以要满足惯性力偶矩为零，必须有 $J_{xz} = J_{yz} = 0$，即刚体对转轴 z 的惯性积必须等于零。

如果刚体对于通过某点的轴 z 的惯性积 J_{xz} 和 J_{yz} 都等于零，则称此轴为过该点的**惯性主轴**。通过质心的惯性主轴称为**中心惯性主轴**。

12.4　静平衡与动平衡简介

当转轴通过刚体质心时，惯性力为零。当刚体对转轴的惯性积为零时，惯性力对转轴产生的力偶矩为零。因此，为了消除轴承的动约束力，应设法消除转动刚体的质量偏心，使质心过转轴，使质量分布对称于转轴。

对于一个刚体，如果转轴通过其质心，除重力外，刚体不受任何其他主动力的作用，则刚体不论转到什么位置，它都能静止，这种现象称为**静平衡**。然而由于材料的不均匀或制造、安装的误差等原因，不可避免地会有一些偏心。如图 12.12 所示的转动圆盘，由于安装误差，使转轴与质心的距离产生偏差 CD，若 $CD=e$，转动的惯性力 $F_I = \omega^2 em$，当 $AD = DB$ 时，$F_A = F_B = \frac{1}{2}\omega^2 em$，角速度 ω 较大时，即使偏心距 e 很小也会产生较大的动约束力 $\boldsymbol{F}_A$ 和 $\boldsymbol{F}_B$。

消除偏心通常采用试验的方法，先确定重心的具体位置 C，然后在偏心一侧(图 12.13 中 OA 段内)减去若干重量，或者在相对一侧增加一些重量(图 12.13 中 OB 段内)，从而达到校正偏心的目的。转轴通过质心，即转子没有偏心，这时能保证转子是静平衡的。但这时并不能保证轴承在转动时，轴承处的动约束力为零。如图 12.14 所示，虽然转轴通过质心，但惯性积不为零，则刚体转动时，刚体上的惯性力系将简化为惯性力偶。由于惯性力偶矩的作用，在轴承处仍将产生较大的动约束力。只有当惯性积也为零时，轴承处的动约束力才为零。

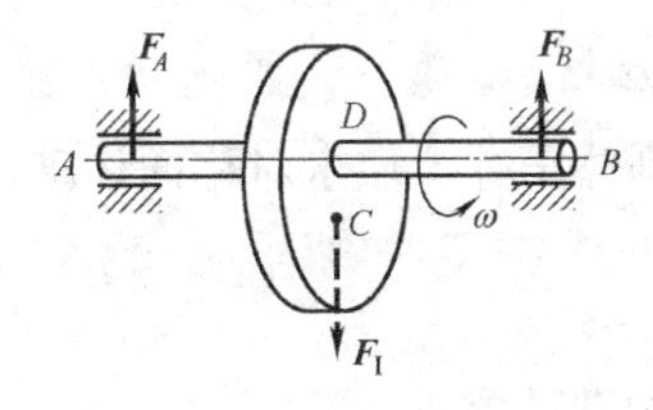

图 12.12　圆盘的不平衡转动

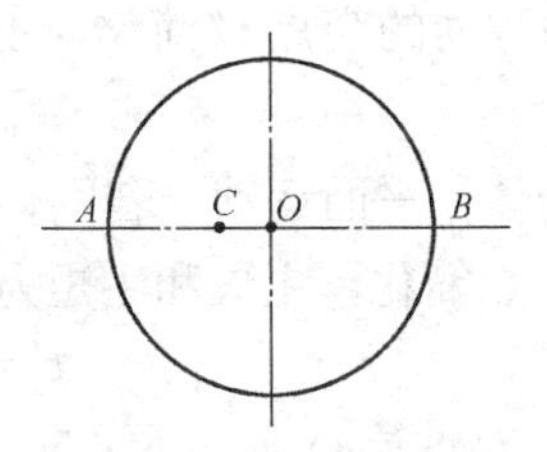

图 12.13　消除偏心

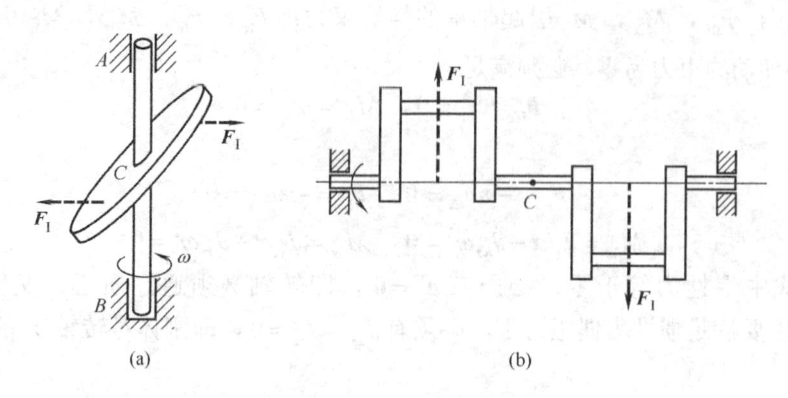

图 12.14　产生动约束力的转动

当刚体的转轴通过质心且为惯性主轴，刚体转动时，不出现轴承动约束力，这种现象称为**动平衡**。能够静平衡的定轴转动刚体，不一定能够实现动平衡。能够实现动平衡的转动的刚体，一定能够实现静平衡。动平衡需要在专门的动平衡试验机上进行，通过在适当的位置添加或去掉一定的重量来达到平衡的目的。

小　　结

1．质点的质量为 m，加速度为 $\boldsymbol{a}$，则质点的惯性力 $\boldsymbol{F}_{\mathrm{I}}$ 定义为

$$\boldsymbol{F}_{\mathrm{I}} = -m\boldsymbol{a}$$

2．质点的达朗贝尔原理：如果在质点上假想地加上一个惯性力 $\boldsymbol{F}_{\mathrm{I}}$，则作用在质点上的主动力 $\boldsymbol{F}$、约束力 $\boldsymbol{F}_{\mathrm{N}}$ 和惯性力 $\boldsymbol{F}_{\mathrm{I}}$ 在形式上组成了一个平衡力系，即

$$\boldsymbol{F} + \boldsymbol{F}_{\mathrm{N}} + \boldsymbol{F}_{\mathrm{I}} = \boldsymbol{0}$$

3．质点系的达朗贝尔原理：在质点系中每个质点上都假想地加上各自的惯性力 $\boldsymbol{F}_{\mathrm{I}i}$，则质点系的所有外力 $\boldsymbol{F}_i^{\mathrm{e}}$ 和惯性力 $\boldsymbol{F}_{\mathrm{I}i}$，在形式上形成一个平衡力系，表示为

$$\sum \boldsymbol{F}_i^{\mathrm{e}} + \sum \boldsymbol{F}_{\mathrm{I}i} = \boldsymbol{0}$$

$$\sum \boldsymbol{M}_O(\boldsymbol{F}_i^{\mathrm{e}}) + \sum \boldsymbol{M}_O(\boldsymbol{F}_{\mathrm{I}i}) = \boldsymbol{0}$$

4．刚体惯性力系简化结果

(1)　刚体平移。惯性力系向质心 C 简化，得到一个过质心的惯性力

$$\boldsymbol{F}_{\mathrm{I}} = -m\boldsymbol{a}$$

(2)　刚体绕定轴转动。刚体有质量对称面，且转轴垂直于质量对称面。惯性力系向转轴与质量对称面的交点 O 简化，主矢和主矩为

$$\boldsymbol{F}_{\mathrm{I}O} = -m\boldsymbol{a}_C,\quad M_{\mathrm{I}O} = -J_z\alpha$$

(3)　刚体作平面运动。若刚体有质量对称面，且刚体平行于质量对称面运动，则惯性力系向质心 C 简化，主矢和主矩为

$$\boldsymbol{F}_{\mathrm{I}} = -m\boldsymbol{a}_C\ ,\quad M_{\mathrm{I}C} = -J_C\alpha$$

式中，J_C 为对过质心且与刚体的质量对称面垂直的轴的转动惯量。

5．刚体绕定轴转动，消除动约束力的条件是，此转轴是中心惯性主轴，即转轴过质

心且对此轴的惯性积为零。质心在转轴上，刚体可以在任意位置静止不动，称为静平衡；转轴为中心惯性主轴，不出现轴承动约束力，称为动平衡。

思　考　题

12-1 一列火车在启动过程中，哪一节车厢的挂钩受力最大？为什么？

12-2 图示平面机构中，$AC \parallel BD$，且 $AC = BD = l$，均质杆 AB 的质量为 m，长为 l。问杆 AB 作何种运动？其惯性力系的简化结果是什么？若杆 AB 是非均质杆又如何？

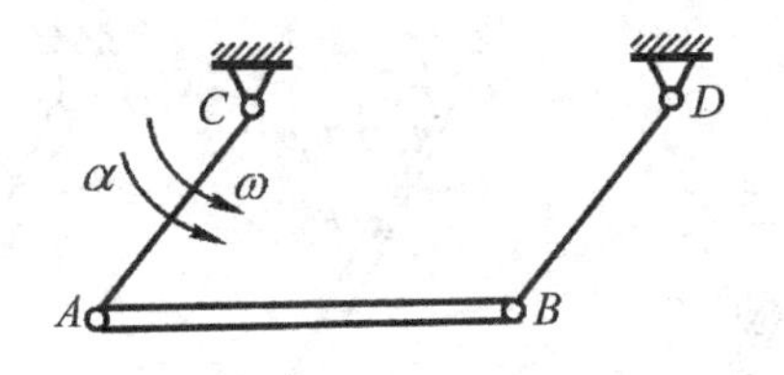

思考题 12-2 图

12-3 任意形状的均质等厚板，垂直于板面的轴都是惯性主轴，对吗？不与板面垂直的轴都不是惯性主轴，对吗？

12-4 图示不计质量的轴上用不计质量的细杆固连着几个质量均等于 m 的小球，当轴以匀角速度 ω 转动时，图示各情况中哪些满足动平衡？哪些只满足静平衡？哪些都不满足？

12-5 图(a)所示均质杆 OA 绕轴 O 在铅垂平面内作定轴转动，其角速度为 ω，角加速度为 α，如图所示。在下面所画的刚体惯性力系简化图(b)，(c)，(d)，(e)，(f)中，正确的是哪些？

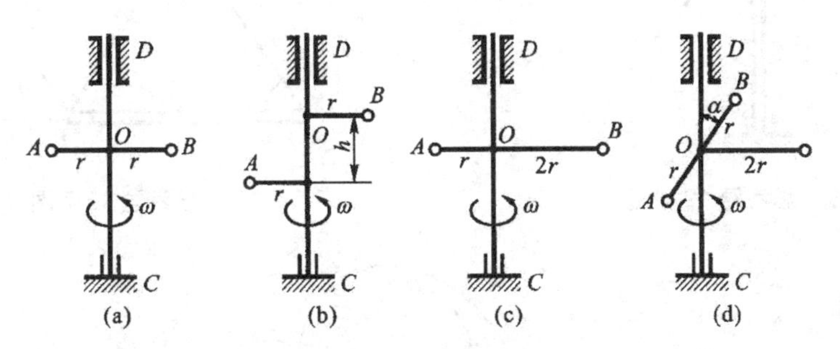

思考题 12-4 图

12-6 均质细杆 AB 长 l，重为 W，与铅垂轴固结成角 $\theta = 30°$，并以匀角速度 ω 转动，则杆 AB 中惯性力系的合力的大小为多少？并在图中标出惯性力系合力作用线的方位。

12-7 均质杆 AB 由三根等长的细绳悬挂在图示水平位置，杆的质量为 m，$\angle O_1AB = \theta$。若在此位置剪断细绳 O_1B，则该瞬时杆 AB 的加速度(表示为 θ 的函数)为多少？方向在图中示出。

12-8 图示为作平面运动的刚体的质量对称平面，其角速度为 ω，角加速度为 α，质量为 m，对通过平面上任一点 A(非质心 C)，且垂直于对称平面的轴的转动惯量为 J_A。若将

刚体的惯性力向该点简化，试分析图示结果的正确性。

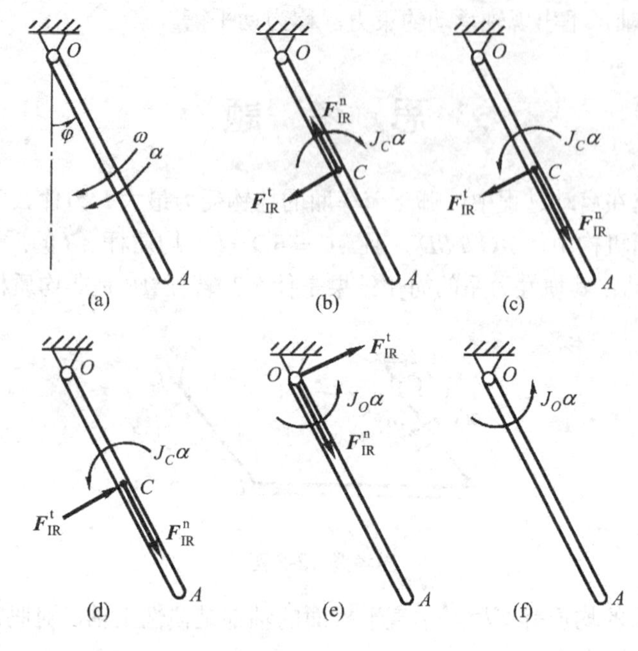

思考题 12-5 图

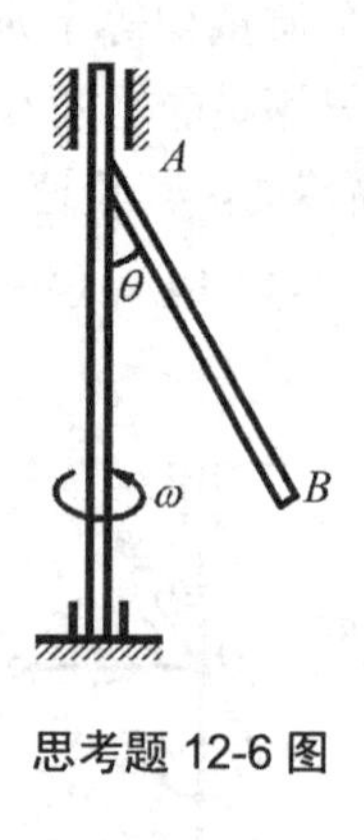

思考题 12-6 图

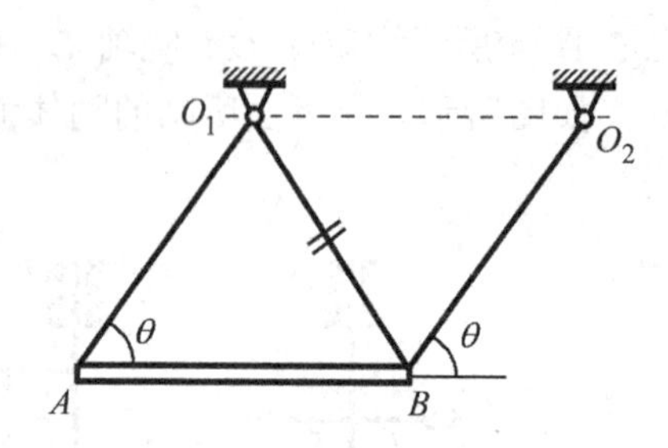

思考题 12-7 图

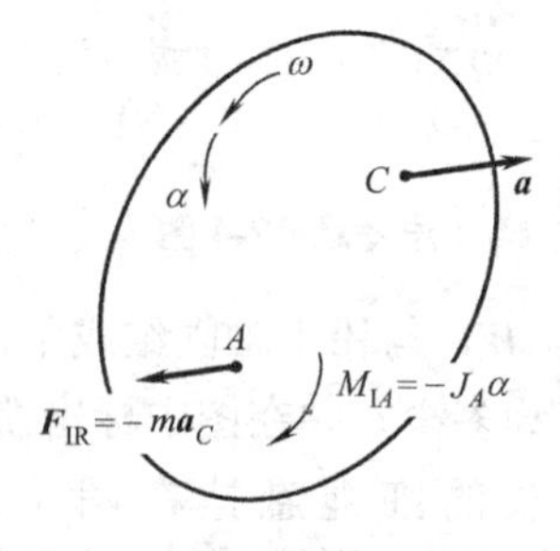

思考题 12-8 图

12-9 在讨论定轴转动刚体惯性力系简化时，为什么要提出“刚体有质量对称平面，且转轴垂直于此平面”的限定条件？同样，在讨论平面运动刚体的惯性力系简化时，为什么也要提出“刚体有质量对称平面，且平行于此平面运动”的限定条件？

习　　题

12-1 均质圆盘绕偏心轴 O 以匀角速度 ω 转动。重为 W_0 的夹板借右端弹簧的推压而顶在圆盘上，当圆盘转动时，推动夹板作往复运动。设圆盘重为 W，半径为 r，偏心距为 e，求任一瞬时基础和地脚螺钉的总附加动约束力。不考虑螺钉的预紧力。

12-2 一半径为 r 的钢管放在光滑的具有分枝的转轴上，如图所示。求当角速度 ω 为何值时，钢管不致滑出。

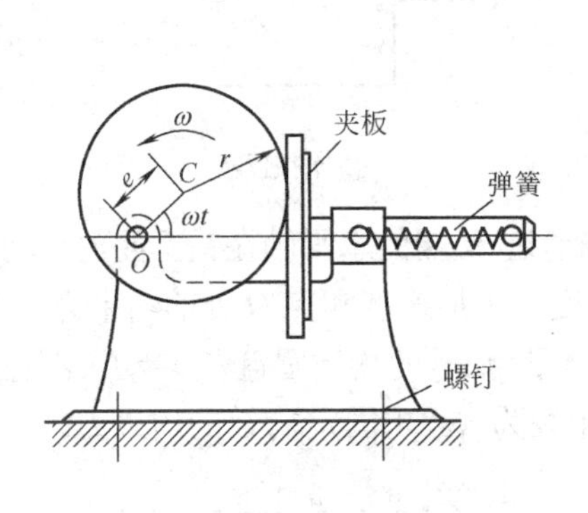

题 12-1 图

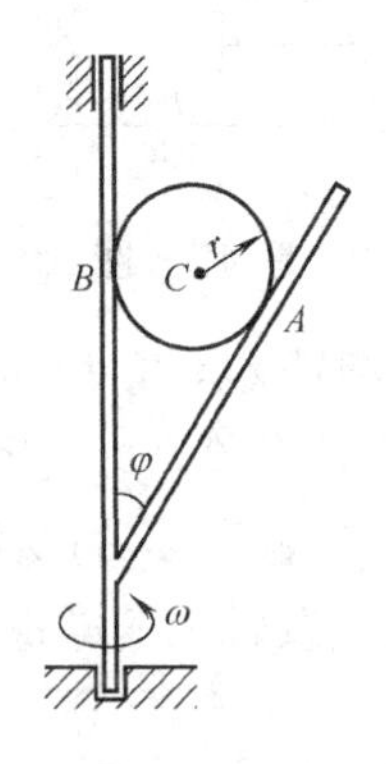

题 12-2 图

12-3 凸轮导板机构中，偏心轮的偏心距 $OA=e$，偏心轮绕轴 O 以角速度 ω 转动。当导板 CD 在最低位置时弹簧的压缩为 b。导板质量为 m。为使导板在运动过程中始终不离开偏心轮，求弹簧刚度系数的最小值。

12-4 图示均质杆 AB 长为 l，质量为 m，一端系在绳索 BD 上，另一端搁在光滑水平面上。当绳垂直时，杆与水平面的倾角 $\varphi=45°$。现在绳突然断开，求在此瞬时杆端 A 的约束力。

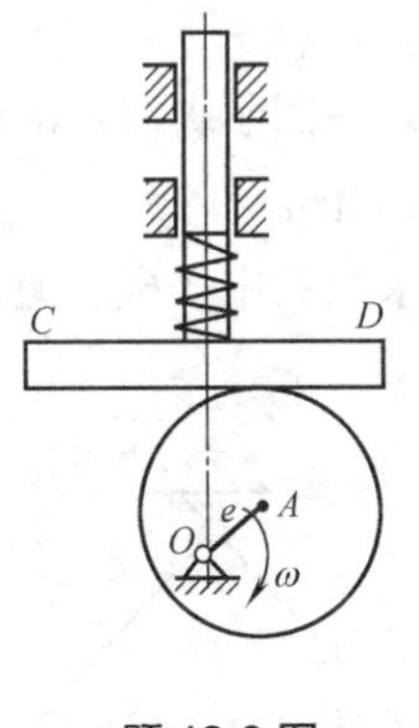

题 12-3 图

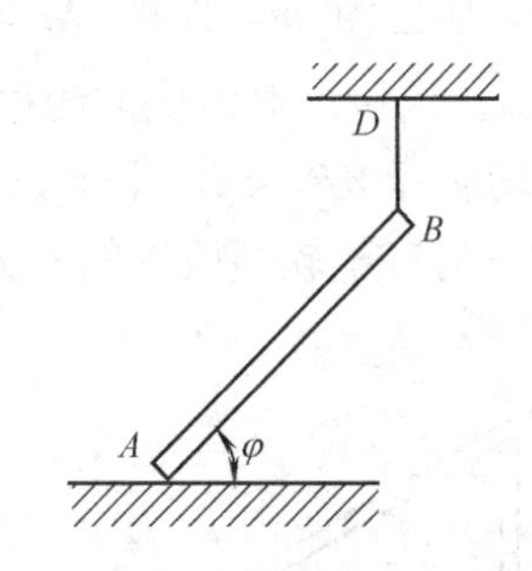

题 12-4 图

12-5 一长为 l、质量为 m 的均质杆 AB，用光滑铰链 A 和刚度系数为 k 的弹簧支撑，如图所示。在平衡时，杆 AB 在水平位置。试建立系统的运动微分方程。弹簧的质量不计。

12-6 图示正方形的均质板重 400 N，由三根绳拉住。板的边长 b=100 mm。 求：(1)当绳 FG 被剪断的瞬间，AD 和 BE 两绳的张力；(2)当 AD 和 BE 两绳运动到铅垂位置时两绳的张力。

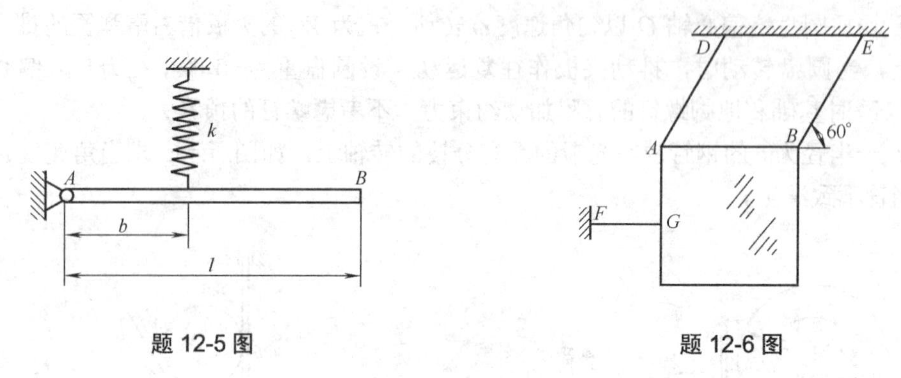

题 12-5 图　　　　题 12-6 图

12-7 均质细杆 OA 长 l，重 W，从静止开始绕通过 O 端的水平轴在铅垂面内转动。求当杆转到与水平成角 θ，即达到 OA' 位置时的角速度、角加速度和点 O 处的约束力。

12-8 图示质量为 m_1 的物体 A 下落时，带动质量为 m_2 的均质圆盘 B 转动。不计支架 CB 和绳子的重量及轴上的摩擦，$BC=a$，盘 B 的半径为 R。求固定端 C 的约束力。

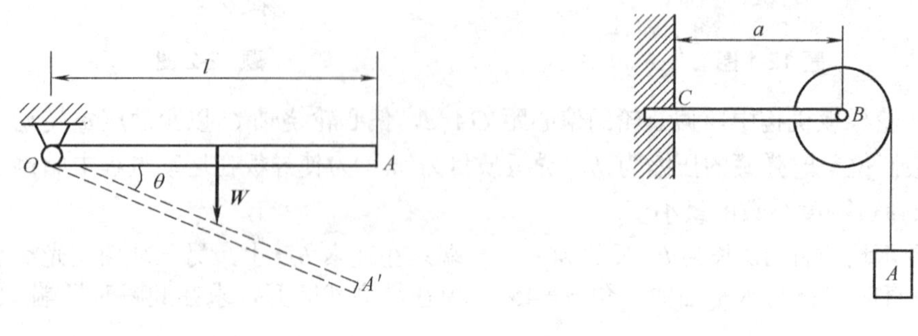

题 12-7 图　　　　题 12-8 图

12-9 铅垂面内曲柄连杆滑块机构中，均质直杆 $OA=r$，$AB=2r$，质量分别为 m 和 $2m$，滑块 D 质量为 m。曲柄 OA 匀速转动，角速度为 ω_O。在图示瞬时，滑块运行阻力为 $\boldsymbol{F}$。不计摩擦，求滑道对滑块的约束力及 OA 上的驱动力偶矩 M_O。

12-10 均质杆 AB 长 l，重 W，用图示两根软绳悬挂。求当其中一根软绳被剪断后，杆开始运动时，另一根软绳所受的拉力。

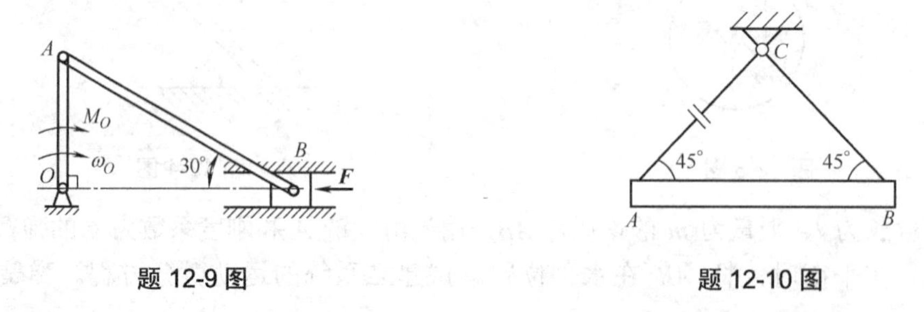

题 12-9 图　　　　题 12-10 图

12-11 重为 W_1 的重物 A 沿斜面 D 下滑，同时通过绕过轮 C 的绳索使重为 W_2 的重物 B

上升。斜面与水平成θ角，不计滑轮和绳的质量及摩擦，求斜面 D 给地板 E 凸出部分的水平压力。

12-12 已知系统在铅直平面内，杆 AB 水平，杆 BC 铅直，两均质杆各重 W，A，B 处铰接，在图示位置从静止开始释放。求此瞬时 A 处的约束力。

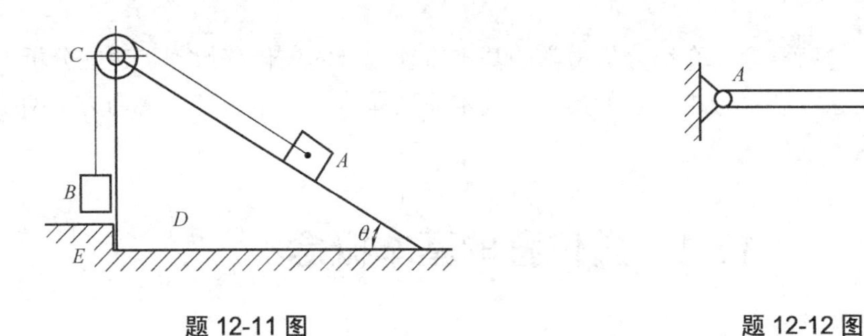

题 12-11 图　　　　题 12-12 图

12-13 图示均质板质量为 m，放在两个均质圆柱滚子上，滚子质量皆为$\dfrac{m}{2}$，其半径均为 r 。如在板上作用一水平力 $\boldsymbol{F}$，并设滚子与地面和板间均无滑动，求板的加速度。

12-14 图示质量为 m_1 和 m_2 的两重物，分别挂在两条绳子上，绳又分别绕在半径为 r_1 和 r_2 的鼓轮上。已知鼓轮对于转轴 O 的转动惯量为 J，系统在重力作用下发生运动，求鼓轮的角加速度。

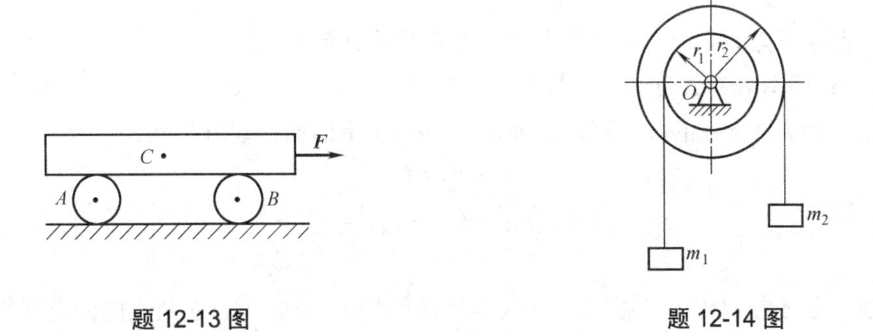

题 12-13 图　　　　题 12-14 图

12-15 图示均质圆柱滚子重 W，半径为 r ，沿斜面无初速地滚下。欲使滚子作纯滚动，静摩擦因数 f_s 最小应等于多少？

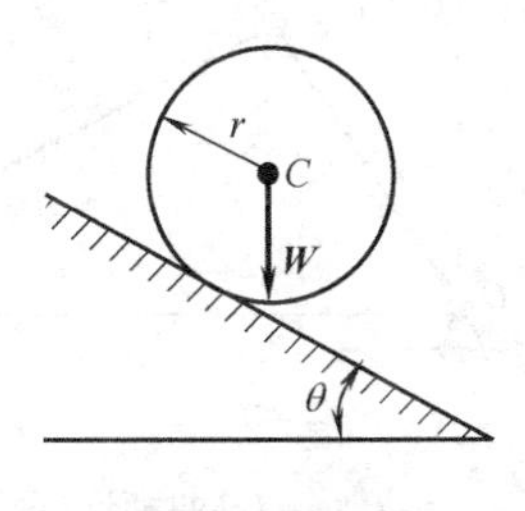

题 12-15 图

第 13 章　虚位移原理及动力学普遍方程

本章通过推广约束概念，介绍分析力学的基本原理之一的虚位移原理，建立分析力学分析方法的基本概念。利用分析力学的另一个基本原理即达朗贝尔原理，将静力学的结论扩展到动力学领域。

13.1　虚位移的基本概念

13.1.1　约束

在静力学中，将对物体某些位移起限制作用的周围其他物体称为约束。本节为了研究上的方便，将约束定义扩展为：限制质点或质点系运动的条件称为**约束**。通常将约束条件用数学式表示，这些数学式称为**约束方程**。根据不同的约束形式，约束可按以下的情况分类。

1. 几何约束与运动约束

限制质点或质点系在空间的几何位置的条件称为**几何约束**。

例如，图 13.1(a)所示的单摆，其约束方程为 $x^2+y^2=l^2$，它限制质点的运动必须是以点 O 为圆心，以 l 为半径的圆周运动；而图 13.1(b)所示的曲柄连杆机构，约束方程为

$$x_A^2+y_A^2=r^2$$

$$(x_B-x_A)^2+(y_B-y_A)^2=l^2$$

$$y_B=0$$

它限制了点 A 在以点 O 为圆心，r 为半径的圆周上运动；A，B 两点的距离保持为 l，点 B 沿滑道作直线运动。这些都是几何约束。

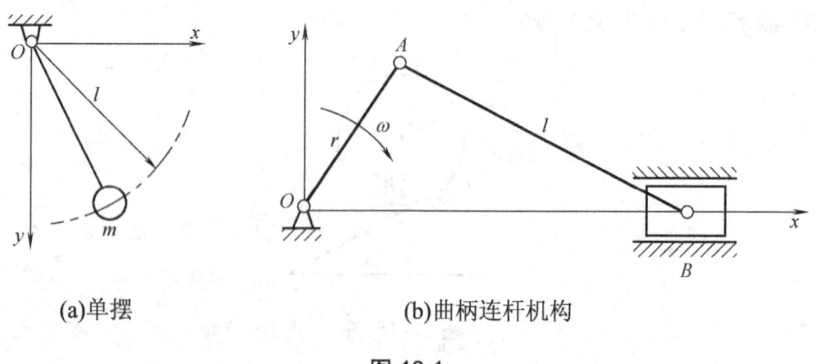

(a)单摆　　　　(b)曲柄连杆机构

图 13.1

限制质点系运动情况的运动学条件称为**运动约束**。例如，图 13.2 所示，轮 A 沿直线轨

道作纯滚动，由运动学知 $v_A - r\omega = 0$，又可写成 $\dot{x}_A - r\dot{\varphi} = 0$，这个方程也是一个约束方程。它是一个运动约束。

2. 定常约束与非定常约束

约束方程中不显含时间 t 的约束称为**定常约束**。例如，图 13.1 的单摆和曲柄连杆机构，它们的约束方程中都不含时间变量，故为定常约束。

约束方程中显含时间 t 的约束称为**非定常约束**。例如，图 13.3 所示，细绳系着一个小球 M，绳的另一端通过一小圆环 O，以速度 $\boldsymbol{v}$ 拉动细绳，摆长 l 随时间 t 变化。设摆长初始长度为 l_0，约束方程为

$$x^2 + y^2 = (l - vt)^2$$

约束方程中包含时间变量 t，单摆的摆长随时间变化，这就是一个非定常约束。

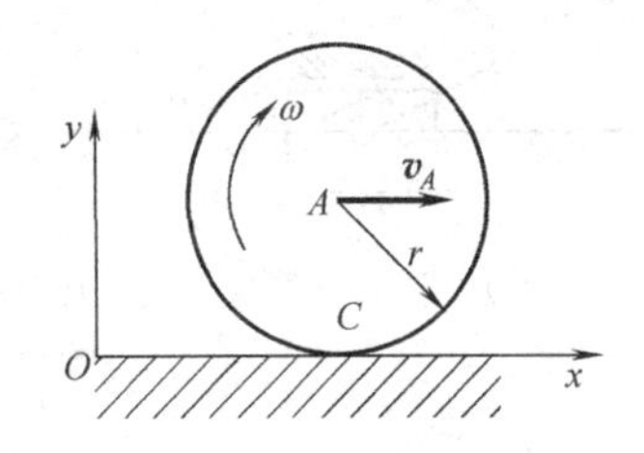

图 13.2　纯滚动圆轮

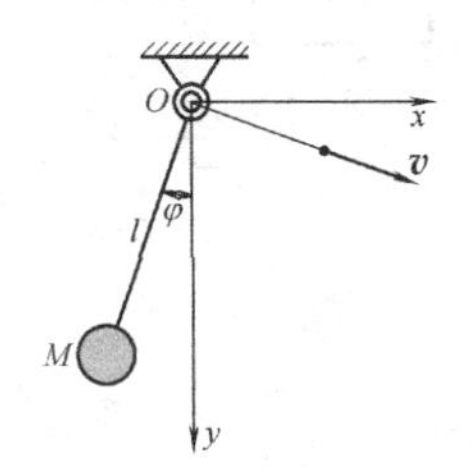

图 13.3　变摆长的单摆

3. 完整约束和非完整约束

约束方程中不包含坐标对时间的导数，或者约束方程中的微分项可积分为有限形式，这类约束称为**完整约束**。例如，图 13.2 所示的纯滚动圆轮，虽然是微分形式的方程，但方程可积分为 $x_A = r\varphi$，故仍为完整约束。

如果约束方程中包含坐标对时间的导数，而且方程不能积分为有限形式，这种约束称为**非完整约束**。非完整约束方程总是微分方程的形式。例如：图 13.4 所示的导弹打飞机。要求导弹 A 的速度 $\boldsymbol{v}_A$ 方向永远指向飞机 B，约束方程为 $\dfrac{\dot{x}_A}{\dot{y}_A} = \dfrac{x_B - x_A}{y_B - y_A}$，该式不符合微分方程的可积条件，故导弹所受的约束为非完整约束。

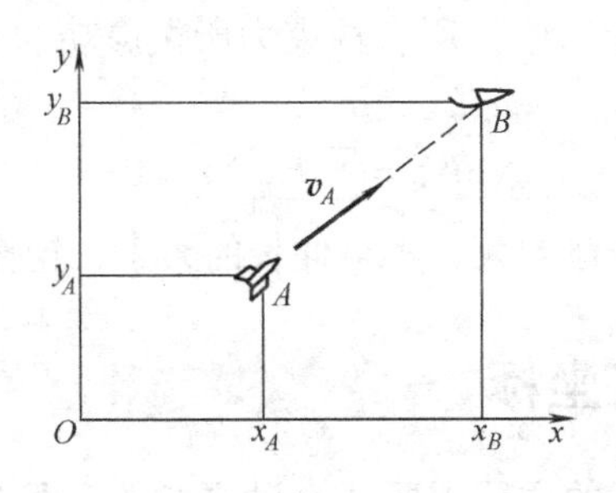

图 13.4　导弹打飞机

13.1.2 虚位移

在某瞬时，质点或质点系在约束允许的条件下，可能实现的任何无限小的位移称为**虚位移**。在静止状态下，质点系中的各质点都是静止的，所谓虚位移实际上就是假想地给某质点一个约束允许的极其微小的位移。

例如，图 13.5(a)所示，滑块可以沿滑道向左或向右移动，因此，可以假想地沿滑道给滑块一个向右(或向左)的无限小位移$\delta \boldsymbol{r}$。在图 13.5(b)中，假想曲柄 OA 从平衡位置转一微小角度$\delta\varphi$，则点 A 沿圆弧切线方向有相应位移$\delta \boldsymbol{r}_A$，点 B 沿滑道方向有相应位移$\delta \boldsymbol{r}_B$。

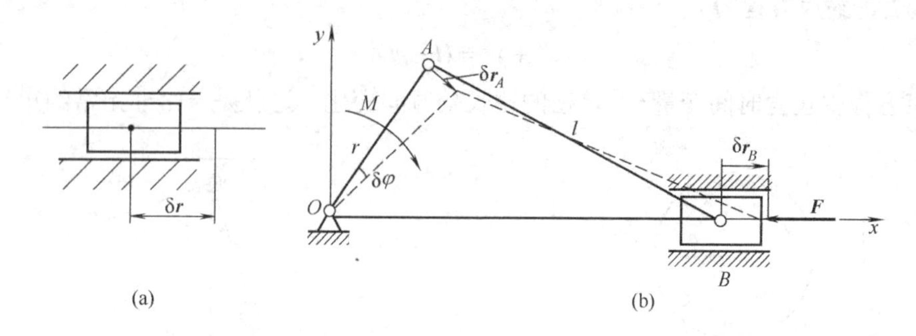

图 13.5 虚位移

实位移与虚位移的区别如下。

(1) 实位移是质点系在真实运动时，在一定的时间间隔内产生的位移。它有确定的方向，它除了与约束条件有关外，还与运动的时间、主动力及运动的初始条件有关。通常用 $\mathrm{d}x$，$\mathrm{d}\boldsymbol{r}$，$\mathrm{d}\varphi$ 等表示。

(2) 虚位移是假想的位移，并未真实发生。它与时间无关，仅与约束条件有关。在约束允许的条件下，虚位移可以有一个，也可有多个。在定常约束条件下，实位移只是所有虚位移中的一个。但在非定常约束条件下，这个结论不成立。虚位移可以是线位移也可以是角位移。虚位移用符号$\delta \boldsymbol{r}$，δx，δy，δz，$\delta\varphi$等表示。

13.1.3 虚功、理想约束

力在虚位移上所做的功称为**虚功**。

如果在质点系的任何虚位移中，所有约束力所做虚功的和等于零，这种约束称为**理想约束**。可用公式表示为

$$\delta W_{\mathrm{N}} = \sum \boldsymbol{F}_{\mathrm{N}i} \cdot \delta \boldsymbol{r}_i = 0$$

例如光滑面约束、光滑铰链约束、不可伸长的柔索、轮作纯滚动等都是理想约束。

13.1.4 自由度和广义坐标

确定一个自由质点在空间的位置需要 3 个独立参数，即 3 个坐标，也称质点有 3 个**自由度**。而确定一个自由质点在平面的位置需要两个独立参数，即两个坐标，则称质点有两

个自由度。一个由 n 个质点组成的质点系，每个质点在空间有 3 个坐标，n 个质点共有 $3n$ 个坐标。若有 s 个完整约束加于该质点系，则该质点系的自由度

$$N = 3n - s$$

即有 $3n-s$ 个坐标就可确定该质点系。若该系统被限制在平面内运动，其自由度为

$$N = 2n - s$$

确定一个质点系的位置的独立参数的选取并不是唯一的，可以是线位移坐标，也可以是角坐标。

确定质点系位置的独立参数称为**广义坐标**。例如图 13.6 所示，可以选摆角 φ_1 和 φ_2 为独立参数，也可以选取质点 A 的坐标 x_A 和点 B 的坐标 x_B 为独立参数，当然也可选质点 A 和 B 的坐标 y_A 和 y_B 作为独立参数。图 13.6 为两个质点组成的在平面内运动的质点系，有两个完整约束方程，为

$$x_A^2 + y_A^2 = l_1^2$$
$$(x_B - x_A)^2 + (y_A - y_B)^2 = l_2^2$$

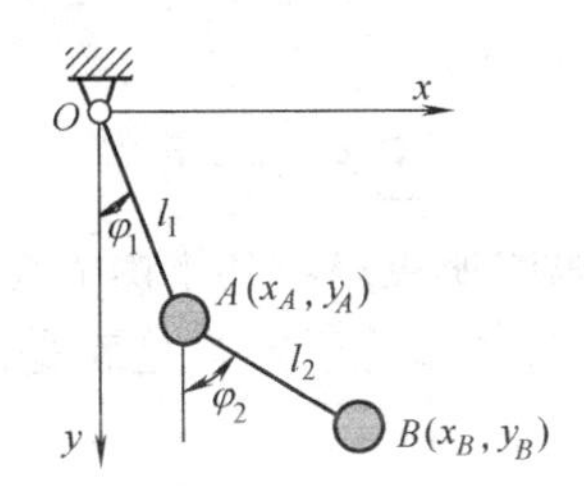

图 13.6　双锤摆

因此双摆的自由度为

$$N = 2\times2-2 = 2$$

一般地，由 n 个质点组成的完整系统，若自由度为 N，则可选取 N 个广义坐标 $q_1,\cdots,q_N$ 来确定系统的位形，其表达式为

$$\left.\begin{aligned} x_i &= x_i(q_1,\cdots,q_N,t) \\ y_i &= y_i(q_1,\cdots,q_N,t) \\ z_i &= z_i(q_1,\cdots,q_N,t) \end{aligned}\right\} \quad (i=1,2,\cdots,n) \tag{13-1}$$

对式(13-1)中各函数用类似求微分的方法进行变分，而 $\delta t \equiv 0$，可得

$$\left.\begin{aligned} \delta x_i &= \frac{\partial x_i}{\partial q_1}\delta q_1 + \cdots + \frac{\partial x_i}{\partial q_N}\delta q_N \\ \delta y_i &= \frac{\partial y_i}{\partial q_1}\delta q_1 + \cdots + \frac{\partial y_i}{\partial q_N}\delta q_N \\ \delta z_i &= \frac{\partial z_i}{\partial q_1}\delta q_1 + \cdots + \frac{\partial z_i}{\partial q_N}\delta q_N \end{aligned}\right\} \quad (i=1,2,\cdots,n) \tag{13-2}$$

广义坐标的变分称为**广义虚位移**。

13.2　虚位移原理及应用举例

一质点系处于平衡状态，其上任一质点 m_i，受有主动力的合力 $\boldsymbol{F}_i$，约束力的合力 $\boldsymbol{F}_{\mathrm{N}i}$。质点系是平衡的，则质点也是平衡的。因此有 $\boldsymbol{F}_i+\boldsymbol{F}_{\mathrm{N}i}=\boldsymbol{0}\quad(i=1,2,\cdots,n)$。若给质点系以某种虚位移，其中质点 m_i 的虚位移为 δr_i，则

$$(\boldsymbol{F}_i+\boldsymbol{F}_{\mathrm{N}i})\cdot\delta\boldsymbol{r}_i=0\quad(i=1,2,\cdots,n)$$

质点系内的每一质点都满足上式，将这些等式相加得

$$\sum(\boldsymbol{F}_i+\boldsymbol{F}_{\mathrm{N}i})\cdot\delta\boldsymbol{r}_i=0$$

即

$$\sum\boldsymbol{F}_i\cdot\delta\boldsymbol{r}_i+\sum\boldsymbol{F}_{\mathrm{N}i}\cdot\delta\boldsymbol{r}_i=0$$

对于具有理想约束的质点系有

$$\sum\boldsymbol{F}_{\mathrm{N}i}\cdot\delta\boldsymbol{r}_i=0$$

故

$$\sum\boldsymbol{F}_i\cdot\delta\boldsymbol{r}_i=0\tag{13-3}$$

上式表明：对于具有理想约束的质点系，其平衡的充要条件是：作用于质点系的所有主动力在任何虚位移中所做的虚功之和等于零。这就是**虚位移原理**，又称虚功原理。式(13-3)也可写为 解析式

$$\sum(F_{xi}\delta x_i+F_{yi}\delta y_i+F_{zi}\delta z_i)=0$$

以上论述，实际上已证明了虚位移原理的必要性。下面用反证法证明虚位移原理的充分性。

设质点系满足式(13-3)，并在主动力和约束力的作用下，由静止开始运动。若各质点沿 $\boldsymbol{F}_i+\boldsymbol{F}_{\mathrm{N}i}$ 合力方向所产生的实位移为 $\mathrm{d}\boldsymbol{r}_i$，有 $\sum(\boldsymbol{F}_i+\boldsymbol{F}_{\mathrm{N}i})\cdot\mathrm{d}\boldsymbol{r}_i>0$，而质点系在定常约束条件下，实位移是虚位移中的一个，若取此实位移为虚位移，可得

$$\sum(\boldsymbol{F}_i+\boldsymbol{F}_{\mathrm{N}i})\cdot\mathrm{d}\boldsymbol{r}_i=\sum(\boldsymbol{F}_i+\boldsymbol{F}_{\mathrm{N}i})\cdot\delta\boldsymbol{r}_i>0$$

在理想约束条件下，$\sum\boldsymbol{F}_{\mathrm{N}i}\cdot\delta\boldsymbol{r}_i=0$，所以有

$$\sum\boldsymbol{F}_i\cdot\delta\boldsymbol{r}_i>0$$

这与假设满足式(13-3)相矛盾，故充分性得证。

【例 13-1】如图 13.7 所示机构中，杆件 AB，BC 长均为 $l=0.6$ m，自重不计，在 B 处作用一铅垂力 $\boldsymbol{F}$，大小为 200 N。当 $\theta=45^\circ$ 时机构平衡，设滑块 C 与水平面间为光滑接触。求弹簧受力大小。

【分析】取整体为研究对象，弹簧为非理想约束，因此解除弹簧约束，把弹簧力当作主动力处理，从而使该系统具有理想约束。其上的主动力为 $\boldsymbol{F}$ 及弹簧力 $\boldsymbol{F}_k$。系统具有一个自由度。

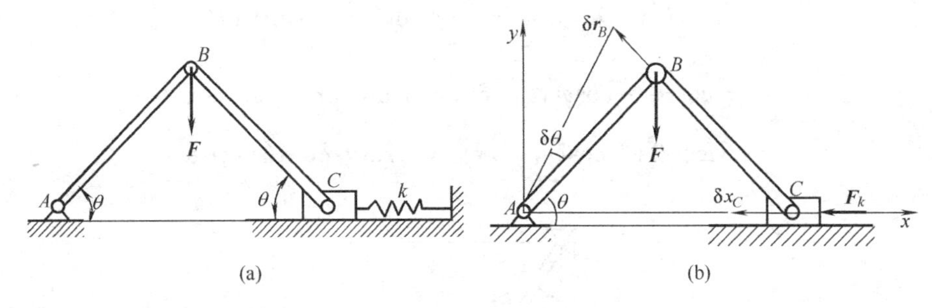

图 13.7　例 13-1 图

【解】

(1) 图(b)给杆 AB 一个虚位移 $\delta\theta$，相应点 B 有虚位移 $\delta \boldsymbol{r}_B$，点 C 有虚位移 δx_C，则有

$$\delta r_B = l\cdot\delta\,\theta\,,\quad \delta\,x_C\cos\theta = \delta r_B\,,\qquad \delta x_C = \frac{\delta r_B}{\cos\theta}$$

由虚位移原理得

$$F\cdot\delta r_B\cos(180^\circ-\theta)+F_k\delta\,x_C=0$$

代入各值得

$$F_k\cdot\frac{l\cdot\delta\theta}{\cos45^\circ}-Fl\cdot\delta\theta\cdot\cos45^\circ=0$$

$$F_k = F\cos^2 45^\circ = \frac{F}{2}\,,\quad F=100\ \text{N}$$

(2) 用解析法。建立图 13.7(b)所示坐标系，写出点 B，C 的坐标：

$$y_B = l\sin\theta\,,\quad x_C = 2l\cos\theta$$

作变分运算，得

$$\delta y_B = l\cos\,\theta\cdot\delta\theta\,,\qquad \delta x_C = -2l\sin\theta\cdot\delta\theta$$

由虚位移原理得

$$-F_k\cdot\delta x_C - F\cdot\delta y_B = 0$$

$$F_k\cdot 2l\sin\theta\cdot\delta\theta - Fl\cos\theta\cdot\delta\theta=0$$

解得

$$F=100\ \text{N}$$

【讨论】对于具有弹簧的系统，由于弹簧为非理想约束，因此不论是否要求弹簧受力，均需将弹簧约束解除，代之以弹簧力 $\boldsymbol{F}_k$，使系统成为理想约束系统求解。

【例 13-2】如图 13.8 所示的两均质杆 AB 和 BC，已知杆长 $AB=BC=l=1$ m，重量均为 $W=60$ N。在 $\theta=30^\circ$，$\varphi=60^\circ$ 时保持平衡，求此时水平力 $\boldsymbol{F}_1$ 和铅直力 $\boldsymbol{F}_2$ 的大小。

【分析】此系统有两个自由度，设广义坐标为 θ 和 φ，取直角坐标系 Axy。

【解】由虚位移原理得

$$W\cdot\delta y_D + W\cdot\delta y_E - F_2\cdot\delta y_C + F_1\cdot\delta x_B = 0$$

各力作用点处的虚位移分量为

$$y_D = \frac{l}{2}\cos\theta\,,\qquad\qquad \delta y_D = -\frac{1}{2}\sin\theta\cdot\delta\theta$$

$$x_B = l\cdot\sin\theta\,,\qquad \delta y_D = -\frac{1}{2}\sin\theta\cdot\delta\theta$$

$$y_E = l\cos\theta + \frac{l}{2}\cos\varphi\,,\qquad \delta y_E = -l\sin\theta\cdot\delta\theta - \frac{l}{2}\sin\varphi\cdot\delta\varphi$$

$$y_C = l\cos\theta + l\cdot\cos\varphi\,,\qquad \delta y_C = -l\sin\theta\cdot\delta\theta - l\sin\varphi\cdot\delta\varphi$$

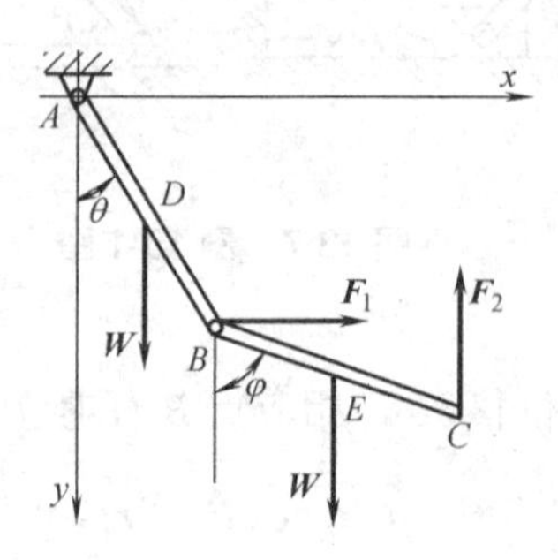

图 13.8　例 13-2 图

将各虚位移分量代入虚功方程，得

$$+W\cdot\frac{l}{2}\sin\theta\cdot\delta\theta + W\left(l\sin\theta\cdot\delta\theta + \frac{l}{2}\sin\varphi\cdot\delta\varphi\right)$$

$$-F_2\left(l\sin\theta\cdot\delta\theta + l\sin\varphi\cdot\delta\varphi\right) - F_1 l\cos\theta\cdot\delta\theta = 0$$

整理得

$$\left(-\frac{3}{2}W\sin\theta + F_2\sin\theta + F_1\cos\theta\right)\delta\theta + \left(F_2\sin\varphi - \frac{W}{2}\sin\varphi\right)\delta\varphi = 0$$

由于 $\delta\theta\neq 0,\ \delta\varphi\neq 0$　且由于 $\delta\theta$，$\delta\varphi$ 的任意性，故有

$$-\frac{3}{2}W\sin\theta + F_2\sin\theta + F_1\cos\theta = 0$$

$$F_2\sin\varphi - \frac{W}{2}\sin\varphi = 0$$

代入数值解得

$$F_1 = 34.68\ \mathrm{N}\,,\quad F_2 = 30\ \mathrm{N}$$

【例 13-3】图 13.9(a)所示，$AC = BC = DC = l$，图示位置 $\theta = 30^\circ$，求保持图示位置平衡时，M 与 F_B, F_D 之间的关系。

【分析】若任给杆 AC 一个虚转角 $\delta\theta$，则点 C 有虚位移 $\delta \boldsymbol{r}_C$，点 B 有虚位移 $\delta \boldsymbol{r}_B$，点 D 有虚位移 $\delta \boldsymbol{r}_D$。并且虚位移 $\delta \boldsymbol{r}_B$，$\delta \boldsymbol{r}_C$ 在沿 BC 连线方向上的投影相等，虚位移 $\delta \boldsymbol{r}_C$，$\delta \boldsymbol{r}_D$ 在沿 CD 连线方向上的投影相等。

【解法 1】任给杆 AC 一个虚转角 $\delta\theta$，如图 13.9(b)所示，则

$$\delta r_C = l\cdot\delta\theta$$

又因为点 B 和点 C 的虚位移在沿杆 BC 方向的投影相等，点 C 和点 D 的虚位移在沿杆 CD 方向的投影相等，所以

$$\delta r_B\cdot\cos\theta = \delta r_C\cdot\cos(90^\circ - 2\theta) \tag{a}$$

$$\delta r_C \cdot \cos 2\theta = \delta r_D \cdot \cos\theta \tag{b}$$

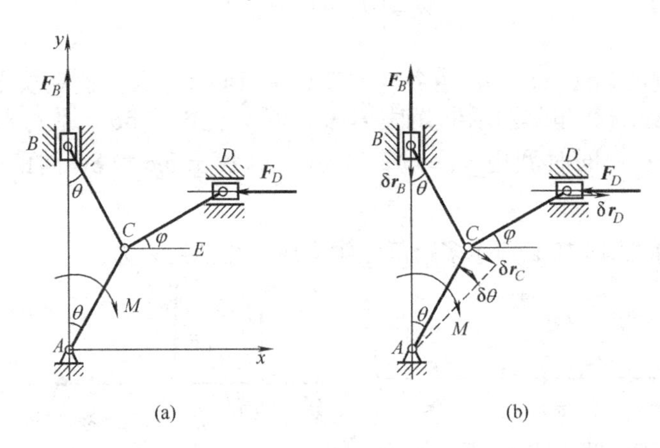

图 13.9　例 13-3 图

代入虚功方程$\sum \boldsymbol{F}_i \cdot \delta \boldsymbol{r}_i = 0$，得

$$M \cdot \delta\theta - F_B \cdot \delta r_B - F_D \cdot \delta r_D = 0 \tag{c}$$

将式(a)，(b)代入式(c)得

$$M \cdot \delta\theta - F_B l \cdot \delta\theta \cdot 2\sin\theta - F_D l \cdot \delta\theta \frac{\cos 2\theta}{\cos\theta} = 0$$

$$M - F_B l \cdot 2\sin\theta - F_D l \frac{\cos 2\theta}{\cos\theta} = 0$$

将$\theta = 30^\circ$代入得

$$M = \left(F_B + \frac{\sqrt{3}}{3} F_D\right) l$$

【解法 2】变分法计算。

$$y_B = 2l\cos\theta, \qquad \delta y_B = -2l\sin\theta \cdot \delta\theta$$

$$x_D = l\sin\theta + l\cos\varphi, \quad \delta x_D = l\cos\theta \cdot \delta\theta - l\sin\varphi \cdot \delta\varphi$$

因为y_D值保持不变

$$y_D = l\cos\theta + l\sin\varphi = C, \ \delta y_D = -l\sin\theta \cdot \delta\theta + l\cos\varphi \cdot \delta\varphi = 0$$

所以

$$\delta\varphi = \frac{\sin\theta}{\cos\varphi} \delta\theta$$

代入虚功方程

$$M \cdot \delta\theta + F_B \cdot \delta y_B - F_D \cdot \delta x_D = 0$$

可得

$$M \cdot \delta\theta - F_B \cdot 2l\sin\theta \cdot \delta\theta - F_D \left(l\cos\theta \cdot \delta\theta - l\sin\varphi \frac{\sin\theta}{\cos\varphi} \delta\theta \right) = 0$$

将$\theta = \varphi = 30^\circ$代入得

$$M=\left(F_B+\frac{\sqrt{3}}{3}F_D\right)l$$

【讨论】本题的解法 1，要注意各杆的任意两点间虚位移要满足投影关系；在用变分法时，注意 $\angle DCE=\varphi$，虽然图示位置时 $\varphi=\theta=30^\circ$，但 $\delta\varphi\neq\delta\theta$，故写坐标 x_D 时，不要写成 $x_D=l\sin\theta+l\cos\theta$。同时利用 $y_D=C$，$\delta y_D=0$，找出 $\delta\varphi$ 与 $\delta\theta$ 间的关系。请思考为什么？

【例 13-4】求图 13.10(a)所示多跨静定梁支座 B 处的约束力。

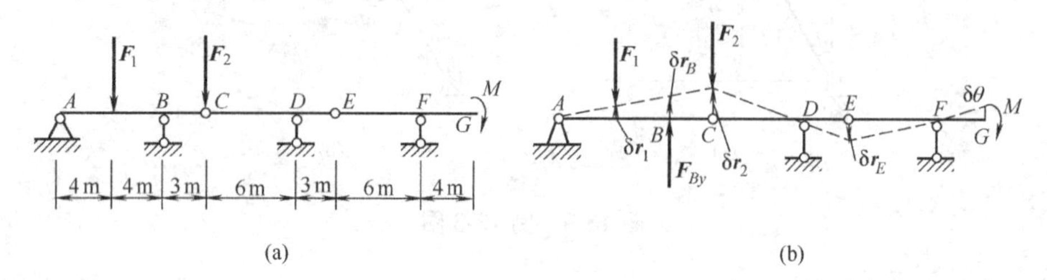

图 13.10 例 13-4 图

【分析】这是一个被完全约束的系统，不能产生虚位移，为求点 B 处的约束力，必须解除点 B 的约束，并代之以相应的约束力，视为主动力。给杆 ABC 虚转角 $\delta\varphi$，得虚位移如图 13.10(b)所示。

【解】由虚位移原理知

$$-F_1\cdot\delta r_1+F_{By}\cdot\delta r_B-F_2\cdot\delta r_2-M\cdot\delta\theta=0 \tag{a}$$

解得

$$F_{By}=F_1\frac{\delta r_1}{\delta r_B}+F_2\frac{\delta r_2}{\delta r_B}+M\frac{\delta\theta}{\delta r_B} \tag{b}$$

由图 13.10(b)中的几何关系知

$$\frac{\delta r_1}{\delta r_B}=\frac{1}{2}，\quad \frac{\delta r_2}{\delta r_B}=\frac{11}{8}$$

而

$$\delta\theta=\frac{\delta r_G}{4}$$

$$\frac{\delta\theta}{\delta r_B}=\frac{1}{\delta r_B}\left(\frac{\delta r_G}{4}\right)=\frac{1}{4\delta r_B}\left(\frac{4\delta r_E}{6}\right)=\frac{1}{6\delta r_B}\left(\frac{3\delta r_2}{6}\right)=\frac{1}{12}\cdot\frac{\delta r_2}{\delta r_B}=\frac{1}{12}\cdot\frac{11}{8}=\frac{11}{96}$$

代入式(b)得

$$F_{By}=\frac{F_1}{2}+\frac{11F_2}{8}+\frac{11M}{96}$$

【讨论】

(1) 欲求哪个方向的约束力，就需解除该方向约束，代之以约束力，视为主动力代入虚功方程求解。注意各虚位移间的函数关系分析，即各约束间允许的关系。

(2) 请读者求 A 处约束力。

【例 13-5】在图示 13.11(a)所示机构中，当曲柄 OC 绕轴 O 摆动时，滑块 A 沿曲柄滑动，从而带动杆 AB 在铅直导槽内移动。不计各杆自重与各处摩擦，求机构平衡时力 $\boldsymbol{F}_1$ 与 $\boldsymbol{F}_2$ 的关系。

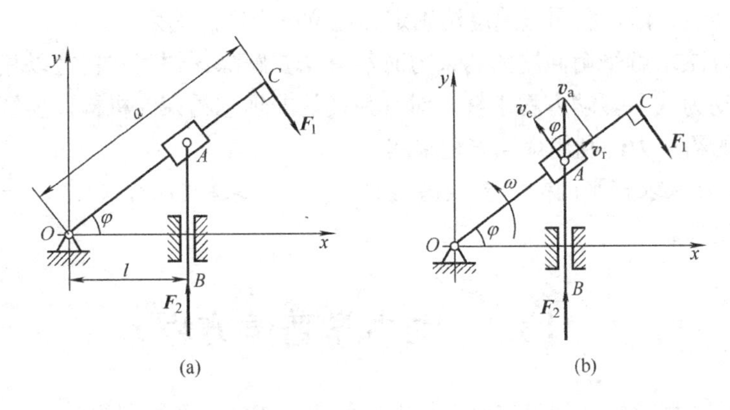

图 13.11　例 13-5 图

【分析】滑块 A 相对于杆 OC 有相对运动，为求虚位移 $\delta\boldsymbol{r}_A$ 和 $\delta\boldsymbol{r}_C$ 间的关系，可以用虚速度投影法，即假想虚位移在某个极短的时间 dt 内发生，这时点 A 和点 C 的速度 $\boldsymbol{v}_A=\dfrac{\delta\boldsymbol{r}_A}{\mathrm{d}t}$ 和 $\boldsymbol{v}_C=\dfrac{\delta\boldsymbol{r}_C}{\mathrm{d}t}$ 称为虚速度。代入虚功方程 $\sum\boldsymbol{F}_i\cdot\delta\boldsymbol{r}_i=0$，得 $\boldsymbol{F}_2\cdot\boldsymbol{v}_A+\boldsymbol{F}_1\cdot\boldsymbol{v}_C=0$。这就是虚速度法。若给杆 OC 一个虚角速度 ω，则可求得点 C 的虚速度，并利用点的合成运动的方法求得点 A 的虚速度。

【解】给杆 OC 一个虚角速度 ω，如图 13.11(b)所示，则

$$v_C=a\omega$$

点 A 的牵连速度

$$v_e=\frac{l}{\cos\varphi}\omega$$

点 A 的绝对速度

$$v_A=v_a=\frac{v_e}{\cos\varphi}=\frac{l\omega}{\cos^2\varphi}$$

代入方程

$$\boldsymbol{F}_1\cdot\boldsymbol{v}_C+\boldsymbol{F}_2\cdot\boldsymbol{v}_A=0$$

得

$$-F_1\cdot a\omega+F_2\frac{l\omega}{\cos^2\varphi}=0$$

$$F_1=F_2\frac{l}{a\cos^2\varphi}$$

由以上几个例题可见，用虚位移原理求解机构的平衡问题，关键是要找出各虚位移之间的关系，一般应用中，可采用以下三种方法。

(1) 设机构某处产生虚位移，作出各虚位移间的几何关系图，由几何关系确定各虚位移之间的关系。

(2) 建立坐标系，利用变分原理确定各虚位移之间的关系。对于各虚位移间关系复杂、不直观时，用坐标变分解析法，一般较方便些。

(3) 按运动学方法，利用虚速度法确定各虚位移之间的关系。

用虚位移方法求解平衡问题的约束力时，首先要解除该约束并代之以相应的约束力，约束力作为主动力代入虚功方程求解。对有弹簧等非理想约束的机构，要解除非理想约束并代之以相应的约束力，利用虚功方程求解。

*用虚位移方法求解平面静定桁架内力时，应将所求杆截断，代之以一对内力，并将其作为主动力处理。

*13.3 动力学普遍方程

动力学普遍方程是将达朗贝尔原理与虚位移原理相结合而得到的。

一个由n个质点组成的质点系，其上第i个质点的质量为m_i，矢径为$\boldsymbol{r}_i$，加速度为$\ddot{\boldsymbol{r}}_i$，作用有主动力$\boldsymbol{F}_i$和约束力$\boldsymbol{F}_{Ni}$。由达朗贝尔原理知道，系统内各质点满足

$$\boldsymbol{F}_i+\boldsymbol{F}_{Ni}+\boldsymbol{F}_{Ii}=\boldsymbol{0} \qquad (i=1,2,\cdots,n)$$

其中，$\boldsymbol{F}_{Ii}=-m_i\ddot{\boldsymbol{r}}_i$为惯性力。

若给质点系内各质点以任一组虚位移$\delta\boldsymbol{r}_i\ (i=1,2,\cdots,n)$，由虚位移原理得

$$(\boldsymbol{F}_i+\boldsymbol{F}_{Ni}+\boldsymbol{F}_{Ii})\cdot\delta\boldsymbol{r}_i=0 \qquad (i=1,2,\cdots,n)$$

将质点系中上述n个方程累加求和得

$$\sum\boldsymbol{F}_i\cdot\delta\boldsymbol{r}_i+\sum\boldsymbol{F}_{Ni}\cdot\delta\boldsymbol{r}_i+\sum\boldsymbol{F}_{Ii}\cdot\delta\boldsymbol{r}_i=0$$

若系统受理想约束，则

$$\sum\boldsymbol{F}_{Ni}\cdot\delta\boldsymbol{r}_i=0$$

故得

$$\sum(\boldsymbol{F}_i+\boldsymbol{F}_{Ii})\cdot\delta\boldsymbol{r}_i=0$$

或

$$\sum(\boldsymbol{F}_i-m_i\ddot{\boldsymbol{r}}_i)\cdot\delta\boldsymbol{r}_i=0 \tag{13-4}$$

式(13-4)称为**动力学普遍方程**。

上式也可写成解析表达式

$$\sum[(F_{xi}-m_i\ddot{x}_i)\delta x_i+(F_{yi}-m_i\ddot{y}_i)\delta y_i+(F_{zi}-m_i\ddot{z}_i)\delta z_i]=0$$

上式表明：在理想约束的条件下，质点系在任一瞬时所受的主动力系和虚加的惯性力系在虚位移上所做的功之和等于零。

【例 13-6】如图 13.12(a)所示，余弦调速器为弯成直角的曲杆，在杆的两端各固连一质量均为m的质点A和B，曲杆的两臂长分别为l_1和$l_2\ (l_1\neq l_2)$。不计曲杆的质量，并忽略销钉O处及轴上摩擦，问调速器在多大的角速度下，连接两质点的直线处于水平位置？

【分析】取整个系统为研究对象。设当点A，B连线处于水平位置时，调速器的角速度为ω，臂OA与铅垂线成角为φ。系统所受的主动力有质点A的重力$m\boldsymbol{g}$和质点B的重力$m\boldsymbol{g}$，假想地加在质点A和B上的惯性力为$\boldsymbol{F}_{IA}$，$\boldsymbol{F}_{IB}$，如图 13.12(b)所示。其中

$F_{IA}=m\omega^2 l_1\sin\varphi$，$F_{IB}=m\omega^2 l_2\sin\varphi$。

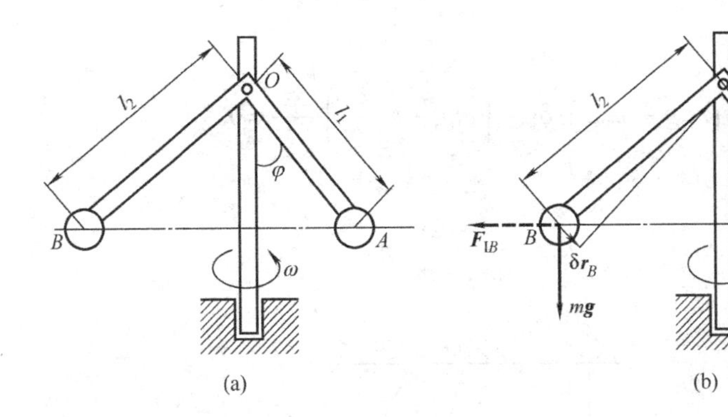

图 13.12　例 13-6 图

【解】给曲杆一个虚位移 $\delta\varphi$。利用动力学普遍方程得

$$mg\cdot\delta\boldsymbol{r}_A+\boldsymbol{F}_{IA}\cdot\delta\boldsymbol{r}_A+m\boldsymbol{g}\cdot\delta\boldsymbol{r}_B+\boldsymbol{F}_{IB}\cdot\delta\boldsymbol{r}_B=0$$

即

$$-mgl_1\cdot\delta\varphi\sin\varphi+F_{IA}l_1\cdot\delta\varphi\cos\varphi+mgl_2\cdot\delta\varphi\cos\varphi-F_{IB}l_2\cdot\delta\varphi\sin\varphi=0$$

将惯性力代入上式得

$$\omega^2(l_1^2-l_2^2)\sin\varphi\cos\varphi-g(l_1\sin\varphi-l_2\sin\varphi)=0$$

将

$$\sin\varphi=\frac{l_1}{\sqrt{l_1^2+l_2^2}},\quad \cos\varphi=\frac{l_2}{\sqrt{l_1^2+l_2^2}}$$

代入上式得

$$\omega^2=\frac{\sqrt{l_1^2+l_2^2}}{l_1l_2}g$$

$$\omega=\sqrt{\frac{g}{l_1l_2}}\cdot\sqrt[4]{l_1^2+l_2^2}$$

【例 13-7】如图 13.13 所示，两滑轮的直径相等。动滑轮上悬挂着质量为 m_1 的重物，绳子绕过定滑轮后悬挂着质量为 m_2 的重物。设滑轮和绳子的重量以及轮轴摩擦都忽略不计，求质量为 m_2 的物体下降的加速度。

【分析】取整个滑轮系统为研究对象，系统具有理想约束。系统的主动力为 $m_1\boldsymbol{g}$ 和 $m_2\boldsymbol{g}$，惯性力为 $\boldsymbol{F}_{I1}=-m\boldsymbol{a}_1$，$\boldsymbol{F}_{I2}=-m\boldsymbol{a}_2$。若质量为 m_1 的物体的虚位移为 δs_1，质量为 m_2 的物体的虚位移为 δs_2，由滑轮的传动关系知

$$\delta s_1=\frac{\delta s_2}{2},\quad a_1=\frac{a_2}{2}。$$

【解】给质量为 m_1 的物体的虚位移为 δs_1，质量为 m_2 的物体的虚位移为 δs_2，由动力学普遍方程得

$$(m_2g-m_2a_2)\cdot\delta s_2-(m_1g+m_1a_1)\cdot\delta s_1=0$$

因为

$$\delta s_1 = \frac{\delta s_2}{2}, \qquad a_1 = \frac{a_2}{2}$$

代入前式，得

$$(m_2 g - m_2 a_2)\cdot \delta s_2 - \left(m_1 g + m_1 \frac{a_2}{2}\right)\cdot \frac{\delta s_2}{2} = 0$$

消去δs_2，得

$$a_2 = \frac{4m_2 - 2m_1}{4m_2 + m_1} g$$

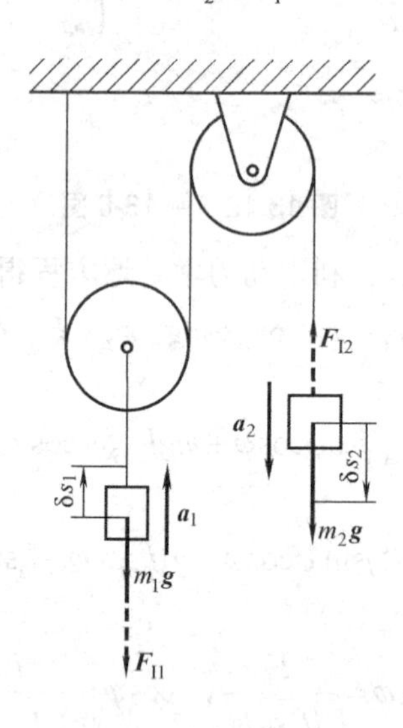

图 13.13　例 13-7 图

小　　结

1．某瞬时质点或质点系在约束允许的条件下，可能实现的任何无限小的位移称为虚位移。

2．力在虚位移中所做的功称为虚功。

3．如果在质点系的任何虚位移中，所有约束力所做虚功的和等于零，这种约束称为理想约束。

4．对于具有理想约束的质点系，其平衡的充要条件是：作用于质点系的所有主动力在任何虚位移中所做的虚功之和等于零。这就是虚位移原理，又称虚功原理。可表示为

$$\sum \boldsymbol{F}_i \cdot \delta \boldsymbol{r}_i = 0$$

5．在理想约束的条件下，质点系在任一瞬时所受的主动力系和虚加的惯性力系在虚位移上所做的功之和等于零，这就是动力学普遍方程。可表示为

$$\sum (\boldsymbol{F}_i - m_i \cdot \ddot{\boldsymbol{r}}_i)\cdot \delta \boldsymbol{r}_i = 0$$

思　考　题

13-1 什么是几何约束？什么是运动约束？什么是定常约束？什么是非定常约束？什么是完整约束？什么是非完整约束？什么是理想约束？

13-2 何谓质点或质点系的自由度及其广义坐标？何谓虚位移？何谓虚位移原理？

13-3 试分析图示 4 个平面机构的自由度数。

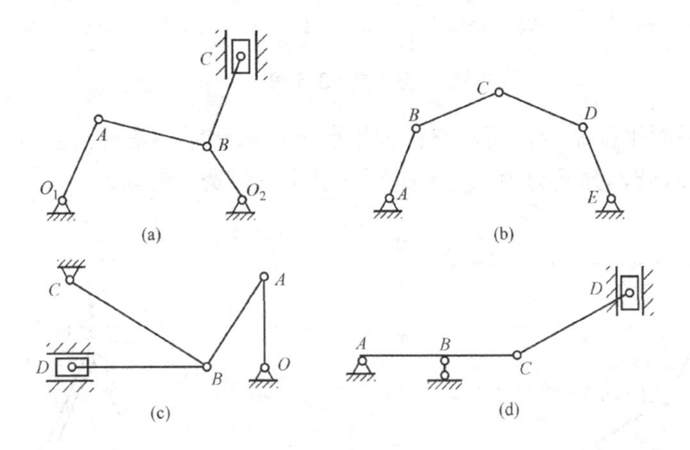

思考题 13-3 图

13-4 图示四连杆机构中，点 B，C 的虚位移有 4 种画法，其中正确的是哪些？

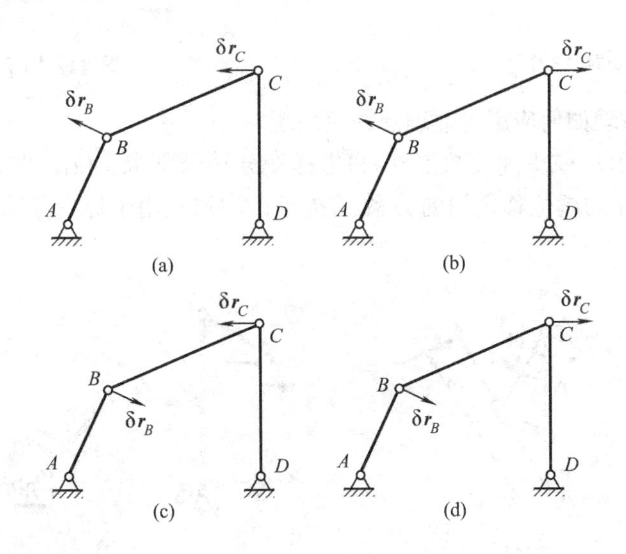

思考题 13-4 图

13-5　图示平面机构均处于静止平衡状态，图中所给各虚位移有无错误？如有错误，应如何改正？

13-6 图示双摆由质点 A 及 B 组成，并只能在铅垂平面内运动。系统有两个自由度，广义坐标可选(1) φ_1， φ_2；(2) φ_1， φ_3；(3) φ_2， φ_3；(4) x_1， y_1；(5) x_1， x_2；(6) x_1， y_2 中

哪几种?

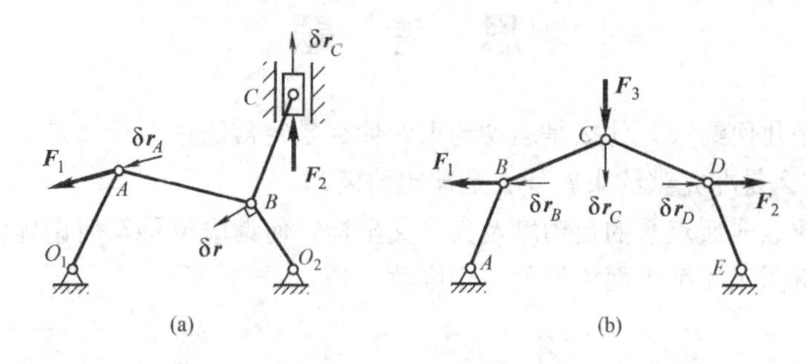

思考题 13-5 图

13-7 图示平面平衡系统，若对整体列平衡方程求解时，是否需要考虑弹簧的内力?若改用虚位移原理求解，弹簧力为内力，是否需要考虑弹簧力的功?

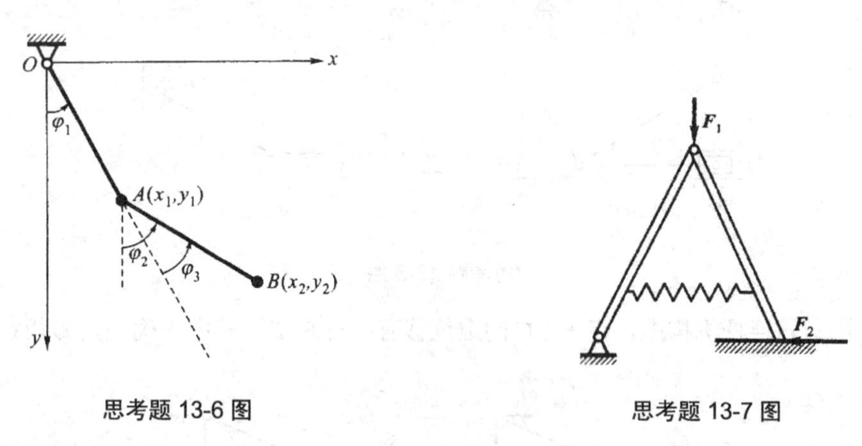

思考题 13-6 图　　　　思考题 13-7 图

13-8 虚位移原理如何应用于非理想约束系统?

13-9 试用几何法(或虚速度投影法)和坐标变分法分别求图(a)，(b)所示机构的虚位移$\delta\theta$与力 $\boldsymbol{F}$ 作用点 A 的虚位移之间的关系。(提示：注意在用坐标变分法求解时对图示特殊位置 θ 角的处理)

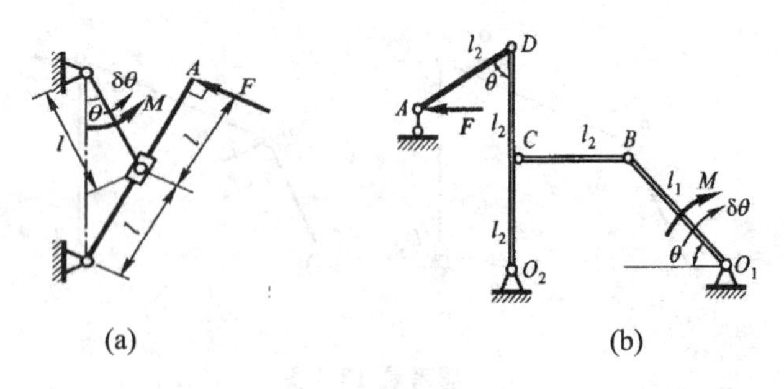

思考题 13-9 图

13-10 动力学普遍方程中应包括内力的虚功吗?

习　　题

13-1 图示机构在力 $\boldsymbol{F}_1$ 与 $\boldsymbol{F}_2$ 作用下在图示位置平衡，不计各构件自重与各处摩擦，$OD=BD=l_1$，$AD=l_2$。求 F_1/F_2 的值。

13-2 图示摇杆机构位于水平面上，已知 $OO_1=OA$。机构上受到力偶矩 M_1 和 M_2 的作用。机构在可能的任意角度 θ 处于平衡时，求 M_1 和 M_2 之间的关系。

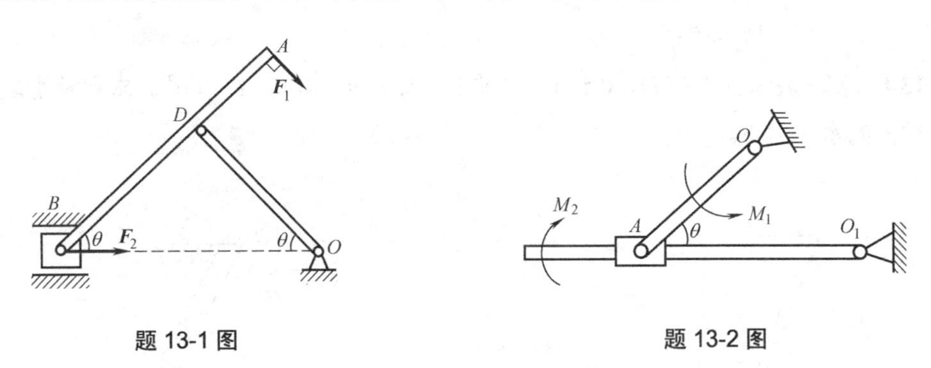

题 13-1 图　　　　题 13-2 图

13-3 在图示机构中，已知：力 $\boldsymbol{F}$，$AC=BC=CD=CE=DH=EH=l$，弹簧的原长为 l，弹簧刚度系数为 k。求机构平衡时，力 $\boldsymbol{F}$ 与角 θ 的关系。

13-4 图示平面机构由 5 根等长杆及固定边 AB 组成一正六边形，杆 AH 与 BC 的中点由一弹簧连接。弹簧的刚度系数为 k，各杆长度与弹簧原长均为 l。若在杆 DE 的中点作用一铅直向下的力 $\boldsymbol{F}$，求机构处于平衡时的角 φ。

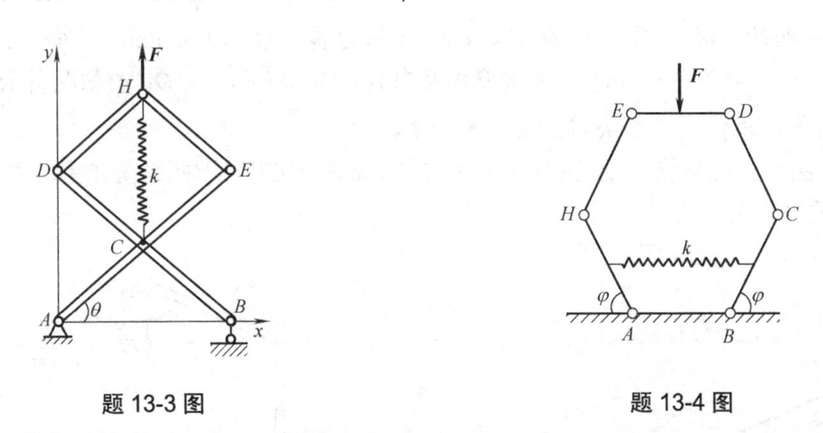

题 13-3 图　　　　题 13-4 图

13-5 三杆长均为 l，在杆 OA 上作用一力偶 M。铰链 A，B 上各作用有铅直向下的力 $\boldsymbol{F}_1$，$\boldsymbol{F}_2$，在滑块 C 上作用有水平力 $\boldsymbol{F}_3$。不计杆重及摩擦，求系统的平衡方程。

13-6 在图示机构中，曲柄 AB 和连杆 BC 为均质杆，具有相同的长度和重量 W。滑块 C 的重量为 W_1，可沿倾角为 θ 的导轨 AD 滑动。设约束都是理想的，求系统在铅垂面内的平衡位置。

13-7 在图示机构中，已知：曲柄 OA 上作用一力偶，其矩为 M，在滑块 D 上作用水平力 $\boldsymbol{F}$，尺寸如图所示。不计各杆及滑块的自重，求机构在图示位置平衡时力 $\boldsymbol{F}$ 与力偶矩

M之间的关系。

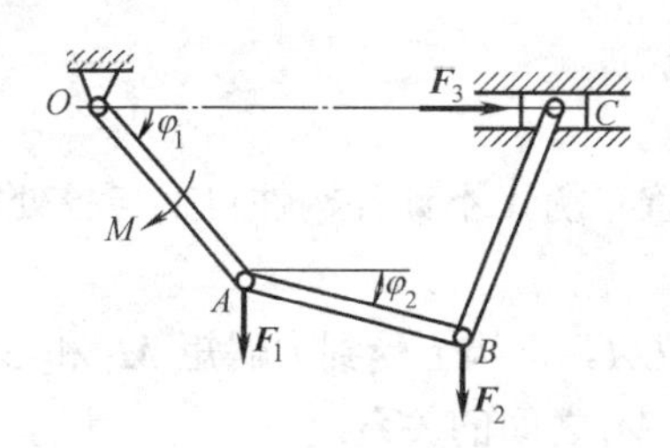

题 13-5 图

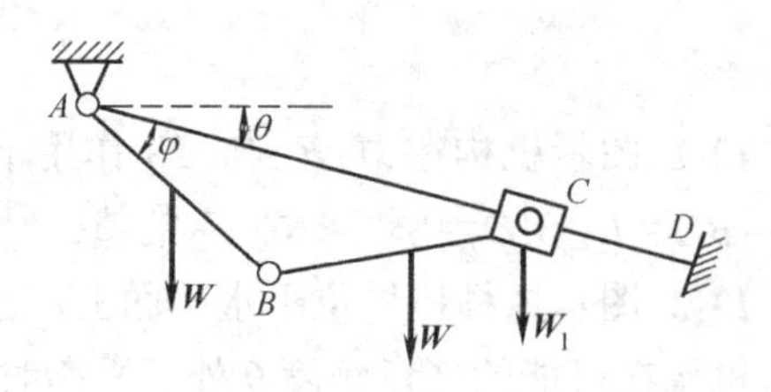

题 13-6 图

13-8 已知$AB=BC=BD=0.5\text{ m}$，力偶矩 $M=60\text{ N·m}$，$\theta=60^\circ$。求保持滑块机构平衡时所需的水平力 $\boldsymbol{F}$。

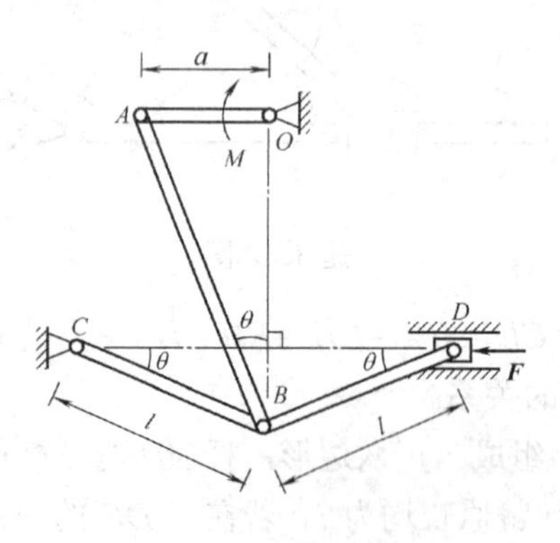

题 13-7 图

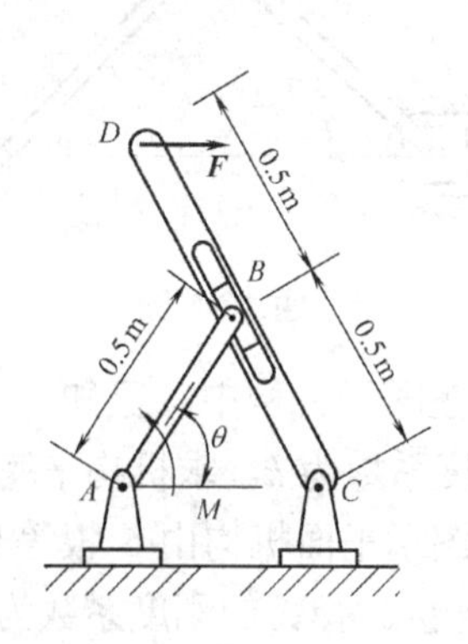

题 13-8 图

13-9 在曲柄 OA 上作用矩为 $M=6\text{ N·m}$ 的力偶。$OA=150\text{ mm}$，$OO_1=200\text{ mm}$，$O_1B=500\text{ mm}$，$BC=780\text{ mm}$，略去摩擦及自重。当 OA 垂直 OO_1 时(如图所示)，为了使机构处于平衡，求作用在滑决 C 上的水平力 $\boldsymbol{F}$。

13-10 图示杠杆系统，设已知$OA/OB=1/3$，$BC=CD$，求此系统在主动力 $\boldsymbol{F}_1$ 和压力 $\boldsymbol{F}_2$ 作用下的平衡关系式。

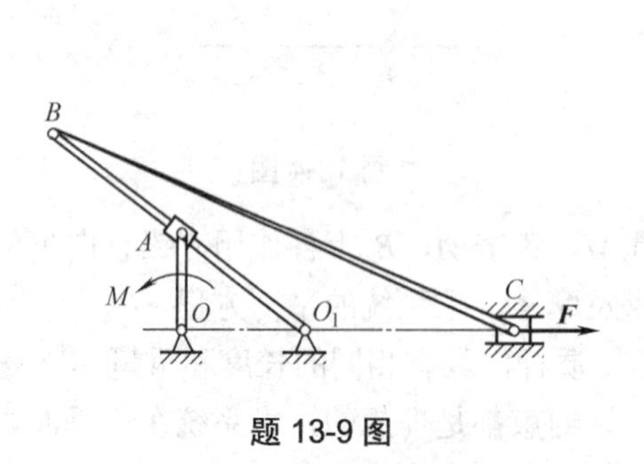

题 13-9 图

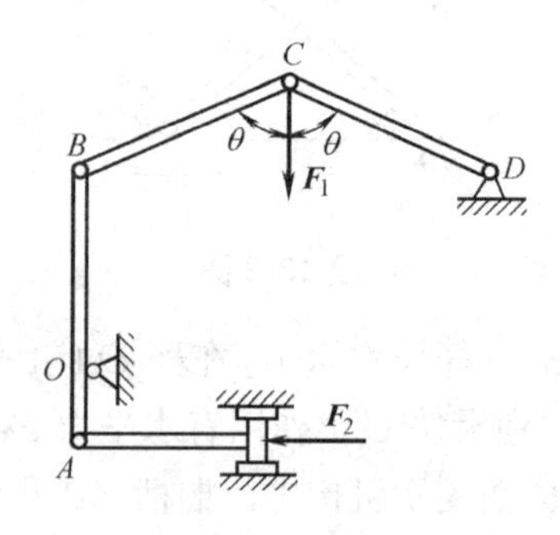

题 13-10 图

13-11 在置于水平面内的连有摇杆的曲柄滑块机构中，$AB=AC$。在机构上作用着 3 个矩分别为 M_1，M_2，M_3 的力偶。求系统在$O_1B\perp O_1C$，OA 垂直 BC，$\theta\neq45^\circ$ 的位置处于平衡状态时，3 个力偶之间的关系。

13-12 重物 A，B，C 通过绳索滑轮连接如图，A 重 $2\boldsymbol{W}$，B 重 $\boldsymbol{W}$，求平衡时重物 C 的重量 $\boldsymbol{G}$ 以及重物 A 与水平面间的静滑动摩擦因数 f_s。

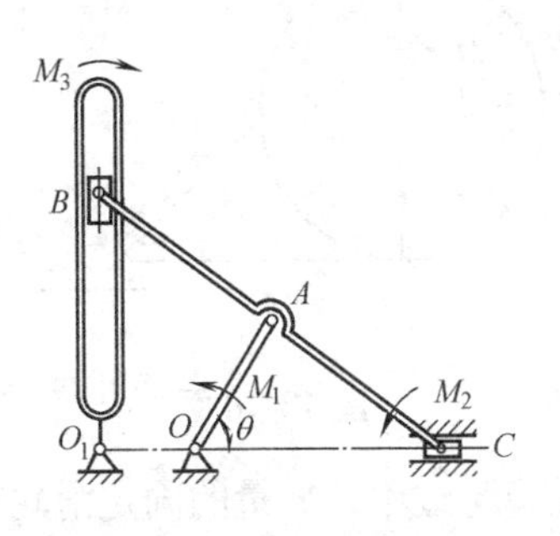

题 13-11 图

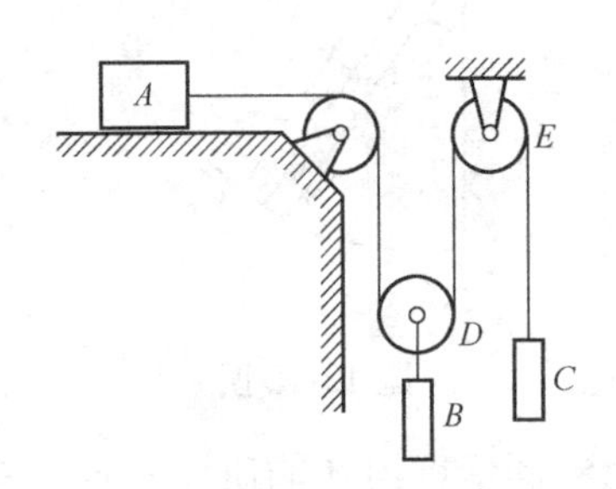

题 13-12 图

13-13 图示两均质杆 AB，AC 的质量均为 m，长均为 $2b$，其上连有滑轮，分别置于水平和铅直光滑的滑槽中。在杆的一端加有一力偶，其矩为 M。滚轮的质量及摩擦略去不计，求平衡时的角度 θ。

13-14 图示菱形铰链机构的各杆都长 l，由顶点 A 悬挂住，在铰链 C，D 处各有重 $\boldsymbol{W}$ 的球。又在 A，B 间有刚度系数为 k 的弹簧，当 $\varphi = 45^\circ$ 时弹簧中无力作用，且弹簧能受压。求机构的平衡位置。设 $W < 2lk\left(1-\dfrac{\sqrt{2}}{2}\right)$，杆的重量不计。

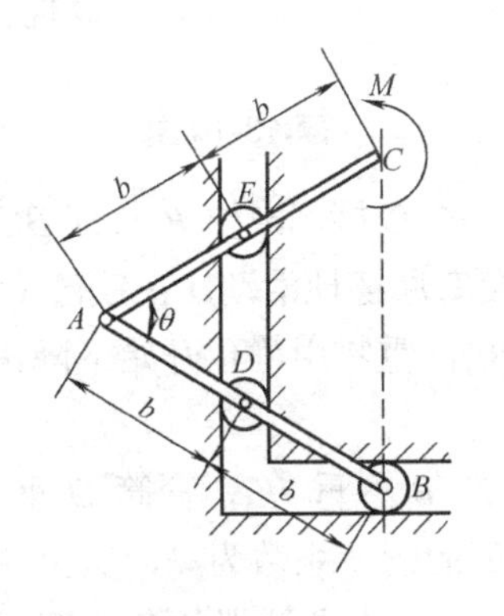

题 13-13 图

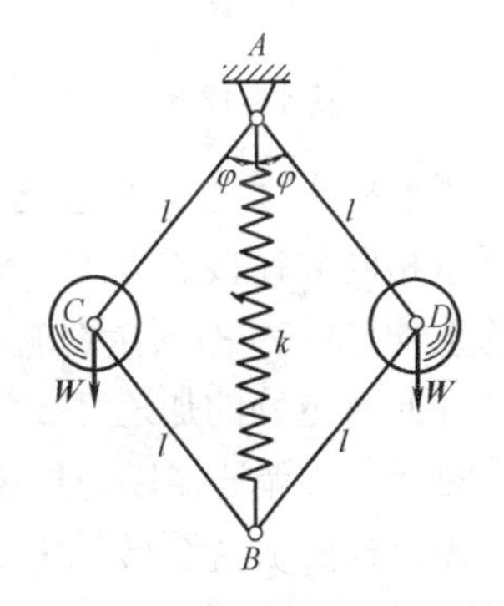

题 13-14 图

13-15 图示均质杆 AB 长 $2l$，一端靠在光滑的铅直墙壁上，另一端放在固定光滑曲面 DE 上。欲使细杆能静止在铅垂平面的任意位置，问曲面的曲线 DE 的形式应是怎样的？

13-16 半径为 R 的滚子放在粗糙水平面上，连杆 AB 的两端分别与轮缘上的点 A 和滑块 B 铰接。滚子上作用的力偶矩为 M，滑块上作用有力 $\boldsymbol{F}$，图示位置系统处于平衡状态，设力 $\boldsymbol{F}$ 已知，忽略滚动阻力偶，不计滑块和各铰链处的摩擦，不计杆 AB 与滑块 B 的重量，滚子有足够大的重量 W。求力偶矩 M 以及滚子与地面间的摩擦力。

13-17 图示为一升降机的简图，被提升的物体 A 重为 W_1，平衡锤 B 重为 W_2，带轮 C 及 D 重均为 $\boldsymbol{W}$，半径均为 r，可视为均质圆柱。设作用于轮 C 的力偶矩为 M，皮带的质量不计，求重物 A 的加速度。

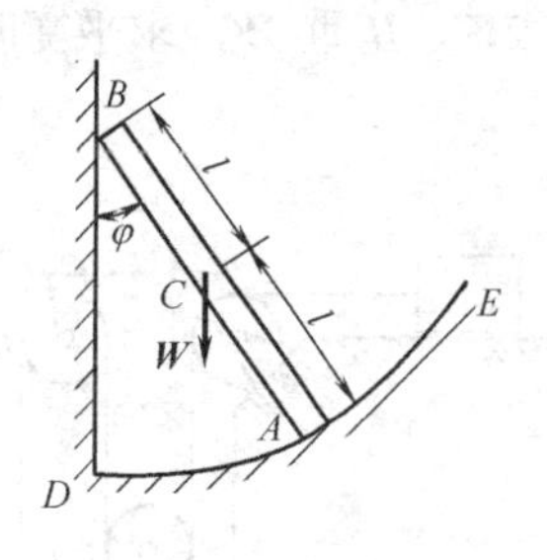

题 13-15 图

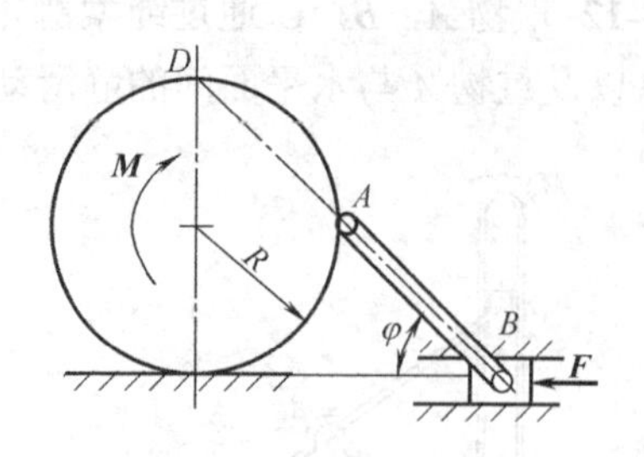

题 13-16 图

13-18 图示重物 A 的质量为 m_1，系在绳子上，绳子跨过不计质量的固定滑轮 D，并绕在鼓轮 B 上。由于重物下降，带动了轮 C，使它沿水平轨道滚动而不滑动。设鼓轮半径为 r，轮 C 的半径为 R，两者固结在一起，总质量为 m_2，对于其水平轴 O 的回转半径为 ρ。求重物 A 的加速度。

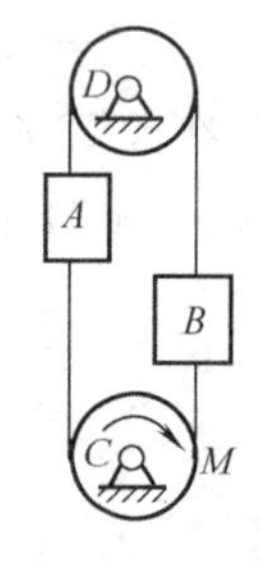

题 13-17 图

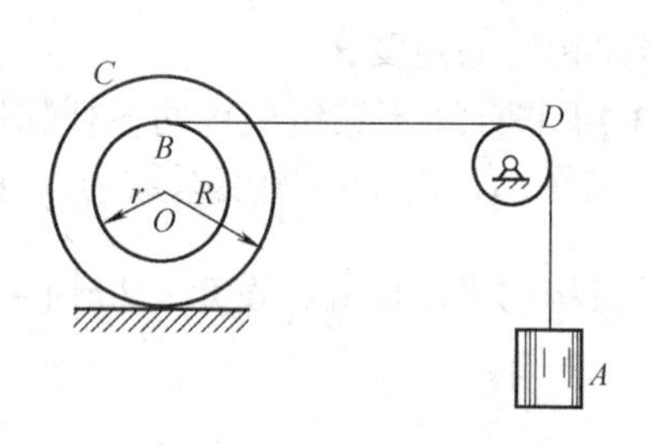

题 13-18 图

13-19 两个滑块 A 与 B 质量均为 m，滑块 A 与杆 AC 铰接，滑块 B 与杆 BC 铰接，杆 AC，BC 质量相同并铰接在点 C，滑块可沿水平方向没有摩擦地滑动。在铰链 C 上悬挂一质量 m_1 的重物 D。杆的质量忽略不计，在初瞬时(t=0)，重物由静止开始下降，杆与水平面成 θ 角，问此时重物的加速度 $\boldsymbol{a}$ 为多大？

13-20 图示离心调速器以匀角速度 ω 转动。重球 A，B 各重 $\boldsymbol{W}_1$，套筒 C 重 $\boldsymbol{W}_2$，连杆长均为 l，各连杆的铰链至转轴中心的距离为 a，弹簧的刚度系数为 k，其上端与转轴固接，下端压在套筒上，当角 $\theta=0$ 时，弹簧为原长不受力。求调速器的角速度 ω 与角 θ 的关系。

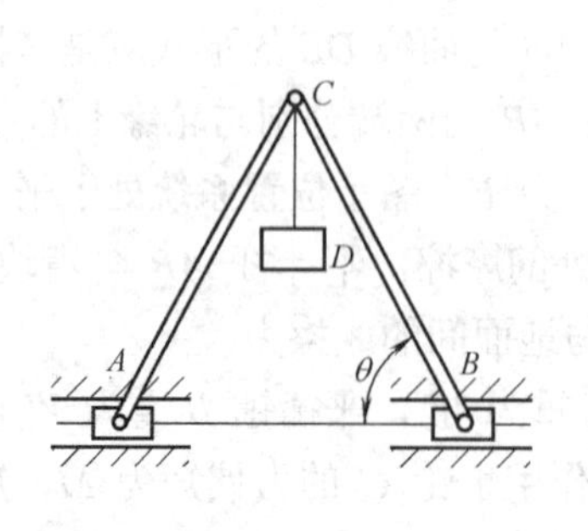

题 13-19 图

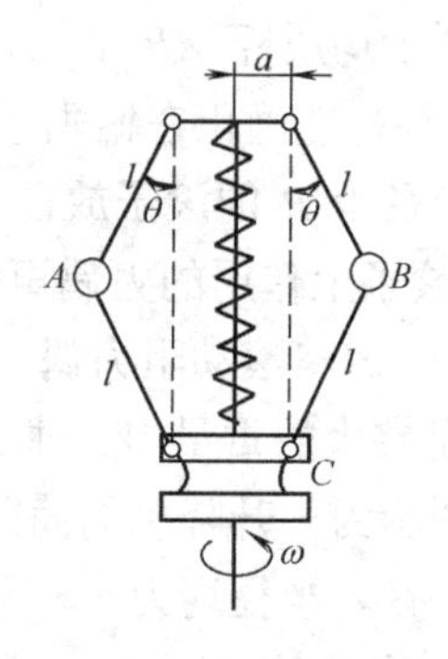

题 13-20 图

13-21 均质圆柱体 A 和 B 的质量均为 m，半径均为 R，一绳缠绕在绕固定轴 O 转动的圆柱 A 上，绳的另一端绕在圆柱 B 上，直线绳段铅垂，不计摩擦。求圆柱体 B 下落时质心的加速度。

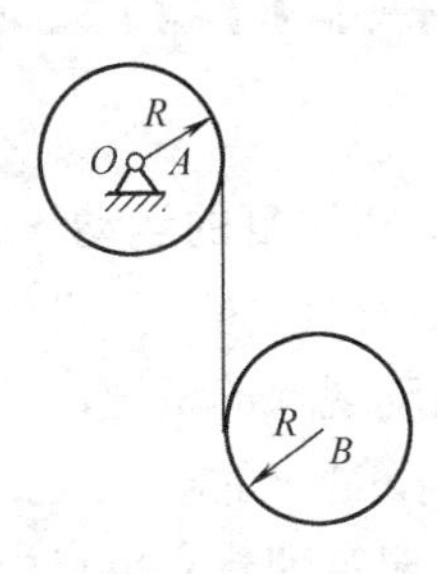

题 13-21 图

第 14 章　单自由度系统的振动

振动是指物体在平衡位置附近来回往复的运动，是日常生活和工程中普遍存在的现象，如钟摆的摆动，心脏的跳动，大海的波涛，飞机机翼的颤振，噪声等都是振动。我们研究振动的目的就是为了了解各种振动现象的机理，掌握振动的基本规律，从而防止或限制振动产生的危害和充分利用振动积极的一面。

本章主要研究如何运用动力学普遍定理建立单自由度系统振动微分方程，计算固有频率，及系统在阻尼和激励作用下的运动规律。多自由度系统的振动将是后续课程的内容。

14.1　单自由度系统的自由振动

14.1.1　自由振动微分方程

任何具有质量和弹性的系统都能产生振动，最简单的振动系统是如图 14.1(a)所示的由质量和弹簧组成的系统。弹簧原长为 l_0，刚度系数为 k，质量可以忽略。系统具有一个自由度，因为它的运动可以用单一的坐标 x 来描述。

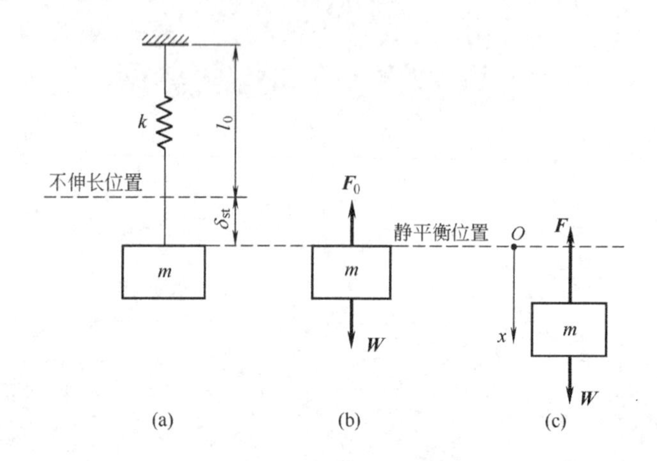

图 14.1　单自由度弹簧质量系统

在重力 $\boldsymbol{W}=m\boldsymbol{g}$ 的作用下，弹簧变形为 δ_{st}，称为静变形，这一位置称为静平衡位置(图 14.1(b))。此时，重力 $\boldsymbol{W}$ 与弹簧力 $\boldsymbol{F}_0$ 大小相等，即

$$W = F_0 = k\delta_{\mathrm{st}}$$

为研究方便，取静平衡位置为坐标原点，轴 x 向下，任意位置处(图 14.1(c))弹簧力为

$$F = k(\delta_{\mathrm{st}} + x)$$

根据质点运动微分方程

$$m\ddot{x} = W - F = W - k(\delta_{st} + x)$$

因为$W = k\delta_{st}$，上式可变为

$$m\ddot{x} = -kx \tag{14-1}$$

此式表明，物体偏离静平衡位置时，仅受$-kx$的力的作用，称为**恢复力**，其大小与位移 x 成正比，方向始终与位移方向相反，即始终指向静平衡位置。这种只在恢复力作用下维持的振动称为**无阻尼自由振动**。

从式(14-1)中还可看出，重力只对静变形δ_{st}有影响，即只改变了静平衡位置，而不影响振动规律。对于有像重力这样的常力作用的系统，只要将坐标原点取在静平衡位置，都将得到如式(14-1)的运动微分方程。

令

$$\omega_n^2 = \frac{k}{m}$$

式(14-1)变为

$$\ddot{x} + \omega_n^2 x = 0 \tag{14-2}$$

这是无阻尼自由振动微分方程的标准形式。它是二阶齐次线性常系数微分方程，其通解为

$$x = C_1 \cos\omega_n t + C_2 \sin\omega_n t$$

其中 C_1 和 C_2 是积分常数，由运动的初始条件确定。令

$$A = \sqrt{C_1^2 + C_2^2}\text{，}\quad \tan\varphi = \frac{C_1}{C_2}$$

则通解可改写为

$$x = A\sin(\omega_n t + \varphi) \tag{14-3}$$

物体离开平衡位置的位移按正弦(或余弦)函数规律随时间变化的运动称为**简谐振动**，这是振动中最简单、最基本的形式。可以证明，任何复杂的振动都可分解成几个或多个简谐振动的合成。

14.1.2　自由振动的周期、频率、振幅和相位

式(14-3)中ω_n是振动系统的固有角频率，也称**固有频率**，它是振动系统的固有特征。它与振动**周期** T 及振动**频率** f 之间的关系是

$$\omega_n = \frac{2\pi}{T} = 2\pi f \tag{14-4}$$

固有频率反映了 2π 秒内的振动次数，它是振动理论中的重要概念，其单位为 rad/s。将$m = \dfrac{W}{g}$和$k = \dfrac{W}{\delta_{st}}$代入$\omega_n$的表达式，得

$$\omega_n = \sqrt{\frac{g}{\delta_{st}}} \tag{14-5}$$

此式表明，对上述系统，只要知道重力作用下的静变形，就可求得系统的固有频率。

式(14-4)中，A 称为**振幅**，表示相对静平衡位置的最大位移。$(\omega_n t + \varphi)$ 称为**相位**(或相位角)，决定了物体在某瞬时 t 的位置。φ 称为**初相角**，它决定了物体运动的起始位置。A 和φ均可由初始条件确定。

设在初始 $t=0$ 瞬时，$x=x_0$，$\dot{x}=\dot{x}_0$，则求得振幅 A 和初相角 φ 的表达式为

$$A=\sqrt{x_0^2+\frac{\dot{x}_0^2}{\omega_n^2}}\ ,\quad \tan\varphi=\frac{\omega_n x_0}{\dot{x}_0} \tag{14-6}$$

从上式可以看到，自由振动的振幅和初相角都与初始条件有关。

【例 14-1】图 14.2 所示无重弹性梁，当其中部放置质量为 m 的物块时，静变形为 2 mm。若将此物块在梁未变形位置处无初速释放，求系统的振动规律。

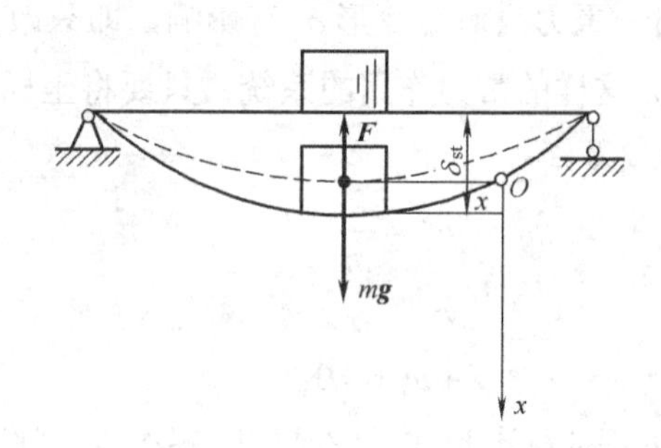

图 14.2 例 14-1 图

【分析】本题实际是弹性体振动的问题，对于最简单的一阶振型的情况可简化为单自由度系统，将梁看成无自重的弹簧，研究理想状态下的自由振动。已知静变形即可确定系统的固有频率。根据初始条件可确定系统的运动方程。

【解】对单自由度系统的自由振动，重物在梁上振动时，仅受重力和恢复力的作用。选取静平衡位置为坐标原点，系统的运动微分方程为

$$\ddot{x}+\omega_n^2 x=0$$

方程的解为

$$x=A\sin(\omega_n t+\varphi)$$

其中固有频率

$$\omega_n=\sqrt{\frac{k}{m}}=\sqrt{\frac{g}{\delta_{st}}}=70\ \text{rad/s}$$

初始条件为：$x_0=-2\ \text{mm}$，$\dot{x}_0=0$，则系统的振幅

$$A=\sqrt{x_0^2+\frac{\dot{x}_0^2}{\omega_n^2}}=2\ \text{mm}$$

初相角

$$\varphi=\arctan\frac{\omega_n x_0}{\dot{x}_0}=\arctan(-\infty)=-\frac{\pi}{2}$$

所以系统的自由振动规律为

$$x=-2\sin(70t-\frac{\pi}{2})=-2\cos 70t\ \text{mm}\quad (\text{式中 } t \text{ 以 s 计})$$

【讨论】

(1) 振动的形式多种多样，只要系统的运动可用一个广义坐标来描述，就可简化成单自由度系统。

(2) 弹性体的振动一般简化成有阻尼的系统，振动将会衰减，这里考虑的是理想状态。

(3) 若已知静变形，梁的刚度系数可写成

$$k = \frac{mg}{\delta_{st}}$$

14.1.3 扭振系统

图 14.3 所示弹性扭杆一端固定，另一端固结一个圆盘。圆盘相对中心轴的转动惯量为 J_O。扭杆的刚度系数为 k_t，表示使圆盘转动单位角度所需要的力矩，其单位为 $\mathrm{N \cdot m/rad}$。

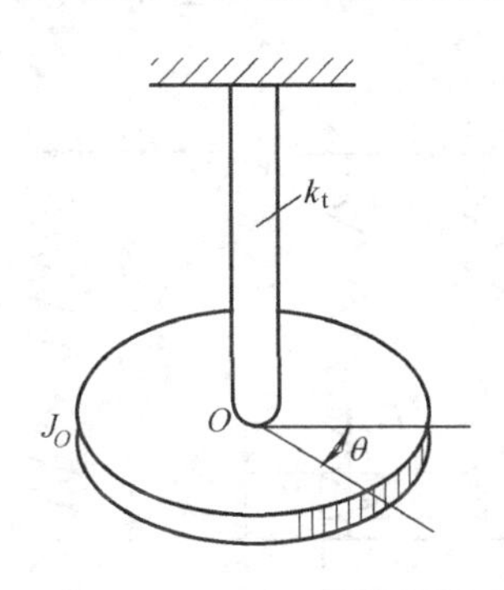

图 14.3　扭振系统

若给圆盘一个初始角位移后释放，系统便作扭转自由振动。若圆盘相对固定端的扭转角度为 θ，则根据刚体定轴转动微分方程可建立圆盘转动的运动微分方程为

$$J_O \ddot{\theta} = -k_t \theta$$

令 $\omega_n^2 = \dfrac{k_t}{J_O}$，则上式可变为

$$\ddot{\theta} + \omega_n^2 \theta = 0$$

此式与式(14-4)具有相同的形式，说明扭振系统具有与前述弹簧质量系统相同的振动规律。

14.1.4 弹簧的并联与串联

在机械系统中常常不是单独使用一个弹簧元件，而是串联或并联几个弹簧元件来使用。这时需要把组合的弹簧系统折算成一个“等效”的弹簧。这个“等效”弹簧的刚度系数应和原来的组合弹簧系统的刚度系数相等，称为**等效刚度系数**。

【例 14-2】求图 14.4(a)所示并联弹簧与图 14.4(b)所示串联弹簧的等效刚度系数。

【分析】并联弹簧的变形量相同，由于刚度系数不同，恢复力不同。而串联弹簧受力相同，变形不同。只要找到系统静变形与受力之间的关系就可求出系统的等效刚度系数。

【解】

(1) 弹簧并联

物块在重力 $\boldsymbol{W} = m\boldsymbol{g}$ 作用下作平移，其静变形为 δ_{st}，两个弹簧分别受力 $\boldsymbol{F}_1$ 和 $\boldsymbol{F}_2$，因弹

簧变形量相同，因此

$$F_1 = k_1\delta_{st} \quad , \quad F_2 = k_2\delta_{st}$$

静平衡时有

$$W = F_1 + F_2 = (k_1 + k_2)\delta_{st}$$

弹簧并联时等效刚度系数

$$k_{eq} = k_1 + k_2$$

此式说明当两个弹簧并联时，其等效刚度系数等于两个并联弹簧刚度系数的和。这一结论也可推广到多个弹簧并联的情形，即 n 个弹簧并联时的等效刚度系数为

$$k_{eq} = \sum_{i=1}^{n} k_i \tag{14-7}$$

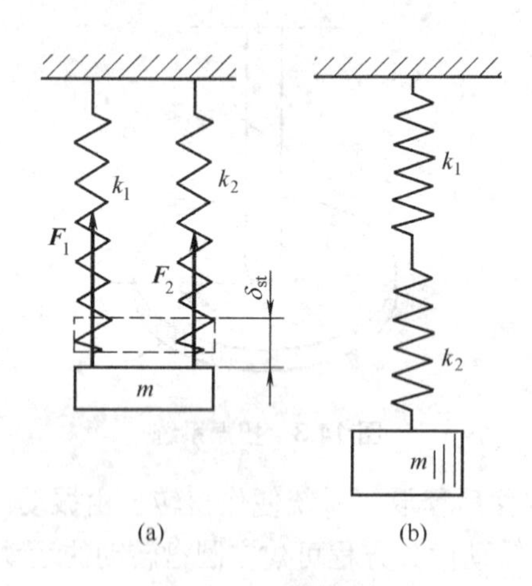

图 14.4　例 14-2 图

(2)　弹簧串联

物块在重力 $\boldsymbol{W}$ 作用下静变形为 δ_{st}，是两个弹簧静变形之和。两个弹簧受力大小均等于物块重 W，因此

$$\delta_{st1} = \frac{W}{k_1} \quad , \quad \delta_{st2} = \frac{W}{k_2}$$

于是

$$\delta_{st} = \delta_{st1} + \delta_{st2} = W\left(\frac{1}{k_1} + \frac{1}{k_2}\right)$$

故弹簧串联时等效刚度系数

$$k_{eq} = \frac{k_1 k_2}{k_1 + k_2}$$

上式也可变为

$$\frac{1}{k_{eq}} = \frac{1}{k_1} + \frac{1}{k_2}$$

此式说明两个弹簧串联时，其等效刚度系数的倒数等于两个弹簧刚度系数倒数的和。这一结论也可推广到多个弹簧串联的情形，即 n 个弹簧串联时的等效刚度系数满足下式：

$$\frac{1}{k_{eq}}=\sum_{i=1}^{n}\frac{1}{k_i} \tag{14-8}$$

【讨论】弹簧的串联和并联不能按表面形式来划分，而应从受力和变形的角度来判断。比如，图 14.5 中的弹簧也都是并联的。

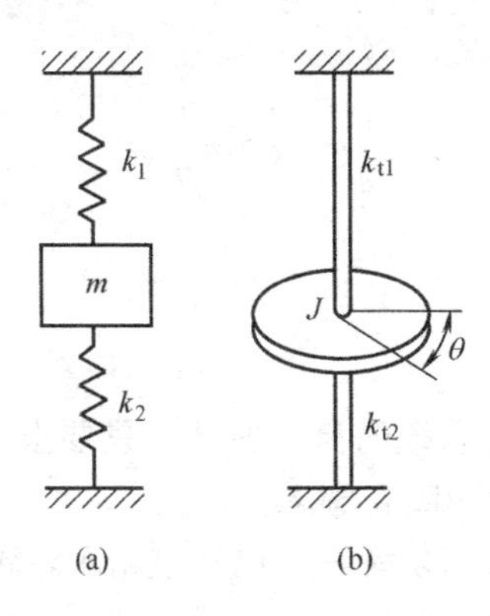

图 14.5　并联弹簧

14.1.5　计算固有频率的能量法

无阻尼自由振动系统是保守系统，系统的机械能守恒，即

$$E_k+E_p=常数$$

或

$$\frac{d}{dt}(E_k+E_p)=0$$

式中 E_k 和 E_p 分别代表振动系统的动能和势能。

系统在平衡位置时势能为零，动能达到最大。系统达到最大位移时，速度为零，此时动能为零，势能达到最大。根据机械能守恒定律，可得

$$E_{k\max}=E_{p\max} \tag{14-9}$$

只要系统作简谐振动，由式(14-6)可直接得出系统的固有频率。对于复杂系统固有频率的计算往往从能量法的角度考虑比较方便。

例如，对图 14.6 所示的弹簧质量系统，在水平方向作无阻尼自由振动，其振动方程为

$$x=A\sin(\omega_n t+\varphi)$$

求一次导数得

$$\dot{x}=A\omega_n\cos(\omega_n t+\varphi)$$

因此

$$x_{\max}=A\text{，}\quad \dot{x}_{\max}=A\omega_n$$

得

$$\dot{x}_{\max}=\omega_n\cdot x_{\max}$$

系统的最大动能

$$E_{\mathrm{k\,max}}=\frac{1}{2}m\dot{x}_{\max}^{2}=\frac{1}{2}mA^{2}\omega_{\mathrm{n}}^{2}$$

系统的最大势能

$$E_{\mathrm{p\,max}}=\frac{1}{2}kx_{\max}^{2}=\frac{1}{2}kA^{2}$$

由式(14-6)得

$$\frac{1}{2}mA^{2}\omega_{\mathrm{n}}^{2}=\frac{1}{2}kA^{2}$$

于是

$$\omega_{\mathrm{n}}=\sqrt{\frac{k}{m}}$$

以上分析说明，对单自由度系统的自由振动，只要求出系统的动能和势能，而不必考虑运动微分方程，就可求出系统的固有频率。

【例 14-3】图 14.7 所示振动系统中，已知鼓轮对转轴的转动惯量 J_O，弹簧的刚度系数 k，物块质量 m，求系统作微幅振动的固有频率。

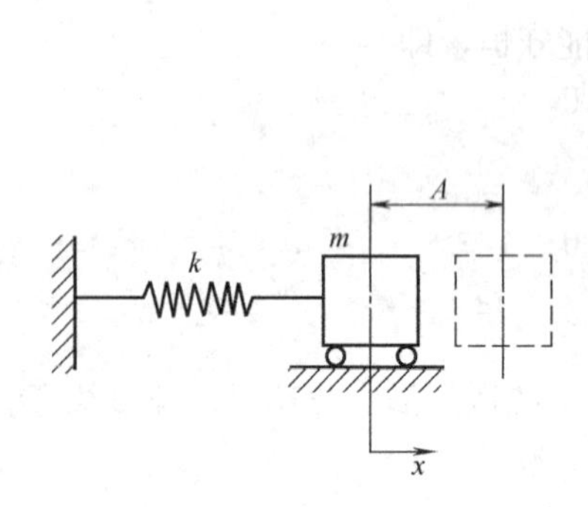

图 14.6　弹簧质量系统

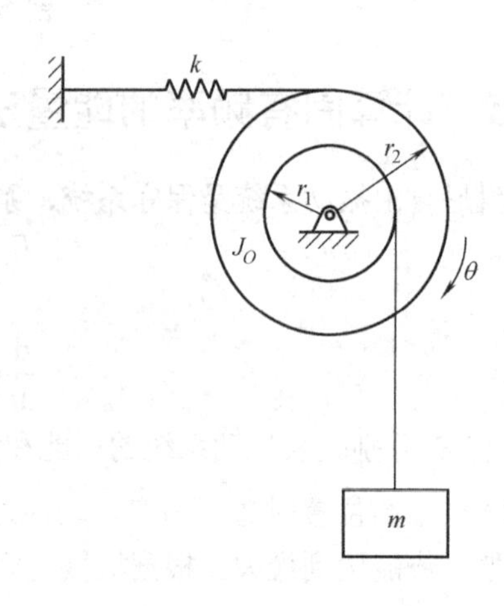

图 14.7　例 14-3 图

【分析】系统具有一个自由度，选取转角 θ 为广义坐标，系统的动能和势能均是关于 θ 的函数。

【解】选取转角 θ 为广义坐标，以静平衡位置为坐标原点。设弹簧的静变形为 δ_{st}，则

$$k\delta_{\mathrm{st}}r_2=mgr_1$$

系统的动能

$$E_{\mathrm{k}}=\frac{1}{2}J_O\dot{\theta}^{2}+\frac{1}{2}m(r_1\dot{\theta})^{2}$$

以静平衡位置为势能零点，系统的势能

$$E_p = \frac{1}{2}k[(\delta_{st} + r_2\theta)^2 - \delta_{st}^2] - mgr_1\theta$$
$$= \frac{1}{2}k(r_2\theta)^2 + kr_2\theta\delta_{st} - mgr_1\theta$$
$$= \frac{1}{2}k(r_2\theta)^2$$

设系统的运动规律为

$$\theta = A\sin(\omega_n t + \varphi)$$

则

$$\dot{\theta}_{max} = \omega_n \theta_{max}$$

由式(14-6)可知

$$\left[\frac{1}{2}J_O\dot{\theta}^2 + \frac{1}{2}m(r_1\dot{\theta})^2\right]_{max} = \left[\frac{1}{2}k(r_2\theta)^2\right]_{max}$$

则

$$\omega_n = \sqrt{\frac{kr_2^2}{J_O + mr_1^2}}$$

【讨论】

(1) 取静平衡位置为势能零点时，系统势能表达式中不出现重力。系统的势能相当于由静平衡位置处计算变形的前提下仅由弹性力引起的势能。凡是具有弹簧、质量的系统均可用类似的计算方法。

(2) 若建立系统的振动微分方程，同样可求出系统的固有频率。

14.2　单自由度系统的衰减振动

前面所述的自由振动中，由于不计阻力，因此振动过程中机械能守恒，振动将无限地进行下去。但实际自由振动时不可避免地有阻力存在，振动会逐渐衰减直到停止。阻力产生的原因很多，如两个物体间的摩擦力、气体或液体等介质的阻力、结构材料变形产生的内阻力、电磁阻力等。在振动中这些阻力习惯上称为**阻尼**。

当振动速度不大时，由于介质粘性引起的阻力近似地与速度的一次方成正比，方向与速度方向相反。这样的阻尼称为**粘性阻尼**。粘性阻尼力可表示为

$$\boldsymbol{F}_d = -c\boldsymbol{v}$$

其中，$\boldsymbol{v}$ 为振动质点的速度；c 称为**粘性阻力系数**(简称**阻力系数**)。负号表示阻尼力与速度方向相反。由于粘性阻尼力与速度的一次方成正比，粘性阻尼又称为**线性阻尼**。

在自由振动中，阻尼的存在将消耗振动系统中的能量，导致系统振幅逐渐减小，而最后使振动停止。所以，有阻尼的自由振动也称为**衰减振动**。

14.2.1　振动微分方程

有阻尼自由振动系统的模型如图 14.8 所示，除了弹簧 k 和质量 m 外，还有阻尼器 c

作用。

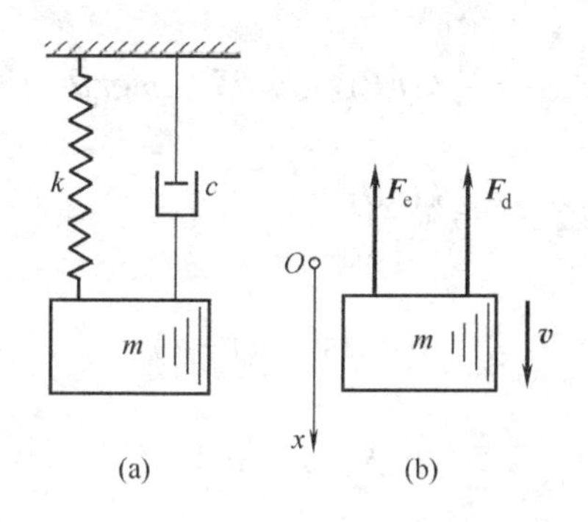

图 14.8　有阻尼自由振动系统

取平衡位置 O 为坐标原点，轴 x 铅垂向下。当物体偏离平衡位置至点 x 处时，恢复力 $\boldsymbol{F}_e$ 的大小与 x 成正比，方向与 x 相反，即

$$F_e = -kx$$

物块的运动方程为

$$m\ddot{x} = F_e + F_d = -kx - c\dot{x}$$

将上式两端除以 m，并令

$$\omega_n^2 = \frac{k}{m}，\quad \delta = \frac{c}{2m}$$

ω_n 为固有频率，δ 称为**阻尼系数**(也称**衰减系数**)，则前式可整理得

$$\ddot{x} + 2\delta\dot{x} + \omega_n^2 x = 0 \tag{14-10}$$

这就是衰减振动的微分方程，是一个二阶齐次常系数线性微分方程，其解可设为

$$x = e^{rt}$$

代入式(14-10)，得特征方程

$$r^2 + 2\delta r + \omega_n^2 = 0$$

其解为

$$r_{1,2} = -\delta \pm \sqrt{\delta^2 - \omega_n^2}$$

于是式(14-10)的解为

$$x = C_1 e^{r_1 t} + C_2 e^{r_2 t} = e^{-\delta t}\left(C_1 e^{\sqrt{\delta^2-\omega_n^2}\,t} + C_2 e^{-\sqrt{\delta^2-\omega_n^2}\,t}\right) \tag{14-11}$$

上式的性质决定于根 $\sqrt{\delta^2 - \omega_n^2}$ 是实数还是虚数，因此分 $\delta < \omega_n$，$\delta = \omega_n$ 和 $\delta > \omega_n$ 三种情形讨论。

14.2.2　欠阻尼状态

当 $\delta < \omega_n$ 时，属欠阻尼状态。此情形下，r_1 和 r_2 是一对共轭复数，式(14-11)可由欧拉公式改写为

$$x = Ae^{-\delta t}\sin(\omega_d t + \varphi) \tag{14-12}$$

其中，$\omega_d=\sqrt{\omega_n^2-\delta^2}$，$\omega_d$ 称为**衰减振动的角频率**；A 和 φ 为待定常数，由初始条件确定。

若系统初始条件为 x_0 和 $\dot{x}_0$，则

$$A=\sqrt{x_0^2+\frac{(\dot{x}_0+\delta x_0)^2}{\omega_d^2}}，\quad \varphi=\arctan\frac{x_0\omega_d}{\dot{x}_0+\delta x_0} \tag{14-13}$$

式(14-13)说明，欠阻尼状态下，物体不再作等幅简谐运动，而是振幅按指数规律衰减的衰减振动。其运动曲线如图 14.9 所示。

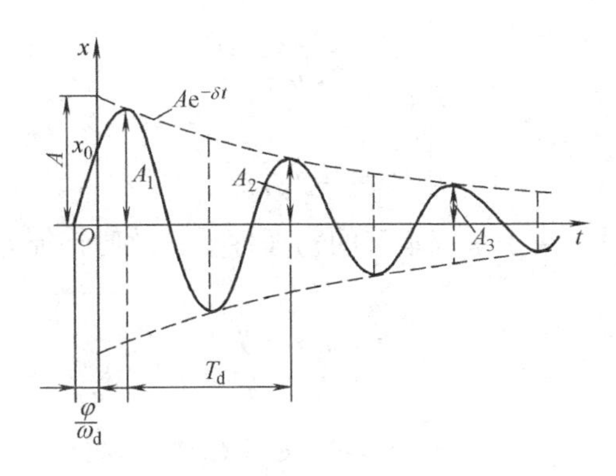

图 14.9　欠阻尼衰减振动的运动曲线

严格意义上说，衰减振动已不是周期振动，但仍具有振动的特点。习惯上将 $Ae^{-\delta t}$ 称为瞬时振幅，ω_d 称为衰减振动的角频率，周期为

$$T_d=\frac{2\pi}{\omega_d}=\frac{2\pi}{\sqrt{\omega_n^2-\delta^2}} \tag{14-14}$$

引进无量纲量

$$\zeta=\frac{\delta}{\omega_n}=\frac{c}{2\sqrt{mk}} \tag{14-15}$$

ζ 称为**阻尼比**。阻尼比是振动系统中反映阻尼特征的重要参数，欠阻尼状态下，$\zeta<1$，则衰减振动的频率可改写为

$$\omega_d=\omega_n\sqrt{1-\zeta^2} \tag{14-16}$$

可见，阻尼的存在，使系统的频率变小，周期增大。在空气中的振动系统阻尼比都比较小，对振动频率影响不大，一般可认为

$$\omega_d=\omega_n，\quad T_d=\frac{2\pi}{\omega_n}$$

考虑阻尼对振幅的影响。图 14-9 中，相邻两个振幅之比称为**减缩因数**，记为 η，表示为

$$\eta=\frac{A_i}{A_{i+1}}=\frac{Ae^{-\delta t_i}}{Ae^{-\delta(t_i+T_d)}}=e^{\delta T_d} \tag{14-17}$$

上式说明振幅按几何级数迅速衰减。当 $\zeta=0.05$ 时，$\eta=0.7301$，就是说每振动一次振幅减少 27%。可见阻尼很小时，对周期的影响不大，但振幅衰减是很显著的。

为应用方便，常引入对数减缩 Λ：

$$\Lambda=\ln\eta=\delta T_d=\frac{2\pi\zeta}{\sqrt{1-\zeta^2}}\approx 2\pi\zeta \tag{14-18}$$

上式说明对数减缩Λ也是反映阻尼特性的一个重要参数，它与阻尼比ζ之间只差2π倍。

14.2.3 临界阻尼状态

当$\delta=\omega_n$时，属临界阻尼状态。此时，$\zeta=1$。临界阻尼状态下阻力系数用c_{cr}表示，称为**临界阻力系数**。

由式(14-15)得

$$\zeta=\frac{c_{cr}}{2\sqrt{mk}}=1$$

于是

$$c_{cr}=2\sqrt{mk} \tag{14-19}$$

可见临界阻力系数只取决于系统本身的物理性质。此时特征方程的根是两个相等的实根，即

$$r_1=r_2=-\delta$$

微分方程(14-10)的解为

$$x=e^{-\delta t}(C_1+C_2t) \tag{14-20}$$

式中C_1和C_2为积分常数，由运动的初始条件确定。上式表明，临界阻尼状态下，物体的运动已不是周期运动，不具有振动的特点。图14.10是系统在初始位移为x_0及几种不同的初速度$\dot{x}_0$，临界阻尼状态下的运动曲线。

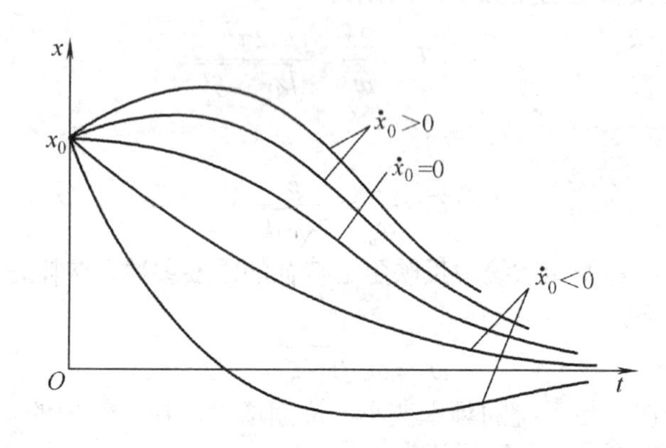

图14.10 临界阻尼衰减振动的运动曲线

14.2.4 过阻尼状态

当$\delta>\omega_n$时，属过阻尼状态。此时，$\zeta>1$，阻力系数$c>c_{cr}$。此时特征方程的根

$$r_{1,2}=-\delta\pm\sqrt{\delta^2-\omega_n^2}$$

微分方程(14-10)的解为

$$x=e^{-\delta t}(C_1e^{\sqrt{\delta^2-\omega_n^2}t}+C_2e^{-\sqrt{\delta^2-\omega_n^2}t}) \tag{14-21}$$

式中C_1和C_2为积分常数，由运动的初始条件确定。此时物体的运动也不具有振动的特点。图14.11所示为$x_0>0$，$\dot{x}_0>0$时，系统在过阻尼状态下的运动曲线。

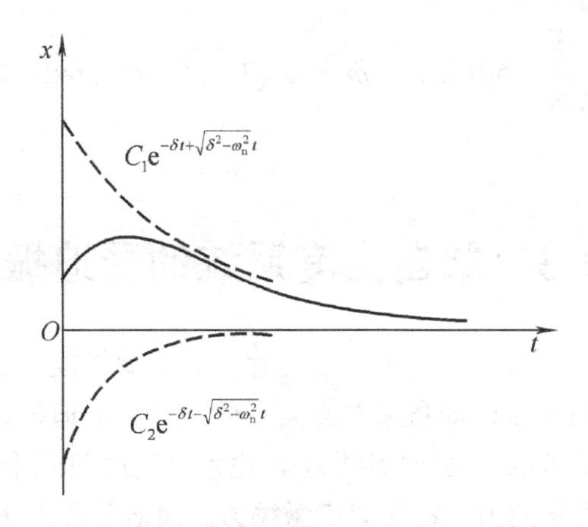

图 14.11　过阻尼衰减振动的运动曲线

【例 14-4】图 14.8 所示的弹簧质量阻尼系统，物块质量为 10 kg，弹簧刚度系数 k=25 kN/m，阻力系数 $c = 100\ \mathrm{N\cdot s/m}$ 。设将物体从静平衡位置压低 1 cm 后无初速释放，求使振幅减少到 1%所需的振动次数及时间。

【分析】衰减振动的减缩因数定义为任意两相邻振幅之比：

$$\eta = \frac{A_i}{A_{i+1}} = \mathrm{e}^{\delta T_\mathrm{d}}$$

于是

$$\frac{A_0}{A_n} = \frac{A_0}{A_1}\cdot\frac{A_1}{A_2}\cdot\frac{A_2}{A_3}\cdots\frac{A_{n-1}}{A_n} = \mathrm{e}^{n\delta T_\mathrm{d}}$$

两边同时取自然对数得

$$\ln\frac{A_0}{A_n} = n\delta T_\mathrm{d} = n\Lambda \tag{14-22}$$

【解】先求系统的阻尼比，以确定运动的性质。

$$\zeta = \frac{c}{2\sqrt{mk}} = \frac{100\,\mathrm{N\cdot s/m}}{2\sqrt{10\,\mathrm{kg}\cdot 25000\,\mathrm{N/m}}} = 0.1 < 1$$

该系统是欠阻尼衰减振动系统。

对数减缩

$$\Lambda = 2\pi\zeta = 0.628$$

设系统振动 n 次，振幅减到1%，则由式(14-22)得

$$n = \frac{1}{\Lambda}\ln\frac{A_0}{A_1} = \frac{1}{0.628}\ln 100 = 7.4$$

说明系统经过 7.4 次振动后振幅即减少到1%。所需时间

$$t = nT_\mathrm{d} = n\frac{2\pi}{\omega_0} = 2\pi n\sqrt{\frac{m}{k}} = 2\pi\times 7.4\times\sqrt{\frac{10\,\mathrm{kg}}{25000\,\mathrm{N/m}}} = 0.93\ \mathrm{s}$$

【讨论】

(1) 此题说明阻尼比为 0.1 时，不到 8 个周期，系统的振幅就衰减到初值的 1%，可见阻尼对振幅的影响很大。

(2) 此题中，$\omega_n=\sqrt{\frac{k}{m}}=50\text{rad/s}$，$\omega_d=\omega_n\sqrt{1-\zeta^2}=49.7\text{rad/s}$。可见阻尼较小时对系统频率的影响不大。

14.3 单自由度系统的受迫振动

前面讨论了系统的自由振动，由于阻尼的存在，振动将很快衰减，要使系统产生持续的振动，必须从外界不断地获取能量来补充阻尼的消耗。**受迫振动**是系统在外界激励下所产生的振动。激励的形式可以是力(如惯性力)，也可以是运动(位移)等。工程中常见的最简单的激励是按简谐函数变化的力，称为**简谐激振力**。简谐激振力 $\boldsymbol{F}$ 的大小随时间变化的关系可写成

$$F=F_H\sin\omega t \tag{14-23}$$

其中，F_H 是激振力的力幅，ω 是激振力的角频率，它们都是定值。

14.3.1 运动微分方程及其解

有阻尼系统在简谐激振力作用下，系统的运动微分方程为

$$m\ddot{x}+c\dot{x}+kx=F_H\sin\omega t \tag{14-24}$$

将上式两端除以 m，并令

$$\omega_n^2=\frac{k}{m}，\quad 2\delta=\frac{c}{m}，\quad h=\frac{F_H}{m}$$

则前式可写成

$$\ddot{x}+2\delta\dot{x}+\omega_n^2x=h\sin\omega t \tag{14-25}$$

这是有阻尼受迫振动微分方程的标准形式，是二阶线性常系数非齐次微分方程，其解 x 可看成由齐次方程的通解 x_1 和非齐次方程的特解 x_2 两部分组成

$$x=x_1+x_2 \tag{14-26}$$

其中通解 x_1 对应于阻尼自由振动，在欠阻尼($\delta<\omega_n$)的状态下有

$$x_1=Ae^{-\delta t}\sin(\omega_d t+\varphi) \tag{14-27}$$

特解为

$$x_2=B\sin(\omega t-\psi) \tag{14-28}$$

其中 ψ 表示受迫振动的相位落后于激励力的相位角。将上式代入式(14-24)，可得

$$-B\omega^2\sin(\omega t-\psi)+2\delta B\omega\cos(\omega t-\psi)+\omega_n^2B\sin(\omega t-\psi)=h\sin\omega t$$

将上式右端改写为如下形式

$$h\sin\omega t=h\sin[(\omega t-\psi)+\psi]=h\cos\psi\ \sin(\omega t-\psi)+h\sin\psi\ \cos(\omega t-\psi)$$

这样前式可整理为

$$[B(\omega_n^2-\omega^2)-h\cos\psi]\sin(\omega t-\psi)+[2\delta B\omega-h\sin\psi]\cos(\omega t-\psi)=0$$

由上式可得

$$B(\omega_n^2-\omega^2)=h\cos\psi$$

及

$$2\delta B\omega = h\sin\psi$$

将式(14-26)和式(14-27)联列解得

$$B = \frac{h}{\sqrt{(\omega_{\mathrm{n}}^2 - \omega^2)^2 + 4\delta^2\omega^2}} \tag{14-29}$$

$$\tan\psi = \frac{2\delta\omega}{\omega_{\mathrm{n}}^2 - \omega^2} \tag{14-30}$$

于是方程(14-25)的解为

$$x = A\mathrm{e}^{-\delta t}\sin(\omega_{\mathrm{d}}t + \varphi) + B\sin(\omega t - \psi) \tag{14-31}$$

式中 A 和 φ 由式(14-13)确定，B 和 ψ 由式(14-29)和式(14-30)确定。

可见，有阻尼受迫振动由两部分合成。第一部分对应衰减振动，由于阻尼的存在，随时间增加，振动很快地衰减了，这段过程称为过渡过程，又称为系统对激励力的**瞬态响应**。第二部分是激励力引起的受迫振动，振动的频率与激励力的频率相同，振幅恒定，只取决于系统自身的特性及激励力的幅值和频率，与初始条件无关。一般，过渡过程是很短暂的，以后系统基本上按第二部分受迫振动的规律进行，这时的振动称为系统对激励力的**稳态响应**。在简谐激振力作用下，质点的位移时间曲线如图 14.12 所示。

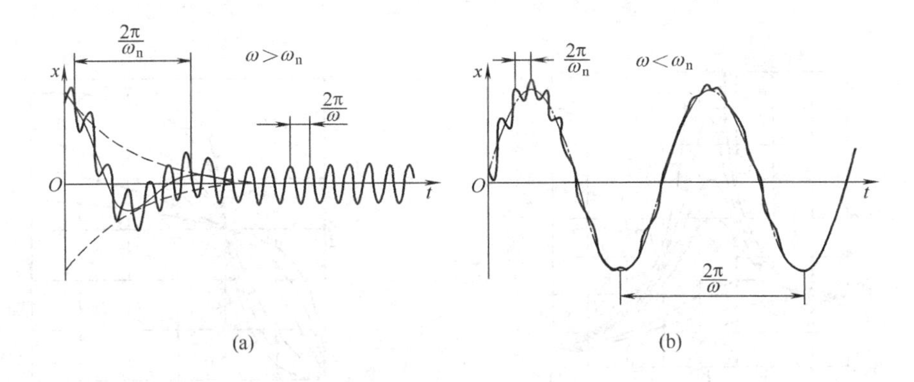

图 14.12　瞬态响应与稳态响应

14.3.2　幅频特性与相频特性

为进一步研究式(14-29)和式(14-30)所描述的稳态响应的特点，需采用量纲为 1 的形式。引入量纲为 1 的参数 β，s，ζ：

$$\beta = \frac{B}{B_0}, \quad s = \frac{\omega}{\omega_{\mathrm{n}}}, \quad \zeta = \frac{\delta}{\omega_{\mathrm{n}}} = \frac{c}{c_{\mathrm{cr}}} \tag{14-32}$$

其中，$B_0 = \dfrac{h}{\omega_{\mathrm{n}}^2} = \dfrac{F_{\mathrm{H}}}{k}$ 称为**静力偏移**，表示在常力 $\boldsymbol{F}_{\mathrm{H}}$ 作用下质点的位移；β 为激励力作用下的振幅与静力偏移之比，称为**振幅比**(又称放大因子)；s 是激励频率与固有频率之比，称为**频率比**；ζ 为阻尼比。

这样式(14-29)和式(14-30)可改写为

$$\beta = \frac{1}{\sqrt{\left(1-s^2\right)^2 + 4\zeta^2 s^2}} \tag{14-33}$$

$$\tan\psi = \frac{2\zeta s}{1-s^2} \tag{14-34}$$

上式可用图形表示，曲线β-s称为**幅频特性**曲线，如图 14.13 所示。ψ-s称为**相频特性**曲线，如图 14.14 所示。

从图中可以得出以下结论。

(1) 在$s=0$附近，即$\omega \ll \omega_n$时(称为**低频区**)，$\beta \approx 1$，受迫振动的振幅接近静力偏移；$\psi \approx 0$，响应与激励同相。对于不同的ζ，曲线较密集，说明阻尼影响不大。

(2) 当$s \gg 1$，即$\omega \gg \omega_n$时(称为**高频区**)，$\beta \approx 0$，受迫振动的振幅接近于零；$\psi \approx \pi$，响应与激励反相。阻尼对振动的影响也很小。

因此，在小阻尼比$\zeta \ll 1$情形下，在低频区和高频区，由于阻尼影响不大，为简化计算，可将系统简化为无阻尼系统。

(3) 在$s=1$附近，β急剧增大，并在$s=1$略微偏左处有峰值。将$\omega \approx \omega_n$附近区域称为**共振区**。此时阻尼对系统的振幅影响较大，ζ越小，β越大，共振现象越明显。从相频曲线上看，无论阻尼如何，$s=1$时，总有$\psi = \frac{\pi}{2}$，这是共振时的重要现象之一。

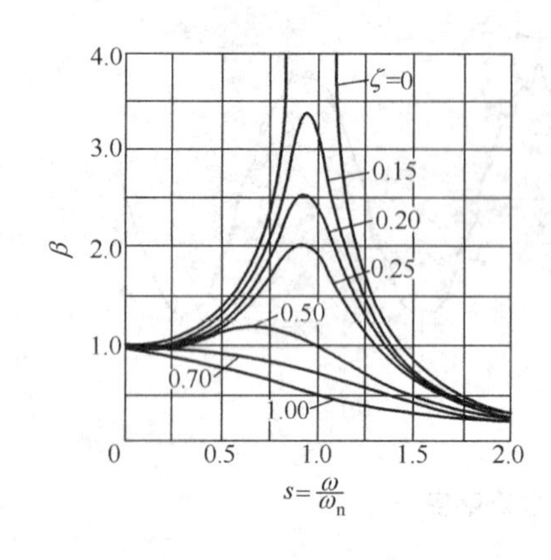

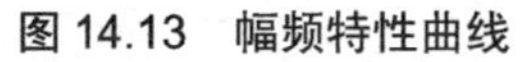
图 14.13 幅频特性曲线

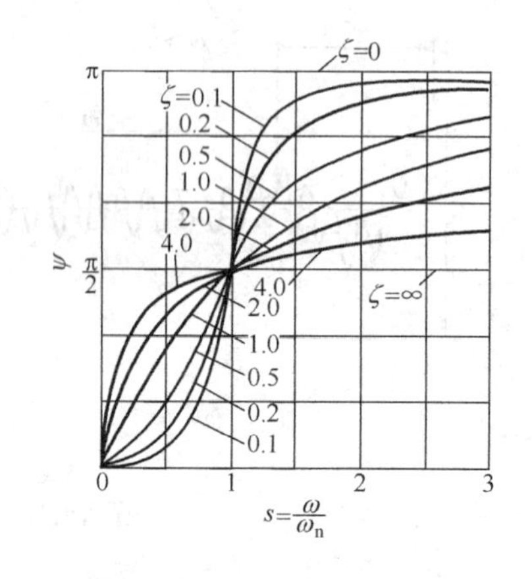

图 14.14 相频特性曲线

令$\frac{\mathrm{d}\beta}{\mathrm{d}s}=0$，可算出振幅取极大值时所对应的频率$\omega = \omega_n\sqrt{1-2\zeta^2}$。这时的频率$\omega$称为共振频率。此时振幅

$$B_{\max} = \frac{B_0}{2\zeta\sqrt{1-\zeta^2}} \tag{14-35}$$

一般情况下，阻尼比$\zeta \ll 1$，此时可认为共振频率$\omega = \omega_n$，共振振幅$B_{\max} \approx \frac{B_0}{2\zeta}$。

对无阻尼($\zeta = 0$)的情形，共振振幅$B_{\max}$为无限大，式(14-35)已失去意义。此时系统微分方程为

$$\ddot{x} + \omega_n^2 x = h\sin\omega_n t$$

其特解为

$$x_2 = -\frac{1}{2}\cdot\frac{h}{\omega_n} t\cos\omega_n t$$

振幅将随时间无限增大，如图 14.15 所示。

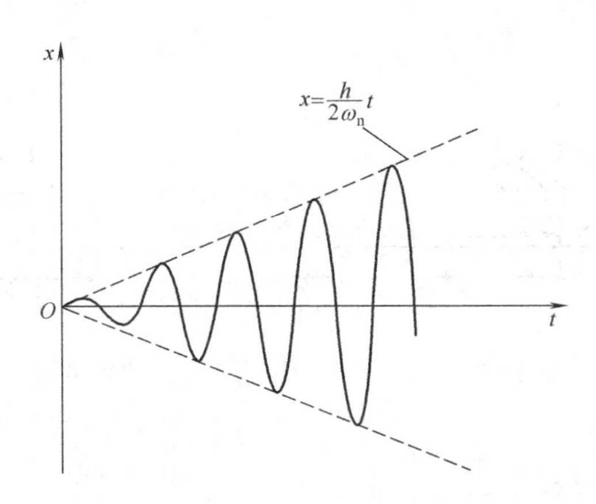

图 14.15　无阻尼系统的共振

共振时的巨大振幅可能使结构疲劳或破坏，因此工程中如何避免共振是一个非常重要的课题。阻尼对共振区的影响显著，阻尼越小，幅频曲线越陡，共振越明显；随着阻尼的增加，共振频率逐渐向低频方向移动，最大振幅迅速减小，当$\zeta > \frac{\sqrt{2}}{2}$时，共振现象就不存在了。

说明： 图 14.13 和图 14.14 所示的幅频特性和相频特性曲线及上述讨论，是对应于激励的幅值与激励频率无关的情形。工程中还有许多激励幅值与频率有关的问题(如偏心转子产生的激励力幅值与频率平方成正比等)，幅频特性和相频特性需另外研究。

【例 14-5】图 14.16 表示带有偏心块的电动机，固定在一根弹性梁上。设电机的质量为 m_1，偏心块的质量为 m_2，偏心距为 e，弹性梁的刚度系数为 k，阻力系数为 c。求当电机以匀角速度 ω 旋转时系统的稳态振动的位移幅值。

【分析】由于电机的偏心转动会引起动约束力，由前面的知识可知该力与 ω^2 有关。相当于弹性梁受到周期性激励的作用，将产生受迫振动。

【解】系统可简化为图 14.17 所示的力学模型，将电机与偏心块看成一个质点系。

设电机轴心在 t 瞬时相对平衡位置的坐标为 x，偏心块的坐标为 $x+e\sin\omega t$，质点系动量定理在 x 方向的投影表达式为

$$\frac{\mathrm{d}}{\mathrm{d}t}\left[m_1\frac{\mathrm{d}x}{\mathrm{d}t} + m_2\frac{\mathrm{d}}{\mathrm{d}t}(x+e\sin\omega t)\right] = -c\dot{x} - kx$$

整理后得系统的微分方程为

$$(m_1+m_2)\ddot{x} + c\dot{x} + kx = m_2 e\omega^2\sin\omega t \tag{a}$$

与式(14-25)比较，微分方程形式相同，不同的是此处激振力的力幅与激励频率的平方成正比，其本质是偏心转子的离心惯性力在轴 x 上的投影。

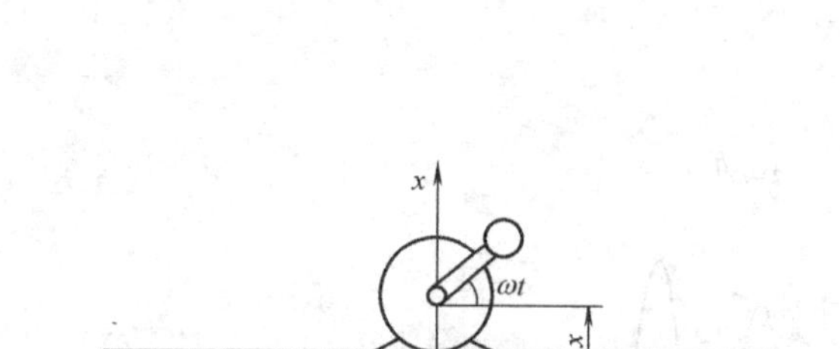

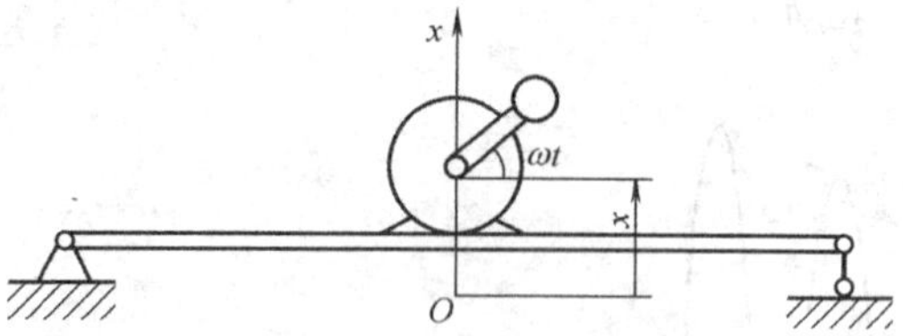

图 14.16　例 14-5 图

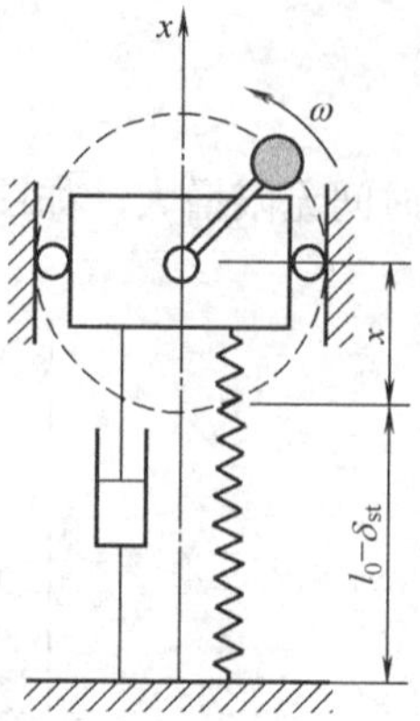

图 14.17　电动机的力学模型

引入

$$2\delta=\frac{c}{m_1+m_2},\quad \omega_{\mathrm{n}}^2=\frac{k}{m_1+m_2},\quad b=\frac{m_2 l}{m_1+m_2}$$

将式(a)化为标准形式

$$\ddot{x}+2\delta\dot{x}+\omega_{\mathrm{n}}^2x=b\omega^2\sin\omega t$$

仿照前面的解法可求得系统的幅频特性和相频特性

$$B=\frac{b\omega^2}{\sqrt{(\omega_{\mathrm{n}}^2-\omega^2)^2+4\delta^2\omega^2}}$$

$$\tan\psi=\frac{2\delta\omega}{\omega_{\mathrm{n}}^2-\omega^2}$$

令

$$\beta=\frac{B}{b},\quad s=\frac{\omega}{\omega_{\mathrm{n}}},\quad \zeta=\frac{\delta}{\omega_{\mathrm{n}}}=\frac{c}{2\omega_{\mathrm{n}}(m_1+m_2)},$$

则

$$\beta=\frac{s^2}{\sqrt{\left(1-s^2\right)^2+4\zeta^2s^2}},\quad \tan\psi=\frac{2\zeta s}{1-s^2}$$

其幅频特性和相频特性曲线如图 14.18 所示。

【讨论】与图 14.13 和图 14.14 所示的曲线相比较，这里，低频区，转速ω很小，惯性力也很小，$s<<1$，$\beta\approx0$，受迫振动的振幅很小。高频区，ω很大，$s>>1$，$\beta\approx1$，振幅接近于静力偏移$b=\dfrac{m_2e}{m_1+m_2}$。当转速达到共振频率时，最大振幅为

$$B_{\max}\approx\frac{b}{2\zeta}=\frac{m_2\omega_{\mathrm{n}}e}{c}$$

此时的转速称为**临界转速**。

【例 14-6】图 14.19 为一测振仪简图，其中物块质量为 m，弹簧刚度系数为 k，阻力系数为 c。测振仪放在振动物体表面，将随物体而运动。设被测物体的振动规律为 $x_{\mathrm{e}}=e\sin\omega t$。求测振仪中物块的运动微分方程及其受迫振动规律。

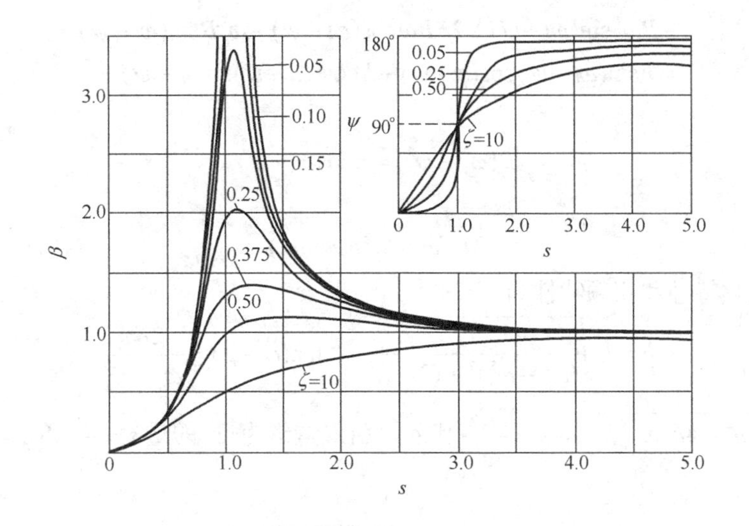

图 14.18　偏心转子激励的幅频特性和相频特性曲线

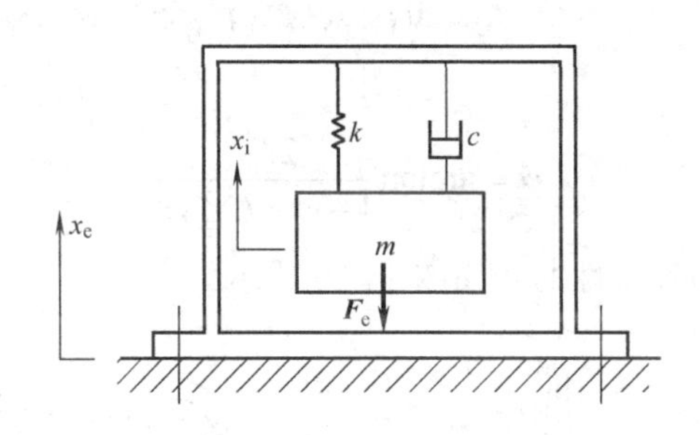

图 14.19　测振仪力学简图

【分析】测振仪随物体运动，测振仪中物块将作受迫振动。这里的激励是一种位移形式，可通过物块的受力分析，建立物块的运动微分方程，再改写为标准形式。

【解】以物块的静平衡位置为坐标原点，考察其相对地球的运动(绝对运动)，运动微分方程可写为

$$m\ddot{x}+c(\dot{x}-\dot{x}_{\mathrm{e}})+k(x-x_{\mathrm{e}})=0$$

即

$$m\ddot{x}+c\dot{x}+kx=ke\sin\omega t+c\omega e\cos\omega t$$

令 $\omega_{\mathrm{n}}^{2}=\dfrac{k}{m}$，$2\delta=\dfrac{c}{m}$，则上式可写成

$$m\ddot{x}+c\dot{x}+kx=h\sin(\omega t+\varphi) \tag{a}$$

即为物块的运动微分方程。其中

$$h=e\sqrt{\omega_{\mathrm{n}}^{4}+4\delta^{2}\omega^{2}}\text{，}\quad \tan\varphi=\frac{2\delta\omega}{\omega_{\mathrm{n}}^{2}}$$

微分方程的特解为

$$x_{2}=B\sin(\omega t-\psi)$$

代入式(a)得

$$-B\omega^2\sin(\omega t-\psi)+2\delta B\omega\cos(\omega t-\psi)+\omega_n^2 B\sin(\omega t-\psi)$$
$$=h\sin(\omega t-\psi)\cos(\varphi+\psi)+h\cos(\omega t-\psi)\sin(\varphi+\psi)$$

由上式可得

$$B(\omega_n^2-\omega^2)=h\cos(\varphi+\psi)$$

及

$$2B\delta\omega=h\sin(\varphi+\psi)$$

系统的幅频特性和相频特性为

$$B=h\sqrt{\frac{1}{(\omega_n^2-\omega^2)^2+(2\delta\omega)^2}}\text{，}\quad \tan(\varphi+\psi)=\frac{2\delta\omega}{\omega_n^2-\omega^2}$$

将 $h=e\sqrt{\omega_n^4+4\delta^2\omega^2}$ 和 $\tan\varphi=\dfrac{2\delta\omega}{\omega_n^2}$ 代入，引入量纲为 1 的量 $s=\dfrac{\omega}{\omega_n}$ 和 $\zeta=\dfrac{\delta}{\omega_n}$，则系统的幅频特性为

$$\beta=\frac{B}{e}=\sqrt{\frac{1+(2\zeta s)^2}{(1-s^2)^2+(2\zeta s)^2}}$$

系统的相频特性为

$$\psi=\arctan\frac{2\zeta s^3}{1-s^2+(2\zeta s)^2}$$

系统的幅频特性和相频特性曲线如图 14.20 所示。

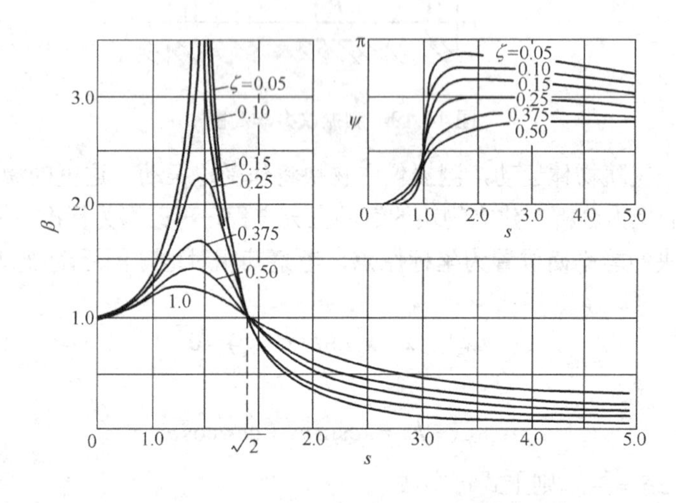

图 14.20　位移激励的幅频特性和相频特性曲线

【讨论】

(1) B 为物块的绝对运动振幅。由于测振仪壳体也在运动，其振幅为 e，因而在图 14.19 中，记录纸上画出的振幅为物块相对于测振仪的振幅 $a=|B-e|$。只有当 $B\approx 0$ 时，才有 $a\approx e$，测振仪记录的振幅才接近于被测物体的振幅。此时 $B\approx 0$，从幅频曲线上看出，要求 $s>>1$，即 $\omega_n<<\omega$。因此，这类测振仪通常选择物块质量较大、弹簧刚度很小，使 ω_n 很小，且应规定所能测量的振动的最低频率。

(2) 测振仪的工作原理是利用物块对被测物体的相对运动，若利用相对运动微分方程，建立相对运动的精确解，有利于设计符合要求的测振仪。受篇幅限制，这里不作讨论。

14.3.3　隔振

为减少振动的影响，将振源与需防振的物体间用弹性元件和阻尼元件进行隔离，这种措施称为**隔振**。隔振分为主动隔振和被动隔振两类。

主动隔振是将振源与支持振源的基础隔离开来。如图 14.21 所示，在电机与基础之间用橡胶块隔离开来，以减弱通过基础传到周围物体去的振动。

被动隔振指将需防振的物体与振源隔离开来，如在精密仪器下垫上橡皮或泡沫塑料，将放置在汽车上的测量仪器用橡皮绳吊起来等。

主动隔振的振源是机器本身的激振力 $F = F_{\mathrm{H}} \sin\omega t$ 。可将系统简化为图 14.22 所示的模型。机器受迫振动的解为

$$x = B\sin(\omega t - \psi)$$

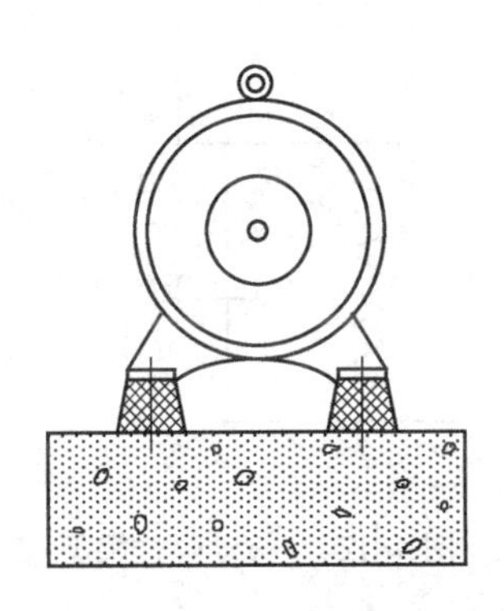

图 14.21　电动机的主动隔振

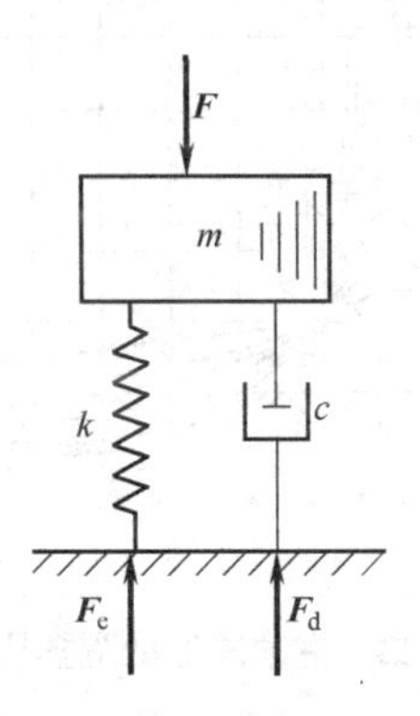

图 14.22　主动隔振模型

其振幅

$$B = \frac{B_0}{\sqrt{\left(1-s^2\right)^2 + 4\zeta^2 s^2}}$$

这时机器通过隔振器传递到地基的动载荷为

$$F_{\mathrm{R}} = F_{\mathrm{e}} + F_{\mathrm{d}} = kx + c\dot{x} = kB\sin(\omega t - \psi) + cB\omega\sin(\omega t - \psi)$$

动载荷的最大值

$$F_{\mathrm{R\,max}} = \sqrt{(kB)^2 + (cB\omega)^2} = kB\sqrt{1 + (2\zeta s)^2}$$

$F_{\mathrm{R\,max}}$ 与激振力的力幅 F_{H} 之比

$$\eta = \frac{F_{\mathrm{R\,max}}}{F_{\mathrm{H}}} = \frac{kB\sqrt{1+(2\zeta s)^2}}{F_{\mathrm{H}}}$$

考虑到 $B_0 = \dfrac{F_{\mathrm{H}}}{k}$，则上式可改写为

$$\eta = \frac{\sqrt{1+(2\zeta s)^2}}{\sqrt{(1-s^2)^2+(2\zeta s)^2}} \tag{14-36}$$

η 称为**力的传递率**，反映了隔振的效果，又称为**隔振因数**。上式表明隔振因数与阻尼和激振频率有关。η-s 曲线如图 14.23 所示。

被动隔振的振源是地基的振动 $x_e = e\sin\omega t$。系统可简化为如图 14.24 所示的模型。系统的稳态响应与例 14-6 具有相同的性质，其幅频特性为

$$\beta = \frac{B}{e} = \sqrt{\frac{1+(2\zeta s)^2}{(1-s^2)^2+(2\zeta s)^2}} \tag{14-37}$$

所用仪器经隔振后的振幅 B 与振源的振幅 e 的比值表示隔振效果，则隔振因数与式(14-37)相同。

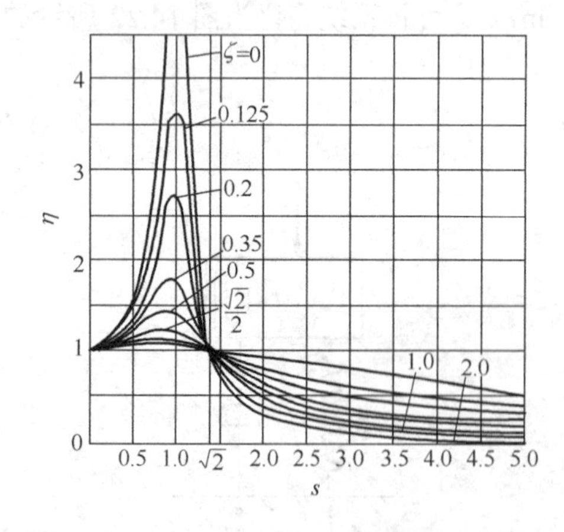

图 14.23　主动隔振的隔振因数曲线

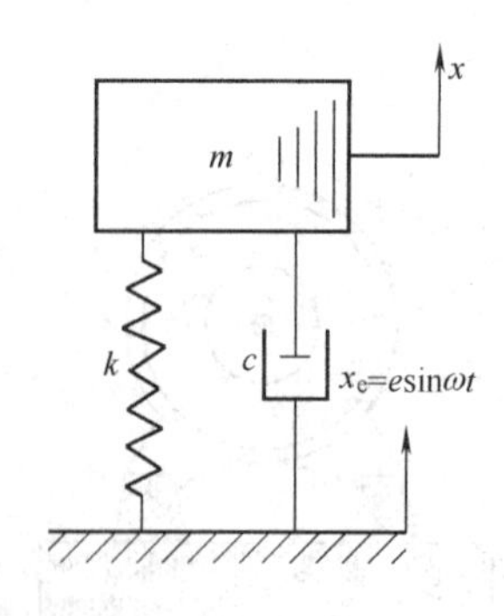

图 14.24　被动隔振模型

由图 14.23 可得出以下结论：

(1) 不论阻尼大小，要取得隔振效果，即 $\eta < 1$，必须使 $s = \dfrac{\omega}{\omega_n} > \sqrt{2}$。因此应采用刚度系数较低的隔振器或适当加大机器及底座的质量。s 越大隔振效果越好，在实际应用中常取 $s = 2.5 \sim 5.0$。

(2) 增大阻尼可减小机器在共振区的最大振幅，但在 $s > \sqrt{2}$ 时却使 η 增大，即隔振效果降低。因此阻尼的选择应权衡利弊。

小　　结

1．自由振动

无阻尼自由振动微分方程的标准形式为

$$\ddot{x} + \omega_n^2 x = 0$$

运动方程为谐振动

$$x = A\sin(\omega_n t + \psi)$$

固有频率 $\omega_n = \frac{\sqrt{k}}{m}$，它只与振动系统本身的质量和刚度有关。

2．衰减振动

有阻尼振动微分方程的标准形式为

$$\ddot{x} + 2\delta\dot{x} + \omega_n^2 x = 0$$

当 $\delta < \omega_n$ 时，解为衰减振动

$$x = Ae^{-\delta t}\sin(\omega_d t + \psi)$$

$$\omega_d = \sqrt{\omega_n^2 - \delta^2} = \omega_n\sqrt{1-\xi^2}$$

3．受迫振动

简谐振动作用下的受迫振动运动微分方程的标准形式为

$$\ddot{x} + 2\delta\dot{x} + \omega_n^2 x = F_H \sin\omega t$$

系统的稳态响应为

$$x = B\sin(\omega t - \psi)$$

若 F_H 与 ω 无关，则幅频和相频特性为

$$\beta = \frac{1}{\sqrt{\left(1-s^2\right)^2 + 4\zeta^2 s^2}}，\quad \tan\psi = \frac{2\zeta s}{1-s^2}$$

当 $\omega = \omega_n\sqrt{1-2\zeta^2}$ 时发生共振，$B_{max} = \frac{B_0}{2\zeta\sqrt{1-\zeta^2}}$。小阻尼($\zeta << 1$)情况下，共振频率 $\omega = \omega_n$，共振振幅 $B_{max} \approx \frac{B_0}{2\zeta}$。

若 F_H 与 ω 有关，则幅频特性会发生变化。

4．隔振

主动隔振和被动隔振的隔振因数均为

$$\eta = \frac{\sqrt{1+(2\zeta s)^2}}{\sqrt{(1-s^2)^2 + (2\zeta s)^2}}$$

要取得隔振效果，即 $\eta < 1$，必须使频率比 $s > \sqrt{2}$。

思　考　题

14-1 图示两个弹簧的刚度系数分别为 $k_1 = 5$ kN/m，$k_2 = 3$ kN/m，物块质量 $m = 4$ kg。求物体自由振动的周期。

14-2 图示装置中，质量 $m = 200$ kg，弹簧刚度系数 $k = 100$ N/m, 设地面振动规律为 $y = 0.1\sin(10t)$ (y 以 cm 计，t 以 s 计)。则下列结论哪个正确？

(1)图(a)系统振幅最大；　　(2)图(b)系统振幅最大；

(3)图(c)系统振幅最大；　　(4)三个系统振动情况一样。

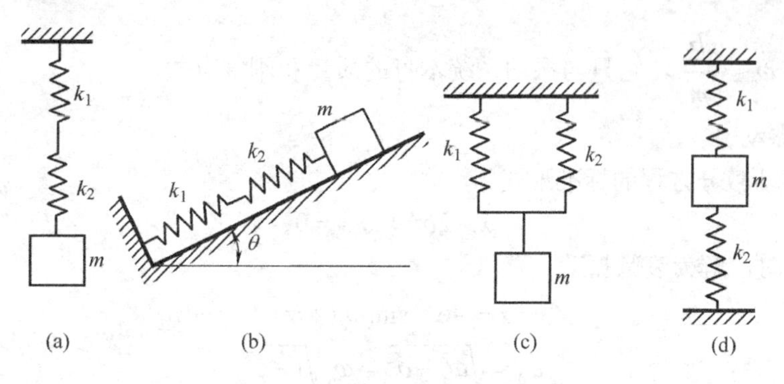

思考题 14-1 图

14-3 图示装置中，重物 M 可在螺杆上上下滑动，重物的上方和下方都装有弹簧。问是否可以通过螺帽调节弹簧的压缩量来调节系统的固有频率?

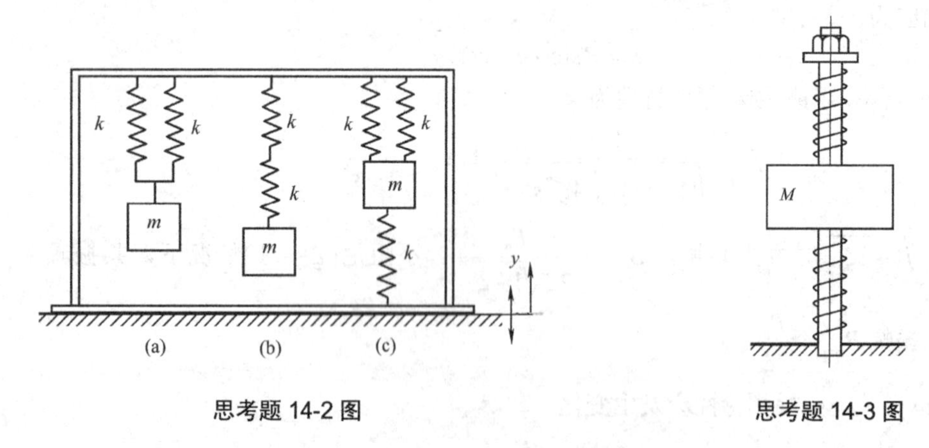

思考题 14-2 图　　　　思考题 14-3 图

14-4 设单自由度系统的质量为 m，弹性刚度系数为 k，粘性阻尼系数为 c，则以 m，k，c 间函数关系说明什么是临界阻尼，什么是欠阻尼和什么是过阻尼状态的自由振动。

14-5 有阻尼受迫振动中，什么是稳态过程？与刚开始的一段运动有什么不同?

14-6 汽轮发电机主轴的转速已大于其临界转速，起动与停车过程中都必然经过其共振区，为什么轴并没有剧烈振动而破坏?

14-7 现有若干刚度系数均为 k 且长度相等的弹簧，另有若干质量均为 m 的物块，试任意组成两个固有频率分别为 $\sqrt{\dfrac{2k}{3m}}$ 和 $\sqrt{\dfrac{3k}{2m}}$ 的弹簧质量系统，并画出其示意图。

习　　题

14-1 质量为 m 的物体悬挂于不可伸长的绳子上，绳子跨过定滑轮与刚度系数为 k 的弹簧相连。设均质滑轮质量也为 m，半径为 r，绕水平轴 O 转动。求此系统的振动周期。

14-2 质量为 m_1 的物块用刚度系数为 k 的弹簧悬挂，在 m_1 静止不动时，有一质量为 m_2 的物块在距 m_1 高度为 h 处落下，如图所示。m_2 撞到 m_1 后不再分开。求系统振动的频率和振幅。

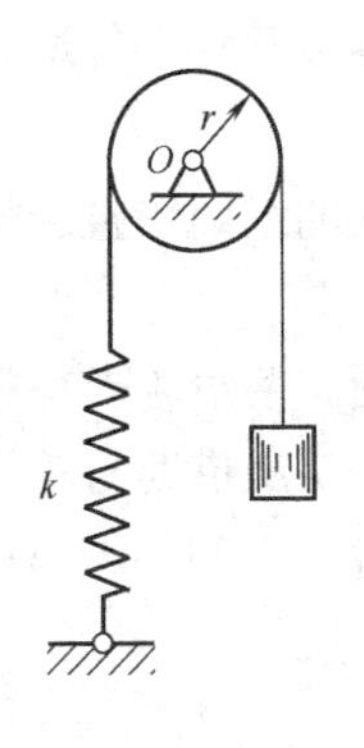

题 14-1 图

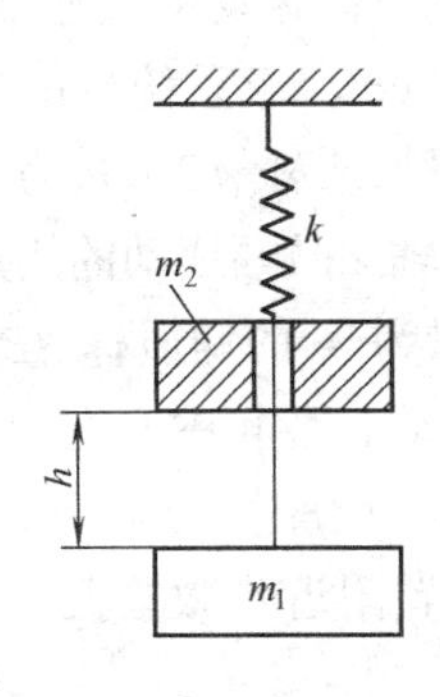

题 14-2 图

14-3 质量为 m、长为 l 的均质杆 AB，用一光滑铰链和两根刚度系数均为 k 的弹簧支承，如图所示。求系统在图示位置作微幅振动时的固有频率。(l_0 为弹簧原长)

14-4 均质细长刚杆质量为 m、长为 l，A 端铰支，在 D 处与刚度系数为 k 的弹簧相连。如杆在铅垂面内作微幅振动，求此系统的固有频率。

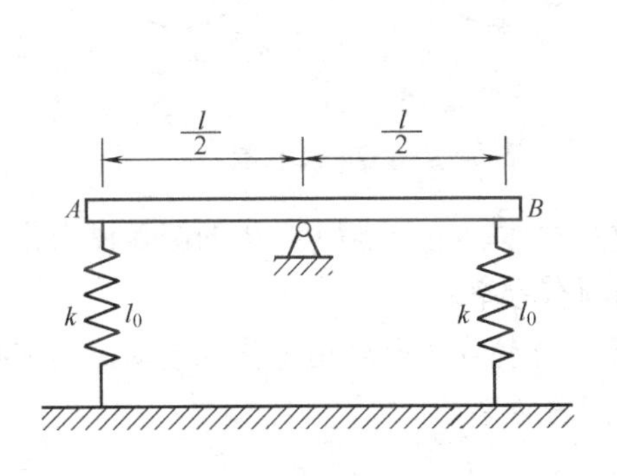

题 14-3 图

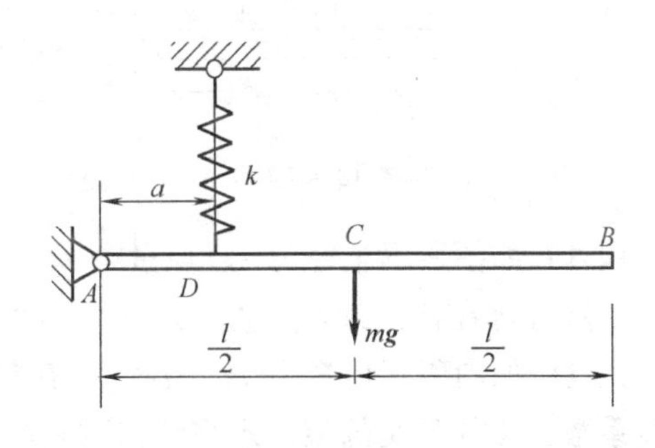

题 14-4 图

14-5 一个质量均匀分布的飞轮允许作为摆绕内侧的刀刃摆动，如图所示。已知质量 m=30 kg，d=30 cm，D=40 cm。若测出其摆动周期为 1.22 s，求飞轮对质心的转动惯量。

14-6 一小球质量为 m，紧系在完全弹性的线 AB 的中部，线长 $2l$，如图所示。设线完全拉紧时张力的大小为 F，当球作水平运动时，张力不变。重力忽略不计。证明小球在水平线上的微幅振动为谐振动，并求其周期。

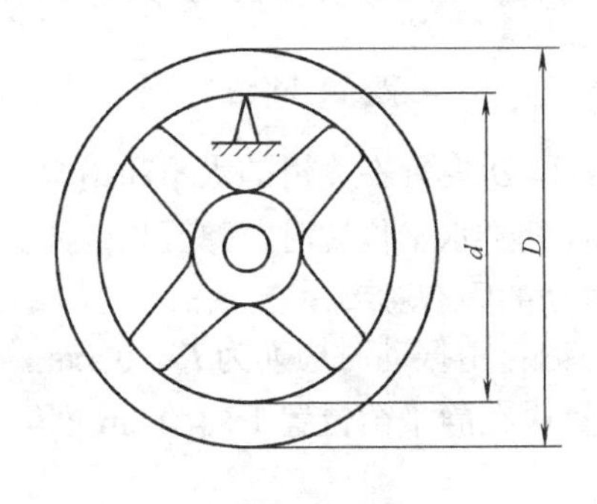

题 14-5 图

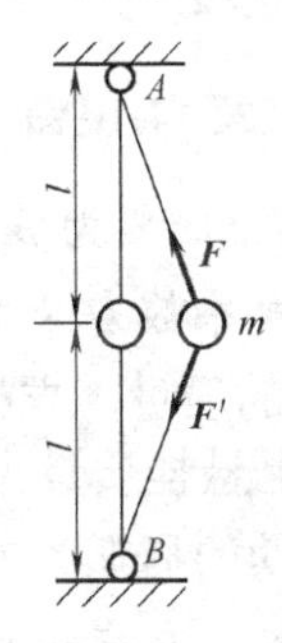

题 14-6 图

14-7 车辆竖向振动的加速度不宜超过 1 m/s^2，否则乘客会感觉不舒适。若车厢弹簧组的静压缩为 24 cm，求系统自由振动振幅的最大允许值。

14-8 水平均质杆 AB，长为 $2a$，用 2 根长为 l、相距 $2b$ 的细绳铅直悬挂，如图所示。求此杆绕铅垂轴 z 微幅摆动的周期。

14-9 质量为 m 的均质杆 AB 水平放置在两滑轮上，如图。两滑轮半径相同，以相同角速度 ω 反向转动。滑轮中心在同一水平线上，相距为 $2a$。杆 AB 借助与轮接触点的摩擦力的牵带而运动，此摩擦力与杆对滑轮的压力成正比，杆与滑轮之间的摩擦因数为 f。写出杆在其平衡位置附近作微幅振动的运动微分方程，并求其周期。

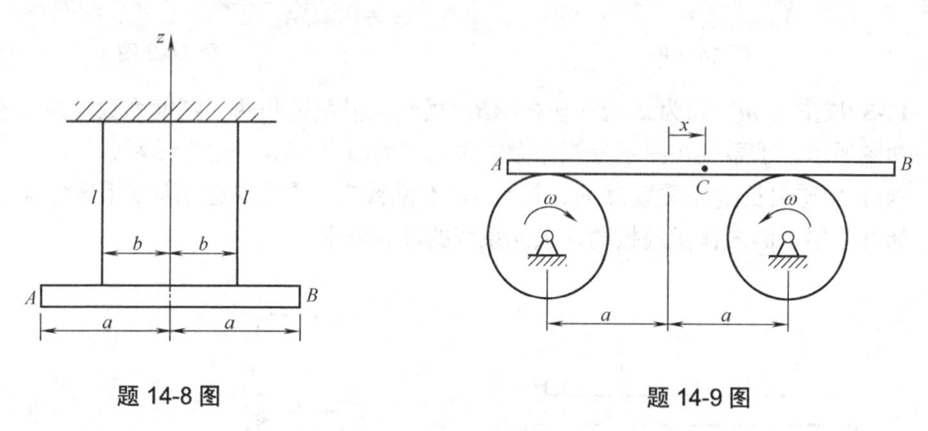

题 14-8 图　　题 14-9 图

14-10 如图所示半径为 r、质量为 m 的均质圆柱体，在一半径为 R 的圆弧槽内作纯滚动。求圆柱体在槽内最低位置附近作微幅滚动的固有频率。

14-11 如图所示质量为 m、半径为 R 的均质圆柱体在水平轨道上作纯滚动，其圆心受刚度系数为 k 的弹簧约束。求系统作微幅振动的固有频率。

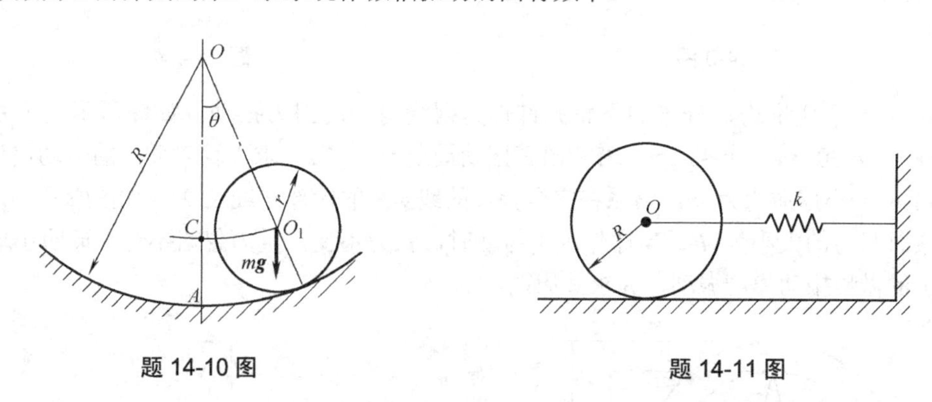

题 14-10 图　　题 14-11 图

14-12 长为 l、质量为 m 的均质杆两端用滑轮 A 和 B 安置在光滑的水平和铅垂滑道内滑动，并连有刚度系数为 k 的弹簧，如图所示。当杆处于水平位置时，弹簧长度为原长。不计滑轮 A 和 B 的质量，求杆 AB 绕平衡位置微幅振动的固有频率。

14-13 弹簧上悬挂质量为 m=6 kg 的物体，无阻尼自由振动时周期为 $T_0 = 0.4\pi s$，有线性阻尼时自由振动的周期为 $T_d = 0.5\pi s$。设开始时质量块在静平衡位置下面 4 cm 处，速度为零。求阻力系数 c 及系统的运动规律。

14-14 试写出图示系统的衰减振动频率。

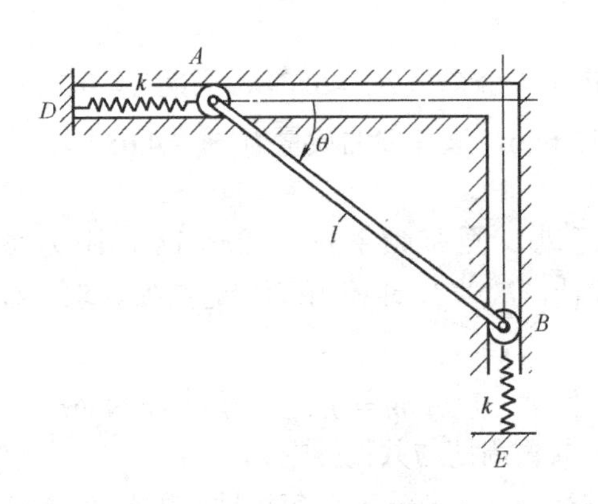

题 14-12 图

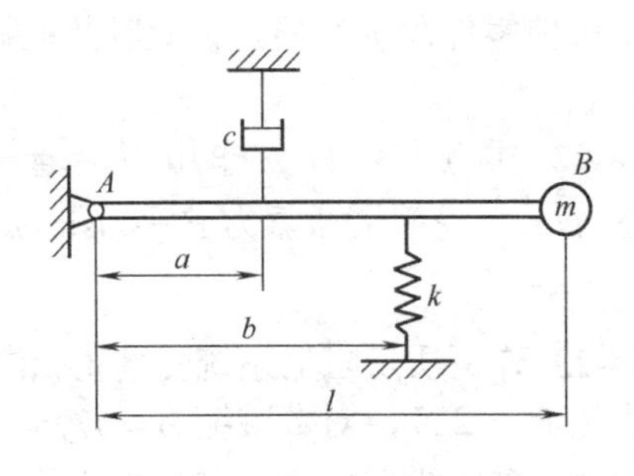

题 14-14 图

14-15 一质量为 10 kg 的物体挂在弹簧上，在润滑油中振动。测得振动周期为 0.5 s，振动 4 次后振幅减小为原振幅的 1/10。求阻力系数 c。

14-16 测得弹簧质量阻尼系统自由振动的周期为 1.8 s，相邻两振幅之比为 4.2:1。求此系统的衰减振动角频率。

14-17 一振动系统具有线性阻尼。已知振子质量 m=20 kg，弹簧刚度系数 $k = 6$ kN/m，阻力系数 $c = 50\ \mathrm{N \cdot s/m}$ 。求衰减振动的周期和对数减缩。

14-18 图示为测定液体的阻力系数的装置，质量为 m 的薄板悬挂在刚度系数为 k 的弹簧下端。已知液体与薄板间的阻力可表示为 $F_{\mathrm{d}} = 2Scv$，其中 $2S$ 是薄板的表面积，v 为其速度，c 为阻力系数。若测得系统在空气中振动周期为 T_1，在某种液体中的振动周期为 T_2，求其阻力系数。

14-19 重物 M 的质量 $m = 0.4$ kg，悬挂在刚度系数 $k = 40$ N/m 的弹簧 AB 上，弹簧的上端与正弦机构的滑道连杆相连，如图所示。已知曲柄长 $r = 20$ mm，以匀角速度 $\omega = 7$ rad/s 转动。求重物受迫振动的规律。

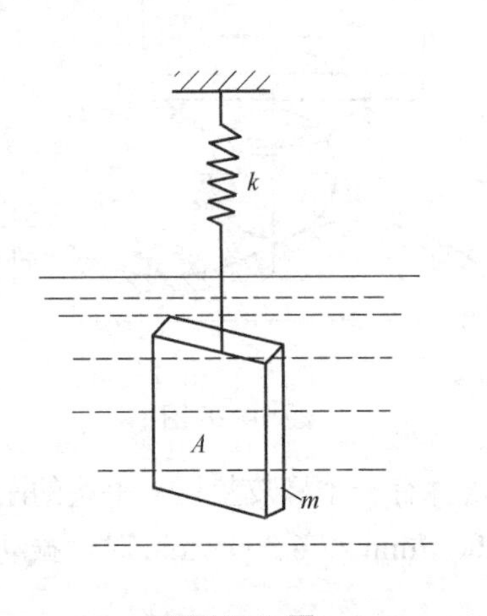

题 14-18 图

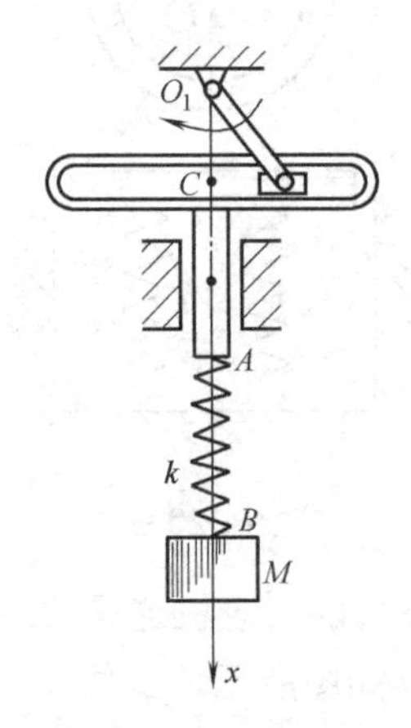

题 14-19 图

14-20 弹簧质量阻尼系统中，已知 m=2 kg，k=20 N/cm。作用在质量上的激振力 $F = 16\sin 60t$ (t 以 s 计，F 以 N 计)；阻力系数 $c = 256\ \mathrm{N \cdot s/cm}$ 。求系统的受迫振动规律和

放大因数。

14-21 机器上一零件在粘滞油液中振动，施加一个幅值 $F_H = 55\ \text{N}$、周期 $T = 0.2\ \text{s}$ 的干扰力，可使零件发生共振。设此时共振振幅为 15 mm，该零件的质量为 $m = 4.08\ \text{kg}$，求阻力系数 c。

14-22 质点在弹性力作用下沿着轴 Ox 运动，固有频率 $\omega_n = 20\pi \text{rad/s}$，阻力系数 $c = 2\ \text{N}\cdot\text{s/m}$，受简谐激振力 $F = 40\sin\omega t$ (t 以 s 计，F 以 N 计)作用而引起共振。求系统共振时的振幅。

14-23 弹簧质量阻尼系统受到正弦激振力的作用，已知 $m = 0.4\ \text{kg}$，$k = 0.4\ \text{N/cm}$，激振力的力幅 $F_H = 2\ \text{N}$，对数减缩 $\Lambda = \delta T_d = 1.59$，求共振周期与共振振幅。

14-24 车厢载有货物，其车架弹簧的静压缩量为 $\delta_{st} = 50\text{mm}$，每根铁轨的长度 l = 12 m，每当车轮行驶到轨道接头处都受到冲击，因而当车厢速度达到某一数值时，将发生激烈颠簸，这一速度称为临界速度。求此临界速度。

14-25 电动机质量 m_1 =250 kg，由 4 个刚度系数 $k = 30\ \text{kN/m}$ 的弹簧支持，如图所示。在电动机转子上装有一质量 m_2 =0.2 kg 的物体，距转轴 $e = 10\ \text{mm}$。已知电动机被限制在铅直方向运动，求：(1)发生共振时的转速；(2)当转速为 1000 r/min 时，稳定振动的振幅。

14-26 沿凹凸不平直线道路行驶的拖车，其力学模型如图所示。道路的纵剖面可简化为正弦波形，按 $y = 0.025\sin\left(\dfrac{2\pi}{1.2}x\right)$ (x，y 以 m 计)的规律变化。已知板簧的刚度系数 k = 250 kN/m，拖车质量 m=500 kg。不计阻尼和车轮质量，并设拖车行驶中始终保持与道路接触。求拖车以速度 v=25 km/h 匀速行驶时拖车铅垂振动的振幅，并求拖车速度为何值时振幅最大。

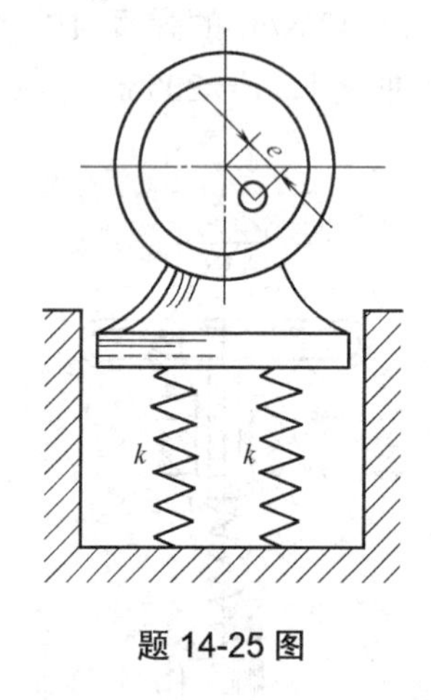

题 14-25 图

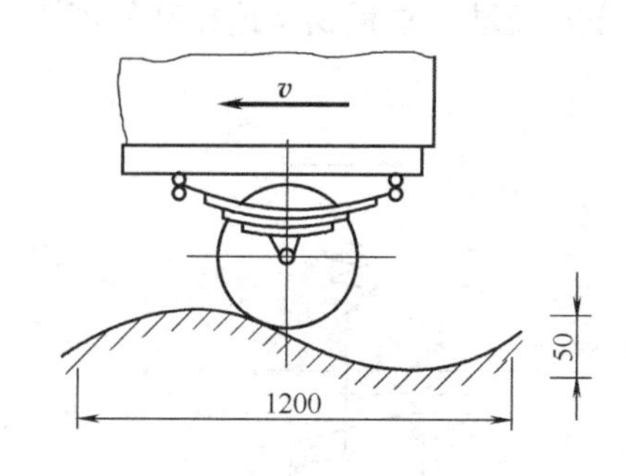

题 14-26 图

14-27 飞机的仪表板连同仪表共重 200 N，四角各有一个橡皮垫块，每块的刚度系数 k=200 N/cm，如图所示。试估计在发动机转速为 3 600 r/min 和 6 000 r/min 时，振动传递到仪表的百分比。(阻尼不计)

14-28 一精密仪器重 4 kN。为使它不受地面振动的影响，在仪器的下面装有 4 个弹簧。设地面的振动方程为 $y = 0.1\sin 30t$ (y 以 cm 计，t 以 s 计)。试列出仪器的运动微分方程。要使仪器的振幅小于 0.01 cm，每个弹簧的刚度系数应为多大？(不计阻尼)

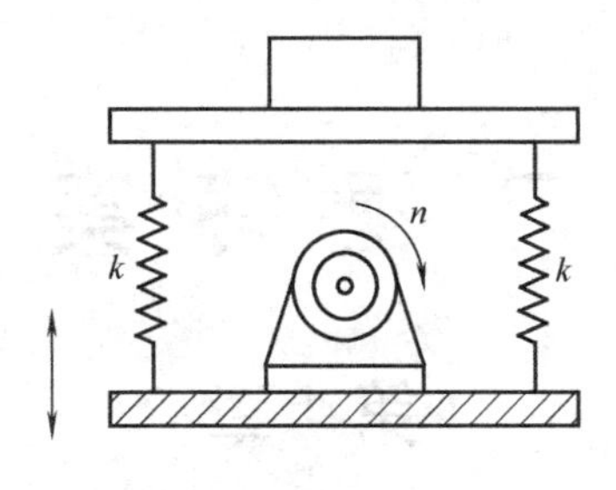

题 14-27 图

习 题 答 案

第1章

1-1 $\sum \boldsymbol{M}_H(\boldsymbol{F}) = -(F_1 c\boldsymbol{i} + F_3 b\boldsymbol{j} + F_2 a\boldsymbol{k})$，$\sum \boldsymbol{M}_{HC}(\boldsymbol{F}) = -\dfrac{F_1 bc + F_3 ab + F_2 ac}{\sqrt{a^2+b^2+c^2}}$

1-2 $\sum \boldsymbol{M}_A(\boldsymbol{F}) = Fb(-0.6\boldsymbol{i} + 0.8\boldsymbol{j} - 1.4\boldsymbol{k})$

第2章

2-1 $\boldsymbol{M} = (-75\boldsymbol{i} + 22.5\boldsymbol{j})$ N•m

2-2 $\boldsymbol{M} = (3.6\boldsymbol{i} + 12\sin 40°\boldsymbol{j})$ kN•m

2-3 合力大小 F，方向同 $2\boldsymbol{F}$，在 $2\boldsymbol{F}$ 外侧，距离为 d

2-4 合力 $F = \dfrac{25}{6}$ kN，$\boldsymbol{F} = -\dfrac{5}{2}\boldsymbol{i} - \dfrac{10}{3}\boldsymbol{j}$ kN，作用线 $y = \dfrac{4}{3}x + 4$ m

2-5 $F_\mathrm{R}' = 467$ N，$M_O = 21.4$ N•m；$F_\mathrm{R} = 467$ N，$d = 46.0$ mm

2-6 (1) $F_\mathrm{R}' = 150$ N 沿 x 负方向，$M_O = 900$ N•mm 顺时针

(2) $F_\mathrm{R} = 150$ N 沿 x 负方向，$y = -6$ mm

2-7 (a)合力偶 $M = \dfrac{\sqrt{3}}{2}F_P a$，逆时针

(b) $\boldsymbol{F}_\mathrm{R} = -2F_\mathrm{P}\boldsymbol{i}$，作用线在 AB 上方，相距 $\dfrac{\sqrt{3}}{4}a$

2-8 (1) $\boldsymbol{F}_\mathrm{R}' = 10\boldsymbol{k}$ kN，$\boldsymbol{M}_O = (-60\boldsymbol{i} + 135\boldsymbol{j})$ kN•m

(2) $\boldsymbol{F}_\mathrm{R} = \boldsymbol{F}_\mathrm{R}' = 10\boldsymbol{k}$ kN，作用线与平面 Oxy 交点的坐标 $(-13.5, -6.0)$ m

2-9 主矢 $\boldsymbol{F}_\mathrm{R}' = (-300\boldsymbol{i} - 200\boldsymbol{j} + 300\boldsymbol{k})$ N，主矩 $\boldsymbol{M}_O = (200\boldsymbol{i} - 300\boldsymbol{j})$ N•m；

合力 $\boldsymbol{F}_\mathrm{R} = (-300\boldsymbol{i} - 200\boldsymbol{j} + 300\boldsymbol{k})$ N，通过点 $\left(1, \dfrac{2}{3}, 0\right)$ m 和点 $(0,0,1)$ m

2-10 力螺旋 $\boldsymbol{F}_\mathrm{R}' = F\boldsymbol{k}$，$\boldsymbol{M}_{O'} = -Fa\boldsymbol{k}$，中心轴上点 O'，其坐标为$(a,0,0)$

2-11 $F = (-120, 0, -160)$ N，$M_A = (-7.0, 9, 24.0)$ N•m

2-12 应满足条件 $\boldsymbol{F}_\mathrm{R} \cdot \boldsymbol{M}_O = 0$，得 $l_1 + l_2 + l_3 = 0$；

合力 $F_\mathrm{R} = \sqrt{3}F_O$，方向余弦 $\alpha, \beta, \gamma = 1/\sqrt{3}$；

$\boldsymbol{F}_\mathrm{R}$ 与原点的垂直距离 $d = M_O / F_\mathrm{R} = \sqrt{l_1^2 + l_2^2 + l_3^2} / \sqrt{3}$

第3章

3-1 $F_T=(l+r)W/(R+d)$，$F_N=(R+r)W/(R+d)$

3-2 $F_A=\sqrt{W_1^2-W_2^2}$，$\theta=2\arcsin(W_2/W_1)$

3-3 $F_A=0.707F$，沿 CA 向左下；$F_B=0.707F$，沿 BC 向左上

3-4 $l_{max}=2h/(\sin\theta\cos^2\theta)$，$F_{Ax}=W\tan\theta$，$F_{Ay}=0$

3-5 (a) $F_A=F_C=\sqrt{2}M/d$；(b) $F_C=F_A=M/d$

3-6 (a) $M_2=M_1=100\ \mathrm{N\cdot m}$，(b) $M_2=2M_1=200\ \mathrm{N\cdot m}$

3-7 略

3-8 $F_{Ax}=0$，$F_{Ay}=F$，$M_A=Fd-M$

3-9 $F_A=6.7\ \mathrm{kN}(\leftarrow)$；$F_{Bx}=6.7\ \mathrm{kN}(\rightarrow)$，$F_{By}=13.5\ \mathrm{kN}(\uparrow)$

3-10 $l_{max}=1\ \mathrm{m}$

3-11 $W_{min}=417\ \mathrm{N}$，$F_D=1.42\ \mathrm{kN}$

3-12 $M=600\ \mathrm{N\cdot m}$

3-13 (a) $F_{Ax}=0$，$F_{Ay}=2qd$，$M_A=2qd^2$；$F_B=0$；$F_C=0$

(b) $F_{Ax}=0$，$F_{Ay}=qd$，$M_A=2qd^2$；$F_{Bx}=0$，$F_{Ay}=qd$；$F_C=qd$

(c) $F_{Ax}=0$，$F_{Ay}=7qd/4$，$M_A=3qd^2$；$F_{Bx}=0$，$F_{By}=3qd/4$；$F_C=qd/4$

(d) $F_{Ax}=0$，$F_{Ay}=\dfrac{M}{2d}$，$M_A=M$；$F_{Bx}=0$，$F_{By}=\dfrac{M}{2d}$；$F_C=\dfrac{M}{2d}$

(e) $F_{Ax}=F_{Ay}=0$，$M_A=M$；$F_{Bx}=F_{By}=F_C=0$

3-14 $F_2=2F_1\cos\alpha$

3-15 $W_1/W_2=a/l$

3-16 $F_{Dx}=-16.8\ \mathrm{N}$，$F_{Dy}=56\ \mathrm{N}$

3-17 $F_{Bx}=0$，$F_{By}=10\ \mathrm{N}$，$M_B=10\ \mathrm{kN{\bullet}m}$，$F_{AC}=-14.1\ \mathrm{kN}$，$F_{Ex}=10\ \mathrm{kN}$，$F_{Ey}=20\ \mathrm{kN}$

3-18 $F_{Ax}=10\ \mathrm{kN}$，$F_{Ay}=5\ \mathrm{kN}$；$F_{Cx}=10\ \mathrm{kN}$，$F_{Cy}=-5\ \mathrm{kN}$；$F_E=14.1\ \mathrm{kN}$；$F_G=14.1\ \mathrm{kN}$

3-19 $F_{Ax}=40\ \mathrm{kN}$，$F_{Ay}=113\ \mathrm{kN}$，$M_A=576\ \mathrm{kN{\bullet}m}$，$F_C=-44\ \mathrm{kN}$

3-20 $F_{Ax}=12.5\ \mathrm{kN}$，$F_{Ay}=106\ \mathrm{kN}$；$F_{Bx}=-22.5\ \mathrm{kN}$，$F_{By}=94.2\ \mathrm{kN}$

3-21 $F_B=1.07\ \mathrm{kN}$，$F_{Ax}=-1.36\ \mathrm{N}$，$F_{Ay}=-480\ \mathrm{N}$

3-22 $F_{Ax}=-23\ \mathrm{kN}$，$F_{Ay}=15\ \mathrm{kN}$，$F_{Cx}=23\ \mathrm{kN}$，$F_{Cy}=10\ \mathrm{kN}$

3-23 $F_{Ax}=1.20\ \mathrm{kN}$，$F_{Ay}=150\ \mathrm{kN}$；$F_B=1.05\ \mathrm{kN}$；$F_{BC}=-1.50\ \mathrm{kN}$

3-24 $F_E=\sqrt{2}F$；$F_{Ax}=F-6qa$，$F_{Ay}=2F$，$M_A=18qa^2-Fa$

3-25 $F_{Ax}=F$，$F_{Ay}=3F/2$；$F_{Bx}=F$，$F_{By}=F/2$；

$F_{Cx}=F$，$F_{Cy}=F/2$；$F_{Dx}=-F$，$F_{Dy}=F/2$，$M_D=Fd$

3-26 $F_{Ax}=-4\text{ kN}$，$F_{Ay}=6.67\text{ kN}$，$M_A=14\text{ kN•m}$；$F_B=3.33\text{ kN}$；
$F_{C1x}=F_{C2x}=0$，$F_{C1y}=2.67\text{ kN}$，$F_{C2y}=4.67\text{ kN}$

3-27 $F_A=\sqrt{2}F/2$；$F_B=F(\uparrow)$；$F_C=F(\downarrow)$；$F_D=\sqrt{2}F/2$

3-28 $F_{Ax}=0$，$F_{Ay}=qd$，$M_A=-qd^2$；$F_B=qd$；$F_D=-qd$；$F_{EF}=\sqrt{2}qd$

3-29 $M=5.66\text{ kN•m}$

3-30 略

3-31 $F_{AB}=580\text{ N}$，$F_{AC}=320\text{ N}$，$F_{AD}=240\text{ N}$

3-32 $F_{Ax}=8.66\text{ kN}$，$F_{Ay}=0$，$F_{Az}=250\text{ N}$，$F_{BE}=F_{BD}=-3.71\text{ kN}$

3-33 $F_{Ax}=-3.0\text{ kN}$，$F_{Ay}=19.2\text{ kN}$，$F_{Az}=0$，$F_{BD}=7.8\text{ kN}$，$F_{BE}=F_{CH}=6.5\text{ kN}$

3-34 $M_1=\dfrac{d_3}{d_1}M_3+\dfrac{d_2}{d_1}M_2$；$F_{Ay}=-\dfrac{M_3}{d_1}$，$F_{Az}=\dfrac{M_2}{d_1}$；$F_{Dy}=\dfrac{M_3}{d_1}$，$F_{Dz}=-\dfrac{M_2}{d_1}$

3-35 $F_{Ox}=0.75\text{ kN}$，$F_{Oy}=1.5\text{ kN}$，$F_{Oz}=5.0\text{ kN}$
$M_{Ox}=375\text{ N•m}$，$M_{Oy}=-1\text{ kN•m}$，$M_{Oz}=244\text{ N•m}$

3-36 $F=71.0\text{ N}$；$F_{Ax}=-68.4\text{ N}$，$F_{Ay}=-47.6\text{ N}$；$F_{Bx}=-207\text{ N}$，$F_{By}=-19.1\text{ N}$

3-37 $F_1=F$，$F_2=-\sqrt{2}F$，$F_3=-F$，$F_4=\sqrt{2}F$，$F_5=\sqrt{2}F$，$F_6=-F$

3-38 $F_1=F_2=F_3=2M/(3d)$，$F_4=F_5=F_6=-4M/(3d)$

第4章

4-1 略

4-2 $F_1=-20\text{ kN}$，$F_2=0$，$F_3=28.3\text{ kN}$，$F_4=-20\text{ kN}$

4-3 $F_1=8\text{ kN}$，$F_2=-2\text{ kN}$，$F_3=-8.94\text{ kN}$

4-4 $F_1=-F$，$F_2=1.41F$，$F_3=2F$

4-5 $F_1=-4F/9$，$F_2=-2F/3$，$F_3=0$

4-6 $F_{BH}=-47.1\text{ kN}$，$F_{CD}=-6.67\text{ kN}$，$F_{GD}=0$

4-7 $F_1=-0.293F$，$F_2=-F$，$F_3=-0.500F$

4-8 A 相对 B 滑动，B 不动

4-9 $d\leqslant 110\text{ mm}$

4-10 (1) A 与 B 均滑动，且 A 相对 B 加速滑动时，$F=678\text{ N}$
(2) A 与 B 一起滑动时，$F=553\text{ N}$

4-11 $2\varphi_f$

4-12 $\dfrac{\sin\alpha-f_s\cos\alpha}{\cos\alpha+f_s\sin\alpha}W\leqslant F\leqslant\dfrac{\sin\alpha+f_s\cos\alpha}{\cos\alpha-f_s\sin\alpha}W$

4-13 $W_{max}=208\text{ kN}$

4-14 $f_s\geqslant 0.15$

4-15 $F=F_{BC}=57.7\text{ N}$，$F_{AB}=116\text{ N}$，$F_{max}=323\text{ N}$

4-16 $W_{min}=5\text{ kN}$

4-17 $F=100\text{ N}$；不用钢管，$F=400\text{ N}$

4-18 $F = 57.2$ N

4-19 (1) $F_A = 1\ 045$ kN， $F_B = 2\ 718$ kN， $F_C = 400$ kN；(2) $F_T \geqslant 426$ kN

第 5 章

5-1 略

5-2 (1) $y = \frac{3}{4}x, t = 0$, 点 $x = 0, y = 0$； $t = 0 \sim 1(x = 2, y = 1.5)$, 匀减速；

$t > 1, x < 2, y < 1.5$, 匀加速，直至无穷远

(2) $y = 2 - \frac{4}{9}x^2$, 作简谐运动，$|x| \leqslant 2, |y| \leqslant 3$

5-3 $v = 9.95$ m/s

5-4 $\boldsymbol{v}_B = 28 \times (4\boldsymbol{i} + 3\boldsymbol{k})$ mm/s， $\boldsymbol{a} = 11.2 \times (21\boldsymbol{i} - 25\boldsymbol{j} - 28\boldsymbol{k})$ mm/s^2

5-5 $y = R + e\sin\omega t$， $\dot{y} = e\omega\cos\omega t$， $\ddot{y} = -e\omega^2\sin\omega t$

5-6 $v_P = v/\sqrt{2}$， $a_P = \frac{v^2}{2\sqrt{2}h}$， $\ddot{\theta} = -\frac{v^2}{2h^2}$ (顺)

5-7 $x = R\cos\varphi + R\varphi\sin\varphi$， $y = R\sin\varphi - R\varphi\cos\varphi$， $s = \frac{1}{2}R\varphi^2$

5-8 $a_B = 4.13$ m/s^2

5-9 (1) $\alpha_2 = \frac{5\ 000\pi}{d^2}$ rad/s^2; (2) $a = 592$ m/s^2

5-10 $h_1 = 2$ mm

5-11 $\omega_2 = 0$， $\alpha_2 = -\frac{lb\omega^2}{r^2}$

5-12 $\varphi = \frac{r_2\alpha_2}{2l}t^2$

5-13 $\dot{l} = 32.8$ mm/s

第 6 章

6-1 $v = 0.6\pi$ m/s

6-2 $y = a\sin\frac{\omega_1 x}{\omega_0 r}$

6-3 相对运动方程 $x_1 = \sqrt{d^2 + r^2 + 2dr\cos\omega t}$ ，摇杆转动方程 $\tan\varphi = \frac{r\sin\omega t}{d + r\cos\omega t}$

6-4 $\boldsymbol{v}_a = (-3\boldsymbol{i} + 0.520\boldsymbol{j} + 0.300\boldsymbol{k})$ m/s

6-5 (a) $\omega_{OA} = \frac{v_B^2\sin^2\varphi}{h}$， $\alpha_{OA} = \frac{(ha_B + 2v_B^2\cos\varphi)\sin^3\varphi}{h^2}$

(b) $\omega_{OA} = \frac{v_B}{r\sin\varphi}$， $\alpha_{OA} = \frac{a_B r\sin^2\varphi - v_B^2\cos\varphi}{r^2\sin^2\varphi}$

6-6 $v_a = 20.3\,\text{m/s}$，$a_a = 124\,\text{m/s}^2$

6-7 $v_{AB} = \dfrac{2\sqrt{3}}{3}e\omega_0$ 向上，$a_{AB} = \dfrac{2}{9}e\omega_0$ 向下

6-8 $a = 30.1\,\text{m/s}^2$ 向上

6-9 提示：以 A 为动点，B 为动系，则牵连运动为平移，绝对运动为直线，相对运动为平面直线。

6-10 $a = \sqrt{(b+v_r t)^2\omega^4 + 4\omega^2 v_r^2}\cdot\sin\alpha$

6-11 $\boldsymbol{v}_P = (-5.49\boldsymbol{i} + 137.2\boldsymbol{j} + 1.22\boldsymbol{k})\,\text{m/s}$，$\boldsymbol{a}_P = (-247\boldsymbol{i} - 4.94\boldsymbol{j} - 24\,687\boldsymbol{k})\,\text{m/s}^2$

6-12 $v_{AB} = \dfrac{\sqrt{3}}{2}e\omega$ 向上，$a_{AB} = -\dfrac{1}{2}e\omega^2$

6-13 $\boldsymbol{a}_1 = \left(\dfrac{v^2}{r} + 2\omega v - r\omega^2\right)\boldsymbol{j}$，$\boldsymbol{a}_2 = -(r\omega^2 + \dfrac{v^2}{r} + 2\omega v)\boldsymbol{i} - 2r\omega^2\boldsymbol{j}$

6-14 $v_M = 80\,\text{mm/s}$

6-15 $\boldsymbol{a}_D = -1\boldsymbol{i}\,\text{m/s}^2$，$\boldsymbol{a}_B = -1.69\boldsymbol{i}\,\text{m/s}^2$

6-16 $v_M = 80\,\text{mm/s}$，$a_M = 11.55\,\text{mm/s}^2$

6-17 $v_M = \omega r$ 向上，$a_M = \dfrac{\sqrt{3}}{3}\omega^2 r$ 向下

第7章

7-1 $x_A = (R+r)\cos\dfrac{\alpha_0 t^2}{2}$，$y_A = (R+r)\sin\dfrac{\alpha_0 t^2}{2}$，$\varphi_A = \dfrac{1}{2r}(R+r)\alpha_0 t^2$

7-2 $x_A = -v_A t\cos\alpha$，$y_A = v_A t\sin\alpha$，$\varphi = \arcsin\left(\dfrac{v_A t}{l}\sin\alpha\right)$

7-3 $\omega_A = 2\omega_B$

7-4 速度瞬心 C^* 的位置在过 O 的铅垂线上，且在 O 点下方，$OC^* = \dfrac{v}{\omega} = 222\,\text{m}$，与角 θ 无关。

7-5 $\omega = 0.722\,\text{rad/s}$

7-6 $\omega_{AB} = 3\,\text{rad/s}$，$\omega_{O_1B} = 5.2\,\text{rad/s}$

7-7 $v_O = 1.2\,\text{m/s}$，$\omega = 1.33\,\text{rad/s}$

7-8 $v_{AB} = 2.4\,\text{m/s}$

7-9 曲柄 OA 在铅垂位置时，$v_{DE} = 0$；在水平位置时，$v_{DE} = 0.4\,\text{m/s}$，方向与 $\boldsymbol{v}_A$ 相同

7-10 $\omega_F = 5\,\text{rad/s}$，$\omega_R = 4.93\,\text{rad/s}$，$\omega_T = 0.194\,\text{rad/s}$

7-11 $\omega_t = 27.1\,\text{rad/s}$

7-12 $\omega_B = 1\,\text{rad/s}$，$v_D = 0.06\,\text{m/s}$

7-13 $v_F = v_G = 0.397\,\text{m/s}$

7-14 $\omega_{AB} = 2\,\text{rad/s}$，$\alpha_{AB} = 16\,\text{rad/s}^2$，$\alpha_B = 5.66\,\text{rad/s}^2$

7-15 (a) $a_C = r\omega^2\left(1+\frac{r}{R-r}\right)$，指向 O；

(b) $a_C = r\omega^2\left(1-\frac{r}{R+r}\right)$，指向 O

7-16 $\alpha = 0.177\ \text{rad/s}^2$

7-17 $\omega_D = 0$，$\alpha_D = 1\,409\ \text{rad/s}^2$

7-18 $\boldsymbol{v}_D = (-1.766\boldsymbol{i} + 0.766\boldsymbol{j})\ \text{m/s}$

7-19 $v_B = 2\ \text{m/s}$，$a_B^{\text{n}} = 4\ \text{m/s}^2$，$a_B^{\text{t}} = 3.7\ \text{m/s}^2$

7-20 $\omega_{O_1B} = 0$，$\alpha_{O_1B} = \frac{\sqrt{3}}{2}\omega_0^2$，$a_P = 1.56r\omega_0^2$

7-21 $a_c = 2r\omega_O^2$

7-22 $v_B = 2\ \text{m/s}$，$v_C = 2.83\ \text{m/s}$，$a_B = 8\ \text{m/s}^2$，$a_C = 11.3\ \text{m/s}^2$

7-23 $v_M = 0.098\ \text{m/s}$，$a_M = 0.013\ \text{m/s}^2$

7-24 $a_{\text{n}} = 2r\omega_0^2$，$a_{\text{t}} = r(\sqrt{3}\omega_0^2 - 2\alpha_0)$

*7-25 $v_3 = v_1\frac{ay}{x^2} - v_2\frac{a-x}{x}$，$\omega_4 = \frac{v_1 y - v_2 x}{x^2+y^2}$，$a_3 = 0$，$\alpha_4 = 0$

*7-26 $v_{C'} = 6.87\,r\omega_0$，$a_{C'} = 16.1\,r\omega_0^2$

第 8 章

8-1 $f \geqslant \frac{a\cos\theta}{a\sin\theta + g}$

8-2 $F_{\text{T}} = m(g + l^2 v_0^2 x^{-3})\sqrt{1+(l/x)^2}$

8-3 (1) $F_{\max} = m(g + e\omega^2)$；(2) $\omega_{\max} = \sqrt{g/e}$

8-4 $F_{\text{Nmax}} = 714\ \text{N}$，$F_{\text{Nmin}} = 462\ \text{N}$

8-5 $F_{\text{N}} = 247\ \text{N}$(沿 MO 方向)， $F_{\text{H}} = 128\ \text{N}$(沿水平向右)

8-6 $\varphi = 48.2°$

8-7 $x = \frac{v_0}{k}(1-\mathrm{e}^{-kt})$，$y = h - \frac{g}{k}t + \frac{g}{k^2}(1-\mathrm{e}^{-kt})$，轨迹 $y = h - \frac{g}{k^2}\ln\frac{v_0}{v_0 - kx} + \frac{gx}{kv_0}$

8-8 椭圆 $\frac{x^2}{x_0^2} + \frac{k}{m}\cdot\frac{y^2}{v_0^2} = 1$

8-9 h=78.4 mm

8-10 $v_{\text{r}} = \sqrt{2l[a\sin\theta - g(1-\cos\theta)]}$

8-11 $x = e\,\text{ch}\,\omega t$，$F_{\text{N}} = 2me\omega^2\,\text{ch}\,\omega t$

8-12 $v_{\text{r}} = \sqrt{2gR}$，$F_{\text{N}} = \sqrt{\frac{107}{12}}W$

8-13 $J_x = m(a^2 + 3ab + 4b^2)/6$

8-14 $J_x = mh^2/6$

第9章

9-1 (1) $p = mv_0$，方向同$\boldsymbol{v}_0$；(2) $p = me\omega$，方向同$\boldsymbol{v}_C$，垂直OC；

(3) $p = 0$；(4) $p = \frac{1}{2}ml\omega$，方向同$\boldsymbol{v}_C$，垂直OC

9-2 $p = \frac{l\omega}{2}(5m_1 + 4m_2)$，方向与曲柄垂直且向上

9-3 $\ddot{x} + \frac{k}{m + m_1}x = \frac{m_1 l\omega^2}{m + m_1}\sin\varphi$

9-4 v =0.687 m/s

9-5 $\Delta v = 0.246$ m/s

9-6 $F_{Ox} = m_3\frac{R}{r}a\cos\theta + m_3 g\cos\theta\sin\theta$；

$$F_{Oy} = (m_1 + m_2 + m_3\sin^2\theta)g + \left(m_3\frac{R}{r}\sin\theta - m_2\right)a$$

9-7 $(x_A - l\cos\theta_0)^2 + \frac{y_A^2}{4} = l^2$，此为椭圆方程

9-8 向左移动 0.266 m

9-9 $m_B = 0.93$ kg

9-10 向左移动$\frac{a-b}{4}$

9-11 $a = \frac{\sin\theta\cos\theta}{\sin^2\theta + 3}g$，$F = \frac{12m_B g}{\sin^2\theta + 3}$

9-12 $F_x = -(m_1 + m_2)e\omega^2\cos\omega t$，$F_y = -m_2 e\omega^2\sin\omega t$

*9-13 2.22 kN，方向水平向右

*9-14 $F_x = -139$ N，$F_y = 0$

*9-15 $F_x = 30$ N

第10章

10-1 (a) $L_O = 18\ \text{kg}\cdot\text{m}^2/\text{s}$；(b) $L_O = 20\ \text{kg}\cdot\text{m}^2/\text{s}$；(c) $L_O = 16\ \text{kg}\cdot\text{m}^2/\text{s}$

10-2 (1) $L_O = \frac{1}{2}mR^2\omega_0$(↘)；(2) $L_O = \frac{1}{3}ml^2\omega_0$(↙)；(3) $L_O = \frac{37}{32}mRv_0$(↘)

10-3 (1) $p = \frac{R+e}{R}mv_A$，$L_B = \left[J_A + me^2 + m(R+e)^2\right]\frac{v_A}{R}$；

(2) $p = m(v_A + e\omega)$，$L_B = (J_A - mRe)\omega + m(R+e)v_A$

10-4 $\alpha = \frac{m_1 r_1 - m_2 r_2}{m_1 r_1^2 + m_2 r_2^2}g$，$F_{Oy} = \left[(m_1 + m_2) + \frac{(m_1 r_1 - m_2 r_2)^2}{m_1 r_1^2 + m_2 r_2^2}\right]g$

10-5 $\omega=\sqrt{\dfrac{W_1+2W_2}{W_1+3W_2}\cdot\dfrac{3g}{l}\sin\varphi}$，$\alpha=\dfrac{W_1+2W_2}{W_1+3W_2}\cdot\dfrac{3g}{2l}\cos\varphi$

10-6 $\omega_2=\dfrac{8}{17}\omega_1$

10-7 $F_O=101\text{N}$

10-8 $F=269\text{N}$

10-9 $t=\dfrac{\omega r_1}{2fg\left(1+\dfrac{m_1}{m_2}\right)}$

10-10 $v=\dfrac{2}{3}\sqrt{3gh}$，$F_{\text{T}}=\dfrac{1}{3}mg$

10-11 $a_A=\dfrac{m_1g(R+r)^2}{m_1(R+r)^2+m_2(\rho^2+R^2)}$

10-12 $t=\dfrac{v_0-r\omega_0}{3\mu g}$，$v=\dfrac{2v_0+\omega_0r}{3}$

10-13 $a_A=\dfrac{3lb}{4l^2+b^2}g$

10-14 (1) $a=\dfrac{4}{5}g$；(2) $M>2mgr$

10-15 滑动，$\alpha=14.7\text{rad/s}^2$，$F=10.5\text{N}$，$F_{\text{N}}=35\text{N}$

10-16 $a=\dfrac{F-f(W_1-W_2)}{W_1+\dfrac{W_2}{3}}g$

10-17 $a=\dfrac{4}{7}g\sin\theta$，$F_{AB}=-\dfrac{1}{7}W\sin\theta$

10-18 $\alpha_{AB}=-\dfrac{6Fg}{7Wl}$(顺)，$\alpha_{BC}=\dfrac{30Fg}{7Wl}$(逆)

10-19 $a=\dfrac{mg\sin2\theta}{3m_1+m+2m\sin^2\theta}$

*10-20 $\omega=0.25\omega_0$

*10-21 $\omega=\dfrac{3v}{2l}\sin\theta$，$I_x=\dfrac{3}{8}mv\sin2\theta$，$I_y=\dfrac{1}{4}mv(4-3\sin^2\theta)$

*10-22 (1) $\omega=\dfrac{12v\sin\theta}{(1+3\sin^2\theta)l}$；(2) $\omega=\dfrac{6v\sin\theta}{(1+3\sin^2\theta)l}$

*10-23 $\omega_A=-\omega$(顺)，$\omega_B=\dfrac{1}{2}\omega$(逆)

第 11 章

11-1 $W_{12}=-\dfrac{1}{2}ks^2$

11-2 $W_{12}=110\text{ J}$

11-3 (1) $E_k=\dfrac{1}{2}(J_C+me^2)\omega^2=\dfrac{m}{2}(\rho_C^2+e^2)\omega_0^2$；

(2) $E_k=\dfrac{m}{12}\omega_0^2(8l^2+3r^2)$；

(3) $E_k=\dfrac{1}{2}[(m_1+m_2)v_1^2+m_2v_2^2-\sqrt{3}m_2v_1v_2]$；

(4) $E_k=\left(\dfrac{m'}{2}+m\right)v_0^2$

11-4 $W_{12}=6.29\text{ J}$

11-5 $E_k=\dfrac{1}{2}\left[(m_1+m_2)v_1^2+\dfrac{1}{3}m_2l^2\omega_1^2+m_2l\omega_1v_1\cos\varphi\right]$

11-6 $E_k=\dfrac{r^2\omega^2}{3}(2m_1+9m_2)$

11-7 $\alpha=\dfrac{M}{(3m_1+4m_2)l^2}$

11-8 $v_A=\sqrt{\dfrac{3}{m}[M\theta-mgl(1-\cos\theta)]}$

11-9 (1) 圆盘的角速度 $\omega_B=0$，连杆的角速度 $\omega_{AB}=4.95\text{ rad/s}$；

(2) $\delta_{\max}=87.1\text{mm}$

11-10 $a_A=\dfrac{3m_1g}{4m_1+9m_2}$

11-11 $v_0=h\sqrt{\dfrac{2k}{15m}}$

11-12 $P=2\,160t^5-120t^3+2\,960t\text{ W}$

11-13 $P=0.369\text{ kW}$

11-14 $a=\dfrac{2}{5}(2\sin\theta-f\cos\theta)g$， $F_T=\dfrac{mg}{5}(3f\cos\theta-\sin\theta)$

11-15 $v_C=\dfrac{2}{5}\sqrt{10gh}$， $F_T=\dfrac{1}{5}mg$

11-16 $\omega=\sqrt{\dfrac{3m_1+6m_2}{m_1+3m_2}\cdot\dfrac{g}{l}\sin\theta}$， $\alpha=\dfrac{3m_1+6m_2}{m_1+3m_2}\cdot\dfrac{g}{2l}\cos\theta$

11-17 (1) $a=a_t=\dfrac{1}{2}g=4.9\text{ m/s}^2$， $F_A=72\text{ N}$， $F_B=268\text{ N}$；

(2) $a=a_n=(2-\sqrt{3})g=2.63\text{ m/s}^2$， $F_A=F_B=249\text{ N}$

11-18 $\omega_B=\dfrac{J\omega}{J+mR^2}$， $v_B=\sqrt{\dfrac{2mgR-J\omega^2\left[\dfrac{J^2}{(J+mR^2)^2}-1\right]}{m}}$；

$\omega_C=\omega$， $v_C=\sqrt{4gR}$

11-19 $F_T=9.8\text{ N}$

11-20 $v_r=\sqrt{\frac{8}{3}gr}$， $F_N=\frac{11}{3}mg$

11-21 $F_x=\frac{m_1\sin\theta-m_2}{m_1+m_2}m_1g\cos\theta$

11-22 (1) $\Delta p=\frac{3Mt}{2l}$， $\Delta L=Mt$， $\Delta E_k=\frac{3}{2}\cdot\frac{M^2t^2}{ml^2}$；

(2) $F_{Cx}=F_{Dx}=\frac{3}{4}\cdot\frac{M}{l}$， $F_{Cy}=F_{Dy}=\frac{9}{4}\cdot\frac{M^2t^2}{ml^3}$

11-23 $a_B=\frac{m_1g\sin 2\theta}{2(m_2+m_1\sin^2\theta)}$

第 12 章

12-1 $F_x=-\frac{W_0+W}{g}e\omega^2\cos\omega t$, $F_y=-\frac{W}{g}e\omega^2\sin\omega t$

12-2 $\omega\leqslant\sqrt{\frac{g}{r}\cot\varphi}$

12-3 导板在最高位置是它脱离偏心轮的位置，$k=\frac{m(e\omega^2-g)}{b+2e}$

12-4 $F_N=\frac{2}{5}mg$

12-5 $\ddot{\theta}+\frac{3kb^2}{ml^2}\theta=0$

12-6 (1) $F_A=73.2\text{N}$，$F_B=273\text{ N}$； (2) $F_A=F_B=254\text{ N}$

12-7 $\omega=\sqrt{\frac{3g}{l}\sin\theta}$, $\alpha=\frac{3g}{2l}\cos\theta$，

$F_{Ox}=\frac{9W}{4}\cos\theta\sin\theta$, $F_{Oy}=\frac{5W}{2}-\frac{9W}{4}\cos^2\theta$ （$y\perp OA$时）

12-8 $F_{Cx}=0$, $F_{Cy}=\frac{3m_1+m_2}{2m_1+m_2}m_2g$, $M_C=\frac{3m_1+m_2}{2m_1+m_2}m_2ga$

12-9 $F_{NB}=\frac{2}{9}m\omega_O^2r+2mg+\frac{\sqrt{3}F}{3}$， $M_O=\frac{2\sqrt{3}}{3}m\omega_O^2r^2+Fr$

12-10 $F_{BC}=\frac{\sqrt{2}W}{5}$

12-11 $F_x=\frac{W_1\sin\theta-W_2}{W_1+W_2}W_1\cos\theta$

12-12 $F_{Ax}=0, F_{Ay}=\frac{5}{16}W$

12-13 $a=\frac{8F}{11m}$

12-14 $\alpha=\dfrac{m_1r_1-m_2r_2}{J+m_1r_1^2+m_2r_2^2}g$

12-15 $f_s=\dfrac{1}{3}\tan\theta$

第13章

13-1 $\dfrac{F_1}{F_2}=\dfrac{2l_1\sin\theta}{l_2+l_1(1-2\sin^2\theta)}$

13-2 $M_2=2M_1$

13-3 $F=\dfrac{2}{3}kl(2\sin\theta-1)$

13-4 $\varphi=\arcsin\dfrac{2F}{kl}$

13-5 $(F_1+F_2)\cos\varphi_1-F_3\sin\varphi_1-F_3\lambda\sin\varphi_1\cos\varphi_1-F_3\lambda\sin\varphi_1\cos\varphi_2+\dfrac{M}{l}=0$

$F_2\cos\varphi_2-F_3\sin\varphi_2-F_3\lambda\cos\varphi_1\sin\varphi_2-F_3\lambda\sin\varphi_2\cos\varphi_2=0$

其中 $\lambda=\left[1-(\sin\varphi_1+\sin\varphi_2)^2\right]^{-\frac{1}{2}}$

13-6 $\tan\varphi=\dfrac{W}{2(W+W_1)}\cot\theta$

13-7 $F=\dfrac{M}{a\tan2\theta}$

13-8 $F=13.9\text{ N}$

13-9 $F=125\text{ N}$

13-10 $\dfrac{F_1}{F_2}=\dfrac{2}{3}\cot\theta$

13-11 $M_1=M_2\cot^2\theta-M_3\dfrac{\cos2\theta}{2\sin^2\theta}$

13-12 $G=W/2$，$f_s=0.25$

13-13 $\theta=2\arccos\dfrac{M}{4mgb}$

13-14 $\varphi=\arccos\left(\dfrac{W}{2lk}+\dfrac{1}{\sqrt{2}}\right)$时，稳定；$\varphi=0$时，不稳定

13-15 $\dfrac{x^2}{4l^2}+\dfrac{y^2}{l^2}=1$

13-16 $M=2RF$，$F_s=F$

13-17 $a_A=\dfrac{M+(W_2-W_1)r}{(W_1+W_2+W)r}g$

13-18 $a_A=\dfrac{m_1g(R+r)^2}{m_2(\rho^2+R^2)+m_1(R+r)^2}$

13-19 $a=\dfrac{m_1 g}{m_1+2m\tan^2\theta}$

13-20 $\omega=\sqrt{\dfrac{W_1+W_2+2kl(1-\cos\theta)}{W_1(a+l\sin\theta)}g\tan\theta}$

13-21 $a=\dfrac{4}{5}g$

第 14 章

14-1 $T=2\pi\sqrt{\dfrac{3m}{2k}}$

14-2 $\omega_{\mathrm{n}}=\sqrt{\dfrac{k}{m_1+m_2}}$， $A=\dfrac{m_2 g}{k}\sqrt{1+\dfrac{2kh}{(m_1+m_2)g}}$

14-3 $\omega_{\mathrm{n}}=\sqrt{\dfrac{6k}{m}}$

14-4 $\omega_{\mathrm{n}}=\sqrt{\dfrac{3ka^2}{ml^2}}$

14-5 $J_C=1.02\ \mathrm{kg\cdot m^2}$

14-6 $T=2\pi\sqrt{\dfrac{ml}{2F}}$

14-7 2.45cm

14-8 $T=2\pi\sqrt{\dfrac{la^2}{3gb^2}}$

14-9 $T=2\pi\sqrt{\dfrac{a}{fg}}$

14-10 $\omega_{\mathrm{n}}=\sqrt{\dfrac{2g}{3(R-r)}}$

14-11 $\omega_{\mathrm{n}}=\sqrt{\dfrac{2k}{3m}}$

14-12 $\omega_{\mathrm{n}}=\sqrt{\dfrac{3k}{m}\cos\theta_0+\dfrac{3g}{2l}\sin\theta_0}$，其中 $\theta_0=\arctan\dfrac{mg}{2kl}$

14-13 $c=36\ \mathrm{N\cdot s/m}$， $x=5\mathrm{e}^{-3t}\sin\left(4t+\arctan\dfrac{4}{3}\right)\mathrm{cm}$

14-14 $\omega_{\mathrm{d}}=\sqrt{\dfrac{4kmb^2l^2-c^2a^4}{4m^2l^4}}$

14-15 $c=23\ \mathrm{N\cdot s/m}$

14-16 $\omega_{\mathrm{d}}=3.4\ \mathrm{rad/s}$

14-17 $T_{\mathrm{d}}=0.364\ \mathrm{s}$， $\Lambda=0.455$

14-18 $c=\dfrac{2\pi m}{AT_1T_2}\sqrt{T_2^2-T_1^2}$

14-19 $x=39.2\sin 7t$ mm

14-20 $x=0.00104\sin(60t+0.499\pi)$ cm， $\beta=0.0013$

14-21 $c=108\ \mathrm{N\cdot s/m}$

14-22 0.318 m

14-23 $T=0.67$ s， $B_{\max}=10.5$ cm

14-24 $v=96$ km/h

14-25 (1) $n=209$ r/min；(2) $B=8.4\times10^{-3}$ mm

14-26 $B=1.52$ cm， $v=15.4$ km/h

14-27 0.28%， 0.1%

14-28 $\ddot{x}+\omega_{\mathrm{n}}^2x=(0.1)\omega_{\mathrm{n}}^2\sin 30t$， $k<81.8$ N/cm

参 考 文 献

1．景荣春，郑建国. 理论力学简明教程. 北京：清华大学出版社，2005

2．胡运康，景荣春. 理论力学. 北京：高等教育出版社，2006

3．范钦珊，王琪．工程力学(1)，(2). 北京：高等教育出版社，2002

4．贾书惠，李万琼．理论力学．北京：高等教育出版社，2002

5．哈尔滨工业大学理论力学教研室．理论力学(Ⅰ)，(Ⅱ). 6 版．北京：高等教育出版社，2002

6．贾启芬，刘习军，王春敏．理论力学．天津：天津大学出版社，2003

7．朱炳麒．理论力学．北京：机械工业出版社，2001

8．武清玺，冯奇．理论力学．北京：高等教育出版社，2003

9．王铎，程靳．理论力学解题指导及习题集. 3 版．北京：高等教育出版社，2005

10．刘延柱，杨海兴，朱本华．理论力学. 2 版．北京：高等教育出版社，2001

11．Meriam J L, Kraige L G. Engineering Mechanics: Vol 1: Statics, Vol 2: Dynamics. New York: John willy & sons lnc, 1992

12．Hibbeler R C. Enginering Mechanics: Statics and Dynamics. Upper Saddle River, New Jersey: Prentice-Hall Inc, 1998

参考文献